模拟电子技术基础

（第 2 版）

主　编　封维忠
副主编　吴海青　宋　军　蒋　玲　李　春

东南大学出版社
SOUTHEAST UNIVERSITY PRESS
·南京·

内 容 摘 要

参照《高等工业学校电子技术基础课程教学基本要求》(模拟电子技术部分),在分析和参考了 1990 年以来若干国外同类教材和国内重点大学的改革教材的基础上,编者结合多年来在该门课程教学中的体会及经验,编写了本教材。主要内容包括半导体基础知识、放大电路基础、集成电路运算放大器、放大电路的频率响应、反馈和运算放大器、模拟信号的运算和处理电路、功率放大电路、信号产生电路、直流稳压电源等。

本教材可作为高等学校电子信息工程、计算机科学与技术、自动化、汽车电子、测控技术与仪器等专业的本科或专科电子技术基础课程的教学用书,也可作为工程技术人员的参考用书。

图书在版编目(CIP)数据

模拟电子技术基础 / 封维忠主编. --2 版.
南京 :东南大学出版社,2024. 7. --ISBN 978-7-5766-1497-8

Ⅰ. TN710

中国国家版本馆 CIP 数据核字 2024P0D786 号

责任编辑:夏莉莉 **责任校对**:咸玉芳 **封面设计**:毕 真 **责任印制**:周荣虎

模拟电子技术基础(第 2 版)
Moni Dianzi Jishu Jichu(Di 2 Ban)

主　　编 封维忠
出版发行 东南大学出版社
出 版 人 白云飞
社　　址 南京市四牌楼 2 号
经　　销 全国各地新华书店
印　　刷 常州市武进第三印刷有限公司
开　　本 787 mm×1092 mm 1/16
印　　张 22.5
字　　数 529 千字
版　　次 2024 年 7 月第 2 版
印　　次 2024 年 7 月第 1 次印刷
书　　号 ISBN 978-7-5766-1497-8
定　　价 58.00 元

(本社图书若有印装质量问题,请直接与营销部联系。电话:025-83791830)

第2版前言

模拟电子技术是电子技术的一个重要分支,它同时也是一个非常神奇的学科。在这个领域,数学、物理、信息工程、电气工程和自动化工程学科发现和谐集成点,其深刻的理论基础和广泛的实际应用价值,使它具有强大而持久的生命力,同时也是一个科技创新的源泉。

进入21世纪以来,数字和计算机化是技术转移的重点之一,但对于许多相关的学科,模拟电子技术仍是一个非常重要的基础理论课程。

本书自2015年7月首次出版以来,已有近十年时间。在此期间,广大同行、同事和同学热情关注,对本书提出了许多宝贵的意见和建议,使我受益匪浅,在此表示衷心的感谢。

本教材注意总结近年来我校在模拟电路教学中的实际经验,注重基础理论教学,讲清楚半导体器件工作的基本物理机理,适当介绍半导体器件从分立元件到小规模集成电路再到如今的大规模电路的发展历程,以提高学生的学习兴趣。本版教材保持原教材内容的系统性、科学性,具有内容简洁、易于教学和自学的特点。

考虑到目前社会科学技术的迅猛发展特别是AI技术的发展,大量新的课程的出现,在理论总学时不变的条件下,传统的课程结构发生了变化,许多电子类学科不再将电路原理作为模拟电路先修课程。为了解决学生在学习模拟电路时缺乏电路基础知识的矛盾,本版教材增加了第十章“电路模型与电路定理”。建议在教学过程中,对于没有先修过电路原理课程的专业,可以先修完第十章“电路模型与电路定理”内容后,再开始进行模拟电路课程的学习。而对于已先修过电路原理课程的专业可将第十章作为学生复习电路基础知识的参考内容。本版教材还在第八章中增加了“利用集成运放实现的信号转换电路”一节。为了方便读者自学,同步编写了与本书配套的《模拟电子技术基础》学习指导与习题解答一书，供读者学习参考。

本教材由封维忠任主编，吴海青、宋军、蒋玲、李春任副主编。本教材在编写过程中得到了学校教务处有关领导的大力支持和同行教师的热情帮助。刘云飞教授审阅了全文，何晶晶、花敏、卞博锐、王婷等老师对本教材提出了许多宝贵的意见，在此表示衷心的感谢。

由于编者能力和水平所限，书中定有疏漏和错误之处，恳请各位读者批评指正，提出改进意见。所有意见和建议可发送至 feng@njfu. edu. cn。

编　者

2024.3 于南京

前　言

电子技术基础是一门工程性、实践性和应用性很强的课程，它对于培养学生的工程实践能力和创新意识具有重要意义。进入21世纪以来，数字化是技术转移的重点之一，但是我们面临的自然界中大多数物理量是模拟量，如温度、压力、位移、速度、流速、液位等。因此，在电子技术方面要处理的大量信息首先是模拟量，模拟电子技术的重要性仍然不可动摇。编者从工科电子技术教育特点出发，在总结多年来电子技术基础教学经验和校精品课程建设成果的基础上编写了此教材。

本书参照《高等工业学校电子技术基础课程教学基本要求》(模拟电子技术部分)，在分析和参考了1990年以来若干国外同类教材和国内重点大学的改革教材的基础上，编者结合多年来在该门课程教学中的体会及经验，力求在教材编写中体现出以下的思路和特色：

(1) 教材在对半导体器件内部载流子传输过程微观阐述的物理基础上，讲述器件外部伏安特性和参数等宏观量，讲述条理清晰，通俗易懂。

(2) 随着电子技术的发展，集成电路的使用已相当普及，但基本电子器件与基本单元电路的原理目前还是电子技术的基础，教材始终以“讲透概念原理，打好电路基础”为宗旨，在保证讲解原有基本概念、基本定律和基本方法的基础上，适当介绍常用的集成电路的原理及应用，对于电子技术方面的最新技术和器件读者可借助网络等途径进行学习。

(3) 简化公式的数学分析推导过程，强化公式的物理意义，重在应用。面对初学者，在章节顺序的安排上遵循由浅入深、从个别到一般的认识规律。放大电路的分析也按照先基础电路后应用电路来编排。体现以分立元件为基础、以集成电路为重点的原则。

(4) 加强了电路模型的概念。电路中的电子器件一旦模型化以后，剩下分析计算的工作依靠电路理论课程的知识来完成，使学生掌握研究电路的统一方法，所学的知识得到从具体到抽象的升华。

(5) 教材对放在各章之后的习题给予足够的重视。习题是对学生是否掌握本章基本知识的全面检查，并能起到纠正模糊认识，巩固基础知识，以及提高分析实用电路能力的作用。编者根据多年的教学实践，精选题目，使之对学生有最大的帮助。

(6) 教材各章之后附有小结，以帮助学生归纳重点知识和重要结论。

注意到各专业、各层次学生的需要，教材的实际内容如超过了学校计划教学学时，教师在讲授时可根据专业需要、学时多少和学生实际水平来决定取舍。

本教材可作为高等学校电子信息工程、计算机科学与技术、自动化、汽车电子、测控技术与仪器等专业的本科或专科电子技术基础课程的教学用书。

本教材由封维忠任主编，吴海青、宋军、蒋玲任副主编。本教材在编写过程中得到了有关专家和电子工程系同行的指导和帮助，刘云飞教授审阅了全文并提出了宝贵意见，研究生申斌、韩晨燕、施山箐、曹莹等同学为本书绘制了大量插图，在此表示衷心的感谢。

由于编者水平所限，书中难免存在疏漏和不足，恳请各位读者批评指正。

编　者

2014.10

目　　录

第一章　半导体器件

1.1　半导体的基础知识

根据导电能力的不同,物质可分为导体、半导体和绝缘体。导体就是容易导电的物质,其原子最外层的价电子很容易摆脱原子核的束缚而成为自由电子,在外加电场力的作用下,这些自由电子就会定向运动形成电流。绝缘体就是在正常情况下不会导电的物质,大部分绝缘体都属于化合物,其价电子被原子核紧紧地束缚在一起,自由电子非常少,导电能力很差。半导体的导电能力介于导体和绝缘体之间。常见的半导体材料有:元素半导体,如硅(Si)、锗(Ge)等;化合物半导体,如砷化镓(GaAs)等。

半导体材料具有与导体和绝缘体不同的导电特性,具体如下:

(1) 热敏特性:当环境温度升高时,半导体的导电能力显著增强。利用这种特性可以制成温度敏感元件,如热敏电阻。

(2) 光敏特性:当受到光照时,半导体的导电能力显著增强。利用这种特性可以制成各种光敏元件,如光敏电阻、光敏二极管、光敏三极管等。

(3) 掺杂特性:在纯净的半导体中掺入微量杂质,半导体的导电能力可以增加几十万乃至几百万倍。利用这种特性可以制成各种不同用途的半导体器件,如二极管、三极管和晶闸管等。

为什么半导体的导电能力有如此大的差别呢? 这就需要研究半导体材料的内部结构和导电机理。

1.1.1　本征半导体

本征半导体是完全纯净的、晶格结构完整的半导体。常用的半导体材料硅(Si)和锗(Ge) 的原子序数分别为 14 和 32,它们的共同特点是原子最外层轨道上有 4 个电子,称为价电子。硅和锗原子呈电中性,通常用带有 4 个正电荷的正离子以及它周围的 4 个价电子来表示,其原子结构模型如图 1.1.1 所示。

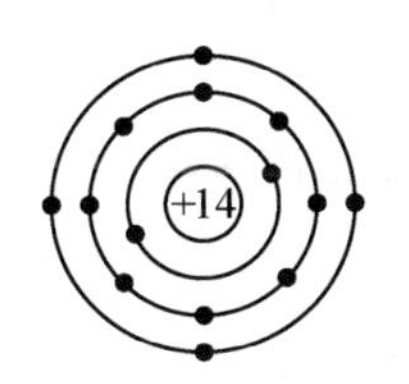

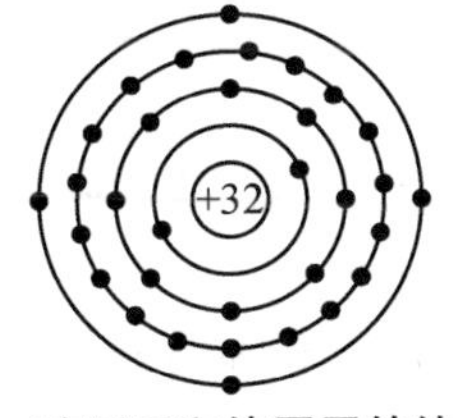

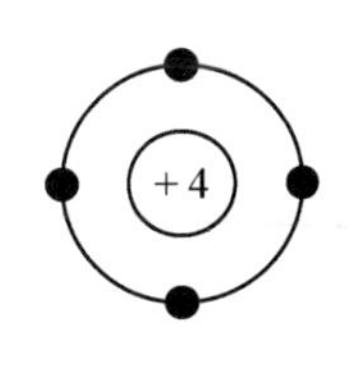

图 1.1.1　硅原子和锗原子的结构模型

(a) 硅原子结构示意图;(b) 锗原子结构示意图;(c) 硅原子和锗原子结构简化模型

1）本征半导体中的共价键结构

本征半导体具有晶体结构，原子在空间形成排列整齐的晶格，单个硅原子的空间结构如图1.1.2(a)所示。由于相邻原子间的距离很小，因此原子最外层的价电子不仅受到自身原子核的束缚，还要受到相邻原子核的吸引，形成共价键结构，如图1.1.2(b)所示。

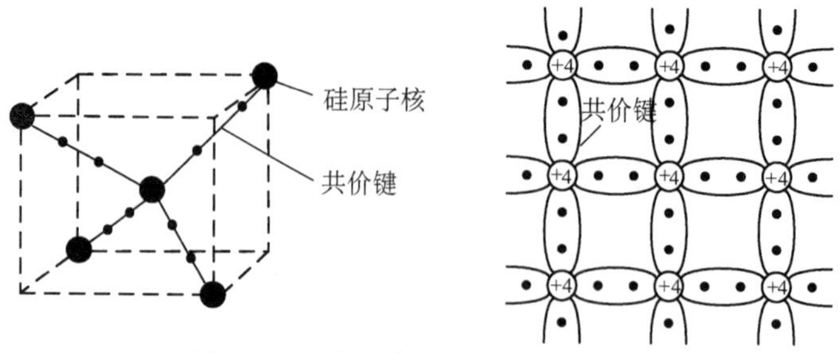

图1.1.2　本征半导体的共价键结构

(a) 硅晶体的空间排列；(b) 硅晶体共价键结构平面示意图

2）本征半导体中的两种载流子

晶体中的共价键具有很强的结合力，因此，当半导体处于热力学温度 $T=0$ K时，半导体中所有的价电子紧紧束缚在共价键中，没有自由电子，不能导电。当温度升高或受到光照时，有些价电子就会获得足够的能量，挣脱共价键的束缚，参与导电，成为自由电子。自由电子产生的同时，会在原来共价键中留下一个空位，称为空穴。在本征半导体中，自由电子和空穴总是成对出现的，称为电子-空穴对，如图1.1.3所示。半导体在外部能量激励下(主要是热激发)，产生自由电子-空穴对的现象称为本征激发。外加能量越高(例如温度越高)，产生的电子-空穴对就会越多。常温(约300 K)时，硅晶体中电子-空穴对的浓度大约为 1.43×10^{10} cm^{-3}；锗晶体中电子-空穴对的浓度大约为 2.38×10^{13} cm^{-3}。原子失掉一个价电子后而带正电，也就是说，我们可以把空穴看成是带正电的粒子，它所带的电量与自由电子相等，但符号相反。在外加电场力的作用下，邻近共价键中的价电子很容易填补这个空穴，从而在这个价电子原来的位置上留下一个新的空位，就好像空穴在移动。因此，在电场力的作用下，一方面本征半导体中的自由电子可以定向移动，形成电子电流；另一方面空穴也会产生定向移动，形成空穴电流，只不过空穴的移动是靠相邻共价键中的价电子按一定方向依次填充来实现的。运载电荷的粒子称为载流子。导体中只有一种载流子——自由电子参与导电；而本征半导体中有两种载流子——带负电的自由电子和带正电的空穴，它们均参与导电。这是半导体导电区别于导体导电的一个重要特点。自由电子和空穴所带电荷极性不同，它们的运动方向相反，因此本征半导体中的电流是自由电子电流和空穴电流之和，如图1.1.4所示。

另外，当自由电子在运动过程中与空穴相遇时就会填补空穴，这种现象称为复合。在一定温度下，本征半导体中所产生的自由电子-空穴对，与复合的自由电子-空穴对数目相等，达到动态平衡。即当环境温度相同时，本征半导体中自由电子和空穴两种载流子的浓度不变且相等。本征激发产生的载流子浓度和温度有关，当环境温度升高时，热运动加剧，挣脱共价键束缚的自由电子增多，空穴也随之增多，载流子的浓度升高，晶体的导电能力增强；反之，当环境温度降低时，载流子的浓度降低，晶体的导电能力就会变差。总的来说，常温下本征激发所产生的载流子的浓度很低，且与环境温度密切相关，因此本征半导体的导电能力和热稳定性较差，一般不能直接用来制造半导体器件。

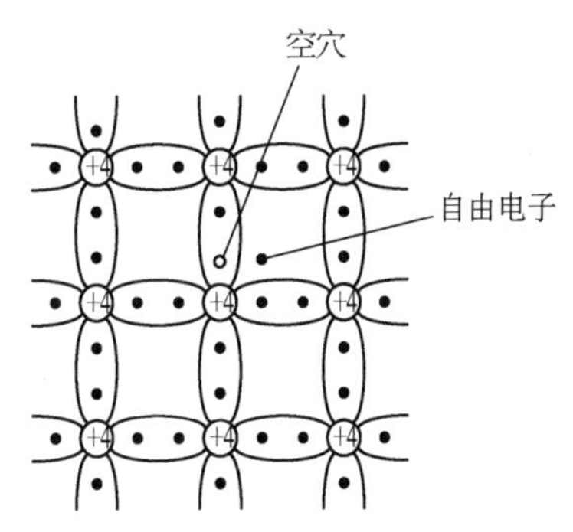

图 1.1.3　电子-空穴对图

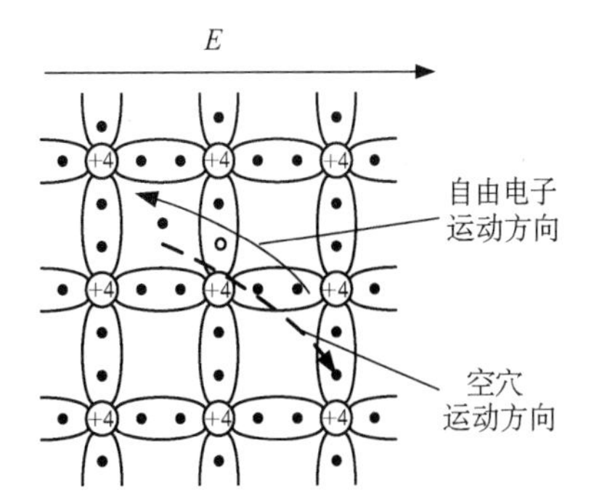

图 1.1.4　载流子在电场力作用下的运动

1.1.2　杂质半导体

在本征半导体中掺入某些微量元素作为杂质，可使半导体的导电性发生显著变化。掺入杂质的本征半导体称为杂质半导体。根据掺入杂质的性质不同，杂质半导体可分为电子(N)型半导体和空穴(P)型半导体两大类。通过控制掺入杂质元素的浓度，可以控制杂质半导体的导电性能。制备杂质半导体时，一般按百万分之一数量级的比例在本征半导体中掺入三价或五价元素。

1) N 型半导体

在本征半导体硅(或锗)中掺入适量五价元素，例如磷(P)、砷(As)，就形成了 N 型半导体。用磷原子取代硅晶体中少量硅原子，占据晶格上的某些位置。由于磷原子最外层有五个价电子，其中四个价电子分别与邻近的四个硅原子形成共价键结构，多余的一个价电子在共价键之外，不受共价键的束缚，只受到磷原子对它微弱的吸引，如图 1.1.5(a)所示。因此，它只要获得很少的能量(例如在常温下)就能挣脱原子核的束缚，成为自由电子，游离于晶格之间。失去自由电子的磷原子在晶格上不能移动，成为带正电的正离子，半导体整体仍保持中性。磷原子可以提供自由电子，称为施主原子或施主杂质。在本征半导体中，每掺入一个磷原子就可以产生一个自由电子。同时，N 型半导体中也存在本征激发产生的自由电子和空穴对。这样在掺入磷原子的半导体中，自由电子的数目就远远超过了空穴的数目，称为多数载流子，简称多子。空穴则称为少数载流子，简称少子。显然，参与导电的主要是自由电子，故这种半导体又称为电子型半导体。在常温条件下，N 型半导体中的施主杂质电离为带负电的自由电子和带正电的施主离子，同时还有少数本征激发产生的自由电子和空穴，其结构示意图如图 1.1.5(b)所示。一般来说，掺杂产生的载流子比本征激发产生的载流子要多得多。

总之，在 N 型半导体中多数载流子是自由电子，主要由掺入杂质的浓度决定，掺入的杂质越多，其导电能力就会越强，可实现半导体导电性能的可控性；少数载流子是空穴，其浓度由本征激发决定，和环境温度有关。

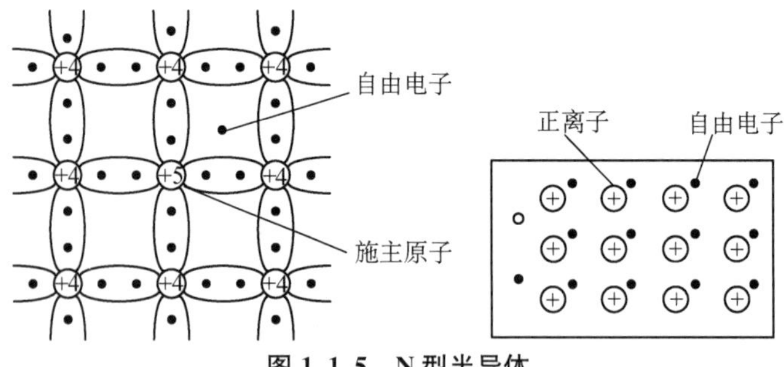

图 1.1.5　N型半导体

(a) N型半导体共价键结构图;(b) N型半导体的简化表示法

2) P 型半导体

在本征半导体硅(或锗)中掺入适量三价元素,如硼(B)、镓(Ga)、铟(In)等,就形成了P型半导体。例如,用硼原子取代硅晶体中的少量硅原子,占据晶格上的某些位置。由于硼原子最外层有三个价电子,其中三个价电子分别与邻近的三个硅原子组成完整的共价键,而与其相邻的另一个硅原子的共价键中则缺少一个价电子,出现了一个空穴。其他共价键中的价电子很容易填充这个空穴,使三价的硼原子获得一个电子,而变成带负电的负离子,同时,在邻近共价键中产生一个空穴,如图1.1.6(a)所示。由于三价硼原子中的空穴吸引电子,起着接受电子的作用,故称为受主原子或受主杂质。在本征半导体中,每掺入一个硼原子就可以提供一个空穴。这样,在掺入硼原子的半导体中,空穴的数目远远大于本征激发所产生电子的数目,空穴成为多数载流子,而电子则成为少数载流子。同样,参与导电的主要是空穴,故这种半导体称为空穴型半导体。在常温条件下,P型半导体中的受主杂质电离为带正电的空穴和带负电的受主离子,同时还有少数本征激发产生的自由电子和空穴,其结构示意图如图1.1.6(b)所示。

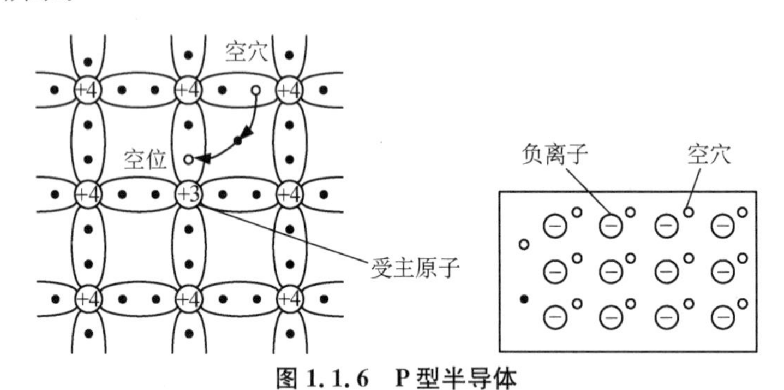

图 1.1.6　P型半导体

(a) P型半导体共价键结构图;(b) P型半导体的简化表示法

总之,在P型半导体中多数载流子是空穴,主要由掺杂的浓度决定,尽管杂质原子含量很少,但对半导体的导电能力却有很大的影响;自由电子是少数载流子,由本征激发产生,尽管其浓度很低,但对温度非常敏感,会影响半导体器件的性能。

不论是N型半导体还是P型半导体,其整体对外仍保持电中性。

1.1.3　PN 结的形成

采用不同的掺杂工艺，通过扩散作用，将 P 型半导体与 N 型半导体制作在同一块半导体(通常是硅或锗)基片上，在它们的交界面所形成的空间电荷区称为 PN 结。PN 结具有单向导电性。

1) 载流子的扩散运动和漂移运动

半导体受到本征激发时，载流子将作随机的无定向移动，在任意方向的平均速度都为零。但由于制造工艺等原因，致使在半导体某一特定区域内载流子的浓度产生差异，载流子就会由浓度高的区域向浓度低的区域运动，这种运动称为扩散运动。载流子的扩散运动可以形成扩散电流，如果没有外来载流子的注入或电场的作用，晶体内的载流子浓度趋于均匀，直至扩散电流为零。如果在晶体两端加上外加电场，半导体内部载流子无规律的热运动被破坏，载流子将在电场力的作用下作定向移动，这种由于电场作用而导致的载流子的运动称为漂移运动。空穴的运动方向和外加电场方向相同；而电子的运动方向则和外加电场方向相反。载流子的漂移速度与电场强度 $\vec{E}$ 成正比，分别用 $\vec{V}_N$ 和 $\vec{V}_P$ 表示电子和空穴的漂移速度，则有

$$\vec{V}_N = -\mu_N \vec{E} \tag{1.1.1}$$

式中：μ_N——比例系数，称为自由电子迁移率，负号表明电子漂移运动的方向与电场方向相反。

同理，空穴的漂移速度为

$$\vec{V}_P = \mu_P \vec{E} \tag{1.1.2}$$

在常温 300 K 情况下，硅半导体中的电子迁移率约为 1 500 $cm^2/(V \cdot s)$，空穴迁移率约为 475 $cm^2/(V \cdot s)$。也就是说，在相同电场力作用下，硅半导体中电子的漂移速度约是空穴漂移速度的 3 倍，因此在数字电路或高频模拟电路中，电子导电器件优于空穴导电器件。

2) PN 结的形成过程

同一块半导体硅片中，通过掺杂工艺把 P 型半导体和 N 型半导体制作在一起。这样，在 P 型半导体和 N 型半导体的交界面，两种载流子的浓度相差很大。P 型区内空穴的浓度高，而 N 型区内自由电子的浓度高。于是，多数载流子作扩散运动，形成扩散电流，如图 1.1.7 所示。同时，在两种杂质半导体的交界面自由电子与空穴复合，因此在交界面附近多数载流子的浓度迅速降低，P 区出现带负电的杂质离子，N 区出现带正电的杂质离子，由于物质结构的关系，这些杂质离子被固定在晶格上不能移动，就形成了空间电荷区，也就是 PN 结。在空间电荷区内，载流子浓度很低，因此又称为耗尽层。耗尽层的电阻率极高。P 区一侧带负电，而 N 区一侧带正电，就形成了一个由 N 区指向 P 区的内电场，如图 1.1.8 所示。扩散运动越剧烈，空间电荷区越宽，内电场也就越强。空间电荷区有一定的宽度，电位差为 U_{ho}，电流为零。

内电场的存在阻碍了多数载流子的扩散运动，促进了少数载流子的漂移运动，形成漂移电流，如图 1.1.8 所示。由于漂移运动和扩散运动的方向相反，它补充了原来交界面上复合的载流子，使空间电荷量减少，耗尽层变窄。在无外电场和其他激发作用下，参与扩散运动

的多子数目和参与漂移运动的少子数目相等,最终达到动态平衡,形成 PN 结。空间电荷区的宽度不再发生变化,电流为零,空间电荷区也称为势垒区。

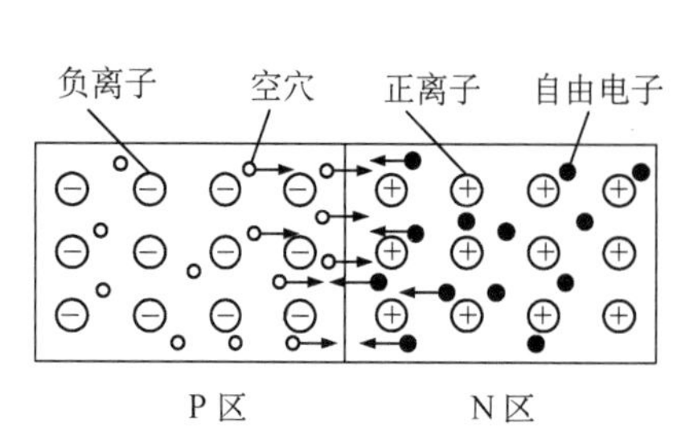

图 1.1.7　由载流子浓度差产生的扩散运动图

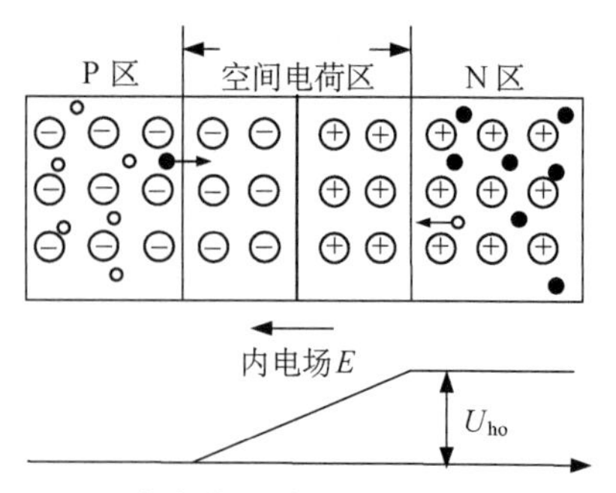

图 1.1.8　在内电场的作用下产生的漂移运动

1.1.4　PN 结的单向导电性

PN 结外加正向电压时,处于导通状态,呈现低阻特性;PN 结外加反向电压时,处于截止状态,呈现高阻特性。这就是 PN 结的单向导电性。

1) PN 结外加正向电压

将 PN 结的 P 区接电源正极,N 区接电源负极,这种连接方式称为 PN 结外加正向电压,又称 PN 结正向偏置,如图 1.1.9 所示。当 PN 结处于正向偏置时,外电场和内电场的方向相反。P 区的空穴和 N 区的自由电子在外电场的作用下向空间电荷区移动,破坏了空间电荷区的平衡状态,使空间电荷区的电荷量减少,空间电荷区变窄,起到削弱内电场的作用。这种情况有利于多数载流子的扩散运动,不利于少数载流子的漂移运动。扩散电流起主导作用,漂移电流很小,此时外电路电流近似等于扩散电流,又称正向电流。PN 结正向偏置时,在一定范围内,正向电流随着外电场的增强而增大,正偏的 PN 结表现为一个阻值很小的电阻,呈现低阻特性,此时称 PN 结导通。PN 结正向导通时压降很小,理想情况下,可认为 PN 结正向导通时的电阻为零,所以导通时的压降也为零。正向电流的大小主要由外加电压 V_F 和电阻 R 的大小来决定。电阻 R 可以限制回路电流,防止 PN 结因正向电流过大而损坏。由少数载流子形成的漂移电流,其方向与扩散电流相反,且数值很小,可以忽略不计。

2) PN 结外加反向电压

将 PN 结的 P 区接电源负极,N 区接电源正极,这种连接方式称为 PN 结外加反向电压,又称 PN 结反向偏置,如图 1.1.10 所示。PN 结加反向电压时,外电场与内电场方向相同,PN 结内部扩散和漂移运动的平衡被破坏。P 区的空穴和 N 区的自由电子由于受外电场作用将背离空间电荷区,使空间电荷量增加,空间电荷区变宽,内电场加强。此时,多数载流子的扩散运动减弱,少数载流子的漂移运动增强。PN 结中的电流主要由漂移电流决定。这种由少数载流子的漂移运动所形成的电流称为 PN 结的反向电流。在一定温度下,少数载流子的数目是一定的,且数值很小。因此在一定范围内,反向电流也极小,且近似为一定值,不随外加反向电压的变化而变化,所以该电流称为反向饱和电流,用 I_S 表示。当外界温度发生变化时,PN 结的反向饱和电流会随着温度的上升而增大。

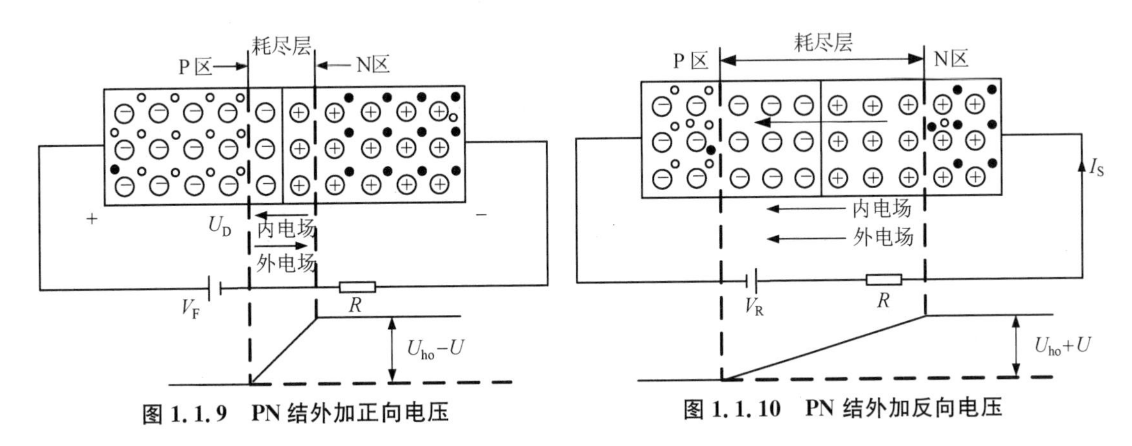

图 1.1.9　PN 结外加正向电压　　**图 1.1.10　PN 结外加反向电压**

PN 结反向偏置时，呈现出一个阻值很大的电阻，即高阻状态。理想情况下，反向电阻为无穷大，基本不导电，称 PN 结截止。由以上分析可知，PN 结的导电能力与 PN 结所加电压的极性有关。当外加正向电压时，PN 结导通，其电阻很小，正向电流与外加电压和电阻有关；当外加反向电压时，PN 结截止，反向电流很小，可以忽略不计。PN 结的这种导电特性称为 PN 结的单向导电性。

3）PN 结的电流方程

PN 结的偏置电压 u_D 与流过 PN 结的电流 i_D 之间的关系为

$$i_D=I_S(e^{u_D/U_T}-1) \tag{1.1.3}$$

式中：I_S——PN 结的反向饱和电流；

U_T——热力学温度 T 的温度电压当量，其表达式为

$$U_T=\frac{kT}{q} \tag{1.1.4}$$

式中：q——电子的电量；

T——热力学温度；

k——玻耳兹曼常数。

在常温 $T=300$ K 时，温度电压当量 $U_T=26$ mV。由式(1.1.3)可知，PN 结外加正向电压，且满足 $u_D \gg U_T$ 时，流过 PN 结的电流 $i_D=I_Se^{u_D/U_T}$，近似服从指数规律变化；PN 结外加反向电压，且满足 $|u_D|\gg U_T$ 时，$i_D\approx -I_S$。流过 PN 结的电流和电压的约束关系不像电阻元件那样是线性关系，而是非线性关系，具有这种特性的元件称为非线性元件。非线性元件的电流和电压的约束关系不能用欧姆定律来描述，必须用伏安特性曲线来描述。

4）PN 结的伏安特性曲线

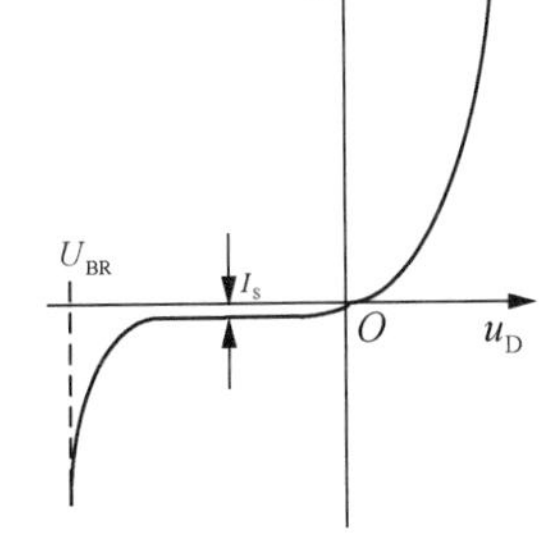

图 1.1.11　PN 结的伏安特性曲线

PN 结的伏安特性曲线如图 1.1.11 所示。曲线中，$u_D>0$ 的部分称为 PN 结的正向特性，i_D 随 u_D 按指数规律变化，呈低阻性；$u_D<0$ 的部分称为 PN 结的反向特性，反向电流非常小，且近似不变，PN 结呈高阻性。

1.1.5　PN 结的击穿

当反向电压增大到一定数值时,反向电流急剧增加,这种现象称为 PN 结的反向击穿。发生反向击穿时的电压 U_{BR} 称为反向击穿电压。PN 结在击穿过程中首先发生电击穿,电击穿按照机理不同分成齐纳击穿和雪崩击穿。在高掺杂的情况下,因耗尽层较薄,不需要很大的反向电压就可以在耗尽层中建立很强的电场。当场强达到一定程度时就会破坏共价键,把中性原子中的价电子直接从共价键中拉出来,产生新的电子-空穴对,致使反向电流急剧增加,这种击穿称为齐纳击穿。如果掺杂浓度较低,耗尽层较厚,当反向偏置电压较大时,耗尽层的电场会使自由电子的漂移速度加快,当速度达到一定程度时,其动能足以把束缚在共价键中的价电子碰撞出来,产生新的电子-空穴对。如此连锁反应,使耗尽层中的载流子数量急剧增加,像雪崩一样,致使反向电流急剧增加,这种击穿称为雪崩击穿。

硅材料的 PN 结反向击穿电压在 4 V 以下为齐纳击穿;PN 结反向击穿电压在 7 V 以上为雪崩击穿;PN 结在 4～7 V 之间两种击穿均可发生。发生电击穿后,只要 PN 结反向电流不是很大,减小 PN 结反向偏置电压就可以恢复反向击穿前的状态,不至于破坏 PN 结。但如果反向击穿电流过大,PN 结会因过热而发生热击穿,将会造成 PN 结的永久性损坏。

1.1.6　PN 结的电容效应

PN 结两侧的电压变化时,会引起 PN 结内电荷的变化,这种现象类似电容器的充放电过程,因此,PN 结具有一定的电容效应。根据产生的机理不同,分为势垒电容和扩散电容。

1) 势垒电容 C_b

当 PN 结的外加电压变化时,空间电荷区的宽度也随之变化,即耗尽层的电荷量随外加电压而增大或减少,这种现象与电容器的充放电过程相似,如图 1.1.12(a)所示。这种由空间电荷区的宽度随外加电压变化所等效的电容称为势垒电容,通常用 C_b 表示。C_b 的大小与 PN 结面积、耗尽层宽度及偏置电压有关,具有非线性。变容二极管就是利用 PN 结加反向电压时,C_b 随反向电压变化的特性而制成的。

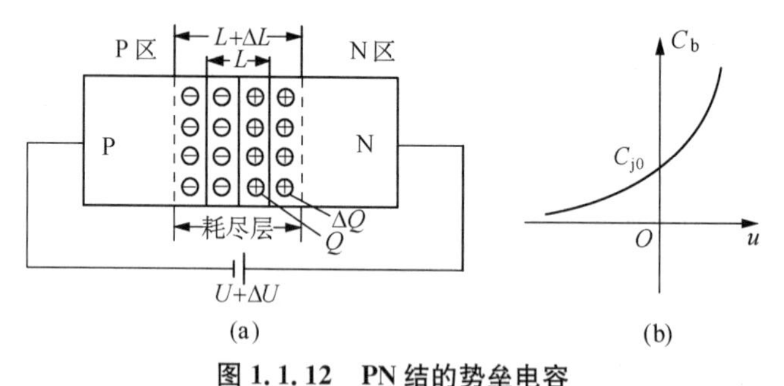

图 1.1.12　PN 结的势垒电容

(a) 耗尽层的电荷随外加电压发生变化;(b) PN 结势垒电容与外加电压的关系

2) 扩散电容 C_d

PN 结处于平衡状态(无外加电压)时的少子称为平衡少子。PN 结正向偏置时,从 P 区扩散到 N 区的空穴和从 N 区扩散到 P 区的自由电子称为非平衡少子。当外加正向电压一定时,靠近耗尽层交界面的地方非平衡少子的浓度高,而远离交界面的地方非平衡少子的浓度低，且浓度自高到低逐渐衰减，直到为零，形成一定的浓度梯度（浓度差），因而形成扩散电流，如图 1.1.13(a)中的曲线 1 所示。当外加正向电压增大时，非平衡少子的浓度增大且浓度梯度也增大，浓度分布曲线上移，如图 1.1.13 中的曲线 2 所示。从外部来看，扩散电流也就是正向电流增大。当外加电压减小时，非平衡少子的浓度减小且浓度梯度也减小，浓度分布曲线向下移，变化过程相反，如图 1.1.13 中的曲线 3 所示。这种非平衡少子的浓度随外加正向电压的变化所等效的电容效应称为扩散电容，用 C_d 表示。

PN 结的结电容是势垒电容和扩散电容之和，即

$$C_j=C_b+C_d \tag{1.1.5}$$

结电容一般很小，通常为几皮法到几百皮法。当信号频率较低时，结电容的容抗很大，其作用可以忽略不计；当信号频率较高时，要考虑 PN 结电容的作用，此时 PN 结的高频等效电路如图 1.1.13(b)所示，其中 r_d 是结电阻，r 是半导体中性区的体电阻。在正偏时，r_d 是正向电阻，数值很小，结电容只是扩散电容 C_d，数值较大。在反偏时，r_d 是反向电阻，数值较大，结电容以势垒电容 C_b 为主，数值较小。

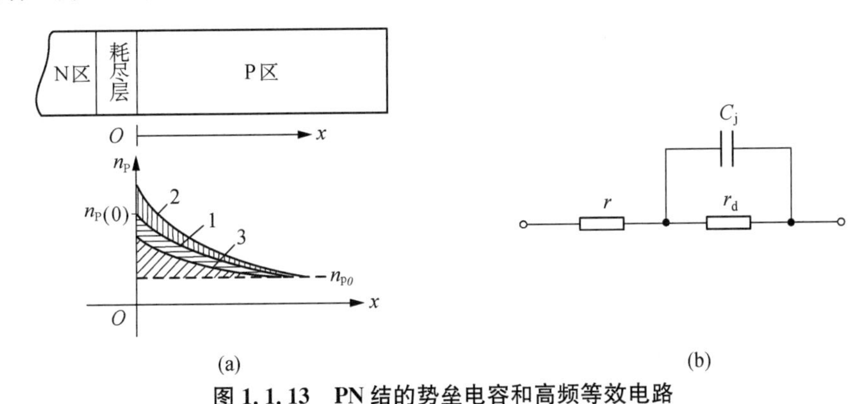

图 1.1.13　PN 结的势垒电容和高频等效电路

(a) P 区少数载流子浓度分布曲线；(b) PN 结的高频等效电路

1.2　半导体二极管

将 PN 结用外壳封装起来，并加上电极引线就构成了半导体二极管。由 P 区引出的电极称为阳极，由 N 区引出的电极称为阴极。常见二极管的外形如图 1.2.1 所示。

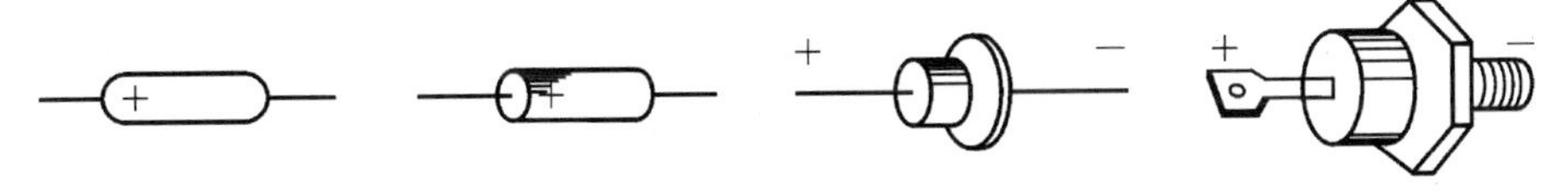

图 1.2.1　二极管的几种外形

1.2.1　半导体二极管的几种常见结构

二极管的几种常见结构如图 1.2.2(a)～(c)所示，符号如图(d)所示。

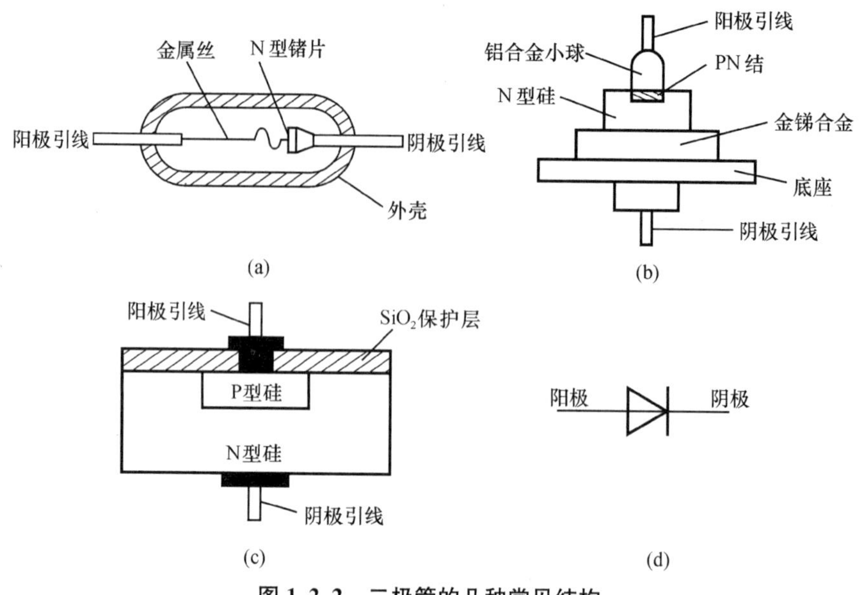

图1.2.2　二极管的几种常见结构

图(a)所示的点接触型二极管,由一根金属丝经过特殊工艺与半导体表面相接形成PN结。因而结面积小,不能通过较大的电流。但其结电容较小,一般在1 pF以下,工作频率可达100 MHz以上。因此适用于高频电路和小功率整流。

图(b)所示的面接触型二极管是采用合金法工艺制成的。结面积大,能够流过较大的电流,但其结电容大,因而只能在较低频率下工作,一般仅作为整流管。

图(c)所示的平面二极管是采用扩散法制成的。结面积较大的可用于大功率整流,结面积小的可作为脉冲数字电路中的开关管。

1.2.2　二极管的伏安特性

与PN结一样,二极管具有单向导电性。但是,由于二极管存在半导体体电阻和引线电阻,所以当外加正向电压时,在电流相同的情况下,二极管的端电压大于PN结上的压降;或者说,在外加正向电压相同的情况下,二极管的正向电流要小于PN结的电流,在大电流情况下,这种影响更为明显。另外,由于二极管表面漏电流的存在,使外加反向电压时的反向电流增大。在近似分析时,仍然用PN结的电流方程式来描述二极管的伏安特性,如图1.2.3所示。

实测二极管的伏安特性时发现,只有在正向电压足够大时,正向电流才从零随端电压按指数规律增大。使二极管开始导通的临界电压U_{th}称为开启电压,或死区电压。二极管开启电压与二极管的材料和温度有关,硅二极管的开启电压约0.5 V,锗二极管的开启电压约0.1 V。二极管正向导通后,其管压降变化很小。一般认为硅二极管的正向导通电压U_D为0.6～0.8 V,通常取U_D=0.7 V,锗二极管的正向导通电压U_D为0.1～0.3 V,一般取U_D=0.2 V。

当二极管加反向电压时,通过PN结形成反向电流。由于少数载流子的数目很少,且和环境温度有关,因此反向电流很小,基本不随外加反向电压的变化而变化,近似为常数,称为反向饱和电流，用 I_S 表示。

随着反向电压的不断增大，反向饱和电流起初变化很小。但当反向电压增大到一定数值时，反向电流剧烈增大，称为二极管的反向击穿。发生反向击穿时，二极管两端的反向电压称为反向击穿电压，用 U_{BR} 表示。二极管反向击穿部分的特性曲线比较陡直，即二极管反向电压变化不大，而反向电流变化很大，因此二极管具有稳压特性。不同型号二极管的击穿电压差别很大，从几十伏到几千伏。

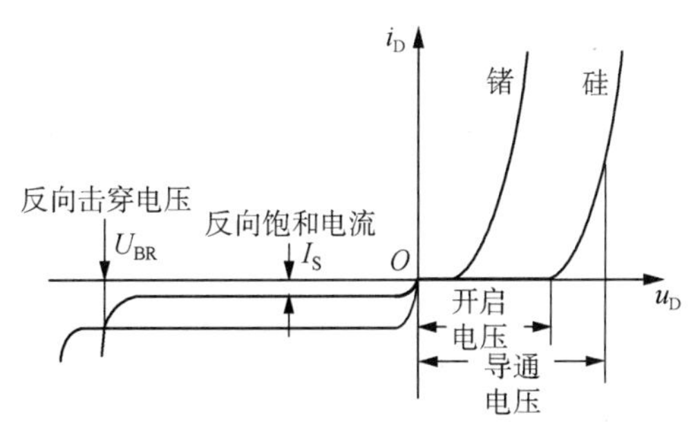

图 1.2.3　二极管的伏安特性曲线

1.2.3　二极管的主要参数

1）最大整流电流 I_F

最大整流电流是指二极管长期运行时，允许通过的最大正向平均电流。因为电流通过 PN 结会引起二极管发热，电流太大，则引起发热量超过限度，就会使 PN 结烧坏。

2）反向击穿电压 U_{BR}

反向击穿电压是指二极管反向击穿时的电压值。当发生反向击穿时，反向电流剧增，二极管的单向导电性被破坏，甚至因过热而烧坏。一般手册上给出的最高反向工作电压约为击穿电压的一半，以确保二极管能安全运行。例如，2AP1 最高反向工作电压规定为 20 V，而反向击穿电压实际上大于 40 V。

3）反向电流 I_R

反向电流是指二极管未击穿时的反向电流。I_R 值越小，表明二极管的单向导电性越好。随着温度增加，反向电流会明显增加，所以在使用二极管时要注意温度的影响。

4）极间电容 C_j

极间电容是反映二极管中 PN 结电容效应的参数，因 PN 结中存在扩散电容 C_d 和势垒电容 C_b，则有 $C_j=C_b+C_d$。二极管结电容的值通常为几皮法至几十皮法，有些结面积大的二极管结电容可达几百皮法。在高频运用时，必须考虑极间电容的影响。

5）最高工作频率 f_M

f_M 数值主要取决于 PN 结电容的大小。结电容越大，则二极管允许的最高工作频率越低。当工作频率大于 f_M 时，将使二极管单向导电性变差。

在实际应用中，应根据二极管所用场合，按其所要承受的最高反向电压、最大正向平均电流、工作频率、环境温度等条件，选择满足要求的二极管。

1.2.4　二极管的电路模型

二极管的伏安特性具有非线性，这给其应用电路的分析带来了一定的困难。为了简化分析过程，在一定的条件下，常采用线性元件所构成的电路来近似模拟二极管的特性，并在实际电路中替代二极管。这种能够模拟二极管在特定工作区域内的实际端口特性的电路，称为二极管的等效电路(或等效模型)。

1) 理想二极管模型

理想二极管的 $V-I$ 特性如图 1.2.4(a)所示。图 1.2.4(b)为理想二极管的符号。在大信号工作时,二极管的非线性主要表现为单向导电性。二极管正向偏置时可近似认为其管压降为零。反向偏置时,认为它的电阻为无穷大,电流为零。在实际的电路中,当电源电压远比二极管的正向压降大时,可利用此模型来分析。

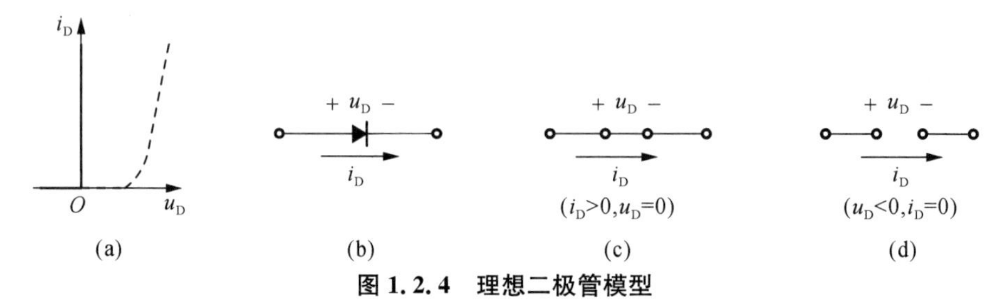

图 1.2.4 理想二极管模型

(a) $V-I$ 特性;(b) 代表符号;(c) 正向偏置时的电路模型;(d) 反向偏置时的电路模型

2) 恒压降型模型

从实际二极管的伏安特性可见,反向截止时电流近似为零;当其正偏导通时尽管通过二极管的电流可有较大变化,但其端电压的变化很小。因此,当二极管正偏导通后,可用一个恒定电压源 U_D 与理想二极管的串联电路来近似代替实际二极管,其近似特性曲线及电路如图 1.2.5 所示。

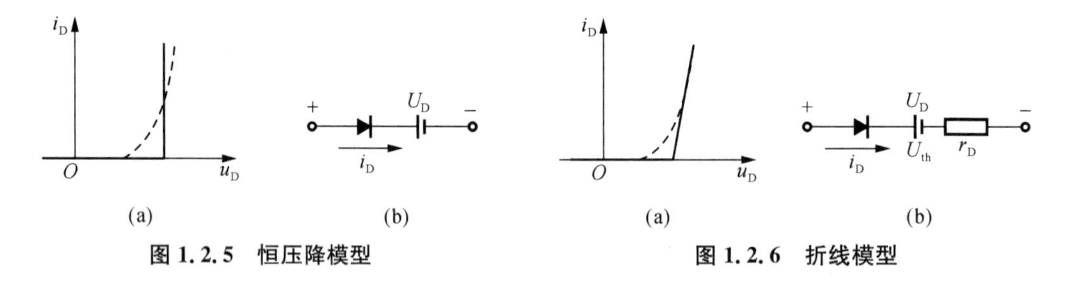

图 1.2.5 恒压降模型　　**图 1.2.6 折线模型**

3) 折线模型

为了较真实地描述二极管的伏安特性,在恒压降型等效电路的基础上,对其作一定的修正,即认为二极管正向导通后,管压降随着电流增加而线性增大,所以在模型中用一个电源和一个电阻 r_D 来做近一步的近似(如图 1.2.6),这个电池的电压选定为二极管的开启电压 U_{th},约 0.5 V(硅管),其中 $r_D=\Delta U/\Delta I$,一般情况下,取 $r_D=200\ \Omega$。

4) 小信号模型

直流电压源和交流电压源同时作用的二极管电路如图 1.2.7(a)所示,当 $u_s=0$ 时,电路中只有直流量,二极管两端电压和流过二极管的电流就是图 1.2.7(b)中 Q 点的值。此时,电路处于直流工作状态,也称静态,Q 点也称为静态工作点。当 $u_s=U_m\sin\omega t$ 时($U_m\ll V_{DD}$),电路的负载线为

$$i_D=-\frac{1}{R}u_D+\frac{1}{R}(V_{DD}+u_s)$$

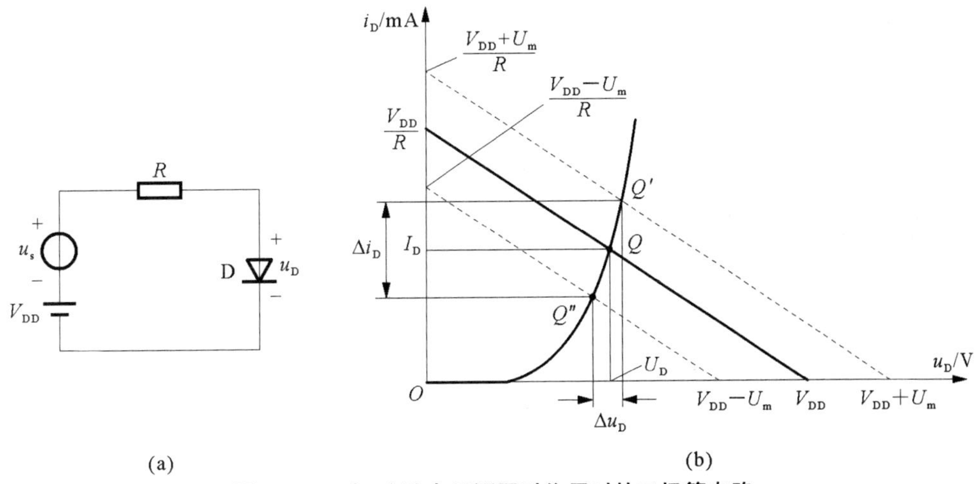

图 1.2.7　直、交流电压源同时作用时的二极管电路

(a) 电路图;(b) 图解分析

根据 u_s 的正负峰值 $+U_m$ 和 $-U_m$ 的图解可知,工作点将在 Q' 和 Q'' 之间移动,则二极管电压和电流变化为 Δu_D 和 Δi_D。

由上看出,在交流小信号 u_s 的作用下,工作点沿 V-I 特性曲线在静态工作点 Q 附近小范围内变化,此时可把二极管 V-I 特性近似为以 Q 点为切点的一条直线,其斜率的倒数就是小信号模型的微变电阻 r_d,由此得到小信号模型,如图 1.2.8 所示。

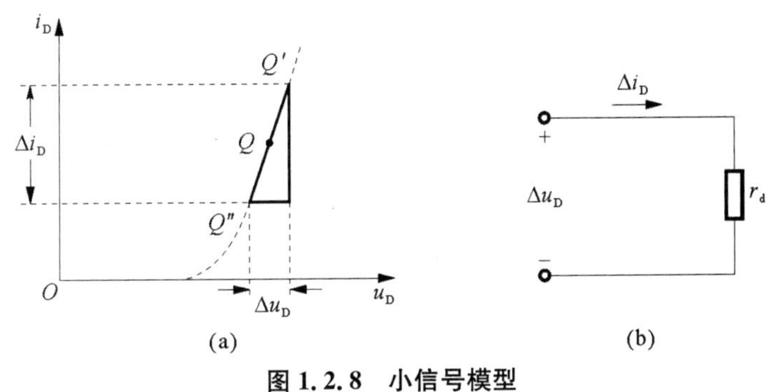

图 1.2.8　小信号模型

(a) V-I 特性;(b) 电路模型

其中,动态电阻 r_d 可以通过 $r_d=\Delta u_D/\Delta i_D$ 求得,也可以从二极管的伏安特性关系推导出来。由于二极管的端电压 u_D 和电流 i_D 满足 $i_D=I_S(e^{u_D/U_T}-1)$,取 i_D 对 u_D 的微分,可以求出二极管的动态电导

$$g_d=\frac{di_D}{du_D}=\frac{d}{du_D}[I_S(e^{u_D/U_T}-1)]=\frac{I_S}{U_T}e^{u_D/U_T} \tag{1.2.1}$$

在 Q 点处,满足 $u_D\gg U_T$,$i_D\approx I_Se^{u_D/U_T}$,则

$$g_d=\frac{I_S}{U_T}e^{u_D/U_T}\Big|_Q\approx\frac{i_D}{U_T}\Big|_Q=\frac{I_D}{U_T} \tag{1.2.2}$$

由此可得

$$r_d=\frac{1}{g_d}=\frac{U_T}{I_D}=\frac{26(\text{mV})}{I_D(\text{mA})}(常温下,T=300\ \text{K}) \tag{1.2.3}$$

上式说明,在温度一定时,r_d 的值与直流工作点 Q 的位置有关:I_{DQ} 愈大(Q 点愈高),r_d 愈小。

【例 1.2.1】 在图 1.2.9(a)所示的电路中,D 是硅二极管。采用恒压降模型,$U_D=0.7\ \text{V}$,$R=1\ \text{k}\Omega$,$V_{DD}=5\ \text{V}$,$u_s=0.1\sin\omega t(\text{V})$,求输出电压 u_O 并画出其波形。

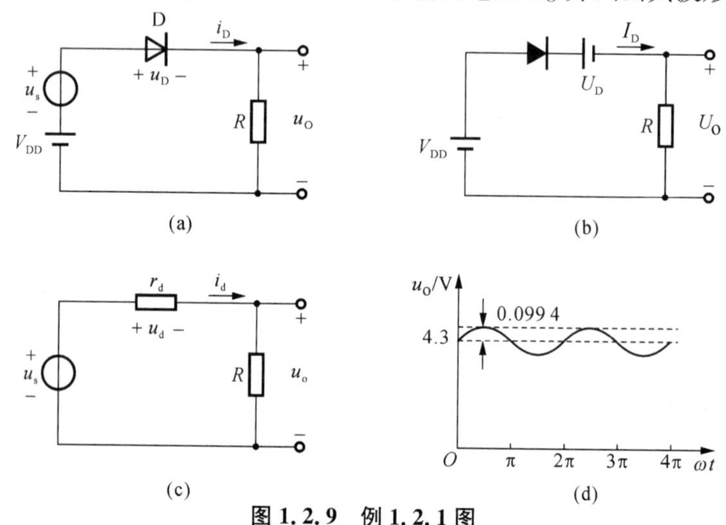

图 1.2.9 例 1.2.1 图

(a) 原理电路;(b) 恒压降模型的直流通路交流等效电路(静态);
(c) 小信号模型的交流通路(动态);(d) u_O 的波形

解:根据叠加原理,可以将电压源和 u_s 的作用单独考虑,得到相应的电路模型如图 1.2.9(b)和(c)。图(b)中只有直流分量,称为直流通路,它反映了电路的静态工作情况;图(c)中只有交流分量,称为交流通路,它反映了电路的动态工作情况。

由图(b)可确定二极管直流工作点 $Q(U_{DQ},I_{DQ})$:

$$U_{DQ}=U_D=0.7\ \text{V}$$

$$I_{DQ}=\frac{V_{DD}-U_D}{R}=\frac{4.3\ \text{V}}{1\ \text{k}\Omega}=4.3\ \text{mA}$$

输出电压的直流部分:

$$U_O=I_{DQ}R=4.3\ \text{mA}\times 1\ \text{k}\Omega=4.3\ \text{V}$$

由式(1.2.3),求得二极管微变电阻

$$r_d=\frac{U_T}{I_D}=\frac{26\ \text{mV}}{4.3\ \text{mA}}=6.0\ \Omega$$

由图(c)得到输出电压的交流部分为:

$$u_o=\frac{R}{R+r_d}\cdot u_s=\frac{1\ 000}{1\ 000+6}\times 0.1\sin\omega t(\text{V})=0.099\ 4\sin\omega t(\text{V})$$

把直流量和交流量叠加，就可得出在 V_{DD} 和 u_s 共同作用时电路的输出电压 u_O，其输出波形如图 1.2.9(d)所示。

1.2.5　二极管的应用

二极管作为基本电子元件，其应用范围较广。例如，利用二极管单向导电性，可实现将交流电变为单方向的脉动电压，此时二极管作为整流元件使用；利用二极管正向导通后，端电压基本维持不变的特性，可用于限幅电路；利用二极管的温度效应，在有关电路中可作为温度补偿元件使用，还可作为温度传感器用于温度测量中。在后续内容中，将逐步深入了解二极管的具体应用。下面仅举两个例子来说明二极管的简单应用。

1）整流电路

【例 1.2.2】　电路如图 1.2.10(a)所示，设电源电压 $u_s = 100\sin\omega t$(V)，二极管可用理想模型代替，试分析电路输出电压，并画出其波形。

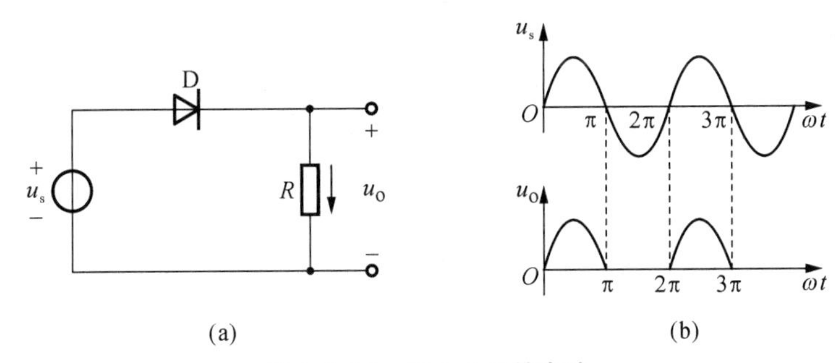

图 1.2.10　例 1.2.2 的电路

解：从输入电压表达式可见，其幅值较大。可以认为二极管工作在大信号下，因此分析时可采用理想二极管模型。电路中的 D 用理想二极管替代，当 $u_s<0$ 时，D 反偏截止，此时 $u_O=0$；当 $u_s>0$ 时，D 正偏导通，此时 $u_O=u_s$，因此可作出 u_O 的波形如图 1.2.10(b)所示。上述分析表明，此电路是利用 D 的单向导电性，使流过负载电阻 R 的电流方向保持不变，这种作用即为整流。

2）限幅电路

在电子电路中，常常采用限幅电路对各种信号进行处理，使信号在预定的电压范围内有选择地传输一部分。

【例 1.2.3】　二极管双向限幅电路如图 1.2.11(a)所示，若输入电压 $u_s=5\sin\omega t$(V)，试采用恒压降模型分析并画出电路输出电压的波形，设二极管的 U_D 为 0.7 V。

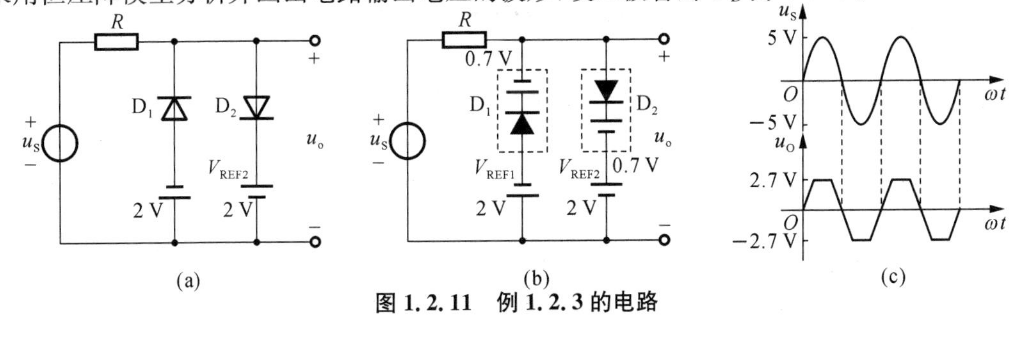

图 1.2.11　例 1.2.3 的电路

解:用恒压降模型等效电路代替实际二极管,等效电路如图 1.2.11 (b)所示,当 $u_s<-2.7$ V 时,D_2 反偏截止,D_1 正偏导通,输出电压被钳位在-2.7 V;当-2.7 V$<u_s<+2.7$ V 时,D_1、D_2 均反偏截止,此时 R 中无电流,所以 $u_O=u_s$;当 $u_s>2.7$ V 时 D_2 导通,D_1 截止,输出电压 u_O 被钳位在$+2.7$ V,综合上述分析,可画出如图 1.2.11(c)所示的波形。输出电压的幅值被限制在±2.7 V 之间。

1.2.6 特殊二极管

1) 齐纳二极管

齐纳二极管又称稳压管,是一种用特殊工艺制造的面结型硅半导体二极管,其代表符号如图 1.2.12(a)所示。稳压管在反向击穿时,在一定的电流范围内(或者说在一定的功率范围内),端电压几乎不变,表现出稳压特性,因而广泛用于稳压电源与限幅电路之中。

(1) 稳压管的伏安特性

当反向电压加到某一定值时,反向电流急增,产生反向击穿,如图 1.2.12(b)所示。图中的 U_Z 表示反向击穿电压,即稳压管的稳定电压,它是在特定的测试电流 I_{ZT} 下得到的电压值。

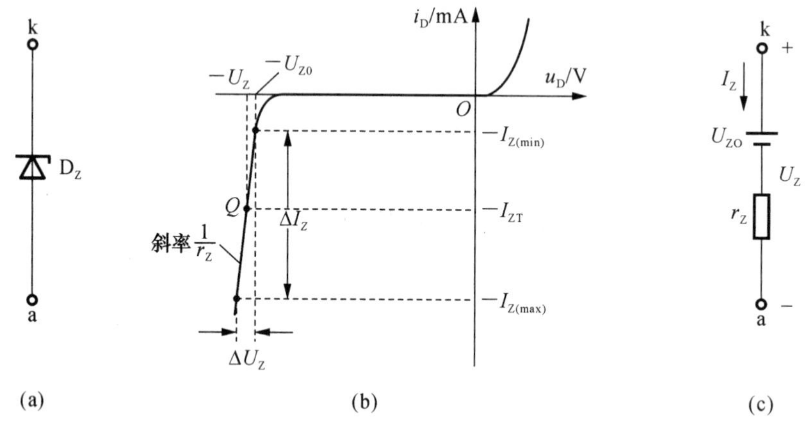

图 1.2.12 稳压管电路符号和伏安特性曲线

(a) 稳压管符号;(b) 伏安特性曲线;(c) 反向击穿时的模型

稳压管的稳压作用在于,电流增量 ΔI_Z 很大,只引起很小的电压变化 ΔU_Z。曲线愈陡,动态电阻 $r_Z=\Delta U_Z/\Delta I_Z$ 愈小,稳压管的稳压性能愈好。$-U_{Z0}$ 是过 Q 点(测试工作点)的切线与横轴的交点,切线的斜率为 $1/r_Z$。I_{Zmin} 和 I_{Zmax} 为稳压管工作在正常稳压状态的最小和最大工作电流。反向电流小于 I_{Zmin} 时,稳压管进入反向截止状态,稳压特性消失;反向电流大于 I_{Zmax} 时,稳压管可能被烧毁。根据稳压管的反向击穿特性,得到图 1.2.12(c)的等效模型。由于稳压管正常工作时,都处于反向击穿状态,所以图 1.2.12(c)中稳压管的电压、电流参考方向与普通二极管标法不同。U_Z 的假定正向如图(c)所示,因此有

$$U_Z=U_{Z0}+r_ZI_Z \tag{1.2.4}$$

一般稳压值 U_Z 较大时,可以忽略 r_Z 的影响,即 $r_Z=0$,U_Z 为恒定值。

由于温度对半导体导电性能有影响,所以温度也将影响 U_Z 的值。影响程度由温度系数衡量,一般不超过每度(℃)$\pm10\times10^{-4}$ 的范围。

(2) 稳压二极管基本应用电路

稳压管构成的稳压电路如图 1.2.13 所示，电路由稳压二极管 D_Z、限流电阻 R 和负载电阻 R_L 组成。限流电阻 R 可以保证稳压管工作在反向击穿区，同时保护稳压管不会过流损坏。负载电阻与稳压管两端并联，故称为并联式稳压电路。

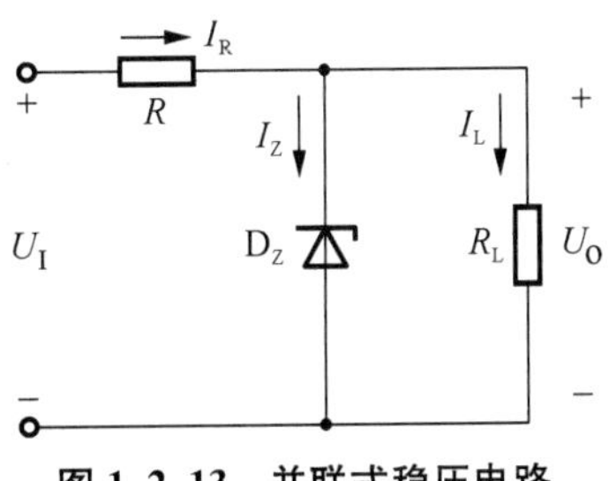

图 1.2.13　并联式稳压电路

① 稳压原理

稳压电路的作用是当输入电压 U_I 值发生变化或负载电阻 R_L 发生变化时，使输出电压 U_O 基本保持不变。以下分别针对这两种情况来讨论稳压的原理。

首先讨论输入电压 U_I 变化，负载电阻 R_L 不变时的情况。假设 U_I 变大，输出电压会有相同的变化趋势，即 U_O 也变大。稳压管两端电压 $U_Z=U_O$，由稳压管伏安特性曲线可知，U_Z 增大，稳压管工作电流 I_Z 也随之增大。由基尔霍夫电流定律可知 $I_R=I_Z+I_L$，所以 I_R 增大，U_R 增大，从而使 U_O 有减小的趋势。如果电路参数选择合适，能够使 U_R 的增量等于 U_I 的增量，最终 U_O 将保持不变。其稳压过程如下：

$$U_I\uparrow \rightarrow U_O\uparrow \rightarrow U_Z\uparrow \rightarrow I_Z\uparrow \rightarrow I_R\uparrow \rightarrow U_R\uparrow \rightarrow U_O\downarrow$$

若输入电压 U_I 不变，负载电阻 R_L 变小，即负载电流增大，则电流 I_R 增大，U_R 增大，输出电压 U_O 减小。而 U_O 减小即 U_Z 减小，会使 I_Z 急剧减小，I_R 也会减小，U_O 增大。U_O 先减小，后增大，最终基本保持不变，其稳压过程如下：

$$R_L\downarrow \rightarrow U_O\downarrow \rightarrow U_Z\downarrow \rightarrow I_Z\downarrow \rightarrow I_R\downarrow \rightarrow U_R\downarrow \rightarrow U_O\uparrow$$

稳压管之所以能够在电路中起到稳压的作用，是利用稳压管的电流调节作用，通过限流电阻 R 上电压的变化进行补偿，最终实现稳定输出电压的作用。因此，稳压管的动态电阻越小，伏安特性曲线越陡直，限流电阻 R 越大，稳压效果就越好。

② 稳压管应用举例

【例 1.2.5】 电路如图 1.2.13 所示，$U_I=15\ \text{V}$，稳压管稳定电压 $U_Z=6\ \text{V}$，最小稳定电流 $I_{Zmin}=5\ \text{mA}$，最大稳定电流 $I_{Zmax}=20\ \text{mA}$，负载电阻 $R_L=600\ \Omega$。求解限流电阻 R 的取值范围。

解：

$$I_L=\frac{U_Z}{R_L}=\frac{6\ \text{V}}{600\ \Omega}=10\ \text{mA}$$

$$I_R=I_L+I_Z$$

$$I_{Rmax}=I_L+I_{Zmax}=10\ \text{mA}+20\ \text{mA}=30\ \text{mA}$$

$$I_{Rmin}=I_L+I_{Zmin}=10\ \text{mA}+5\ \text{mA}=15\ \text{mA}$$

$$R_{min}=\frac{U_I-U_Z}{I_{Rmax}}=\frac{15\ \text{V}-6\ \text{V}}{30\ \text{mA}}=0.3\ \text{k}\Omega$$

$$R_{max}=\frac{U_I-U_Z}{I_{Rmin}}=\frac{15\ \text{V}-6\ \text{V}}{15\ \text{mA}}=0.6\ \text{k}\Omega$$

限流电阻的阻值必须在0.3～0.6 kΩ之间,才能保证稳压管正常工作。在工程实践中,根据实际情况可以选用标称值为470 Ω或510 Ω的电阻。

③ 稳压管和普通二极管的区分

普通二极管一般在正向电压下工作,而稳压管则在反向击穿状态下工作,二者用法不同。此外,普通二极管的反向击穿电压一般较大,高的可达几百伏至上千伏,而且反向击穿区的伏安特性曲线不陡,即反向击穿电压的范围较大,动态电阻也比较大。而当稳压管的反向电压超过其工作电压时,反向电流将会突然增大,两端电压基本保持恒定,对应的反向伏安特性曲线非常陡,动态电阻很小。

2) 发光二极管

发光二极管简称为LED,是一种将电能转换为光能的半导体器件,发光二极管包含可见光、不可见光、激光等类型。

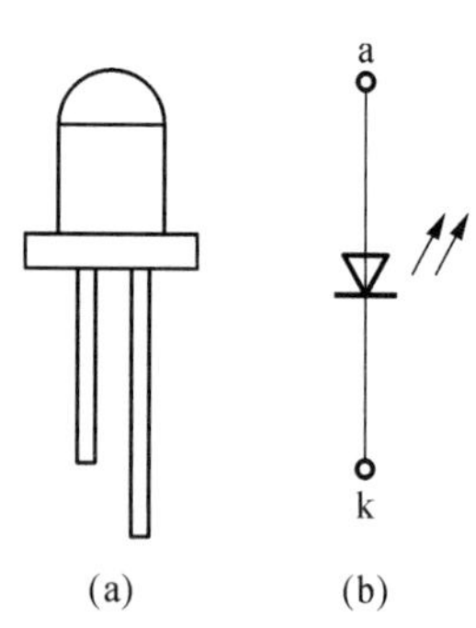

图1.2.14　发光二极管

(a) 外形;(b) 符号

按功能,发光二极管可分为普通发光二极管、高亮度发光二极管、超高亮度发光二极管、闪烁发光二极管、变色发光二极管、压控发光二极管、红外发光二极管和负阻发光二极管等。发光二极管的结构与普通二极管一样,是由PN结组成,伏安特性曲线也类似,同样具有单向导电性。但正向导通电压比普通二极管高,红色的导通电压在1.6 ～1.8 V范围内,绿色的导通电压在2.2～2.4 V范围内。当发光二极管加上正向电压后,注入N区和P区的载流子被复合而释放能量,当电流加大到一定值时开始发光,发光的亮度与正向电流成正比。电流越大,发光的亮度越强。但使用时应注意,不要超过其最大功耗以及最大正向电流和反向最大工作电压,以免为了追求发光二极管的亮度而忽略了安全性。发光二极管由于体积小、工作电压低、工作电流小、发光均匀稳定、响应速度快、寿命长等优点,被广泛应用于各种电子电路、家电、仪器设备,作为电源指示、报警指示、输入/输出指示等,其外形如图1.2.14(a)所示。发光二极管除单独使用外,还可用多个PN结按分段式制成数码管或阵列显示器。发光二极管的符号如图1.2.14(b)所示。通常发光二极管可分成以下几种:

a. 普通单色发光二极管:它具有体积小、工作电压低、工作电流小、发光均匀稳定、响应速度快、寿命长等优点,可用各种直流、交流、脉冲等电源驱动点亮,它属于电流控制型半导体器件,使用时需串接合适的限流电阻。

b. 高亮度单色发光二极管和超高亮度单色发光二极管:它们使用的半导体材料与普通单色发光二极管不同,所以发光的强度也不同。通常,高亮度单色发光二极管使用砷铝化镓等材料,超高亮度单色发光二极管使用磷铟砷化镓等材料,而普通单色发光二极管使用磷化镓或磷砷化镓等材料。

c. 变色发光二极管:它是能变换发光颜色的发光二极管,按发光颜色种类可分为双色发光二极管、三色发光二极管和多色(有红、蓝、绿、白四种颜色)发光二极管。

d. 闪烁发光二极管(BTS):它是一种由CMOS集成电路和发光二极管组成的特殊发光器件,可用于报警指示及欠压、超压指示。闪烁发光二极管在使用时,无需外接其他元件,只要在其引脚两端加上适当的直流工作电压(5 V)即可闪烁发光。

e. 电压控制型发光二极管：普通发光二极管属于电流控制型器件，在使用时需串接合适的限流电阻，电压控制型发光二极管（BTV）是将发光二极管和限流电阻集成制作为一体，使用时可直接并接在电源两端。电压控制型发光二极管的发光颜色有红、黄、绿等，工作电压有 5 V、9 V、12 V、18 V、19 V、24 V 共 6 种规格。

f. 红外发光二极管：也称红外线发射二极管，它是可以将电能直接转换成红外光（不可见光）并能辐射出去的发光器件，主要应用于各种光控及遥控发射电路中。红外发光二极管的结构、原理与普通发光二极管相近，只是使用的半导体材料不同，红外发光二极管通常使用砷化镓、砷铝化镓等材料，采用全透明或浅蓝色、黑色的树脂封装。

3）光电二极管

光电二极管是电子电路中广泛采用的光敏器件，也是由 PN 结组成的半导体器件，同样具有单向导电特性。电路中光电二极管不是作整流元件，而是通过管壳上的玻璃窗口接受外部的光照，把光信号转换成电信号的光电传感器件。光电二极管工作在反向工作区，图 1.2.15(a)是光电二极管的符号，图 1.2.15(b)是它的电路模型，图 1.2.15(c)是它的伏安特性曲线。普通二极管在反向电压作用时处于截止状态，只能流过微弱的反向电流，而光电二极管在设计和制作时尽量使 PN 结的面积相对较大，以便接收入射光。没有光照时，反向电流极其微弱，称为暗电流；有光照时，携带能量的光子进入 PN 结后，把能量传给共价键上的束缚电子，使部分电子挣脱共价键的束缚，产生电子-空穴对，它们在反向电压作用下做漂移运动，使反向电流明显变大，可以迅速增大到几十微安，光的强度越大，反向电流也就越大，特性曲线下移，呈线性关系，是一组与横坐标轴平行的曲线。发光二极管在反向电压下受到光照而产生的电流称为光电流。光的变化可以引起光电二极管电流的变化，光照强度一定时，光电二极管可等效成恒流源，能够把光信号转换成电信号，成为光电传感器件，广泛应用于遥控、报警及光电传感器中。

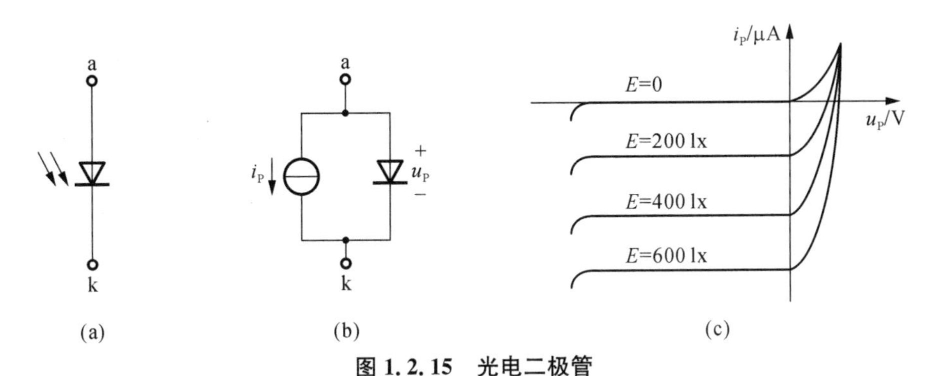

图 1.2.15　光电二极管

(a) 符号；(b) 电路模型；(c) 伏安特性曲线

随着科学技术的不断发展，光信号在信号传输和存储等环节中的应用也越来越广泛。在电话、计算机网络、声像演唱设备和计算机存储等设备中均采用现代化的光电子系统。光电子器件具有抗干扰能力强，传输信息量大，传输损耗小，可靠性高的优点，可广泛应用于光信号的接口系统中。例如，在光纤传输系统中，利用发光二极管先将电信号转变为光信号，通过光缆传输，再用光电二极管接收，再现电信号。光电传输系统原理图如图 1.2.16 所示。

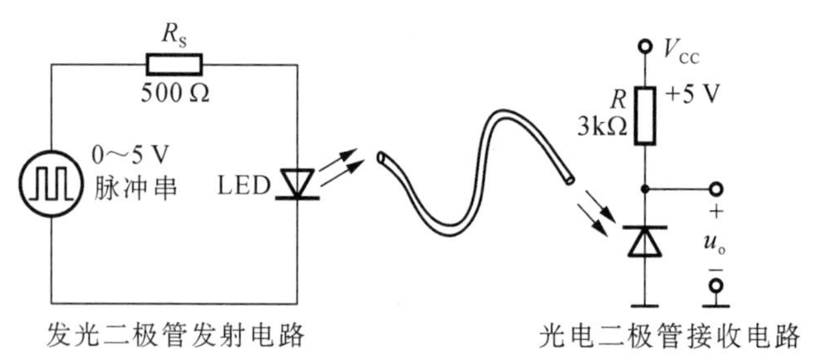

图 1.2.16 光电传输系统原理图

4）变容二极管

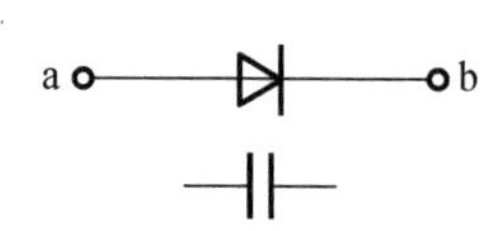

图 1.2.17 变容二极管的电路符号

变容二极管是利用 PN 结电容(势垒电容)与其反向偏置电压 U_R 的依赖关系及原理制成的二极管。材料多为硅或砷化镓单晶，并采用外延工艺技术。反偏电压越大，二极管的结电容越小。不同型号的管子，电容的最大值不同，一般在 5 ～300 pF 之间。目前，变容二极管的电容最大值和最小值之比称为变容比，数值一般在 20 以上。变容二极管的电路符号如图 1.2.17 所示。其广泛应用在高频技术中，例如，电视机普遍采用的电子调谐器，就是通过控制直流电压来改变二极管的结电容量，从而改变谐振频率，实现频道选择的。

5）肖特基二极管

肖特基二极管是肖特基势垒二极管的简称，是采用贵金属(金、银、铝、铂等)为正极，以 N 型半导体为负极，利用二者接触面上形成的势垒具有整流特性而制成的金属-半导体器件。因此，肖特基二极管也称为金属-半导体(接触)二极管或表面势垒二极管。它是一种热载流子二极管，其电路符号如图 1.2.18(a)所示，阳极连接金属，阴极连接 N 型半导体。N 型半导体中存在着大量的电子，贵金属中仅有极少量的自由电子，电子便从浓度高的区域向浓度低的区域中扩散。由于金属中没有空穴，也就不存在少数载流子在 PN 结附近积累和消散的过程，故肖特基二极管开关速度非常快，开关损耗也特别小，尤其适合于高频应用。

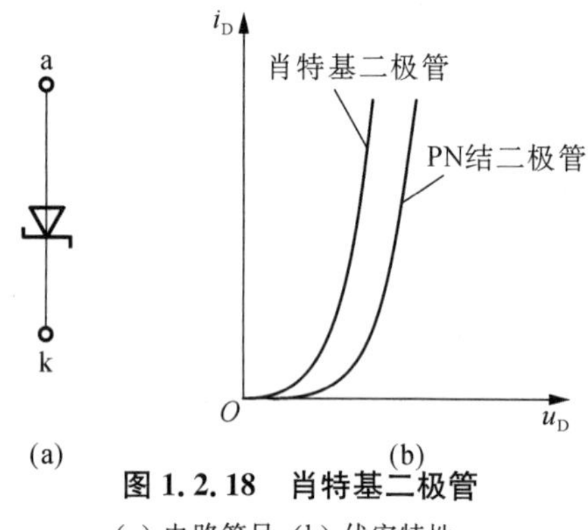

图 1.2.18 肖特基二极管

(a) 电路符号；(b) 伏安特性

此外，由于金属是良导体，因此肖特基二极管的耗尽区也只存在于 N 型半导体一侧，且相对较薄。这就使得其正向开启电压和正向压降都比普通 PN 结二极管低。同时，耗尽层很薄也使得反向击穿电压比较低，且反向漏电流比普通二极管大。肖特基二极管的结构及特点使其适合于在低压、大电流输出场合作为高频整流元件；在工作频率非常高的情况下，用于检波和混频；在高速逻辑电路中，肖特基二极管 TTL 集成电路是 TTL 电路的主流，广泛应用在高速计算机中。

1.3　双极结型三极管

双极结型三极管(Bipolar Junction Transistor，BJT)因其有自由电子和空穴两种极性的载流子参与导电而得名。它的种类很多，按照所用的半导体材料分，有硅管和锗管；按照工作频率分，有低频管和高频管；按照功率分，有小、中、大功率管等。常见的 BJT 外形如图 1.3.1 所示。

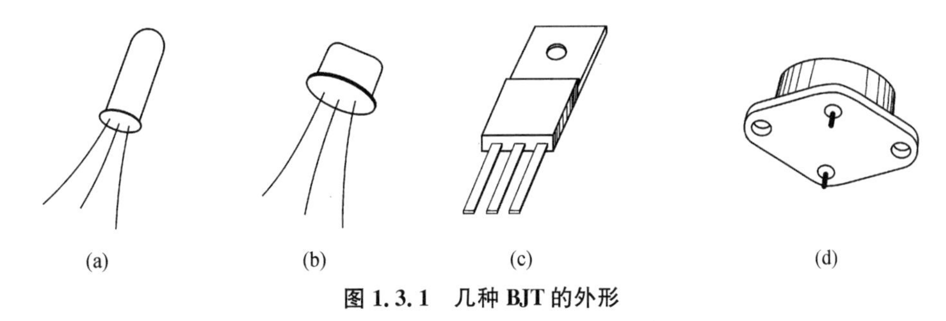

图 1.3.1　几种 BJT 的外形

1.3.1　BJT 的结构简介

BJT 的结构示意图如图 1.3.2(a)、(b)所示。在一个硅(或锗)片上生成三个杂质半导体区域，一个 P 区(或 N 区)夹在两个 N 区(或 P 区)中间。因此，BJT 有两种类型：NPN 型和 PNP 型。从三个杂质区域各自引出一个电极，分别叫做发射极 e、基极 b、集电极 c，它们对应的杂质区域分别称为发射区、基区、集电区。BJT 结构上的特点是：基区很薄(微米数量级)，而且掺杂浓度很低；发射区和集电区是同类型的杂质半导体，但前者比后者掺杂浓度高很多，而集电区的面积比发射区面积大，因此它们不是电对称的。三个杂质半导体区域之间形成两个 PN 结，发射区与基区间的 PN 结称为发射结，集电区与基区间的 PN 结称为集电结。图 1.3.2(c)、(d)分别是 NPN 型和 PNP 型 BJT 的符号，其中发射极上的箭头表示发射结加正偏电压时，发射极电流的实际方向。

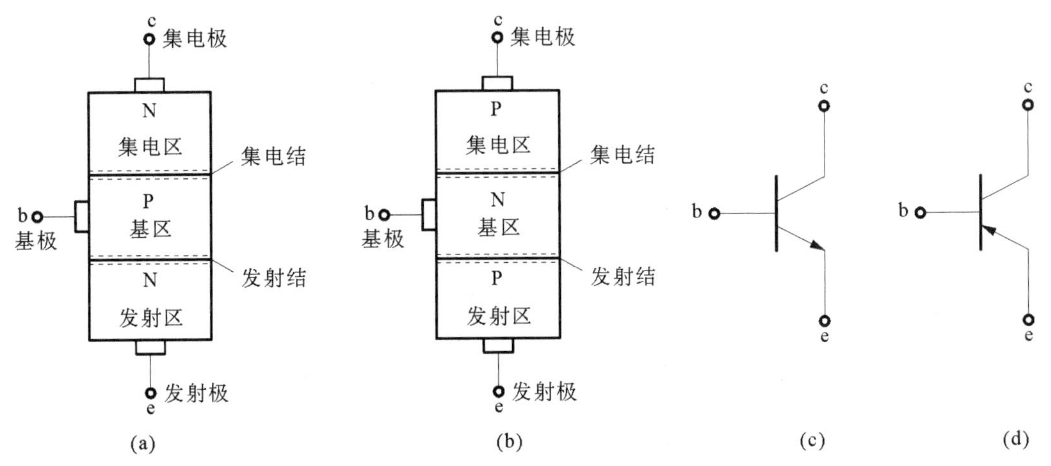

图 1.3.2　两种类型 BJT 的结构示意图及其电路符号

本节主要讨论 NPN 型 BJT 及其电路,但结论对 PNP 型同样适用,只不过两者所需电源电压的极性相反,产生的电流方向相反。

1.3.2　BJT 的工作原理与电流分配关系

根据 BJT 发射结和集电结所加偏置电压的不同,BJT 可分为以下四种工作状态。

a. 放大状态:发射结正偏,集电结反偏。其主要特征是 BJT 具备正向电流控制作用,它是实现信号放大的基础。

b. 饱和状态:发射结、集电结均正偏。此时,BJT 集电极与发射极之间的电压降很小,相当于开关的闭合。

c. 截止状态:发射结、集电结均反偏。此时,BJT 集电极与发射极之间有极小的漏电流流过,相当于开关的断开。

d. 倒置状态:发射结反偏,集电结正偏。由于与放大状态的偏置电压极性正好相反,因此得名。

在放大电路中,BJT 工作在放大状态;在数字电路(或逻辑电路)中,BJT 工作在饱和或截止状态,通常称为开关状态,该状态表现出的受控开关特性是开关电路的基础;倒置状态很少应用。本节主要讨论 BJT 在放大状态下的载流子传输过程,即正向电流控制作用的工作原理。

1) BJT 内部载流子的运动规律

(1) 发射区向基区注入自由电子

由于发射结正偏,耗尽层变薄,有利于多数载流子扩散运动,发射区中的多子自由电子向基区扩散,形成电子扩散电流 I_{EN};基区的多子空穴向发射区扩散,形成空穴电流 I_{EP},二者之和就是发射极电流 I_E,如图 1.3.3 所示,即

$$I_E = I_{EN} + I_{EP} = I_{ES}(e^{u_{BE}/U_T} - 1) \tag{1.3.1a}$$

式中 I_{ES} 为发射结的反向饱和电流,其值与发射区与基区的掺杂浓度、温度有关,也与发射区的面积有关。

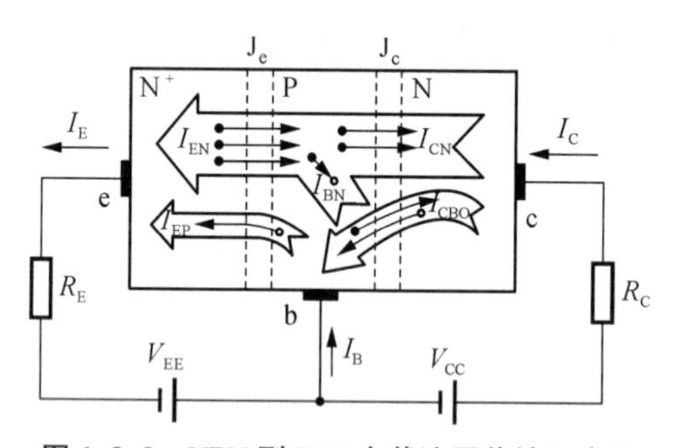

图 1.3.3　NPN 型 BJT 中载流子传输示意图

由于发射区的掺杂浓度远高于基区掺杂浓度,所以 $I_{EN} \gg I_{EP}$,故发射极电流 I_E 为

$$I_E = I_{EN} + I_{EP} \approx I_{EN} \tag{1.3.1b}$$

(2) 自由电子在基区中的扩散与复合

由发射区注入基区的自由电子,成为基区的非平衡少子,在基区靠近发射结的边界积累

起来，在发射结附近的浓度最高，离发射结越远浓度越低，在基区形成了一定的浓度梯度，因此自由电子在基区内将继续向集电结运动，在运动过程中与基区的多子空穴产生复合。同时，电源 V_{EE} 不断地从基区拉走自由电子，等效于向基区提供空穴，使基区空穴的浓度基本保持平衡。由于基区很薄且掺杂浓度很低，因此从发射区注入基区的自由电子只有少部分与空穴复合形成基区复合电流 I_{BN}。绝大部分自由电子到达集电结边缘，并被集电结的反向电场拉向集电区，形成 I_{CN}。故

$$I_{BN}=I_{EN}-I_{CN} \tag{1.3.2}$$

(3) 集电区收集载流子

由于集电结反偏且结面积较大，在集电结内部产生较强的电场，在基区中运动到集电结边缘的自由电子在集电结电场的作用下迅速漂移通过集电结，被集电区收集，形成 I_{CN}。同时，由于集电结反偏，有利于少子的漂移运动，基区中的少子自由电子和集电区中的少子空穴形成集电结反向漂移电流 I_{CBO}，称为集电结反向饱和电流，数值很小，故集电极电流为

$$I_C=I_{CN}+I_{CBO}\approx I_{CN} \tag{1.3.3}$$

由图 1.3.3 可以看出，基极电流为

$$I_B=I_{EP}+I_{BN}-I_{CBO} \tag{1.3.4}$$

由于 I_{EP}，I_{CBO} 都很小，故

$$I_B\approx I_{BN} \tag{1.3.5}$$

BJT 三个电极的电流应满足 KCL 节点方程，即

$$I_E=I_B+I_C \tag{1.3.6}$$

式(1.3.6)也可由式(1.3.1)～式(1.3.4)得到验证。

从以上分析可以看出，在忽略 I_{EP}、I_{CBO} 的情况下，BJT 内部载流子的传输过程概括为：由发射区注入基区的自由电子，一部分与空穴复合，绝大部分被集电区收集。当 BJT 制成以后，由于各区的掺杂浓度、宽度都已经确定，故载流子复合所占的比例也就确定了，该比例越小越好，即希望发射区注入基区的自由电子尽可能多地被集电区收集。因此要求发射区的掺杂浓度远大于基区和集电区的掺杂浓度，发射结正偏，有利于发射区发射载流子；基区很薄，且掺杂浓度很低，有利于传送载流子；集电结反偏且结面积较大，便于收集载流子。可见，发射区的作用是向基区注入自由电子，故名发射区；基区的作用是传送和控制由发射区注入的自由电子；集电区则是收集经基区传输过来的自由电子，故名集电区。I_E，I_C 主要为电子电流，而 I_B 主要为空穴电流，在 BJT 内部由于两种载流子参与导电，故称为双极型三极管。

综上所述，晶体三极管的正向电流控制作用是通过如下过程来实现的：发射结的正偏电压控制 I_E 和 I_B 的大小，由发射区注入的载流子通过扩散、集电区收集而转化为 I_C，这种转化几乎不受集电结反偏电压的影响。正是这种正向电流控制作用，使得 BJT 可以实现放大作用。由于电流 I_{EP}、I_{CBO} 对放大没有贡献，因此希望它们的数值越小越好。需要说明的是，简单地将两个 PN 结背靠背地连在一起并不能构成具有放大作用的 BJT。另外，要想构成具有放大作用的 BJT，不仅需要一定的内部条件，还需要相应的外部条件。只有内因和外因

同时具备时,晶体三极管才能实现放大作用。

2) BJT的电流传输关系

BJT为三端器件,通常可以等效为一个双口网络,作为双口网络应用时,通常有一个电极作为输入和输出端口的公共端点。根据公共端点的不同,BJT有共基极(CB,简称共基)、共发射极(CE,简称共射)和共集电极(CC,简称共集)三种连接方式,即三种基本工作组态,如图1.3.4所示。对于三种不同的组态,在放大状态下,BJT内部载流子的运动规律是相同的,但是不同组态下的输入变量、输出变量不同,因而输出电流与输入电流之间的关系也不同。

(1) 共基组态的电流传输关系

如图1.3.4(a)所示,共基组态的输入电流为I_E,输出电流为I_C,电流传输关系即I_{CN}和I_E之间的关系。引入参数$\bar{\alpha}$,并定义为

$$\bar{\alpha}=\frac{I_{CN}}{I_E} \tag{1.3.7}$$

将式(1.3.7)代入式(1.3.3),可得

$$I_C=\bar{\alpha}I_E+I_{CBO} \tag{1.3.8}$$

式(1.3.8)描述了共基组态输出电流I_C受输入电流I_E的控制作用,称为共基直流电流传输方程。式中,$\bar{\alpha}$称为共基直流电流放大系数,表示I_E转化为I_C的能力。显然,其值恒小于1而近似为1,其典型值为0.950～0.995。为了使$\bar{\alpha}$接近1,要求$I_{EP} \ll I_{EN}$、$I_{BP} \ll I_{CN}$,即要求发射区掺杂浓度高、基区掺杂浓度低且很薄。若忽略I_{CBO},则该电流传输方程可简化为

$$I_C=\bar{\alpha}I_E \tag{1.3.9}$$

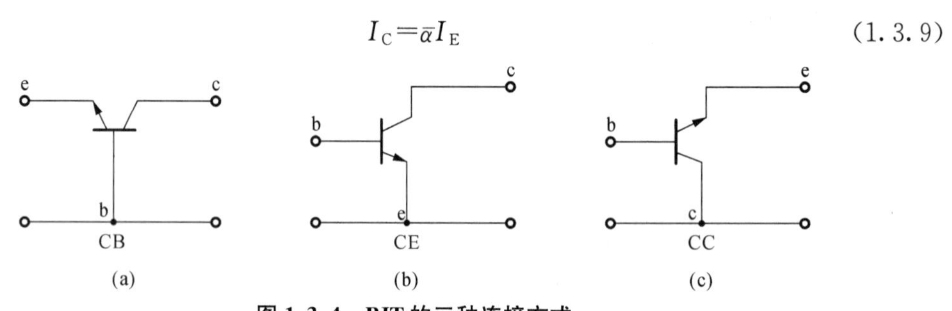

图1.3.4　BJT的三种连接方式

(a) 共基极;(b) 共发射极;(c) 共集电极

(2) 共射组态的电流传输关系

如图1.3.4(b)所示,共射组态的输入电流为I_B,输出电流为I_C,电流传输关系即I_C与I_B之间的关系。由于$I_C=\bar{\alpha}(I_C+I_B)+I_{CBO}$,整理可得

$$I_C=\frac{\bar{\alpha}}{1-\bar{\alpha}}I_B+\frac{1}{1-\bar{\alpha}}I_{CBO} \tag{1.3.10}$$

引入参数$\bar{\beta}$和I_{CEO},并分别定义为

$$\bar{\beta}=\frac{\bar{\alpha}}{1-\bar{\alpha}} \tag{1.3.11}$$

$$I_{CEO}=\frac{1}{1-\bar{\alpha}}I_{CBO}=(1+\bar{\beta})I_{CBO} \tag{1.3.12}$$

则

$$I_C = \bar{\beta} I_B + I_{CEO} \tag{1.3.13}$$

式(1.3.13)即为共射直流电流传输方程。$\bar{\beta}$ 为共射直流电流放大系数，一般为几十至几百；I_{CEO} 是基极开路即 $I_B=0$ 时流过集电极与发射极之间的电流，称为穿透电流。通常 I_{CEO} 很小，式(1.3.13)可简化为

$$I_C \approx \bar{\beta} I_B \tag{1.3.14}$$

式(1.3.14)体现了共射组态接法时基极电流对集电极电流的正向控制作用。

(3) 共集组态的电流传输关系

如图 1.3.4(c)所示，共集组态的电流传输关系描述的是输出电流 I_E 与输入电流 I_B 之间的关系。由式(1.3.6)和式(1.3.13)可得

$$I_E = I_B + I_C = (1+\bar{\beta}) I_B + I_{CEO} \tag{1.3.15}$$

式(1.3.15)即为共集组态下的直流电流传输方程。可见，BJT 的三种组态在放大状态时，输入电流对输出电流都有正向控制作用，这就是 BJT 能够实现信号放大的机理。

下面再以共射放大电路为例说明晶体三极管具有电压放大作用的机理。如图 1.3.5 所示，V_{BB} 使发射结正偏，V_{CC} 使集电结反偏。

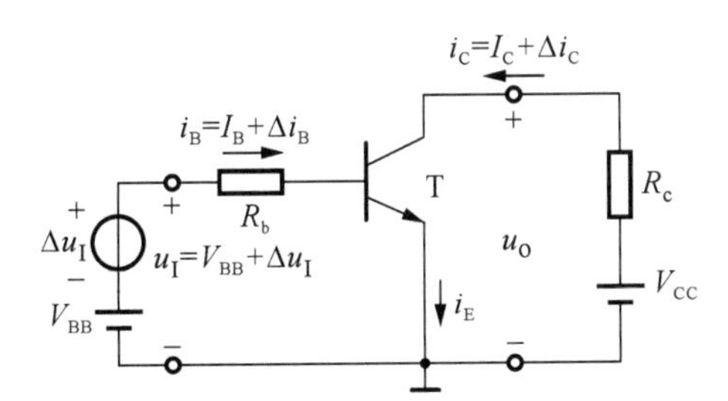

图 1.3.5　简单电压放大电路的原理图

由于输入加入一个变化量 Δu_I，则各极电流将产生一个变化量。设其变化量分别为 Δi_E、Δi_C 及 Δi_B。Δi_C 和 Δi_B 的比值称为共射交流电流放大系数，用 β 表示。即

$$\beta = \frac{\Delta i_C}{\Delta i_B} \tag{1.3.16}$$

在图 1.3.5 中，共射放大电路在输入电压 u_I 作用下，i_B 和 i_C 分别为

$$i_B = I_B + \Delta i_B$$
$$i_C = I_C + \Delta i_C$$

式中，i_B 和 i_C 分别为流过基极总电流和流过集电极总电流，用小写字母加大写下标表示。I_B、I_C 分别表示基极和集电极直流电流，用大写字母加大写下标表示。由式(1.3.16)可得

$$\Delta i_C = \beta \Delta i_B$$

因为

$$u_O=V_{CC}-i_CR_c=V_{CC}-(I_C+\Delta i_C)R_c$$

所以

$$\Delta u_O=-\Delta i_CR_c$$

又因为

$$u_I=V_{BB}+\Delta u_I=i_B(R_b+r_{be})=(I_B+\Delta i_B)(R_b+r_{be})$$

式中，r_{be} 为晶体三极管的输入电阻。于是

$$\Delta u_I=\Delta i_B(R_b+r_{be}) \tag{1.3.17}$$

现定义电路的电压放大倍数 A_u 为

$$A_u=\frac{\Delta u_O}{\Delta u_I}$$

$$A_u=\frac{-\Delta i_CR_c}{\Delta i_B(R_b+r_{be})}=-\beta\frac{R_c}{R_b+r_{be}} \tag{1.3.18}$$

因 $\beta\gg1$，如果 R_c 与(R_b+r_{be})为同一个数量级，则$|A_u|\gg1$。

由上述分析可以得出，晶体管在放大工作状态下，流过反偏的集电结电流受正偏发射结电压控制，而几乎不受反偏集电结电压影响，这称为三极管的输入结电压对输出结电流的正向控制作用，可以实现对信号放大。对于共射放大电路，若负载电阻的值取得合理时，不仅有电流放大作用，而且有电压放大作用。

1.3.3　BJT 的 $V-I$ 特性曲线

在讨论了 BJT 中载流子的运动规律、电流分配关系和电流传输方程的基础上，下面我们来讨论 BJT 的外部电流与外部电压之间的关系，也就是 BJT 的特性曲线或伏安特性曲线。由于生产工艺等原因，BJT 特性存在一定的离散性，即使同一批同型号的管子，特性也会存在一定的差异，因此器件手册中所给出的特性曲线仅仅是典型曲线，BJT 的实际特性曲线可以通过晶体管特性图示仪测得。BJT 作为双口网络应用时，其输入、输出端口均有端电压和端电流两个变量，共有四个端变量。因此，要在平面坐标系上描述 BJT 的伏安特性，就需要采用两组曲线族，其中用得最多的两组曲线族是输入特性曲线族和输出特性曲线族。前者是以输出电压为参变量，描述输入电流与输入电压之间关系的曲线族；后者是以输入电流为参变量，描述输出电流与输出电压之间关系的曲线族。由于 BJT 有共射、共集和共基三种连接组态，不同组态连接时有不同的端电压和端电流，因此相应地有三种不同的特性曲线，所有不同形式的特性曲线实际上都是 BJT 内部载流子运动的外部表现。限于篇幅，本书仅介绍应用最多的共射组态的特性曲线。

1）输入特性

当 U_{CE} 不变时，输入回路中的电流 I_B 与电压 U_{BE} 之间的关系曲线称为输入特性曲线，可用以下表达式来表示

$$i_B=f(u_{BE})\Big|_{u_{CE}=\text{常数}} \tag{1.3.19}$$

先来研究 $U_{CE}=0$ 时的输入特性曲线。由输出特性曲线测试电路图 1.3.6(a)可见，当 $U_{CE}=0$ 时，从三极管的输入回路看，基极和发射极之间相当于两个 PN 结（发射结和集电结）并联，如图 1.3.6(b)所示。所以，当 b、e 之间加上正向电压时，三极管的输入特性应为两个二极管并联后的正向伏安特性曲线，见图 1.3.7(a)中左边一条特性曲线。此曲线应满足二极管 PN 结方程。

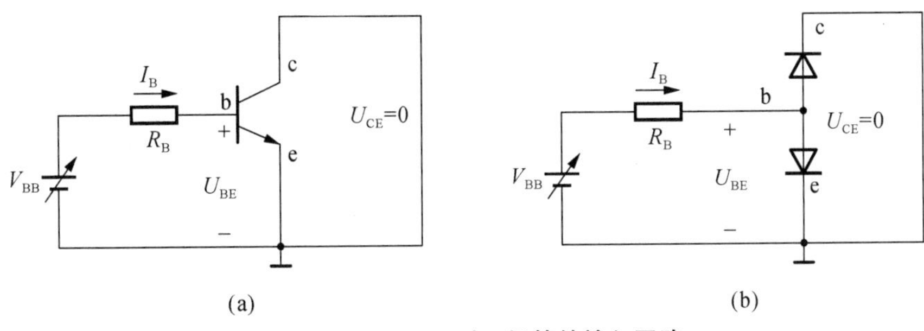

图 1.3.6　$U_{CE}=0$ 时三极管的输入回路

当 $U_{CE}>0$ 时，这个电压的极性将有利于将发射区扩散到基区的电子收集到集电极。如果 $U_{CE}>U_{BE}$ 则三极管的发射结正向偏置，集电结反向偏置，三极管处于放大状态。此时发射区发射的电子只有一小部分在基区与空穴复合，成为 I_B，大部分将被集电极收集，成为 I_C。所以，与 $U_{CE}=0$ 时相比，在同样的 U_{BE} 之下，基极电流 I_B 将大大减小，结果输入特性将右移，见图 1.3.7(a)中右边一条特性曲线。当 U_{CE} 继续增大时，严格地说，输入特性曲线应继续右移。但是，当 U_{CE} 大于某一数值（例如 1 V）以后，在一定的 U_{BE} 之下，集电结的反向偏置电压已足以将注入基区的电子基本上都收集到集电极，即使 U_{CE} 再增大，I_B 也不会减小很多。因此，U_{CE} 大于某一数值以后，不同 U_{CE} 的各条输入特性曲线十分密集，几乎重叠在一起，所以，常常用 U_{CE} 大于 1 V 时的一条输入特性曲线来近似 U_{CE} 大于 1 V 的所有曲线。

2）输出特性

当 I_B 不变时，输出回路中的电流 i_C 与电压 u_{CE} 之间的关系曲线称为输出特性曲线，其表达式为

$$i_C=f(u_{CE})\Big|_{i_B=\text{常数}}$$

NPN 型三极管的输出特性曲线如图 1.3.7(b)所示。在输出特性曲线上可以划分为三个区域：截止区、放大区和饱和区。下面分别进行介绍。

(1) 截止区

一般将 $I_B\leqslant 0$ 的区域称为截止区，在图 1.3.7(b)中 $I_B=0$ 的一条曲线以下的部分，此时 I_C 也近似为零。由于管子的各极电流都基本上等于零，所以三极管处于截止状态，没有放大作用。其实当 $I_B=0$ 时，集电极回路的电流并不真正为零，而是有一个较小的穿透电流 I_{CEO}。一般硅三极管的穿透电流较小，通常小于 1 μA，所以在输出特性曲线上无法表示出来。锗三极管的穿透电流较大，约为几十微安到几百微安。可以认为当发射结反向偏置时，发射区不再向基区注入电子，则三极管处于截止状态。所以，在截止区，三极管的发射结和集电结都处于反向偏置状态。对于 NPN 三极管来说，此时 $U_{BE}<0$，$U_{BC}<0$。

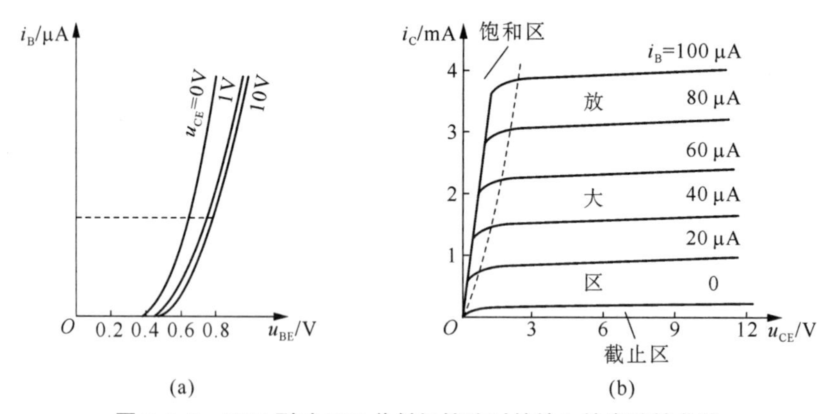

图 1.3.7　NPN 型硅 BJT 共射极接法时的输入输出特性曲线

(a) 输入特性曲线;(b) 输出特性曲线

(2) 放大区

在放大区内,各条输出特性曲线比较平坦,近似为水平的直线,表示当 I_B 一定时,I_C 的值基本上不随 U_{CE} 而变化。同时也说明,在放大区 I_C 的值基本上与集电极电压无关。而当基极电流有一个微小的变化量 ΔI_B 时,相应地集电极电流将产生较大的变化量 ΔI_C,比 ΔI_B 放大 β 倍,即 $\Delta I_C=\beta\Delta I_B$,这个表达式体现了三极管的电流放大作用。在放大区,三极管的发射结正向偏置,集电结反向偏置。对于 NPN 型三极管来说,$U_{BE}>0$,而 $U_{BC}<0$。

(3) 饱和区

图 1.3.7(b)中靠近纵坐标的附近,各条输出特性曲线的上升部分属于三极管的饱和区,见图中纵坐标附近虚线以左的部分。在这个区域,不同 I_B 值的各条特性曲线几乎重叠在一起,十分密集。也就是说,当 U_{CE} 较小时,管子的集电极电流 I_C 基本上不随基极电流 I_B 而变化,这种现象称为饱和。在饱和区,三极管失去了放大作用,此时不能用放大区中的 β 来描述 I_C 和 I_B 的关系。一般认为,当 $U_{CE}=U_{BE}$,即 $U_{CB}=0$ 时,三极管达到临界饱和状态。当 $U_{CE}<U_{BE}$ 时,称为过饱和。三极管饱和时的管压降用 U_{CES} 表示,一般小功率硅三极管的饱和管压降 $U_{CES}<0.3$ V。三极管工作在饱和区时,发射结和集电结都处于正向偏置状态。对于 NPN 型三极管来说,$U_{BE}>0$,$U_{BC}>0$。

以上介绍了三极管的输入特性和输出特性。管子的特性曲线和参数是根据需要选用三极管的主要依据。各种型号三极管的特性曲线可从半导体器件手册查得。如欲测试某个三极管的特性曲线,除了逐点测试以外,还可利用专用的晶体管特性图示仪,它能够在荧光屏上完整地显示三极管的特性曲线族。

1.3.4　BJT 的主要参数

1) 电流放大系数

三极管的电流放大系数是表征管子放大作用大小的参数。综合前面的讨论,有以下几个参数。

(1) 共射电流放大系数 β

β 体现共射接法时三极管的电流放大作用。所谓共射接法指输入回路和输出回路的公

共端是发射极，如图 1.3.8(a)所示。β 定义为集电极电流与基极电流的变化量之比，即

$$\beta=\frac{\Delta I_C}{\Delta I_B}$$

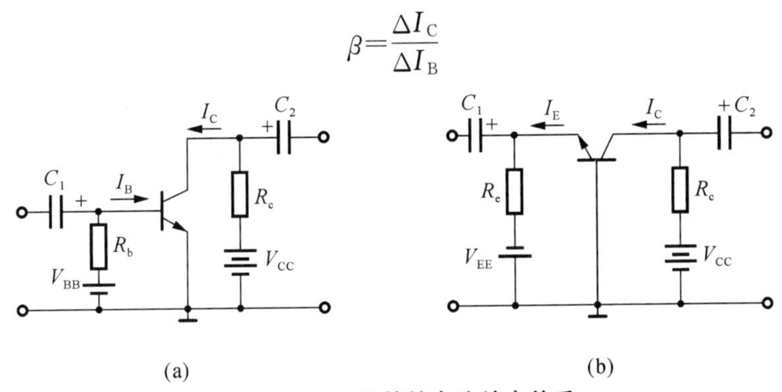

图 1.3.8　三极管的电流放大关系

(a) 共射接法；(b) 共基接法

(2) 共射直流电流放大系数 $\bar{\beta}$

当忽略穿透电流，$I_{CEO} \ll I_C$ 时，$\bar{\beta}$ 近似等于集电极电流与基极电流的直流量之比，即

$$\bar{\beta}\approx\frac{I_C}{I_B}$$

(3) 共基电流放大系数 α

α 体现共基接法时三极管的电流放大作用。共基接法指输入回路和输出回路的公共端为基极，如图 1.3.8(b)所示。α 的定义是集电极电流与发射极电流的变化量之比，即

$$\alpha=\frac{\Delta I_C}{\Delta I_E}$$

(4) 共基直流电流放大系数 $\bar{\alpha}$

当反向饱和电流 I_{CBO} 可忽略时，$\bar{\alpha}$ 近似等于集电极电流与发射极电流的直流量之比，即

$$\bar{\alpha}=\frac{I_C}{I_E}$$

通过前面的分析已经知道，β 和 α 这两个参数不是独立的，而是互有联系，二者之间存在以下关系

$$\alpha=\frac{\beta}{1+\beta}\text{或}\beta=\frac{\alpha}{1-\alpha}$$

2) 反向饱和电流

(1) 集电极和基极之间的反向饱和电流 I_{CBO}

I_{CBO} 表示当发射极 e 开路时，集电极 c 和基极 b 之间的反向电流。测量 I_{CBO} 电路如图 1.3.9(a)所示。一般小功率锗三极管的 I_{CBO} 约为几微安至几十微安，硅三极管的 I_{CBO} 要小得多，有的可以达到纳安数量级。

(2) 集电极和发射极之间的穿透电流 I_{CEO}

穿透电流 I_{CEO} 表示当基极 b 开路时，集电极 c 和发射极 e 之间的电流。测量 I_{CEO} 电路如图 1.3.9(b)所示。由式(1.3.12)可知，上述两个反向电流之间存在以下关系

$$I_{CEO}=(1+\bar{\beta})I_{CBO}$$

因此,如果三极管的 $\bar{\beta}$ 值越大,则该管的 I_{CEO} 也越大。因为 I_{CBO} 和 I_{CEO} 都是由少数载流子的运动形成的,所以对温度非常敏感。当温度升高时,I_{CBO} 和 I_{CEO} 都将急剧地增大。实际工作中选用三极管时,要求三极管的反向饱和电流 I_{CBO} 和穿透电流 I_{CEO} 尽可能小一些,这两个反向电流的值越小,表明三极管的质量越高。

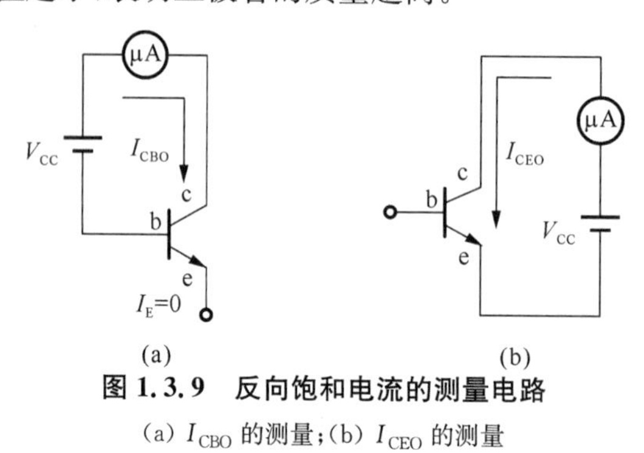

图 1.3.9　反向饱和电流的测量电路

(a) I_{CBO} 的测量;(b) I_{CEO} 的测量

3) 极限参数

三极管的极限参数是指使用时不得超过的限度,以保证三极管的安全或保证三极管参数的变化不超过规定的允许值。主要有以下几项:

(1) 集电极最大允许电流 I_{CM}

当集电极电流过大时,三极管的 β 值就要减小。当 $I_C=I_{CM}$ 时,管子的 β 值下降到额定值的三分之二。

(2) 集电极最大允许耗散功率 P_{CM}

当三极管工作时,管子两端的压降为 U_{CE},集电极流过的电流为 I_C,因此损耗的功率为 $P_C=I_CU_{CE}$。集电极消耗的电能将转化为热能使管子的温度升高。如果温度过高,将使三极管的性能恶化甚至被损坏,所以集电极损耗有一定的限制。在三极管的输出特性曲线上,将 I_C 与 U_{CE} 的乘积等于规定的 P_{CM} 值的各点连接起来,可以得到一条曲线,如图 1.3.10 中的虚线所示。曲线左下方的区域中,满足 $I_CU_{CE}<P_{CM}$ 的关系,是安全的。而在曲线的右上方,$I_CU_{CE}>P_{CM}$,即三极管的功率损耗超过了允许的最大值,属于过损耗区。

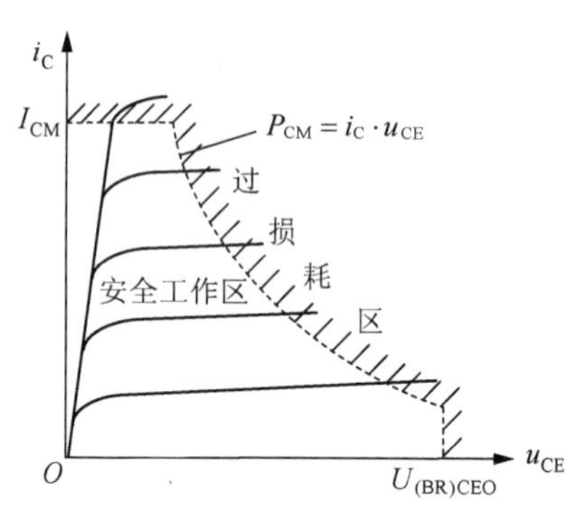

图 1.3.10　三极管的极限参数

(3) 极间反向击穿电压

极间反向击穿电压表示外加在三极管各电极之间的最大允许反向电压,如果超过这个限度,则三极管的反向电流急剧增大,甚至三极管可能被击穿而损坏。极间反向击穿电压主要有以下几项:

$U_{(BR)CEO}$——基极开路时,集电极和发射极之间的反向击穿电压。

$U_{(BR)CBO}$——发射极开路时,集电极和基极之间的反向击穿电压。

根据给定的极限参数 P_{CM},I_{CM} 和 $U_{(BR)CEO}$,可以在三极管的输出特性曲线上画出其安全工作区，如图 1.3.10 所示。

4) 温度对晶体管特性的影响

晶体三极管和晶体二极管一样，管内多数载流子和少数载流子均参与导电，而少子的浓度与工作温度有着密切的联系，所以它们的特性在多方面受温度的影响。

(1) 温度对输入特性的影响

若温度升高，三个区少子数目增加，两个 PN 结变薄，发射结势垒电压 U_{ho} 下降，在维持 I_B 不变的情况下，需要输入电压 U_{BE} 下降。其变化规律为：$\Delta U_{BE}/\Delta T=-(2\sim2.5)$ mV/℃。输入特性曲线随温度升高向左移。

(2) 温度对 β 的影响

若温度升高，基区少子(电子)数目增加，而多子(空穴)数目基本不变。由于复合作用，基区多子的浓度会下降，导致 β 提高，其变化规律是温度每升高 1 ℃，β 值增加 0.5%～1%。

(3) 温度对 I_{CBO}、I_{CEO} 的影响

I_{CBO} 是集电结反向饱和电流，是集电结在反偏作用下，由少子的漂移形成的电流。它随温度的提高呈指数规律增加，在室温下，温度每上升 10 ℃，I_{CBO} 大约增加一倍，其变化规律可表示为

$$I_{CBO}(T)=I_{CBO}(25\ ℃)\times2^{\frac{T-25}{10}}$$

因 $I_{CEO}=(1+\beta)I_{CBO}$，故温度升高，I_{CEO} 也提高。

(4) 温度对输出特性的影响

由于温度升高，使 I_{CBO}、I_{CEO} 和 β 增加，从而使输出特性曲线向上移，且间距拉大。

1.4　场效应管

场效应管(FET)是利用输入回路的电场效应来控制输出回路电流的一种半导体器件，并以此命名。由于它仅靠半导体中的多数载流子导电，又称单极型晶体管。场效应管不但具备双极型晶体管体积小、重量轻、寿命长等优点，而且输入回路的内阻高达 $10^7\ \Omega\sim10^{12}\ \Omega$，噪声低、热稳定性好、抗辐射能力强，且比后者耗电小。这些优点使之从 20 世纪 60 年代诞生起就广泛地应用于各种电子电路之中。

按结构不同，场效应管可分为结型场效应管(Junction FET，JFET)、绝缘栅型场效应管(Insulated Gate FET，IGFET)两大类，而后者更多地被称为金属氧化物半导体场效应管(Metal Oxide Semiconductor FET，MOSFET)。下面将分别介绍它们的工作原理、特性及主要参数。

1.4.1　结型场效应管

结型场效应管有 N 沟道和 P 沟道两种类型，图 1.4.1(a)和(b)分别是 N 沟道和 P 沟道管的结构示意图和它的电路符号。

图 1.4.1(a)中，在同一块 N 型半导体上制作两个高掺杂的 P^+ 区，并将它们连接在一起，所引出的电极称为栅极 g，N 型半导体的两端分别引出两个电极，一个称为漏极 d，一个

称为源极 s。P^+区与 N 区交界面形成耗尽层,漏极与源极间的非耗尽层区域称为导电沟道。

按照类似的方法,可以制成 P 沟道 JFET,如图 1.4.1(b)所示。

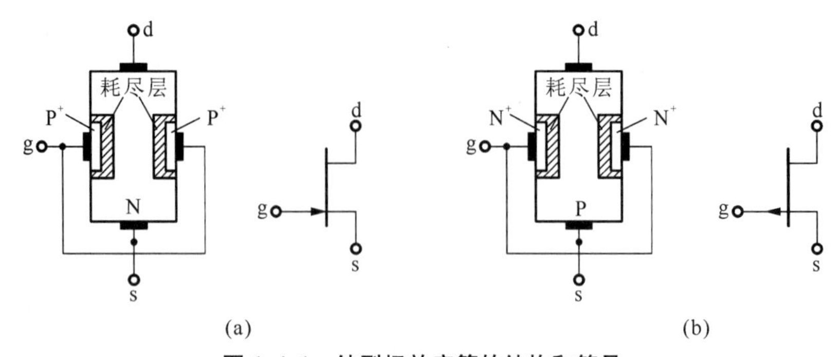

图 1.4.1 结型场效应管的结构和符号

(a) N 沟道管的结构和符号;(b) P 沟道管的结构和符号

1) 结型场效应管的工作原理

为使 N 沟道结型场效应管能正常工作,应在其栅-源之间加负向电压(即 $u_{GS}<0$),以保证耗尽层承受反向电压;在漏-源之间加正向电压 u_{DS},以形成漏极电流 i_D。$u_{GS}<0$,既保证了栅-源之间内阻很高的特点,又实现了 u_{GS} 对沟道电流的控制。下面通过分析栅-源电压 u_{GS} 和漏-源电压 u_{DS} 对导电沟道的影响,来说明管子的工作原理。

(1) 当 $u_{DS}=0$(d、s 短路)时,u_{GS} 对导电沟道的控制作用

当 $u_{DS}=0$ 且 $u_{GS}=0$ 时,耗尽层很窄,导电沟道很宽,如图 1.4.2(a)所示。

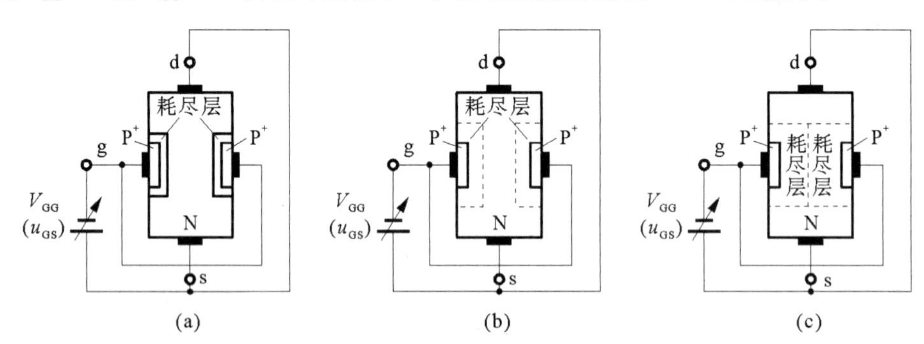

图 1.4.2 $u_{DS}=0$ 时,u_{GS} 对导电沟道的控制作用

当$|u_{GS}|$增大时,耗尽层加宽,沟道变窄,如图 1.4.2(b)所示,沟道电阻增大。当$|u_{GS}|$增大到某一数值时,耗尽层闭合,沟道消失,如图 1.4.2(c)所示,沟道电阻趋于无穷大,称此时 u_{GS} 的值为夹断电压 U_P。

(2) 当 u_{GS} 为 U_P~0 V 中某一固定值时,u_{DS} 对漏极电流 i_D 的影响

当 u_{GS} 为 U_P~0 V 中某一确定值时,若 $u_{DS}=0$,则虽然存在由 u_{GS} 确定的一定宽度的导电沟道,但由于 d-s 间电压为零,多子不会产生定向移动,因而漏极电流 i_D 为零。

若 $u_{DS}>0$ V,则有电流 i_D 从漏极流向源极,从而使沟道中各点与栅极间的电压不再相等,而是沿沟道从源极到漏极逐渐增大,造成靠近漏极一边的耗尽层比靠近源极一边的宽。换言之,靠近漏极一边的导电沟道比靠近源极一边的窄,如图 1.4.3(a)所示。因为栅-漏电压 $u_{GD}=u_{GS}-u_{DS}$,所以当 u_{DS} 从零逐渐增大时,靠近漏极一边的导电沟道必将随之变窄。

但是，只要栅-漏间不出现夹断区域，沟道电阻仍将基本上决定于栅-源电压 u_{GS}，因此，电流 i_D 将随 u_{DS} 的增大而线性增大，d-s 呈现电阻特性。而一旦 u_{DS} 的增大使 u_{GS} 等于 U_P，则漏极一边的耗尽层就会出现夹断区，如图 1.4.3(b)所示，称 $u_{GD}=U_P$ 为预夹断。若 u_{DS} 继续增大，则 $u_{GD}<U_P$，耗尽层闭合部分将沿沟道方向延伸，即夹断区加长，如图 1.4.3(c)所示。这时，一方面自由电子从漏极向源极定向移动所受阻力加大(只能从夹断区的窄缝以较高速度通过)，从而导致 i_D 减小；另一方面，随着 u_{DS} 的增大，使 d-s 间的纵向电场增强，也必然导致 i_D 增大。实际上，上述 i_D 的两种变化趋势相抵消，u_{DS} 的增大几乎全部降落在夹断区，用于克服夹断区对 i_D 形成的阻力。因此，从外部看，在 $u_{GD}<U_P$ 的情况下，当 u_{DS} 增大时 i_D 几乎不变，即 i_D 几乎仅仅决定于 u_{GS}，表现出 i_D 的恒流特性。

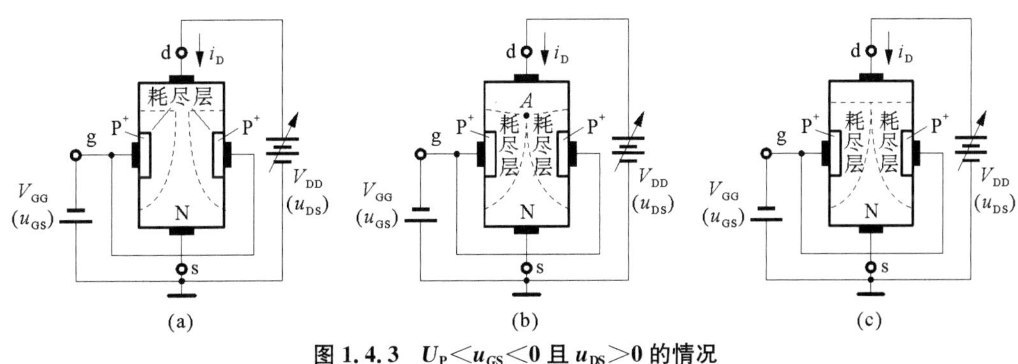

图 1.4.3 $U_P<u_{GS}<0$ 且 $u_{DS}>0$ 的情况

(a) $u_{GD}>U_P$；(b) $u_{GD}=U_P$；(c) $u_{GD}<U_P$

(3) 假设 u_{DS} 固定不变($u_{DS}>0$)，u_{GS} 对 i_D 的控制作用

在 $u_{GD}=u_{GS}-u_{DS}<U_P$，即 $u_{DS}>u_{GS}-U_P$ 的情况下，当 u_{DS} 为一常量时，对应于确定的 u_{GS}，就有确定的 i_D。此时，可以通过改变 u_{GS} 来控制 i_D 的大小。由于漏极电流受栅-源电压的控制，故称场效应管为电压控制元件。与晶体管用 $\beta(=\Delta I_C/\Delta I_B)$来描述动态情况下基极电流对集电极电流的控制作用相类似，场效应管用 g_m 来描述动态的栅-源电压对漏极电流的控制作用，g_m 称为低频跨导

$$g_m=\frac{\Delta i_D}{\Delta u_{GS}} \tag{1.4.1}$$

由以上分析可知：

(1) 在 $u_{GD}=u_{GS}-u_{DS}>U_P$ 的情况下，即当 $u_{DS}<u_{GS}-U_P$(即 g-d 间未出现夹断)时，对应于不同的 u_{GS}，d-s 间等效成不同阻值的电阻。

(2) 当 u_{DS} 使 $u_{GD}=U_P$ 时，d-s 之间预夹断。

(3) 当 u_{DS} 使 $u_{GD}<U_P$ 时，i_D 几乎仅仅决定于 u_{GS}，而与 u_{DS} 无关。此时可把 i_D 近似看成 u_{GS} 控制的电流源。

2) 结型场效应管的输出特性与转移特性

通常利用输出特性和转移特性曲线来描述场效应管的电流和电压之间的关系。

(1) 输出特性

场效应管输出特性表示当栅-源之间的电压 u_{GS} 不变时，漏极电流 i_D 与漏-源电压 u_{DS}

的关系,即

$$i_D = f(u_{DS})\big|_{u_{GS}=\text{常数}} \tag{1.4.2}$$

N沟道结型场效应管的输出特性曲线如图1.4.4(a)所示。可以看出,它们与双极型三极管的共射输出特性曲线很相似。但二者之间有一个重要区别,即场效应管的输出特性以栅源之间的电压 u_{GS} 作为参变量,而双极型三极管输出特性曲线的参变量是基极电流 i_B。

图1.4.4(a)中场效应管的输出特性可以划分为可变电阻区、恒流区、截止区和击穿区。输出特性中最左侧的部分,表示当 u_{DS} 比较小时,i_D 随着 u_{DS} 的增加而上升,二者之间基本上呈线性关系,此时场效应管似乎成为一个线性电阻。不过,当 u_{GS} 的值不同时,直线的斜率不同,即相当于电阻的阻值不同。u_{GS} 值越负,则相应的电阻值越大。因此,在该区,场效应管的特性呈现为一个由 u_{GS} 控制的可变电阻,所以称为可变电阻区。

在输出特性的中间部分,各条输出特性曲线近似为水平的直线,表示漏极电流 i_D 基本上不随 u_{DS} 变化,i_D 的值主要决定于 u_{GS},因此称为恒流区,也称为饱和区。在场效应管放大电路中,应使场效应管工作在此区域内,以避免放大信号出现严重的非线性失真。

可变电阻区与恒流区之间的虚线表示预夹断轨迹。每条输出特性曲线与此虚线相交的各个点上,u_{DS} 与 u_{GS} 的关系均满足:$u_{GD}=u_{GS}-u_{DS}=U_P$,此时场效应管将出现预夹断现象。

在输出特性的最下面靠近横坐标的部分,表示 $u_{GS}\leqslant U_P$,则导电沟道完全被夹断,场效应管不能导电,这个区域称为截止区。

在输出特性的最右侧部分为击穿区,当 u_{DS} 升高到某数值时,场效应管中PN结因反向偏置电压过高而击穿,i_D 突然增大。为了保证器件的安全,场效应管的 u_{DS} 不能超过规定的极限值。

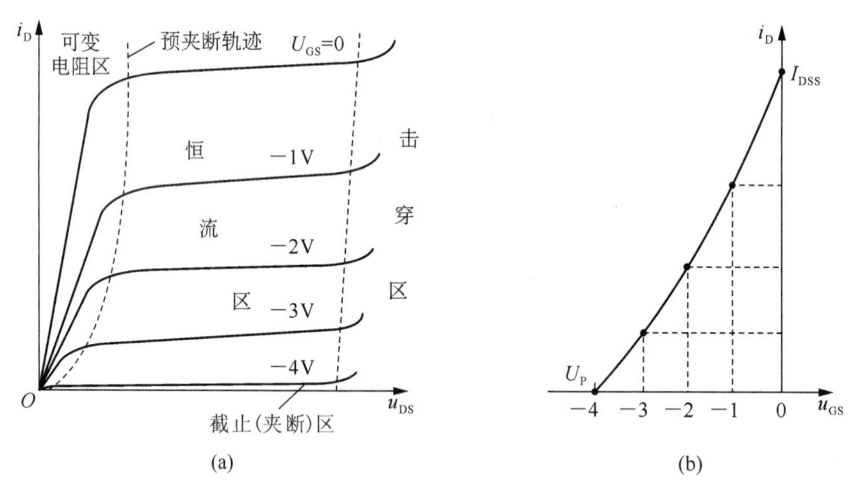

图1.4.4 N沟道结型场效应管的特性曲线

(a) 输出特性;(b) 转移特性

(2) 转移特性

当场效应管漏源之间的电压 u_{DS} 保持不变时,漏极电流 i_D 与栅源之间电压 u_{GS} 的关系称为转移特性,即

$$i_D = f(u_{GS})\big|_{u_{DS}=\text{常数}} \tag{1.4.3}$$

转移特性描述栅源之间电压 u_{GS} 对漏极电流 i_D 的控制作用。N 沟道结型场效应管的转移特性曲线如图 1.4.4(b)所示。由图可见，当 $u_{GS}=0$ 时，i_D 达到最大，u_{GS} 越负，则 i_D 越小。当 u_{GS} 等于夹断电压 U_P 时，$i_D\approx0$。从转移特性上还可以得到场效应管的两个重要参数。转移特性与横坐标轴交点处的电压，表示 $i_D=0$ 时的 u_{GS}，即夹断电压 U_P。此外，转移特性与纵坐标轴交点处的电流，表示 $u_{GS}=0$ 时的漏极电流，称为饱和漏极电流 I_{DSS}。

图 1.4.4(b)中结型场效应管的转移特性曲线，可近似用以下公式表示

$$i_D=I_{DSS}\left(1-\frac{u_{GS}}{U_P}\right)^2（当 U_P\leqslant u_{GS}\leqslant 0 时）\tag{1.4.4}$$

场效应管的上述两组特性曲线之间是有联系的，可以根据输出特性，利用作图的方法得到相应的转移特性。因为转移特性表示 u_{DS} 保持不变时，i_D 与 u_{GS} 之间的关系，所以只要在输出特性上，对应于 u_{DS} 等于某固定电压处作一条垂直的直线，如图 1.4.5 所示，该直线与 u_{GS} 为不同值的各条输出特性有一系列的交点，根据这些交点可以得到不同 u_{GS} 时的 i_D 值，由此即可画相应的转移特性曲线。在结型场效应管中，由于栅极与导电沟道之间的 PN 结是反向偏置，所以栅极电流近似为零，其输入电阻可达 $10^7\ \Omega$ 以上。

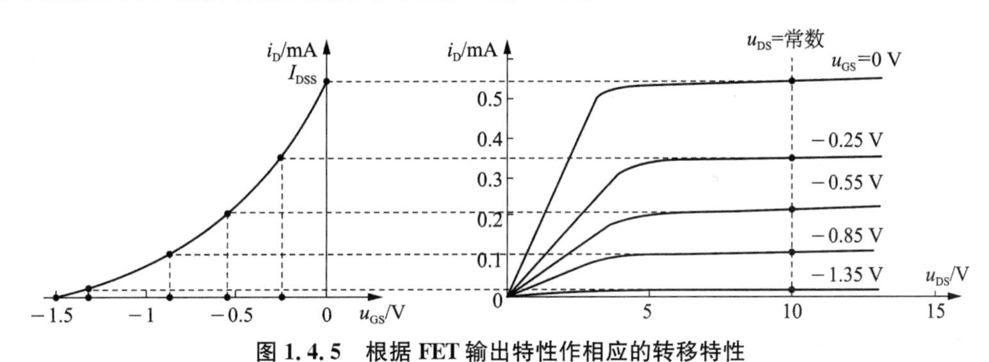

图 1.4.5　根据 FET 输出特性作相应的转移特性

1.4.2　MOS 场效应管

绝缘栅型场效应管由金属、氧化物和半导体制成，所以称为金属-氧化物-半导体场效应管，或简称为 MOS 场效应管(Metal-Oxide-Semiconductor Field Effect Transistor，MOSFET)。由于这种场效应管的栅极被绝缘层隔离，因此其输入电阻更高，可达 $10^9\ \Omega$ 以上。从导电沟道来分，绝缘栅型场效应管有 N 沟道和 P 沟道两种类型。无论是 N 沟道还是 P 沟道，又都可以分为增强型和耗尽型两种。本节以 N 沟道增强型 MOS 场效应管为主介绍它们的结构、工作原理和特性曲线。

1）N 沟道增强型 MOS 场效应管

(1) 结构

N 沟道增强型 MOS 场效应管的结构示意图如图 1.4.6(a)所示。它以一块掺杂浓度较低、电阻率较高的 P 型硅半导体薄片作为衬底，利用扩散的方法在 P 型硅中形成两个高掺杂的 N 区，然后在 P 型硅表面生长一层很薄的二氧化硅绝缘层，并在二氧化硅的表面及 N 型区的表面分别安置三个铝电极：栅极 g、源极 s 和漏极 d，构成了 N 沟道增强型场效应管。MOSFET 的三个电极 g、s、d，分别对应双极型三极管的 b、e、c。N 沟道增强型 MOS 场效应

管的电路符号如图 1.4.6(b)所示。

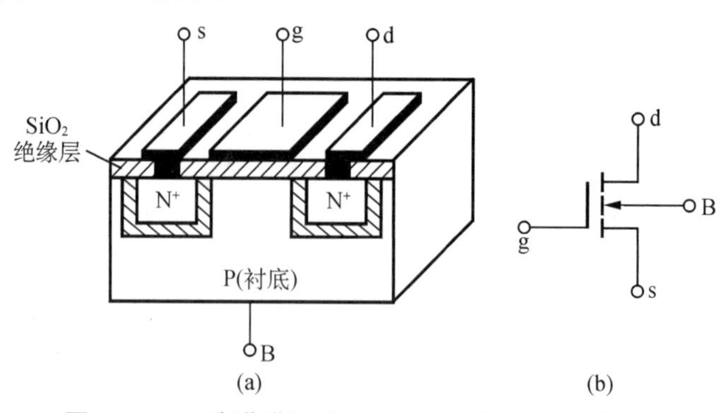

图 1.4.6　N 沟道增强型 MOSFET 的结构示意图和特号

(2) 工作原理

绝缘栅场效应管的工作原理与结型 FET 有所不同。结型场效应管是利用 u_{GS} 控制 PN 结耗尽层的宽窄,从而改变导电沟道的宽度,以控制漏极电流 i_D。而绝缘栅型场效应管则是利用表面电场效应,由 u_{GS} 来控制感应电荷的多少,从而改变这些感应电荷所形成的导电沟道的状况,以此实现控制漏极电流 i_D。如果 $u_{GS}=0$ 时,漏源之间就已经存在导电沟道,则这种 MOSFET 称为耗尽型场效应管。如果 $u_{GS}=0$ 时不存在导电沟道,则称为增强型场效应管。对于 N 沟道增强型 MOS 场效应管,当 $u_{GS}=0$ 时,在漏极和源极的两个 N 区之间是 P 型衬底,因此漏源之间相当于两个背靠背的 PN 结。此时,无论漏源之间加上何种极性的电压总是不能导电,则有 $i_D=0$,如图 1.4.7(a)所示。当 $u_{GS}>0$、$u_{DS}=0$ 时,如图 1.4.7(b)所示,此时栅极的金属极板(铝)与 P 型衬底之间构成一个平板电容,中间为二氧化硅绝缘层作为介质。由于栅极的电压为正,它所产生的电场对 P 型衬底中的空穴(多子)起排斥作用,而把 P 型半导体中的电子(少子)吸引到衬底靠近二氧化硅的一侧,于是产生了由电子组成的导电载流子(或感应电荷),因为是在 P 型半导体中感应产生的 N 型电荷层,所以称为反型层。若增大 u_{GS},则反型层中电子数量增多。当 u_{GS} 增大到一定值时,由于感应了足够多的电子,于是由反型层在漏极和源极之间形成了 N 型导电沟道。把形成漏源之间导电沟道所需的最小 u_{GS} 称为开启电压,用符号 U_T 表示。当 $u_{GS}>U_T$ 后,随着 u_{GS} 的升高,感应电荷增多,导电沟道变宽,漏源之间等效电阻减小。因 $u_{DS}=0$,此时 $i_D=0$。

假设 $u_{GS}>U_T$,并在漏极和源极之间加上正电压 u_{DS},此时由于漏源之间存在导电沟道,所以将有电流 i_D。然而,当 i_D 流过导电沟道时,由于沟道电阻产生电压降,使沟道上各点电位不同。沟道上靠近漏极处电位最高,故该处栅漏之间的电位差 u_{GD} 最小,因而感应电荷产生的导电沟道最窄;而沟道上靠近源极处电位最低,栅漏之间的电位差 u_{GD} 最大,所以导电沟道最宽。结果导电沟道呈楔形,如图 1.4.7(c)所示。当 u_{DS} 进一步增大时,i_D 也随之增大,而导电沟道宽度的不均匀性也更加显著。当 u_{DS} 增大到使 $u_{GD}=u_{GS}-u_{DS}=U_T$ 时,靠近漏极处的沟道达到临界开启的程度出现了预夹断情况,如图 1.4.7(d)所示。在出现导电沟道预夹断后,如果 u_{DS} 继续增大,则导电沟道的夹断区继续加长。由于夹断区的沟道电阻很大,当 u_{DS} 继续增大时,增加的 u_{DS} 几乎全部降落在夹断区上,从而在夹断区形成了一个从漏极连接的 N 区指向源极连接的 N 区的横向电场,反型层电子在横向电场作用下运动而维

持漏极电流 i_D 基本不变。

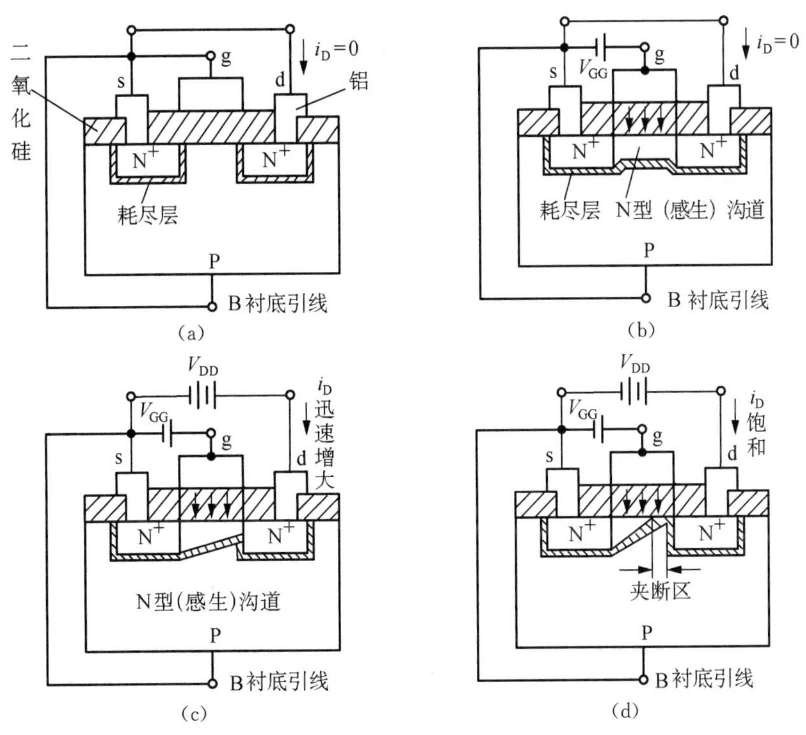

图 1.4.7　N 沟道增强型 MOSFET 的基本工作原理

(a) $u_{GS}=0$ 时，没有导电沟道；(b) $u_{GS}\geqslant U_T$ 时，出现 N 型沟道；

(c) $u_{GS}>U_T$，u_{DS} 较小时，i_D 迅速增大；(d) $u_{GS}>U_T$，u_{DS} 较大出现夹断时，i_D 趋于饱和

(3) 输出特性曲线

场效应管的输出特性曲线是指在栅源电压 u_{GS} 一定的情况下，漏极电流 i_D 与漏源电压 u_{DS} 的关系，即

$$i_D=f(u_{DS})\big|_{u_{GS}=\text{常数}}$$

N 沟道增强型 MOS 场效应管的输出特性如图 1.4.8(a)所示。N 沟道增强型 MOS 场效应管的输出特性可以分为三个区域：可变电阻区、恒流区和截止区。因为 $u_{GD}=u_{GS}-u_{DS}=U_T$ 是预夹断的临界条件，可变电阻区与恒流区之间的虚线表示预夹断轨迹，该虚线与各条输出特性曲线的交点满足关系：$u_{GD}=U_T$。

下面讨论三个区域的工作特点。

(a) 截止区

当 $u_{GS}<U_T$ 时，导电沟道尚未形成，$i_D=0$，为截止工作状态。

(b) 可变电阻区

在可变电阻区内

$$u_{DS}\leqslant(u_{GS}-U_T) \tag{1.4.5}$$

其 V-I 特性可近似表示为

$$i_D=K_n[2(u_{GS}-U_T)u_{DS}-u_{DS}^2] \tag{1.4.6}$$

其中

$$K_n=\frac{K'_n}{2}\cdot\frac{W}{L}=\frac{\mu_n C_{OX}}{2}\left(\frac{W}{L}\right) \tag{1.4.7}$$

式中本征导电因子 $K'_n=\mu_n C_{OX}$，μ_n 是反型层中电子的迁移速率，C_{OX} 为栅极(与衬底间)氧化层单位面积电容，电导常数 K_n 的单位为 mA/V^2。

在特性曲线原点附近，因为 u_{DS} 很小，可以忽略 u_{DS}^2，式(1.4.6)可近似为

$$i_D=2K_n(u_{GS}-U_T)u_{DS} \tag{1.4.8}$$

由此可以求出当 u_{GS} 一定时，在可变电阻区内，原点附近的输出电阻 r_{dso} 为

$$r_{dso}=\frac{du_{DS}}{di_D}\bigg|_{u_{GS}=常数}=\frac{1}{2K_n(u_{GS}-U_T)} \tag{1.4.9}$$

式(1.4.9)表明，r_{dso} 是一个受 u_{GS} 控制的可变电阻。

(c) 饱和区(恒流区又称放大区)

当 $u_{GS}\geqslant U_T$，且 $u_{DS}\geqslant u_{GS}-U_T$，MOSFET 已进入饱和区。

由于在饱和区内，可以看成 i_D 不随 u_{DS} 变化。因此将预夹断临界条件 $u_{DS}=u_{GS}-U_T$ 代入式(1.4.6)，便得到饱和区的 $V-I$ 特性表达式

$$i_D=K_n(u_{GS}-U_T)^2=K_nU_T^2\left(\frac{u_{GS}}{U_T}-1\right)^2=I_{DO}\left(\frac{u_{GS}}{U_T}-1\right)^2 \tag{1.4.10}$$

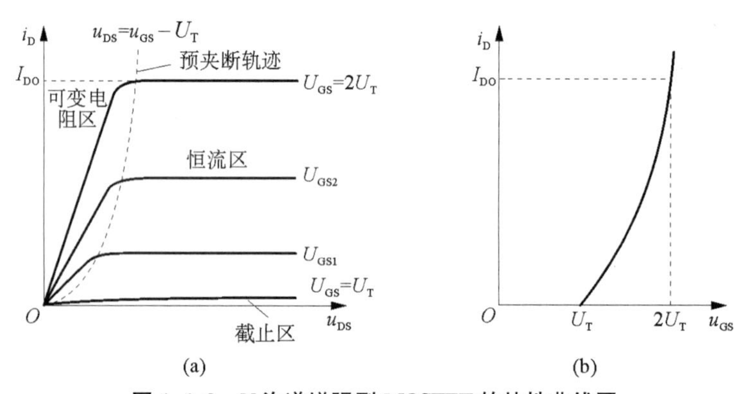

图 1.4.8 N 沟道增强型 MOSFET 的特性曲线图

(a) 输出特性；(b) 转移特性

式中 $I_{DO}=K_nU_T^2$，它是 $u_{GS}=2U_T$ 时的 i_D。

由图 1.4.8(a)可得 N 沟道增强型 MOS 场效应管的转移特性，如图 1.4.8(b)所示。

2) N 沟道耗尽型 MOS 场效应管

对于 N 沟道增强型 MOS 场效应管，只有当 $u_{GS}\geqslant U_T$ 时，漏极和源极之间才存在导电沟道。而耗尽型 MOS 场效应管则不然，由于在制造过程中预先在绝缘层中掺入了大量的正离子，因此即使 $u_{GS}=0$，这些正离子产生的电场也能在 P 型衬底中“感应”出足够的负电荷，形成“反型层”，如图 1.4.9(a)所示。

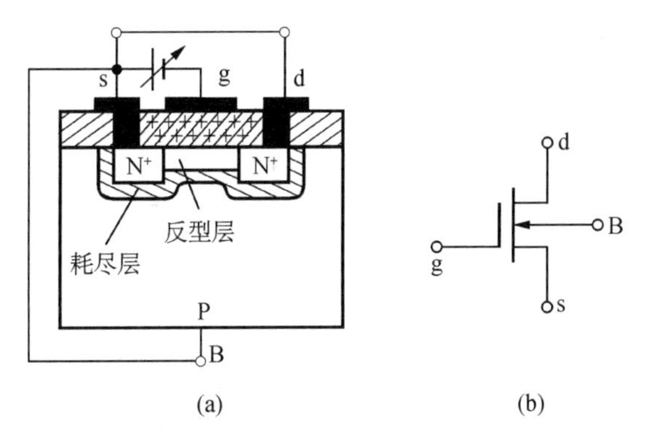

图 1.4.9　N 沟道耗尽型 MOS 场效应管的结构示意图和符号

如果 $u_{DS}>0$，则就有漏极电流 i_D。N 沟道耗尽型 MOS 场效应管的符号如图 1.4.9(b)所示。

对于耗尽型场效应管，如果 $u_{GS}<0$，则由于栅极接到电源的负端，其电场将削弱原来绝缘层中预先注入的正离子的电场，使感应电荷减少，于是 N 型沟道变窄，将会使 i_D 减小。当 u_{GS} 进一步减小达到某一值时，感应电荷被耗尽，导电沟道消失，则使 $i_D=0$。对于这种耗尽型 MOS 场效应管，把使 i_D 减为零(或导电沟道消失)时的 u_{GS} 称为夹断电压，用符号 U_P 表示。N 沟道耗尽型 MOS 场效应管的输出特性和转移特性分别如图 1.4.10(a)，(b)所示。由图可见，当 $u_{GS}>0$ 时 i_D 增大；当 $u_{GS}<0$ 时，i_D 减小。

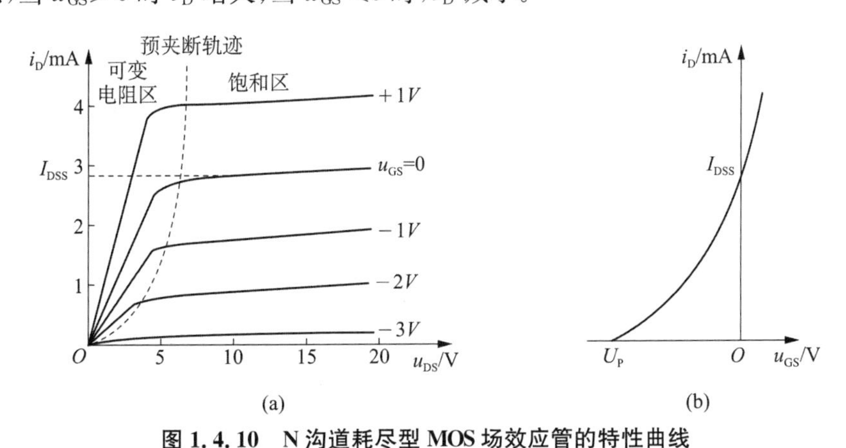

图 1.4.10　N 沟道耗尽型 MOS 场效应管的特性曲线

(a) 输出特性；(b) 转移特性

图 1.4.10(b)所示的转移特性可近似用以下公式表示为

$$i_D=I_{DSS}\left(1-\frac{u_{GS}}{U_P}\right)^2 \quad (u_{GS}\geqslant U_P) \tag{1.4.11}$$

式中，当 $u_{GS}=0$ 时的 i_D 称为饱和漏极电流 I_{DSS}。

P 沟道 MOS 场效应管的工作原理与 N 沟道的类似，其导电载流子为空穴，且 u_{DS} 和 i_D 极性相反，此处不再赘述。它们的符号也与 N 沟道 MOS 管相似，但衬底 B 上箭头的方向相反。各种场效应管的符号和特性曲线列于表 1.4.1 中。

表 1.4.1　各种场效应管的符号和特性曲线

种类		符号	输出特性	转移特性
结型 N 沟道	耗尽型	d g s	i_D/mA；u_{GS}=0 V，−1 V，−2 V，−3 V；O；u_{DS}/V	i_D/mA；I_{DSS}；U_P；O；u_{GS}/V
结型 P 沟道	耗尽型	d g s	u_{DS}/V；O；+3 V，+2 V，+1 V，u_{GS}=0；i_D/mA	i_D/mA；O；U_P；u_{GS}/V；I_{DSS}
绝缘栅型 N 沟道	增强型	d g s	i_D/mA；u_{GS}=+5 V，+4 V，+3 V，+2 V；O；u_{DS}/V	i_D/mA；O；U_T；u_{GS}/V
	耗尽型	d g s	i_D/mA；+1 V，u_{GS}=0，−1 V，−2 V；O；u_{DS}/V	i_D/mA；I_{DSS}；U_P；O；u_{GS}/V
绝缘栅型 P 沟道	增强型	d s	u_{DS}/V；O；−3 V，−4 V，−5 V，u_{GS}=−6 V；i_D/mA	U_T；i_D/mA；O；u_{GS}/V
	耗尽型	d g s	u_{DS}/V；O；+3 V，+2 V，+1 V，u_{GS}=0，−1 V；i_D/mA	i_D/mA；U_P；O；u_{GS}/V；I_{DSS}

1.4.3　场效应管的主要参数

场效应管的主要参数有直流参数、交流参数和极限参数，具体介绍如下。

1）直流参数

(1) 饱和漏极电流 I_{DSS}

饱和漏极电流是耗尽型场效应管的一个重要参数。它的定义是当栅源之间的电压 u_{GS} 等于零，而漏极和源极之间的电压 u_{DS} 大于夹断电压 $|U_P|$ 时对应的漏极电流。

(2) 夹断电压 U_P

U_P 也是耗尽型场效应管的一个重要参数。其定义是当 U_{DS} 一定时，使 i_D 减小到某一个微小电流时所需的 U_{GS} 值。

(3) 开启电压 U_T

U_T 是增强型场效应管的一个重要参数。它的定义是当 U_{DS} 一定时，使漏极电流达到某一数值时所需加的 U_{GS} 值。

(4) 直流输入电阻 R_{GS}

R_{GS} 是栅源之间所加电压与产生的栅极电流之比。由于场效应管的栅极几乎不取电流，因此其输入电阻很高。结型场效应管的 R_{GS} 一般在 $10^7\ \Omega$ 以上，绝缘栅型场效应管的输入电阻更高，一般大于 $10^9\ \Omega$。

2) 交流参数

(1) 低频跨导 g_m

g_m 用以描述栅源之间的电压 U_{GS} 对漏极电流 I_D 的控制作用。它的定义是当 U_{DS} 一定时，I_D 与 U_{GS} 的变化量之比，即

$$g_m = \left.\frac{\Delta I_D}{\Delta U_{GS}}\right|_{U_{DS}=\text{常数}}$$

若 I_D 的单位是毫安(mA)，U_{GS} 的单位是伏(V)，则 g_m 的单位是毫西门子(mS)。

(2) 极间电容

极间电容是场效应管三个电极之间的等效电容，包括 C_{GS}、C_{GD} 和 C_{DS}。极间电容越小，则管子的高频性能越好。极间电容一般为几个皮法。

3) 极限参数

(1) 漏极最大允许耗散功率 P_{DM}

场效应管的漏极耗散功率等于漏极电流与漏极和源极之间电压的乘积，即 $P_{DM}=I_DU_{DS}$。这部分功率将转化为热能，使管子的温度升高，漏极最大允许耗散功率决定于场效应管所允许的温升。

(2) 漏源击穿电压 $U_{(BR)DS}$

这是在场效应管的漏极特性曲线上，当漏极电流 I_D 急剧上升产生雪崩击穿时的 U_{DS}。工作时外加在漏极和源极之间的电压不得超过此值。

(3) 栅源击穿电压 $U_{(BR)GS}$

结型场效应管正常工作时，栅源之间的 PN 结处于反向偏置状态，若 U_{GS} 过高，PN 结将被击穿。MOS 场效应管的栅极与沟道之间有一层很薄的二氧化硅绝缘层，当 U_{GS} 过高时，可能将二氧化硅绝缘层击穿，使栅极与衬底发生短路。这种击穿不同于一般的 PN 结击穿，而与电容器击穿的情况类似，属于破坏击穿。栅源间发生击穿，MOS 场效应管即被破坏。

小　结

本章首先介绍了半导体的基础知识，然后阐述了 PN 结的形成机理及单向导电性，重点介绍了半导体二极管、晶体管(BJT)和场效应管(FET)的工作原理、特性曲线和主要参数。现就各部分归纳如下：

一、PN 结是半导体二极管和组成其他半导体器件的基础，它是由 P 型半导体和 N 型半导体相结合而

形成的。对纯净的半导体(例如硅材料)掺入受主杂质或施主杂质,便可制成P型和N型半导体。空穴参与导电是半导体不同于金属导电的重要特点。

二、当PN结外加正向电压(正向偏置)时,耗尽区变窄,有电流流过;而当外加反向电压(反向偏置)时,耗尽区变宽,没有电流流过或电流极小,这就是半导体二极管的单向导电性,也是二极管最重要的特性。

三、常用伏安特性来描述PN结二极管的性能,伏安特性的理论表达式为

$$i_D = I_S(e^{u_D/U_T} - 1)$$

四、二极管的主要参数有最大整流电流、反向电流和反向击穿电压。在高频电路中,还要注意它的结电容及最高工作频率。

五、由于二极管是非线性器件,所以通常采用二极管的简化模型来分析设计二极管电路。这些模型主要有理想模型、恒压降模型、折线模型、小信号模型等。在分析电路的静态或大信号情况时,根据输入信号的大小,选用不同的模型;只有当信号很微小且有一静态偏置时,才采用小信号模型。指数模型主要在计算机仿真模型中使用。

六、稳压二极管是一种特殊二极管,常利用它在反向击穿状态下的恒压特性,来构成简单的稳压电路,要特别注意稳压电路限流电阻的选取。稳压二极管的正向特性与普通二极管相近。

七、其他非线性二端器件,如变容二极管,肖特基二极管,光电、发光和激光二极管等均具有非线性的特点,其中光电子器件在信号处理、存储和传输中获得了广泛的应用。

八、晶体管具有电流放大作用。当发射结正向偏置而集电结反向偏置时,从发射区注入基区的非平衡少子中仅有很少部分与基区的多子复合,形成基极电流,而大部分在集电结外电场作用下形成漂移电流I_C,体现出I_B(或I_E,U_{BE})对I_C的控制作用。此时,可将I_C看成为电流I_B控制的电流源。晶体管的输入特性和输出特性表明各极之间电流与电压的关系,β、α、I_{CBO}(I_{CEO})、I_{CM}、$I_{(BR)CEO}$、P_{CM}和f_T是它的主要参数。晶体管有截止、放大、饱和三个工作区域,学习时应特别注意使管子工作在不同工作区的外部条件。

九、场效应管分为结型和绝缘栅型两种类型,每种类型均分为N沟道和P沟道,而MOS管又分为增强型和耗尽型两种形式。场效应管具有与晶体管十分类似的输出特性曲线,可组成放大电路,但场效应管是一种电压控制器件,利用栅源电压u_{GS}去控制漏极电流i_D,工作时只有一种载流子参与导电,属于单极型器件;而晶体管是一种电流控制器件,有两种载流子参与导电,属于双极型器件。场效应管与双极型晶体管相比,最突出的优点是可以组成高输入电阻的放大电路。此外它还具有体积小、功耗低、噪声小、热稳定性能好、易于集成等优点,广泛应用于各种电子电路中。

思考题与习题

思考题

1. 什么是本征半导体?什么是杂质半导体?各有什么特征?

2. N型半导体是在本征半导体中掺入________价元素而形成,其多数载流子是____________,少数载流子是________;P型半导体是在本征半导体中掺入________价元素而形成,其多数载流子是________,少数载流子是________。

3. PN结反向偏置,就是电源的正极接________区,电源的负极接________区。

4. 什么是PN结的击穿现象?击穿有哪两种?击穿是否意味PN结损坏了?为什么?

5. 什么是PN结的电容效应?何谓势垒电容、扩散电容?PN结正向运用时,主要考虑什么电容?反向运用时,主要考虑何种电容?

6. PN结的伏安特性的表达式i_D=________。

7. 二极管的最主要特性是________，当二极管外加正向偏压时正向电流________，正向电阻________；外加反向偏压时反向电流________，反向电阻________。

8. 稳压管是利用了二极管的________特征而制造的特殊二极管。它工作在状态________。描述稳压管的主要参数有四种，它们分别是________，________，________，和________。

9. 某稳压管具有正的电压温度系数，那么当温度升高时，稳压管的稳压值将________。

习题

1.1　二极管电路如图题 1.1 所示。试判断图中各二极管是导通还是截止，并求出 A 与 O 两端间的电压 U_{AO}（设二极管的正向电压降和反向电流均可忽略）。

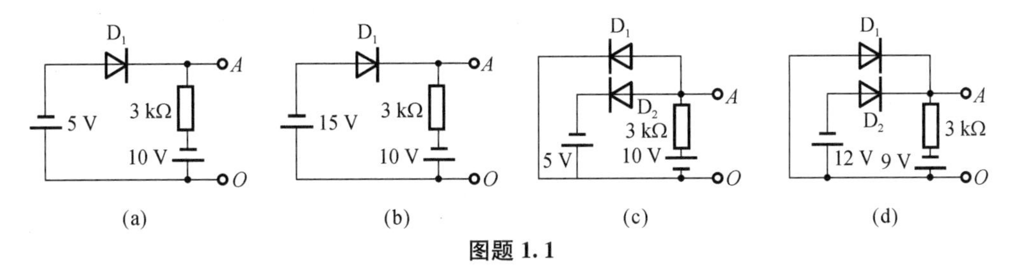

图题 1.1

1.2　二极管电路如图题 1.2 所示。已知输入电压 $u_I=30\sin\omega t$(V)，二极管的正向压降和反向电流均可忽略。试画出输出电压的波形。

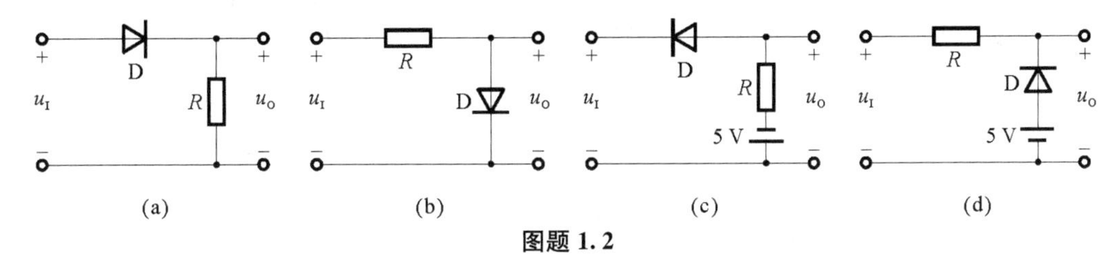

图题 1.2

1.3　试判断图题 1.3 中二极管是导通还是截止，为什么？

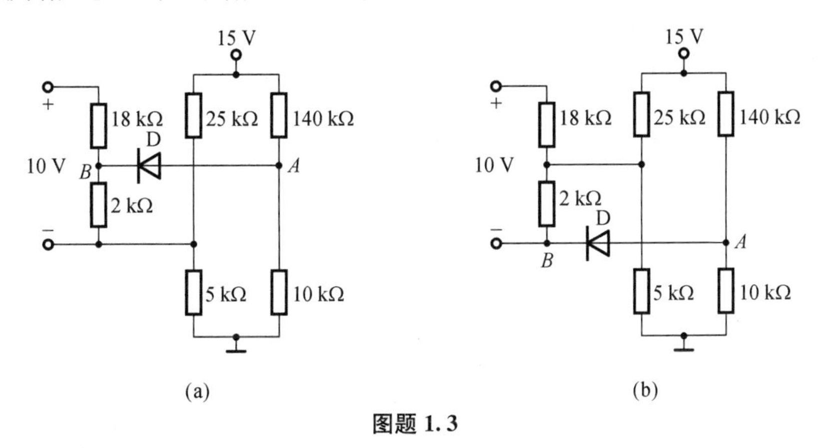

图题 1.3

1.4　并联稳压电路如图题 1.4 所示，设稳压管的稳压值 $U_Z=6$ V，最小稳定电流 $I_{Zmin}=5$ mA，最大稳定电流 $I_{Zmax}=25$ mA。

(1) 分别计算 U_I 为 10 V，25 V，35 V 三种情况下输出电压的值。

(2) 若 $U_I=35$ V 时负载开路，则会出现什么现象？为什么？

1.5　已知两只晶体管的电流放大系数 β 分别为 50 和 100，现测得放大电路中这两只管子两个电极的电流如图题 1.5 所示。分别求另一电极的电流,标出其实际方向,并在圆圈中画出管子。

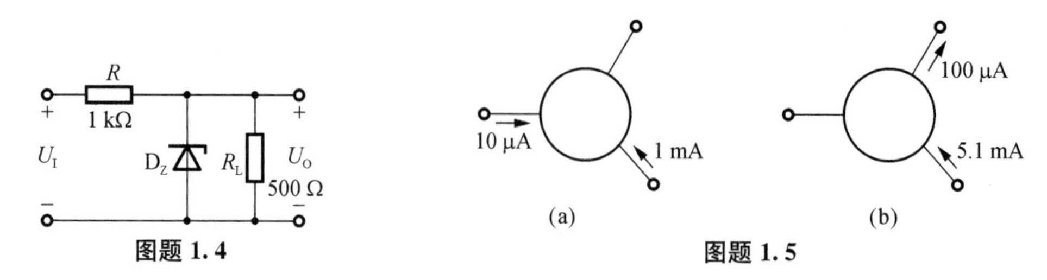

图题 1.4　　图题 1.5

1.6　测得放大电路中六只晶体管的直流电位如图题 1.6 所示。在圆圈中画出管子,并分别说明它们是硅管还是锗管。

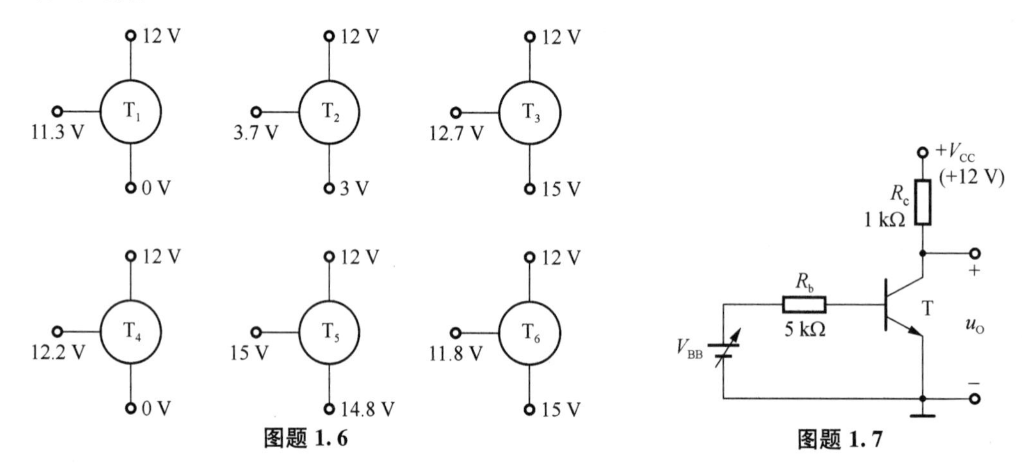

图题 1.6　　图题 1.7

1.7　电路如图题 1.7 所示,晶体管导通时 $U_{BE}=0.7$ V,$\beta=50$。试分析 V_{BB} 为 0 V、1 V、3 V 三种情况下 T 的工作状态及输出电压 u_O 的值。

1.8　分别判断图题 1.8 中所示各电路中晶体管是否有可能工作在放大状态。

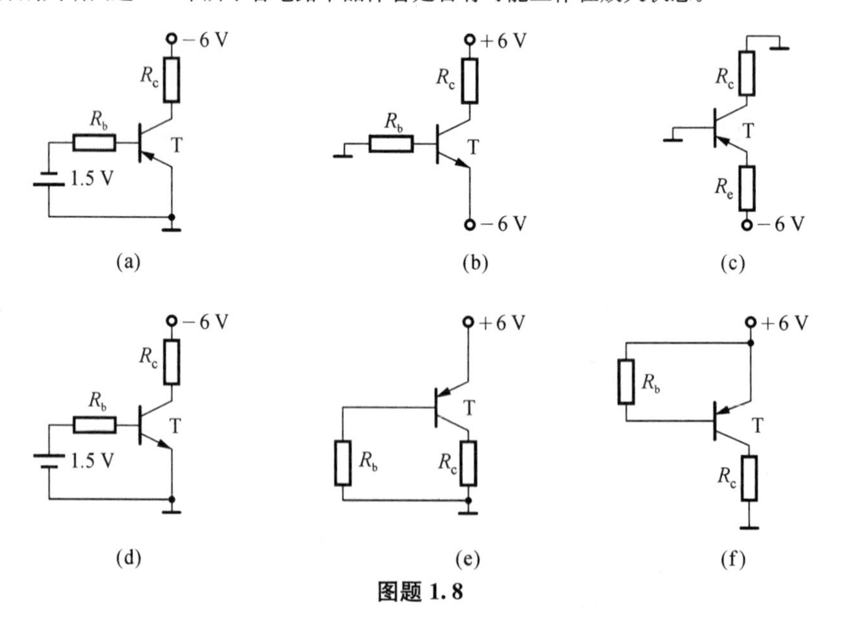

图题 1.8

1.9　试在具有四象限的直角坐标上分别画出各种类型 FET(包括 N 沟道、P 沟道 MOS 增强型和耗尽型,JFET P 沟道、N 沟道耗尽型)的转移特性示意图,并标明各自的开启电压或夹断电压。

1.10　已知放大电路中一只 N 沟道场效应管三个极①、②、③的电位分别为 4 V、8 V、12 V,管子工作在恒流区。试判断它可能是哪种管子(结型管、MOS 管、增强型、耗尽型),并说明①、②、③与 g、s、d 的对应关系。

1.11　已知场效应管的输出特性曲线如图题 1.11 所示,画出它在恒流区的转移特性曲线。

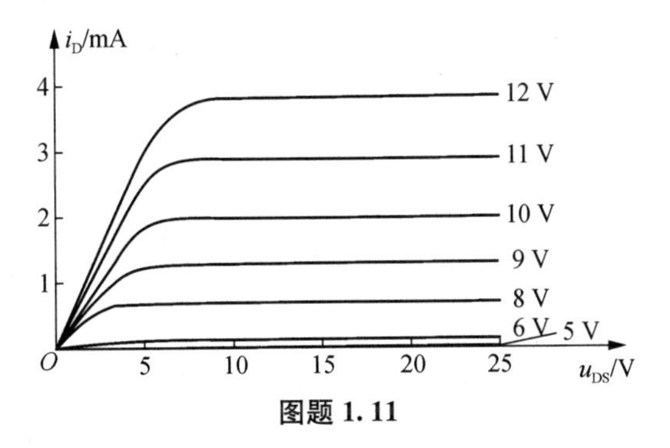

图题 1.11

1.12　电路如图题 1.12 所示,T 的输出特性如图题 1.11 所示,分析当 u_I=4 V、8 V、12 V 三种情况下场效应管分别工作在什么区域。

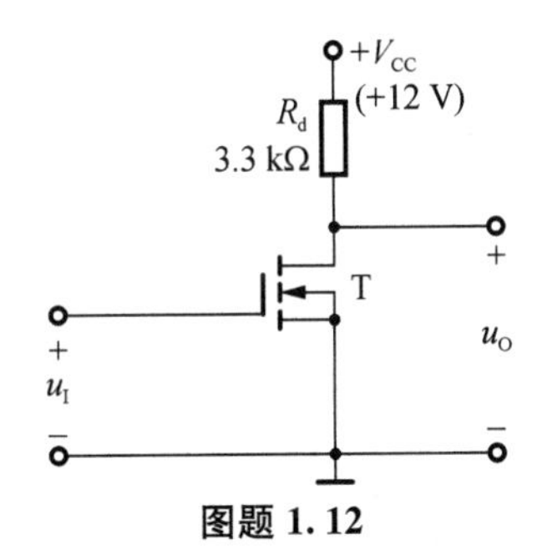

图题 1.12

1.13　分别判断图题 1.13 所示各电路中的场效应管是否有可能工作在恒流区。

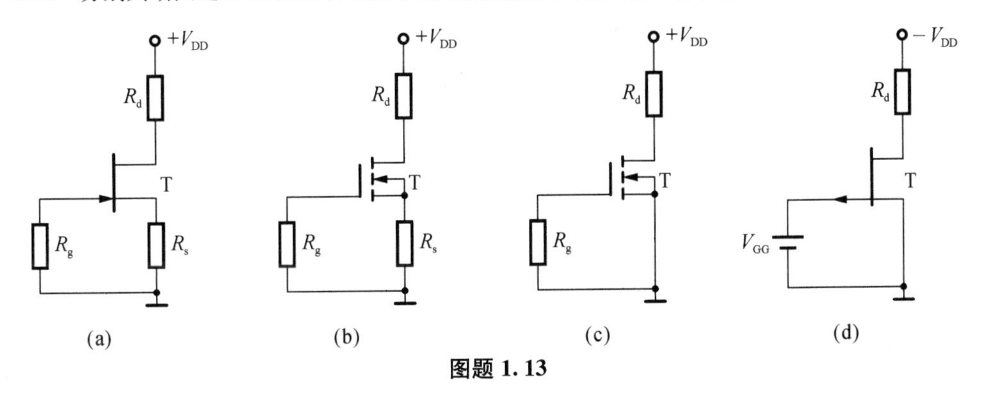

图题 1.13

第二章　放大电路基础

2.1　放大的基本概念和放大电路的主要性能指标

2.1.1　放大的基本概念

一个需要被放大的电信号(例如从天线或传感器得到的信号),其电压、电流的幅度往往是很小的,通常是毫伏、毫安数量级,甚至是微伏、微安或更小,不足以推动负载(例如喇叭或指示仪表、执行机构)。这个信号被放大以后,它随时间而变化的规律要与放大前严格一致,只是其电压、电流的幅度得到了较大提高。信号的这种变化过程,称为放大。实现放大功能的电子电路称为放大电路(或称为放大器)。放大作用的实质是把电源的能量转移给输出信号。输入信号的作用是控制这种转移,使放大器输出信号的变化重复或反映输入信号的变化。现代模拟电路中,电信号的产生、发送、接收、变换和处理,几乎都以放大电路为基础。晶体三极管和场效应管在一定的外部条件下具有放大作用,这一定的外部条件是通过放大器件之外的电路提供的。放大是指对交流信号(变化的信号)的线性放大,而放大器件本身的特性从整体上看是非线性的,这就要求器件工作在线性放大区,也就是说,线性放大是有条件的,即输出信号的幅度不超出器件特性的线性区。器件工作在线性区的条件是合理设置的静态工作点,静态工作点是由直流电流和电压保证的。在放大电路中,直流信号是放大的条件,交流信号是放大的对象。一个放大电路既包含直流信号,又包含交流信号。由于器件工作在线性区,基于叠加原理在此仍然适用这一事实,放大电路的直流工作状况与交流工作状况完全可以分开独立分析,但在分析与设计中必须牢记,直流参数将影响交流响应。

在放大电路中,输出信号所增加的功率是从直流电源的能量中转换而来的。换句话说,在输入交流信号的控制下,电源的直流功率能够转换成放大电路输出的交流功率。由于任何稳态信号都可分解为若干频率正弦信号(谐波)的叠加,所以放大电路常以正弦波作为测试信号。

2.1.2　放大电路的性能指标

图 2.1.1 所示为放大电路的示意图。对于信号而言,任何一个放大电路均可看成一个两端口网络。左边为输入端口,当内阻为 R_s 的正弦波信号源 $\dot{U}_s$ 作用时,放大电路得到输入电压 $\dot{U}_i$,同时产生输入电流 $\dot{I}_i$;右边为输出端口,输出电压为 $\dot{U}_o$,输出电流为 $\dot{I}_o$,R_L 为负载电阻。不同放大电路在 $\dot{U}_s$ 和 R_L 相同的条件下,$\dot{I}_i$、$\dot{U}_o$、$\dot{I}_o$ 将不同,说明不同放大电路从信号源索取的电流不同,且对同样信号的放大能力也不同;同一放大电路在幅值相同、频率不同的 $\dot{U}_s$ 作用下,$\dot{U}_o$ 也将不同,即对不同频率的信号同一放大电路的放大能力也存在差异。为了反映放大电路的各方面的性能,引出如下主要指标。

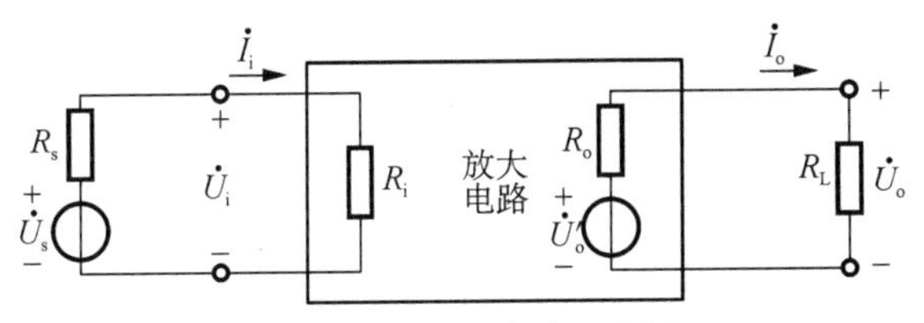

图 2.1.1　放大电路示意图

1）放大倍数

放大倍数是直接衡量放大电路放大能力的重要指标，其值为输出量 $\dot{X}_o(\dot{U}_o，\dot{I}_o)$ 与输入量 $\dot{X}_i(\dot{U}_i，\dot{I}_i)$ 之比。对于小功率放大电路，人们常常只关心电路单一指标的放大倍数，如电压放大倍数，而不研究其功率放大能力。

电压放大倍数是输出电压 $\dot{U}_o$ 与输入电压 $\dot{U}_i$ 之比，即

$$\dot{A}_u=\frac{\dot{U}_o}{\dot{U}_i} \tag{2.1.1}$$

电流放大倍数是输出电流 $\dot{I}_o$ 与输入电流 $\dot{I}_i$ 之比，即

$$\dot{A}_i=\frac{\dot{I}_o}{\dot{I}_i} \tag{2.1.2}$$

电压对电流的放大倍数是输出电压 $\dot{U}_o$ 与输入电流 $\dot{I}_i$ 之比，即

$$\dot{A}_r=\frac{\dot{U}_o}{\dot{I}_i} \tag{2.1.3}$$

因其量纲为电阻，通常称之为互阻放大倍数。

电流对电压的放大倍数是输出电流 $\dot{I}_o$ 与输入电压 $\dot{U}_i$ 之比，即

$$\dot{A}_g=\frac{\dot{I}_o}{\dot{U}_i} \tag{2.1.4}$$

因其量纲为电导，通常称之为互导放大倍数。

本章重点研究电压放大倍数 $\dot{A}_u$。应当指出，在实测放大倍数时，必须用示波器观察输出端的波形，只有在不失真的情况下，测试数据才有意义。其他指标也如此。当输入信号为缓慢变化量或直流变化量时，输入电压、输入电流、输出电压和电流分别用 Δu_I、Δi_I、Δu_O 和 Δi_O 表示。放大倍数用 $A_u=\Delta u_O/\Delta u_I$，$A_i=\Delta i_O/\Delta i_I$，$A_r=\Delta u_O/\Delta i_I$，$A_g=\Delta i_O/\Delta u_I$。

如前所述，四种放大电路分别具有不同的增益，如电压增益 A_u，电流增益 A_i、互阻增益 A_r 及互导增益 A_g。它们实际上反映了放大电路在输入信号控制下，将供电电源能量转换为信号能量的能力。其中 A_u 和 A_i 两种无量纲增益在工程上常用以 10 为底的对数增益表达，其基本单位为贝尔(Bel，B)，平时用它的十分之一单位“分贝”(dB)。这样用分贝表示的

电压增益和电流增益分别如下所示：

$$\text{电压增益}=20\lg|A_u|\,\text{dB} \tag{2.1.5}$$

$$\text{电流增益}=20\lg|A_i|\,\text{dB} \tag{2.1.6}$$

由于功率与电压(或电流)的平方成比例，因而功率增益表示为

$$\text{功率增益}=10\lg|A_p|\,\text{d}B \tag{2.1.7}$$

电压增益 A_u 和电流增益 A_i 之所以采用绝对值，是考虑到在某些情况下，A_u 或 A_i 也许为负数，这意味着输出与输入之间的相位关系为 180°，这与对数增益为负值时的意义是不同的，两者不能混淆。例如，当放大电路的电压增益为 −20 dB 时，表示信号电压经过放大电路后，衰减到原来的 1/10，即 $|A_u|=0.1$。

用对数方式表达放大电路的增益之所以在工程上得到广泛的应用是由于：

(1) 当用对数坐标表达增益随频率变化的曲线时，可大大扩大增益变化的视野；

(2) 计算多级放大电路的总增益时，可将乘法化为加法进行运算。

上述两点有助于简化电路的分析和设计过程。

2) 输入电阻

前述四种放大电路，不论使用哪种模型，其输入电阻 R_i 和输出电阻 R_o 均可用图 2.1.2 来表示。

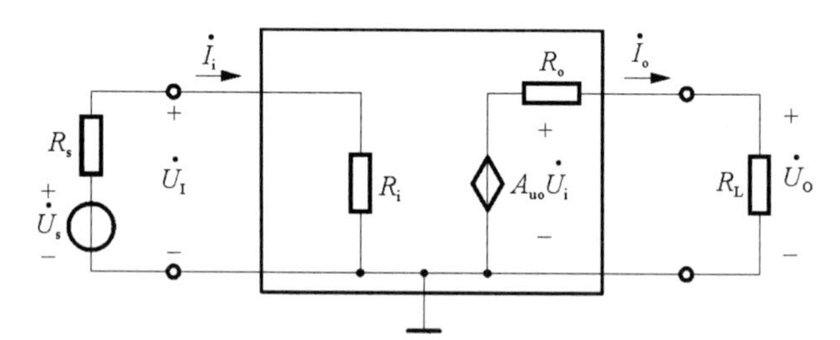

图 2.1.2　放大电路的输入电阻和输出电阻

如图所示，输入电阻等于输入电压 $\dot{U}_i$ 与输入电流 $\dot{I}_i$ 的比值，即 $R_i=\dot{U}_i/\dot{I}_i$。输入电阻 R_i 的大小决定了放大电路从信号源吸取信号幅值的大小。对输入为电压信号的放大电路，即电压放大和互导放大电路 R_i 愈大，则放大电路输入端的 $\dot{U}_i$ 值愈大。反之，输入为电流信号的放大电路，即电流放大和互阻放大电路 R_i 愈小，注入放大电路的输入电流 $\dot{I}_i$ 愈大。

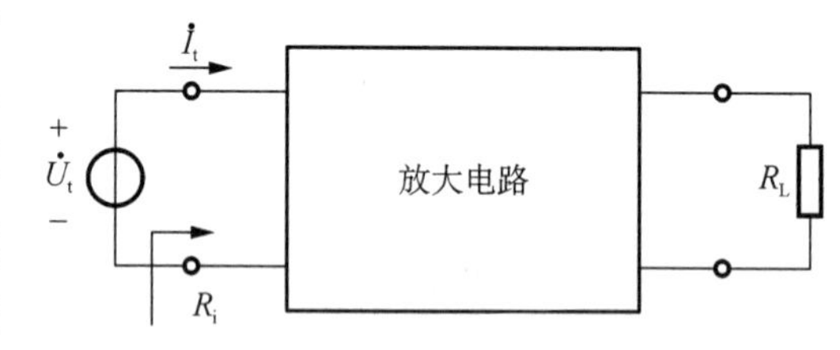

图 2.1.3　求放大电路的输入电阻

当定量分析放大电路的输入电阻 R_i 时，一般可假定在输入端外加一测试电压 $\dot{U}_t$，如图 2.1.3 所示，根据放大电路内的各元件参数计算出相应的测试电流 $\dot{I}_t$，则

$$R_i=\frac{\dot{U}_t}{\dot{I}_t} \tag{2.1.8}$$

3）输出电阻

放大电路输出电阻 R_o 的大小决定它带负载的能力。所谓带负载能力，是指放大电路输出量随负载变化的程度。当负载变化时，输出量变化很小或基本不变表示带负载能力强，即输出量与负载大小的关联程度愈弱，放大电路的带负载能力愈强。对于不同类型的放大电路，输出量的表现形式是不一样的。例如，电压放大和互阻放大电路，输出量为电压信号。对于这类放大电路，R_o 愈小，负载电阻 R_L 的变化对输出电压 $\dot{U}_o$ 的影响愈小，如图 2.1.1 所示。$\dot{U}'_o$ 为空载时输出电压的有效值，$\dot{U}_o$ 为带负载后输出电压的有效值，因此

$$\dot{U}_o=\frac{R_L}{R_o+R_L}\dot{U}'_o$$

输出电阻

$$R_o=\left(\frac{\dot{U}'_o}{\dot{U}_o}-1\right)R_L \tag{2.1.9}$$

这两种放大电路中只要负载电阻 R_L 足够大，信号输出功率一般较低，对供电电源的能耗也较低，多用于信号的前置放大和中间级放大。对输出为电流信号的放大电路，即电流放大和互导放大，与受控电流源并联的 R_o 愈大，负载电阻 R_L 的变化对输出电流 $\dot{I}_o$ 的影响愈小。与前两种放大电路相比，在供电电源电压相同的条件下，这两种放大电路可输出较大的电流信号，从而输出功率 $P_0=I^2R_L$ 可能达到较大的值，同时电源供给的功率也较大，通常用于电子系统的输出级，可作为各种输出物理变量变换器（如音响系统的扬声器、动力系统的电动机等）的驱动电路。

当定量分析放大电路的输出电阻 R_o 时，可采用图 2.1.4 所示的方法。在信号源短路（$\dot{U}_s=0$，但保留 R_s）和负载开路（$R_L=\infty$）的条件下，在放大电路的输出端加一测试电压 $\dot{U}_t$，相应地产生一测试电流 $\dot{I}_t$，于是可得输出电阻为

$$R_o=\left.\frac{\dot{U}_t}{\dot{I}_t}\right|_{\dot{U}_s=0,R_L=\infty} \tag{2.1.10}$$

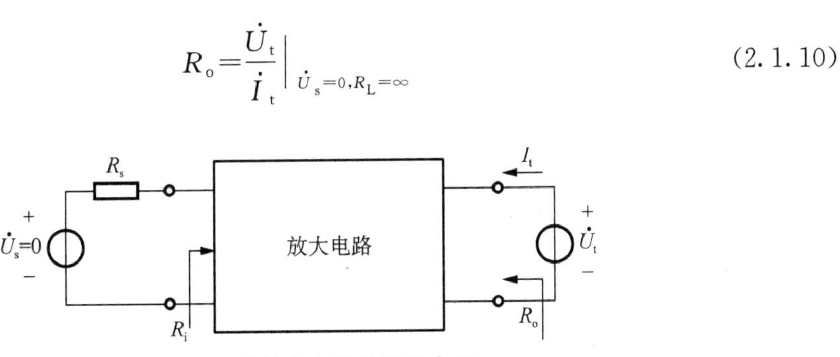

图 2.1.4　求放大电路的输出电阻

根据这个关系，即可算出各种放大电路的输出电阻。必须注意，以上所讨论的放大电路的输入电阻和输出电阻不是直流电阻，而是在线性运用情况下的交流电阻，用符号 R 带有小写字母下标 i 和 o 来表示。有关这方面的详细情况，将在后续各章中讨论。

4）频率响应

前面所介绍的放大电路模型是极为简单的模型,实际的放大电路中总是存在一些电抗性元件,如电容和电感元件以及电子器件的极间电容、接线电容与接线电感等。因此,放大电路的输出和输入之间的关系必然和信号频率有关。放大电路的频率响应所指的是,在输入正弦信号情况下,输出随输入信号频率连续变化的稳态响应。

若考虑电抗性元件的作用和信号角频率变量,则放大电路的电压增益可表达为

$$\dot{A}_u=\frac{\dot{U}_o(j\omega)}{\dot{U}_i(j\omega)} \tag{2.1.11}$$

或

$$\dot{A}_u=A(\omega)\angle\varphi(\omega) \tag{2.1.12}$$

式中 ω 为信号的角频率,$A(\omega)$表示电压增益的模与角频率之间的关系,称为幅频响应;而$\varphi(\omega)$表示放大电路输出与输入正弦电压信号的相位差与角频率之间的关系,称为相频响应,将二者综合起来可全面表征放大电路的频率响应。

图 2.1.5 是一个普通音响系统放大电路的幅频响应。为了符合通常习惯,横坐标采用频率单位 $f=\omega/2\pi$。值得注意的是,图中的坐标均采用对数刻度,称为波特图。这样处理不仅把频率和增益变化范围展得很宽,而且在绘制近似频率响应曲线时也十分简便。

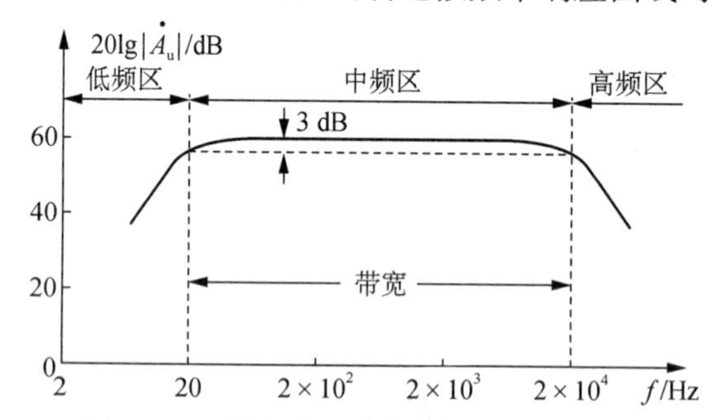

图 2.1.5 某电子系统放大电路的幅频响应

图 2.1.5 所示幅频响应的中间一段是平坦的,即增益保持常数 60 dB,称为中频区(也称为通带区)。在 20 Hz 和 20 kHz 两点增益分别下降 3 dB,而在低于 20 Hz 和高于 20 kHz 的两个区域,增益随频率远离这两点而下降。在输入信号幅值保持不变的条件下,增益下降 3 dB 的频率点,其输出功率约等于中频区输出功率的一半,通常称为半功率点。一般把幅频响应的高、低两个半功率点间的频率差定义为放大电路的带宽或通频带,即

$$BW=f_H-f_L \tag{2.1.13}$$

式中 f_H 是频率响应的高端半功率点,也称为上限频率,而 f_L 则称为下限频率。由于通常有 $f_L \ll f_H$ 的关系,故有 $BW\approx f_H$。

有些放大电路的频率响应，通频带一直延伸到直流，如图 2.1.6 所示。可以认为它是图 2.1.5 的一种特殊情况，即下限频率为零。这种放大电路称为直流（直接耦合）放大电路。现代模拟集成电路大多采用直接耦合的结构。

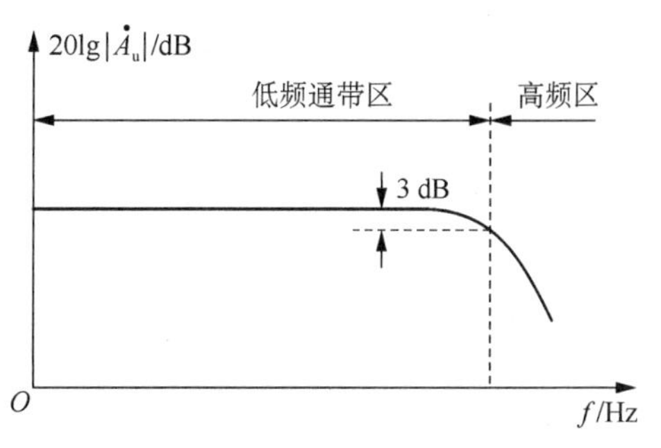

图 2.1.6 直流放大电路的幅频响应

5）非线性失真

由于 BJT 是非线性器件，所以当输入正弦信号的幅度较大时，输出信号不可避免地会产生非线性失真，不再是正弦波，除了基波以外，还含有许多谐波分量，即在输出信号中产生了输入信号所没有的新的频率分量，这是非线性失真的基本特征。

基波是不失真的分量，各谐波成分是失真分量。输出波形中的谐波成分总量与基波成分之比称为非线性失真系数 γ，设基波幅值为 A_1，各谐波幅值分别为 A_2、A_3……则有

$$\gamma=\frac{\sqrt{A_2^2+A_3^2+\cdots}}{A_1}\times 100\% \qquad (2.1.14)$$

非线性失真的大小与晶体管静态工作点 Q 及输入信号幅度的大小有关。如果静态工作点 Q 合适，输入信号的幅度又足够小，则非线性失真就很小。随着输入信号幅度的增加，非线性失真会加大。

6）最大输出幅度

由于 BJT 的非线性和直流电源电压的限制，输出信号的非线性失真系数会随输入信号幅度的增大而增加。最大输出幅度是指非线性失真系数不超过额定值时的输出信号最大值，用 U_{omax} 或 I_{omax} 表示，也可用峰-峰值 $U_{OP\text{-}P}$ 或 $I_{OP\text{-}P}$ 表示。

7）最大输出功率与效率

最大输出功率 P_{omax} 是指输出信号非线性失真系数符合规定的情况下能输出的最大功率。在放大电路中，输入信号的功率通常很小，但经放大电路的控制和转换后，负载从直流电源获得的信号功率却较大。直流电源能量的利用率称为效率 η，设 P_o 为输出信号功率，P_{DC} 为直流电源供给的平均功率，则效率 η 等于 P_o 与 P_{DC} 之比，即

$$\eta=\frac{P_o}{P_{DC}} \qquad (2.1.15)$$

2.2 基本共射极放大电路

前面已指出，BJT 的重要特性之一是具有电流控制（即电流放大）作用，利用这一特性可以组成各种放大电路。单管放大电路是复杂放大电路的基本单元。本节将以基本共射极放大电路为例，介绍放大电路的组成及工作原理。

2.2.1　基本共射极放大电路的组成

图2.2.1是基本共射极放大电路的原理图。其中BJT是核心元件，起放大作用。直流电源 V_{BB} 通过电阻 R_b 给BJT的发射结提供正偏电压，并产生基极直流电流 I_B（常称为偏流，而提供偏流的电路称为偏置电路）。直流电源 V_{CC} 通过电阻 R_C 并与 V_{BB} 和 R_B 配合，给集电结提供反偏电压，使BJT工作于放大状态。电阻 R_C 的另一个作用是将集电极电流的变化转换为电压的变化，再送到放大电路的输出端。u_s 是待放大的时变输入信号，加在基极与发射极间的输入回路中，输出信号从集电极-发射极间取出，发射极是输入回路与输出回路的共同端（称为“地”，用“⊥”表示），所以称为共发射极放大电路。

2.2.2　基本共射极放大电路的工作原理

设图2.2.1中的时变信号 u_s 为正弦信号。显然，放大电路中的电压或电流既含有直流成分，又含有交流成分，称为交、直流共存。交流信号叠加在直流量上。分析计算及设计时，常将直流和交流分开进行，即分析直流时，可将交流源置零，分析交流时可将直流源置零，总的响应是两个单独响应的叠加。

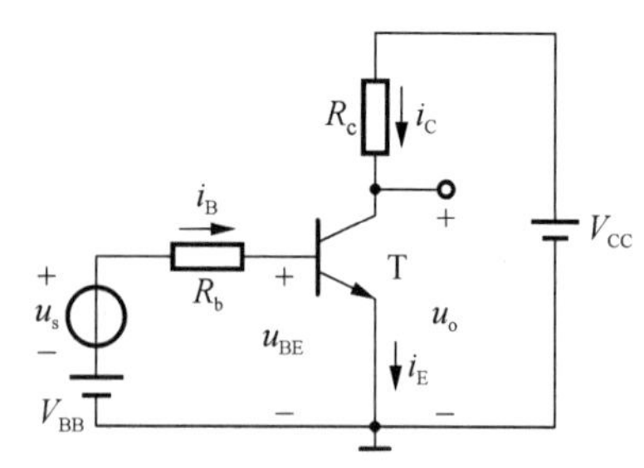

图2.2.1　基本共射极放大电路

1）静态（直流工作状态）

输入信号 $u_s=0$ 时，放大电路的工作状态称为静态或直流工作状态。此时，电路中的电压、电流都是直流量。

静态时，BJT各电极的直流电流及各电极间的直流电压分别用 I_B、I_C、U_{BE}、U_{CE} 表示，这些电流、电压的数值可用BJT特性曲线上的一个确定的点表示，该点习惯上称为静态工作点 Q，因此常将上述四个电量写成 I_{BQ}、I_{CQ}、U_{BEQ}、U_{CEQ}。

在放大电路中设置静态工作点是必不可少的。因为放大电路的作用是将微弱的输入信号进行不失真地放大，为此，电路中的BJT必须始终工作在放大区域。如果没有直流电压和电流，若图2.2.1中的 $V_{BB}=0$，当输入电压 u_s 的幅值小于发射结的开启电压 U_{th}（硅管0.5 V、锗管0.1 V）时，则在输入信号的整个周期内BJT始终是截止的，因而输出电压没有变化量。即使输入电压幅值足够大，BJT也只能在输入信号正半周大于 U_{th} 的时间内导通，这必然使输出电压出现严重失真。所以必须要给放大电路设置合适的静态工作点。静态工作点可以由放大电路的直流通路（直流电流流通的路径）用近似计算法求得。这种方法比较简便，具体步骤如下：

(1) 画出放大电路的直流通路，标出各支路电流。

令图2.2.1中的 $u_s=0$，可得其直流通路如图2.2.2所示。

(2) 由基极-发射极回路求 $I_{BQ}(I_{EQ})$，由图2.2.2可知

$$I_{BQ}=\frac{V_{BB}-U_{BEQ}}{R_b} \tag{2.2.1}$$

式中 U_{BEQ} 常被认为是已知量，硅管约为0.6～0.7 V，锗管约为0.2～0.3 V。

（3）由 BJT 的电流分配关系求得

$$I_{CQ}=\beta I_{BQ}+I_{EQ}\approx\beta I_{BQ} \tag{2.2.2}$$

（4）由集电极-发射极回路求 U_{CEQ}

$$U_{CEQ}=V_{CC}-I_{CQ}R_c \tag{2.2.3}$$

静态工作点还可以用图解法求得，这在后面再介绍。

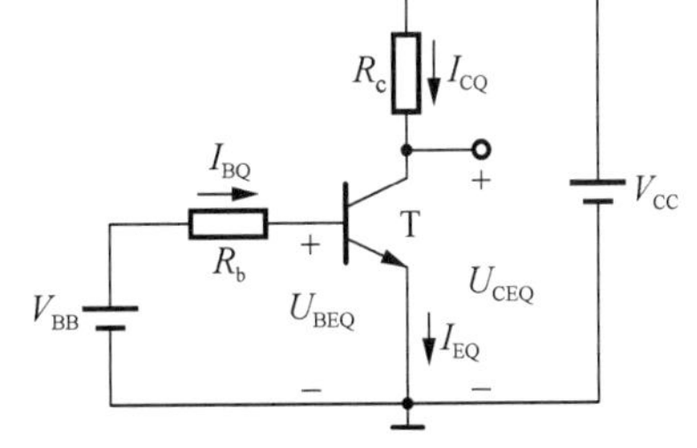

图 2.2.2　图 2.2.1 所示电路的直流通路

【例 2.2.1】 设图 2.2.1 所示电路中的 $V_{BB}=4$ V，$V_{CC}=12$ V，$R_b=220$ kΩ，$R_c=5.1$ kΩ，$\beta=80$，$U_{BEQ}=0.7$ V。试求该电路中的电流 I_{BQ}，I_{CQ}，电压 U_{CEQ}，并说明 BJT 的工作状态。

解：

$$I_{BQ}=\frac{V_{BB}-U_{BEQ}}{R_b}=\frac{4\text{ V}-0.7\text{ V}}{220\times10^3\ \Omega}\approx1.5\times10^{-5}\text{ A}=15\ \mu\text{A}$$

$$I_{CQ}=\beta I_{BQ}=80\times15\ \mu\text{A}=1.2\text{ mA}$$

$$U_{CEQ}=V_{CC}-I_{CQ}R_c=12\text{ V}-1.2\times10^{-3}\text{ A}\times5.1\times10^3\ \Omega\approx5.9\text{ V}$$

由 $U_{BEQ}=0.7$ V，$U_{CEQ}=5.9$ V 可知，该电路中的 BJT 工作于发射结正偏、集电结反偏的放大区。

2）动态

图 2.2.1 中输入正弦信号 u_s 后，电路将处在动态工作情况。此时，BJT 各极电流及电压都将在静态值的基础上随输入信号作相应的变化。基极-发射极间的电压 $u_{BE}=U_{BEQ}+u_{be}$，u_{be} 是 u_s 在发射结上产生的交流电压。当 u_{be} 的幅值小于 U_{BEQ}，且使发射结上所加正向电压仍然大于 U_{th} 时，u_{be} 随 u_s 的变化必然导致受其控制的基极电流 i_B、集电极电流 i_C 产生相应变化，即 $i_B=I_{BQ}+i_b$，$i_C=I_{CQ}+i_c$，其中 $i_c=\beta i_b$ 是交流电流。与此同时，集电极-发射极间的电压 u_{CE} 也将发生变化，$u_{CE}=V_{CC}-i_CR_c=U_{CEQ}+u_{ce}$。需要说明的是，在 u_s 的正半周，u_{BE}，i_B，i_C 都将在静态值的基础上增加，电阻 R_c 上的电压降也在增加，因此，电压 u_{CE} 在静态 U_{CEQ} 的基础上将减小。在 u_s 的负半周，情况则相反，于是 u_{ce} 与 u_s 是反相的。将 u_{ce} 用适当方式取出来，作为该放大电路的输出电压。只要选择合适的电路参数，就可以使输出电压的幅度比输入电压的幅度大得多，实现电压放大作用。

3）直流通路与交流通路

由于电容、电感等电抗元件的存在，直流量所流经的通路与交流信号所流经的通路是不完全相同的。因此，为了研究问题的方便起见，常把直流电源对电路的作用和交流输入信号对电路的作用区分开来，分成直流通路和交流通路。

直流通路是在直流电源作用下直流电流流经的通路，也就是静态电流流经的通路，用于研究静态工作点。对于直流通路，有：① 电容视为开路；② 电感线圈视为短路（即忽略线圈电阻）；③ 交流电压信号源视为短路，交流电流信号源视为开路，但应保留其内阻。图 2.2.3 所示是图 2.2.1 所示基本共射放大电路的交流通路。

交流通路是交流输入信号作用下交流信号流经的通路，用于研究动态参数。对于交流通路，在中频区有：① 容量大的电容(如耦合电容)视为短路；② 电感线圈视为开路；③ 直流电源视为短路。

图 2.2.2 所示是图 2.2.1 所示基本共射放大电路的直流通路。求解静态工作点时应利用直流通路，求解动态参数时应利用交流通路，两种通路切不可混淆。静态工作点合适，动态分析才有意义。交流分析和直流分析之所以可以分别进行，是因为放大器件工作在线性放大区，交流信号幅值很小时，交流信号与直流可以直接相加，而不会带来失真，即线性电路适用于叠加定理。所以，直流分析的结果一定要保证直流工作点在线性放大区内，交流分析结果才正确。

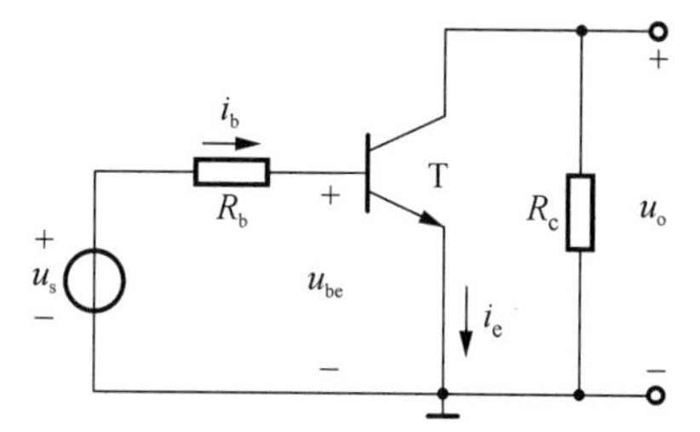

图 2.2.3　图 2.2.1 所示电路的交流通路

所以，对放大电路进行分析计算应包括两方面的内容：一是直流分析(静态分析)，求出静态工作点；二是交流分析(动态分析)，主要是计算电路的性能指标或分析电压、电流的波形等。分析计算的方法有图解法、小信号模型分析法等。

2.3　放大电路的分析方法

在初步了解放大电路的工作原理之后，就要进一步分析放大电路的工作情况，包括静态和动态的定量分析。基本分析方法有图解分析法和小信号模型分析法。

2.3.1　图解分析法

图解分析法就是利用 BJT 的 $V-I$ 特性曲线及管外电路的特性，通过作图对放大电路的静态及动态进行分析。现以基本共射极放大电路为例，对图解分析法加以讨论。

1）静态工作点的图解分析

将图 2.2.1 所示电路改画成图 2.3.1 的形式，并用虚线把电路分成三部分：BJT、输入端的管外电路、输出端的管外电路。静态时，令图中 $u_s=0$，即得该电路的直流通路。在输入回路中，静态工作点(I_{BQ}，U_{BEQ})既应在 BJT 的输入特性曲线 $i_B=f(u_{BE})\Big|_{u_{CE}>1\text{ V}}$ 上，又应满足外电路(由 V_{BB}，R_b 组成)的回路方程 $u_{BE}=V_{BB}-i_BR_b$，显然，由此回路方程可作出一条斜率为 $-1/R_b$ 的直线，称其为输入直流负载线。为此，可在 BJT 的输入特性曲线图上作出这条输入直流负载线，即在横坐标轴上取一点(V_{BB}，0)，在纵坐标轴上取一点(0，V_{BB}/R_b)，并连接这两点成直线，如图 2.3.2(a)所示。

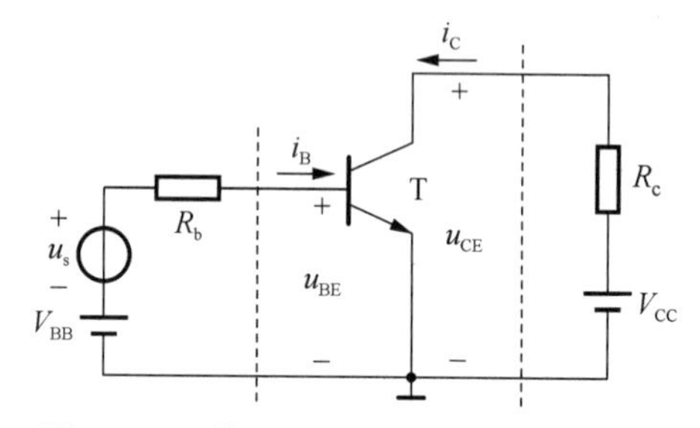

图 2.3.1　基本共射极放大电路原理图

该直流负载线与输入特性曲线的交点就是所求的静态工作点 Q，其横坐标值为 U_{BEQ}，纵坐标值为 I_{BQ}。

与输入回路相似，在输出回路中，静态工作点(I_{CQ}，U_{CEQ})既应在 $i_B=I_{BQ}$ 的那条输出特性曲线上，又应满足外电路(由 V_{CC}，R_c 组成)的回路方程 $u_{CE}=V_{CC}-i_CR_c$。这也是一条直

线，称为输出直流负载线，斜率为$-1/R_c$。在BJT的输出特性曲线图上作出这条直线，即连接横轴上的点$(V_{CC},0)$和纵轴上的点$(0,V_{CC}/R_c)$成直线，如图2.3.2(b)所示。该直线与曲线$i_C=f(u_{CE})|_{i_B=I_{BQ}}$的交点就是要求的静态工作点$Q$，其横坐标值为$U_{CEQ}$，纵坐标值为$I_{CQ}$。

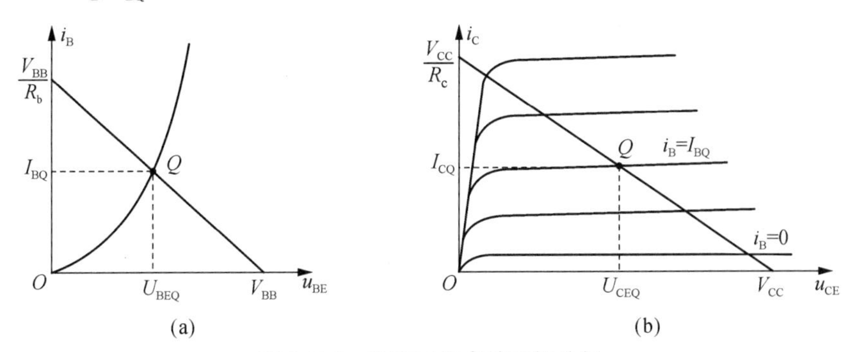

图 2.3.2　静态工作点的图解分析

(a) 输入回路的图解分析；(b) 输出回路的图解分析

2）动态工作情况的图解分析

动态图解分析能够直观地显示出在输入信号作用下，放大电路中各电压及电流波形的幅值大小和相位关系，可对动态工作情况作较全面的了解。动态图解分析是在静态分析的基础上进行的，分析步骤如下：

(1) 根据u_s的波形，在BJT的输入特性曲线图上画出u_{BE}、i_B的波形。

设图2.3.1中的输入信号$u_s=U_{sm}\sin\omega t$。在V_{BB}及u_s共同作用下，输入回路方程变为$u_{BE}=V_{BB}+u_s-i_BR_b$，相应的输入负载线是一组斜率为$-1/R_b$，且随u_s变化而平行移动的直线。

图2.3.3(a)中虚线①、②是$u_s=\pm U_{sm}$时的输入负载线。根据它们与输入特性曲线的相交点的移动，便可画出u_{BE}和i_B的波形。

(2) 根据i_B的变化范围在输出特性曲线图上画出i_C和u_{CE}的波形。

由图2.3.3(a)可见，加上输入信号u_s后，在静态工作点的基础上，基极电流i_B将随u_s的变化规律，在i_{B1}和i_{B2}之间变化。而从图2.3.1可知，加上输入信号以后输出回路的方程仍为$u_{CE}=V_{CC}-i_CR_c$，即输出负载线不变。因此，由i_B的变化范围及输出负载线可共同确定i_C和u_{CE}的变化范围，即在Q'和Q''之间，由此便可画出i_C及u_{CE}的波形，如图2.3.3(b)所示。u_{CE}中的交流量u_{ce}就是输出电压u_o，它是与u_s同频率的正弦波，但二者的相位相反，这是共射极放大电路的一个重要特点。

如果把这些电压、电流波形画在对应的ωt轴上，便可得到图2.3.4所示的波形图。

3）静态工作点对波形失真的影响

通过上述图解分析可知，要使信号既能被放大，又要不失真，则必须设置合适的静态工作点Q。对于小信号线性放大电路来说，为保证在交流信号的整个周期内，BJT都处于放大区域内（不能进入截止区和饱和区），静态工作点Q的选择应满足下列条件：

$$I_{CQ}>I_{cm}+I_{CEO}$$
$$U_{CEQ}>U_{cem}+U_{CES}$$

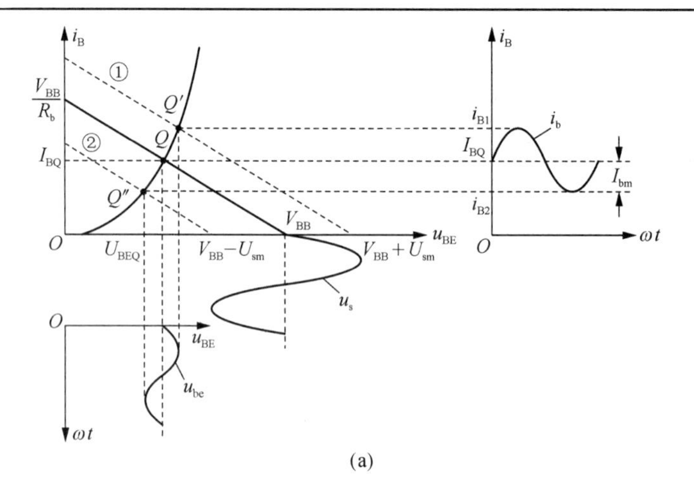

(a)

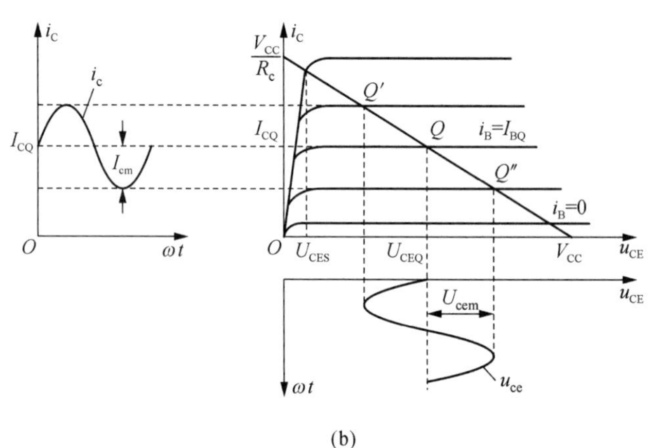

(b)

图 2.3.3 动态工作情况的图解分析

(a) 由 u_s 在输入特性曲线上画 u_{BE} 及 i_B 的波形;(b) 由 i_B 在输出特性曲线上画 i_C 及 u_{CE} 的波形

如果 Q 点选择得过低,U_{BEQ}、I_{BQ} 过小,则 BJT 会在交流信号 u_{be} 负半周的峰值附近的部分时间内进入截止区,使 i_B、i_C、u_{CE} 及 u_{ce} 的波形失真,如图 2.3.5 所示。这种因静态工作点 Q 偏低而产生的失真称为截止失真。

显然,在 Q 点设置过低时,最大不失真输出电压的幅值 U_{om} 将受到截止失真的限制,而使 $U_{om} \approx I_{CQ}R_c$。

如果静态工作点 Q 过高,U_{BEQ}、I_{BQ} 过大,则 BJT 会在交流信号线 u_{be} 正半周的峰值附近的部分时间内进入饱和区,引起 i_C、u_{CE} 及 u_{ce} 的波形失真,如图 2.3.6 所示。因 Q 点偏高而产生的失真称为饱和失真。

显然,在 Q 点设置过高时,最大不失真输出电压的幅值 U_{om} 将受到饱和失真的限制,而使 $U_{om}=U_{CEQ}-U_{CES}$。

如果输入信号的幅度过大,即使 Q 点的大小设置合理,也会产生失真,这时截止失真和饱和失真会同时出现。截止失真及饱和失真都是由于 BJT 特性曲线的非线性引起的,因而又称其为非线性失真。

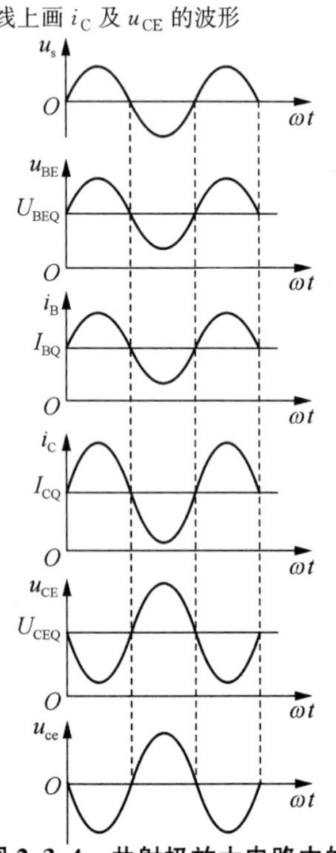

图 2.3.4 共射极放大电路中的电压、电流波形

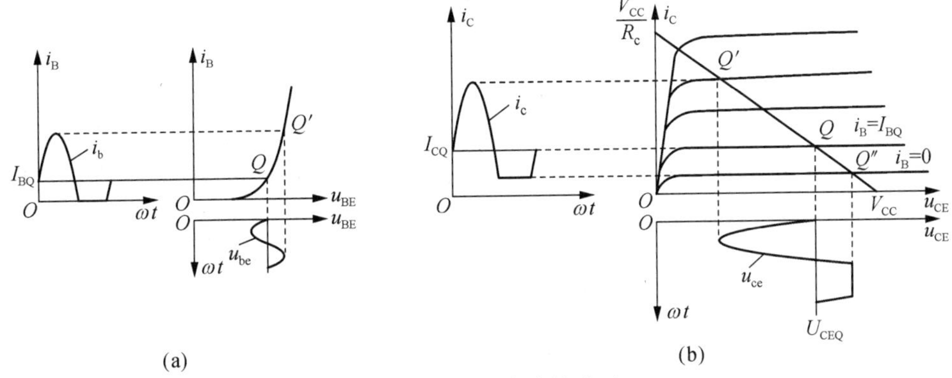

图 2.3.5　截止失真的波形

(a) 截止失真 i_B 的波形；(b) 截止失真的 i_C 及 u_{CE} 波形

为了减小和避免非线性失真，必须合理设置静态工作点 Q 的位置，当输入信号 u_s 较大时，应把 Q 点设在输出交流负载线的中点（如图 2.3.6 中线段 $Q'Q'''$ 的中点），这时可得到输出电压的最大动态范围。当 u_s 较小时，为了降低电路的功率损耗，在不产生截止失真和保证一定的电压增益的前提下，可把 Q 点选得低一些。

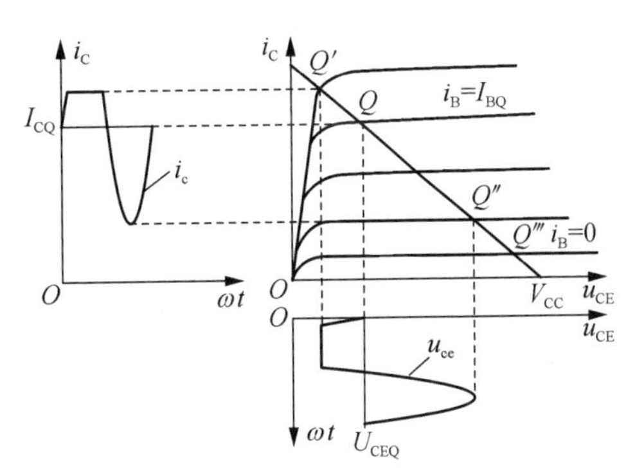

图 2.3.6　饱和失真的波形

4）用图解法分析电路参数对静态工作点的影响

利用图解法还可以直观地观察当放大电路的有关参数（如 V_{CC}，R_b，R_c 及 β）改变时，Q 点的变化情况，如图 2.3.7 所示。

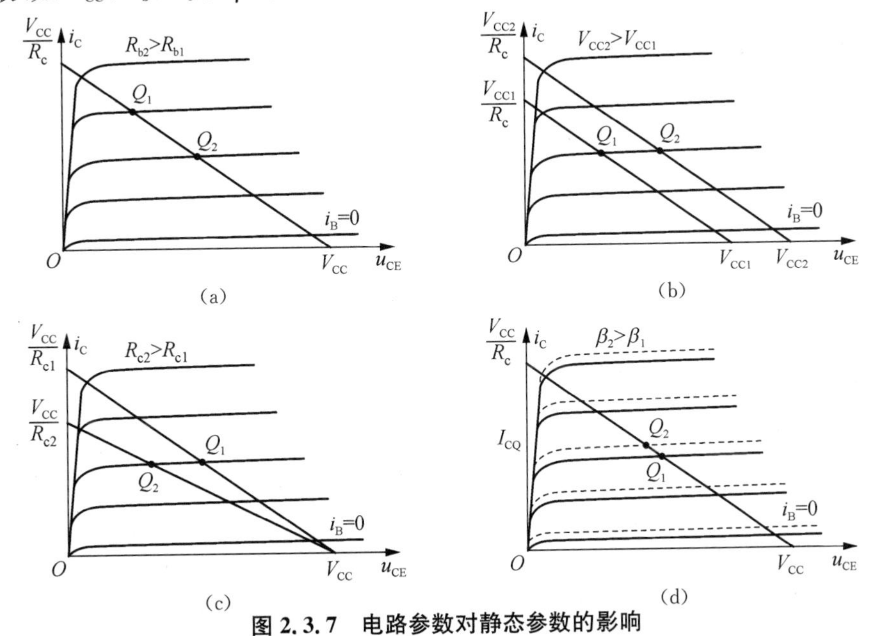

图 2.3.7　电路参数对静态参数的影响

(a) R_b 改变时 Q 点的变化；(b) V_{CC} 改变时 Q 点的变化；(c) R_c 改变时 Q 点的变化；(d) β 改变时 Q 点的变化

当电路中其他参数保持不变,增大基极电阻 R_b 时,I_{BQ} 将减小,使 Q 点沿直流负载线向右下方移动,靠近截止区,如图 2.3.7(a)所示。此时输出波形容易产生截止失真。反之,如果减小基极电阻 R_b,Q 点沿直流负载线向左上方移动,易产生饱和失真。

当电路中其他参数不变,增大直流电源 V_{CC} 时,直流负载线将向右平移,Q 点移向右上方,如图 2.3.7(b)所示。则放大电路的工作范围增大,不容易产生非线性失真,但此时三极管的静态功耗将增大。

当其他参数保持不变,增大集电极电阻 R_c 时,直流负载线的斜率将减小,而 I_{BQ} 不变,故 Q 点向左侧移动,靠近饱和区,如图 2.3.7(c)所示。

若其他参数不变,增大三极管的电流放大系数 β(如由于更换三极管),此时三极管的特性曲线如图 2.3.7(d)中的虚线所示。如果 I_{BQ} 不变,但由于此时 I_{BQ} 值所对应的输出特性曲线上移,使 I_{CQ} 增大,则 Q 点沿直流负载线向左上方移动,接近饱和区。

由上可知,图解法不仅能够形象地显示静态工作点的位置与非线性失真的关系,方便地算出最大输出电压幅值,且可以直观地表示出电路中各种参数对静态工作点的影响。在实际放大电路调试工作中,图解法便于分析静态工作点设置是否合适,以及如何调整电路参数等。

【例 2.3.1】 电路如图 2.3.8 所示,设 $U_{BEQ}=0.7$ V。(1) 试从电路组成上说明它与图 2.3.1 所示电路的主要区别。(2) 画出该电路的直流通路与交流通路。(3) 估算静态电流 I_{BQ},并用图解法求 I_{CQ}、U_{CEQ}。(4) 写出加上输入信号后,电压 u_{BE} 的表达式及输出交流负载线方程。

解:(1) 该电路与图 2.3.1 所示电路在组成上的主要区别是:

① 图 2.3.1 所示电路只是一个原理电路,并不实用,因为电路中的正弦信号源没有接地(共同端),实际应用时可能会因干扰而不稳定。而图 2.3.8 中正弦信号源有一端接共同端。

② 图 2.3.8 中将基极直流电源与集电极直流电源 V_{CC} 合并,通过 R_b 提供基极偏流及偏压。

③ 图 2.3.8 的输入与输出回路中各接了一个大电容,称为耦合电容,起连接作用,C_{b1} 连接信号源与放大电路,C_{b2} 连接放大电路与负载,故该电路称为阻容耦合共射极放大电路。阻容耦合方式常用在分立元件电路中,在集成电路内部则常采用直接耦合方式。

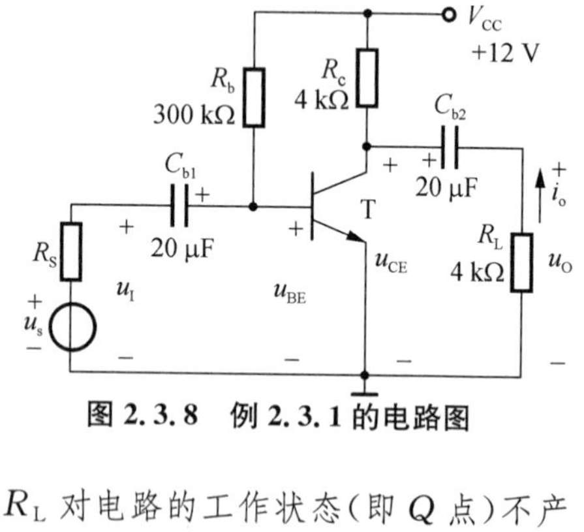

图 2.3.8 例 2.3.1 的电路图

(2) 直流与交流通路:由于电容有隔离直流的作用,即对直流相当于开路,因此,信号源 u_s 及负载电阻 R_L 对电路的工作状态(即 Q 点)不产生影响。由此可画出图 2.3.8 电路的直流通路,如图 2.3.9(a)所示。对一定频率范围内的交流信号而言,C_{b1},C_{b2} 呈现的容抗很小,可近似认为短路。另外,电源 V_{CC} 的内阻很小,对交流信号也可视为短路。因此可画出 2.3.8 所示电路的交流通路,如图 2.3.9(b)所示。

(3) 估算法求 I_{BQ},图解法求 I_{CQ} 及 U_{CEQ}:由图 2.3.9(a)所示直流通路的输入回路得

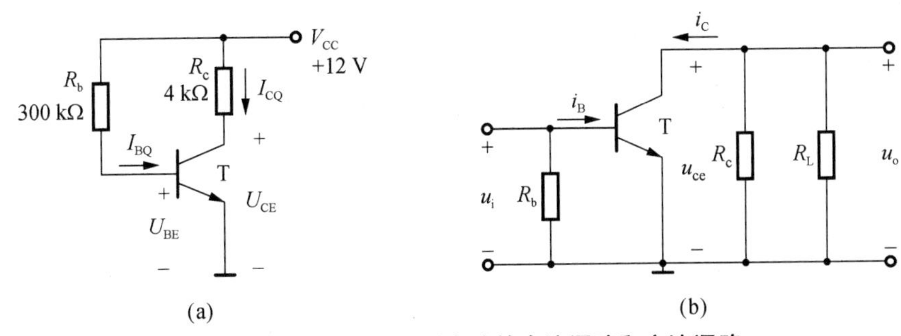

图 2.3.9　图 2.3.8 所示电路的直流通路和交流通路

(a) 直流通路；(b) 交流通路

$$I_{BQ}=\frac{V_{CC}-U_{BEQ}}{R_b}=\frac{(12-0.7)\text{V}}{300\ \text{k}\Omega}\approx\frac{12\ \text{V}}{300\ \text{k}\Omega}=40\ \mu\text{A}$$

由输出回路写出直流负载线方程 $u_{CE}=V_{CC}-i_CR_c=12-4i_C$，并在 BJT 的特性曲线图上作出该直流负载线。该直流负载线，它与横坐标轴及纵坐标轴分别相交于 M(12 V，0 mA)，N(0 V，3 mA)两点，斜率为 $-1/R_c$，如图 2.3.10 所示。直流负载线与 $i_B=I_{BQ}=40\ \mu\text{A}$ 的那条输出特性曲线的交点即 Q 点，其纵坐标值为 $I_{CQ}=1.5$ mA，横坐标值为 $U_{CEQ}=6$ V。

(4) 电压 u_{BE} 的表达式及输出交流负载线：

① 由图 2.3.8 可见，静态($u_i=0$)时，$u_{BE}=U_{C_{b1}}=U_{BEQ}$，加上 u_s 后，由于 C_{b1} 对交流相当于短路，所以仍有 $u_{C_{b1}}=U_{BEQ}$，而 $u_{BE}=u_{C_{b1}}+u_i=U_{BEQ}+u_i$，即电压 u_{BE} 等于 U_{BEQ} 上叠加一个交流分量 $u_i(u_{be})$。

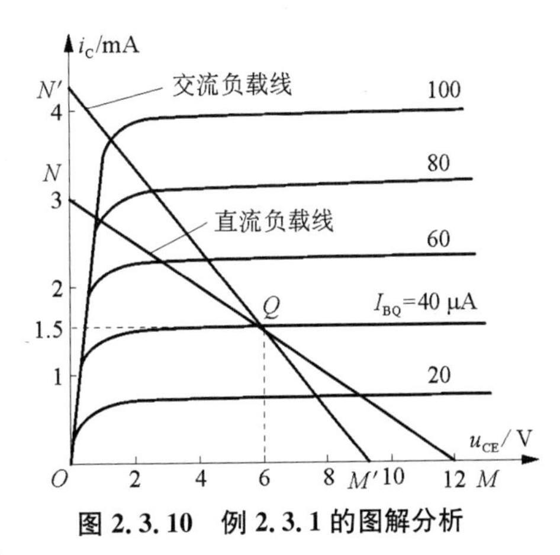

图 2.3.10　例 2.3.1 的图解分析

② 图 2.3.8 中，由于电容 C_{b2} 对直流相当于开路，对交流相当于短路，所以负载电阻 R_L 上只有交流电流 i_o 和电压 u_o，电容 C_{b2} 上只有直流电压 $U_{C_{b2}}$，且 $U_{C_{b2}}=U_{CEQ}$。由此可知电压 $u_{CE}=U_{C_{b2}}+u_o=U_{CEQ}+u_o$。由图 2.3.9(b)所示的交流通路可见，$u_o=u_{ce}=-i_C(R_c\parallel R_L)=-i_cR'_L$。其中负号表示 u_{ce} 的实际方向与假定正方向相反。于是 $u_{CE}=U_{CEQ}-i_cR'_L=U_{CEQ}-(i_C-I_{CQ})R'_L=U_{CEQ}+I_{CQ}R'_L-i_CR'_L$，这是一条直线，其斜率为 $-1/R'_L$，称之为交流负载线，是动态时工作点移动的轨迹。除了斜率为 $-1/R'_L$ 外，交流负载线的另一个特点是它必然通过静态工作点 Q，因为当正弦信号 u_i 的瞬时值为零时，电路的状态相当于静态。根据这两个特点便可作出交流负载线，即过 Q 点作一条斜率为 $-1/R'_L$ 的直线，如图 2.3.10 中的直线 $M'N'$ 所示。

由以上分析可知，放大电路的输出端接有耦合电容和负载电阻 R_L 时，交、直流负载线的斜率各不相同，前者为 $-/R'_L$，后者为 $-1/R_c$。

5) 图解分析法的适用范围

图解法是分析放大电路的最基本的方法之一，特别适用于分析信号幅度较大而工作频率不太高的情况。它直观、形象，有助于一些重要概念的建立和理解，如交、直流共存，静态和动态的概念等,能全面地分析放大电路的静态、动态工作情况,有助于理解正确选择电路参数、合理设置静态工作点的重要性。但图解法不能分析信号幅值太小或工作频率较高时的电路工作状态,也不能用来分析放大电路的输入电阻、输出电阻等动态性能指标。为此需要介绍放大电路的另一种基本分析方法。

2.3.2 小信号模型分析法

BJT 的非线性特性使其放大电路的分析变得复杂,不能直接采用线性电路原理来分析计算。但在输入信号电压幅值比较小的条件下,可以把 BJT 在静态工作点附近小范围内的特性曲线近似地用直线代替,这时可把 BJT 用小信号线性模型代替,从而将由 BJT 组成的放大电路当成线性电路来处理,这就是小信号模型分析法。要强调的是,使用这种分析方法的条件是放大电路的输入信号为低频小信号。

通常可用两种方法建立 BJT 的小信号模型,一种是由 BJT 的物理结构抽象而得;另一种是将 BJT 看成一个双口网络,根据输入、输出端口的电压、电流关系式,求出相应的网络参数,从而得到它的等效模型。这里将介绍后一种方法。

1) BJT 下的 H 参数及小信号模型

图 2.3.11 表示一个由双口有源器件组成的网络,这个网络有输入和输出两个端口,通常可以通过电压 u_I,u_O 及电流 i_I,i_O 来研究网络的特性,选择 u_I,u_O 及 i_I,i_O 这四个参数中的两个作为自变量,其余两个作为因变量,就可得到不同网络参数,如 Z 参数(开路阻抗参数),Y 参数(短路导纳参数)和 H 参数(混合参数)等。H 参数在低频时用得较广泛。BJT 是一个有源双口网络,它可以采用 H 参数,也可以用 Z 参数或 Y 参数来进行分析。Z 参数在 BJT 电路中使用最早,在早期的文献手册中应用较广,缺点是测量不易准确,因为 BJT 的输出阻抗高,不易实现输出端开路的条件。Y 参数在高频运用时物理意义比较明显,缺点同样是测量不易准确,因 BJT 的输入阻抗低,不易实现输入端短路的条件。H 参数是一种混合参数,它的物理意义明确,测量的条件容易实现,加上它在低频范围内为实数,所以在电路分析和设计使用上都比较方便。下面来讨论 H 参数。

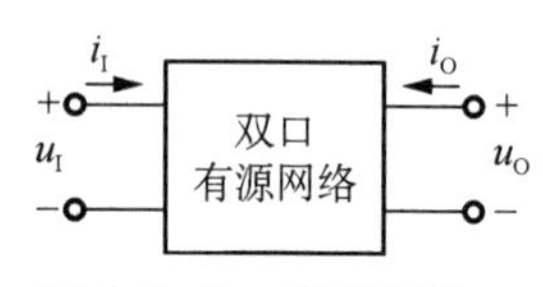

图 2.3.11 双口网络

(1) BJT 的 H 参数的引出

BJT 的三个电极在电路中可连接成一个双口网络。以共射极连接为例,在图 2.3.12(a)所示的双口网络中,分别用 u_{BE}、i_B 和 u_{CE}、i_C 表示输入端口和输出端口的电压及电流。若以 i_B、u_{CE} 作自变量,u_{BE}、i_C 作因变量,由 BJT 的输入、输出特性曲线可写出以下两个方程式:

$$u_{BE}=f_1(i_B,u_{CE})$$

$$i_C=f_2(i_B,u_{CE})$$

式中 i_B、i_C、u_{BE}、u_{CE} 均为总瞬时值,而小信号模型是指 BJT 在交流低频小信号工作状态下的模型,这时要考虑的是电压、电流间的微变关系。为此,要对上两式取全微分,即

$$du_{BE}=\frac{\partial u_{BE}}{\partial i_B}\bigg|_{U_{CEQ}}di_B+\frac{\partial u_{BE}}{\partial u_{CE}}\bigg|_{I_{BQ}}du_{CE} \tag{2.3.1}$$

$$di_C=\frac{\partial i_C}{\partial i_B}\bigg|_{U_{CEQ}}di_B+\frac{\partial i_C}{\partial u_{CE}}\bigg|_{I_{BQ}}du_{CE} \tag{2.3.2}$$

式中，du_{BE} 表示 u_{BE} 中的变化量，如输入为正弦波信号，则 du_{BE} 即可用 u_{be} 表示。

同理，du_{CE}、di_B、di_C 可分别用 u_{ce}、i_b、i_c 表示。这样，可将式(2.3.1)及式(2.3.2)写成下列形式：

$$u_{be}=h_{ie}i_b+h_{re}u_{ce} \tag{2.3.3}$$

$$i_c=h_{fe}i_b+h_{oe}u_{ce} \tag{2.3.4}$$

式中，h_{ie}、h_{re}、h_{fe}、h_{oe} 称为BJT共射极连接时的 H 参数。其中 $h_{ie}=\frac{\partial u_{BE}}{\partial i_B}\Big|_{U_{CEQ}}$ 是BJT输出端交流短路($u_{ce}=0$，$u_{CE}=U_{CEQ}$)时的输入电阻，即小信号作用下b－e极间的动态电阻，单位为欧，也常用 r_{be} 表示。$h_{fe}=\frac{\partial i_C}{\partial i_B}\Big|_{U_{CEQ}}$ 是BJT输出端交流短路时的正向电流传输比，或电流放大系数（无量纲），即 β。$h_{re}=\frac{\partial u_{BE}}{\partial u_{CE}}\Big|_{I_{BQ}}$ 是BJT输入端交流开路(即 $i_b=0$，$i_B=I_{BQ}$)时的反向电压传输比(无量纲)。$h_{oe}=\frac{\partial i_C}{\partial u_{CE}}\Big|_{I_{BQ}}$ 是BJT输入端交流开路时的输出电导，单位为西(S)，也可用 $1/r_{ce}$ 表示。

H 参数中的下标第一个字母的意思是：i——输入，r——反向传输，f——正向传输，o——输出。下标第二个字母e表示共射极接法。r_{ce} 是小信号作用下，c－e极间的动态电阻，称为共射极连接时BJT的输出电阻。

由于这四个 H 参数的量纲各不相同，故又称为混合参数。

(2) BJT的 H 参数小信号模型

式(2.3.3)表明，在BJT输入回路中，输入电压 u_{be} 等于两个电压相加，其中一个是 $h_{ie}i_b$，表示输入电流 i_b 在 h_{ie} 上的压降；另一个是 $h_{re}u_{ce}$，表示输出电压 u_{ce} 对输入回路的反作用，用一个受控电压源表示。式(2.3.4)表明，在输出回路中，输出电流 i_c 由两个并联回路的电流相加组成，一个是受基极电流 i_b 控制的 $h_{fe}i_b$，用受控电流源表示；另一个是由于输出电压 u_{ce} 加在输出电阻 $1/h_{oe}$ 上引起的电流 $h_{oe}u_{ce}$。根据式(2.3.3)和式(2.3.4)，可以画出BJT在共射极连接时的 H 参数小信号模型，如图2.3.12(b)所示。

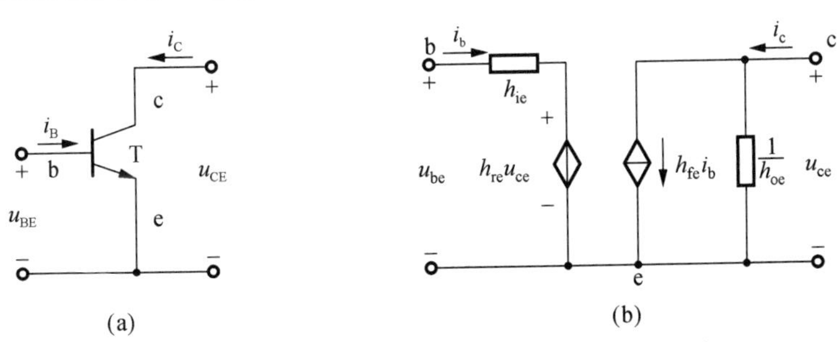

图2.3.12　BJT的双口网络及 H 参数小信号模型

(a) BJT在共射极连接时的双口网络；(b) H 参数小信号模型

(3) H 参数与晶体管特性曲线的关系

晶体管的特性曲线是以图形的形式较为全面地反映了在各种工作条件下,其输入、输出电流、电压的关系。而图 2.3.12 所示的共发射极 H 参数等效电路,是以电路的形式反映了在特定条件下晶体管的输入、输出电流、电压的关系。尽管二者的表现形式不同、适用范围不同,但二者之间存在着必然的联系,因为它们所代表的物理本质是相同的。不仅 H 参数的物理意义可用特性曲线来解释,而且 H 参数的数值也可通过特性曲线来求取。

图 2.3.13(a)给出了 $u_{CE}=U_{CEQ}$ 的一条输入特性曲线。h_{ie} 的几何意义是当 $i_B=I_{BQ}$ 时,输入特性曲线在 Q 点的切线斜率的倒数。数学知识表明,微分是增量的线性主部,因此,可用增量比近似代替偏导数,即

$$h_{ie}=\left.\frac{\partial u_{BE}}{\partial i_B}\right|_{U_{CEQ}}\approx\left.\frac{\Delta u_{BE}}{\Delta i_B}\right|_{U_{CEQ}}$$

此式说明 h_{ie} 可由输入特性曲线在 Q 点附近求得。h_{ie} 的物理意义表示在小信号作用下,晶体管 b - e 之间的动态电阻。

图 2.3.13(b)反映了 u_{CE} 对输入特性的影响。保持 $i_B=I_{BQ}$ 不变,若 u_{CE} 有增量 Δu_{CE},u_{BE} 产生相应的 Δu_{BE},当用增量比近似代替偏导数时,则有

$$h_{re}=\left.\frac{\partial u_{BE}}{\partial u_{CE}}\right|_{I_{BQ}}\approx\left.\frac{\Delta u_{BE}}{\Delta u_{CE}}\right|_{I_{BQ}}$$

此式说明 h_{re} 可由输入特性曲线在特定条件下求得。h_{re} 的物理意义表示晶体管输出回路电压 u_{CE} 对输入回路的影响,这实质上是基区调宽效应所致,是由晶体管的内部结构决定的。

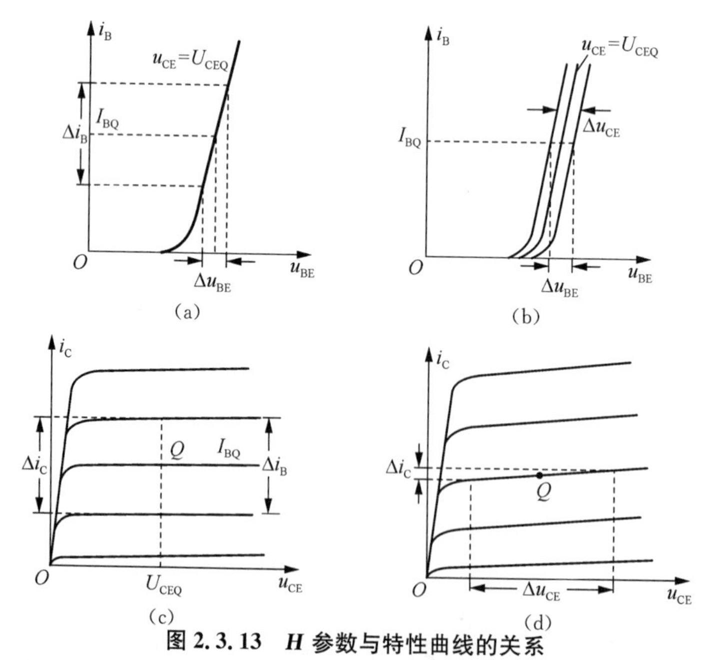

图 2.3.13 H 参数与特性曲线的关系

(a) h_{ie} 与输入特性曲线的关系;(b) h_{re} 与输入特性曲线的关系;(c) h_{fe} 与输出特性曲线的关系;(d) h_{oe} 与输出特性曲线的关系

图 2.3.13(c)所示的输出特性上,取 $u_{CE}=U_{CEQ}$,在 Q 点附近,若 i_B 有增量 Δi_B,i_C 产生

相应的增量 Δi_{C}，当用增量比近似代替偏导数时，则有

$$h_{\mathrm{fe}}=\left.\frac{\partial i_{\mathrm{C}}}{\partial i_{\mathrm{B}}}\right|_{U_{\mathrm{CEQ}}}=\left.\frac{\Delta i_{\mathrm{C}}}{\Delta i_{\mathrm{B}}}\right|_{U_{\mathrm{CEQ}}}$$

此式说明 h_{fe} 可由输出特性在特定条件下求得，h_{fe} 表示了晶体管的电流放大能力。

图 2.3.13(d)给出了 $i_{\mathrm{B}}=I_{\mathrm{BQ}}$ 时，u_{CE} 对 i_{C} 的影响。若 u_{CE} 有增量 Δu_{CE}，i_{C} 产生相应的增量 Δi_{C}，当用增量比近似代替偏导数时，则有

$$h_{\mathrm{oe}}=\left.\frac{\partial i_{\mathrm{C}}}{\partial u_{\mathrm{CE}}}\right|_{I_{\mathrm{BQ}}}=\left.\frac{\Delta i_{\mathrm{C}}}{\Delta u_{\mathrm{CE}}}\right|_{I_{\mathrm{BQ}}}$$

此式说明 h_{oe} 可由输出特性在特定条件下求得。h_{oe} 的物理意义表示在小信号作用下晶体管 c、e 之间的动态电导，体现了 u_{CE} 对 i_{C} 的影响。

(4) H 参数小信号模型的简化及其应用中的注意事项

BJT 在共射极连接时，其 H 参数的数量级为

$$[h]_{\mathrm{e}}=\begin{bmatrix} h_{\mathrm{ie}} & h_{\mathrm{re}} \\ h_{\mathrm{fe}} & h_{\mathrm{oe}} \end{bmatrix}=\begin{bmatrix} 10^{3}\ \Omega & 10^{-3}\sim10^{-4} \\ 10^{2} & 10^{-5}\ \mathrm{S} \end{bmatrix}$$

考虑到实际电路连接关系，$h_{\mathrm{re}}u_{\mathrm{ce}}$ 与 $h_{\mathrm{ie}}i_{\mathrm{b}}$ 是相加关系，但一般满足 $h_{\mathrm{re}}u_{\mathrm{ce}}\ll h_{\mathrm{ie}}i_{\mathrm{b}}$，因此可以忽略 u_{ce} 对输入回路的影响，即认为 $h_{\mathrm{re}}\approx0$；对于输出回路，其等效负载 R_{L}' 与 $1/h_{\mathrm{oe}}$ 是并联关系，且一般满足 $R_{\mathrm{L}}'\ll1/h_{\mathrm{oe}}$，故可以忽略 h_{oe} 对输出回路的影响，即可认为 $h_{\mathrm{oe}}\approx0$。这样 H 参数等效电路可简化为图 2.3.14 所示。

应用 BJT 的 H 参数小信号模型替代放大电路中的 BJT，对电路进行交流分析时，必须首先求出 BJT 在静态工作点处的 H 参数值。H 参数值可以从特性曲线上求得，也可用 H 参数测试仪或晶体管特性图示仪测得。此外，r_{be}(即 h_{ie})可由下面的表达式求得：

$$r_{\mathrm{be}}=r_{\mathrm{bb'}}+(1+\beta)(r_{\mathrm{e}}+r_{\mathrm{e'}}) \tag{2.3.5}$$

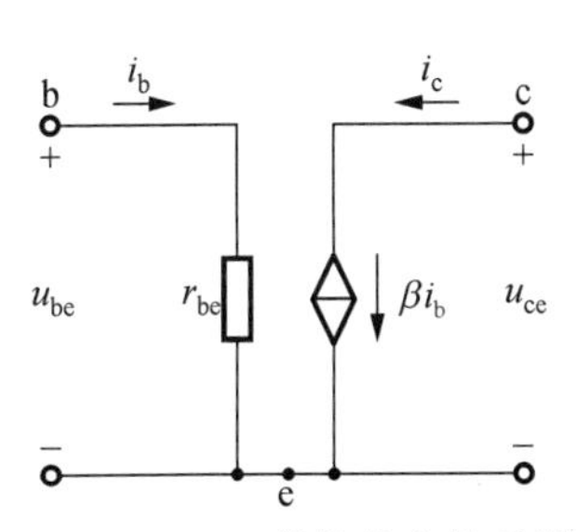

图 2.3.14　BJT 的简化小信号模型

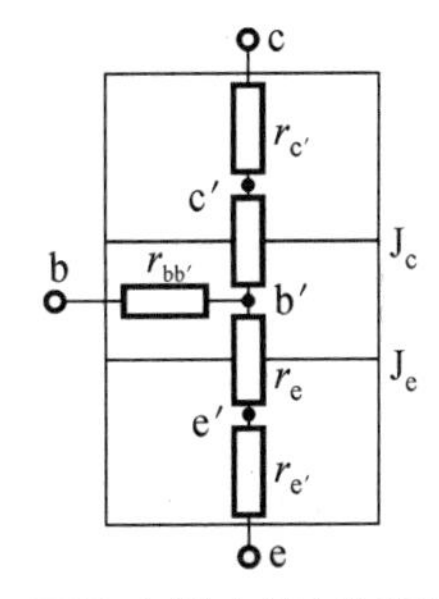

图 2.3.15　BJT 内部交流(动态)电阻示意图

式中 $r_{\mathrm{bb'}}$ 为 BJT 基区的体电阻，如图 2.3.15 所示，$r_{\mathrm{e'}}$ 是发射区的体电阻。$r_{\mathrm{bb'}}$ 和 $r_{\mathrm{e'}}$ 与掺杂浓度及制造工艺有关，基区杂质浓度比发射区杂质浓度低，所以 $r_{\mathrm{bb'}}$ 比 $r_{\mathrm{e'}}$ 大得多，对于小功率的 BJT，$r_{\mathrm{bb'}}$ 约为几十至几百欧，而 $r_{\mathrm{e'}}$ 仅为几欧或更小，可以忽略 $r_{\mathrm{e'}}$。r_{e} 为发射结电阻，根据 PN 结的电流方程，可以推导出 $r_{\mathrm{e}}=U_{\mathrm{T}}/I_{\mathrm{EQ}}$。常温下 $r_{\mathrm{e}}=26(\mathrm{mV})/I_{\mathrm{EQ}}(\mathrm{mA})$，所以常温下式(2.3.5)可写成

$$r_{be}=r_{bb'}+(1+\beta)\frac{26(\text{mV})}{I_{EQ}(\text{mA})} \tag{2.3.6}$$

晶体管小信号等效电路的引入,为应用线性电路的有关定理和分析方法、分析放大电路的动态性能奠定了基础,在应用晶体管小信号等效电路时,还应注意下述几个问题。

① 在晶体管 H 参数微变等效电路中,受控源 $h_{fe}i_b$ 的参考方向是控制电流 i_b 方向确定的,若 i_b 改变方向,则 $h_{fe}i_b$ 也随着改变方向。在画晶体管 H 参数微变等效电路图时,必须标明 i_b 及 $h_{fe}i_b$ 的参考方向。

② 晶体管 H 参数微变等效电路的引入,是以 Q 点附近的小信号为前提条件的,因此,它只适合在小信号作用下,放大电路的动态性能分析脱离了这个前提,其等效电路就失去了存在的意义。晶体管 H 参数微变等效电路不能用来分析放大电路的静态工作点及大信号工作情况。

③ 在晶体管 H 参数微变等效电路的推导过程中,仅规定了双口网络电压、电流的参考方向,对于晶体管是 NPN 型还是 PNP 型并未特别声明,因此,图 2.3.14 及图 2.3.15 所示的等效电路,既适合 NPN 型又适合 PNP 型,但具体应用时,要注意电流、电压的参考方向与实际方向是否相同。

综上所述,在 Q 点附近且在小信号作用下,晶体管这个非线性有源器件可用图 2.3.14 所示的含受控源的线性电路来等效。解决了放大电路中核心元件 T 的线性化问题,对于放大电路动态性能的分析就比较容易了。

2) 用 H 参数小信号模型分析基本共射极放大电路

以图 2.3.16(a)所示基本共射极放大电路为例,用小信号模型分析法分析其动态性能指标,具体步骤如下:

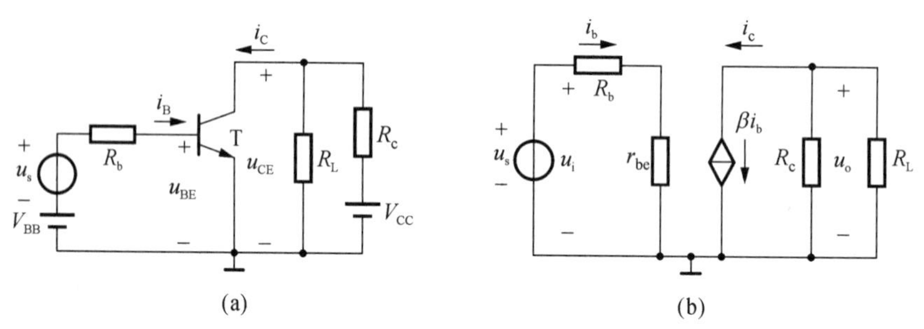

图 2.3.16 基本共射极放大电路

(a) 原理图;(b) 小信号等效电路

(1) 画放大电路的小信号等效电路

首先画出 BJT 的 H 参数小信号模型(一般用简化模型),然后按照画交流通路的原则(将放大电路中的直流电压源对交流信号视为短路,同时若电路中有耦合电容,也把它视为对交流信号短路),分别画出与 BJT 三个电极相连支路的交流通路,并标出各有关电压及电流的假定正方向,就能得到整个放大电路的小信号等效电路,如图 2.3.16(b)所示。

(2) 估算 r_{be}

按式(2.3.6)估算 r_{be},为此还要求得静态电流 I_{EQ}。

(3) 求电压增益 A_u

由图 2.3.16(b)可知

$$u_i = i_b(R_b + r_{be})$$
$$u_o = -i_c(R_c \parallel R_L) = -\beta i_b R'_L$$

根据电压增益的定义

$$A_u = \frac{u_o}{u_i} = \frac{-\beta i_b R'_L}{i_b(R_b + r_{be})} = \frac{-\beta R'_L}{(R_b + r_{be})} \tag{2.3.7}$$

式中负号表示共射极放大电路的输出电压与输入电压相位相反,即输出电压滞后输入电压 180°,同时只要选择适当的电路参数,就会使 $u_o > u_i$ 实现电压放大作用。

(4) 计算输入电阻 R_i

根据本章第一节所介绍的放大电路输入电阻的概念,可求出图 2.3.16 所示电路的输入电阻

$$R_i = \frac{u_i}{i_i} = \frac{u_i}{i_b} = \frac{i_b(R_b + r_{be})}{i_b} = R_b + r_{be} \tag{2.3.8}$$

共射极放大电路的输入电阻较高。

(5) 计算输出电阻 R_o

利用本章第一节介绍的外加测试电压求输出电阻的方法,可得到求图 2.3.16 所示电路输出电阻的电路,如图 2.3.17 所示。由该图求得输出电阻

$$R_o = \frac{u_t}{i_t}\bigg|_{u_s=0, R_L=\infty}$$

而

$$i_t = \frac{u_t}{R_c}$$

故

$$R_o \approx R_c \tag{2.3.9}$$

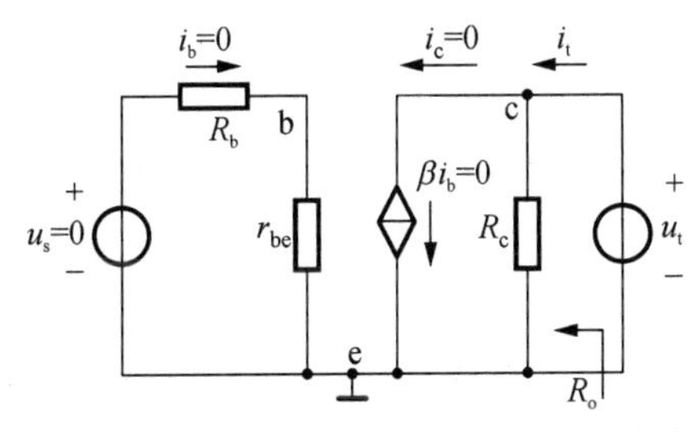

图 2.3.17　求基本共射极放大电路的输出电阻

对输入、输出电阻的要求,应由放大电路的类型(电压放大、电流放大、互阻放大、互导放大)决定,这在本章第一节中已经介绍过。对于共射极放大(电压放大)电路而言,R_i 越大,放大电路从信号源吸取的电流越小,输入端得到的电压 u_i 越大。而 R_o 越小,负载电阻 R_L 的变化对输出电压 u_o 的影响越小,放大电路带负载的能力越强。

【例 2.3.2】 设图 2.3.18 所示电路中 BJT 的 $\beta=50$，$r_{bb'}=200\ \Omega$，其他参数如图所示。试求该电路的 A_u、R_i、R_o。若 R_L 开路，则 A_u 如何变化？

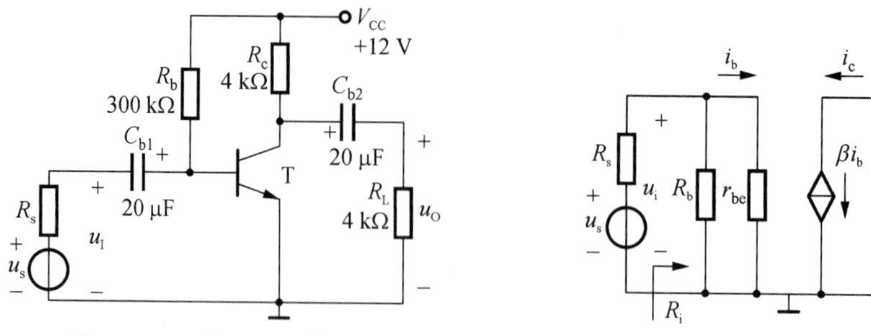

图 2.3.18　例 2.3.2 电路图　　　图 2.3.19　例 2.3.2 的小信号等效电路

解：(1) 画出图 2.3.18 所示电路的小信号等效电路，如图 2.3.19 所示。

(2) 求 I_{EQ}，r_{be}

$$I_{BQ}=\frac{V_{CC}-U_{BEQ}}{R_b}=\frac{12\ \text{V}-0.7\ \text{V}}{300\ \text{k}\Omega}\approx 40\ \mu\text{A}$$

$$I_{CQ}=\beta I_{BQ}=2\ \text{mA}$$

因此

$$I_{EQ}=I_{BQ}+I_{CQ}\approx I_{CQ}=2\ \text{mA}$$

$$r_{be}=r_{bb'}+(1+\beta)\frac{26(\text{mV})}{I_{EQ}(\text{mA})}=200\ \Omega+(1+50)\frac{26\ \text{mV}}{2\ \text{mA}}\approx 863\ \Omega$$

(3) 求 A_u、R_i、R_o

$$A_u=\frac{u_o}{u_i}=\frac{-\beta i_b(R_c\parallel R_L)}{i_b r_{be}}=\frac{-\beta R_L'}{r_{be}}\approx -115.9$$

$$R_i=R_b\parallel r_{bc}\approx 0.863\ \text{k}\Omega$$

$$R_o\approx R_c=4\ \text{k}\Omega$$

(4) R_L 开路时，$A_u=\dfrac{-\beta R_c}{r_{be}}\approx -231.7$，$A_u$ 的数值增大了。

3）小信号模型分析法的适用范围

当放大电路的输入信号幅度较小时，用小信号模型分析法分析放大电路的动态性能指标(A_u、R_i 和 R_o 等)非常方便，计算误差也不大。即使在输入信号频率较高的情况下，BJT 的放大性能也仍然可以通过在其小信号模型中引入某些元件来反映(详见本章频率特性的有关内容)，这是图解分析法无法做到的。在 BJT 与放大电路的小信号等效电路中，电压、电流等电量及 BJT 的 H 参数均是针对变化量(交流量)的，不能用来分析计算静态工作点。但是，H 参数的值又是在静态工作点上求得的。所以，放大电路的动态性能与静态工作点参数值的大小及稳定性密切相关。

放大电路的图解分析法和小信号模型分析法虽然在形式上是独立的，但实质上它们是互相联系、互相补充的，一般可按下列情况处理：

① 用图解分析法确定静态工作点(也可用估算法求 Q 点)；

② 当输入电压幅度较小或 BJT 基本上在线性范围内工作，特别是放大电路比较复杂时，可用小信号模型来分析，以后各章可看到这个方法的例子；

③ 当输入电压幅度较大，BJT 的工作点延伸到 $V-I$ 特性曲线的非线性部分时，就需要采用图解法，如第七章的功率放大电路。此外，如果要求分析放大电路输出电压的最大不失真幅值，或者要求合理安排电路工作点和参数，以便得到最大的动态范围等，采用图解分析法比较方便。

2.4　放大电路静态工作点的稳定问题

放大电路的多项重要技术指标均与静态工作点的位置密切相关。如果静态工作点不稳定，则放大电路的某些性能也将发生变动。因此，如何使静态工作点保持稳定，是一个十分重要的问题。

2.4.1　温度对静态工作点的影响

有时，一些电子设备在常温下能够正常工作，但当温度升高时，性能就可能不稳定，甚至不能正常工作。产生这种现象的主要原因是电子器件的参数受温度影响而发生变化。三极管是一种对温度十分敏感的器件。温度变化使 U_T、I_{CBO}、I_{CEO} 和 β 发生变化。

温度升高对三极管各种参数的影响，最终将导致集电极电流 I_C 增大，使输出特性曲线上移，且间隔拉大。例如，20 ℃时三极管的输出特性如图 2.4.1 中实线所示，而当温度上升至 50 ℃时，输出特性可能变为如图中的虚线所示。静态工作点将由 Q 点上移至 Q' 点。由图可见，该放大电路在常温下能够正常工作，但当温度升高时，静态工作点移近饱和区，使输出波形产生严重的饱和失真。

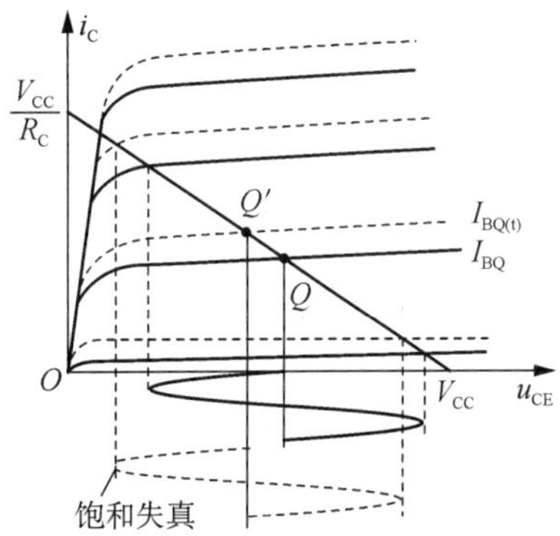

图 2.4.1　三极管的输出特性曲线

2.4.2　静态工作点稳定电路的措施

通过上面的分析可以看到，引起工作点波动的外因是环境温度的变化，内因则是三极管本身所具有的温度特性，所以要解决这个问题，也不外乎从以上两方面来想办法。

从外因来解决，就是要保持放大电路的工作温度恒定。例如，将放大电路置于恒温槽中。可以想象，这种办法要付出的代价是很高的。不过，在一些有特殊要求的场合也可采用。在本节，主要介绍如何从放大电路本身想办法，在允许温度变化的前提下，尽量保持静态工作点的稳定。

2.4.3　射极偏置电路

1）基极分压式射极偏置电路

(1) 稳定静态工作点 Q 的原理

图 2.4.2(a)所示电路是分立元件电路中最常用的稳定静态工作点的共射极放大电路。

它的基极-射极偏置电路由 V_{CC}、基极电阻 R_{b1}、R_{b2} 和射极电阻 R_e 组成，常称为基极分压式射极偏置电路。它的直流通路如图 2.4.2(b)所示。

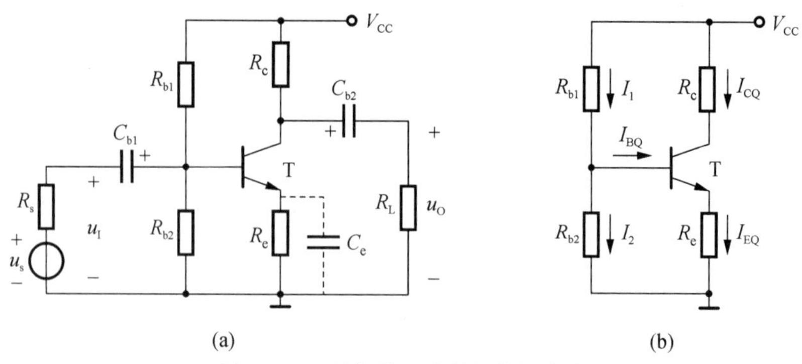

图 2.4.2　基极分压式射极偏置电路

(a) 典型的 Q 点稳定电路；(b) 直流通路

由直流通路分析该电路稳定静态工作点的原理及过程。当 R_{b1}、R_{b2} 的阻值大小选择适当，能满足 $I_1 \gg I_{BQ}$ 时，可认为基极直流电位基本上为一固定值，即 $U_{BQ} \approx R_{b2}V_{CC}/(R_{b1}+R_{b2})$，与环境温度几乎无关。在此条件下，当温度升高引起静态电流 $I_{CQ}(\approx I_{EQ})$ 增加时，发射极直流电位 $U_{EQ}(=I_{EQ}R_e)$ 也增加。由于基极电位 U_{BQ} 基本固定不变，因此外加在发射极上的电压 $U_{BEQ}=U_{BQ}-U_{EQ}$ 将自动减小，使 I_{BQ} 跟着减小，结果抑制了 I_{CQ} 的增加，使 I_{CQ} 基本维持不变，达到自动稳定静态工作点的目的。当温度降低时，各电量向相反方向变化，Q 点也能稳定。这种利用 I_{CQ} 的变化，通过电阻 R_e 取样反过来控制 U_{BEQ}，使 I_{CQ}、I_{EQ} 基本保持不变的自动调节作用称为负反馈。利用负反馈作用稳定静态工作点的电路还有集电极-基极偏置电路等，将在第五章讨论。为了增强图 2.4.2 所示电路稳定静态工作点 Q 的效果，同时兼顾其他指标，工程上一般取 $U_{BQ}=(3\sim5)\mathrm{V}$，$I_1=(5\sim10)I_{BQ}$，这就要求偏置电阻应满足 $(1+\beta)R_e \approx 10R_b$，式中 $R_b=R_{b1}\parallel R_{b2}$。

(2) Q 点的估算

$$U_{BQ} \approx \frac{R_{b2}}{R_{b1}+R_{b2}}V_{CC} \tag{2.4.1}$$

集电极电流

$$I_{CQ} \approx I_{EQ} = \frac{U_{BQ}-U_{BEQ}}{R_e} \approx \frac{U_{BQ}}{R_e} \tag{2.4.2}$$

由此式可见，该电路中集电极静态电流 I_{CQ} 只与直流电压及电阻 R_e 有关，因此 β 随温度变化时，I_{CQ} 基本不变。

基极电流

$$I_{BQ} = \frac{I_{CQ}}{\beta} \tag{2.4.3}$$

集电极-发射极电压

$$U_{CEQ} = V_{CC} - I_{CQ}(R_c+R_e) \tag{2.4.4}$$

(3) 动态性能的分析

画出图 2.4.2(a)电路的小信号等效电路如图 2.4.3 所示。由此图可求得电压增益 A_u、输入电阻 R_i 和输出电阻 R_o。

① 求 A_u：

因为有

$$u_o=-\beta i_b R'_L(\text{式中 } R'_L=R_c \parallel R_L)$$

$$u_i=i_b r_{be}+i_e R_e=i_b r_{be}+(1+\beta)i_b R_e$$

所以

$$A_u=\frac{u_o}{u_i}=-\frac{\beta R'_L}{r_{be}+(1+\beta)R_e} \quad (2.4.5)$$

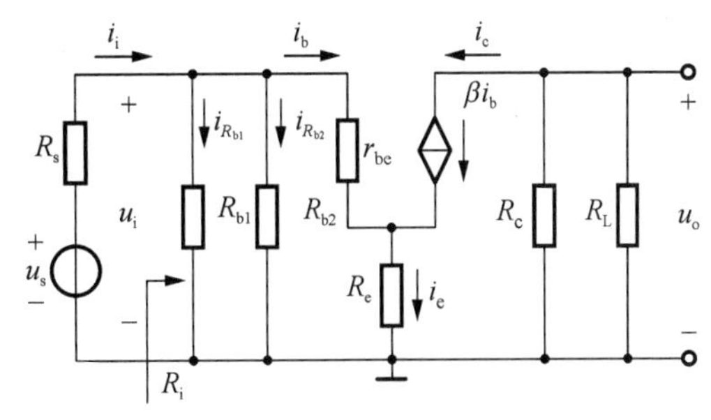

图 2.4.3　图 2.4.2(a)的小信号等效电路

式中负号表示该电路中输出电压与输入电压相位相反。由于输入电压 u_i 在 BJT 的基极，输出电压 u_o 由集电极取出，发射极虽未直接接共同端，但它既在输入回路中，又在输出回路中，所以此电路仍属共射极放大电路。

由式(2.4.5)可知，接入电阻 R_e 后，提高了静态工作点的稳定性，但电压增益也下降了，R_e 越大，A_u 下降越多。为了解决这个矛盾，通常在 R_e 两端并联一只大容量的电容 C_e（称为发射极旁路电容），它对一定频率范围内的交流信号可视为短路，因此对交流信号而言，发射极和"地"直接相连，则电压增益不会下降。此时有

$$A_u=\frac{-\beta R'_L}{r_{be}} \quad (2.4.6)$$

② 求 R_i：

由于

$$u_i=i_b[r_{be}+(1+\beta)R_e]$$

$$i_i=i_b+i_{R_b}=\frac{u_i}{r_{be}+(1+\beta)R_e}+\frac{u_i}{R_{b1}}+\frac{u_i}{R_{b2}}$$

所以

$$R_i=\frac{u_i}{i_i}=\frac{1}{\dfrac{1}{r_{be}+(1+\beta)R_e}+\dfrac{1}{R_{b1}}+\dfrac{1}{R_{b2}}} \quad (2.4.7)$$

$$=R_{b1}\parallel R_{b2}\parallel[r_{be}+(1+\beta)R_e]$$

③ 求 R_o：

图 2.4.4 是求图 2.4.2(a)所示电路 R_o 的等效电路。

在基极回路和集电极回路里，根据 KVL 可得

$$i_b(r_{be}+R'_s)+(i_b+i_c)R_e=0 \quad (R'_s=R_s \parallel R_b)$$

$$u_t-(i_c-\beta i_b)r_{ce}-(i_b+i_c)R_e=0$$

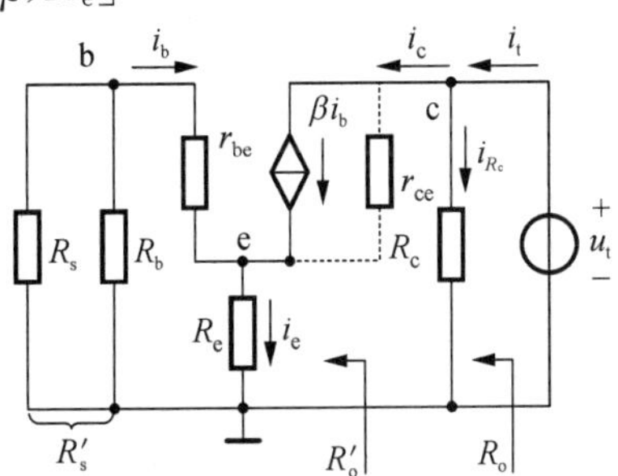

图 2.4.4　求图 2.4.2(a)所示电路 R_o 的电路

由前式得

$$i_b=-\frac{R_e}{r_{be}+R'_s+R_e}i_c$$

将 i_b 代入后式得

$$u_t=i_c\left[r_{ce}+R_e+\frac{R_e}{r_{be}+R'_s+R_e}(\beta r_{ce}-R_e)\right]$$

考虑到实际情况下，$r_{ce}\gg R_e$，故有

$$R'_o=\frac{u_t}{i_c}=r_{ce}\left(1+\frac{\beta R_e}{r_{be}+R'_s+R_e}\right) \tag{2.4.8}$$

例如，当BJT的 $\beta=60$，$r_{ce}=100\ \text{k}\Omega$，$r_{be}=1\ \text{k}\Omega$，$R_e=2\ \text{k}\Omega$，$R_s=500\ \Omega$，$R_{b1}=40\ \text{k}\Omega$，$R_{b2}=20\ \text{k}\Omega$，$R'_s=R_s\parallel R_{b1}\parallel R_{b2}=0.48\ \text{k}\Omega$，则可由(2.4.8)可算得 $R'_o=3.55\ \text{M}\Omega$。

由此可知，当BJT的基极电位固定，并在发射极电路里接一电阻 R_e 可提高输出电阻，亦即提高电路的恒流特性。第三章所要讨论的微电流源是利用这一特点而构成的。

于是

$$R_0=\frac{u_t}{i_t}=\frac{u_t}{i_c+i_{RC}}=R'_o\parallel R_c\approx R_c \tag{2.4.9}$$

【例2.4.1】 已知图2.4.2所示电路中的 $V_{CC}=16\ \text{V}$，$R_{b1}=56\ \text{k}\Omega$，$R_{b2}=20\ \text{k}\Omega$，$R_e=2\ \text{k}\Omega$，$R_c=3.3\ \text{k}\Omega$，$R_L=6.2\ \text{k}\Omega$，$R_s=500\ \Omega$，BJT的 $\beta=80$，$r_{ce}=100\ \text{k}\Omega$，$U_{BEQ}=0.7\ \text{V}$，设电容 C_{b1}，C_{b2} 对交流信号可视为短路。试完成下列工作：

(1) 估算静态电流 I_{CQ}、I_{BQ} 和电压 U_{CEQ}；

(2) 计算 A_u、R_i、$A_{us}=u_o/u_s$ 及 R_o；

(3) 若在 R_e 两端并联 50 μF 的电容 C_e，重新求解(1)、(2)。

解：(1) 按式(2.4.1)～(2.4.4)估算 I_{CQ}、I_{BQ}、U_{CEQ} 并设 $I_1\gg I_{BQ}$。

$$U_{BQ}\approx\frac{R_{b2}}{R_{b1}+R_{b2}}V_{CC}=\frac{20\ \text{k}\Omega}{(56+20)\text{k}\Omega}\times16\ \text{V}=4.21\ \text{V}$$

$$I_{CQ}\approx I_{EQ}=\frac{U_{BQ}-U_{BEQ}}{R_e}=\frac{(4.21-0.7)\text{V}}{2\ \text{k}\Omega}\approx1.76\ \text{mA}$$

$$I_{BQ}=I_{CQ}/\beta=1.76\ \text{mA}/80\approx22\ \mu\text{A}$$

$$U_{CEQ}=V_{CC}-I_{CQ}(R_c+R_e)=12\ \text{V}-1.76\ \text{mA}\times(3.3+2)\text{k}\Omega\approx2.67\ \text{V}$$

(2) 求 A_u、R_i、R_o。

① 先由式(2.3.6)求 r_{be}(取 $r_{bb'}=200\ \Omega$)，再按式(2.4.5)求 A_u。

$$r_{be}=r_{bb'}+(1+\beta)\frac{26(\text{mV})}{I_{EQ}}=200\ \Omega+(1+80)\frac{26\ \text{mV}}{1.76\ \text{mA}}\approx1.4\ \text{k}\Omega$$

$$A_u=\frac{-\beta R'_L}{r_{be}+(1+\beta)R_e}\approx-1.05$$

② 由式(2.4.7)求 R_i。

$$R_i=R_{b1}\parallel R_{b2}\parallel[r_{be}+(1+\beta)R_e]\approx 13.52\ \text{k}\Omega$$

③ A_{us} 称为源电压增益,定义为 $A_{us}=\dfrac{u_o}{u_s}$。

$$A_{us}=\frac{u_o}{u_s}=\frac{u_o}{u_i}\cdot\frac{u_i}{u_s}=A_u\cdot\frac{R_i}{R_s+R_i}=-1.05\times\frac{13.52\ \text{k}\Omega}{(0.5+13.52)\text{k}\Omega}\approx -1.01$$

④ 因为 $r_{ce}=100\ \text{k}\Omega$,$R_c=3.3\ \text{k}\Omega$,有 $r_{ce}\gg R_c$,所以可将 r_{ce} 看成开路,于是得 $R_o\approx R_c=3.3\ \text{k}\Omega$。

(3) 由于电容有隔离直流、传送交流的作用,因此,在 R_e 两端并联 50 μF 的电容 C_e 后,对静态工作点的值没有影响,对动态工作情况会产生影响,即 C_e 对电阻 R_e 上的交流信号电压有旁路作用。这种情况下的小信号等效电路如图 2.4.5 所示,可由式(2.4.6)求得电压增益

$$A_u=\frac{-\beta R'_L}{r_{be}}\approx -123$$

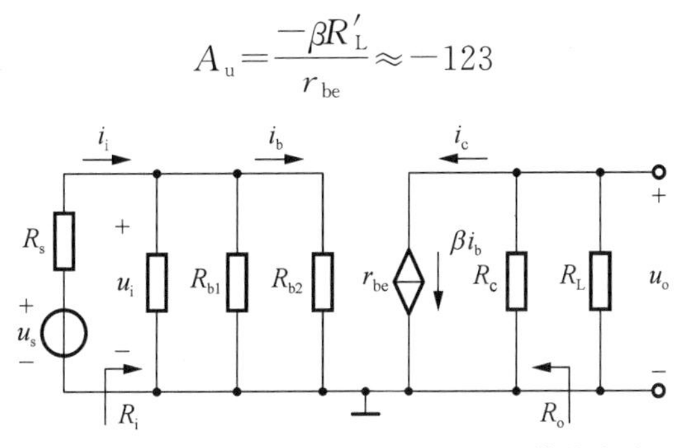

图 2.4.5　例 2.4.1 第(3)问的小信号等效电路

由此可见,在 R_e 两端并联大电容后,较好地解决了射极偏置电路中稳定静态工作点与提高电压增益的矛盾。此时的 R_i 和 R_o 分别为:

$$R_i=\frac{u_i}{i_i}=R_{b1}\parallel R_{b2}\parallel r_{be}\approx 1.28\ \text{k}\Omega$$

$$R_o\approx R_c=3.3\ \text{k}\Omega$$

2.5　单管共集电极电路和共基极放大电路

在以上几节中,都是以共射接法的单管放大电路作为例子来讨论放大电路的基本原理。然而,根据输入信号与输出信号公共端的不同,放大电路有三种基本的接法,或称三种基本的组态,这就是共射组态、共集组态和共基组态。对于共射组态,前面已做了比较详尽的分析,本节只介绍共集和共基接法的放大电路,然后对三种基本组态的特点和应用进行分析和比较。

2.5.1　单管共集电极放大电路

图 2.5.1(a)是一个共集组态的单管放大电路,由图 2.5.1(b)的等效电路可以看出,输入信号与输出信号的公共端是三极管的集电极,所以属于共集组态。又由于输出信号从发射极引出,因此这种电路也称为射极输出器。下面对共集电极放大电路进行静态和动态分析。

1) 求静态工作点

根据图 2.5.1(a)电路的基极回路可求得静态基极电流为

$$I_{BQ}=\frac{V_{CC}-U_{BEQ}}{R_b+(1+\beta)R_e} \tag{2.5.1}$$

$$I_{CQ}\approx\beta I_{BQ} \tag{2.5.2}$$

$$U_{CEQ}=V_{CC}-I_{EQ}R_e\approx V_{CC}-I_{CQ}R_e \tag{2.5.3}$$

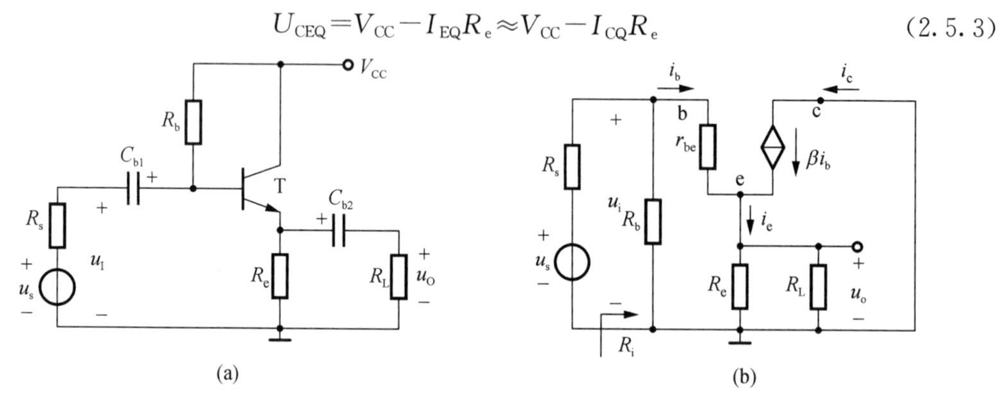

图 2.5.1 共集电极放大电路

(a) 原理图;(b) 小信号等效电路

2) 求电压放大倍数

由图 2.5.1(b)可得

$$u_i=i_b r_{be}+(i_b+\beta i_b)R'_L=i_b[r_{be}+(1+\beta)R'_L]$$

其中

$$R'_L=R_e \parallel R_L$$

$$u_o=(i_b+\beta i_b)R'_L=i_b(1+\beta)R'_L$$

$$A_u=\frac{u_o}{u_i}=\frac{(1+\beta)R'_L}{r_{be}+(1+\beta)R'_L} \tag{2.5.4}$$

一般情况下$(1+\beta)R'_L\gg r_{be}$,故射极输出器电压放大倍数$|A_u|$接近于1,而略小于1。

3) 输入电阻 R_i

由图 2.5.1(b)可得

$$R_i=R_b \parallel R'_i$$

$$R'_i=\frac{u_i}{i_b}=r_{be}+(1+\beta)R'_L \tag{2.5.5}$$

由此可见,与共射极基本放大电路比较,射极输出器输入电阻还是比较高的,它比共射极基本放大电路的输入电阻大几十倍到几百倍。

4) 输出电阻 R_o

计算输出电阻 R_o 的电路如图 2.5.2 所示。三极管的 r_{ce} 并联在 c、e 两端,成为输出电阻的一部分,由于 r_{ce} 很大,可视为开路,用虚线与电路相连。在图 2.5.2 中,已将信号源短路,但保留 R_s。在输出端去掉负载电阻 R_L,并接一个电压源 u_t,下面利用输出端外加独立

电源法求输出电阻 R_o。

由图 2.5.2 可知

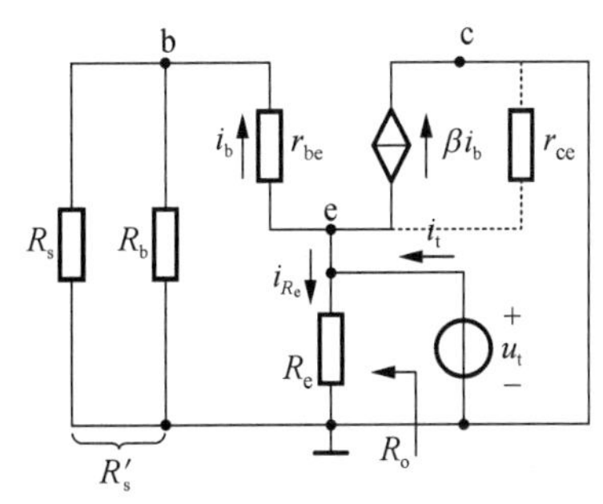

图 2.5.2　求单管共集电极电路的输出电阻的等效电路

$$i_t = i_b + \beta i_b + I_{R_e} = (1+\beta) i_b + i_{R_e} = (1+\beta)\frac{u_t}{r_{be}+R'_s} + \frac{u_t}{R_e}$$

于是

$$G_0 = \frac{i_t}{u_t} = \frac{1}{R_e} + \frac{1+\beta}{r_{be}+R'_s} = \frac{1}{R_e} + \frac{1}{\dfrac{r_{be}+R'_s}{1+\beta}}$$

所以

$$R_o = \frac{1}{G_0} = R_e \parallel \frac{r_{be}+R'_s}{1+\beta} \qquad (2.5.6)$$

其中

$$R'_s = R_s \parallel R_b$$

式(2.5.6)说明，输出电阻 R_o 为发射极电阻 R_e 与电阻 $\dfrac{r_{be}+R'_s}{1+\beta}$ 并联组成的。后一部分是基极回路电阻折合到发射极回路的等效电阻，通常 $R_e \gg \dfrac{r_{be}+R'_s}{1+\beta}$，又因 $\beta \gg 1$，于是

$$R_o \approx \frac{r_{be}+R'_s}{1+\beta} \qquad (2.5.7)$$

综上所述，射极输出器具有如下特点：

① 电压放大倍数小于 1 而接近于 1，输出电压与输入电压极性相同；

② 输入阻抗高，可减小放大器对信号源(或前级)所取的信号电流；

③ 输出阻抗低，带负载能力强；

④ 虽无电压放大，但有电流放大作用，即有功率放大作用；

⑤ 输出与输入隔离作用好。

由于它具有这样的优点，致使射极输出器获得了广泛的应用。

【例 2.5.1】 图 2.5.1(a)所示的共集电极放大电路中，设 $V_{CC}=10$ V，$R_e=5.6$ kΩ，$R_b=240$ kΩ，三极管的 $\beta=40$，$r_{bb'}=300$ Ω，信号源内阻 $R_s=10$ kΩ，负载电阻 R_L 开路。试估算静态工作点，并计算其电压放大倍数和输入、输出电阻。

解：(1) 估算 Q 点。

由式(2.5.1)、式(2.5.2)、式(2.5.3)可得

$$I_{BQ} = \frac{V_{CC}-U_{BEQ}}{R_b+(1+\beta)R_e} = \frac{10\ \text{V}-0.7\ \text{V}}{240\ \text{k}\Omega+(1+40)\times 5.6\ \text{k}\Omega} \approx 0.02\ \text{mA}$$

$$I_{EQ} \approx I_{CQ} = \beta I_{BQ} = 40\times 0.02\ \text{mA} = 0.8\ \text{mA}$$

$$U_{CEQ} = V_{CC} - I_{CQ}R_e = 10\ \text{V} - 0.8\ \text{mA}\times 5.6\ \text{k}\Omega = 5.52\ \text{V}$$

(2) 求 A_u、R_i、R_o。

根据式(2.5.4)可知

$$A_u=\frac{u_o}{u_i}=\frac{(1+\beta)R'_L}{r_{be}+(1+\beta)R'_L}$$

$$R'_L=R_e\parallel R_L=5.6\ \text{k}\Omega$$

$$r_{be}=r_{bb'}+(1+\beta)\frac{26\ \text{mV}}{I_{EQ}}=300\ \Omega+41\times\frac{26\ \text{mV}}{0.8\ \text{mA}}=1\ 633\ \Omega=1.6\ \text{k}\Omega$$

则

$$A_u=\frac{41\times5.6\ \text{k}\Omega}{1.6\ \text{k}\Omega+41\times5.6\ \text{k}\Omega}=0.993$$

由式(2.5.5)可求得

$$R_i=[r_{be}+(1+\beta)R'_L]\parallel R_b=[1.6\ \text{k}\Omega+(1+40)\times5.6\ \text{k}\Omega]\parallel 240\ \text{k}\Omega=117.8\ \text{k}\Omega$$

由式(2.5.6)可求得

$$R_o=R_e\parallel\frac{r_{be}+R'_s}{1+\beta}$$

其中

$$R'_s=R_s\parallel R_b=\frac{1}{\dfrac{1}{R_s}+\dfrac{1}{R_e}}=9.6\ \text{k}\Omega$$

则

$$\frac{r_{be}+R'_s}{1+\beta}=\frac{1.6\ \text{k}\Omega+9.6\ \text{k}\Omega}{41}=0.273\ \text{k}\Omega$$

所以

$$R_o\approx0.26\ \text{k}\Omega=260\ \Omega$$

2.5.2　共基极放大电路

图2.5.3(a)所示是共基极放大电路的原理图,由它的交流通路图2.5.3(b)可以看出,信号u_i加在发射极和基极之间,输出信号由集电极和基极之间取出,基极是输入、输出回路的公共端。

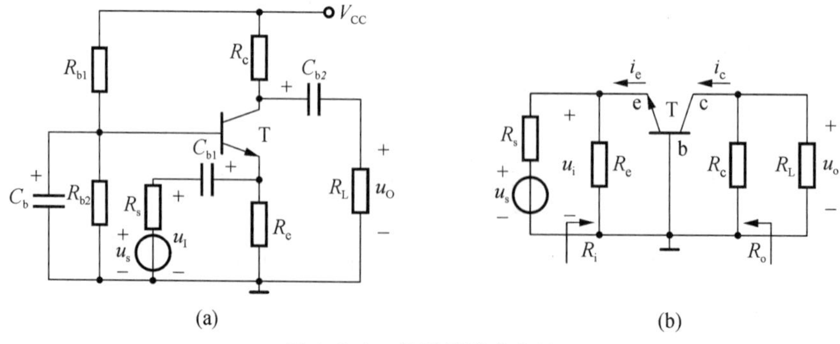

图2.5.3　共基极放大电路

(a) 原理图;(b) 交流通路

1）静态分析

图 2.5.3(a)所示电路的偏置电路与分压式射极偏置电路的直流通路是一样的，如图 2.5.4 所示。因而 Q 点的计算与分压式射极偏置电路直流工作点的计算是一致的。在放大状态下，工作点的计算过程如下：

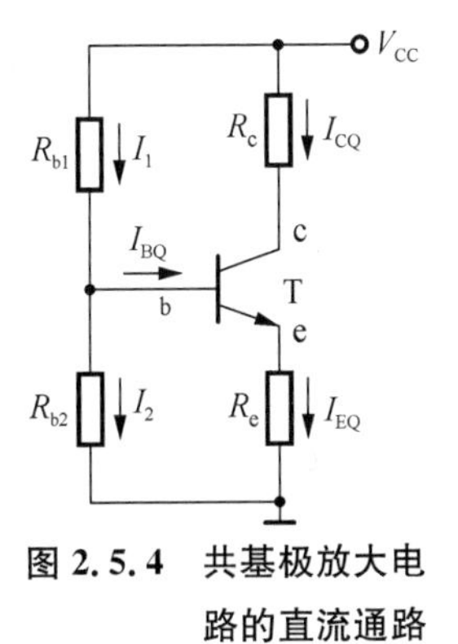

图 2.5.4　共基极放大电路的直流通路

$$U_{BQ}=\frac{R_{b2}}{R_{b1}+R_{b2}}V_{CC}$$

$$I_{CQ}\approx I_{EQ}=\frac{U_{BQ}-U_{BEQ}}{R_e}$$

$$I_{BQ}=\frac{I_{CQ}}{\beta}$$

$$U_{CEQ}=V_{CC}-I_{CQ}(R_c+R_e)$$

2）动态分析

将图 2.5.3(a)中的 BJT 用它的 H 参数微变等效电路替代，即可得到共基极放大电路的微变等效电路，如图 2.5.5 所示。

(1) 电压增益由图 2.5.5 可知

$$u_o=-\beta i_b(R_c\parallel R_L)$$

$$u_i=-i_b r_{be}$$

所以

$$A_u=\frac{u_o}{u_i}=\frac{\beta(R_c\parallel R_L)}{r_{be}}=\frac{\beta R_L'}{r_{be}}\quad(2.5.8)$$

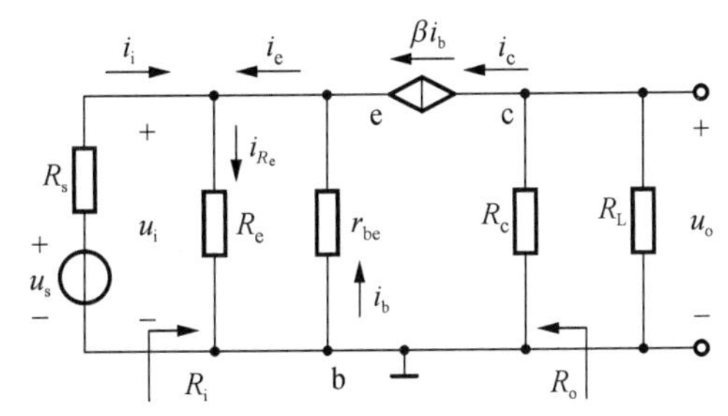

图 2.5.5　共基极放大电路的微变等效电路

式中

$$R_L'=R_c\parallel R_L$$

由式(2.5.8)可以看出，只要电路参数选择合适，共基极放大电路就具有电压放大能力，其输出电压与输入电压相位相同。

(2) 输入电阻 R_i

从图 2.5.5 中有

$$i_i=i_{R_e}-i_e=i_{R_e}-(1+\beta)i_b$$

$$i_{R_e}=u_i/R_e\quad i_b=-u_i/r_{be}$$

所以

$$\begin{aligned}R_i&=u_i/i_i=u_i/\left[\frac{u_i}{R_e}+(1+\beta)\frac{u_i}{r_{be}}\right]\\&=R_e\parallel\frac{r_{be}}{1+\beta}\end{aligned}\qquad(2.5.9)$$

由式(2.5.9)可知，共基极放大电路的输入电阻远小于共射极放大电路的输入电阻。

(3) 输出电阻 R_o

由图 2.5.5 可以确定,共基极放大电路的输出电阻为

$$R_o \approx R_c \tag{2.5.10}$$

由式(2.5.10)可知,共基极放大电路的输出电阻与共射极放大电路的输出电阻相同,近似等于集电极电阻。

【例 2.5.2】 共基极放大电路如图 2.5.3(a)所示,已知 $V_{CC}=15\ \text{V}$,$R_c=2.1\ \text{k}\Omega$,$R_e=2.9\ \text{k}\Omega$,$R_{b1}=R_{b2}=60\ \text{k}\Omega$,$R_L=1\ \text{k}\Omega$,晶体管的 $\beta=100$,$U_{BEQ}=0.7\ \text{V}$。各电容对交流信号可视为短路。试求:

(1) 电路的静态工作点 Q;

(2) 电路的电压增益 A_u、输入电阻 R_i 和输出电阻 R_o。

解:(1) 求解电路的静态工作点 Q,画出电路的直流通路,如图 2.5.4 所示。

$$U_{BQ}=\frac{R_{b2}}{R_{b1}+R_{b2}}V_{CC}=\frac{60\ \text{k}\Omega}{60\ \text{k}\Omega+60\ \text{k}\Omega}\times 15\ \text{V}=7.5\ \text{V}$$

$$I_{CQ}\approx I_{EQ}=\frac{U_{BQ}-U_{BEQ}}{R_e}=\frac{7.5\ \text{V}-0.7\ \text{V}}{2.9\ \text{k}\Omega}\approx 2.34\ \text{mA}$$

$$I_{BQ}=\frac{I_{CQ}}{\beta}=\frac{2.34\ \text{mA}}{100}=0.0234\ \text{mA}=23.4\ \mu\text{A}$$

$$U_{CEQ}=V_{CC}-I_{CQ}(R_c+R_e)=15\ \text{V}-2.34\ \text{mA}\times(2.1+2.9)\text{k}\Omega=3.3\ \text{V}$$

(2) 求电路的电压增益 A_u、输入电阻 R_i 和输出电阻 R_o。

画出该电路的小信号等效电路,如图 2.5.5 所示。

$$r_{be}=200\ \Omega+(1+\beta)\frac{26\ \text{mV}}{I_{EQ}}=200\ \Omega+101\times\frac{26\ \text{mV}}{2.34\ \text{mA}}\approx 1.32\ \text{k}\Omega$$

电压增益为

$$A_u=\frac{u_o}{u_i}=\frac{\beta(R_c\parallel R_L)}{r_{be}}=51.3$$

输入电阻为

$$R_i=R_e\parallel\frac{r_{be}}{1+\beta}\approx 13\ \Omega$$

输出电阻为

$$R_o\approx R_c=2.1\ \text{k}\Omega$$

2.5.3 BJT 放大电路三种组态的比较

根据前面的分析,现将共射、共集和共基三种基本组态的性能特点列于表 2.5.1 中。

上述三种接法的主要特点和应用,可以大致归纳如下:

① 共射电路同时具有较大的电压放大倍数和电流放大倍数,输入电阻和输出电阻值比

较适中，所以，一般只要对输入电阻、输出电阻和频率响应没有特殊要求的地方，均常采用。因此，共射电路被广泛地用做低频电压放大电路的输入级、中间级和输出级。

② 共集电路的特点是电压跟随，就是电压放大倍数接近于1或小于1，而且输入电阻很高、输出电阻很低，由于具有这些特点，常被用做多级放大电路的输入级、输出级或作为隔离用的中间级。

③ 共基电路的突出特点在于它具有很低的输入电阻，使晶体管结电容的影响不显著，因而频率响应得到很大改善，所以这种接法常常用于宽频带放大器中。特别用于接收机的高频头作为前置放大。另外，由于输出电阻高，共基电路还可以作为恒流源。

表 2.5.1　放大电路三种组态的主要性能

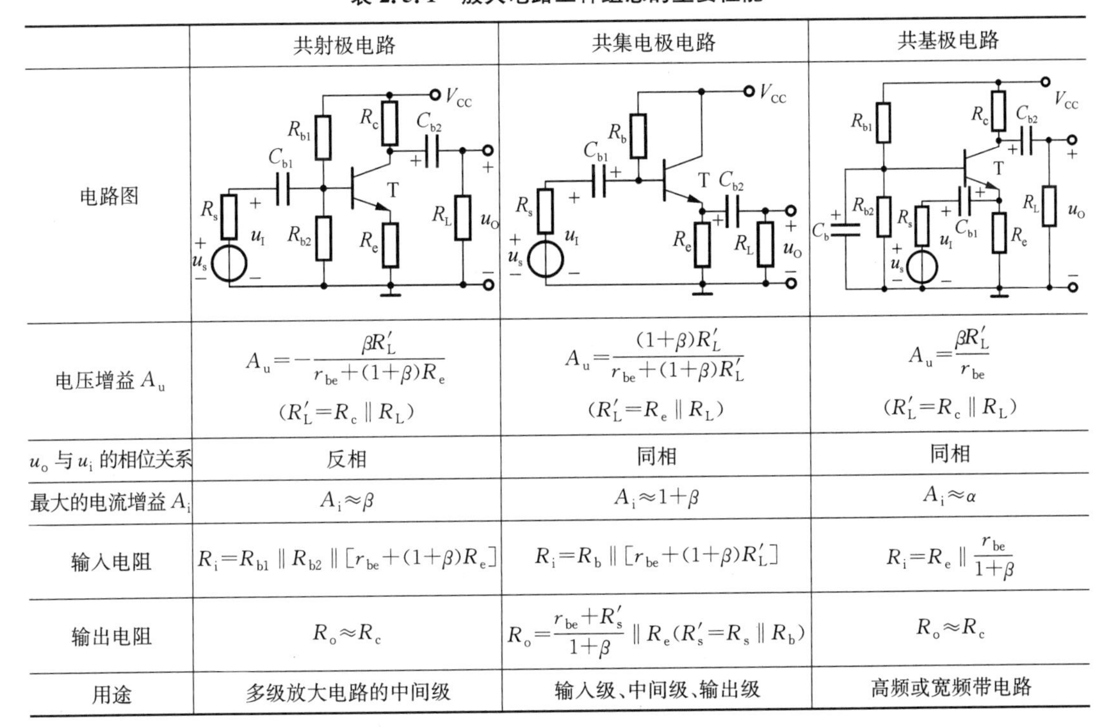

	共射极电路	共集电极电路	共基极电路
电路图			
电压增益 A_u	$A_u=-\dfrac{\beta R_L'}{r_{be}+(1+\beta)R_e}$ $(R_L'=R_c \parallel R_L)$	$A_u=\dfrac{(1+\beta)R_L'}{r_{be}+(1+\beta)R_L'}$ $(R_L'=R_e \parallel R_L)$	$A_u=\dfrac{\beta R_L'}{r_{be}}$ $(R_L'=R_c \parallel R_L)$
u_o 与 u_i 的相位关系	反相	同相	同相
最大的电流增益 A_i	$A_i\approx\beta$	$A_i\approx 1+\beta$	$A_i\approx\alpha$
输入电阻	$R_i=R_{b1} \parallel R_{b2} \parallel [r_{be}+(1+\beta)R_e]$	$R_i=R_b \parallel [r_{be}+(1+\beta)R_L']$	$R_i=R_e \parallel \dfrac{r_{be}}{1+\beta}$
输出电阻	$R_o\approx R_c$	$R_o=\dfrac{r_{be}+R_s'}{1+\beta} \parallel R_e (R_s'=R_s \parallel R_b)$	$R_o\approx R_c$
用途	多级放大电路的中间级	输入级、中间级、输出级	高频或宽频带电路

2.6　场效应管放大电路

2.6.1　场效应管的特点

场效应管与双极型三极管一样，也具有放大作用，可以组成各种放大电路。两者相比，场效应管有如下几个特点：

1. 一般来说，场效应管是一种电压控制器件，而双极型三极管是一种电流控制器件。场效应管通过栅源电压 u_{GS} 来控制漏极电流 i_D，从场效应管的输出特性上可以看出，各条不同输出特性曲线的参变量是 u_{GS}。在恒流区，i_D 的值主要决定于 u_{GS}，而基本上与 u_{DS} 无关，如图 2.6.1(a)所示，并通过跨导 $g_m=\left.\dfrac{\Delta i_D}{\Delta u_{GS}}\right|_{u_{DS}=常数}$ 来描述场效应管的放大作用。双极型三

极管则通过基极电流 i_B 来控制集电极电流 i_C，由双极型三极管的输出特性可见，各条特性曲线的参变量是 i_B，在放大区，i_C 的值主要决定于 i_B，而基本上与 u_{CE} 无关，如图 2.6.1(b)所示，常常通过电流放大系数 $\beta=\frac{\Delta i_C}{\Delta i_B}$ 来描述双极型三极管的放大作用。

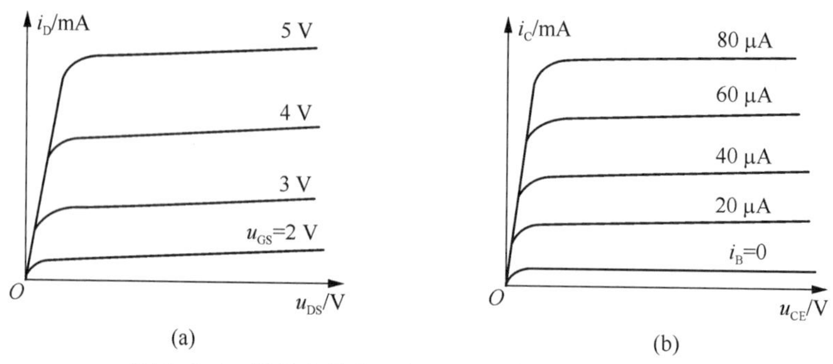

图 2.6.1　场效应管和双极型三极管的输出特性曲线

(a) 场效应管；(b) 双极型三极管

2. 场效应管的栅极几乎不取电流，所以其输入电阻非常高。结型场效应管一般在 $10^7\ \Omega$ 以上，MOS 场效应管则高达 $10^{10}\ \Omega$。而双极型三极管的基极和发射极之间处于正向偏置状态，因此 b、e 之间的输入电阻较小，约为几千欧的数量级。

3. 由于场效应管利用一种极性的多数载流子导电(单极型器件)，而双极型三极管多子和少子均参与导电，且少子的浓度易受温度的影响。因此，它与双极型三极管相比，具有噪声小、受外界温度及辐射影响小的特点。场效应管不仅温度稳定性较好，而且还有一个特点，就是存在零温度系数工作点。图 2.6.2 示出了同一场效应管在不同温度下的转移特性，几条特性曲线有一个交点，若电路中场效应管的栅极电压选在该点，则当温度改变时 i_D 的值基本不变，所以将该点称为零温度系数工作点。

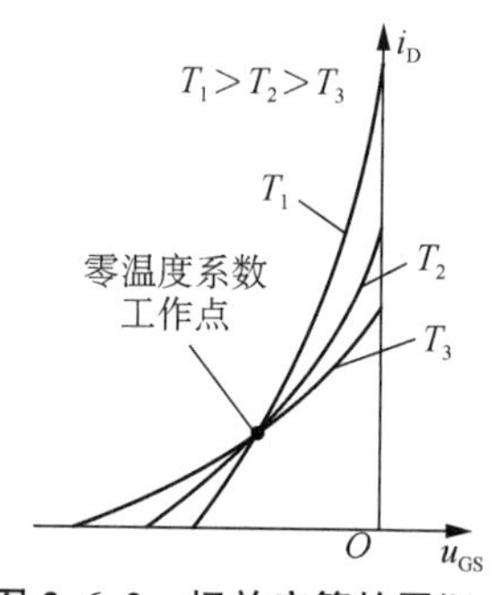

图 2.6.2　场效应管的零温度系数工作点

4. 场效应管的制造工艺简单，有利于大规模集成。特别是 MOS 电路，每个 MOS 场效应管在硅片上所占的面积约为双极型三极管的 5%，因此集成度更高。

5. 由于 MOS 场效应管的输入电阻很高，使栅极的感应电荷不易释放。而且二氧化硅绝缘层很薄，栅极与衬底间的等效电容很小，感应产生的少量电荷即可形成很高的电压，可能将二氧化硅绝缘层击穿而损坏管子。所以在使用及保管时需要特别加以注意。存放管子时，应将栅极和源极短接在一起，避免栅极悬空。进行焊接时，烙铁外壳应良好接地，防止因烙铁通电而将管子击穿。

6. 场效应管的跨导较小，当组成放大电路时，在相同的负载电阻之下，电压放大倍数一般比双极型三极管要低。

2.6.2　场效应管的直流偏置电路与静态分析

场效应管设置的静态工作点 Q 必须保证在信号的整个周期内，场效应管都工作在恒流区。由于场效应管是电压控制器件，因此放大电路要求建立合适的偏置电压，而不要求偏置电流。不同类型的场效应管的伏安特性有差异，因此对偏置电路的要求也不同。JFET 必须反极性偏置，即 U_{GS} 和 U_{DS} 极性相反；增强型 MOS 管的 U_{GS} 和 U_{DS} 必须同极性偏置；耗尽型 MOS 管的 U_{GS} 可正偏、零偏或反偏。因此，JFET 和耗尽型 MOS 管通常采用自给偏置和分压式偏置电路，而增强型 MOS 管通常采用分压式偏置电路。

1）自给偏置电路

自给偏置就是通过耗尽型场效应管本身的源极电流来产生栅极所需的偏置电压，如图 2.6.3 所示。将信号源置零，电容视为开路。由于静态时栅极电流为零，故流过 R_g 的电流为零，栅极电压 $U_G=0$，源极电流流过 R 时产生压降，故 $U_{GS}=-I_DR<0$，栅源之间获得了负偏置电压。显然，N 沟道增强型 MOS 管不能采用自给偏置的形式，因为其必须在栅源电压正偏的条件下工作。

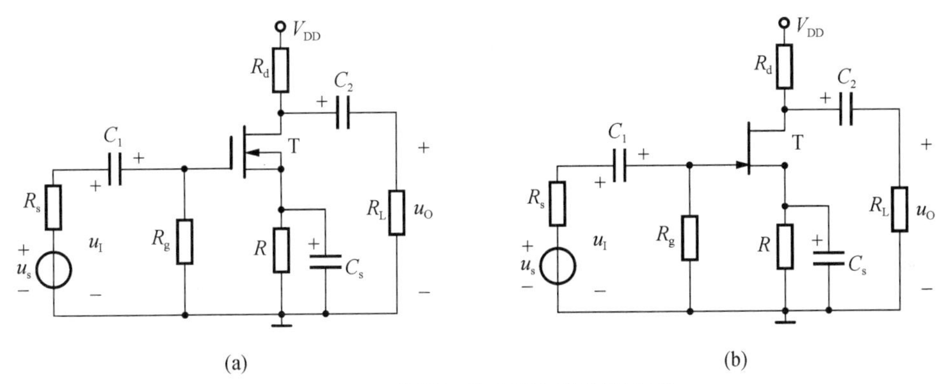

图 2.6.3　共源场效应管自给偏置电路

(a) N 沟道耗尽型 MOSFET；(b) N 沟道 JFET

由于场效应管的直流输入电阻 R_{GS} 非常大，$I_G=0$，所以场效应管的静态工作点包括 U_{GSQ}，U_{DSQ} 和 I_{DQ} 的数值，可用计算法和图解法确定。

(1) 计算法

计算法和双极型晶体管类似，利用回路方程和场效应管的特性方程共同求解。耗尽型 MOS 管和结型场效应管工作在可变电阻区时电流方程可由式(1.4.6)确定，当其工作在恒流区时，电流方程可简化为式(1.4.4)。而场效应管的静态分析就是要确保管子工作在恒流区，因此，一般先假设管子工作在恒流区，确定出 U_{GSQ}，U_{DSQ} 和 I_{DQ}，最后再验证假设成立，前面的分析正确。具体步骤如下。

① 列出输入回路电压方程。由图 2.6.3 可得

$$U_{GSQ}=U_G-U_S=-I_{DQ}R \tag{2.6.1}$$

② 假设管子工作在恒流区，由耗尽型场效应管的电流方程可得

$$I_{DQ}=I_{DSS}\left(1-\frac{U_{GSQ}}{U_P}\right)^2 \tag{2.6.2}$$

③ 列出输出回路电压方程。

$$U_{DSQ}=V_{DD}-I_{DQ}(R_D+R) \tag{2.6.3}$$

将式(2.6.1)～(2.6.3)联立方程组,可以解出静态工作点 $Q(U_{GSQ}、U_{DSQ}、I_{DQ})$。

④ 验证假设是否成立。对于N沟道耗尽型场效应管,若 $U_{DSQ}>U_{GSQ}-U_P$,管子工作在恒流区,假设成立。否则,管子可能工作在可变电阻区,用式(1.4.6)代替式(1.4.4)重新假设计算。

【例2.6.1】 一个结型场效应管放大电路如图2.6.3(b)所示。已知 $I_{DSS}=4\ \text{mA}$,$U_P=-4\ \text{V}$,$R_g=10\ \text{M}\Omega$,$R_d=2\ \text{k}\Omega$,$R=2\ \text{k}\Omega$,$R_L=2\ \text{k}\Omega$,$V_{DD}=20\ \text{V}$。电容的容量足够大,求静态工作点 $Q(U_{GSQ}、U_{DSQ}、I_{DQ})$。

解:(1) 由图2.6.3可知

$$U_{GSQ}=U_G-U_S=-I_{DQ}R=-I_{DQ}\times 2\,000$$

假设管子工作在恒流区,则

$$I_{DQ}=I_{DSS}\left(1-\frac{U_{GSQ}}{U_P}\right)^2=0.004\times\left(1-\frac{I_{DQ}\times 2\,000}{4}\right)^2$$

解得合理解:

$$I_{DQ}=1\ \text{mA},\ U_{GSQ}=-2\ \text{V}$$
$$U_{DSQ}=V_{DD}-I_{DQ}(R_D+R)=20\ \text{V}-1\ \text{mA}\times 4\ \text{k}\Omega=16\ \text{V}$$

因为 $U_{DSQ}>U_{GSQ}-U_P(16>-2+4)$,管子工作在恒流区,假设成立。

所以,静态工作点 $U_{GSQ}=-2\ \text{V}$,$U_{DSQ}=16\ \text{V}$,$I_{DQ}=1\ \text{mA}$。

(2) 图解法

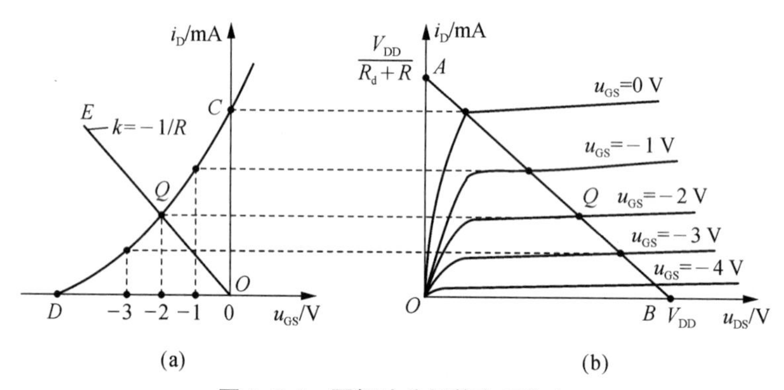

图2.6.4 图解法分析静态工作点

首先,根据式(2.6.3)利用截距法,在图2.6.4(b)上作出直流负载线 AB。其次,将直流负载线 AB 与 U_{GS} 交点处的坐标值逐点转移到 $U_{GS}-I_D$ 坐标上,得到对应的转移特性曲线 CD,如图2.6.4(a)所示。最后,根据式(2.6.1),在转移特性曲线 CD 上,过原点作斜率为 $-1/R$ 的直线 OE,它与 CD 的交点即为 Q。

2) 分压式偏置电路

图2.6.5为一种常见的分压式偏置电路,它由N沟道增强型MOS管构成共源放大电路,利用 R_{g1}、R_{g2} 对电源 V_{DD} 的分压来设置偏置。为了不使分压电阻 R_{g2} 对放大电路的输入电阻影响太大,通过 R_{g3} 与栅极相连。该电路适用于所有类型的场效应管。静态工作点

求解步骤如下。

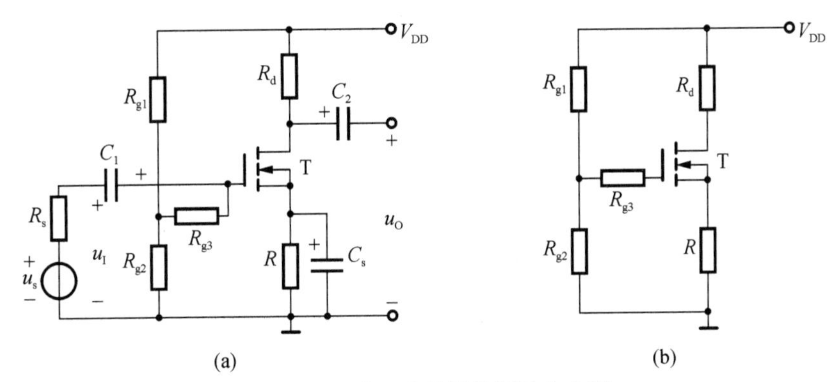

图 2.6.5　分压式偏置共源放大电路

(a) 分压式偏置共源放大电路；(b) 直流通路

(1) 求出栅极的分压 U_G。由图 2.6.5(b)可得

$$U_G=\frac{R_{g2}}{R_{g1}+R_{g2}}V_{DD} \tag{2.6.4}$$

(2) 列出输入回路电压方程。由图 2.6.5(b)

$$U_{GSQ}=U_G-U_S=\frac{R_{g2}}{R_{g1}+R_{g2}}V_{DD}-I_{DQ}R \tag{2.6.5}$$

(3) 假设管子工作在恒流区，由增强型场效应管的电流方程可得

$$I_{DQ}=K_n(U_{GSQ}-U_T)^2=I_{DQ}\left(\frac{U_{GSQ}}{U_T}-1\right)^2 \tag{2.6.6}$$

(4) 列出输出回路电压方程。由图 2.6.6(b)可得

$$U_{DSQ}=V_{DD}-I_{DQ}(R_D+R) \tag{2.6.7}$$

将式(2.6.4)～式(2.6.7)联立方程组，可以解出静态工作点 $Q(U_{GSQ},U_{DSQ},I_{DQ})$。

(5) 验证假设是否成立。对于 N 沟道增强型场效应管，若 $U_{DSQ}>U_{GSQ}-U_T$ 管子工作在恒流区，假设成立。否则，管子可能工作在可变电阻区，用式(1.4.6)代替式(2.6.6)重新假设计算。

图解法的分析与自给偏置电路相同，只是当 $I_D=0$ 时，U_{GS} 不为零，而为

$$U_{GS}=\frac{R_{g1}}{R_{g1}+R_{g2}}V_{DD}$$

2.6.3　场效应管放大电路的动态分析

场效应管放大电路也有共源、共漏、共栅三种基本组态，分别与晶体管的共射、共集、共基三种组态对应。动态分析可采用图解法和微变等效电路法两种，其中图解法与晶体管类似，在输出特性曲线的交流负载线上分析，这里不再赘述。下面重点介绍场效应管的低频小信号模型(微变等效电路)。

1）场效应管的低频小信号模型

同晶体管的 H 参数等效模型分析相同，也可将场效应管看成一个双口网络，分别用 u_{GS}、i_G 和 u_{DS}、i_D 表示输入、输出端口间的电压、电流。由于场效应管栅源之间的输入电阻非常大，$i_G \approx 0$，故可视为输入端开路，只存在输入电压，如图 2.6.6(a)所示。则场效应管的漏极电流 i_D 与栅源电压 u_{GS}、漏源电压 u_{DS}，存在如下关系：

$$i_D = f(u_{GS}, u_{DS}) \tag{2.6.8}$$

场效应管的低频小信号模型考虑的是电压、电流间的微变关系，对上式取全微分，得

$$di_D = \frac{\partial i_D}{\partial u_{GS}}\bigg|_{U_{DS}} du_{GS} + \frac{\partial i_D}{\partial u_{DS}}\bigg|_{U_{GS}} du_{DS} \tag{2.6.9}$$

令 $g_m = \frac{\partial i_D}{\partial u_{GS}}\bigg|_{U_{DS}}$，$\frac{1}{r_{ds}} = \frac{\partial i_D}{\partial u_{DS}}\bigg|_{U_{GS}}$，$i_d$、$u_{gs}$、$u_{ds}$ 取代微变量，式(2.6.9)可写成

$$i_d = g_m u_{gs} + \frac{1}{r_{ds}} u_{ds} \tag{2.6.10}$$

即得场效应管的低频小信号模型，如图 2.6.6(b)所示。由于 r_{ds} 较大，通常在几十千欧到几百千欧之间，可以视为开路，场效应管的输入回路中栅源之间相当于开路，输出回路中漏源之间相当于一个受控电流源。

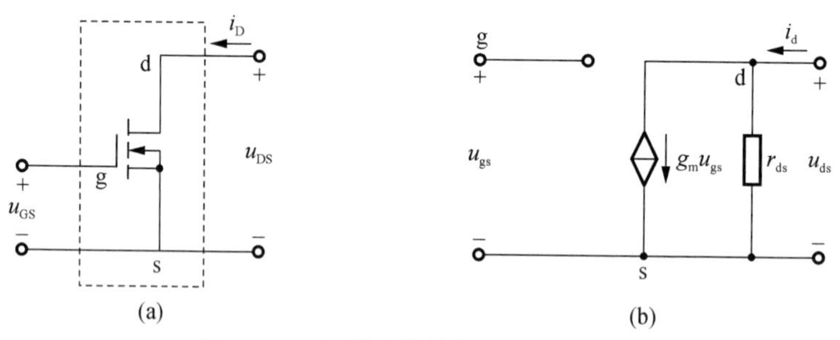

图 2.6.6　场效应管的低频小信号模型

(a) FET 在共源接法时的双口网络；(b) 低频小信号模型

其中 g_m 为场效应管的低频跨导，反映了栅源电压对漏极电流的控制能力，是衡量场效应管放大能力的重要参数，单位为 mS(毫西门子)或 μS(微西门子)。

对于增强型 MOS 管，有

$$g_m = \frac{\partial i_D}{\partial u_{GS}}\bigg|_{U_{DS}} = 2K_n(u_{GS} - U_T) = \frac{2}{|U_T|}\sqrt{I_{DO} i_D}$$

在小信号作用时 可用 I_{DQ} 来近似 i_D，得出

$$g_m \approx \frac{2}{|U_T|}\sqrt{I_{DO} I_{DQ}} \tag{2.6.11}$$

对于 JFET 和耗尽型 MOS 管，有

$$g_m \approx \frac{2}{|U_P|}\sqrt{I_{DSS} I_{DQ}} \tag{2.6.12}$$

上式表明。g_m 与 Q 点紧密相关，Q 点愈高，g_m 愈大。因此，场效应管放大电路与晶体管放大电路相同，Q 点不仅影响电路是否失真，而且影响电路的动态参数。

2）共源基本放大电路

场效应管放大电路的动态分析同晶体管，分析时先将交流通路（电容视为短路，直流电源等效接地）中的场效应管用小信号模型替换，再根据得到的微变等效电路求出电压放大倍数 A_u、输入电阻 R_i 和输出电阻 R_o。图 2.6.5 所示放大电路的微变等效电路如图 2.6.7 所示。

(1) 电压放大倍数 A_u

由等效电路可得

$$u_o=-g_m u_{gs}(R_d \parallel R_L) \qquad u_i=u_{gs}$$

根据电压增益的定义，有

$$A_u=\frac{u_o}{u_i}=-\frac{g_m u_{gs}(R_d \parallel R_L)}{u_{gs}}=-g_m(R_d \parallel R_L) \tag{2.6.13}$$

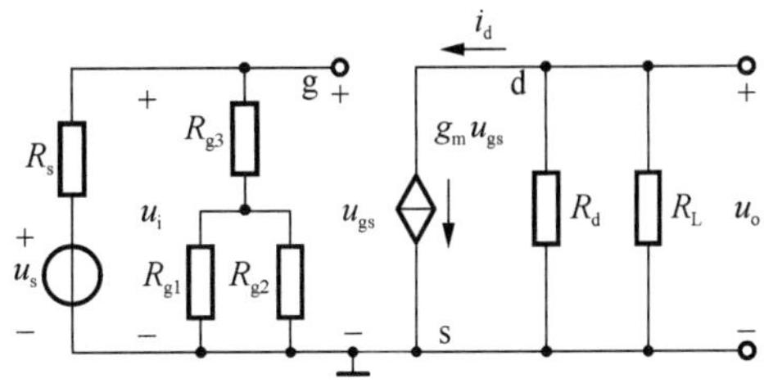

图 2.6.7　图 2.6.5 所示电路的微变等效电路

由式(2.6.13)可知，与共射放大电路类似，共源放大电路的输入与输出反相。

(2) 输入电阻 R_i

$$R_i=\frac{u_i}{i_i}=R_{g3}+R_{g1} \parallel R_{g2} \tag{2.6.14}$$

由式(2.6.14)可知，虽然场效应管具有输入电阻近似无穷大的特点，但场效应管放大电路的输入电阻并不一定很大。

(3) 输出电阻 R_o

根据加压求流法可得

$$R_o \approx R_d \tag{2.6.15}$$

根据以上分析可知，共源放大电路与共射极放大电路类似，输入与输出反相。但它的电压放大能力不如共射极放大电路，输入电阻要比共射极放大电路大得多，两者的应用场合基本相同。

【例 2.6.2】 已知一个场效应管的放大电路如图 2.6.5(a)所示。其中 $K_n=0.1\ \text{mA/V}^2$，$U_T=1\ \text{V}$，$R_{g1}=150\ \text{k}\Omega$，$R_{g2}=50\ \text{k}\Omega$，$R_{g3}=1\ \text{M}\Omega$，$V_{DD}=12\ \text{V}$，$R=10\ \text{k}\Omega$，$R_d=50\ \text{k}\Omega$，$R_L=50\ \text{k}\Omega$。电容的容量足够大，求电路的小信号电压增益 $A_u=u_o/u_i$、输入电阻 R_i 和输出电阻 R_o。

解：先求静态工作点 Q。由图 2.6.5(b)可得

$$U_G=\frac{R_{g2}}{R_{g1}+R_{g2}}V_{DD}=\left(\frac{50}{150+50}\times 12\right)\text{V}=3\ \text{V}$$

$$U_{GSQ}=U_G-U_S=3-10\times 10^3 I_{DQ}$$

假设管子工作在恒流区，则

$$I_{DQ}=K_n(U_{GSQ}-U_T)^2=0.1\times(2-10\times10^3 I_{DQ})^2$$

解得

$$I_{DQ}=0.1\ \text{mA},\ U_{GSQ}=2\ \text{V}$$

$$U_{DSQ}=V_{DD}-I_{DQ}(R_d+R)=(12-0.1\times60)\text{V}=6\ \text{V}$$

显然 $U_{DSQ}>U_{GSQ}-U_T$，假设成立。

$$g_m=2K_n(U_{GSQ}-U_T)=[0.2\times(2-1)]\text{mS}=0.2\ \text{mS}$$

由图 2.6.7 可得

$$A_u=\frac{u_o}{u_i}=-g_m(R_d\parallel R_L)=-0.2\times25=-5$$

$$R_i=R_{g3}+R_{g1}\parallel R_{g2}=1\ 000\ \text{k}\Omega+\frac{50\times150}{50+150}\text{k}\Omega\approx1.04\ \text{M}\Omega$$

$$R_o=R_d=50\ \text{k}\Omega$$

3) 共漏基本放大电路

共漏放大电路及其微变等效电路如图 2.6.8 所示。

(1) 电压放大倍数 A_u

$$A_u=\frac{u_o}{u_i}=\frac{g_m u_{gs}(R\parallel R_L)}{u_{gs}+g_m u_{gs}(R\parallel R_L)}=\frac{g_m R_L'}{1+g_m R_L'}\approx1 \tag{2.6.16}$$

式中 $R_L'=R\parallel R_L$

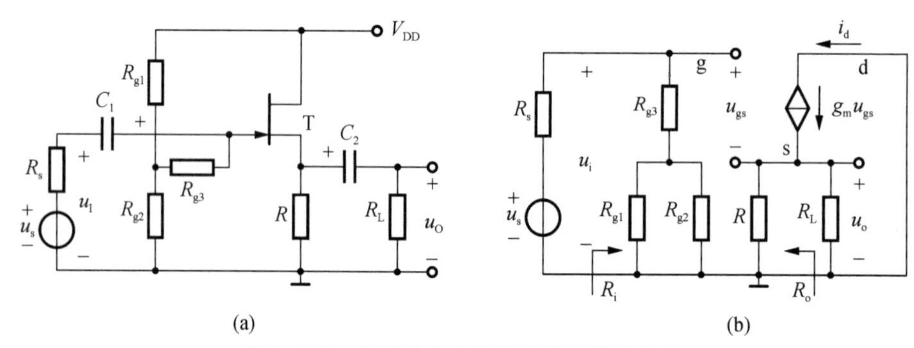

图 2.6.8　共漏放大电路及其微变等效电路

(a) 共漏放大电路；(b) 微变等效电路

(2) 输入电阻 R_i

$$R_i=\frac{u_i}{i_i}=R_{g3}+R_{g1}\parallel R_{g2} \tag{2.6.17}$$

(3) 输出电阻 R_o

令 $u_s=0$，$R_L=\infty$，并在输出端加一测试信号 u_t，将图 2.6.8(b)改为图 2.6.9 所示形式，可得

$$i_t=i_R-g_m u_{gs}=\frac{u_t}{R}-g_m u_{gs}$$

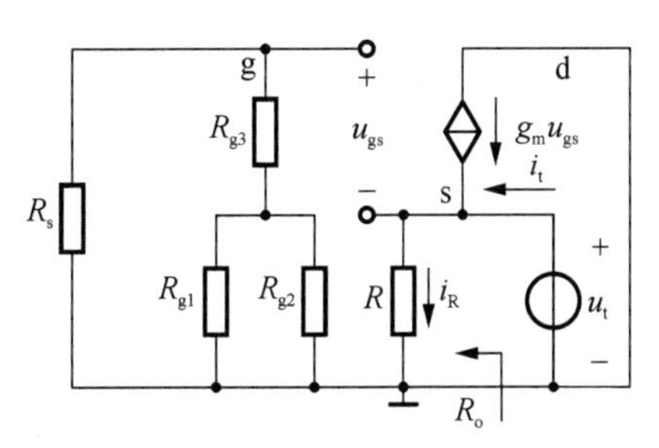

图 2.6.9　求 R_o 的等效电路

而

$$u_{gs}=-u_t$$

于是

$$i_t=u_t\left(\frac{1}{R}+g_m\right)$$

故

$$R_o=\frac{u_t}{i_t}=\frac{1}{\frac{1}{R}+g_m}=R\parallel\frac{1}{g_m}$$

根据以上分析可知,共漏放大电路的输出电阻很小。与 BJT 的共集电极放大电路一样,电压增益小于 1,但接近于 1,故共漏放大电路又称为源极跟随器或源极输出器。

【例 2.6.3】 已知一个场效应管放大电路如图 2.6.8(a)所示。其中 $g_m=5\ \text{mS}$,$R_{g1}=50\ \text{k}\Omega$,$R_{g2}=150\ \text{k}\Omega$,$R_{g3}=1\ \text{M}\Omega$,$V_{DD}=12\ \text{V}$,$R=10\ \text{k}\Omega$,$R_L=50\ \text{k}\Omega$。求电路的小信号电压增益 $A_u=u_o/u_i$,输入电阻 R_i 和输出电阻 R_o。

解:

$$A_u=\frac{u_o}{u_i}=\frac{g_m(R\parallel R_L)}{1+g_m(R\parallel R_L)}=\frac{5\times(10\parallel 50)}{1+5(10\parallel 50)}\approx 0.977$$

$$R_i=R_{g3}+R_{g1}\parallel R_{g2}=\left(1\ 000+\frac{50\times 150}{50+150}\right)\text{k}\Omega\approx 1.04\ \text{M}\Omega$$

$$R_o=R\parallel\frac{1}{g_m}=10\ 000\parallel\frac{1}{0.005}\approx 200\ \Omega$$

4) 三种基本放大电路的性能比较

前面分析了共源极电路和共漏极电路,与 BJT 的共基极电路对应的 FET 放大电路也有共栅极电路。为了便于读者学习,现将 FET 的三种基本放大电路的性能列于表 2.6.1,以资比较。

最后还应指出,FET 放大电路中的 FET 都工作于输出特性的线性放大区。如果使其工作于可变电阻区,那么 FET 可用作压控可变电阻。这时对应于一定的栅源电压 u_{GS},则 FET 的漏源之间呈现相应的电阻

$$r_{\mathrm{dso}}=\left.\frac{\Delta u_{\mathrm{DS}}}{\Delta i_{\mathrm{D}}}\right|_{u_{\mathrm{GS}}=\text{常数}}$$

当 u_{GS} 发生变化,输出特性的斜率就改变,因此管子呈现的电阻也就跟着发生变化。

关于 FET 用作可变电阻等的详细讨论,读者可参阅有关文献。

表 2.6.1　FET 三种基本电路比较

	共源极电路	共漏极电路	共栅极电路
电路形式	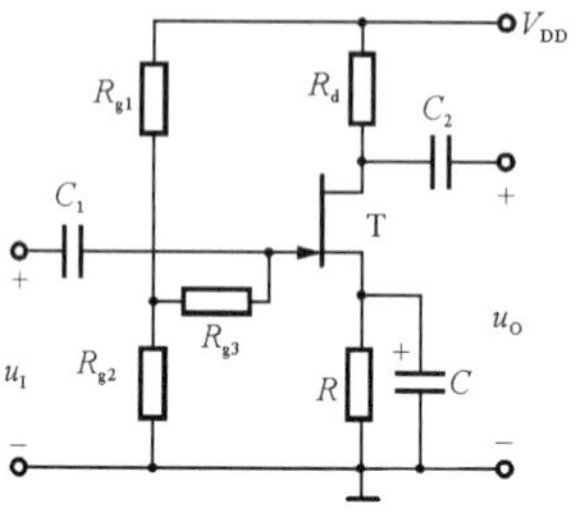	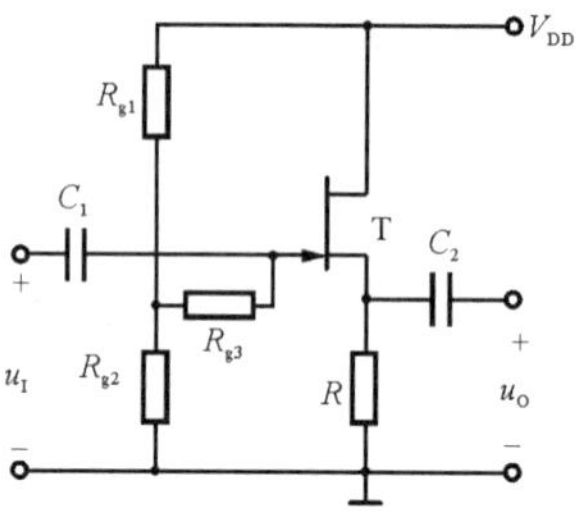	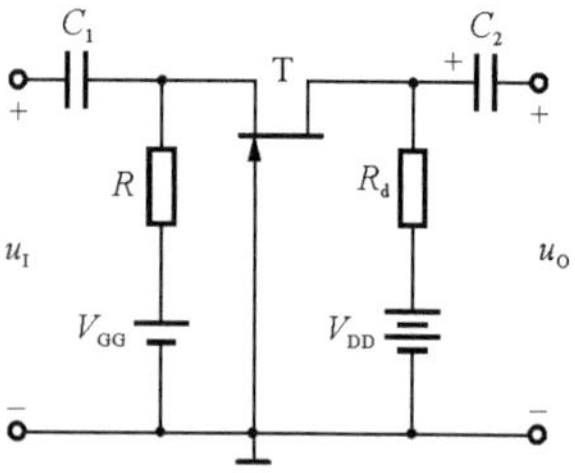
电压增益 $\dot{A}_{\mathrm{u}}$(未考虑极间电容)	$\dot{A}_{\mathrm{u}}=-g_{\mathrm{m}}(R_{\mathrm{d}}\parallel r_{\mathrm{d}})\approx -g_{\mathrm{m}}R_{\mathrm{d}}$	$\dot{A}_{\mathrm{u}}=\frac{g_{\mathrm{m}}R}{1+g_{\mathrm{m}}R}\approx 1$	$\dot{A}_{\mathrm{u}}\approx g_{\mathrm{m}}R_{\mathrm{d}}$
输入电阻 R_{i}	$R_{\mathrm{g3}}+R_{\mathrm{g1}}\parallel R_{\mathrm{g2}}$	$R_{\mathrm{g3}}+R_{\mathrm{g1}}\parallel R_{\mathrm{g2}}$	$\frac{1}{g_{\mathrm{m}}}\parallel R$
输入电容 C_{i}	$C_{\mathrm{gs}}+(1-\dot{A}_{\mathrm{u}})C_{\mathrm{dg}}$	$C_{\mathrm{dg}}+(1-\dot{A}_{\mathrm{u}})C_{\mathrm{gs}}$	C_{gs}
输出电阻 R_{o}	$R_{\mathrm{d}}\parallel r_{\mathrm{d}}$	$\frac{1}{g_{\mathrm{m}}}\parallel R$	$R_{\mathrm{d}}\parallel r_{\mathrm{d}}[1+g_{\mathrm{m}}(R_{\mathrm{s}}\parallel R)]$ (R_{s} 为信号源内阻)
特点	1. 电压增益大 2. 输出电压与输入电压反相 3. 输入电阻高,输入电容大	1. 电压增益小于1,但接近1 2. 输出电压与输入电压同相 3. 输入电阻大,输出电阻小	1. 电压增益大 2. 输出电压与输入电压同相 3. 输入电阻小,输入电容小

2.7　组合放大电路

基本放大电路的特点是以一个放大元件为核心,辅助于相应的偏置电路,实现对输入信号的放大作用。其电路结构简单,工作原理浅显易懂,性能指标计算简单方便。但由于电路结构简单,带来了一些不足之处。因此,有必要对电路进行改进,以改善电路的某些性能指标。组合放大电路就是常用的措施之一。此处主要讨论复合管放大电路及两种组合放大电路。

2.7.1　复合管及其放大电路

1) 复合管的组成及其电流放大系数

图 2.7.1(a)和(b)所示为两只同类型(NPN 或 PNP)晶体管组成的复合管,等效成与组成它们的晶体管同类型的管子;图(c)和(d)所示为不同类型晶体管组成的复合管,等效成与 $\mathrm{T_1}$ 管同类型的管子。

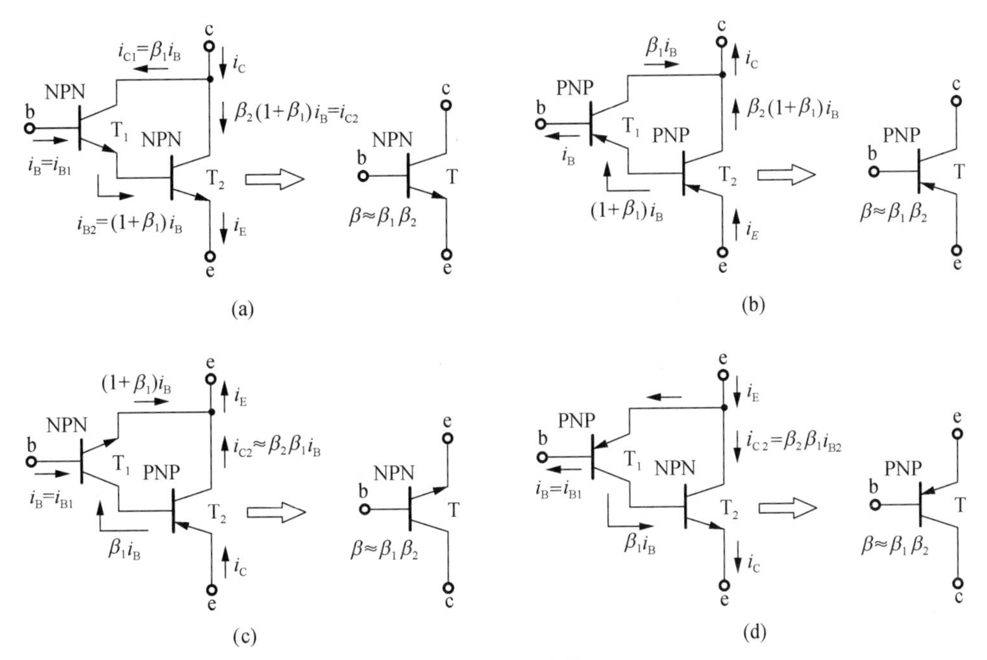

图 2.7.1　复合管

(a) 两只 NPN 型管构成的 NPN 型管；(b) 两只 PNP 型管构成的 PNP 型管

(c) 两只不同类型管构成的 NPN 型管；(d) 两只不同类型管构成的 PNP 型管

2) 复合管的主要特性

(1) 复合管的组成及类型

复合管的组成原则是：① 同一种导电类型(NPN 或 PNP)的 BJT 构成复合管时，应将前一只管子的发射极接至后一只管子的基极；不同导电类型(NPN 与 PNP)的 BJT 构成复合管时，应将前一只管子的集电极接至后一只管子的基极，以实现两次电流放大作用。② 必须保证两只 BJT 均工作在放大状态。图 2.7.1 即是按上述原则构成的复合管原理图。其中图(a)和(b)为同类型的两只 BJT 组成的复合管，而图(c)和(d)是不同类型的两只 BJT 组成的复合管。由各图中所标电流的实际方向可以确定，两管复合后可等效为一只 BJT，其导电类型与 T_1 相同。

(2) 复合管的主要参数

① 电流放大系数 β

以图 2.7.1(a)为例，由图可知，复合管的集电极电流

$$i_C=i_{C1}+i_{C2}=\beta_1 i_{B1}+\beta_2 i_{B2}=\beta_1 i_B+\beta_2(1+\beta_1)i_B$$

所以复合管的电流放大系数

$$\beta=\beta_1+\beta_2+\beta_1\beta_2$$

一般有 $\beta_1\gg1$，$\beta_2\gg1$，$\beta_1\beta_2\gg\beta_1+\beta_2$，所以

$$\beta\approx\beta_1\beta_2 \tag{2.7.1}$$

即复合管的电流放大系数近似等于各组成管电流放大系数的乘积。这个结论同样适合于其

他类型的复合管。

② 输入电阻 r_{be}

由图2.7.1(a)、(b)可见,对于同类型的两只BJT构成的复合管而言,其输入电阻为

$$r_{be}=r_{be1}+(1+\beta_1)r_{be2} \tag{2.7.2a}$$

由图2.7.1(c)、(d)可见,对于由不同类型的两只BJT构成的复合管而言,其输入电阻为

$$r_{be}=r_{be1} \tag{2.7.2b}$$

式(2.7.2a)、(2.7.2b)说明,复合管的输入电阻与 T_1、T_2 的接法有关。

综合所述,复合管具有很高的电流放大系数,再者,若用同类型的BJT构成复合管时,其输入电阻会增加。因而,与单管共集电极放大电路相比,共集-共集放大电路的动态性能会更好。

3) 复合管共射放大电路

将图2.3.8所示电路中的晶体管用图2.7.1(a)所示复合管取代,便可得到如图2.7.2(a)所示的复合管共射放大电路,图(b)是它的交流等效电路。

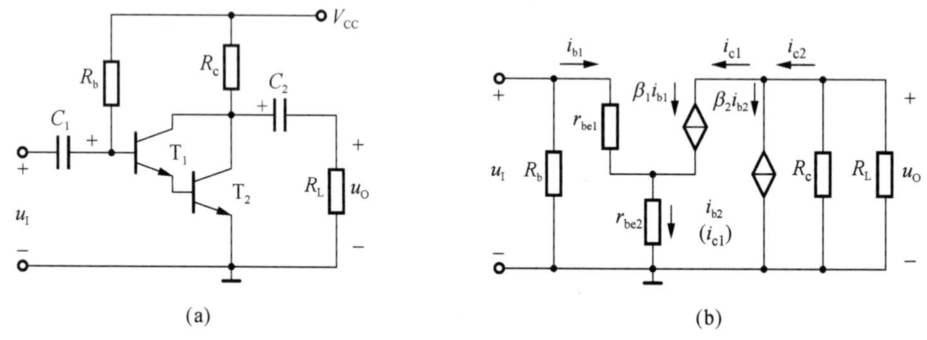

图2.7.2 阻容耦合复合管共射放大电路

(a) 电路;(b) 交流等效电路

从图(b)可知

$$i_c=i_{c1}+i_{c2}\approx\beta_1\beta_2 i_b$$

$$u_i=i_{b1}r_{be1}+i_{b2}r_{be2}=i_{b1}r_{be1}+i_{b1}(1+\beta_1)r_{be2}$$

$$u_o\approx-\beta_1\beta_2 i_{b1}(R_c\parallel R_L)$$

电压放大倍数

$$A_u=\frac{u_o}{u_i}\approx-\frac{\beta_1\beta_2(R_c\parallel R_L)}{r_{be1}+(1+\beta_1)r_{be2}}$$

若 $(1+\beta_1)r_{be2}\gg r_{be1}$,且 $\beta_1\gg1$,则

$$A_u=\frac{u_o}{u_i}\approx-\frac{\beta_2(R_c\parallel R_L)}{r_{be2}} \tag{2.7.3}$$

与式(2.3.7)相比,电压放大倍数与没用复合管时相当,但是输入电阻

$$R_i=R_b\parallel[r_{be1}+(1+\beta_1)r_{be2}] \tag{2.7.4}$$

与图(2.3.8)电路相比，R_i 中与 R_b 相并联的部分大大增加，即 R_i 明显增大。说明当 u_i 相同时，从信号源索取的电流将显著减小。

分析表明，复合管共射放大电路增强了电流放大能力，从而减小了对信号源驱动电流的要求；从另一角度看，若驱动电流不变，则采用复合管后，输出电流将增大约 β 倍。

4) 复合管共集放大电路

图 2.7.3(a)所示为阻容耦合复合管共集放大电路，其交流通路如图(b)所示，交流等效电路如图(c)所示。

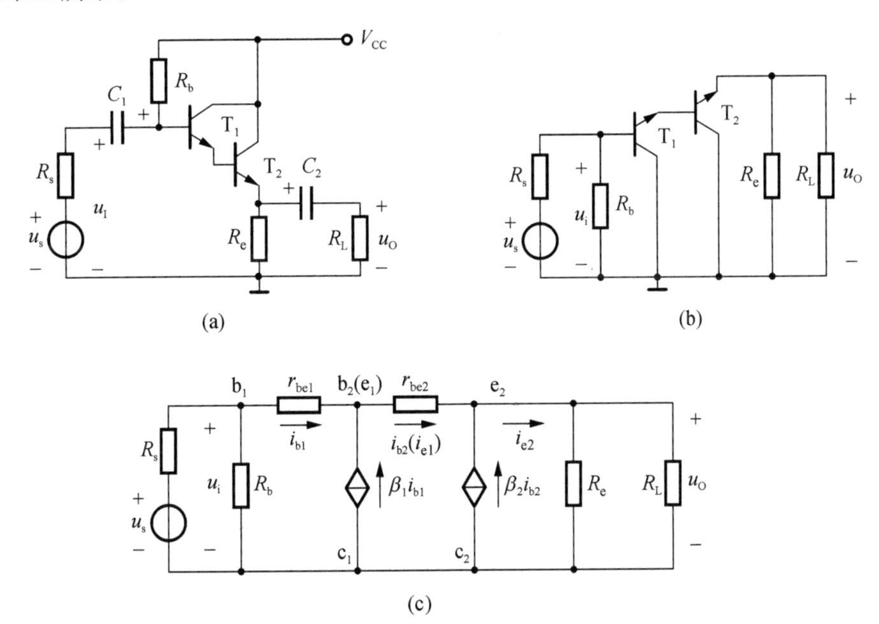

图 2.7.3　阻容耦合复合管共集放大电路

(a) 电路；(b) 交流通路；(c) 交流等效电路

根据输入电阻和输出电阻的物理意义，从图(c)可知

$$u_i = i_{b1} r_{be1} + i_{b2} r_{be2} + i_{e2}(R_e \parallel R_L)$$

$$= i_{b1} r_{be1} + i_{b1}(1+\beta_1) r_{be2} + i_{b1}(1+\beta_1)(1+\beta_2)(R_e \parallel R_L)$$

$$R_i = R_b \parallel [r_{be1} + (1+\beta_1) r_{be2} + (1+\beta_1)(1+\beta_2)(R_e \parallel R_L)] \tag{2.7.5}$$

$$R_o = R_e \parallel \frac{r_{be2} + \dfrac{R_s \parallel R_b + r_{be1}}{1+\beta_1}}{1+\beta_2} \tag{2.7.6}$$

显然，由于采用复合管，输入电阻 R_i 中与 R_b 相并联的部分大大提高，而输出电阻 R_o 中与 R_e 相并联的部分大大降低，使共集放大电路 R_i 大、R_o 小的特点得到进一步的发挥。

从式(2.7.5)可知，共集放大电路的输入电阻与负载电阻有关；从式(2.7.6) 可知，共集放大电路的输出电阻与信号源内阻有关。但是必须特别指出，根据输入、输出电阻的定义，无论什么样的放大电路，R_i 均与 R_s 无关，而 R_o 均与 R_L 无关。

2.7.2　共射-共基放大电路

将共射电路与共基电路组合在一起，既保持共射放大电路电压放大能力较强的优点，又获得共基放大电路较好的高频特性。图2.7.4所示为共射-共基放大电路的交流通路，T_1组成共射电路，T_2组成共基电路，由于T_1管以输入电阻小的共基电路为负载，使T_1管集电结电容对输入回路的影响减小，从而使共射电路高频特性得到改善。

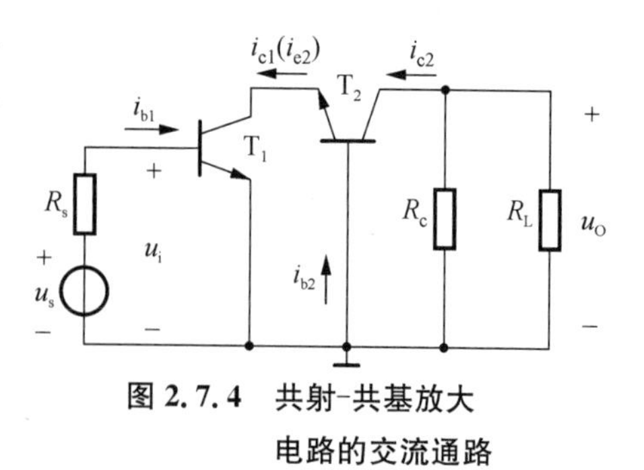

图2.7.4　共射-共基放大电路的交流通路

从图2.7.4可以推导出电压放大倍数A_u的表达式。设T_1的电流放大系数为β_1，b-e间动态电阻为r_{be1}，T_2的电流放大系数为β_2，则

$$\dot{A}_u=\frac{u_o}{u_i}=\frac{i_{c1}}{u_i}\cdot\frac{u_o}{i_{e2}}=\frac{\beta_1 i_{b1}}{i_{b1}r_{be1}}\cdot\frac{-\beta_2 i_{b2}(R_c \parallel R_L)}{(1+\beta_2)i_{b2}}$$

因为$\beta_2\gg1$，$\beta_2/(1+\beta_2)\approx1$即，所以

$$A_u\approx\frac{-\beta_1(R_c \parallel R_L)}{r_{be1}} \tag{2.7.7}$$

与单管共射放大电路的A_u相同。

【例2.7.1】 共射-共基电路如图2.7.5所示，已知两只BJT的$\beta=100$，$U_{EBQ}=0.7\ \text{V}$，$V_{CC}=12\ \text{V}$，$r_{ce}=\infty$，其他参数如图所示。

(1) 当$I_{CQ2}=0.5\ \text{mA}$，$U_{CEQ1}=U_{CEQ2}=4\ \text{V}$，$R_1+R_2+R_3=100\ \text{k}\Omega$时，求$R_c$、$R_1$、$R_2$和$R_3$的值。(2) 求该电路的电压增益$A_u$，输入电阻$R_i$和输出电阻$R_o$。

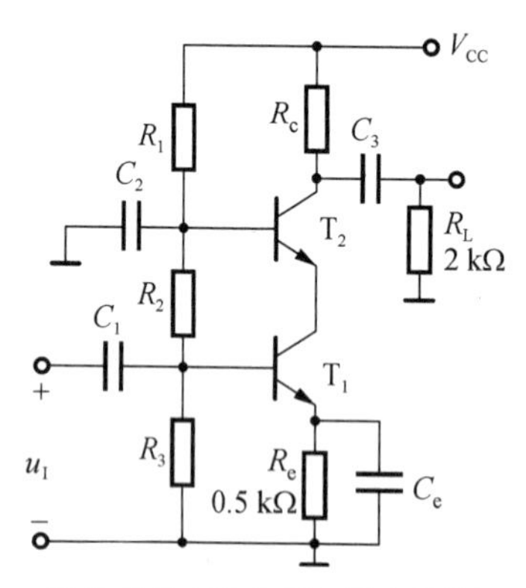

图2.7.5　例2.7.1的电路图

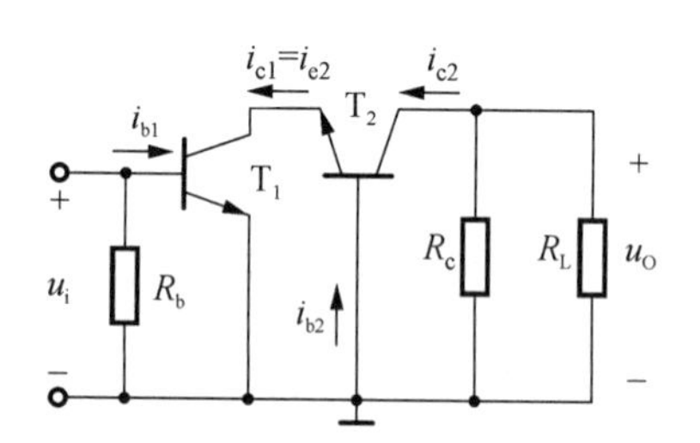

图2.7.6　图2.7.5电路的交流通路

解：(1) 由图可知$I_{EQ1}\approx I_{CQ1}=I_{EQ2}\approx I_{CQ2}=0.5\ \text{mA}$。因BJT的$\beta=100$，故两管基极的静态电流很小，计算时可以忽略。

$$U_{EQ1}=I_{EQ1}R_e\approx I_{CQ1}R_e=(0.5\times0.5)\text{V}=0.25\ \text{V}$$
$$U_{BQ1}=U_{BEQ}+U_{EQ1}=(0.7+0.25)\text{V}=0.95\ \text{V}$$
$$U_{CQ2}=U_{EQ1}+2U_{CEQ1}=(0.25+8)\ \text{V}=8.25\ \text{V}$$
$$U_{BQ2}=U_{EQ1}+U_{CQ1}+U_{BEQ}=(0.25+4+0.7)\text{V}=4.95\ \text{V}$$
$$R_c=\frac{V_{CC}-U_{CQ2}}{I_{CQ1}}=\frac{(12-8.25)\text{V}}{0.5\ \text{mA}}=7.5\ \text{k}\Omega$$

忽略基极静态电流的情况下，可认为流过R_1、R_2和R_3的直流电流相等，为$V_{CC}/(R_1+R_2+R_3)$，于是求得

$$R_3=\frac{U_{BQ1}}{\dfrac{V_{CC}}{R_1+R_2+R_3}}=\frac{0.95\times100}{12}\text{k}\Omega\approx7.9\ \text{k}\Omega$$

$$R_2=\frac{U_{BQ2}-U_{BQ1}}{\dfrac{V_{CC}}{R_1+R_2+R_3}}=\frac{(4.95-0.95)\times100}{12}\text{k}\Omega\approx33.3\ \text{k}\Omega$$

$$R_1=\frac{V_{CC}-U_{BQ2}}{\dfrac{V_{CC}}{R_1+R_2+R_3}}=\frac{(12-4.95)\times100}{12}\text{k}\Omega\approx58.8\ \text{k}\Omega$$

(2) 图 2.7.6 是图 2.7.5 所示电路的交流通路，其中 $R_b=R_2\parallel R_3$。BJT 的输入电阻

$$r_{be1}=r_{be2}=r_{bb'}+(1+\beta)\frac{26\ \text{mV}}{I_{EQ}}$$

$$=200\ \Omega+(1+100)\frac{26\ \text{mV}}{0.5\ \text{mA}}\approx5.45\ \text{k}\Omega$$

$$A_u=\frac{u_o}{u_i}\approx\frac{\beta(R_c\parallel R_L)}{r_{be1}}\approx-29$$

该电路的输入电阻为第一级共射电路的输入电阻

$$R_i=R_b\parallel r_{be1}=3\ \text{k}\Omega$$

输出电阻为第二级共基电路的输出电阻，$R_o\approx7.5\ \text{k}\Omega$。

2.8　多级放大电路分析

由单管组成的基本放大电路，放大倍数一般可达几十倍，在电子技术的实际应用中，远远不能满足需要。所以，实际电路一般由多个单元电路连接而成，称为多级放大电路。其中每个单元电路叫做一级，而级与级之间，信号源与放大电路之间，放大电路与负载之间的连接方式均叫做“耦合方式”。

2.8.1　多级放大电路的耦合方式

在多级放大电路中常见的级间耦合方式有三种：阻容耦合、变压器耦合和直接耦合。

1) 阻容耦合

在基本放大电路中，如果只要求放大交流信号，则在放大电路的输入和输出端一般都要加耦合电容，起“隔离直流、传输交流”的作用。在图 2.8.1 中，电容 C_{b1}、C_{b2} 和 C_{b3} 分别是信号源与放大电路输入端之间、前后级间以及放大电路输出端与负载之间的耦合电容。把前一级的输出端通过一个电容与后一级的输入端连接起来的耦合方式叫“阻容耦合”。

(1) 阻容耦合的特点

① 各级的静态工作点相互独立。这是由于各级之间用电容器连接，直流通路是互相隔离的、独立的，给设计、计算和调试带来方便。

② 传输过程中，交流信号损失小，放大倍数高。只要耦合电容 C_{b1}、C_{b2} 和 C_{b3} 的电容量足够大，且在一定频率范围内就可做到前级的交流输出信号几乎无损失地传给后一级进行

放大,故得到广泛的应用。

③ 体积小、成本低。

(2) 阻容耦合的缺点

① 当信号频率较低时,电容的容抗 X_C 比较大,放大倍数降低。

② 阻容耦合电路不易集成。因为集成工艺中,制造大电容十分困难。

③ 不能放大直流信号。

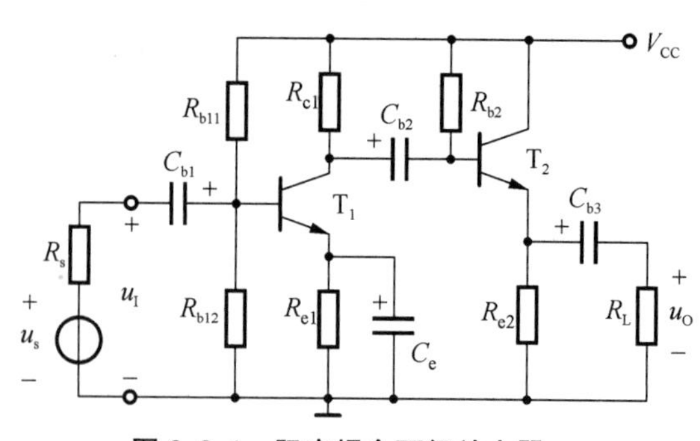

图 2.8.1　阻容耦合两级放大器

2) 变压器耦合

将放大电路前级的输出信号通过变压器接到后级的输入端或负载电阻上,称为变压器耦合。图 2.8.2(a)所示为变压器耦合共射放大电路,R_L 既可以是实际的负载电阻,也可以是后级的放大电路,图(b)是变压器耦合的阻抗变换电路。

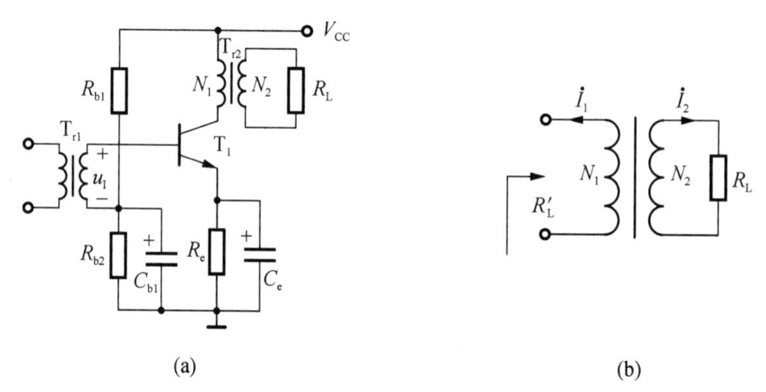

图 2.8.2　变压器耦合共射放大电路

由于变压器耦合电路的前后级靠磁路耦合,所以与阻容耦合电路一样,它的各级放大电路的静态工作点相互独立,便于分析、设计和调试。而它的低频特性差,不能放大变化缓慢的信号,且笨重,更不能集成化。与其他耦合方式相比,其最大特点是可以实现阻抗变换,因而在分立元件功率放大电路中得到广泛应用。

在实际系统中,负载电阻的数值往往很小。例如扩音系统中的扬声器,其阻值一般为 3 Ω、4 Ω、8 Ω 和 16 Ω 等几种。把它们接到直接耦合或阻容耦合的任何一种放大电路的输出端,都将使其电压放大倍数的数值变得很小,从而使负载上无法获得大功率。采用变压器耦合时,若忽略变压器自身的损耗,则原边损耗的功率等于副边负载电阻所获得的功率,即 $P_1=P_2$。设原边电流为 I_1,副边电流为 I_2,将负载折合到原边的等效电阻为 R'_L,如图 2.8.2(b)所示,则

$$I_1^2 R'_L = I_2^2 R_L$$

即

$$R'_L = \left(\frac{I_2}{I_1}\right)^2 R_L$$

因为变压器副边与原边电流之比等于原边线圈匝数 N_1 与副边线圈匝数 N_2 之比,所以

$$R'_{\mathrm{L}}=\left(\frac{N_1}{N_2}\right)^2 R_{\mathrm{L}}=n^2 R_{\mathrm{L}}$$

对于图 2.8.2(a)所示电路，可得电压放大倍数

$$A_{\mathrm{u}}=-\frac{\beta R'_{\mathrm{L}}}{r_{\mathrm{be}}} \tag{2.8.1}$$

根据所需的电压放大倍数，可以选择合适的匝数比，使负载电阻上获得足够大的电压。并且当匹配得当时，负载可以获得足够大的功率。在集成功率放大电路产生之前，几乎所有的功率放大电路都采用变压器耦合的形式。而目前，只有在集成功率放大电路无法满足需要的情况下，如需要输出特大功率，或实现高频功率放大时，才考虑用分立元件构成变压器耦合放大电路。

3）直接耦合

前级基本放大电路的输出信号直接连接到后一级放大电路输入端的耦合方式称为直接耦合。直接耦合放大电路既能放大交流信号，又能放大直流信号，所以又称为直流放大电路。直接耦合有如下特点：

① 电路中无耦合电容，低频特性好，能放大缓慢变化信号和直流信号。

② 由于无耦合电容和变压器，便于集成，故广泛应用于集成电路中。

但是，直接耦合放大电路有两个特殊的问题：级间耦合问题和零点漂移问题。

(1) 级间耦合问题

由于直接耦合放大电路的各级之间无耦合电容或耦合变压器来隔离直流，故各级电路静态工作点互相牵连。为了使直接耦合多级放大电路各级的三极管能工作在放大区，并有合适的静态工作点，常用的耦合方式如图 2.8.3 所示。在图 2.8.3(a)所示的电路中，通过在后一级的发射极接入发射极电阻 R_{e}，用 R_{e} 上产生的电压降提高 T_2 管发射极的电位，使前一级电路中 T_1 管的 U_{CE} 足够大，不会使 T_1 工作到饱和区。

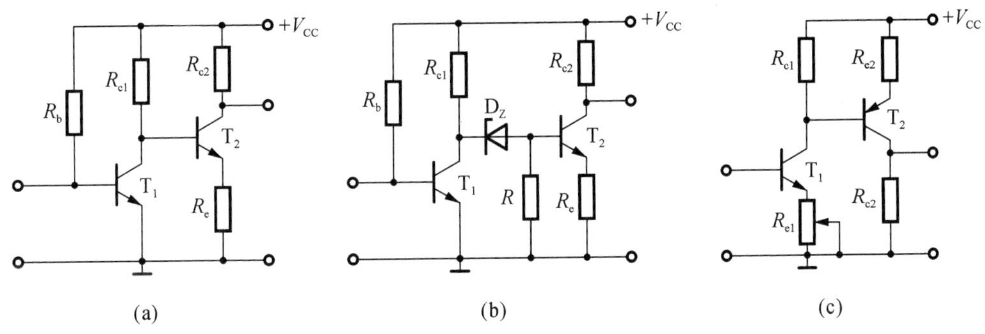

图 2.8.3　常用的直接耦合方式

在图 2.8.3(b)所示的电路中，通过在 T_1 的集电极和 T_2 的基极间加入稳压二极管(或者用稳压二极管代替电阻 R_{e})，使得 T_1 管的 U_{CE} 足够大，同样使 T_2 不会工作到饱和区。

在图 2.8.3(c)所示的电路中，通过 NPN 与 PNP 型三极管互补，避免了使用同一种类型三极管组成的多级放大电路集电极电位逐级抬高的问题。另外，如果采用双电源供电，可使电路在静态时输入端和输出端的直流电位近似为零，实现直接耦合放大电路与信号源及负

载间的“零输入-零输出”。

(2) 零点漂移问题

由于放大电路的元器件长期使用后会老化,使得元件参数发生变化。而且晶体管的参数也会随温度的变化而变化。因此,直接耦合放大电路的输入电压为零时的输出电压并不为零,且会出现一定的变化,这种现象就称为零点漂移,简称“零漂”。由温度变化引起的零点漂移一般称为温漂。由元器件老化引起的零点漂移常称为时漂。引起直接耦合放大电路发生零点漂移现象的主要是温漂,所以平时往往把温漂说成零漂。

零漂的大小用折合到输入端的零点漂移电压的大小来衡量。具体定义为,当 $u_i=0$ 时,温度每变化 1 ℃引起的输出电压变化为 Δu_o,其电压放大倍数为 A_u,则该放大电路的零点漂移为 $\Delta u_o/A_u$(μV/℃)。

抑制零点漂移的方法与稳定静态工作点的方法相似。在直接耦合放大电路中,经常采用在后面章节要讨论的差动放大电路和直流负反馈电路来有效地抑制零点漂移。

2.8.2 多级放大电路的分析

在图 2.8.4 所示的多级放大电路中,后一级电路的输入电阻作为前一级电路的负载,而前一级电路的开路输出电压和输出电阻又可等效为后一级电路的信号源。由图 2.8.4 可求得多级放大电路的性能指标。

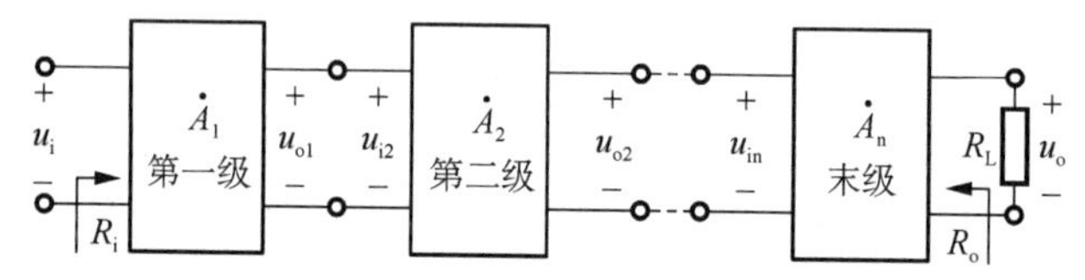

图 2.8.4　多级放大电路的组成

1) 电压放大倍数

$$A_u=\frac{u_o}{u_i}=\frac{u_{o1}}{u_i}\cdot\frac{u_{o2}}{u_{i2}}\cdot\cdots\cdot\frac{u_o}{u_{in}}=A_{u1}\cdot A_{u2}\cdot\cdots\cdot A_{un} \tag{2.8.2}$$

式中 A_{u1}、A_{u2}……A_{un} 为各级基本放大电路的电压放大倍数。

式(2.8.2)说明多级放大电路的电压放大倍数,等于组成它的各级基本放大电路放大倍数的乘积。特别要注意的是,在计算第 $n-1$ 级电压放大倍数时一定要将第 n 级的输入电阻作为前一级放大电路负载处理。

2) 输入电阻

多级放大电路的输入电阻等于第一级放大电路的输入电阻,即

$$R_i=R_{i1} \tag{2.8.3}$$

特别地,当第一级放大电路为共集电极放大电路时,由于后一级放大电路的输入电阻作为第一级放大电路的负载,故在计算 R_i 时应该予以考虑。

3) 输出电阻

多级放大电路的输出电阻等于输出级的输出电阻,即

$$R_o = R_{on} \tag{2.8.4}$$

当输出级放大电路为共集电极放大电路时，由于其输出电阻与前一级的放大电路的输出电阻有关，在计算 R_o 时应该予以考虑。

【例 2.8.1】 电路如图 2.8.1 所示为一阻容耦合两级放大电路，已知 $V_{CC}=12\ V$，$R_s=2\ k\Omega$，$R_{b11}=15\ k\Omega$，$R_{b12}=R_{c1}=R_{e2}=R_L=5\ k\Omega$，$R_{e1}=2.3\ k\Omega$，$R_{b2}=100\ k\Omega$，两只晶体管的电流放大系数 $\beta_1=\beta_2=100$，$U_{BEQ1}=U_{BEQ2}=0.7\ V$，$r_{bb'}=200\ \Omega$。试估算电路的静态工作点并求电路电压放大倍数 A_u、输入电阻 R_i、输出电阻 R_o 及源电压放大倍数 A_{us}。

解：(1) 求解 Q 点。

由于电路采用阻容耦合方式，因此每一级电路的 Q 点都可以按单管放大电路进行求解。第一级放大电路为典型稳定 Q 点分压式射极偏置电路，根据直流通路及电路参数，其 Q 点估算如下：

$$U_{BQ1} \approx \frac{R_{b12}}{R_{b11}+R_{b12}} \cdot V_{CC} = \left(\frac{5}{15+5} \times 12\right) V = 3\ V$$

$$I_{CQ1} \approx I_{EQ1} = \frac{U_{BQ1}-U_{BEQ1}}{R_{e1}} = \frac{3-0.7}{2.3} mA = 1\ mA$$

$$I_{BQ1} = \frac{I_{EQ1}}{1+\beta} = \frac{1}{101} mA \approx 10\ \mu A$$

$$U_{CEQ1} \approx V_{CC} - I_{CQ1}(R_{c1}+R_{e1}) = [12 - 1 \times (5+2.3)] V = 4.7\ V$$

第二级放大电路为共集电极电路，根据直流通路及电路参数，其 Q 点估算如下：

$$I_{BQ2} = \frac{V_{CC}-U_{BEQ2}}{R_{b2}+(1+\beta_2)R_{e2}} = \frac{12-0.7}{100+101 \times 5} mA \approx 0.018\ 7\ mA = 18.7\ \mu A$$

$$I_{CQ2} = \beta I_{BQ2} = 100 \times 18.7\ \mu A = 1.87\ mA$$

$$I_{EQ2} = (1+\beta_2) I_{BQ2} = 101 \times 18.7\ \mu A \approx 1.89\ mA$$

$$U_{CEQ2} = V_{CC} - I_{EQ2} R_{e2} = (12 - 1.89 \times 5) V = 2.55\ V$$

(2) 求解 A_u、R_i、R_o、A_{us}。

画出电路的微变等效电路，如图 2.8.5 所示。图中 r_{be1}、r_{be2} 的数值可通过两晶体管的射极静态电流求得，有

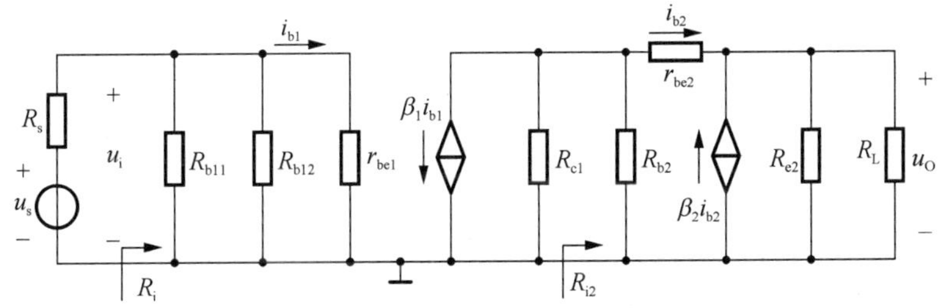

图 2.8.5　图 2.8.1 电路的微变等效电路

$$r_{be1} = r_{bb'} + (1+\beta_1)\frac{26\ mV}{I_{EQ1}} = 200\ \Omega + 101 \cdot \frac{26}{1} \Omega \approx 2.8\ k\Omega$$

$$r_{be2} = r_{bb'} + (1+\beta_2)\frac{26\ mV}{I_{EQ2}} = 200\ \Omega + 101 \cdot \frac{26}{1.89} \Omega \approx 1.6\ k\Omega$$

在求解第一级放大电路的放大倍数之前，首先需要求其负载电阻值，即第二级放大电路的输入电阻 R_{i2}。

$$R_{i2}=R_{b2}\parallel[r_{be2}+(1+\beta_2)(R_{e2}\parallel R_L)]\approx 72\ \text{k}\Omega$$

$$A_{u1}=-\frac{\beta_1(R_{c1}\parallel R_{i2})}{r_{be1}}=-\frac{100\times\dfrac{5\times 72}{5+72}}{2.8}\approx -167$$

第二级放大电路为共集电极放大电路，其放大倍数应接近于1，由电路可得

$$A_{u2}=\frac{(1+\beta_2)(R_{e2}\parallel R_L)}{r_{be2}+(1+\beta_2)(R_{e2}\parallel R_L)}=\frac{101\times 2.5}{1.6+101\times 2.5}\approx 0.994$$

将 A_{u1}、A_{u2} 相乘，得到两级放大电路的电压放大倍数为

$$A_u=A_{u1}\cdot A_{u2}=-167\times 0.994\approx -166$$

根据输入电阻的定义，可得

$$R_i=R_{b11}\parallel R_{b12}\parallel r_{be1}=\left(\frac{1}{\dfrac{1}{15}+\dfrac{1}{5}+\dfrac{1}{2.8}}\right)\text{k}\Omega\approx 1.6\ \text{k}\Omega$$

电路的输出电阻与第一级的输出电阻 R_{c1} 有关，可得

$$R_o=R_{e2}\parallel\frac{r_{be2}+(R_{b2}\parallel R_{c2})}{1+\beta_2}\approx\frac{r_{be2}+R_{c1}}{1+\beta_2}=\frac{1.6+5}{101}\approx 65\ \Omega$$

由求解 R_i、R_s 和 A_u 可求得电路的源电压放大倍数。

$$A_{us}=\frac{u_o}{u_s}=\frac{u_i}{u_s}\cdot\frac{u_o}{u_i}=\frac{R_i}{R_i+R_s}\cdot A_u=\frac{1.6}{1.6+2}\times(-166)=-73.8$$

小　结

本章主要讨论了放大的概念，放大电路的性能指标，分析方法，单元基本放大电路和多级放大电路等内容，本章是学习后面各章的基础。

一、正确理解放大概念。放大体现了信号对能量的控制作用，所放大的信号是变化量。放大电路的负载所获得的随着信号变化的能量，要比信号所给出的能量大得多，这个多出来的能量是由电源供给的。

二、放大电路的主要性能指标有输入/输出电阻，增益，通频带、非线性失真、最大输出幅度和最大输出功率等参数。BJT在放大电路中有共射、共集和共基三种组态，根据相应的电路输出量与输入量之间的大小与相位的关系，分别将它们称为反相电压放大器、电压跟随器和电流跟随器。三种组态中的BJT都必须工作在发射结正偏，集电结反偏的状态。放大电路的分析方法有图解法和小信号模型分析法，前者是承认电子器件的非线性，后者则是将非线性特性的局部线性化。通常使用图解法求Q点，而用小信号模型分析法求电压增益、输入电阻和输出电阻。

三、场效应管放大电路的共源接法、共漏接法与晶体管放大电路的共射、共集接法相对应，但比晶体管电路输入电阻高、噪声系数低、抗辐射能力强，适用于做电压放大电路的输入级。

四、在基本放大电路不能满足性能要求时，可将放大管采用复合管结构或两种接法组合的方式构成放大电路，前者可提高等效管的电流放大能力，后者可集中两种接法的优点于一个电路。

五、学完本章希望能够达到以下要求：

1. 掌握基本概念和定义：放大，静态工作点，饱和失真与截止失真，直流通路与交流通路，直流负载线与交流负载线，H 参数等效模型，放大倍数、输入电阻和输出电阻，最大不失真输出电压，静态工作点的稳定。

2. 掌握组成放大电路的原则和各种基本放大电路的工作原理及特点，能够根据需求选择电路的类型。

3. 掌握放大电路的分析方法，能够正确估算基本放大电路的静态工作点和动态参数 A_u、R_i 和 R_o，正确分析电路的输出波形和产生截止失真、饱和失真的原因。

4. 了解稳定静态工作点的必要性及稳定方法。

习　题

2.1　试判断图题 2.1 中各级放大电路有无放大作用，并简单说明理由。

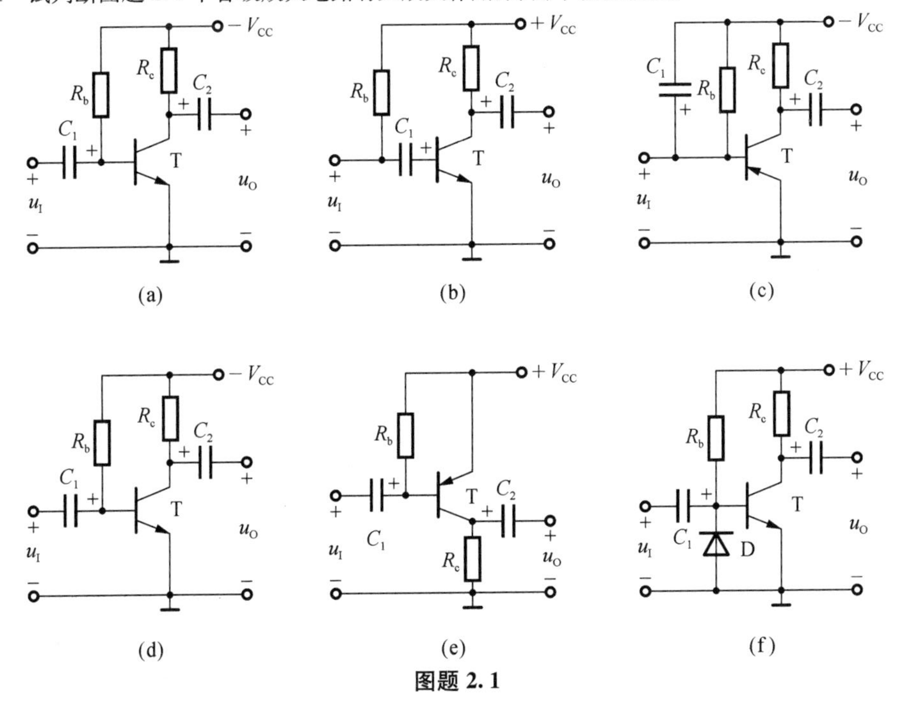

图题 2.1

2.2　电路如图题 2.2(a)所示，该电路的交、直流负载线如图题 2.6(b)所示，试求：

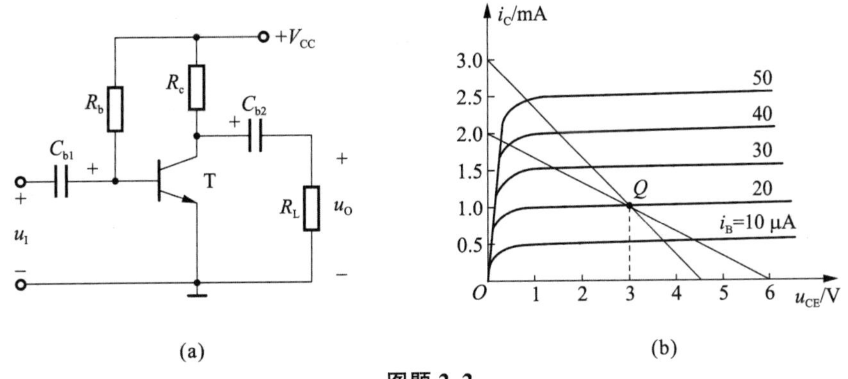

图题 2.2

(1) 电源电压 V_{CC}，静态电流 I_{BQ}，I_{CQ} 和管压降 U_{CEQ} 的值；

(2) 电阻 R_b，R_c 的值；

(3) 输出电压的最大不失真幅度；

(4) 要使该电路能不失真地放大，基极正弦电流的最大幅值是多少？

2.3　画出图题 2.3 所示电路的小信号等效电路，设电路中各电容容抗均可忽略，并注意标出电压、电流的正方向。

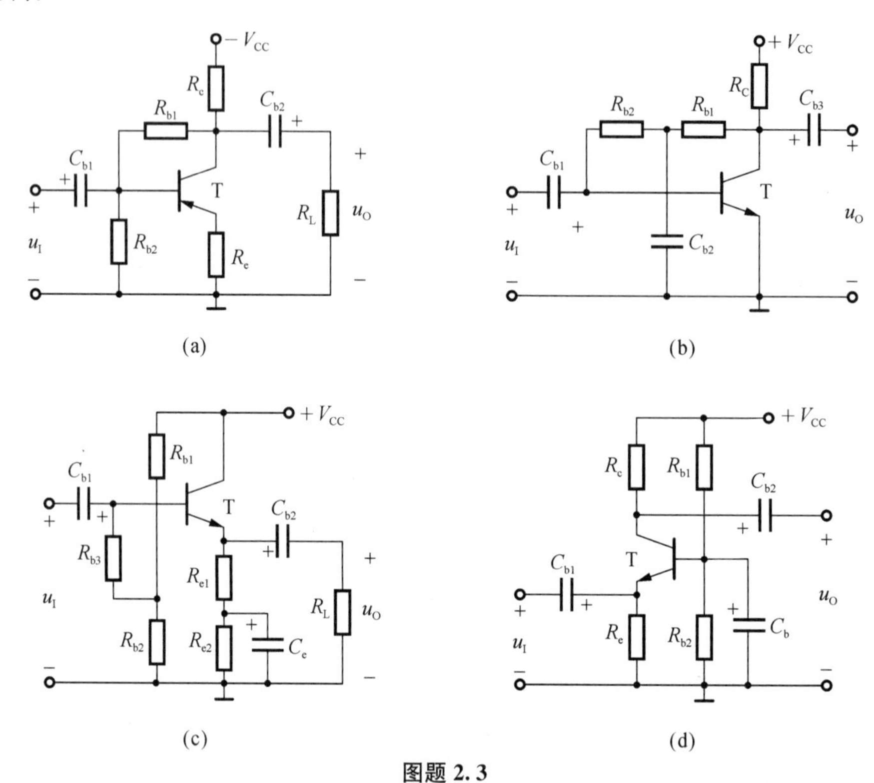

图题 2.3

2.4　在图题 2.4 所示的放大电路中，设三极管的 $\beta=50$。

(1) 估算 Q 点；

(2) 画出简化的 H 参数小信号等效电路；

(3) 估算 BJT 的输入电阻 r_{be}；

(4) 计算 $A_u=u_o/u_i$ 和 $A_{us}=u_o/u_s$。

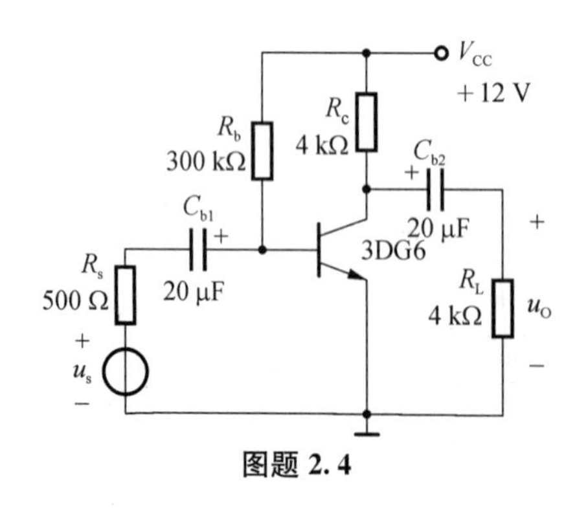

图题 2.4

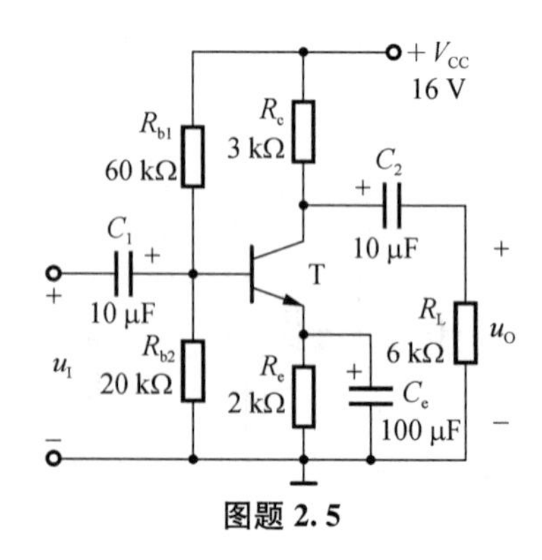

图题 2.5

2.5　射极偏置电路如图题 2.5 所示，已知 $\beta=60$。

(1) 用估算法求 Q 点；

(2) 用小信号模型分析法求输入电阻 R_i，电压增益 A_u 和输出电阻 R_o；

(3) 如果电路其他参数不变，如果要使 $U_{CEQ}=4$ V，问偏置电阻 R_{b1} 为多大？

2.6　电路如图题 2.6 所示，BJT 的 $\beta=100$，$r_{bb'}=100\ \Omega$。

(1) 求输入电阻 R_i，电压增益 A_u 和输出电阻 R_o；

(2) 若改用 $\beta=200$ 的晶体管，则 Q 点如何变换？

(3) 若电容 C_e 开路，则将引起电路的哪些动态参数发生变化？

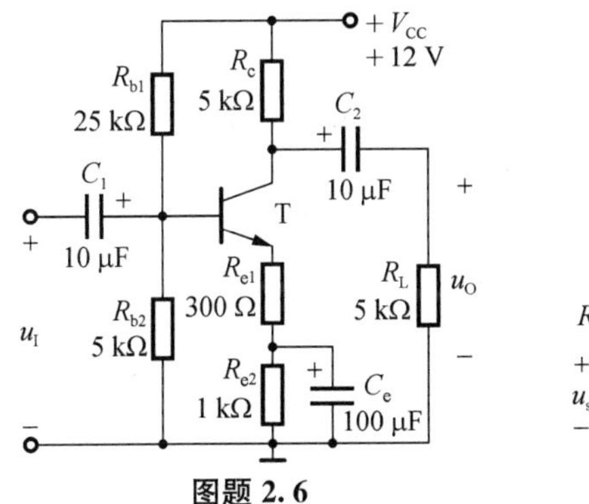

图题 2.6

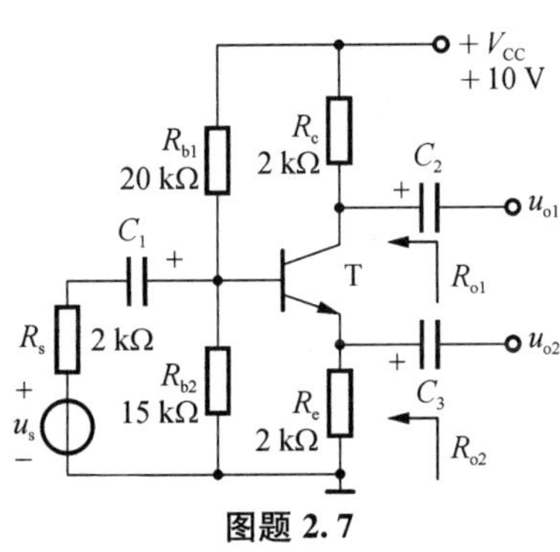

图题 2.7

2.7　电路如图题 2.7 所示，设 $\beta=100$，试求：

(1) Q 点；

(2) 输入电阻 R_i；

(3) 电压增益 $A_{us1}=u_{o1}/u_s$ 和 $A_{us2}=u_{o2}/u_s$；

(4) 输出电阻 R_{o1} 和 R_{o2}。

2.8　图题 2.8 所示放大电路是由 N 沟道增强型 MOSFET 组成的。MOSFET 工作点上的互导 $g_m=2$ mS，设 $r_{ds}\gg R_d$。

(1) 画出电路的小信号模型；

(2) 求电压增益 A_u；

(3) 求放大器的输入电阻 R_i 和输出电阻 R_o。

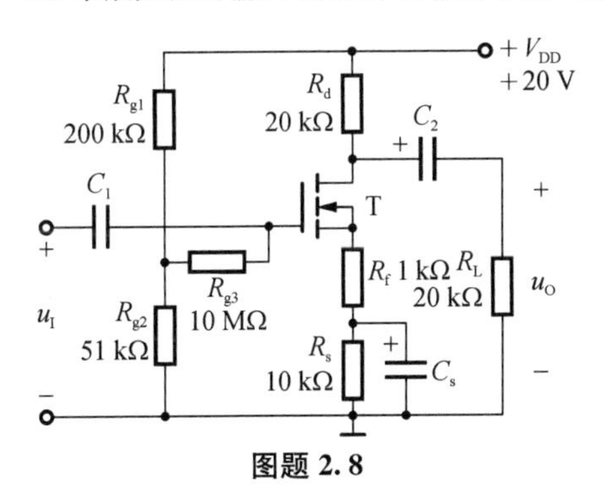

图题 2.8

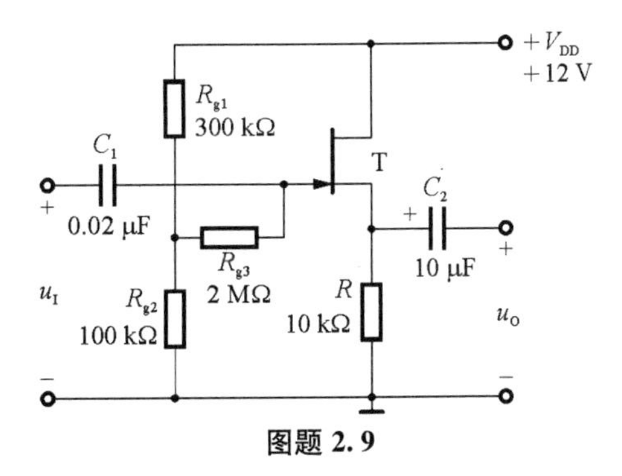

图题 2.9

2.9　电路如图题 2.9 所示，已知场效应管的低频跨导为 $g_m=0.9$ mS，其他参数如图中所示。求电压增益 A_u、输入电阻 R_i、输出电阻 R_o。

2.10　两级阻容耦合放大电路如图题 2.10 所示,以知 T_1 的 $g_m=1\ mS$,$r_{ds}=200\ k\Omega$;T_2 的 $\beta=50$,$r_{be}=1\ k\Omega$。

(1) 画出中频区的小信号等效电路;

(2) 求放大的中频电压放大倍数 $A_u=u_o/u_i$;

(3) 求放大电路的输入电阻 R_i 和输出电阻 R_o。

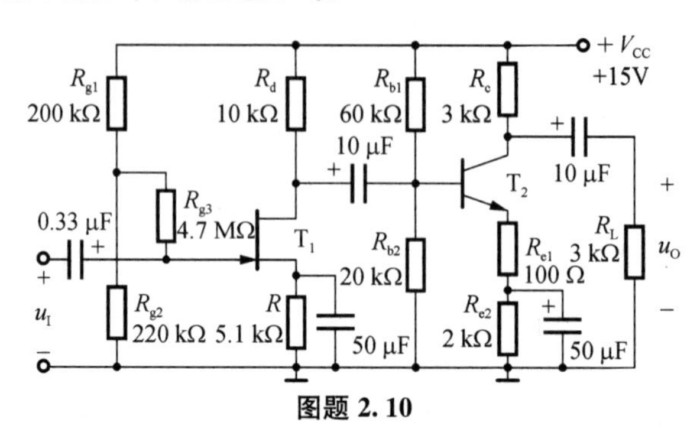

图题 2.10

第三章　集成电路运算放大器

3.1　概述

3.1.1　集成运算放大器的电路组成

在半导体制造工艺的基础上，把整个电路中的元器件制作在一块硅基片上，构成特定功能的电子电路，称为集成电路。它的体积小，而性能却很好。集成电路按其功能来分，有数字集成电路和模拟集成电路。模拟集成电路种类繁多，有运算放大器、宽频带放大器、功率放大器、模拟乘法器、模拟锁相环、模数和数模转换器、稳压电源和音像设备中常用的其他模拟集成电路等。

在模拟集成电路中，集成运算放大器（简称集成运放）是应用极为广泛的一种。本章首先讨论组成集成运放的基本单元电路、典型集成运放电路及其性能指标，接着简述几种专用型运放。随后对放大电路中的噪声和干扰的来源及其抑制措施作简要的介绍。

3.1.2　集成运算放大器的电路特点

模拟集成电路一般是由一块厚约 0.2～0.25 mm 的 P 型硅片制成，这种硅片是集成电路的基片。基片上可以做出包含数十个或更多的 BJT 或 FET、电阻和连接导线的电路。外形一般用金属圆壳或双列直插式结构，和分立元件电路相比，模拟集成电路有以下几方面的特点：

（1）电路结构与元件参数具有对称性

电路中各元件是在同一硅片上，又是通过相同的工艺过程制造出来的，同一片内的元件参数绝对值有同向的偏差，温度均一性好，容易制成两个特性相同的管子或两个阻值相等的电阻。

（2）用有源器件代替无源器件

电路中的电阻元件是由硅半导体的体电阻构成，电阻值的范围一般为几十欧到 20 kΩ 左右，阻值范围不大。此外，电阻值的精度不易控制，误差可达 10%～20%，所以在集成电路中，高阻值的电阻多用 BJT 或 FET 等有源器件组成的恒流源电路来代替。

（3）采用复合结构的电路

由于复合结构电路的性能较佳，而制作又不增加多少困难，因而在集成电路中多采用复合管、共射-共基、共集-共基等组合电路。

（4）级间采用直接耦合方式

电路中的电容量不大，约在几十皮法以下，常用 PN 结电容构成，误差也较大。至于电感的制造就更困难了，所以，在集成电路中，级间都采用直接耦合方式。

(5) 电路中使用的二极管,多用作温度补偿元件或电位移动电路,大都由 BJT 的发射结构成。

模拟集成电路的种类繁多,电路功能也千差万别,但它的基本组成十分相似,因而首先讨论组成集成运放的基本单元电路——电流源电路和差分放大电路。

3.2 电流源电路

3.2.1 基本电流源

在晶体管或场效应管放大电路中,都有相应的偏置电路为器件提供合适的静态工作点,从而保证器件处于放大状态,这些偏置电路通常是由电阻和直流电源组成。在集成电路中,通常用电流源电路来构成偏置电路。电流源由于能够输出稳定的直流电流,因此也称为恒流源。在集成电路中使用电流源作为偏置电路,可以避免使用大电阻;同时,电流源还可以替代大电阻作为有源负载,以增强放大能力。

3.2.2 镜像电流源

图 3.2.1 所示为镜像电流源,T_1 和 T_2 由集成电路工艺制造,具有完全相同的特性。两管的基极连接在一起并与 T_1 管的集电极相连,使得 T_1 的管压降 U_{CE1} 与其基极、发射极间电压 U_{BE1} 相等,保证 T_1 管工作在放大状态,而不可能进入饱和状态,故其集电极电流 $I_{C1}=\beta I_{B1}$。同时,两管的发射极都接地,故 T_1 和 T_2 两管 b-e 间电压相等,从而它们的基极电流 $I_{B1}=I_{B2}=I_B$,同时两管的电流放大系数相等,即 $\beta_1=\beta_2=\beta$,故 $I_{C1}=I_{C2}=I_C=\beta I_B$。可见,电流 I_{C1} 与 I_{C2} 相等,二者之间呈镜像关系,因此称此电路为镜像电流源,I_{C2} 为输出电流。

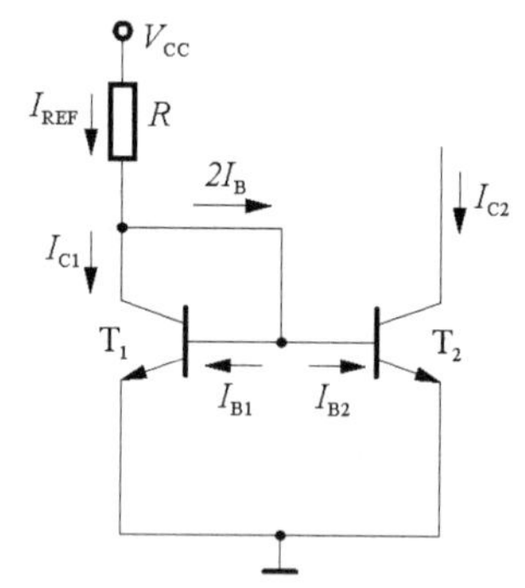

图 3.2.1 镜像电流源

图 3.2.1 中流经电阻 R 的电流为基准电流 I_{REF},其表达式为

$$I_{REF}=\frac{V_{CC}-U_{BE}}{R}=I_C+2I_B=I_C+2\frac{I_C}{\beta} \tag{3.2.1}$$

故集电极电流为

$$I_C=\frac{\beta}{\beta+2}\cdot I_{REF} \tag{3.2.2}$$

当 $\beta\gg 2$ 时,输出电流为

$$I_{C2}=I_C\approx I_{REF}=\frac{V_{CC}-U_{BE}}{R} \tag{3.2.3}$$

集成运放中纵向晶体管的 β 均在百倍以上,因而式(3.2.3)成立。当 V_{CC} 和 R 的数值一定时,I_{C2} 也就随之确定,因而输出镜像电流 I_{C2} 受环境温度变化的影响很小,并且具有一定

的温度补偿作用，同时电路兼具结构简单的优点。但是，该电路受电源 V_{CC} 变化的影响较大，故电路对电源 V_{CC} 的稳定性要求较高。此外，在直流电源 V_{CC} 一定的情况下，若要求输出电流 I_{C2} 较大，则 I_{REF} 必然较大，电阻 R 上的功耗增大，在集成电路中应避免；若要求输出电流较小（在微安级），则所用的电阻 R 将非常大（达兆欧级），这在集成电路中是难以实现的。

3.2.3　比例电流源

在镜像电流源的两个晶体管 T_1 和 T_2 的射极分别接入射极电阻 R_{e1}、R_{e2} 就构成了比例电流源电路，比例电流源电路改变了镜像电流源中 $I_{C2} \approx I_{REF}$ 的关系，使输出电流 I_{C2} 与基准电流 I_{REF} 成一定的比例关系，从而克服了镜像电流源的缺点，比例电流源电路如图 3.2.2 所示。由电路图可知：

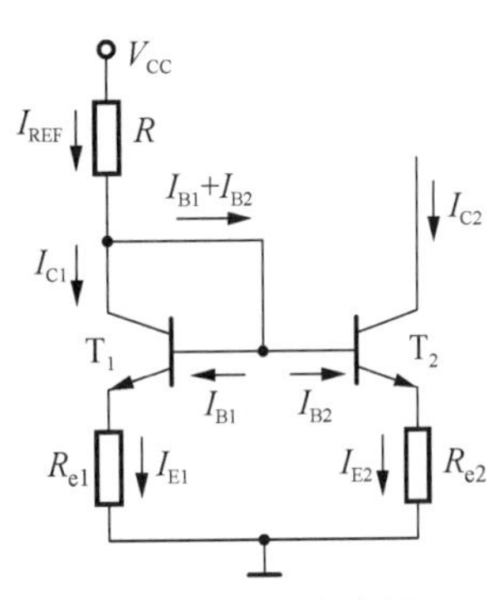

图 3.2.2　比例电流源

$$U_{BE1} + I_{E1}R_{e1} = U_{BE2} + I_{E2}R_{e2} \tag{3.2.4}$$

由于 T_1 和 T_2 的特性相同，$U_{BE1} \approx U_{BE2}$

$$I_{E1}R_{e1} = I_{E2}R_{e2} \tag{3.2.5}$$

忽略 T_1 和 T_2 的基级电流，可得

$$I_{E1} \approx I_{C1} \approx I_{REF} \tag{3.2.6}$$

$$I_{E2} \approx I_{C2} \tag{3.2.7}$$

从而

$$\frac{I_{C2}}{I_{REF}} = \frac{R_{e1}}{R_{e2}} \tag{3.2.8}$$

可见，改变射极电阻 R_{e1} 和 R_{e2} 的比值，就可以改变 I_{C2} 与 I_{REF} 的比值，即 I_{C2} 与 I_{REF} 成比例关系，所以称为比例电流源。式(3.2.8)中，基准电流 I_{REF} 为

$$I_{REF} \approx \frac{V_{CC} - U_{BE1}}{R + R_{e1}} \tag{3.2.9}$$

与典型的静态工作点稳定电路一样，电阻 R_{e1} 和 R_{e2} 具有电流负反馈作用，因此与镜像电流源比较，在温度变化情况下，比例电流源的输出电流 I_{C2} 具有更高的温度稳定性。

3.2.4　微电流源

如果需要的输出电流很小，如微安数量级甚至更小，对于镜像电流源及比例电流源而言，在电源电压一定的情况下，电阻 R 需要选得很大，这在集成电路中是应该避免的。在比例电流源电路中，将 T_1 管的射极电阻 R_{e1} 减为零，即可获得一个比基准电流 I_{REF} 小很多的微电流源，适用于微功耗的集成电路。微电流源电路如图 3.2.3 所示，由图 3.2.3 可知：

$$U_{BE1} = U_{BE2} + I_{E2}R_{e2} \tag{3.2.10}$$

$$I_{C2} \approx I_{E2} = \frac{U_{BE1} - U_{BE2}}{R_{e2}} \tag{3.2.11}$$

式(3.2.11)中,$U_{BE1}-U_{BE2}$ 只有几十毫伏甚至更小,因此,R_{e2} 只需要几千欧,就可得到几十微安的电流。

根据PN结电流与电压之间的关系,三极管发射结电流与电压之间的关系为

$$U_{BE}=U_T\ln\frac{I_E}{I_{ES}}(U_T=26\ \text{mV}) \tag{3.2.12}$$

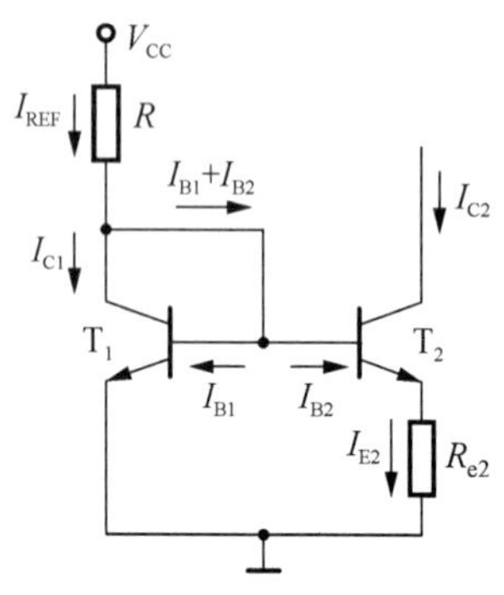

图 3.2.3　微电流源

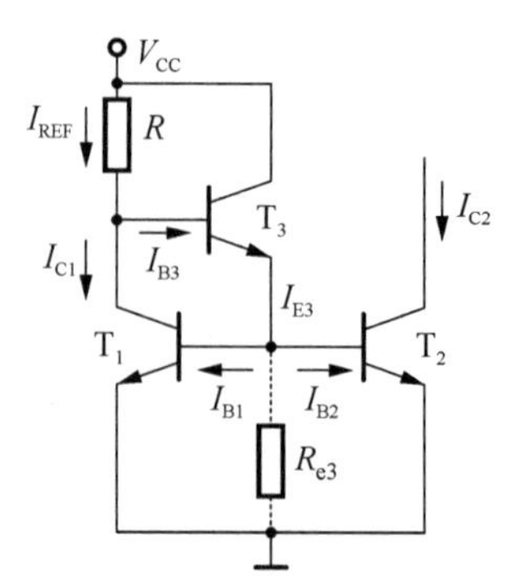

图 3.2.4　改进型电流源

T_1 和 T_2 的特性相同,$I_{ES1}=I_{ES2}$,因此

$$U_{BE1}-U_{BE2}=U_T\ln\frac{I_{E1}}{I_{E2}} \tag{3.2.13}$$

代入式(3.2.11),可得

$$I_{C2}\approx\frac{U_T}{R_{e2}}\ln\frac{I_{REF}}{I_{C2}} \tag{3.2.14}$$

在已知 R_{e2} 的情况下,上式对 I_{C2} 而言是超越方程,可以通过图解法或累试法解出 I_{C2}。式中,基准电流为:

$$I_{REF}\approx\frac{V_{CC}-U_{BE1}}{R} \tag{3.2.15}$$

3.2.5　改进型电流源

在基本型电流源电路中,只有当 β 值足够大时,式(3.2.3)、式(3.2.8)、式(3.2.14)才成立。也就是说,在上述电路的分析中均忽略了基极电流对集电极电流 I_{C1} 的影响。如果在基本电流源中采用横向PNP管,则 β 值只有几倍至几十倍,这样基极电流对集电极电流 I_{C1} 的影响就不能忽略。为了减小基极电流的影响,提高输出电流与基准电流的传输精度,稳定输出电流,可对基本镜像电流源电路进行改进。

图3.2.4所示为改进型电流源电路。设图中三极管 T_1、T_2 和 T_3 的各参数都相同,$\beta_1=\beta_2=\beta_3=\beta$,由于 $U_{BE1}\approx U_{BE2}$,$I_{B1}=I_{B2}=I_B$,从而得输出电流为

$$I_{C2}=I_{C1}=I_{REF}-I_{B3}=I_{REF}-\frac{I_{E3}}{1+\beta}$$

整理得

$$I_{C2}=\frac{I_{REF}}{1+\frac{2}{(1+\beta)\beta}}\approx I_{REF} \quad (3.2.16)$$

从式(3.2.16)可以看出，即使 I_{C1} 值不是足够大，也能满足 $I_{C2}\approx I_{REF}$。因此和基本镜像电流源比较，在电路参数相同的情况下，改进型电流源可以使输出电流 I_{C2} 与 I_{REF} 保持很好的镜像关系。

在实际电路中，在 T_1 和 T_2 管的基极与地之间加电阻 R_{e3}（如图中虚线所画），用来增大 T_3 管的工作电流，从而提高 T_3 管的 β。此时 T_3 管的发射极电流 $I_{E3}=I_{B1}+I_{B2}+I_{R_{e3}}$。

3.2.6 多路恒流源

集成放大电路是一个多级放大电路，因而需要多路电流源分别给各级电路提供合适的静态偏置电流。图 3.2.5 是一个具有三路输出的比例电流源电路，电路用一个基准电流 I_{REF} 获得多个恒定电流。设各三极管特性完全相同，由电路可得

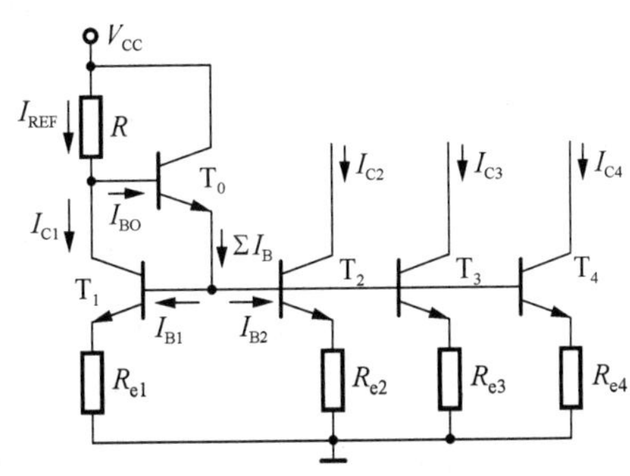

图 3.2.5 多路恒流源电路

$$I_{C1}=I_{REF}-\frac{\sum I_B}{\beta}$$

当 $\beta\gg1$ 时，有 $I_{C1}\approx I_{REF}$，由于各管的 β、U_{BE} 相同，则

$$I_{E1}\cdot R_{e1}=I_{E2}\cdot R_{e2}=I_{E3}\cdot R_{e3}\approx I_{REF}\cdot R_{e1}$$

所以

$$I_{C2}\approx I_{E2}=\frac{I_{REF}\cdot R_{e1}}{R_{e2}},\ I_{C3}\approx I_{E3}=\frac{I_{REF}\cdot R_{e1}}{R_{e3}},\ I_{C4}\approx I_{E4}=\frac{I_{REF}\cdot R_{e1}}{R_{e4}} \quad (3.2.17)$$

3.2.7 FET 电流源

1）MOSFET 镜像电流源

电路如图 3.2.6(a)所示，T_1、T_2 是 N 沟道增强型 MOSFET 对管，该电路的结构与图 3.2.1 所示的 BJT 镜像电流源类似。假设两管的特性完全相同，T_1、T_2 均工作于饱和区，则输出电流 I_o 将与基准电流 I_{REF} 近似相等，即

$$I_o=I_{D2}=I_{REF}=(V_{DD}+V_{SS}-U_{GS})/R \quad (3.2.18)$$

当器件具有不同的宽长比时，借助宽长比这一参数可以近似地描述两器件电流之间的关系，即

$$I_0=\frac{W_2/L_2}{W_1/L_1}I_{REF} \quad (3.2.19)$$

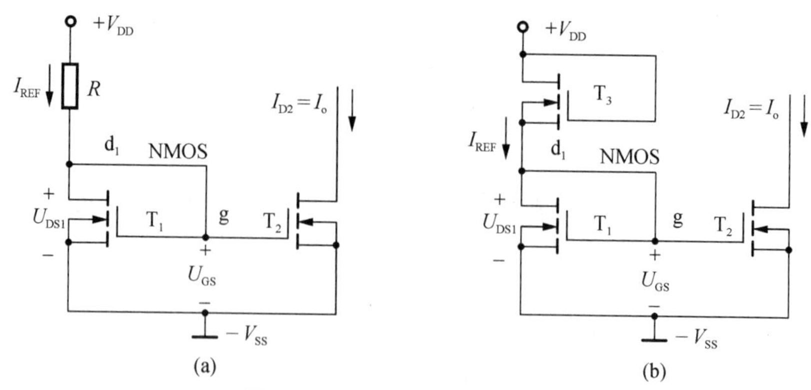

图 3.2.6　MOSFET 镜像电流源

(a) 基本电路;(b) 常用的镜像电流源

在上式中未考虑沟道长度调制效应,即假设 $\lambda=0$,电路的动态输出电阻 $r_o=r_{ds2}=\infty$。

如果用 T_3 代替 R,便可得到如图 3.2.6(b)所示的常用镜像电流源,因 $T_1\sim T_3$ 特性相同,且工作在放大区,当不考虑 MOSFET 沟道长度调制效应时,输出电流为:

$$I_{D2}=(W/L)_2K_{n2}(U_{GS2}-U_{T2})^2=K_{n2}(U_{GS2}-U_{T2})^2 \tag{3.2.20}$$

2) MOSFET 多路电流源

电路如图 3.2.7 所示,它是图 3.2.6(b)所示镜像电流源电路的扩展。基准电流 I_{REF} 由 T_0 和 T_1 以及正、负电源确定,根据前述各管漏极电流近似与其宽长比(W/L)成比例的关系,则有

$$I_{D2}=\frac{W_2/L_2}{W_1/L_1}I_{REF},\ I_{D3}=\frac{W_3/L_3}{W_1/L_1}I_{REF},\ I_{D4}=\frac{W_4/L_4}{W_1/L_1}I_{REF} \tag{3.2.21}$$

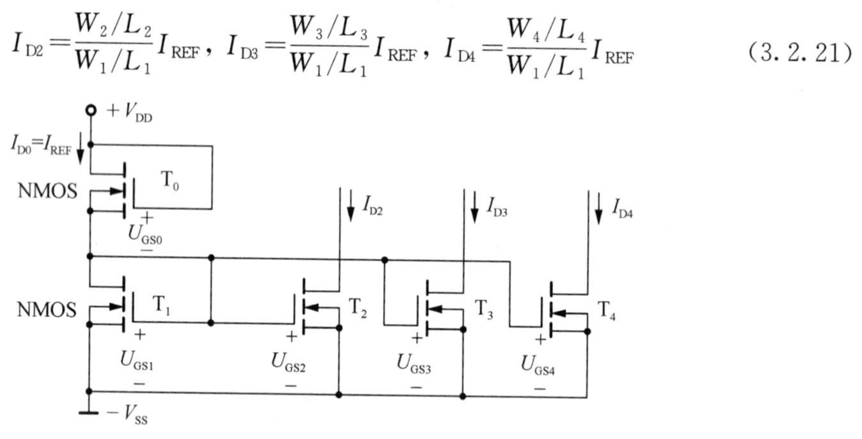

图 3.2.7　MOSFET 镜像电流源

电流源的基准电流为

$$I_{REF}=I_{D0}=K_{n0}(U_{GS0}-U_{T0})^2 \tag{3.2.22}$$

【例 3.2.1】 图 3.2.8 所示电路是 μA741 通用型集成运放的电流源部分。其中 T_{10} 与 T_{11} 为纵向 NPN 管;T_{12} 与 T_{13} 是横向 PNP 管,它们的 β 值均为 5,它们 b－e 间电压值均约为 0.7 V。试求出各管的集电极电流。

解: 图中 R_5 上的电流是基准电流,根据 R_5 所在回路可以求出

$$I_{REF}=\frac{2V_{CC}-U_{BE12}-U_{BE11}}{R_5}\approx\frac{30-0.7-0.7}{39}\text{mA}\approx 0.73\ \text{mA}$$

T_{10} 与 T_{11} 构成微电流源，根据式(3.2.14)可得

$$I_{C10}\approx\frac{U_T}{R_4}\ln\frac{I_{REF}}{I_{C10}}=\left(\frac{26}{3}\ln\frac{0.73}{I_{C10}}\right)\mu\text{A}$$

利用累试法或图解法求出 $I_{C10}\approx 28\ \mu\text{A}$。

T_{12} 与 T_{13} 构成镜像电流源，根据式(3.2.2)可得

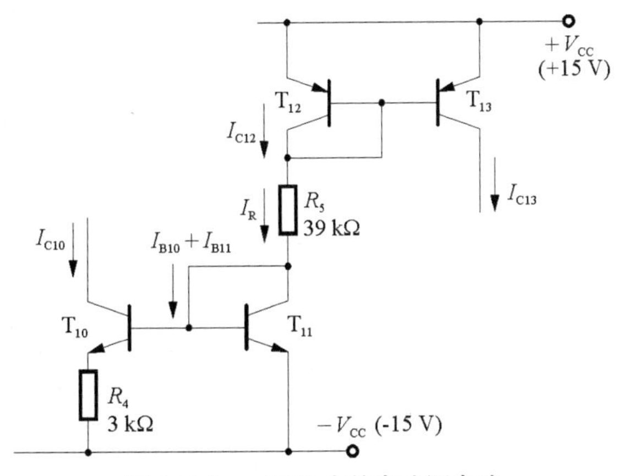

图 3.2.8　μA741 中的电流源电路

$$I_{C13}=I_{C12}=\frac{\beta}{\beta+2}\cdot I_{REF}=\left(\frac{5}{5+2}\times 0.73\right)\text{mA}\approx 0.52\ \text{mA}$$

在电流源电路的分析中，首先应求出基准电流 I_{REF}，I_{REF} 常常是集成运放电路中唯一能够通过列回路方程直接求出的电流；然后利用与 I_{REF} 的关系，分别求出各路输出电流。

3.2.8　以电流源为有源负载的放大电路

在共射(共源)放大电路中，为了提高电压放大倍数的数值，行之有效的方法是增大集电极电阻 R_c(或漏极电阻 R_d)。然而，为了维持晶体管(场效应管)的静态电流不变，在增大 R_c(R_d)的同时必须提高电源电压。当电源电压增大到一定程度时，电路的设计就变得不合理了。在集成运放中，常用电流源电路取代 R_c(或 R_d)，这样在电源电压不变的情况下，既可获得合适的静态电流，对于交流信号，又可得到很大的等效的 R_c(或 R_d)。由于晶体管和场效应管是有源元件，而上述电路中又以它们作为负载，故称为有源负载。图 3.2.9(a)所示为有源负载共射放大电路。T_1 为放大管，T_2 与 T_3 构成镜像电流源，T_2 是 T_1 的有源负载。设 T_2 与 T_3 特性完全相同，因而，$I_{C2}=I_{C3}$。基准电流

$$I_{REF}=\frac{V_{CC}-U_{BE3}}{R}$$

根据式(3.2.2)，空载时 T_1 管的静态集电极电流

$$I_{CQ1}=I_{C2}=\frac{\beta}{\beta+2}\cdot I_{REF}$$

可见,电路中并不需要很高的电源电压,只要 V_{CC} 与 R 相配合,就可设置合适的集电极电流 I_{CQ1}。应当指出,输入端的 u_I 中应含有直流分量,为 T_2 提供静态基极电流 I_{BQ1},I_{BQ1} 应等于 I_{CQ1}/β_1 而不应与镜像电流源提供的 I_{C2} 产生冲突。应当注意,当电路带上负载电阻 R_L 后,由于 R_L 对 I_{C2} 的分流作用,I_{CQ1} 将有所变化。

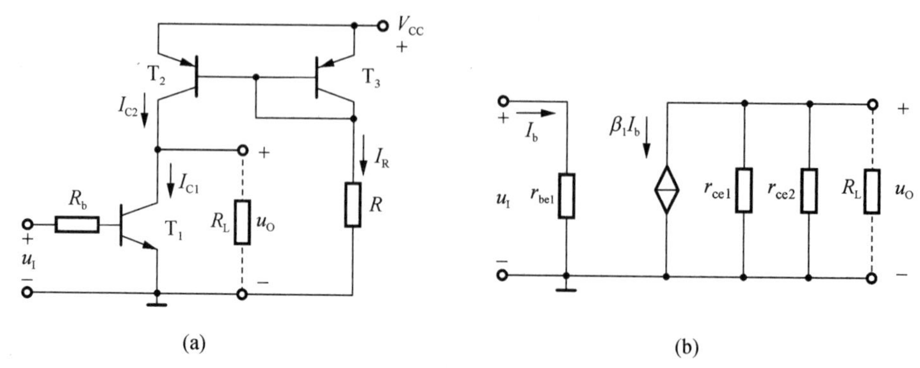

图 3.2.9　有源负载共射放大电路

(a) 电路;(b) 交流等效电路

若负载电阻 R_L 很大,则 T_1 管和 T_2 管在 H 参数等效电路中的 $1/h_{oe}$ 就不能忽略不计,因此图 3.2.9(a)所示电路的交流等效电路如图 3.2.9(b)所示。这样,电路的电压放大倍数

$$A_u = -\frac{\beta_1(r_{ce1} \parallel r_{ce2} \parallel R_L)}{(R_b + r_{be1})} \tag{3.2.23}$$

若 $R_L \ll (r_{ce1} \parallel r_{ce2})$,则

$$A_u \approx -\frac{\beta_1 R_L}{r_{be1}} \tag{3.2.24}$$

3.3　差分放大电路

3.3.1　差分式放大电路的组成及工作原理

差分式放大电路是一种新的放大电路方案,其主要的工作原理是利用电路的对称性来解决和克服零点漂移问题,具有优异的抑制零点漂移的特性,因而成为集成运放的主要组成单元,一般将其作为集成运放的输入级。

1) 差模信号和共模信号

差分式放大电路的功能是放大两个输入信号之差,电路可以有两个输入端,一个或两个输出端。有两个输入端、一个输出端的理想差分式放大电路可用图 3.3.1 所示的线性放大电路方框图来表示。

图 3.3.1 所示电路中有两个输入信号,分别为 u_{I1}、u_{I2},这两个信号是没有任何关系的任意信号。通过适当的变换可以将它们重新写成如下形式:

$$u_{I1} = \frac{u_{I1} + u_{I2}}{2} + \frac{u_{I1} - u_{I2}}{2} = u_{Ic} + \frac{u_{Id}}{2} \tag{3.3.1}$$

$$u_{I2}=\frac{u_{I1}+u_{I2}}{2}-\frac{u_{I1}-u_{I2}}{2}=u_{Ic}-\frac{u_{Id}}{2} \tag{3.3.2}$$

图 3.3.1　线性放大电路方框图

式(3.3.1)和式(3.3.2)右边第二项是大小相等,但极性相反的两个信号,称这种大小相等极性相反的信号为差模信号(differential-mode signal)。若用符号 u_{Id} 表示差分式放大电路的差模输入信号,则

$$u_{Id}=u_{I1}-u_{I2} \tag{3.3.3}$$

式(3.3.1)和式(3.3.2)右边第一项是大小和极性均完全相同的两个信号,称这种大小相等极性相同的信号为共模信号(common-mode signal)。若用符号 u_{Ic} 表示差分式放大电路的共模输入信号,则

$$u_{Ic}=\frac{u_{I1}+u_{I2}}{2} \tag{3.3.4}$$

差模信号和共模信号是两个非常重要的概念,若差分式放大电路两输入端分别输入任意信号 u_{I1} 和 u_{I2},在分析时可以将输入信号分解为差模信号和共模信号,分别讨论差分式放大电路对差模信号和共模信号的放大情况,最后用叠加原理求解总的输出。差分式放大电路输入差模信号和共模信号的情况如图 3.3.2 所示。

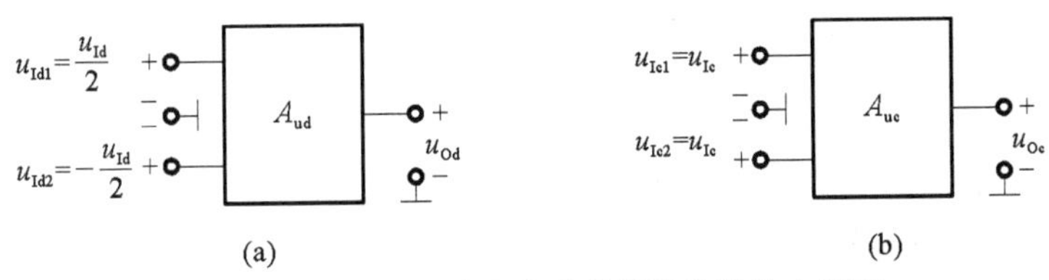

图 3.3.2　差分式放大电路差模及共模放大情况

(a) 差模放大;(b) 共模放大

图 3.3.2(a)中,$u_{Id1}=-u_{Id2}=u_{Id}/2=(u_{I1}-u_{I2})/2$,输入为大小相等、相位相反的差模信号,此时放大电路的输出称为差模输出电压,记为 u_{Od},定义差模输出电压 u_{Od} 与差模输入电压 u_{Id} 之间的比值为差模电压放大倍数,记为 A_{ud},则

$$A_{ud}=\frac{u_{Od}}{u_{Id}}=\frac{u_{Od}}{u_{I1}-u_{I2}} \tag{3.3.5}$$

图 3.3.2(b)中,$u_{Ic1}=u_{Ic2}=u_{Ic}=(u_{I1}+u_{I2})/2$,输入为大小相等、相位相同的共模信号,此时放大电路的输出称为共模输出电压,记为 u_{Oc},定义共模输出电压 u_{Oc} 与共模输入电压 u_{Ic} 之间的比值为共模电压放大倍数,记为 A_{uc},则

$$A_{uc}=\frac{u_{Oc}}{u_{Ic}}=\frac{u_{Oc}}{\frac{u_{I1}+u_{I2}}{2}} \tag{3.3.6}$$

利用叠加原理,电路总的输出为

$$u_O=u_{Od}+u_{Oc}=A_{ud}u_{Id}+A_{uc}u_{Ic} \tag{3.3.7}$$

2）差分式放大电路的组成及工作原理

图3.3.3(b)所示是一个基本差分式放大电路，它是由两个完全相同的如图3.3.3(a)所示的典型工作点稳定基本共射放大电路通过对称连接而来的，电路左右两侧结构完全对称，即晶体管 T_1、T_2 的特性完全相同，电路参数对称，$R_{e1}=R_{e2}$，$R_{b1}=R_{b2}$，因此在输入信号为零时，晶体管 T_1、T_2 各极的静电位完全相同。

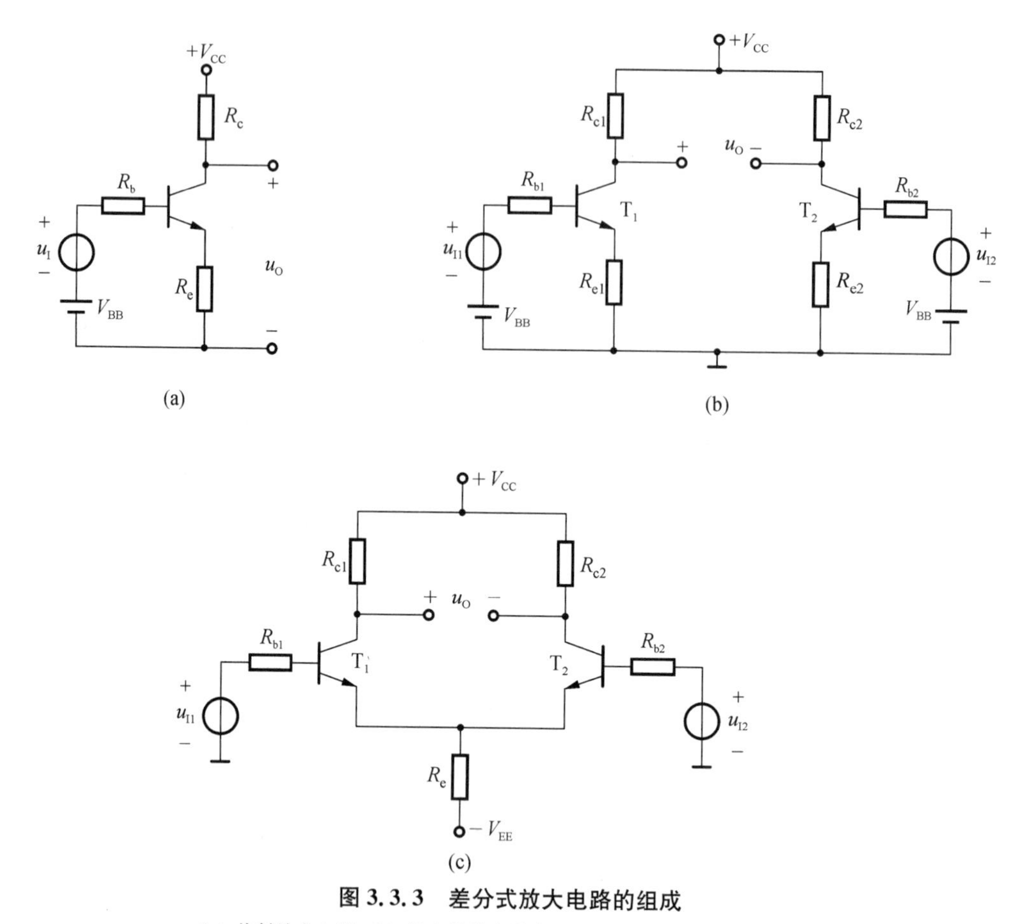

图3.3.3　差分式放大电路的组成

(a) 共射放大电路；(b) 基本差分式放大电路；(c) 典型差分式放大电路

对于图3.3.3(b)所示电路，当 u_{I1} 和 u_{I2} 所加信号为大小相等、极性相同的输入信号（共模信号）时，由于电路参数对称，T_1 管和 T_2 管所产生的电流变化相等，即 $\Delta i_{B1}=\Delta i_{B2}$、$\Delta i_{C1}=\Delta i_{C2}$；因此集电极电位的变化也相等，即 $\Delta u_{C1}=\Delta u_{C2}$。因为输出电压是 T_1 管和 T_2 管集电极电位差，如图3.3.3(b)中所标注，所以输出电压 $\Delta u_O=\Delta u_{C1}-\Delta u_{C2}=0$，说明差分放大电路对共模信号具有很强的抑制作用，在参数理想对称的情况下，共模输出为零。

当 u_{I1} 和 u_{I2} 所加信号为大小相等、极性相反的输入信号（差模信号），即 $\Delta u_{I1}=-\Delta u_{I2}$ 时，由于电路参数对称，T_1 和 T_2 所产生的电流的变化大小相等而方向相反，即 $\Delta i_{B1}=-\Delta i_{B1}$、$\Delta i_{C1}=-\Delta i_{C2}$；因此集电极电位的变化也是大小相等、方向相反，相对于静态电位，一边升高，一边降低，即 $\Delta u_{C1}=-\Delta u_{C2}$，这样得到的输出电压 $\Delta u_O=\Delta u_{C1}-\Delta u_{C2}=2\Delta u_{C1}$，从而实现了电压放大。但是，图中 R_{e1}、R_{e2} 的存在将使电路的电压放大能力变差，当它们数值较大时，甚至不能放大。

在研究差模输入信号作用时，不难发现，T_1 和 T_2 发射极电流的变化与基极电流一样，变化量的大小相等、方向相反，即 $\Delta i_{E1}=-\Delta i_{E2}$，将 T_1 和 T_2 发射极连在一起，将 R_{e1} 和 R_{e2} 合并为一个电阻 R_e，同时为了简化电路，便于 Q 点调节，也为了使电源与信号源"共地"而采用双电源，就产生了如图 3.3.3 (c)所示的典型的差分式放大电路。在图 3.3.3(c)中，在差模信号作用下 R_e 中的电流变化为零，即 R_e 对差模信号无反馈作用，相当于短路，因此大大提高了对差模信号的放大能力。在图 3.3.3(c)中，由于 R_e 电阻接负电源 $-V_{EE}$，拖着一个尾巴，也称为长尾式差分式放大电路。

3.3.2 长尾式差分放大电路

图 3.3.4 所示为典型的差分放大电路，R_e 接负电源 $-V_{EE}$，电路参数理想对称，$R_{b1}=R_{b2}=R_b$，$R_{c1}=R_{c2}=R_c$；T_1 管和 T_2 管的特性相同，$\beta_1=\beta_2=\beta$，$r_{be1}=r_{be2}=r_{be}$，R_e 为公共的发射极电阻。

1）静态分析

当输入信号 $u_{I1}=u_{I2}=0$ 时，电阻 R_e 中的电流等于 T_1 管和 T_2 管的发射极电流之和，即

$$I_{R_e}=I_{EQ1}+I_{EQ2}=2I_{EQ}$$

根据基极回路方程

$$I_{BQ}R_b+U_{BEQ}+2I_{EQ}R_e=V_{EE} \tag{3.3.8}$$

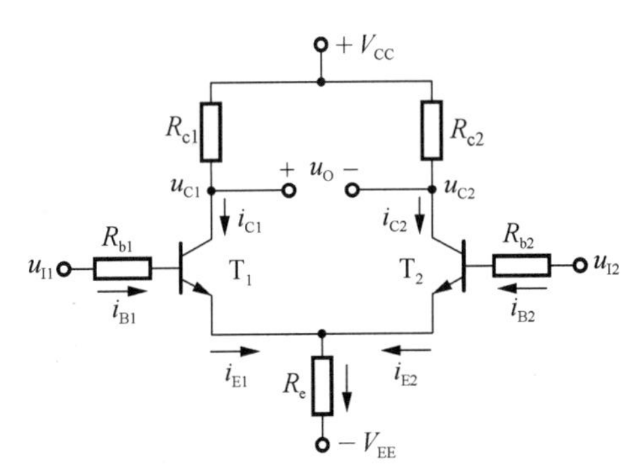

图 3.3.4 长尾式差分放大电路

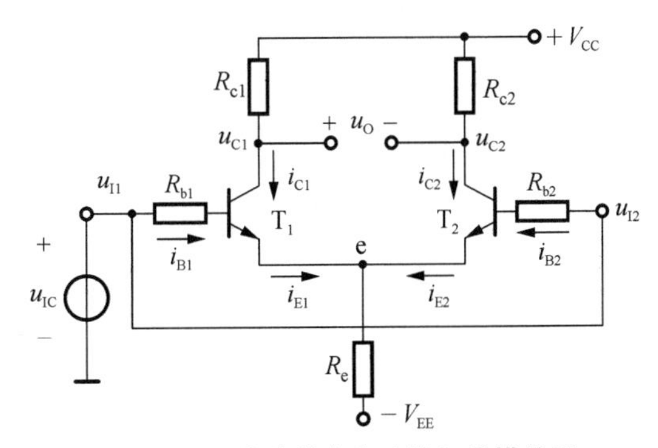

图 3.3.5 差分放大电路输入共模信号

可以求出基极电流 I_{BQ} 或发射极电流 I_{EQ}，从而解出静态工作点。在通常情况下，R_b 阻值很小(很多情况下 R_b 为信号源内阻)，而且 I_{BQ} 也很小，所以 R_b 上的电压可忽略不计，发射极电位 $U_{EQ}\approx-U_{BEQ}$，因而发射极的静态电流

$$I_{EQ}\approx\frac{V_{EE}-U_{BEQ}}{2R_e} \tag{3.3.9}$$

只要合理地选择 R_e 的阻值，并与电源 V_{EE} 相配合，就可以设置合适的静态工作点。由 I_{EQ} 可得 I_{BQ} 和 U_{CEQ}

$$I_{BQ}=\frac{I_{EQ}}{1+\beta} \tag{3.3.10}$$

$$U_{CEQ}=U_{CQ}-U_{EQ}\approx V_{CC}-I_{CQ}R_c+U_{BEQ} \tag{3.3.11}$$

2) 对共模信号的抑制作用

由差分放大电路组成的分析可知,电路参数的对称性起了相互补偿的作用,抑制了温度漂移。当电路输入共模信号时,如图 3.3.5 所示,基极电流和集电极电流的变化量均相等,即 $\Delta i_{B1}=\Delta i_{B2}$,$\Delta i_{C1}=\Delta i_{C2}$,因此,集电极电位的变化也相等,即 $\Delta U_{C1}=\Delta U_{C2}$,从而使得输出电压 $u_O=0$。由于电路参数的理想对称性,温度变化时管子的电流变化完全相同,故可以将温度漂移等效成共模信号,差分放大电路对共模信号有很强的抑制作用。实际上,差分放大电路对共模信号的抑制,不但利用了电路参数对称性所起的补偿作用,使两只晶体管的集电极电位变化相等;而且还利用了射极电阻 R_e 对共模信号的负反馈作用,抑制了每只晶体管集电极电流的变化,从而抑制集电极电位的变化。

从图 3.3.5 中可以看出,当共模信号作用于电路时,两只管子发射极电流的变化量相等,即 $\Delta i_{E1}=\Delta i_{E2}=\Delta i_E$;显然,$R_e$ 上电流的变化量为 2 倍的 Δi_E,因而发射极电位的变化量 $\Delta u_E=2\Delta i_E R_e$。不难理解,$\Delta u_E$ 的变化方向与输入共模信号的变化方向相同,因而使 b-e 间电压的变化方向与之相反,导致基极电流变化,从而抑制了集电极电流的变化。例如,当所加共模信号 u_{Ic} 为正时,简述晶体管各极之间电流、电压的变化方向如下:

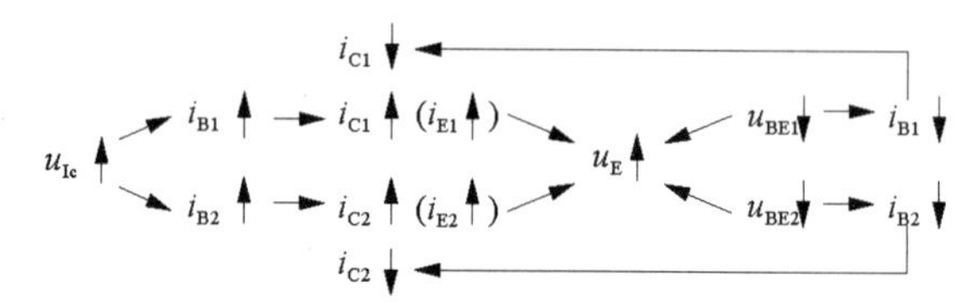

可见,R_e 对共模输入信号起负反馈作用;而且,对于每边晶体管而言,发射极等效电阻为 $2R_e$。R_e 阻值愈大,负反馈作用愈强,集电极电流变化愈小,因而集电极电位的变化也就愈小。但 R_e 的取值不宜过大,因为由式(3.3.9)可知,它受电源电压 V_{EE} 的限制。为了描述差分放大电路对共模信号的抑制能力,引入一个新的参数——共模放大倍数 A_{uc},定义为

$$A_{uc}=\frac{\Delta u_{Oc}}{\Delta u_{Ic}} \tag{3.3.12}$$

式中 Δu_{Ic} 为共模输入电压,Δu_{Oc} 是 Δu_{Ic} 作用下的输出电压。它们可以是缓慢变化的信号,也可以是正弦交流信号。

在图 3.3.4 所示差分放大电路中,在电路参数理想对称的情况下,$A_{uc}=0$。

3) 对差模信号的放大作用

当给差分放大电路输入一个差模信号 u_{Id} 时,由于电路参数的对称性,u_{Id} 经分压后,加在 T_1 管一边的为 $+u_{Id}/2$,加在 T_2 一边的为 $-u_{Id}/2$,如 3.3.6(a)所示。由于 E 点电位在差模信号作用下不变,相当于接"地";又由于负载电阻的中点电位在差模信号作用下也不变,也相当于接"地",因而 R_L 被分成相等的两部分,分别接在 T_1 管和 T_2 管的 c-e 之间;所以,图 3.3.6(a)所示电路在差模信号作用下的等效电路如图(b)所示。输入差模信号时的放大倍数称为差模放大倍数,记作 A_{ud},定义为

$$A_{ud}=\frac{\Delta u_{Od}}{\Delta u_{Id}} \tag{3.3.13}$$

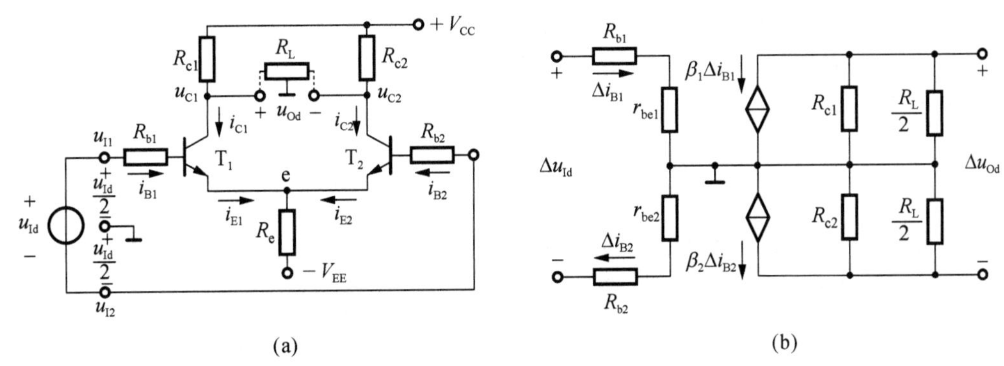

图 3.3.6　差分放大电路加差模信号

(a) 加差模信号；(b) 差模信号作用下的等效电路

式中的 Δu_{Od} 是 Δu_{Id} 作用下的输出电压。从图 3.3.6(b)中可知

$$\Delta u_{Id}=2\Delta i_{B1}(R_b+r_{be}),\ \Delta u_{Od}=-2\Delta i_{C1}\left(R_c \parallel \frac{R_L}{2}\right)$$

所以

$$A_{ud}=-\frac{\beta\left(R_c \parallel \frac{R_L}{2}\right)}{R_b+r_{be}} \tag{3.3.14}$$

由此可见，虽然差分放大电路用了两只晶体管，但它的电压放大能力只相当于单管共射放大电路。因而差分放大电路是以牺牲一只管子的放大倍数为代价，换取了低温漂的效果。

根据输入电阻的定义，从图 3.3.6(b)可以看出

$$R_i=2(R_b+r_{be}) \tag{3.3.15}$$

它是单管共射放大电路输入电阻的两倍。

电路的输出电阻

$$R_o=2R_c \tag{3.3.16}$$

也是单管共射放大电路输出电阻的两倍。

为了综合考察差分放大电路对差模信号的放大能力和对共模信号的抑制能力，特引入了一个指标参数——共模抑制比，记作 K_{CMR}，定义为

$$K_{CMR}=\left|\frac{A_{ud}}{A_{uc}}\right| \tag{3.3.17}$$

其值愈大，说明电路抑制共模信号性能愈好。对于图 3.3.4 所示电路，在电路参数理想对称的情况下，$K_{CMR}=\infty$。

4) 电压传输特性

放大电路输出电压与输入电压之间的关系曲线称为电压传输特性。

$$u_O=f(u_I) \tag{3.3.18}$$

将差模输入电压 u_{Id} 按图 3.3.6(a)接到输入端，并令其幅值由零逐渐增加时，输出端的 u_{Od}

也将出现相应的变化，画出二者的关系，如图 3.3.7 中的实线所示。可以看出，只有在中间一段二者才是线性关系，斜率就是式(3.3.13)所表示的差模电压放大倍数。当输入电压幅值过大时，输出电压就会产生失真，若再加大 u_{Id}，则 u_{Od} 将趋于不变，其数值取决于电源电压 V_{CC}。若改变 u_{Id} 的极性，则可得到另一条如图中虚线所示的曲线，它与实线完全对称。

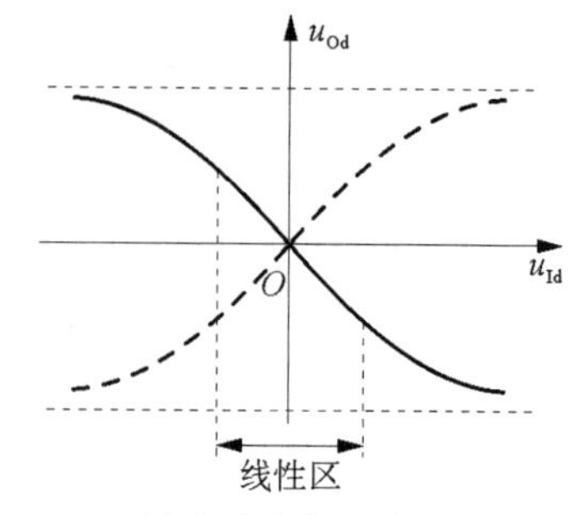

图 3.3.7　差分放大电路的电压传输特性

3.3.3　差分放大电路的四种接法

在图 3.3.4 所示电路中，输入端与输出端均没有接“地”点，称为双端输入、双端输出电路。在实际应用中，为了防止干扰，常将信号源的一端接地，或者将负载电阻的一端接地。根据输入端和输出端接地情况不同，除上述双端输入、双端输出电路外，还有双端输入、单端输出，单端输入、双端输出和单端输入、单端输出，共四种接法。

1）双端输入、单端输出电路

图 3.3.8 所示为双端输入、单端输出差分放大电路。与图 3.3.4 所示电路相比，仅输出方式不同，它的负载电阻 R_L 的一端接 T_1 管的集电极，另一端接地，因而输出回路已不对称，故影响了静态工作点和动态参数。

图 3.3.8 所示电路的直流通路如图 3.3.9 所示，图中 V'_{CC} 和 R'_C 是利用戴维宁定理进行变换得出的等效电源和电阻，其表达式分别为

$$V'_{CC}=\frac{R_L}{R_c+R_L}V_{CC} \tag{3.3.19}$$

$$R'_c=R_c \parallel R_L \tag{3.3.20}$$

虽然由于输入回路参数对称，使静态电流 $I_{BQ1}=I_{BQ2}$，从而 $I_{CQ1}=I_{CQ2}$。但是，由于输出回路的不对称性，使 T_1 管和 T_2 管的集电极电位各不相同，即 $U_{CQ1}\neq U_{CQ2}$，因此管压降 $U_{CEQ1}\neq U_{CEQ2}$。由图 3.3.9 可得

$$U_{CQ1}=V'_{CC}-I_{CQ}R'_c \tag{3.3.21}$$

$$U_{CQ2}=V_{CC}-I_{CQ}R_c \tag{3.3.22}$$

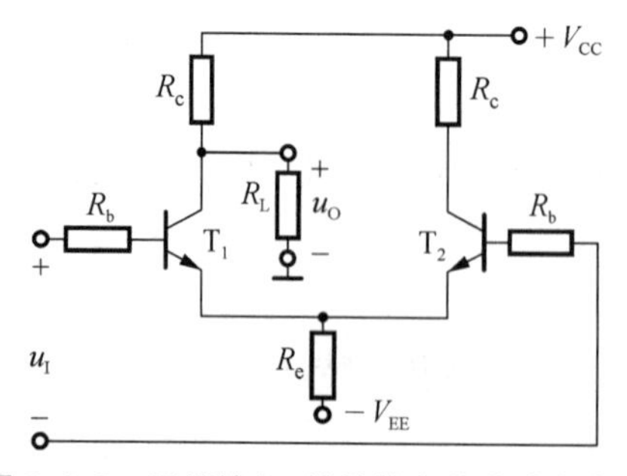

图 3.3.8　双端输入、单端输出差分放大电路

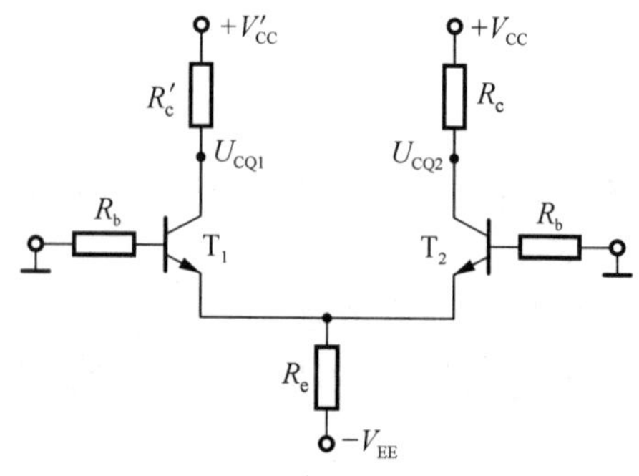

图 3.3.9　图 3.3.8 所示电路的直流通路

静态工作点 I_{EQ}、I_{BQ} 和 U_{CEQ1}、U_{CEQ2} 可通过式(3.3.9)、式(3.3.10)、式(3.3.11)计算。

因为在差模信号作用时，负载电阻仅取得 T_1 管集电极电位的变化量，所以与双端输出电路相比，其差模放大倍数的数值减小。

图 3.3.8 所示电路对差模信号的等效电路如图 3.3.10 所示。在差模信号作用时，由于 T_1 管与 T_2 管中电流大小相等方向相反，所以发射极相当于接地。输出电压 $\Delta u_{Od}=-\Delta i_C(R_c \parallel R_L)$，输入电压 $\Delta u_{Id}=2\Delta i_B(R_b+r_{be})$，因此差模放大倍数

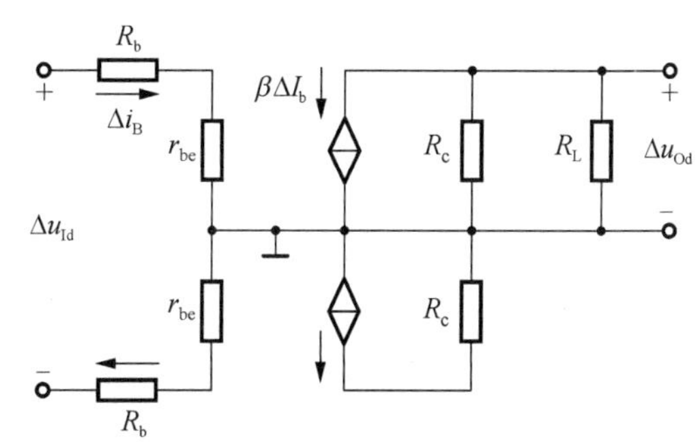

图 3.3.10　图 3.3.7 所示电路对差模信号的等效电路

$$A_{ud}=\frac{\Delta u_{Od}}{\Delta u_{Id}}=-\frac{1}{2}\cdot\frac{\beta(R_c \parallel R_L)}{R_b+r_{be}} \tag{3.3.23}$$

电路的输入回路没有变，所以输入电阻 R_i 仍为 $2(R_b+r_{be})$。电路的输出电阻 R_o 为 R_c，是双端输出电路输出电阻的一半。如果输入差模信号极性不变，而输出信号取自 T_2 管的集电极，则输出与输入同相。当输入共模信号时，由于两边电路的输入信号大小相等极性相同，所以发射极电阻 R_e 上的电流变化量 $\Delta i_{R_e}=2\Delta i_E$，发射极电位的变化量 $\Delta u_E=2i_ER_e$；对于每只管子而言，可以认为是 Δi_E 流过阻值为 $2R_e$ 的射极电阻，如图 3.3.11(a)所示。因此，与输出电压相关的 T_1 管一边电路对共模信号的等效电路如图 3.3.11(b)所示。从图上可以求出

$$A_{uc}=\frac{\Delta u_{Oc}}{\Delta u_{Ic}}=-\frac{\beta(R_c \parallel R_L)}{R_b+r_{be}+2(1+\beta)R_e} \tag{3.3.24}$$

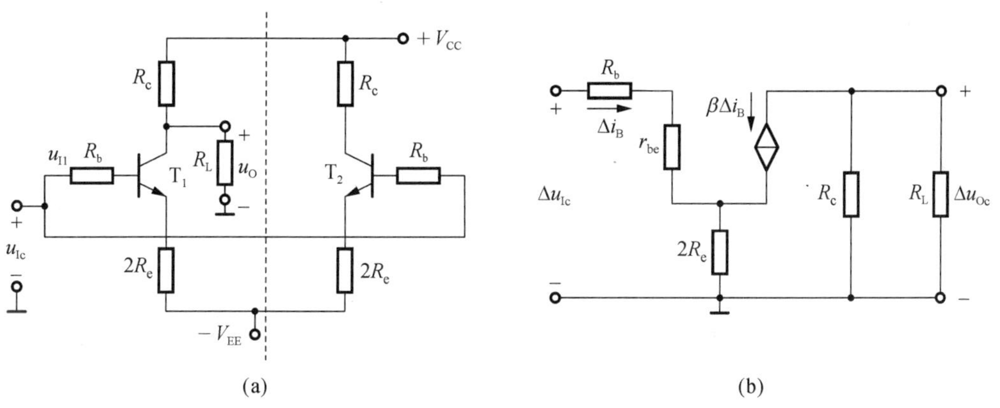

图 3.3.11　图 3.3.8 所示电路对共模信号的等效电路

(a) 将射极电阻 R 进行等效变换；(b) 共模信号作用下的等效电路

共模抑制比

$$K_{CMR}=\left|\frac{A_{ud}}{A_{uc}}\right|=\frac{R_b+r_{be}+2(1+\beta)R_e}{2(R_b+r_{be})} \tag{3.3.25}$$

由式(3.3.24)和式(3.3.25)可以看出,R_e 愈大,A_{uc} 的值愈小,K_{CMR} 愈大,电路的性能也就愈好。因此,增大 R_e 是改善共模抑制比的基本措施。

2) 单端输入、双端输出电路

图 3.3.12(a)所示为单端输入、双端输出电路,两个输入端中有一个接地,输入信号加在另一端与地之间。因为电路对于差模信号是通过发射极相连的方式将 T_1 管的发射极电流传递到 T_2 管的发射极的,故称这种电路为射极耦合电路。为了说明这种输入方式的特点,不妨将输入信号进行如下的等效变换。在加信号一端,可将输入信号分为两个串联的信号源,它们的数值均为 $u_I/2$,极性相同;在接地一端,也可等效为两个串联的信号源,它们的数值均为 $u_I/2$,但极性相反,如图(b)所示。不难看出,同双端输入时一样,左、右两边分别获得的差模信号为 $+u_I/2$、$-u_I/2$;但是与此同时,两边输入了 $+u_I/2$ 的共模信号。

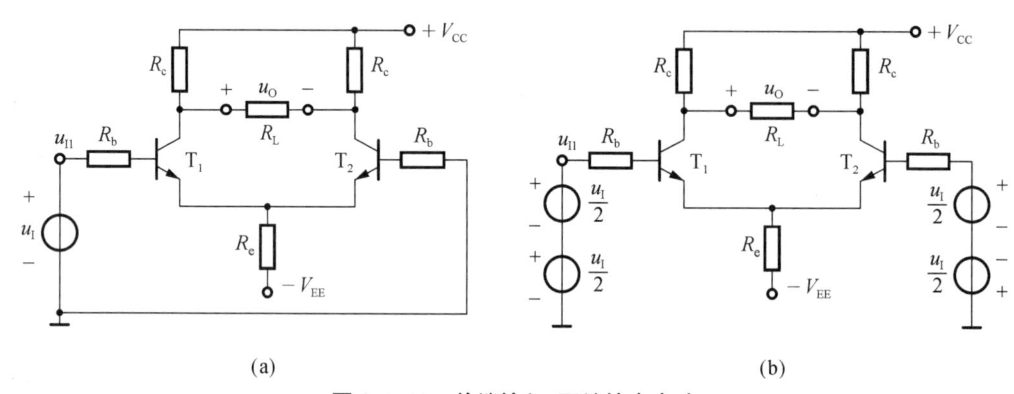

图 3.3.12　单端输入、双端输出电路

(a) 输入差模信号;(b) 输入差模信号的等效变换

可见,单端输入电路与双端输入电路的区别在于:在差模信号输入的同时,伴随着共模信号输入。因此,在共模放大倍数 A_{uc} 不为零时,输出端不仅有差模信号作用而得到的差模输出电压,而且还有共模信号作用而得到的共模输出电压,即输出电压

$$\Delta u_O = A_{ud}\Delta u_I + A_{uc}\frac{\Delta u_I}{2} \tag{3.3.26}$$

当然,若电路参数理想对称,则 $A_{uc}=0$,即式中的第二项为0,此时 K_{CMR} 将为无穷大。

单端输入、双端输出电路与双端输入、双端输出电路的静态工作点以及动态参数的分析完全相同,这里不再一一推导。

3) 单端输入、单端输出电路

图 3.3.13 所示为单端输入、单端输出电路,对于单端输出电路,常将不输出信号一边的 R_c 省掉。该电路对 Q 点、A_{ud}、A_{uc}、R_i 和 R_o 的分析与图 3.3.8 所示电路相同,对输入信号作用的分析与图 3.3.12 所示电路相同。

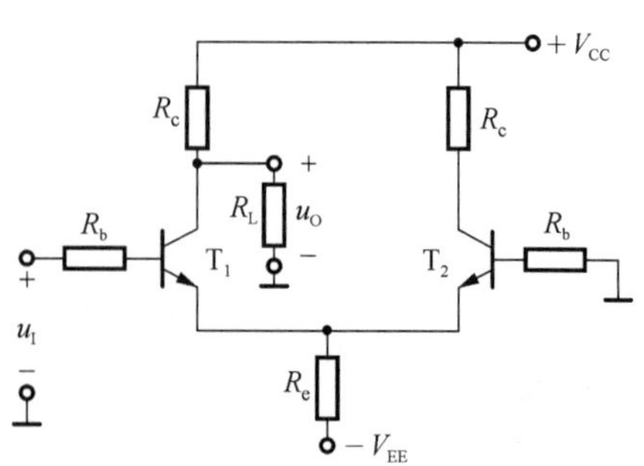

图 3.3.13　单端输入、单端输出电路

由以上分析可知,将四种接法的动态参数特点归纳如下:

(1) 输入电阻 R_i 均为 $2(R_b+r_{be})$。

(2) A_{ud}、A_{uc}、R_o 与输出方式有关，双端输出时，A_{ud} 见式(3.3.14)，$A_{uc}=0$，R_o 见式(3.3.16)；单端输出时，A_{ud} 与 A_{uc} 分别见式(3.3.23)、(3.3.24)，而 $R_o=R_c$。

(3) 单端输入时，若输入信号为 u_I，其差模输入电压 $u_{Id}=u_I$；而与此同时，共模输入电压 $u_{Ic}=u_I/2$，式(3.3.26)是输出电压表达式。

3.3.4　改进型差分放大电路

1) 利用恒流源替代电阻 R_e 的差分放大电路

在差分放大电路中，增大发射极电阻 R_e 的阻值，能够有效地抑制每一边电路的温漂，提高共模抑制比，这一点对于单端输出电路尤为重要。可以设想，若 R_e 为无穷大，则即使是单端输出电路，根据式(3.3.24)和(3.3.25)，A_{uc} 也为零，K_{CMR} 也为无穷大。

设晶体管发射极静态电流为 0.5 mA，则 R_e 中电流就为 1 mA。当 R_e 为 10 kΩ 时，电源 V_{EE} 的值约为 10.7 V。在同样的静态工作电流下，若 $R_e=100$ kΩ，则 $V_{EE}\approx 100.7$ V，这显然是不现实的。因为一方面集成电路中不易制作大阻值电阻；另一方面，这样高的电源电压对于小信号放大电路也非常不合适。为了既能采用较低的电源电压，又能有很大的等效电阻 R_e，可采用恒流源电路来取代 R_e。晶体管工作在放大区时，其集电极电流几乎仅决定于基极电流而与管压降无关，当基极电流是一个不变的直流电流时，集电极电流就是一个恒定电流。因此，利用工作点稳定电路来取代 R_e，就得到了如图 3.3.14 所示具有恒流源的差分放大电路。图中 R_1、R_2、R_e 和 T_3 组成工作点稳定电路，电路参数应满足 $I_2>I_{B3}$。这样 $I_1\approx I_2$，所以 R_2 上的电压为

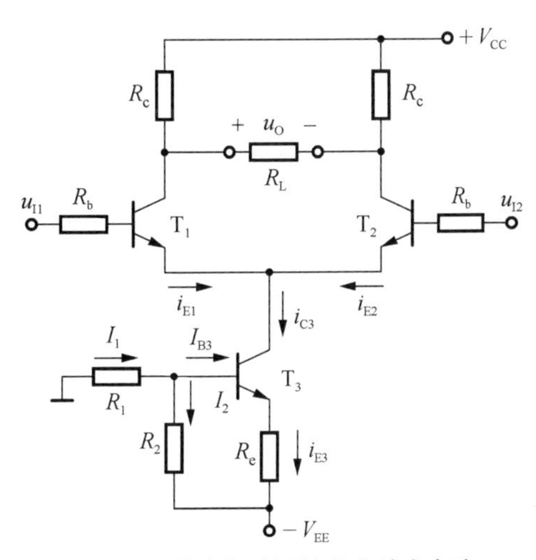

图 3.3.14　具有恒流源的差分放大电路

$$U_{R2}\approx\frac{R_2}{R_1+R_2}\cdot V_{EE} \tag{3.3.27}$$

$$I_{C3}\approx I_{E3}=\frac{U_{R2}-U_{BE3}}{R_e} \tag{3.3.28}$$

可见，在(3.3.27)成立的条件下，式(3.3.28)表明，若 U_{BE3} 的变化可忽略不计，则 T_3 管集电极电流 I_{C3} 就基本不受温度影响。而且，由图可知，电路的动态信号不可能作用到 T_3 管的基极或发射极，因此可以认为 I_{C3} 为一恒定电流，发射极所接电路可以等效成一个恒流源。T_1 管和 T_2 管的发射极静态电流

$$I_{EQ1}=I_{EQ2}=\frac{I_{C3}}{2} \tag{3.3.29}$$

当 T_3 管输出特性为理想特性时，即当 T_3 在放大区的输出特性曲线是横轴的平行线时，恒流

源的内阻为无穷大，即相当于 T_1 管和 T_2 管的发射极接了一个阻值为无穷大的电阻，对共模信号的负反馈作用无穷大，因此使电路的 $A_{uc}=0$，$K_{CMR}=\infty$。

恒流源电路在不高的电源电压下既为差分放大电路设置了合适的静态工作电流，又大大增强了共模负反馈作用，使电路具有更强的验证共模信号的能力。

2）利用恒流源作有源负载差分放大电路

利用恒流源作有源负载可以进一步改进差分式放大电路的性能，图 3.3.15 所示为利用镜像电流源作有源负载的双端输入、单端输出差分式放大电路，该电路可以使单端输出电路的差模电压增益提高到接近双端输出时的情况。

图中，T_1 管和 T_2 管为放大管，T_3 和 T_4 组成镜像电流源作为有源负载，$i_{C3}=i_{C4}$。静态时，T_1 和 T_2 管的发射极电流 $I_{E1}=I_{E2}=I/2$，$I_{C1}=I_{C2}=I/2$。若 $\beta_3 \gg 2$，则 $I_{C3}\approx I_{C1}$；而因 $I_{C4}=I_{C3}$，所以 $I_{C4}\approx I_{C1}$，所以 $i_O=I_{C4}-I_{C2}\approx 0$。当输入差模信 Δu_{Id} 时，根据差分式放大电路的特点，集电极动态电流 $\Delta i_{C1}=-\Delta i_{C2}$ 而 $\Delta i_{C4}\approx\Delta i_{C1}$，由于 i_{C3} 和 i_{C4} 的镜像关系，所以 $\Delta i_{C3}=\Delta i_{C4}$，所以 $\Delta i_O=\Delta i_{C4}-\Delta i_{C2}\approx\Delta i_{C1}-(-\Delta i_{C1})=2\Delta i_{C1}$。由此可见，其输出电流约为单端输出时的两倍，因此输出电压也为单端输出时的两倍。故电压增益接近双端输出时的情况，其大小为

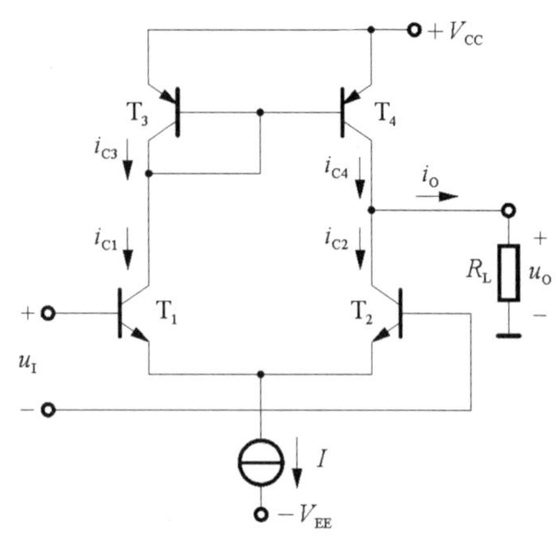

图 3.3.15　有源负载差分式放大电路

$$A_{ud}=\frac{\beta_1(r_{ce2}\parallel r_{ce4}\parallel R_L)}{r_{be1}} \tag{3.3.30}$$

若 $r_{ce2}\parallel r_{ce4}\gg R_L$，则

$$A_{ud}=\frac{\beta_1 R_L}{r_{be1}} \tag{3.3.31}$$

3.4　集成运放电路的组成及其各部分的作用

集成运放电路由输入级、中间级、输出级和偏置电路等四部分组成，如图 3.4.1 所示。它有两个输入端，一个输出端，图中所标 u_P、u_N、u_o 均以"地"为公共端。

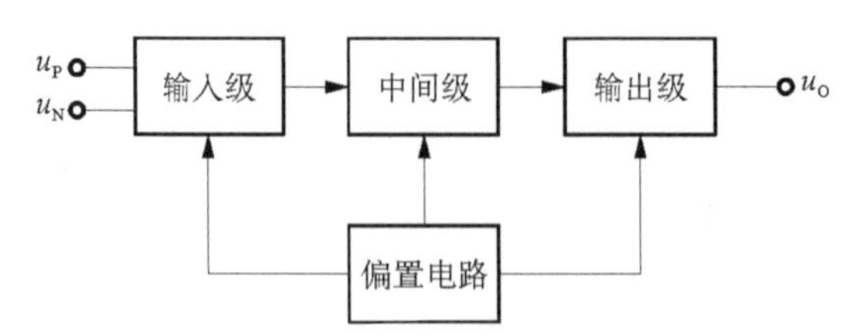

图 3.4.1　集成运放电路的组成

1）输入级

输入级又称前置级，它往往是一个双端输入的高性能差分放大电路。一般要求其输入电阻高，差模放大倍数大，抑制共模信号的能力强，静态电流小。输入级的好坏直接影响着集成运放的大多数性能参数，因此，在几代产品的更新过程中，输入级的变化最大。

2）中间级

中间级是整个放大电路的主放大器，其作用是使集成运放具有较强的放大能力，多采用共射（或共源）放大电路。而且为了提高电压放大倍数，经常采用复合管作放大管，以恒流源作集电极负载。其电压放大倍数可达千倍以上。

3）输出级

输出级应具有输出电压线性范围宽、输出电阻小（即带负载能力强）、非线性失真小等特点。集成运放的输出级多采用互补输出电路。

4）偏置电路

偏置电路用于设置集成运放各级放大电路的静态工作点。与分立元件不同，集成运放采用电流源电路为各级提供合适的集电极（或发射极、漏极）静态工作电流，从而确定了合适的静态工作点。

5）集成运放的符号及电压传输特性

由图 3.4.1 可以看出，集成运放有两个输入端，分别为同相输入端和反相输入端，这里的“同相”和“反相”是指运放的输入电压与输出电压之间的相位关系。在规定的正方向条件下，输出信号 u_O 与输入信号 u_P 的极性相同，称加入 u_P 的输入端为同相输入端；输出信号 u_O 与输入信号 u_N 的极性相反，称加入 u_N 的输入端为反相输入端。集成运放的符号如图 3.4.2(a)（常用符号）和图 3.4.2(b)（国标符号）所示。从外部看，集成运放可以看作是一个双端输入单端输出，具有高差模电压增益、高输入电阻、低输出电阻、能有效抑制温漂的差分式放大电路。

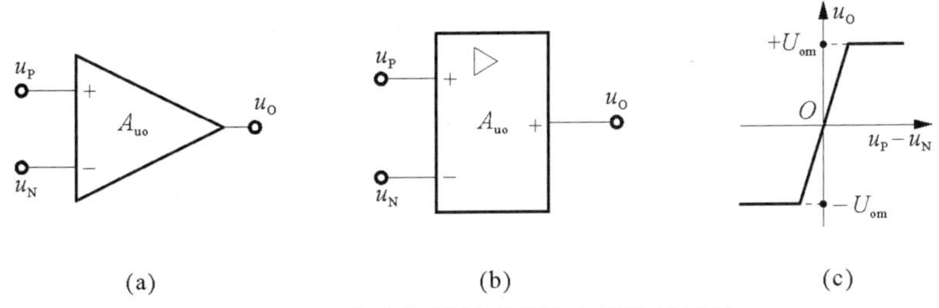

图 3.4.2　集成运放的符号和电压传输特性

(a) 常用符号；(b) 国标符号；(c) 电压传输特性

集成运放的输出电压 u_O 与输入电压 $u_I=u_P-u_N$（即同相输入端与反相输入端之间的电位差）之间的关系曲线称为电压传输特性，即

$$u_O=f(u_P-u_N) \tag{3.4.1}$$

对于由正、负电源供电的集成运放，其电压传输特性曲线如图 3.4.2(c)所示。从图示曲线可以看出，集成运放的传输特性分为两部分：线性区（放大区）和非线性区（饱和区）。在线性区内，输出电压和输入电压呈线性关系，曲线的斜率为电压放大倍数，由于其放大的是差模信号，且没有通过外电路引入反馈，故称其电压放大倍数为差模开环电压放大倍数，记作

A_{uo},因此当集成运放工作在线性区时

$$u_O = A_{uo}(u_P - u_N) \tag{3.4.2}$$

通常集成运放的放大倍数很大(10^5 以上),所以对输入信号而言,线性区很窄。在非线性区内,输出电压与输入电压之间不再有线性关系,输出电压只有两种情况,即 $+U_{om}$ 或 $-U_{om}$,其大小通常受电源电压的限制,呈现饱和特性。

【例 3.4.1】 电路如图 3.4.2(a)所示,运放的开环电压增益 $A_{uo}=2\times10^5$,输入电阻 $r_i=0.6\ \text{M}\Omega$,电源电压 $V_{CC}=+12\ \text{V}$,$-V_{EE}=-12\ \text{V}$。试求:(1) 当 $u_O=\pm U_{om}=\pm12\ \text{V}$ 时输入电压的最小幅值 u_P-u_N;(2) 输入电流 i_I,画出传输特性曲线 $u_O=f(u_P-u_N)$ 并说明运放的两个区域。

解:(1) 输入电压的最小幅值 $u_P-u_N=u_O/A_{uo}$,当 $u_O=\pm U_{om}=\pm12\ \text{V}$ 时,

$$u_P-u_N=\pm12\ \text{V}/(2\times10^5)=\pm60\ \mu\text{V}$$

(2) 输入电流

$$i_I=(u_P-u_N)/r_i=\pm60\ \mu\text{V}/0.6\ \text{M}\Omega$$
$$=\pm60\ \mu\text{V}/(0.6\times10^6)\Omega=\pm100\ \text{nA}$$

画传输特性曲线

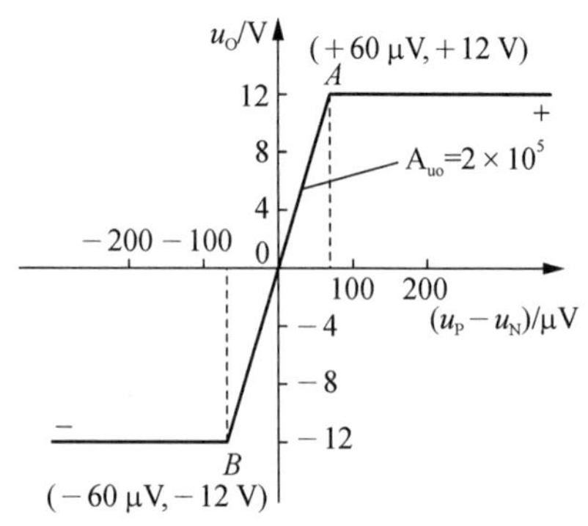

图 3.4.3　例 3.4.1 运放的传输特性

取 A 点($+60\ \mu$V,$+12$ V),B 点($-60\ \mu$V,-12 V),连接 A、B 两点得 AB 线段,其斜率 $A_{uo}=2\times10^5$,$|u_P-u_N|<60\ \mu$V 时,电路工作在线性区,$|u_P-u_N|>60\ \mu$V,则运放进入非线性区。运放的电压传输特性如图 3.4.3 所示。

3.5　通用型集成电路运算放大器简介

集成运放按功能和性能可分为通用型和专用型。通用型集成运放制造工艺主要采用双极型工艺,其特点是差模开环电压放大倍数大、指标参数比较均衡、适用范围广,适宜于对电路性能无特殊要求的场合。专用型集成运放是一种在某个性能上有特殊要求的运算放大电路,为了满足特殊要求,它的某个性能指标往往比通用型集成运放的对应指标高出很多,而其他指标也可能不如通用型集成运放电路,其适用范围较窄。专用型集成运放种类很多,根据用途及性能不同可分为高阻型、高速型、高精度型、宽带型、低功耗型、高电压及高功率型等。在实际电路设计中,选择何种运放,应视具体的性能指标要求而定。从本质上看,集成运放是一种高性能的直接耦合多级放大电路。尽管品种繁多,内部结构也各不相同,但它们的基本组成部分、结构形式和组成原理则基本一致。因此,在进行集成运放内部电路的分析时,对于典型的通用电路的分析具有普遍意义,一方面可从中理解集成运放的性能特点,同时也可以了解复杂电路的分析及读图方法。

下面分别以典型的通用型双极型集成运放 μA741 和单极型集成运放 C14573 为例,来介绍集成运放电路的组成、工作原理及其特点。

3.5.1　基于晶体管的双极型集成运放 μA741

基于晶体管的双极型集成运放 μA741 是通用型集成电路运算放大器，由于其性能好，价格便宜，因此是使用较多的集成运算放大器之一，其对应的同类产品为 741 型通用集成运放(如 MC741 、LM741 等)。

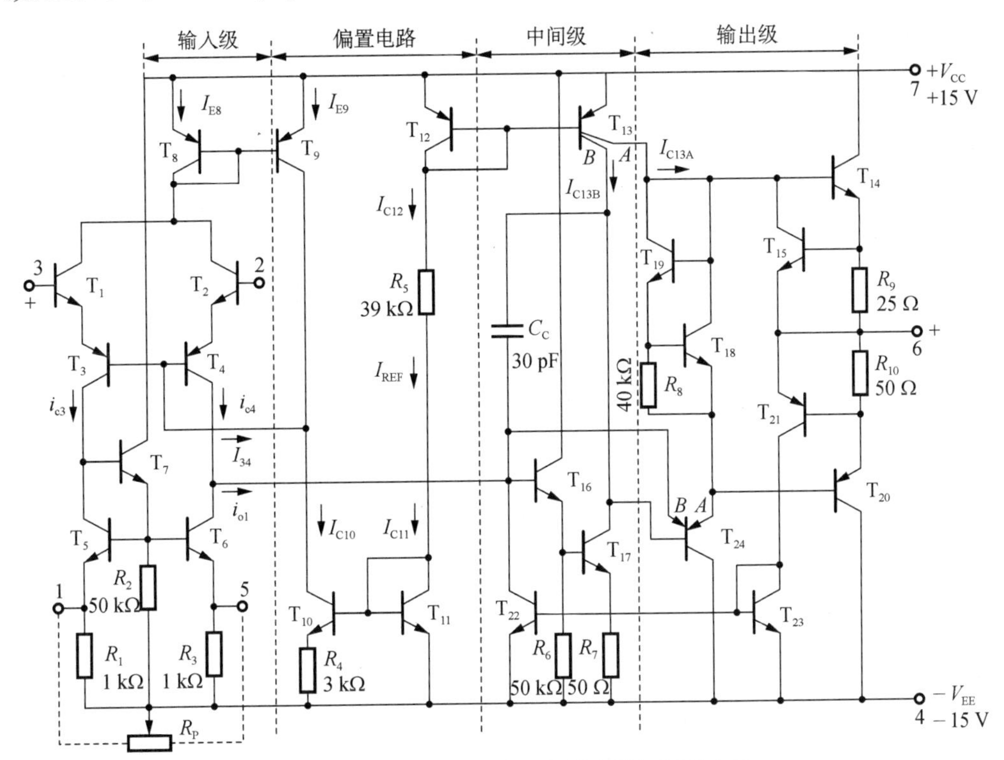

图 3.5.1　μA741 型集成运算放大器的原理电路

1) 偏置电路

μA741 型集成运放由 24 个 BJT、10 个电阻和一个电容所组成。在体积小的条件下，为了降低功耗以限制温升，必须减小各级的静态工作电流，故采用微电流源电路。

μA741 的偏置电路如图 3.5.1 所示，它是一种组合电流源。上部的 T_8、T_9、T_{12}、T_{13} 为 PNP 型管，下部的 T_{10}、T_{11} 为 NPN 型管。图中由 $V_{CC} \to T_{12} \to R_5 \to T_{11} \to -V_{EE}$ 构成主偏置电路，决定偏置电路的基准电流 I_{REF}。主偏置电路中的 T_{11} 和 T_{10} 组成微电流源电路($I_{REF} \approx I_{C11}$)，由 I_{C10} 供给输入级中 T_3、T_4 的偏置电流，I_{C10} 远小于 I_{REF}，I_{C10} 为微安级电流。

T_8 和 T_9 为一对横向 PNP 型管，它们组成镜像电流源，$I_{E8}=I_{E9}$ 供给输入级 T_1、T_2 的工作电流(忽略 T_3、T_4 的基极偏置电流，即 $I_{E9} \approx I_{C10}$)，这里 I_{E9} 为 I_{E8} 的基准电流。

T_{12} 和 T_{13} 构成双端输出的镜像电流源，T_{13} 是一个双集电极的可控电流增益横向 PNP 型 BJT，可视为两个 BJT，它们的两个集电结彼此并联。一路输出为 T_{13B} 的集电极，使 $I_{C17}=I_{C13B}=(3/4)I_{C12}$，供给中间级的偏置电流和作为它的有源负载；另一路输出为 T_{13A} 的集电极，使 $I_{C13A}=(1/4)I_{C12}$，供给输出极的偏置电流。

2）输入级

图 3.5.2 为 μA741 的简化电路，只是将图 3.5.1 中电流源电路用电流源代替。输入级是由 T_1～T_6 组成的差分式放大电路，由 T_6 的集电极输出，T_1、T_3 和 T_2、T_4 组成共集-共基复合差分电路。纵向 NPN 管 T_1、T_2 组成共集电路可以提高输入阻抗，而横向 PNP 管(电流增益小，击穿电压大)T_3、T_4 组成的共基电路和 T_5、T_6、T_7 组成的有源负载，有利于提高输入级的电压增益、提高最大差模输入电压 $U_{Idm}=\pm30$ V 并扩大共模输入电压范围 $U_{Icm}=\pm13$ V，同时可以改善频率响应。另外，有源负载比较对称，有利于提高输入级的共模抑制比。T_7 用来构成 T_5、T_6 的偏置电路。在这一级中，T_7 的 β 比较大，I_{B7} 很小，所以 $I_{C3}=I_{C5}$。这就是说，无论有无差模信号输入，总有 $I_{C3}=I_{C5}=I_{C6}$ 的关系。

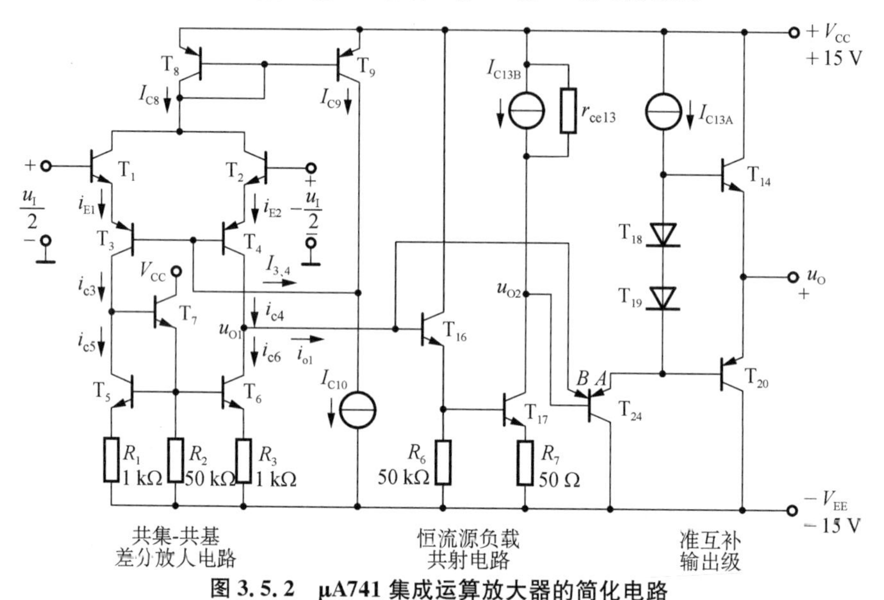

图 3.5.2　μA741 集成运算放大器的简化电路

当输入信号 $u_I=0$ 时，差分输入级处于平衡状态，由于 T_{16}、T_{17} 两管的等效 β 值很大，因而 I_{B16} 可以忽略不计，这时 $I_{C3}=I_{C5}=I_{C4}=I_{C6}$，输出电流 $i_{O1}=0$。当接入信号 u_I 并使同相输入端 3 为(＋)，反相输入端 2 为(－)时，则 T_3、T_5 和 T_6 的电流增加，$i_{c3}=i_{c5}=i_{c6}=i_c$，而 T_4 的电流减小为 $-i_{c4}=-i_c$。所以，输出电流 $i_{O1}=i_{C4}-i_{C6}=(I_{C4}-i_{c4})-(I_{C6}-i_{c6})=-2i_c$，这就是说，差分输入级的输出电流为两边输出电流变化量的总和，使单端输出的电压增益提高到近似等于双端输出的电压增益。

当输入为共模信号时，i_{C3} 和 i_{C4} 相等，$i_{O1}=0$，从而使共模抑制比大为提高。

3）中间电压放大级

如图 3.5.2 所示，这一级由 T_{16}、T_{17} 组成。T_{16} 为共集电极电路，T_{17} 为共射极放大电路，集电极负载为 T_{13B} 所组成的有源负载，其交流电阻很大，故本级可以获得很高的电压增益，同时也具有较高的输入电阻。

4）输出极

本级是由 T_{14} 和 T_{20} 组成的互补对称电路。为了使电路工作于甲乙类放大状态，利用 T_{18} 管的集-射两端电压 U_{CE18}(见图 3.5.1)接于 T_{14} 和 T_{20} 两管基极之间，由 T_{19}、T_{18} 的 U_{BE}(见图 3.5.2)给 T_{14}、T_{20} 提供一起始偏压，同时利用 T_{19} 管(接成二极管)的 U_{BE19} 连于 T_{18} 管

的基极和集电极之间，形成负反馈偏置电路，从而使 U_{CE18} 的值比较恒定。这个偏置电路由 T_{13A} 组成的电流源供给恒定的工作电流，T_{24A} 管接成共集电路以减小对中间级的负载影响。

为了防止输入级信号过大或输出短路而造成的损坏，电路中备有过流保护元件。当正向输出电流过大，流过 T_{14} 和 R_9 的电流增大，将使 R_9 两端的压降增大到足以使 T_{15} 管由截止状态进入导通状态，U_{CE15} 下降，从而限制了 T_{14} 的电流。在负向输出电流过大时，流过 T_{20} 和 R_{10} 的电流增加，将使 R_{10} 两端电压增大到使 T_{21} 由截止状态进入导通状态，同时 T_{23} 和 T_{22} 均导通，降低 T_{16} 及 T_{17} 的基极电压，使 T_{17} 的 U_{C17} 和 T_{24} 的 U_{E24A} 上升，使 T_{20} 趋于截止，因而限制了 T_{20} 的电流，达到保护的目的。T_{24B} 发射极构成的二极管接到 T_{16} 的基极，当 T_{16}、T_{17} 过载时，T_{24B} 导通使 T_{16} 基极电流旁路，防止 T_{17} 饱和，从而保护 T_{16}，以免在 T_{16} 过流及高 $U_{CE16} \approx 30$ V 下烧毁 T_{16}。电路中外接电容 C_C 用作频率补偿。

整个电路要求当输入信号为零时输出也应为零，这在电路设计方面已作考虑。同时，在电路的输入级中，T_5、T_6 管发射极两端还可外接一电位器 R_P，中间滑动触头接 $-V_{EE}$，从而改变 T_5、T_6 的发射极电阻，以保证静态时输出为零。

3.5.2　基于场效应管的单极型集成运放 MC14573

MC14573 内部电路如图 3.5.3 所示，与前面介绍的双极型晶体管集成运放相比，所用器件较少，电路相对简单，但其组成结构是类似的，分析方法也基本相同。

由图 3.5.3 可知，MC14573 全部由增强型的 MOS 管构成。其中偏置电路主要由 T_5、T_6 和 T_8 组成，它们构成了多路电流源，在已知 T_5 管开启电压 U_T 的情况下，通过在 I_{SET} 端外接参考电阻 R 可以确定偏置电路的基准电流 I_{REF}，进而得到 T_6 漏极和 T_8 源极的电流。其中 T_6 管为 T_1、T_2 提供偏置电流，T_8 为 T_7 提供偏置同时作为 T_7 的有源负载。将偏置电路从电路中分离出去后，如图 3.5.4 所示，可以看出 C14573 的放大电路只有两级。第一级为输入级，P 沟道 MOS 管 T_1、T_2 为放大管，组成共源差分式放大电路，信号由 T_2 管的漏极输出，因此输入级是一个双端输入单端输出电路。N 沟道 MOS 管 T_3、T_4 构成电流源电路，作为差分式放大电路的有源负载，从而使单端输出电路的电压增益近似等于双端输出情况，同时，第二级的输入为 T_7 的栅极，其输入电阻很大，所以第一级有较强的电压放大能力。第二级为输出级，以 N 沟道 MOS 管 T_7 为放大管构成共源放大电路，T_8 所构成的电流源电路作有源负载，故也具有较强的放大能力。由于 T_8 所构成的电流源的动态电阻很大，因此电路的输出电阻很大，带负载能力较弱，因此 MC14573 是为高阻抗负载而设计的，适用于以场效应管为负载的场合。另外，电容 C 起相位补偿的作用。

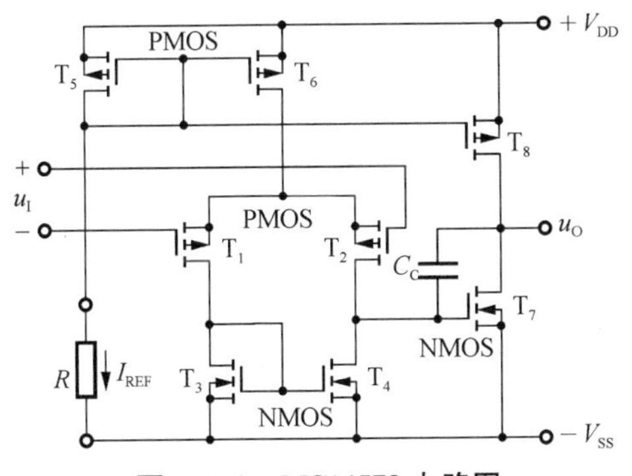

图 3.5.3　MC14573 电路图

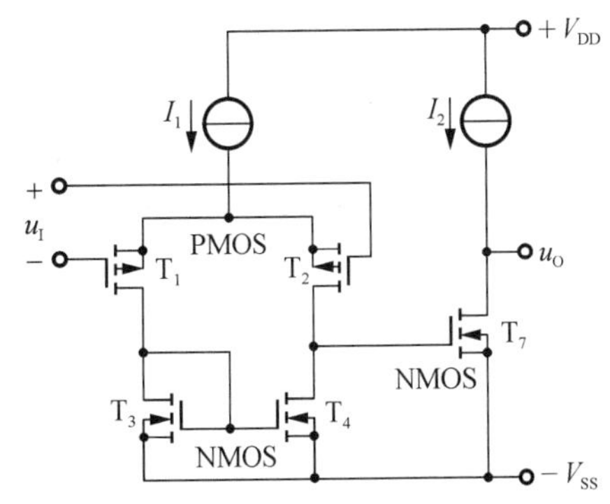

图 3.5.4　MC14573 简化电路图

基于场效应管的集成运算放大器的特点是输入阻抗高(可达 $10^{10}\Omega$ 以上)、功耗小,可在低电压下工作,因此特别适合于需要高输入电阻、低功耗的测量电路。另外,从工艺上讲,同时制作N沟道和P沟道互补对管工艺实现容易,且占用芯片面积小、集成度高,因此COMS技术广泛用于集成电路中。

3.6 集成电路运算放大器的主要参数

为了正确地挑选和使用集成运放,必须搞清它的参数的含义,现分别介绍如下:

1) 输入失调电压 U_{IO}

一个理想的集成运放,当输入电压为零时,输出电压也应为零(不加调零装置)。但实际上它的差分输入级很难做到完全对称,通常在输入电压为零时,存在一定的输出电压。在室温(25 ℃)及标准电源电压下,输入电压为零时,为了使集成运放的输出电压为零,在输入端加的补偿电压叫做失调电压 U_{IO}。实际上指输入电压 U_{IO} 时,输出电压 U_O 折合到输入端的电压的负值,即 $U_{IO}=-(U_0|_{U_I=0})/A_{uo}$。$U_{IO}$ 的大小反映了运放制造中电路的对称程度和电位配合情况。U_{IO} 值愈大,说明电路的对称程度愈差,一般约为±(1～10) mV。超低失调运放可达±(1～10)μV。

2) 输入偏置电流 I_{IB}

BJT集成运放的两个输入端是差分对管的基极,因此两个输入端总需要一定的输入电流 I_{BN} 和 I_{BP}。输入偏置电流是指集成运放输出电压为零时,两个输入端静态电流的平均值,即

$$I_{IB}=(I_{BN}+I_{BP})/2 \tag{3.6.1}$$

输入偏置电流的大小,在电路外接电阻确定之后,主要取决于运放差分输入级BJT的性能,当它的 β 值太小时,将引起偏置电流增加。从使用角度来看,偏置电流愈小,由于信号源内阻变化引起的输出电压变化也愈小,故它是重要的技术指标,一般为10 nA～1 μA。

3) 输入失调电流 I_{IO}

在BJT集成电路运放中,输入失调电流 I_{IO} 是指当输出电压为零时流入放大器两输入端的静态基极电流之差,即

$$I_{IO}=|I_{BP}-I_{BN}| \tag{3.6.2}$$

由于信号源内阻的存在,I_{IO} 会引起一输入电压,破坏放大器的平衡,使放大器输出电压不为零。所以,希望 I_{IO} 愈小愈好,它反映了输入级差分对管的不对称程度,一般约为1 nA～0.1 μA。

4) 温度漂移

放大器的温度漂移是漂移的主要来源,而它又是由输入失调电压和输入失调电流随温度的漂移所引起的,故常用下面方式表示:

(1) 输入失调电压温漂 $\Delta U_{IO}/\Delta T$

这是指在规定温度范围内 U_{IO} 的温度系数,也是衡量电路温漂的重要指标。$\Delta U_{IO}/\Delta T$

不能用外接调零装置的办法来补偿。高质量的放大器常选用低漂移的器件来组成，一般约为$\pm(10\sim20)\mu V/℃$。

(2) 输入失调电流温漂 $\Delta I_{IO}/\Delta T$

这是指在规定温度范围内 I_{IO} 的温度系数，也是对放大电路电流漂移的量度。同样不能用外接调零装置来补偿。高质量的运算放大器每度几个 pA。

5) 最大差模输入电压 U_{Idmax}

最大差模输入电压 U_{Idmax} 指的是集成运放的反相和同相输入端所能承受的最大电压值。超过这个电压值，运放输入级某一侧的 BJT 将出现发射结的反向击穿，而使运放的性能显著恶化，甚至可能造成永久性损坏。利用平面工艺制成的 NPN 管约为±5 V，而横向 BJT 可达±30 V 以上。

6) 最大共模输入电压 U_{Icmax}

这是指运放所能承受的最大共模输入电压。超过 U_{Icmax} 值，它的共模抑制比将显著下降。一般指运放在作电压跟随器时，使输出电压产生 1%跟随误差的共模输入电压幅值，高质量的运放可达±13 V。

7) 最大输出电流 I_O

这是指运放所能输出的正向或负向的峰值电流。通常给出输出端短路的电流。

8) 开环差模电压增益 A_{uo}

这是指集成运放工作在线性区，接入规定的负载，无负反馈情况下的直流差模电压增益。A_{uo} 与输出电压 u_O 的大小有关。通常是在规定的输出电压幅度(如 $u_O=\pm10$ V)测得的值。A_{uo} 又是频率的函数，频率高于某一数值后，A_{uo} 的数值开始下降。

9) 开环带宽 $BW(f_H)$

开环带宽 BW 又称为−3 dB 带宽，是指开环差模电压增益下降 3 dB 时对应的频率 f_H。

10) 单位增益带宽 $BW(f_T)$

对应于开环电压增益 A_{uo} 频率响应曲线上其增益下降到 $A_{uo}=1$ 时的频率，即 A_{uo} 为 0 dB 时的信号频率 f_T。

11) 转换速率 S_R

转换速率是指放大电路在闭环状态下，输入为大信号(例如阶跃信号)时，放大电路输出电压对时间的最大变化速率，即

$$S_R=\left|\frac{du_O}{du_I}\right|_{max} \tag{3.6.3}$$

S_R 表示集成运放对信号变化速度的适应能力，是衡量运放在大幅值信号作用时工作速度的参数，常用每微秒输出电压变化多少伏来表示。当输入信号变化斜率的绝对值小于 S_R 时，输出电压才能按线性规律变化。信号幅值愈大、频率愈高，要求集成运放的 S_R 也就愈大。

在近似分析时，常把集成运放的参数理想化，即认为 A_{uo}、K_{CMR}、r_{id}、f_H 等参数值均为无穷大，而 U_{IO} 和 $\Delta U_{IO}/\Delta T$、I_{IO} 和 ΔT、I_{IB} 等参数值均为零。

12) 低频等效模型

集成运放内部电路结构比较复杂,在分析由集成运放构成的各种应用电路时,如果直接对运放内部电路及整个应用电路进行分析,将是十分复杂的。为了能够简明方便地分析由集成运放构成的各种实际应用电路,通常用对应的等效模型去替代电路中的集成运放,这样使得电路的分析与线性电路的分析变得完全相同,降低了电路的分析难度。为了能够正确反映集成运放的指标参数及性能特点,在一定的精度范围内,集成运放的等效模型应该与运放的输入端口和输出端口有相同或相似的特性。当然,分析问题不同,所建立的等效模型也应有所不同。

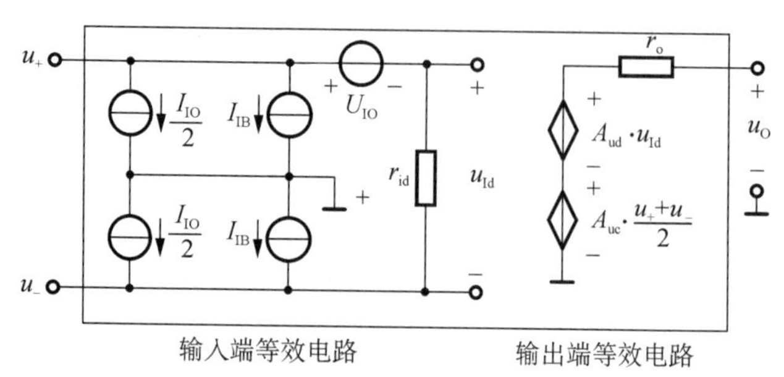

图 3.6.1　集成运放低频等效模型

图 3.6.1 所示为集成运放的低频等效模型。从模型中可以看出,在输入端,考虑了差模输入电阻 r_{id}、偏置电流 I_{IB}、失调电压 U_{IO} 及失调电流 I_{IO} 四个参数;在输出端,同时考虑了运放的差模电压放大作用、共模电压放大作用及输出电阻,故在输出端画出了两个电压源 $A_{ud}u_{Id}$、$A_{uc}u_{Ic}$ 及一个输出电阻 r_o 的串联结构。由图 3.6.1 可以看出,模型显然没有考虑集成运放中管子的结电容及分布电容、寄生电容的影响,因此,该模型仅适用于信号工作频率不高的情况下,故称为低频等效模型。图 3.6.1 所示模型是一个较为全面考虑集成运放输入/输出参数的一个模型,由于其考虑的因素较多,因此使用起来还是比较复杂。

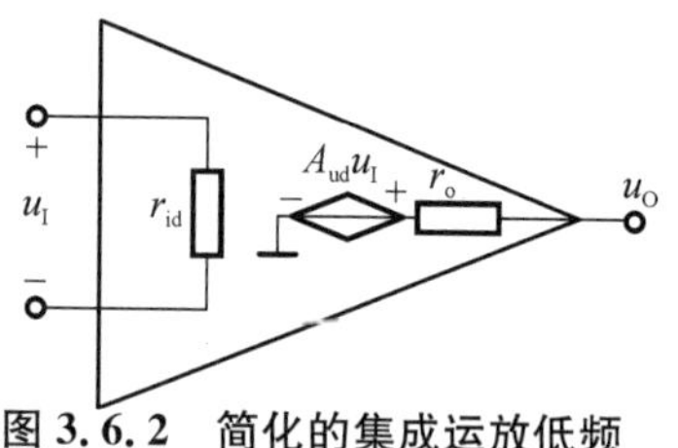

图 3.6.2　简化的集成运放低频等效模型

在大多数情况下,通常仅研究对输入信号的放大,而不考虑失调因素对电路的影响,因此可以使用简化的集成运放低频等效模型,如图 3.6.2 所示。对于简化等效模型,从运放输入端看进去,等效为一个电阻 r_{id};从输出端看进去,等效为一个输入电压控制的内阻为 r_o 的受控电压源 $A_{uo}u_I$。对于理想运放,简化模型中的 $r_{id}=\infty$,$r_o=0$,$A_{uo}=\infty$。在后面章节涉及集成运放的电路的分析中,其中的集成运放几乎都是按理想运放模型来处理的。

小　结

一、电流源电路是模拟集成电路的基本单元电路,其特点是直流电阻小,动态输出电阻(小信号电阻)很大,并具有温度补偿作用。常用来作为放大电路的有源负载和决定放大电路各级 Q 点的偏置电流。

二、差分式放大电路是模拟集成电路的重要组成单元,特别是作为集成运放的输入级,它既能放大直流信号,又能放大交流信号;它对差模信号具有很强的放大能力,而对共模信号却具有很强的抑制能力。由于电路输入、输出方式的不同组合，共有四种典型电路。分析这些电路时，要着重分析两边电路输入信号分量的不同，至于具体指标的计算与共射（或共源）的单级电路基本一致。

三、差分式放大电路要得到高的 K_{CMR}，在电路结构上要求两边电路对称；偏置电流源电路要有高值的动态输出电阻。

四、集成电路运算放大器是用集成工艺制成的、具有高增益的直接耦合多级放大电路。它一般由输入级、中间级、输出级和偏置电路四部分组成。为了抑制温漂和提高共模抑制比，常采用差分式放大电路作输入级；中间为电压增益级；互补对称电压跟随电路常用作输出级；电流源电路构成偏置电路和有源负载电路。

五、集成运放是模拟集成电路的典型组件。对于它内部电路的分析和工作原理只要求作定性的了解，目的在于掌握它的主要性能指标，做到根据电路系统的要求，正确地选择元器件。

六、场效应管集成运算放大器的组成及单元电路的形式与双极型运放相类似。由于 MOS 型集成运放有集成度高、功耗低、温度特性好等优点，在实际中得到了广泛的应用。

七、集成运放时模拟集成电路的典型组件。对于它的内部电路的分析和工作原理只要求作定性的了解，目的在于掌握它的主要技术指标，做到根据电路系统的要求，正确选择元器件。

习　题

3.1　电路如图题 3.1 所示，已知 $\beta_1=\beta_2=\beta_3=100$。各管的 U_{BE} 均为 0.7 V，试求 I_{C3} 的值。

3.2　多路电流源电路如图题 3.2 所示，已知所有晶体管的特性均相同，U_{BE} 均为 0.7 V。试求 I_{C2}、I_{C3} 各为多少？

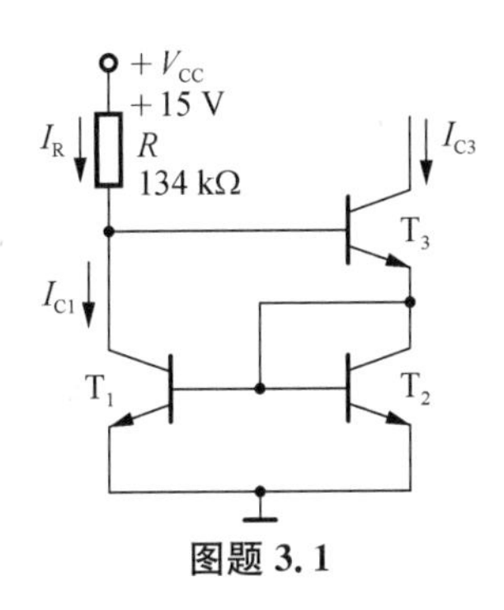

图题 3.1

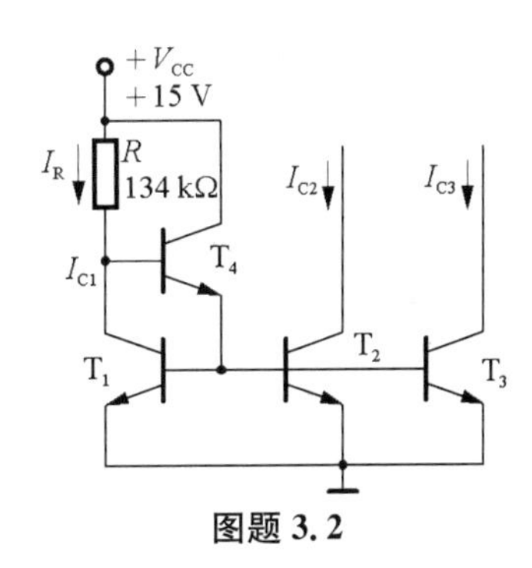

图题 3.2

3.3　图题 3.3 所示为双端输入双端输出差分式放大电路，已知 T_1、T_2 两管参数一致，$\beta=100$，$U_{BE}=0.6$ V，$R_{e1}=R_{e2}=100$ Ω，电流源动态输出电阻 $r_o=100$ kΩ。

(1) 当 $u_{I1}=0.01$ V，$u_{I2}=-0.01$ V 时，求输出电压 $u_O=u_{O1}-u_{O2}$ 的值。

(2) 当 c_1，c_2 间接入负载电阻 $R_L=5.6$ kΩ 时，求 u'_O 的值。

(3) 单端输出且 $R_L=\infty$时，$u_{O2}=$？求 A_{ud2}，A_{uc2} 和 K_{CMR} 的值。

(4) 求电路的差模输入电阻 R_{id}、共模输入电阻 R_{ic} 和不接 R_L 时，单端输出的输出电阻 R_{o2}。

3.4　图题 3.4 所示为双端输入双端输出差分式放大电路，已知 T_1、T_2 两管参数一致，$\beta_1=\beta_2=100$，$U_{BE1}=U_{BE2}=0.7$ V。$r_{bb'}=100$ Ω，当 R_W 滑动到中点时，试计算：

(1) 电路的静态工作点 Q。

(2) 差模电压放大倍数 A_{ud}、差模输入电阻 R_{id} 和差模输出电阻 R_o。

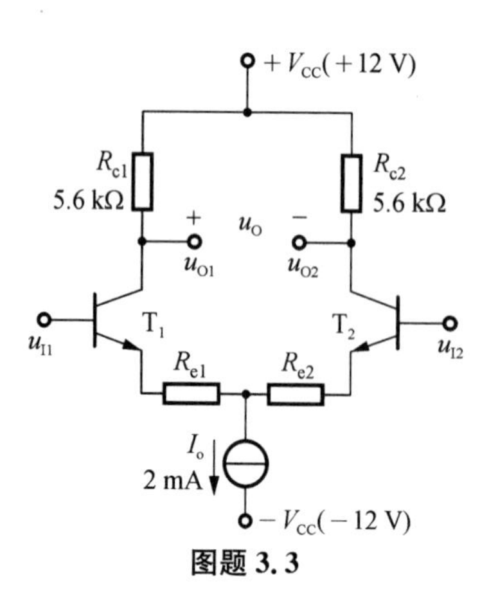

图题 3.3

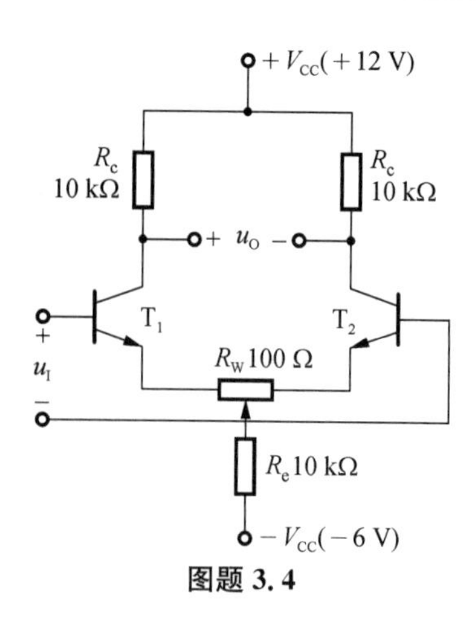

图题 3.4

3.5　电路如图题 3.5 所示，设 BJT 中 $\beta_1=\beta_2=30$，$\beta_3=\beta_4=100$，$U_{BE1}=U_{BE2}=0.6\ V$，$U_{BE3}=U_{BE4}=0.7\ V$。试计算双端输入、单端输出时的 R_{id}、A_{ud1}、A_{uc1} 及 K_{CMR} 的值。

3.6　电路如图题 3.6 所示，所有晶体管均为硅管，β 均为 60，$r_{bb'}=100\ \Omega$。静态时 $|U_{BE}|=0.6\ V$，$u_o=0\ V$，试求：

(1) 静态时 T_1 管和 T_2 管的发射极电流和 R_{c2} 的值。

(2) 电路的电压放大倍数 $A_u=u_o/u_i$，输入电阻 R_i 和输出电阻 R_o。

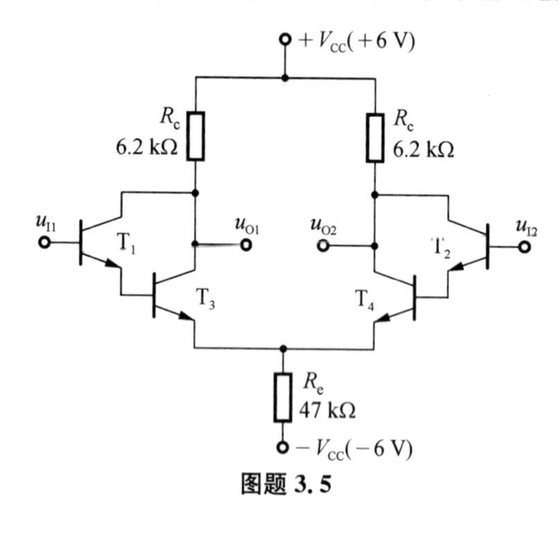

图题 3.5

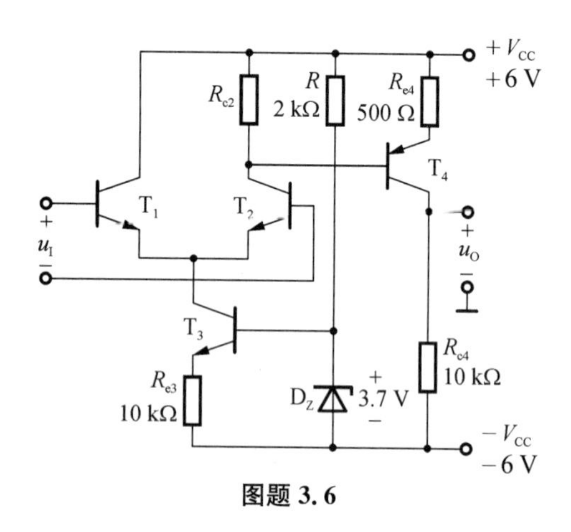

图题 3.6

第四章　放大电路的频率响应

4.1　频率响应的一般概念

4.1.1　研究频率响应的必要性

在电子电路中所遇到的信号往往不是单一的频率，而是具有一定的频谱。例如人体的心电信号，广播中的语言信号和音乐信号，电视中的图像和伴音信号，数字系统中的脉冲信号等。由于放大电路中存在着电抗性元件（如耦合电容、旁路电容）以及晶体管中存在结电容，它们的电抗随输入信号频率变化而变化，因此，放大电路对不同频率的信号具有不同的放大能力。增益和相移的大小因频率变化而变化的特性，称为放大电路的频率响应特性，简称频率特性。本节将研究频率响应的基本概念、分析方法以及典型放大电路的频率响应。在对具体的放大电路的频率响应进行分析之前，借助一两种典型的 RC 电路，来模拟放大电路的高频响应和低频响应，作为研究放大电路频率响应的导引。

4.1.2　单时间常数 RC 电路的频率响应

1) *RC 低通电路的频率响应*

在放大电路的高频区，影响频率响应的主要因素是管子的极间电容和接线电容等，它们在电路中与其他支路是并联的，因此这些电容对高频响应的影响可用图 4.1.1 所示的 RC 低通电路来模拟。利用复变量 s，由图可得

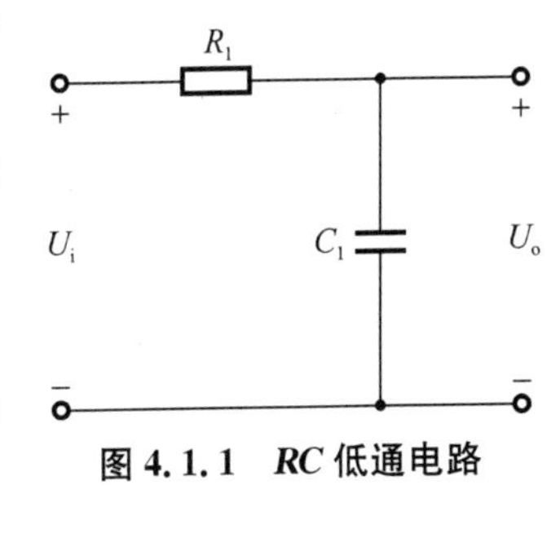

图 4.1.1　RC 低通电路

$$\dot{A}_{uH}(s)=\frac{\dot{U}_o(s)}{\dot{U}_i(s)}=\frac{\frac{1}{sC_1}}{R_1+\frac{1}{sC_1}}=\frac{1}{1+sR_1C_1} \tag{4.1.1}$$

对于实际频率，$s=j\omega=j2\pi f$ 并令

$$f_H=\frac{1}{2\pi R_1C_1} \tag{4.1.2}$$

可得高频区的电压增益

$$\dot{A}_{uH}=\frac{\dot{U}_o}{\dot{U}_i}=\frac{1}{1+j(f/f_H)} \tag{4.1.3}$$

由式(4.1.3)可得高频区的电压增益的幅值 A_{uH} 和相角 φ_H 分别为

$$A_{uH}=\frac{1}{\sqrt{1+(f/f_H)^2}} \tag{4.1.4}$$

$$\varphi_H = -\arctan(f/f_H) \tag{4.1.5}$$

幅频响应可按式(4.1.4)由下列步骤绘出：

(1) 当 $f \ll f_H$ 时

$$A_{uH} = 1/\sqrt{1+(f/f_H)^2} \approx 1$$

用分贝(dB)表示则有

$$20\lg A_{uH} \approx 20\lg 1 = 0 \text{ dB}$$

这是一条与横轴平行的零分贝线。

(2) 当 $f \gg f_H$ 时

$$A_{uH} = 1/\sqrt{1+(f/f_H)^2} \approx f_H/f$$

用分贝表示，则有

$$20\lg A_{uH} \approx 20\lg(f_H/f)$$

这是一条斜线，其斜率为 −20 dB/十倍频程，与零分贝线在 $f=f_H$ 处相交。由上两条直线构成的折线，就是近似的幅频响应，如图 4.1.2(a)所示。f_H 对应于两条直线的交点，所以 f_H 称为转折频率。由式(4.1.4)可知，当 $f=f_H$ 时，$A_{uH}=1/\sqrt{2}=0.707$，即在 f_H 时，电压增益下降到中频值的 0.707 倍，所以 f_H 又是放大电路的上限频率。

这种用折线表示电路的幅频响应，与实际的频响曲线存在一定误差，如图 4.1.2(a)中的虚线所示。作为一种近似的估算方法，在工程上是允许的。

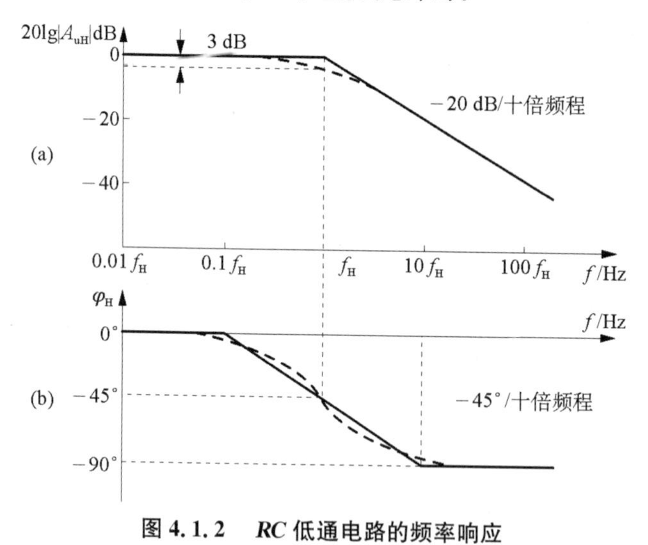

图 4.1.2　*RC* 低通电路的频率响应

(a) 幅频响应；(b) 相频响应

在同一图上，可根据式(4.1.5)作出相频响应，它可用三条直线来近似描述：

(1) 当 $f \ll f_H$ 时，$\varphi_H \to 0°$，得一条 $\varphi_H = 0°$ 的直线；

(2) 当 $f \gg f_H$ 时，$\varphi_H \to -90°$，得一条 $\varphi_H = -90°$ 的直线；

(3) 当 $f = f_H$ 时，$\varphi_H = -45°$。

由于当 $f/f_H = 0.1$ 或 $f/f_H = 10$ 时，相应地可近似得 $\varphi_H = 0°$ 和 $\varphi_H = -90°$，故在

$0.1f_H$ 和 $10f_H$ 之间，可用一条斜率为$-45°$/十倍频程的直线来表示，于是可画得相频响应如图 4.1.2(b)所示。图中亦用虚线画出了实际的相频响应。同样，作为一种工程近似方法，所存在的一定的相位误差也是允许的。

由上面结果可知，随着 f_H 的上升 A_{uH} 越来越小以及输出电压的相角 φ_H 越大，而且幅频响应和相频响应都与上限频率 f_H 有确定的关系。

2) *RC* 高通电路的频率响应

在放大电路的低频区内，耦合电容和射极旁路电容对低频响应的影响，可用如图 4.1.3 所示的 *RC* 高通电路来模拟。利用复变量 s，由图可得

$$\dot{A}_{uL}(s)=\frac{\dot{U}_o(s)}{\dot{U}_i(s)}=\frac{R_2}{R_2+1/sC_2}=\frac{s}{s+1/R_2C_2} \quad (4.1.6)$$

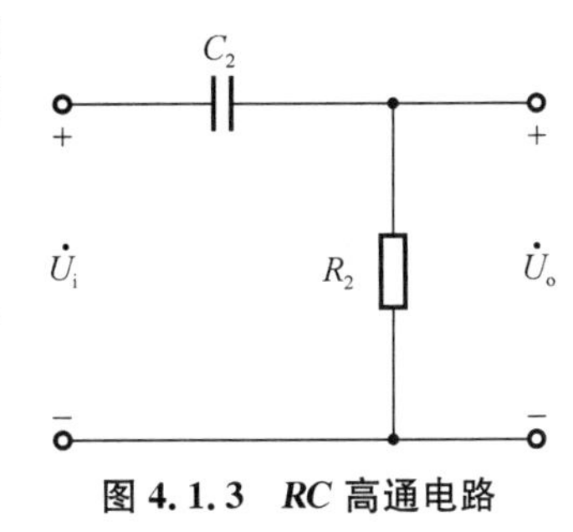

图 4.1.3　*RC* 高通电路

按照实际频率，$s=j\omega$，并令

$$f_L=\frac{1}{2\pi R_2C_2} \quad (4.1.7)$$

可得低频区的电压增益

$$\dot{A}_{uL}=\frac{\dot{U}_o}{\dot{U}_i}=\frac{1}{1-j(f_L/f)} \quad (4.1.8)$$

由式(4.1.8)可得低频区电压增益的幅值 A_{uL} 和相角 φ_L 分别为

$$A_{uL}=\frac{1}{\sqrt{1+(f_L/f)^2}} \quad (4.1.9)$$

$$\varphi_L=\arctan(f_L/f) \quad (4.1.10)$$

采用与低通电路同样的折线近似方法，可画出高通电路的幅频和相频响应曲线，如图 4.1.4 所示。图中 f_L 是转折频率，即放大电路的下限频率。图中也用虚线表示了实际的响应曲线。

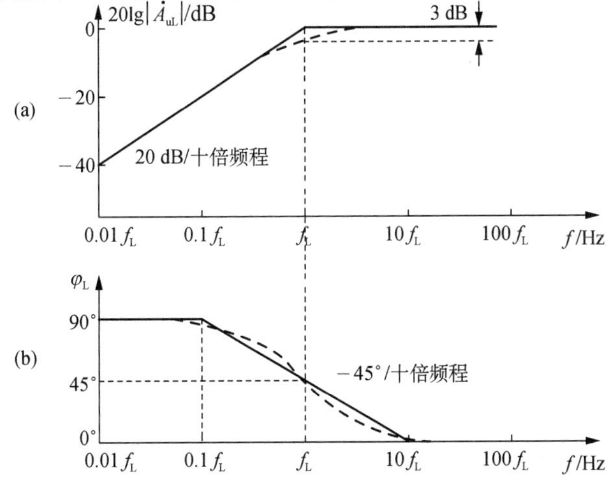

图 4.1.4　*RC* 高通电路的频率响应

(a) 幅频响应；(b) 相频响应

4.2　单级放大电路的高频响应

从晶体管的物理结构出发,考虑发射结和集电结电容的影响,就可以得到在高频信号作用下的物理模型,称为混合 π 模型。由于晶体管的混合 π 模型与第二章所介绍的 H 参数等效模型在低频信号作用下具有一致性,因此,可用 H 参数来计算混合模型中的某些参数,并用于高频信号作用下的电路分析。

4.2.1　晶体管的混合 π 模型

1) 完整的混合 π 模型

图 4.2.1(a)所示为晶体管结构示意图。r_c 和 r_e 分别为集电区体电阻和发射区体电阻,它们的数值较小,常常忽略不计。C_μ 为集电结电容,$r_{b'c'}$ 为集电结电阻,$r_{bb'}$ 为基区体电阻,C_π 为发射结电容,$r_{b'e'}$ 为发射结电阻。图(b)是与图(a)对应的混合 π 模型。

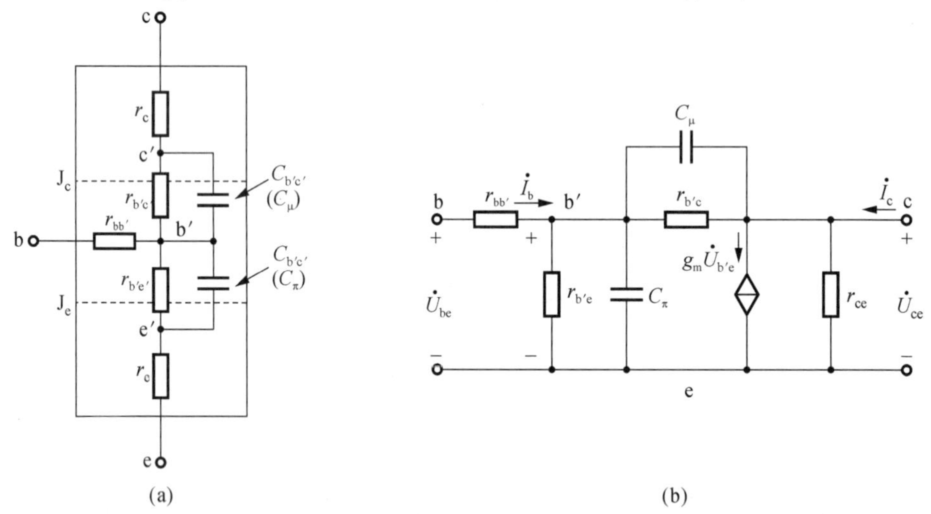

图 4.2.1　晶体管结构示意图及混合 π 模型

(a) 晶体管的结构示意图;(b) 混合 π 模型

图中,由于 C_π 与 C_μ 的存在,使 $\dot{I}_c$ 和 $\dot{I}_b$ 的大小、相角均与频率有关,即电流放大系数是频率的函数,应记作 $\dot{\beta}$。根据半导体物理的分析,晶体管的受控电流 $\dot{I}_c$ 与发射结电压 $\dot{U}_{b'e}$ 呈线性关系,且与信号频率无关。因此,混合 π 模型中引入了一个新参数 g_m,g_m 为跨导,描述 $\dot{U}_{b'e}$ 对 $\dot{I}_c$ 的控制关系,即 $\dot{I}_c=g_m\dot{U}_{b'e}$。

2) 简化的混合 π 模型

在图 4.2.1(b)所示电路中,通常情况下,r_{ce} 远大于 c-e 间所接的负载电阻,而 $r_{b'c}$ 也远大于 C_μ 的容抗,因而可认为 r_{ce} 和 $r_{b'c}$ 开路,如图 4.2.2(a)所示。由于 C_μ 跨接在输入与输出回路之间,使电路的分析变得十分复杂。因此,为简单起见,将 C_μ 等效到输入回路和输出回路中去,称为单向化。单向化是通过等效变换来实现的。设 C_μ 折合到 b′-e 间的电容为 C'_μ,折合到 c-e 间的电容为 C''_μ,则单向化之后的电路如(b)所示。

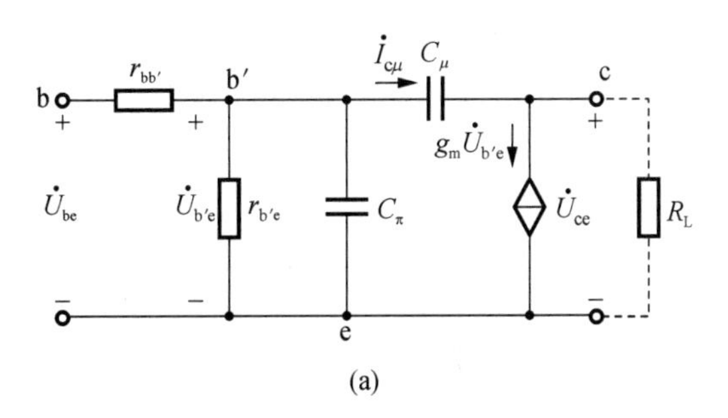

(a)

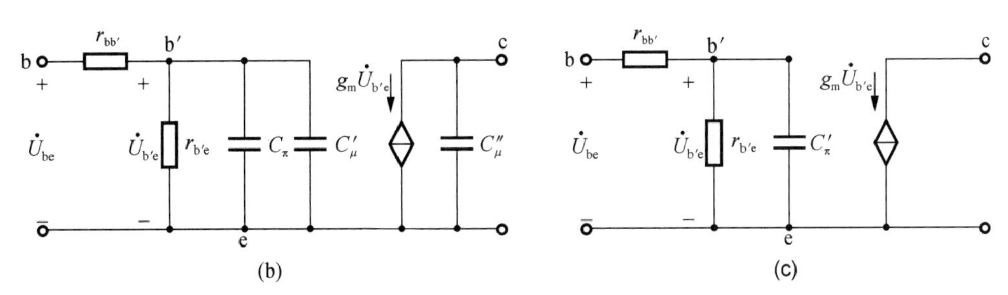

(b)　　(c)

图 4.2.2　混合 π 模型的简化

(a) 简化的混合 π 模型；(b) 单向化后的混合 π 模型；(c) 忽略 C''_μ 的混合 π 模型

等效变换过程如下：在图(a)所示电路中，从 b′看进去 C_μ 中流过的电流为

$$\dot{I}_{C\mu}=\frac{\dot{U}_{b'e}-\dot{U}_{ce}}{X_{C_\mu}}=\frac{(1-\dot{K})\dot{U}_{b'e}}{X_{C_\mu}}\quad\left(\dot{K}=\frac{\dot{U}_{ce}}{\dot{U}_{b'e}}\right)$$

为保证变换的等效性，要求流过 C'_μ 的电流仍为 $\dot{I}_{C_\mu}$，而它的端电压为 $\dot{U}_{b'e}$，因此 C'_μ 的电抗

$$X_{C'_\mu}=\frac{\dot{U}_{b'e}}{\dot{I}_{C_\mu}}=\frac{\dot{U}_{b'e}}{(1-\dot{K})\dfrac{\dot{U}_{b'e}}{X_{C_\mu}}}=\frac{X_{C_\mu}}{1-\dot{K}}$$

考虑在近似计算时，$\dot{K}$ 取中频时的值，所以 $|\dot{K}|=-\dot{K}$。$X_{C'_\mu}$ 约为 X_{C_μ} 的 $(1+|\dot{K}|)$ 分之一，因此

$$C'_\mu=(1-\dot{K})C_\mu=(1+|\dot{K}|)C_\mu \tag{4.2.1}$$

b－e 间总电容为

$$C'_\pi=C_\pi+C'_\mu\approx C_\pi+(1+|\dot{K}|)C_\mu \tag{4.2.2}$$

用同样的分析方法，可以得出

$$C'_\mu=\frac{\dot{K}-1}{\dot{K}}C_\mu \tag{4.2.3}$$

因为 $C'_\pi\gg C''_\mu$，且一般情况下 C''_μ 的容抗远大于 R'_L，C''_μ 中的电流可忽略不计，所以简化的混合 π 模型如图(c)所示。

3) 混合π模型的主要参数

将简化的混合π模型与简化的 H 参数等效模型相比较，它们的电阻参数是完全相同的，从手册中可查得 $r_{bb'}$，而

$$r_{b'e}=(1+\beta_0)\frac{U_T}{I_{EQ}} \tag{4.2.4}$$

式中 β_0 为低频段晶体管的电流放大系数。虽然利用 β 和 g_m 表述的受控关系不同，但是它们所要表述的却是同一个物理量，即

$$\dot{I}_c=g_m\dot{U}_{b'e}=\beta_0\dot{I}_b$$

由于 $\dot{U}_{b'e}=\dot{I}_b r_{b'e}$，且 $r_{b'e}$ 如式(4.2.4)所示，又由于通常 $\beta_0\gg 1$，所以

$$g_m=\frac{\beta_0}{r_{b'e}}\approx\frac{I_{EQ}}{U_T} \tag{4.2.5}$$

在半导体器件手册中可以查得参数 C_{ob}，C_{ob} 是晶体管为共基接法且发射极开路时c－b间的结电容，C_μ 近似为 C_{ob}，C_π 的数值可通过手册给出的特征频率 f_T 和放大电路的静态工作点求解，具体分析见4.2.2节。$\dot{K}$ 是电路的电压放大倍数，可通过计算得到。

4.2.2 三极管的频率参数

三极管的频率参数是用来描述管子对不同频率信号的放大能力。常用的频率参数有共发射极截止频率 f_β、特征频率 f_T、共基极截止频率 f_α 等。

1) 共发射极截止频率 f_β

当信号频率比较高时，晶体管内的载流子将不能紧密跟随信号的变化而运动，使得 β 值下降，$\dot{I}_c$ 与 $\dot{I}_b$ 之间产生了相位差。所以，电流放大系数 β 是频率的函数，即

$$\beta=\left.\frac{\dot{I}_c}{\dot{I}_b}\right|_{\dot{U}_{ce}=0} \tag{4.2.6}$$

根据式(4.2.6)，将混合π等效模型中的c、e输出端短路，则得图4.2.3。由图可得集电极短路电流为

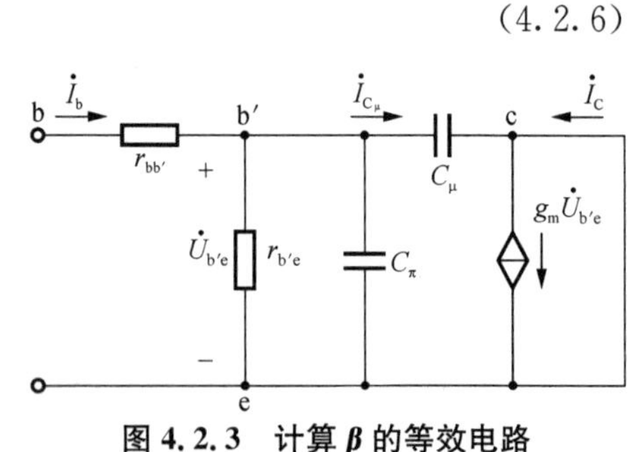

图4.2.3 计算 β 的等效电路

$$\dot{I}_c=(g_m-j\omega C_\mu)\dot{U}_{b'e}$$

而

$$\dot{I}_b=\frac{\dot{U}_{b'e}}{r_{b'e}\parallel\frac{1}{j\omega C_\pi}\parallel\frac{1}{j\omega C_\mu}}$$

则

$$\dot{\beta}=\frac{\dot{I}_{c}}{\dot{I}_{b}}=\frac{g_{m}-j\omega C_{\mu}}{\frac{1}{r_{b'e}}+j\omega(C_{\pi}+C_{\mu})} \tag{4.2.7}$$

在图 4.2.3 所示等效模型的有效频率范围内，$g_{m}\gg\omega C_{\mu}$，因而有

$$\dot{\beta}\approx\frac{g_{m}r_{b'e}}{1+j\omega(C_{\pi}+C_{\mu})r_{b'e}} \tag{4.2.8}$$

考虑式(4.2.5)的关系，则得

$$\dot{\beta}\approx\frac{\beta_{0}}{1+j\omega(C_{\pi}+C_{\mu})r_{b'e}} \tag{4.2.9}$$

式中 $\beta_{0}=g_{m}r_{b'e}$，令 f_{β} 为 $\dot{\beta}$ 的截止频率，则

$$f_{\beta}=\frac{1}{2\pi\tau}=\frac{1}{2\pi r_{b'e}(C_{\pi}+C_{\mu})} \tag{4.2.10}$$

则称 f_{β} 为共发射极截止频率，将其代入式(4.2.9)可得

$$\dot{\beta}=\frac{\beta_{0}}{1+j\frac{f}{f_{\beta}}} \tag{4.2.11}$$

其幅频特性和相频特性的表达式为

$$|\dot{\beta}|=\frac{\beta_{0}}{\sqrt{1+\left(\frac{f}{f_{\beta}}\right)^{2}}} \tag{4.2.12}$$

$$\varphi=-\arctan\frac{f}{f_{\beta}}$$

则 $\dot{\beta}$ 的幅频特性曲线和相频特性曲线如图 4.2.4 所示。

2) 特征频率 f_{T}

在图 4.2.4 所示 $\dot{\beta}$ 的频率响应曲线中，把当 $\dot{\beta}$ 的幅值以 −20 dB/十倍频程的斜率下降到 0 dB 时的频率称为特征频率 f_{T}，此时 $|\dot{\beta}|=1$，且 $f_{T}\gg f_{\beta}$。代入式(4.2.12)可得

$$f_{T}=\beta_{0}f_{\beta} \tag{4.2.13}$$

将式 $\beta_{0}=g_{m}r_{b'e}$ 和式(4.2.10)代入上式得

$$f_{T}=\frac{g_{m}}{2\pi(C_{\pi}+C_{\mu})} \tag{4.2.14}$$

一般 $C_{\pi}\gg C_{\mu}$

$$f_{T}\approx\frac{g_{m}}{2\pi C_{\pi}} \tag{4.2.15}$$

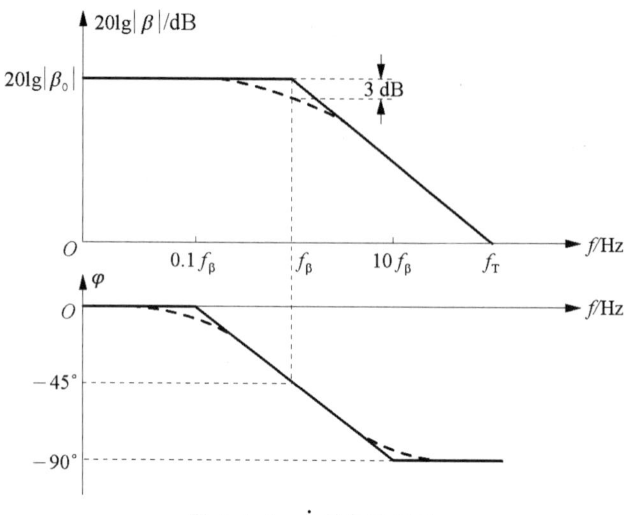

图 4.2.4 $\dot{\beta}$ 的频率特性

特征频率 f_T 是三极管的重要参数,常在手册中给出。f_T 的典型数据在 10~1 000 MHz 之间。

3) 共基极截止频率 f_α

利用 β 与 α 的关系可得

$$\dot{\alpha}=\frac{\dot{\beta}}{1+\dot{\beta}}=\frac{\dfrac{\beta_0}{1+\mathrm{j}\dfrac{f}{f_\beta}}}{1+\dfrac{\beta_0}{1+\mathrm{j}\dfrac{f}{f_\beta}}}=\frac{\beta_0}{1+\beta_0+\mathrm{j}\dfrac{f}{f_\beta}}=\frac{\dfrac{\beta_0}{1+\beta_0}}{1+\mathrm{j}\dfrac{f}{(1+\beta_0)f_\beta}} \tag{4.2.16}$$

令

$$\alpha_0=\frac{\beta_0}{1+\beta_0} \tag{4.2.17}$$

得

$$f_\alpha=(1+\beta_0)f_\beta\approx f_T \tag{4.2.18}$$

将式(4.2.17)和式(4.2.18)代入(4.2.16)可得

$$\dot{\alpha}=\frac{\alpha_0}{1+\mathrm{j}\dfrac{f}{f_\alpha}} \tag{4.2.19}$$

由式(4.2.19)可知,f_α 是 $|\dot{\alpha}|$ 下降到 $0.707|\dot{\alpha}|$ 时的频率,也就是共基极截止频率。另外,由于共基极放大电路的截止频率 f_α 远高于共发射极放大电路的截止频率,因此共基极放大电路常用来作为宽频带放大电路。

4.2.3 场效应管的高频等效模型

与晶体管一样,场效应管的各电极之间也会存在极间电容,根据场效应管的结构,可得出它的高频等效模型如图 4.2.5(a)所示。由于一般情况下 r_{gs} 和 r_{ds} 都比外接电阻大得多，因此可以忽略，认为它们开路。而对于跨结在 g－d 之间的电容 C_{gd}，可以将其进行等效变换，将其折合到输入和输出端，使电路单向化。由于输出回路的时间常数比输入回路小得多，可以忽略输出回路电容的影响，这样就可以得到图 4.2.5(b)所示的简化高频等效模型。

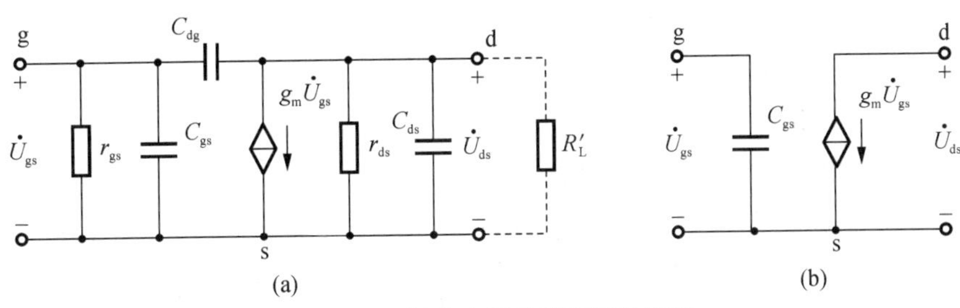

图 4.2.5　场效应管的高频等效模型

(a) 高频等效模型；(b) 简化模型

4.3　单管共发射极放大电路的频率响应

下面利用 BJT 的高频等效模型，对阻容耦合的分压式偏置电路的频率响应进行分析。首先，要画出电路的全频段小信号模型，如图 4.3.1 所示，其中 $R_b = R_{b1} \parallel R_{b2}$。然后将输入信号的频率范围分为低频段、中频段和高频段，分别计算电路的电压增益。

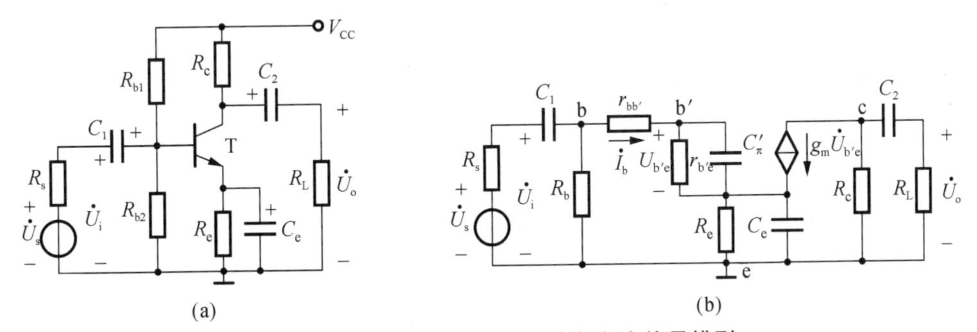

图 4.3.1　共射放大电路及其全频段小信号模型

(a) 单管阻容耦合放大电路；(b) 单管阻容耦合放大电路的全频小信号模型

1）电路的中频响应

中频电压信号作用时，极间电容的容抗很大，可视为开路；耦合电容和旁路电容的容抗很小，可视为短路，即不考虑电路中的电容对电路增益的影响。因此，中频段电压增益可以看成是常数，在一定的信号频率范围内，电压增益不随信号频率的改变而变化。此时，电路的小信号模型如图 4.3.2 所示。

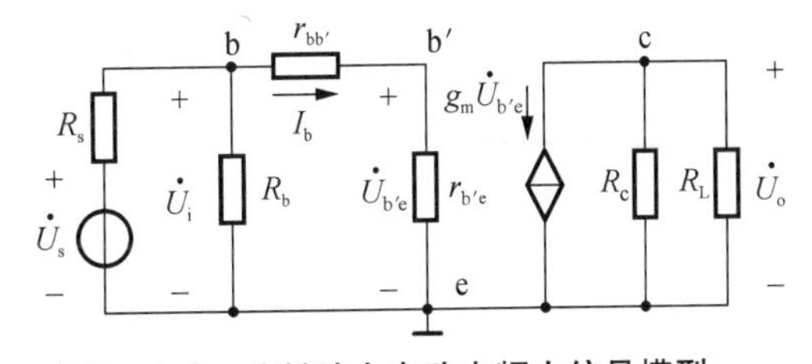

图 4.3.2　共射放大电路中频小信号模型

电路的中频源电压增益为

$$\dot{A}_{usm}=\frac{\dot{U}_o}{\dot{U}_s}=\frac{\dot{U}_i}{\dot{U}_s}\cdot\frac{\dot{U}_{b'e}}{\dot{U}_i}\cdot\frac{\dot{U}_o}{\dot{U}_{b'e}}=\frac{R_i}{R_s+R_i}\cdot\frac{r_{b'e}}{r_{be}}(-g_mR'_L) \tag{4.3.1}$$

式中

$$R_i=R_b\parallel(r_{bb'}+r_{b'e})=R_b\parallel r_{be},\ R'_L=R_c\parallel R_L。$$

2) 电路的低频响应

低频电压信号作用时,极间电容可以视为开路,而耦合电容和旁路电容的电抗增大,不能视为短路。考虑到耦合电容和旁路电容对电路低频特性的影响,画出电路的低频小信号模型,如图 4.3.3 所示。

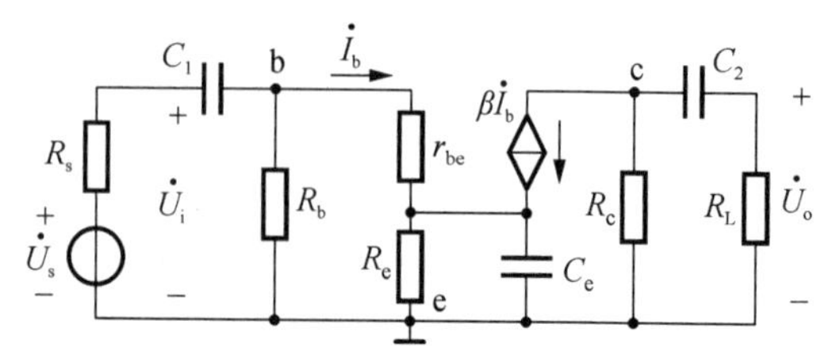

图 4.3.3 共射放大电路低频小信号模型

首先对图 4.3.3 进行合理的简化。一般情况下,基极电阻 $R_b=R_{b1}\parallel R_{b2}$ 远远大于电路的输入阻抗,因此忽略电阻 R_b;在电路中,一般采用容值较大的电解电容作为旁路电容 C_e,在低频范围内,它的容抗远小于电阻 R_e 的值,因此可以忽略电阻 R_e。于是,得到简化的低频小信号模型如图 4.3.4(a)所示。再将旁路电容 C_e 折算到基极回路。由于发射极电流是基极电流的 $1+\beta$ 倍,因此折算后的电容 C'_e 为

$$C'_e=\frac{C_e}{1+\beta}$$

容抗为原来的 $1+\beta$ 倍,即

$$X_{C'_e}=\frac{1}{\omega C'_e}=(1+\beta)\frac{1}{\omega C_e}$$

它与耦合电容 C_1 串联,所以输入回路的等效电容 C 为

$$C=\frac{C_1C_e}{(1+\beta)C_1+C_e} \tag{4.3.2}$$

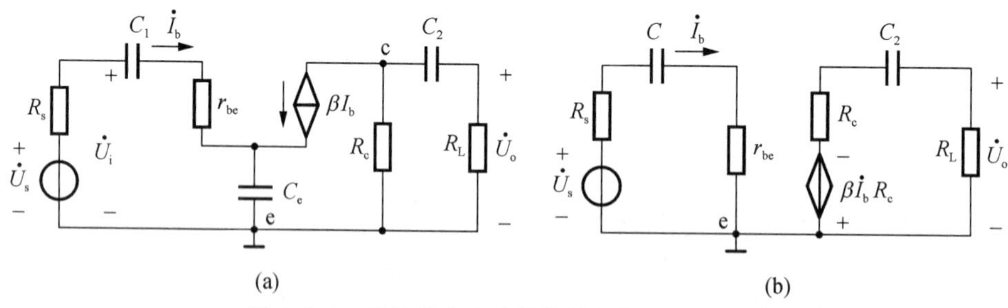

图 4.3.4 共射放大电路简化的低频小信号模型

(a) 简化的低频小信号模型;(b) 等效电路

在输出回路中 $\dot{I}_c\approx\dot{I}_e$,不需要对 C_e 进行折算,且一般有 $C_e\gg C_2$,因此可以忽略电容 C_e,将其视为短路。最后输出回路的受控电流源 $\beta\dot{I}_b$和电阻 R_c 用戴维南等效电路代替,得

到图 4.3.4(a)的等效电路，如图 4.3.4(b)所示。等效以后的电路相当于一个一阶 RC 高通电路。输出电压为

$$\dot{U}_o=-\frac{R_L}{R_c+R_L+\frac{1}{j\omega C_2}}\beta\dot{I}_bR_c=-\frac{\beta\dot{I}_bR'_L}{1-\frac{j}{\omega C_2(R_c+R_L)}}$$

信号源电压为

$$\dot{U}_s=\left[R_s+r_{be}-\frac{j}{\omega C_1}\right]\dot{I}_b=(R_s+r_{be})\left[1-\frac{j}{\omega C(R_s+r_{be})}\right]\dot{I}_b$$

则电路的源电压增益为

$$\begin{aligned}\dot{A}_{usl}&=\frac{\dot{U}_o}{\dot{U}_s}=-\frac{\beta R'_L}{R_s+r_{be}}\cdot\frac{1}{1-\frac{j}{\omega C(R_s+r_{be})}}\cdot\frac{1}{1-\frac{j}{\omega C_2(R_c+R_L)}}\\&=\dot{A}_{usm}\cdot\frac{1}{1-j\frac{f_{L1}}{f}}\cdot\frac{1}{1-j\frac{f_{L2}}{f}}\end{aligned}\tag{4.3.3}$$

式中

$$f_{L1}=\frac{1}{2\pi C(R_s+r_{be})}\tag{4.3.4}$$

$$f_{L2}=\frac{1}{2\pi C_2(R_c+R_L)}\tag{4.3.5}$$

由此可见，单管共射放大电路在满足 C_e 的容抗远小于 R_e 时，低频段有两个下限截止频率。由于流过发射极旁路电容 C_e 的电流是基极电流 $\dot{I}_b$ 的 $1+\beta$ 倍，因此 C_e 会对电路的电压增益产生较大的影响。一般来说，$f_{L1}>f_{L2}$ 应取 f_{L1} 作为电路的下限截止频率。

$$f_L=\max(f_{L1},f_{L2})\tag{4.3.6}$$

可以将式(4.3.3)简化为

$$\dot{A}_{usl}=\dot{A}_{usm}\cdot\frac{1}{1-j\frac{f_{L1}}{f}}\tag{4.3.7}$$

由此可以推导出低频电压增益幅频响应和相频响应的表达式为

$$20\lg|\dot{A}_{usl}|=20\lg|\dot{A}_{usm}|-20\lg\sqrt{1+\left(\frac{f_{L1}}{f}\right)^2}\tag{4.3.8}$$

$$\varphi=-180^\circ-\arctan\left(-\frac{f_{L1}}{f}\right)=-180^\circ+\arctan\left(\frac{f_{L1}}{f}\right)\tag{4.3.9}$$

根据分析结果，近似画出单管放大电路的低频响应，如图 4.3.5 所示。

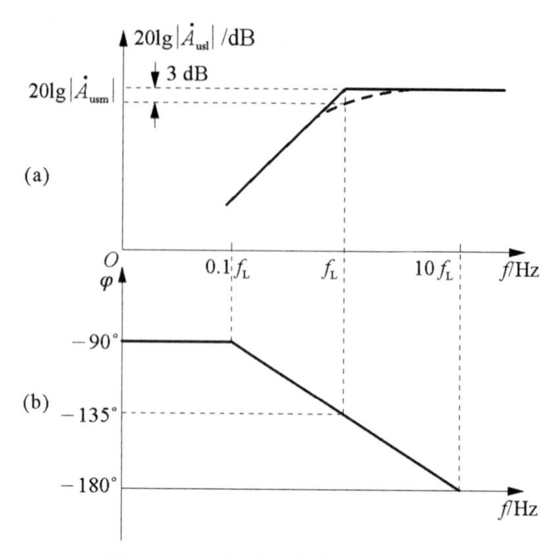

图 4.3.5　共射放大电路低频响应

(a) 幅频响应;(b) 相频响应

【例 4.3.1】 电路如图 4.3.1 所示,选取 BJT 的 $\beta=80$,$r_{be}=1.5\ \text{k}\Omega$,$V_{CC}=15\ \text{V}$,$R_s=50\ \Omega$,$R_{b1}=11\ \text{k}\Omega$,$R_{b2}=33\ \text{k}\Omega$,$R_c=4\ \text{k}\Omega$,$R_L=2.7\ \text{k}\Omega$,$R_e=1.8\ \text{k}\Omega$,$C_1=30\ \mu\text{F}$,$C_2=1\ \mu\text{F}$,$C_e=50\ \mu\text{F}$,估算该电路的下限截止频率。

解: 输入回路的等效电容为

$$C=\frac{C_1C_e}{(1+\beta)C_1+C_e}\approx 0.6\ \mu\text{F}$$

分别求出电路的下限截止频率,即

$$f_{L1}=\frac{1}{2\pi C(R_s+r_{be})}\approx 171.2\ \text{Hz}$$

$$f_{L2}=\frac{1}{2\pi C_2(R_c+R_L)}\approx 23.8\ \text{Hz}$$

$$f_L=\max(f_{L1},f_{L2})=171.2\ \text{Hz}$$

则电路的下限截止频率

$$f_L\approx f_{L1}=171.2\ \text{Hz}$$

由放大电路的低频特性可知,通过提高回路的时间常数,选用大的耦合电容或旁路电容,提高电路的等效电阻可以降低下限截止频率,但如果输入信号频率很低时,最好采用直接耦合电路。

3) 电路的高频响应

高频电压信号作用时,电路中耦合电容和旁路电容的容抗很小,可视为短路;晶体管的极间电容会对放大电路的高频特性产生较大的影响,不能视为开路。这里主要讨论等效电容 C'_π 对电路高频特性的影响。首先,画出电路的高频小信号模型,如图 4.3.6 (a)所示。

从输入回路看,放大电路可以等效成一个一阶 RC 低通电路,如图 4.3.6(b)所示。根据戴维南定理，可求出输入回路的等效电阻，进而求得输入回路的时间常数。

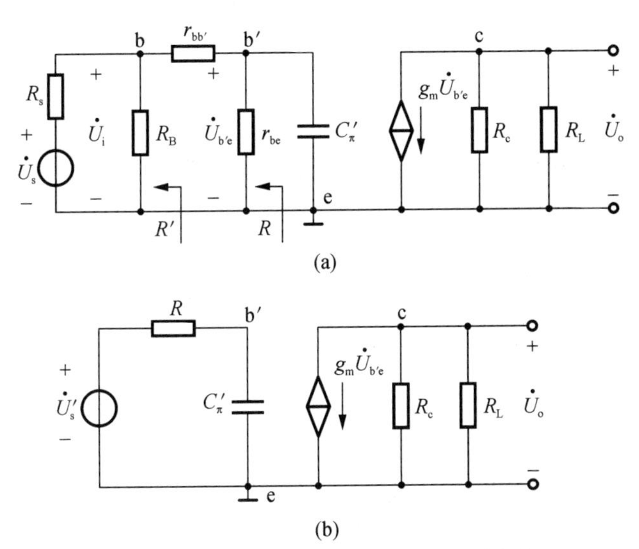

图 4.3.6　共射放大电路高频小信号模型

(a) 高频小信号模型；(b) 高频等效电路

等效电阻 R 为

$$R' = r_{bb'} + R_b \parallel R_s$$
$$R = r_{b'e} \parallel R' = r_{b'e} \parallel (r_{bb'} + R_b \parallel R_s) \tag{4.3.10}$$

电路的时间常数为

$$\tau = RC'_\pi$$

高频电压增益为

$$\dot{A}_{ush} = \frac{\dot{U}_o}{\dot{U}_s} = \frac{\dot{U}'_s}{\dot{U}_s} \cdot \frac{\dot{U}_{b'e}}{\dot{U}'_s} \cdot \frac{\dot{U}_o}{\dot{U}_{b'e}}$$
$$= \frac{R_i}{R_s + R_i} \cdot \frac{r_{b'e}}{r_{be}} \cdot \frac{\frac{1}{j\omega RC'_\pi}}{1 + \frac{1}{j\omega RC'_\pi}} \cdot (-g_m R'_L)$$

和中频电压增益式(4.3.1)进行比较，可得

$$\dot{A}_{ush} = \dot{A}_{usm} \cdot \frac{1}{1 + j\omega RC'_\pi} = \dot{A}_{usm} \cdot \frac{1}{1 + j\frac{f}{f_H}} \tag{4.3.11}$$

电路的上限截止频率为

$$f_H = \frac{1}{2\pi\tau} = \frac{1}{2\pi RC'_\pi}$$

高频电压增益的幅频响应和相频响应表达式为

$$20\lg|\dot{A}_{\mathrm{ush}}|=20\lg|\dot{A}_{\mathrm{usm}}|-20\lg\sqrt{1+\left(\frac{f}{f_{\mathrm{H}}}\right)^2} \tag{4.3.12}$$

$$\varphi=-180^\circ-\arctan\left(\frac{f}{f_{\mathrm{H}}}\right) \tag{4.3.13}$$

根据分析结果,近似画出单管放大电路的高频响应,如图 4.3.7 所示。

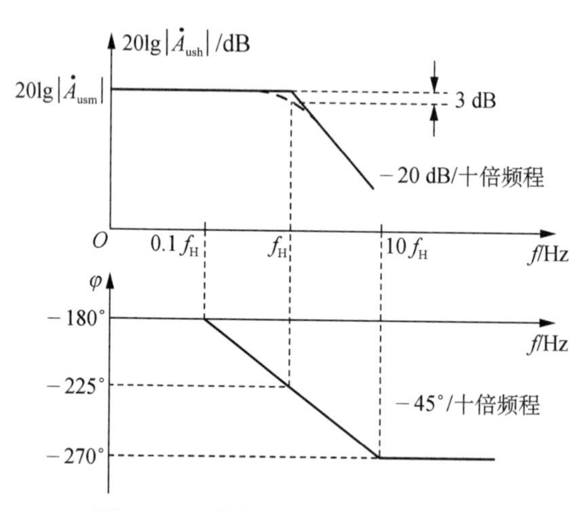

图 4.3.7 共射放大电路的高频响应

4) 放大电路的全频段响应

在对放大电路的频率响应进行分析的过程中不难发现如下几点。

(1) 电路中的耦合电容和旁路电容是影响放大电路低频特性的主要因素。选用大的电容,增大回路的时间常数,可以使低频特性得到改善,但效果不大。采用直接耦合放大电路,是改善低频特性最根本的方法。

(2) 在中频段,耦合电容和旁路电容可视为短路,BJT 的极间电容可视为开路。在一定频率范围内,电压增益为常数。

(3) BJT 的极间电容 $C_{\mathrm{b'e}}$ 和 $C_{\mathrm{b'c}}$ 是影响放大电路高频特性的主要因素。此外,信号源内阻 R_{s} 和基极体电阻 $r_{\mathrm{bb'}}$ 也会对电路的高频特性产生较大的影响。可以选用 $r_{\mathrm{bb'}}$、$C_{\mathrm{b'e}}$、$C_{\mathrm{b'c}}$ 小及 f_{T} 高的 BJT;选用内阻 R_{s} 小的信号源,以降低电路的时间常数,获得良好的高频特性。考虑所有这些因素的影响,可以得到单管放大电路的全频段响应为

$$\dot{A}_{\mathrm{us}}=\begin{cases}\dot{A}_{\mathrm{usm}}\cdot\dfrac{1}{1-\mathrm{j}\dfrac{f_{\mathrm{L1}}}{f}}\cdot\dfrac{1}{1-\mathrm{j}\dfrac{f_{\mathrm{L2}}}{f}} & f\leqslant f_{\mathrm{L}}\\ \dot{A}_{\mathrm{usm}} & f_{\mathrm{L}}<f<f_{\mathrm{H}}\\ \dot{A}_{\mathrm{usm}}\cdot\dfrac{1}{1+\mathrm{j}\dfrac{f}{f_{\mathrm{H}}}} & f\geqslant f_{\mathrm{H}}\end{cases}$$

由此画出单管共射极放大电路的频率特性曲线,如图 4.3.8 所示。

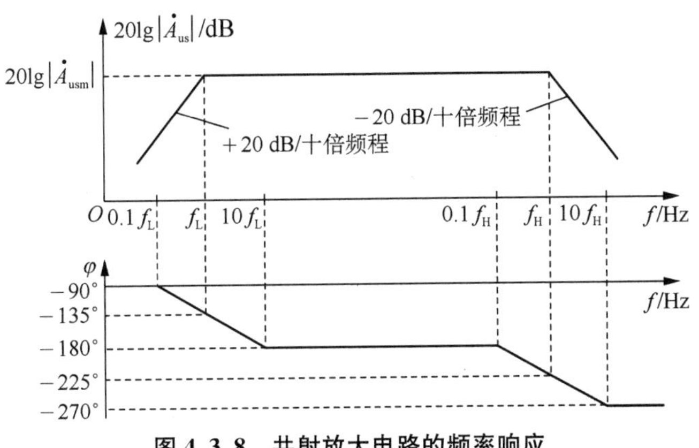

图 4.3.8　共射放大电路的频率响应

5) 增益-带宽积

通过前面的分析可以看出，放大电路对不同频率信号的放大能力是不同的，在工程上用通频带(或带宽)进行衡量。由于 $f_H \gg f_L$，因此，放大电路的通频带近似等于电路的上限截止频率，即

$$BW = f_H - f_L \approx f_H$$

为了提高电路的上限截止频率，就要减小 $g_m R'_L$，从而减小电容 C_π 对电路频率特性的影响，起到拓展放大电路带宽的作用。但减小 $g_m R'_L$ 会使中频电压增益 $\dot{A}_{usm}$ 减小。由此可见，带宽和增益是相互制约的。增益-带宽积也就是中频增益与带宽的乘积，可以综合考虑这两方面的性能。图 4.3.1 所示电路的增益-带宽积为

$$|\dot{A}_{usm} \cdot f_H| = g_m R'_L \cdot \frac{r_{b'e}}{r_{be}} \cdot \frac{R_b \parallel r_{be}}{R_s + R_b \parallel r_{be}} \cdot \frac{1}{2\pi[r_{b'e} \parallel (r_{bb'} + R_b \parallel R_s)][C_\pi + (1 + g_m R'_L)C_\mu]}$$

一般情况下，有 $R_b \gg R_s$，$R_b \gg r_{be}$

$$|\dot{A}_{usm} \cdot f_H| \approx \frac{g_m R'_L}{2\pi(r_{bb'} + R_s)[C_\pi + (1 + g_m R'_L)C_\mu]} \tag{4.3.14}$$

BJT 和电路的参数确定后，增益-带宽积基本就是一个常数。

【例 4.3.2】 电路如图 4.3.9 所示，BJT 的型号为 3DG8，$C_\mu = 4$ nF，$f_T = 150$ MHz，$\beta = 50$、$r_{bb'} = 300\ \Omega$。求中频电压增益、下限截止频率和上限截止频率、带宽和增益-带宽积。

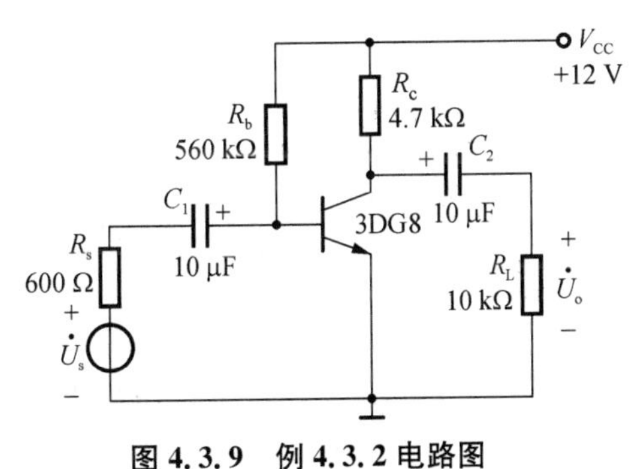

图 4.3.9　例 4.3.2 电路图

解：(1) 求静态工作点。

$$I_{BQ} = \frac{V_{CC} - U_{BEQ}}{R_b} = \frac{12 - 0.7}{560 \times 10^3}\ \text{A} \approx 0.02\ \text{mA}$$

$$I_{CQ} = \beta I_{BQ} = 50 \times 0.02\ \text{mA} = 1\ \text{mA}$$

$$U_{CEQ} = V_{CC} - I_{CQ}R_c = 12\ \text{V} - 1 \times 4.7\ \text{V} = 7.3\ \text{V}$$

(2) 求解混合 π 模型参数。

$$r_{b'e}=\frac{U_T}{I_{BQ}}=\frac{26}{0.02}\Omega=1.3\ k\Omega$$

$$g_m=\frac{I_{EQ}}{U_T}=\frac{1}{26}S\approx 38.5\ mS$$

$$C_\pi=\frac{g_m}{2\pi f_T}=\frac{38.5}{2\pi\times 150\times 10^6}F\approx 41\ pF$$

$$\dot{K}=\frac{\dot{U}_{ce}}{\dot{U}_{be}}=-g_m(R_c\parallel R_L)=-38.5\times 10^{-3}\times(4.7\parallel 10)\times 10^3\approx -123$$

$$C'_\pi=C_\pi+(1-\dot{K})C_\mu=[41+(124\times 4)]pF=537\ pF$$

(3) 计算中频电压放大倍数。

$$R_i=R_b\parallel(r_{bb'}+r_{b'e})=[560\parallel(0.3+1.3)]k\Omega\approx 1.6\ k\Omega$$

$$R'_L=R_c\parallel R_L=4.7\ k\Omega\parallel 10\ k\Omega\approx 3.2\ k\Omega$$

$$\dot{A}_{usm}=-(g_m R'_L)\cdot\frac{r_{b'e}}{r_{be}}\cdot\frac{R_i}{R_s+R_i}=-38.5\times 3.2\times\frac{1.3}{1.6}\times\frac{1.6}{1.6+0.6}=-72.8$$

其中 $R_i=r_{be}\parallel R_b\approx r_{be}$

(4) 计算下限截止频率。

将 C_2 和 R_L 看成是下一级的输入端耦合电容和输入电阻,分析本级频率响应时,可以不考虑它们的影响。

$$f_L=\frac{1}{2\pi C_1(R_s+R_i)}=\frac{1}{2\pi\times(0.6+1.6)\times 10^3\times 10\times 10^{-6}}\approx 7.2\ Hz$$

(5) 计算上限截止频率。

输入回路的等效电阻为

$$R=r_{b'e}\parallel[r_{bb'}+R_b\parallel R_s]=[1.3\parallel(0.3+0.6\parallel 560)]k\Omega\approx 0.53\ k\Omega$$

$$f_H=\frac{1}{2\pi RC'_\pi}=\frac{1}{2\pi\times 0.53\times 10^3\times 537\times 10^{-9}}\approx 0.56\ MHz$$

(6) 计算增益-带宽积。

$$|\dot{A}_{usm}\cdot f_H|=72.8\times 0.56=40.768\ MHz$$

4.4 单管共基极和共集电极放大电路的频率响应

共射极放大电路的通频带由于密勒倍增效应的影响而较窄,而共基极和共集电极放大电路中不存在密勒效应。共基极放大电路是理想的电流跟随器,能够在很宽的频率范围内($f<f_\alpha$)将输入电流接续到输出端;共集电极放大电路为理想的电压跟随器,也就是反馈系数是百分之百的电压串联负反馈放大电路。因此,它们的上限截止频率都远远高于共射极

放大电路的上限截止频率。下面分别对共基极和共集电极放大电路的高频响应和上限截止频率进行分析。

1) 共基极放大电路的频率响应

共基极放大电路如图 4.4.1(a)所示，画出该电路的交流通路和高频小信号模型，如图 4.4.1(b)和图 4.4.1(c)所示，其中 $R'_L=R_c \parallel R_L$。对高频小信号模型进行合理的简化，由于在较宽的频率范围内，$\dot{I}_b$ 比 $\dot{I}_c$ 和 $\dot{I}_e$ 小得多，而且 $r_{bb'}$ 的数值也很小，因此 b' 点的交流电位可以忽略，认为 $\dot{U}_{b'}\approx 0$。而集电结电容相当于接在输出端口，因此，共基极放大电路中不存在密勒效应，简化的高频小信号模型如图 4.4.1(d)所示。

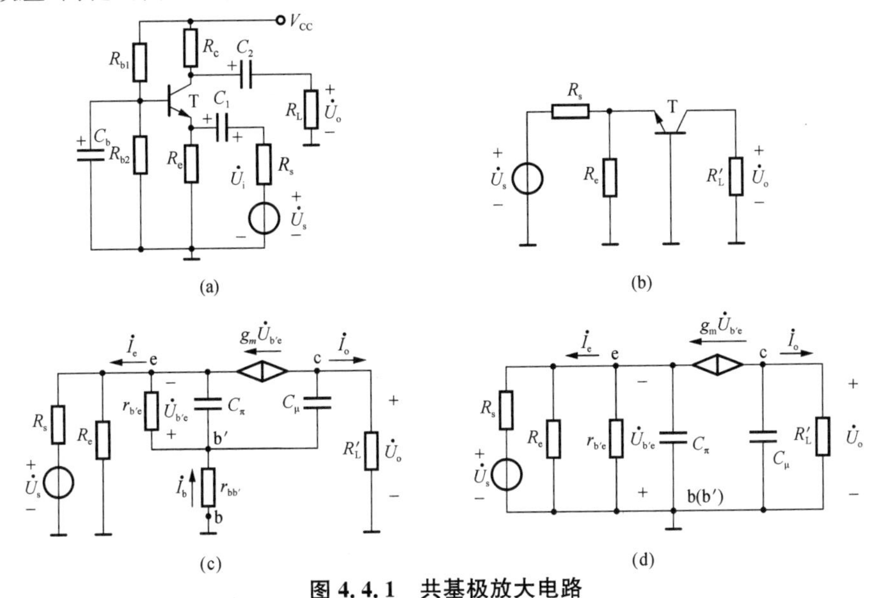

图 4.4.1　共基极放大电路

(a) 共基极放大电路；(b) 交流通路；(c) 高频小信号模型；(d) 简化高频小信号模型

由图 4.4.1(d)可知，发射极输入电流为

$$\dot{I}_e=\frac{\dot{U}_{b'e}}{r_{b'e}}+g_m\dot{U}_{b'e}+j\omega C_\pi\dot{U}_{b'e}$$

式中，$r_{b'e}=(1+\beta)r_e$，$g_m=\dfrac{\beta_0}{r_{b'e}}=\dfrac{\beta_0}{(1+\beta_0)r_e}\approx\dfrac{1}{r_e}$，则

$$\begin{aligned}\dot{I}_e&=\dot{U}_{b'e}\left(\frac{1}{r_{b'e}}+g_m+j\omega C_\pi\right)\\&=U_{b'c}\left(\frac{1}{(1+\beta_0)r_e}+\frac{1}{r_e}+j\omega C_\pi\right)\\&\approx\dot{U}_{b'e}\left(\frac{1}{r_e}+j\omega C_\pi\right)\end{aligned}\tag{4.4.1}$$

由式(4.4.1)可以看出，高频信号作用时发射极的输入导纳为

$$\frac{\dot{I}_e}{\dot{U}_{b'e}}=\frac{1}{r_e}+j\omega C_\pi\tag{4.4.2}$$

于是可以得到共基极放大电路的高频等效电路，如图4.4.2所示。输入和输出回路分别等效为时间常数为 $\tau_1=(R_s\parallel R_e\parallel r_e)C_\pi$ 和 $\tau_2=R'_L C_\mu$ 的一阶 RC 低通电路。

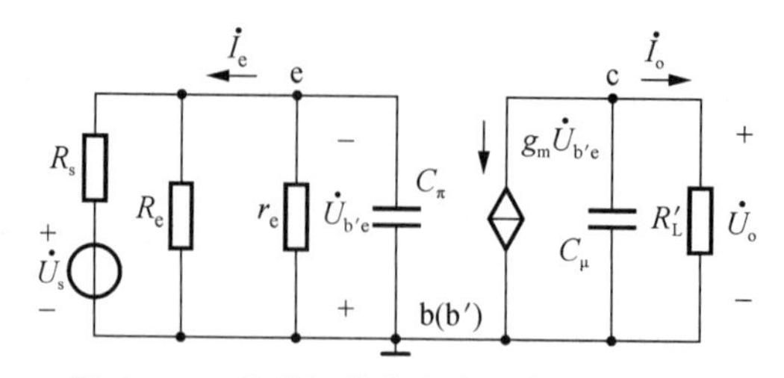

图4.4.2　共基极放大电路的高频等效电路

$$\dot{A}_{ush}=\dot{A}_{usm}\cdot\frac{1}{1+j\omega(R_s\parallel R_e\parallel r_e)C_\pi}\cdot\frac{1}{1+j\omega R'_L C_\mu}$$
$$=\dot{A}_{usm}\cdot\frac{1}{1+\dfrac{f}{f_{H1}}}\cdot\frac{1}{1+\dfrac{f}{f_{H2}}}\qquad(4.4.3)$$

式中

$$f_{H1}=\frac{1}{2\pi(R_s\parallel R_e\parallel r_e)C_\pi}\qquad(4.4.4)$$

$$f_{H2}=\frac{1}{2\pi R'_L C_\mu}\qquad(4.4.5)$$

电路有两个上限频率 f_{H1} 和 f_{H2}，一般情况下应取数值较小的作为整个电路的上限频率，即

$$f_H=\min(f_{H1},f_{H2})\qquad(4.4.6)$$

从前面的分析过程中可以看出，共基极放大电路中不存在密勒电容倍增效应，BJT的发射结正向电阻又很小，因此 f_{H1} 很高；由于集电结电容 C_μ 很小，f_{H2} 也很大，所以共基极放大电路具有比较好的高频特性，不过，当输出端接有大的负载电容时，f_{H2} 会下降。

2）共集电极放大电路的频率响应

图4.4.3是图2.5.1(a)所示共集电极放大电路的高频小信号模型，其中 $R'_L=R_e\parallel R_L$。

将信号源内阻 R_s 和基极偏置电阻 R_b 等效成电阻 R'_s，就得到图4.4.3的简化电路，如图4.4.4所示。由图4.4.4可以看出，共集电极放大电路的高频等效电路是一个包含 C_μ、C_π 的二阶电路，下面讨论 C_μ 和 C_π 对电路高频响应的影响。

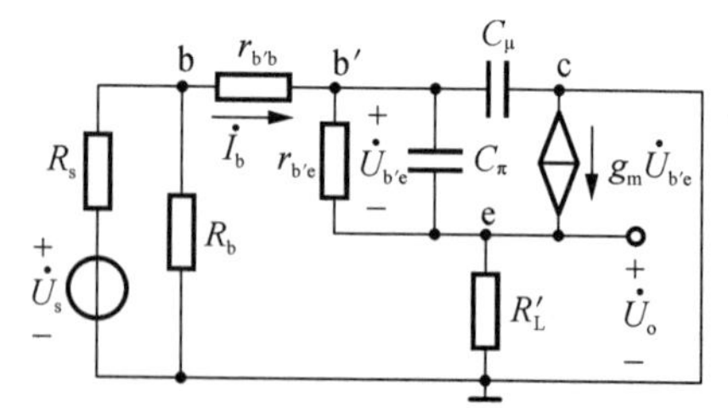

图4.4.3　共集电极放大电路的高频小信号等效电路

(1) C_μ 的影响

C_μ 直接接在b′和地之间，亦即在输入回路中，不会产生如共射放大器中的密勒倍增效应。由于 C_μ 本身很小(约为零点几到几皮法)，故只要信号源内阻 R_s 及 $r_{bb'}$ 较小，C_μ 对高频响应的影响就很小。

(2) C_π 的影响

在图 4.4.4 中，电阻 $r_{b'e}$ 和电容 C_π 跨接在输入回路和输出回路之间，因而会产生密勒效应，需要进行单向化处理。利用密勒定理将其等效到输入端，则密勒等效电容为

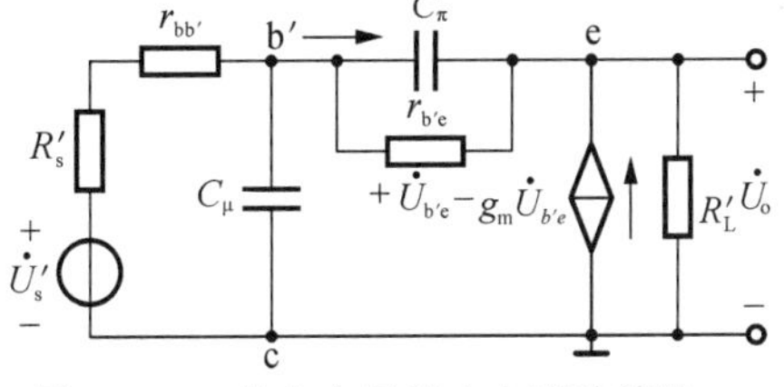

图 4.4.4　共集电极放大电路的简化高频小信号等效电路

$$C_M = C_\pi(1-\dot{A}_u) \tag{4.4.7}$$

而共集电极放大电路是理想的电压跟随器，在一定频率范围内，电压增益数值小于 1 而接近于 1，故 $C_M < C_\pi$。可见 C_π 的密勒等效电容远小于 C_π 本身，故 C_π 对高频响应的影响也很小。

综上所述，共集电极放大器由于不存在密勒倍增效应，故其上限频率远高于共射极放大器。此外，共集电极放大器是反馈系数为 1 的电压串联负反馈放大器，因而是理想的电压跟随器，这也是其上限频率高的原因之一。理论分析表明，共集电极放大器的上限频率可接近于管子的特征频率 f_T。

4.5　多级放大电路的频率响应

由 2.8.2 节的分析已知，多级放大电路的电压增益 A_u 为各级电压增益的乘积。各级放大电路的电压增益是频率的函数，因此，多级放大电路的电压增益 A_u 也必然是频率的函数。为了简明起见，假设有一个两级放大电路，由两个通带电压增益相同、频率响应相同的单管共射放大电路构成，图 4.5.1(a)是它的结构示意图，级间采用 RC 耦合方式，由于耦合环节具有隔离直流、传送交流的作用，两级的静态工作情况互不影响，而信号则可顺利通过。

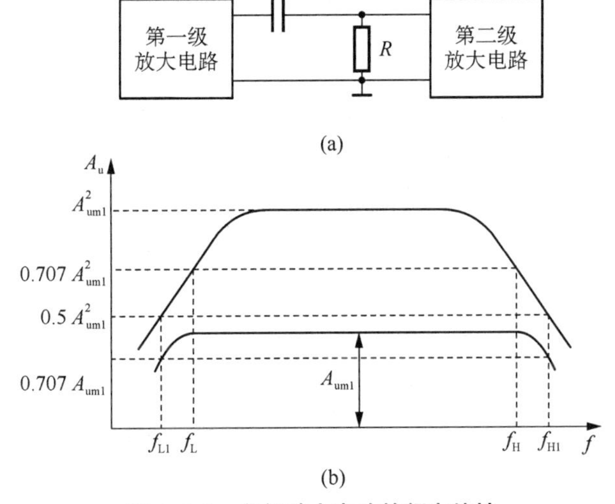

图 4.5.1　多级放大电路的频率特性

(a) 两级阻容耦合放大电路；(b) 单级和两级放大电路的幅频特性

下面来定性分析图 4.5.1(a)所示电路的幅频响应，研究它与所含单级放大电路的频率

响应的关系。设每级的通带电压增益为A_{um1}，则每级的上限频率f_{H1}和下限频率f_{L1}处对应的电压增益为$0.707A_{um1}$，两级电压放大电路的通带电压增益A_{um1}^2，显然，这个两级放大电路的上、下限频率不可能是f_{H1}和f_{L1}，因为对应于这两个频率的电压增益是$(0.707A_{um1})^2=0.5A_{um1}^2$，如图4.5.1(b)所示。根据放大电路通频带的定义，当该电路的电压增益为$0.707A_{um1}^2$时，对应的低端频率为下限频率f_L，高端频率为上限频率f_H，如图4.5.1(b)所示。

显然$f_L>f_{L1}$，$f_H<f_{H1}$，即两级放大电路的通频带变窄了。依此推广到多级放大电路，其总电压增益为各单级放大电路电压增益的乘积，即

$$A_u(j\omega)=\frac{U_{o1}(j\omega)}{U_{i1}(j\omega)}\cdot\frac{U_{o2}(j\omega)}{U_{o1}(j\omega)}\cdot\cdots\cdot\frac{U_{on}(j\omega)}{U_{o(n-1)}(j\omega)}$$

或

$$\dot{A}_u=\dot{A}_{u1}\cdot\dot{A}_{u2}\cdot\cdots\cdot\dot{A}_{un}$$

应当注意的是，在计算各级的电压增益时，前级的开路电压是下级的信号源电压；前级的输出阻抗是下级的信号源阻抗，而下级的输入阻抗是前级的负载。从图4.5.1(b)所示的两级放大电路的通频带可推知，多级放大电路的通频带一定比它的任何一级都窄，级数愈多，则f_L越高而f_H越低，通频带越窄。这就是说，将几级放大电路串联起来后，总电压增益虽然提高了，但通频带变窄，这是多级放大电路一个重要的概念。

小　结

一、由于放大器件存在着极间电容，以及有些放大电路中接有电抗性元件(耦合电容、旁路电容等)，因此，放大电路对不同频率的信号具有不同的放大能力，其增益和相移均会随频率变化而变化，即增益是信号频率的函数，这种函数关系称为放大电路的频率响应，可以用对数频率特性曲线(或称波特图)来描述，定量分析频率响应的工具是混合π形等效电路。

二、为了描述三极管对高频信号的放大能力，引出了三个频率参数，它们是共射截止频率f_β、特征频率f_T和共基截止频率f_α。三者之间存在以下关系：$f_\beta<f_T<f_\alpha$。这些参数也是选用三极管的重要依据。

三、对于阻容耦合单管共射放大电路，低频段电压放大倍数下降的主要原因是输入信号在隔直电容上产生压降，同时，还将产生0—90°之间超前的附加相位移。高频段电压放大倍数的下降主要是由三极管的极间电容引起的，同时产生0—90°之间滞后的附加相位移。因此，下限频率f_L和上限频率f_H的数值分别与隔直电容和极间电容的时间常数成反比。直接耦合放大电路不通过隔直电容实现级间连接，因此其$f_L=0$，低频响应好。

四、多级放大电路总的对数增益等于其各级对数增益之和，总的相位移也等于其各级相位移之和。因此，多级放大电路的波特图可以通过将各级幅频特性和相频特性分别进行叠加而得到。分析表明，多级放大电路的通频带总是比组成它的每一级的通频带窄。

习　题

4.1　在图4.3.1所示单管共射放大电路中，假设分别改变下列各项参数，试分析放大电路的中频电压

放大倍数$|\dot{A}_{um}|$、下限频率f_L和上限频率f_H将如何变化。

(1) 增大隔直电容C_1；

(2) 增大基极电阻R_b；

(3) 增大集电极电阻R_c；

(4) 增大共射极电流放大系数β；

(5) 增大三极管极间电容C_π,C_μ。

4.2　若某一放大电路的电压放大倍数为100倍,则其对数电压增益是多少分贝？另一放大电路的对数电压增益为80 dB,则其电压放大倍数是多少？

4.3　已知单管共射放大电路的中频电压放大倍数$\dot{A}_{um}=-200$,$f_L=10$ Hz,$f_H=1$ MHz。

(1) 画出放大电路的波特图；

(2) 分别说明当$f=f_L$和$f=f_H$时,电压放大倍数的模$|\dot{A}_u|$和相角φ各等于多少。

4.4　假设两个单管共射放大电路的对数幅频特性分别如图题4.4(a)和(b)所示：

(1) 分别说明两放大电路的中频电压放大倍数$|\dot{A}_{um}|$各等于多少,下限频率f_L、上限频率f_H各等于多少；

(2) 示意画出两个放大电路相应的对数相频特性。

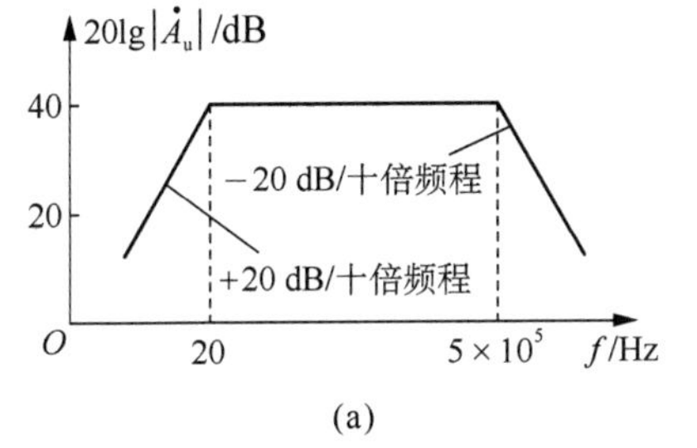

图题 4.4

4.5　电路如图题4.5所示,已知BJT的$\beta=50$,$r_{be}=0.72$ kΩ。

(1) 估算电路的下限频率f_L；

(2) $|\dot{U}_{im}|=10$ mV,且$f=f_L$,则$\dot{U}_{om}=?$,$\dot{U}_o$与$\dot{U}_i$间的相位差为多少？

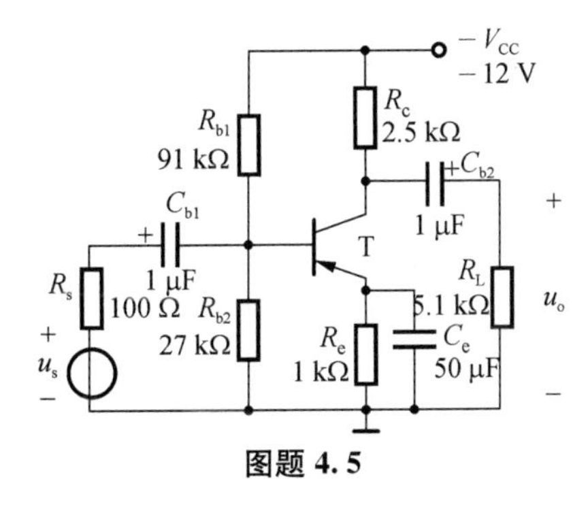

图题 4.5

4.6　电路如图题4.5所示,已知BJT的$\beta=40$,$|U_{BE}|=0.2$ V,$\beta=40$,$C_\mu=3$ pF,$C_\pi=100$ pF,$r_{bb'}=100$ Ω,$r_{b'e}=1$ kΩ。

(1) 画出高频小信号等效电路,求上限频率f_H；

(2) 如R_L提高10倍,问中频电压增益,上限频率及增益-带宽积各变化多少倍。

第五章　放大电路中的反馈

5.1　概述

自1928年Harold S. Black提出反馈放大器以来，反馈的理论和实践都得到了重大的进展。今天我们都熟悉反馈的概念，这是因为反馈理论也已从电子学领域扩展应用到工业、经济的各个领域。

5.1.1　反馈的基本概念

1）什么是反馈

反馈也称为“回授”，广泛应用于各个领域。例如，在行政管理中，通过对执行部门工作效果（输出）的调研，以便修订政策（输入）；在商业活动中，通过对商品销售（输出）的调研来调整进货渠道及进货数量（输入）；在控制系统中，通过对执行机构偏移量（输出量）的监测来修正系统的输入量，等等。上述例子表明，反馈的目的是通过输出对输入的影响来改善系统的运行状况及控制效果。什么是电子电路中的反馈呢？在电子电路中，将输出量（输出电压或输出电流）的一部分或全部通过一定的电路形式作用到输入回路，用来影响其输入量（放大电路的输入电压或输入电流）的措施称为反馈。

按照反馈放大电路各部分电路的主要功能可将其分为基本放大电路和反馈网络两部分，如图5.1.1所示。前者主要功能是放大信号，后者主要功能是传输反馈信号。基本放大电路的输入信号称为净输入量，它不但决定于输入信号（输入量），还与反馈信号（反馈量）有关。

2）有无反馈的判断

若放大电路中存在将输出回路与输入回路相连接的通路，即反馈通路，并由此影响了放大电路的净输入，则表明电路引入了反馈；否则电路中便没有反馈。

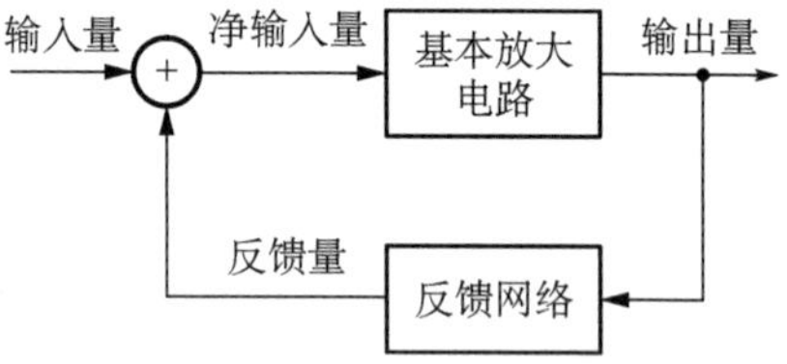

图5.1.1　反馈放大电路的方框图

【例5.1.1】　试判断图5.1.2所示各电路中是否存在反馈。

解：图5.1.2(a)所示电路中，输出与输入回路间不存在反馈网络，因而该电路中不存在反馈，为开环状态。

图5.1.2(b)所示电路中，运放A构成基本放大电路，电阻R_1和R_2构成反馈网络，因而该电路中存在反馈。

图5.1.2(c)为共集电极放大电路，由它的交流通路（即将电容C_{b1}、C_{b2}视为对交流短路，电源$+V_{CC}$视为交流的“地”）可知，发射极电阻R_e和负载电阻R_L既在输入回路中，又在输出回路中，它们构成了反馈通路，因而该电路中也存在着反馈。

图 5.1.2(d)为两级放大电路，其中每一级都有一条反馈通路，第一级为电压跟随器，它的输出端与反相输入端之间由导线连接，形成反馈通路；第二级为反相比例运算电路，它的输出端与反相输入端之间由电阻 R_5 构成反馈通路。此外，从第二级的输出到第一级的输入也有一条反馈通路，由 R_2 构成。通常称每级各自存在的反馈为局部(或本级)反馈，称跨级的反馈为级间反馈。

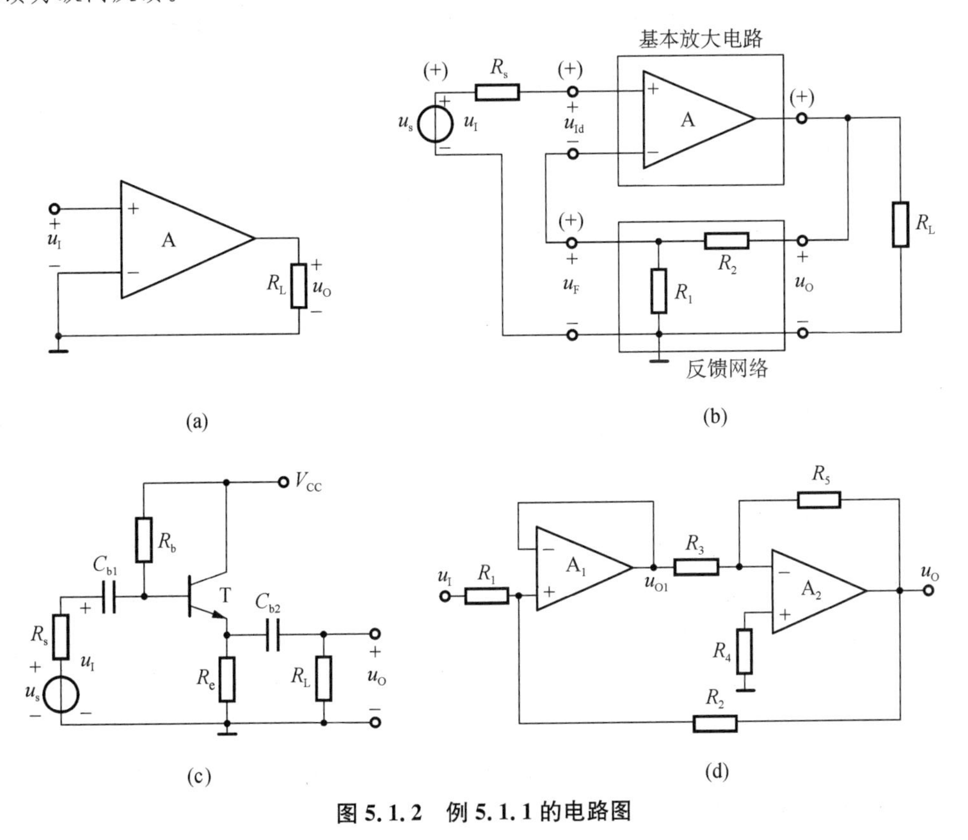

图 5.1.2　例 5.1.1 的电路图

由以上分析可知，通过寻找电路中有无反馈通路，即可判断出电路是否引入反馈。

5.1.2　反馈类型及其判定

1) 直流反馈与交流反馈

在放大电路中既含有直流分量，也含有交流分量，因而，必然有直流反馈与交流反馈之分。存在于放大电路的直流通路中的反馈为直流反馈。直流反馈影响放大电路的直流性能，如静态工作点。存在于交流通路中的反馈为交流反馈。交流反馈影响放大电路的交流性能，如增益、输入电阻、输出电阻和带宽等。

在图 5.1.3(a)中，设 T_2 发射极的旁路电容 C_e 足够大(可认为 C_e 对交流短路)，则从 T_2 的发射极通过 R_f 引回到 T_1 基极的反馈信号 i_F 将只是直流成分(即 $i_F=I_F$)，所以电路中引入的反馈是直流反馈。在图 5.1.3(b)中，从输出端 u_O 通过 C_f,R_f 将反馈引回到 T_1 的发射极(反馈信号 u_F)，由于电容 C_f 的隔直流作用，反馈信号中只有交流成分(与 u_O 成比例的 u_F)，因而这个反馈是交流反馈。

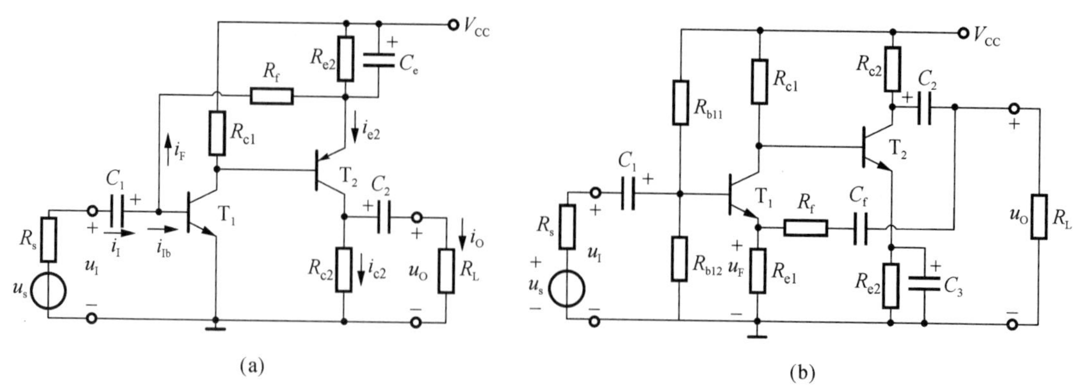

图 5.1.3 直流反馈与交流反馈

(a) 直流反馈;(b) 交流反馈

2) 正反馈与负反馈

根据反馈的效果可以区分反馈的极性,使放大电路净输入量增大的反馈称为正反馈,使放大电路净输入量减小的反馈称为负反馈。由于反馈的结果影响了净输入量,因而必然影响输出量。所以,根据输出量的变化也可以区分反馈的极性,反馈的结果使输出量的变化增大时便为正反馈,使输出量的变化减小时便为负反馈。

判断反馈的极性采用瞬时极性法。步骤如下:

(1) 先假定输入量的瞬时对地极性,并用(+)来表示;

(2) 按信号从输入到反馈取样处的正向放大路径,根据放大电路各级输入与输出的相位关系,确定电路各信号传递点的瞬时极性(+)或(−);

(3) 根据反馈取样处的瞬时极性沿反馈网络各信号传递点确定反馈量的瞬时极性(+)或(−);

(4) 观察反馈量与输入量对净输量的作用,若二者作用相反,使净输入减少则为负反馈;若二者作用相同,使净输入量增加则为正反馈。

在图 5.1.4(a)所示电路中,设输入电压 u_I 的瞬时对地极性为(+),从同相输入端输入后使得输出电压 u_O 的瞬时极性为(+),经反馈网络 R_1 和 R_2 分压产生的反馈电压 u_F,瞬时极性也为(+),二者极性相同。净输入量 $u_{Id}=u_I-u_F<u_I$,u_{Id} 减小,所以该电路引入的是负反馈。

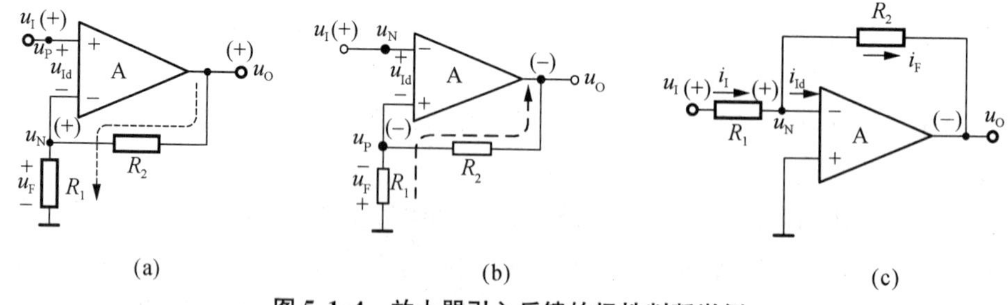

图 5.1.4 放大器引入反馈的极性判断举例

(a) 引入负反馈;(b) 引入正反馈;(c) 引入负反馈

将图 5.1.4(a)中的同相、反相端位置互换就得到图 5.1.4(b)中的电路。同样的分析思路，净输入信号 $u_{Id}=u_I+u_F>u_I$，u_{Id} 增大，所以该电路引入的是正反馈。

在图 5.1.4 (c)所示电路中，设输入电压 u_I 的瞬时对地极性为(＋)，则反相端电位 u_N 的瞬时极性也为(＋)，输出电压 u_O 的瞬时极性为(－)。电流 i_I，i_{Id}，i_F 的参考方向如图中所示，$i_{Id}=i_I-i_F$，i_I 瞬时极性与 u_I 一致为正，$i_F=(u_N-u_O)/R_2$ 瞬时极性也为正，因此 $i_{Id}=i_I-i_F<i_I$，说明电路引入了负反馈。

对于分立元件电路，方法也是一样的。如图 5.1.5 所示的电路中，设输入电压 u_I 的瞬时对地极性为(＋)，则晶体管 T_1 的集电极电压瞬时极性为(－)，晶体管 T_2 的集电极电压瞬时极性为(＋)。输出电压经 R_3 和 R_6 产生的反馈电压 u_F 瞬时极性也为(＋)。这样，放大电路的净输入信号 $u_{be}=u_I-u_F$ 减小，故判定电路引入了负反馈。

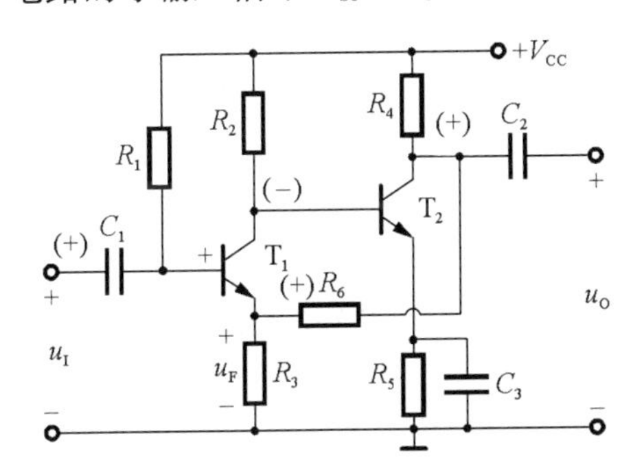

图 5.1.5　放大器引入反馈的极性判断举例

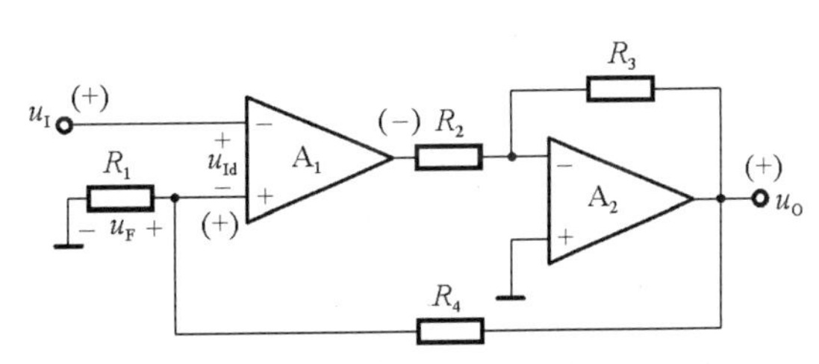

图 5.1.6　例 5.1.2 电路图

【例 5.1.2】　判断图 5.1.6 所示电路是否引入了整体反馈，若引入了，判断该反馈是直流反馈还是交流反馈？正反馈还是负反馈？

解：观察图 5.1.6 所示电路图，电阻 R_4 将输出回路与输入回路相连接，构成了反馈网络，电路中引入了反馈。又因为无论在直流通路还是在交流通路中反馈通路均存在，所以电路中引入了交直流反馈。

利用瞬时极性法来判断反馈的极性：设输入电压 u_I 的瞬时对地极性为(＋)，集成运放 A_1 的输出电压瞬时极性为(－)，集成运放 A_2 的输出电压瞬时极性为(＋)，经电阻 R_1 和 R_4 作用于 A_1 的同相输入端产生的反馈电压 u_F 瞬时极性也为(＋)，从而使净输入电压 $u_{Id}=u_I-u_F$ 减小，所以该反馈为负反馈。

以上从多方位描述反馈类型为的是进一步理解反馈的概念，其实在真正研究反馈类型时人们往往只关心输出端的取样和输入端的耦合，而在线性模拟电路中又一般只研究负反馈。

负反馈具有自动调节作用，而负反馈的自动调节作用是以牺牲放大器的增益为代价的。不过实际中增益的减少比较容易得到补偿，而自动调节作用却只能用负反馈的方法才能获得。这就是负反馈技术对于提高放大器性能之所以必不可少的原因。

正反馈没有上述自动调节作用。施加正反馈的放大器不仅不能稳定输出信号，相反地，将会进一步加剧输出信号的变化，而且还会使放大器的其他性能恶化，甚至产生自激振荡而破坏放大器正常的放大作用。实际上，正反馈也不是一无是处的技术，在某些情况下可以施加少量正反馈来适量提高放大器的增益或按要求调整放大器的频率特性。特别是在振荡器中，正是利用正反馈实现信号产生的功能。

3) 串联反馈与并联反馈

是串联还是并联反馈由反馈网络在放大电路输入端的连接方式判定。在放大电路输入端，凡是反馈网络与基本放大电路串联连接，以实现电压比较的称为串联反馈。这时 x_I、x_F 及 x_{Id} 均以电压形式出现，如图 5.1.7(a)所示。凡是反馈网络与基本放大电路并联连接，以实现电流比较的称为并联反馈。这时，x_I、x_F 及 x_{Id} 均以电流形式出现，如图 5.1.7(b)所示。

在图 5.1.7(a)所示的串联负反馈框图中，基本放大电路的净输入信号 $u_{Id}=u_I-u_F$。由此式可知，要使串联负反馈的效果最佳，即反馈电压 u_F 对净输入电压 u_{Id} 的调节作用最强，则要求输入电压 u_I 最好不变，这只有 u_s 的内阻 $R_s=0$ 时才能实现，此时有 $u_I=u_s$。如果信号源内阻 $R_s=\infty$，则反馈信号 u_F 的变化对净输入信号 u_{Id} 就没有影响，负反馈将不起作用。所以串联负反馈要求信号源内阻越小越好。相反，对于并联负反馈而言，为增强负反馈效果，则要求信号源内阻越大越好。

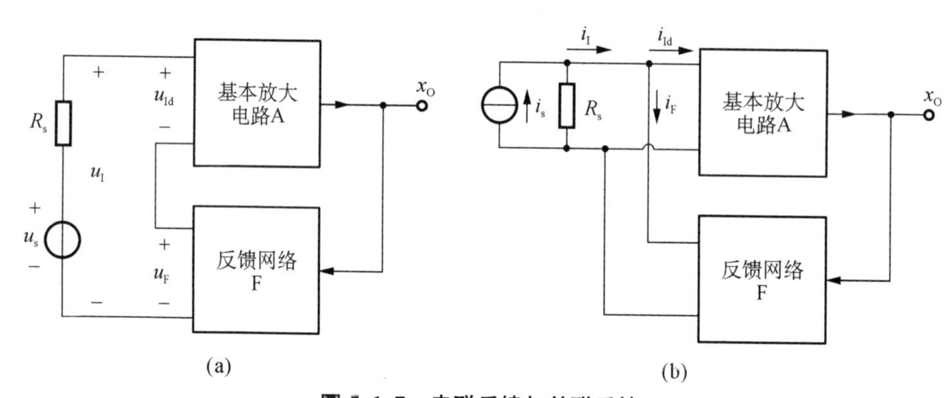

图 5.1.7　串联反馈与并联反馈

(a) 串联反馈；(b) 并联反馈

【例 5.1.3】 试判断图 5.1.2(d)和图 5.1.5 所示电路中的级间交流反馈是串联反馈还是并联反馈。

解： 图 5.1.2(d)所示电路中，R_2 引入级间交流负反馈，反馈信号与输入信号均接至同一个节点(运放 A_1 的同相输入端)，显然是以电流形式进行比较，因此是并联反馈。图 5.1.5 所示电路中，R_3 和 R_6 一起引入级间交流负反馈，反馈信号是 u_O 在 R_3 上的分压，加在 T_1 管的发射极，而输入信号 u_I 加在 T_1 管的基极，显然是以电压形式进行比较，因此是串联反馈。

4) 电压反馈与电流反馈

电压反馈与电流反馈由反馈网络在放大电路输出端的取样对象决定。如果把输出电压的一部分或全部取出来回送到放大电路的输入回路，则称为电压反馈。如图 5.1.8(a)所示。这时反馈信号 x_F 和输出电压成比例，即 $x_F=Fu_O$。否则，当反馈信号 x_F 与输出电流成比例，即 $x_F=Fi_O$ 时，则是电流反馈，如图 5.1.7(b)所示。

判断电压与电流反馈的常用方法是“输出短路法”，即假设输出电压 $u_O=0$，或令负载电阻 $R_L=0$，看反馈信号是否还存在，若反馈信号不存在了，则说明反馈信号与输出电压成比例，是电压反馈；若反馈信号还存在，则说明反馈信号不是与输出电压成比例，而是与输出电流成比例，是电流反馈。

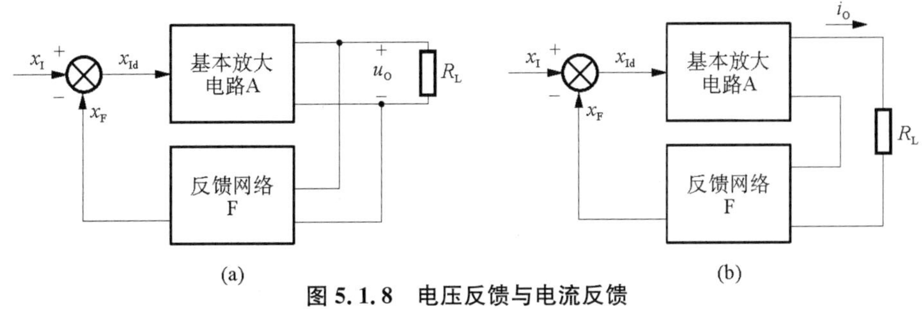

图 5.1.8　电压反馈与电流反馈

(a) 电压反馈;(b) 电流反馈

【例 5.1.4】　试判断图 5.1.9 所示各电路中的交流反馈是电压反馈还是电流反馈。

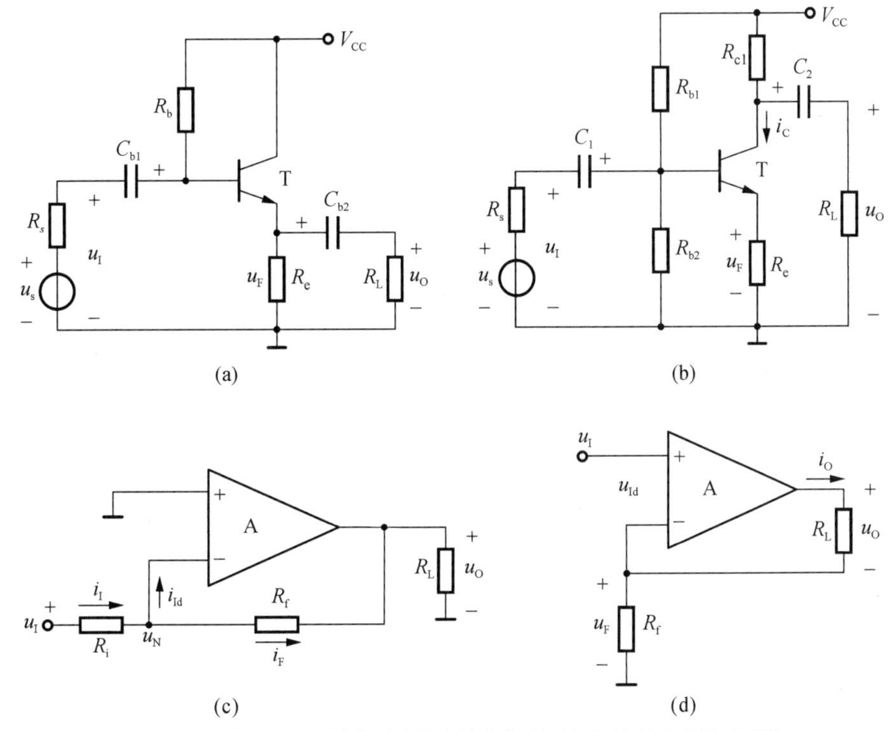

图 5.1.9　例 5.1.4 的电路图(为简化起见,图中只标出交流分量)

解:显然图 5.1.9(a)所示电路中,电阻 R_e 和 R_L 构成反馈通路,由它们送回到输入回路的交流反馈信号是电 u_F,而且 $u_F=u_O$,故用“输出短路法”,令 $R_L=0$,即令 $u_O=0$ 时,$u_F=0$,是电压反馈。

图 5.1.9(b)所示电路中,送回到输入回路的交流反馈信号是电阻 R_e 上的电压信号,且有 $u_F=i_ER_e\approx i_CR_e$。用“输出短路法”,令 $u_O=0$,即令 R_L 短路时,$i_C\neq0$(因 i_C 受 i_B 控制),因此反馈信号 u_F 仍然存在,说明反馈信号与输出电流成比例,是电流反馈。

图 5.1.9(c)所示电路中,交流反馈信号是流过反馈元件 R_f 的电流 i_F(并联反馈),且有 $i_F=(u_N-u_O)/R_f\approx-u_O/R_f$,因为 $u_O\gg u_N$。令 $R_L=0$,即令 $u_o=0$ 时,有 $i_F=0$,故该电路中引入的交流反馈是电压反馈。

图 5.1.9(d)所示电路中,交流反馈信号是输出电流 i_O 在电阻 R_f 上的压降 u_F,且有 $u_F=i_OR_f$,令 $R_L=0$ 时,$u_O=0$,但运放 A 的输出电流 $i_O\neq0$,故 $u_F\neq0$,说明反馈信号与输出电流

成正比,是电流反馈。

5.2 负反馈放大电路的四种组态

由于反馈网络在放大电路输出端有电压和电流两种取样方式,在输入端有串联和并联两种连接方式,因此,负反馈放大电路有四种基本组态(或类型),即电压串联、电压并联、电流串联和电流并联负反馈放大电路。

5.2.1 电压串联负反馈放大电路

由图 5.2.1(a)所示的电压串联负反馈放大电路的组成框图可知,这种组态中,反馈网络的输入端口与基本放大电路的输出端口并联连接,而反馈网络的输出端口与基本放大电路的输入端口串联连接。图 5.2.1(b)是电压串联负反馈放大电路的一个实际电路,电阻 R_f 与 R_1 构成反馈网络,它跟基本放大电路 A 之间的连接方式与图(a)相同。对交流信号而言,R_1 上的电压 $u_F=R_1u_O/(R_1+R_f)$ 是反馈信号,显然,当令 $R_L=0$ 时,有 $u_O=0$,$u_F=0$,即反馈信号不存在,是电压反馈。在放大电路的输入端,反馈网络串联于输入回路中,反馈信号与输入信号以电压形式比较,因而是串联反馈。用瞬时极性法判断反馈极性,即令 u_I 在某一瞬时的极性为(+),经放大电路 A 进行同相放大后,u_O 也为(+),与 u_O 成正比的 u_F 也为(+),于是该放大电路的净输入电压 $u_{Id}=u_I-u_F$ 比没有反馈时减小了,是负反馈。综合上述分析,图 5.2.1(b)是电压串联负反馈放大电路。其 $F=x_F/x_O$ 是电压反馈系数 F_u。显然 $F_u=u_F/u_O=R_1/(R_1+R_f)$。

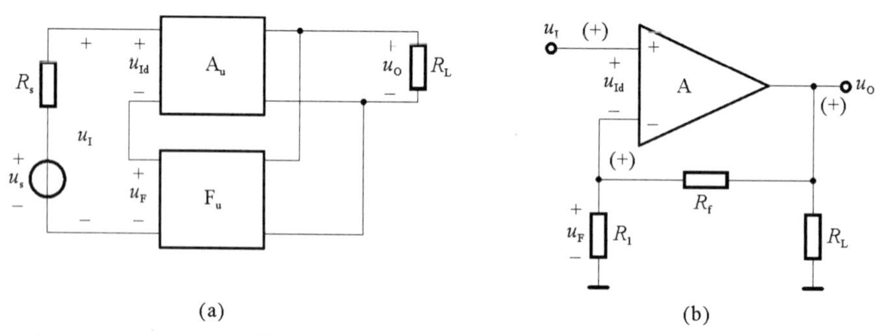

图 5.2.1 电压串联负反馈放大电路

(a) 组成框图;(b) 电路实例

电压负反馈的重要特点是具有稳定输出电压的作用。例如,在图 5.2.1(b)电路中,当 u_I 大小一定,由于负载电阻 R_L 减小而使 u_O 下降时,该电路能自动进行以下调节过程:

$$R_L\downarrow\rightarrow u_O\downarrow\rightarrow u_F\downarrow\rightarrow u_{Id}(=u_I-u_F)\uparrow\rightarrow u_O\uparrow$$

可见,电压负反馈能降低 u_O 受 R_L 等变化的影响,说明电压负反馈放大电路具有较好的恒压输出特性。因此,可以说电压串联负反馈放大电路是一个电压控制的电压源。

5.2.2 电压并联负反馈放大电路

电压并联负反馈放大电路的组成框图如图 5.2.2(a)所示,图 5.2.2(b)(同图 5.1.9(c))

是它的一个实际电路。由例 5.1.4 可知，该电路引入了电压反馈。另从反馈网络在放大电路输入端的连接方式看，是并联反馈。用“瞬时极性法”，设交流输入信号 u_I 在某一瞬时的极性为(+)，则图中 u_N 也为(+)，经过运放 A 反相放大后，输出电压 u_O 为(−)，电流 i_I、i_F、i_{Id} 的瞬时流向如图中箭头所示。于是，净输入电流 $i_{Id}=i_I-i_F$，比没有反馈时减小了，故为负反馈。综合以上分析，图 5.2.2(b)是电压并联负反馈放大电路，其反馈系数 $F_g=i_F/u_O=(-u_O/R_f)/u_O=-1/R_f$，称为互导反馈系数。

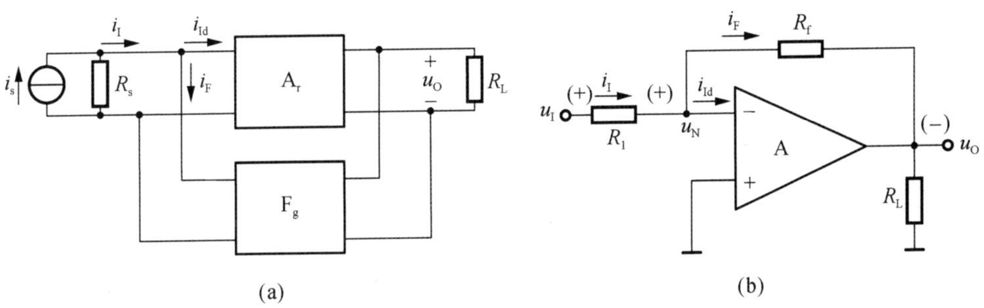

图 5.2.2　电压并联负反馈放大电路

(a) 组成框图；(b) 电路实例

5.2.3　电流串联负反馈放大电路

图 5.2.3(a)是电流串联负反馈放大电路的组成框图，图 5.2.3(b)(同图 5.1.9(d))是它的一个实际电路。当设 u_s、u_I 的瞬时极性为(+)时，经运放 A 同相放大后，u_O 及 u_F 的瞬时极性也为(+)，使净输入电压($u_{Id}=u_I-u_F$)比没有反馈时减小了，因此是负反馈。又由例 5.1.4 分析已知，该电路中 R_f 引入的是电流串联反馈，故图 5.2.3(b)是电流串联负反馈放大电路，其反馈系数 $F_r=u_F/i_O=i_OR_f/i_O=R_f$，称为互阻反馈系数。

电流负反馈的特点是维持输出电流基本恒定，例如，当图 5.2.3(b)所示电路中的 u_I 一定，由于负载电阻 R_L 增加(或运放中 BJT 的 β 值下降)使输出电流减小时，引入负反馈后，电路将自动进行如下调整过程：

$$R_L\uparrow(\beta\downarrow)\rightarrow i_O\downarrow\rightarrow u_F(=i_OR_f)\downarrow\rightarrow\uparrow u_{Id}\rightarrow i_O\uparrow$$

因此，电流负反馈具有近似于恒流的输出特性。

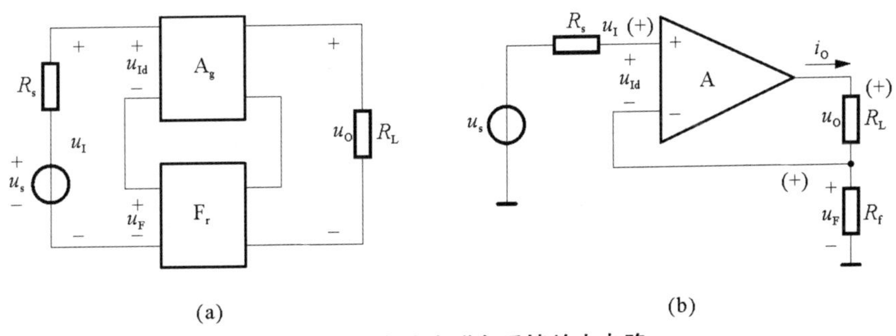

图 5.2.3　电流串联负反馈放大电路

(a) 组成框图；(b) 电路实例

5.2.4 电流并联负反馈放大电路

图 5.2.4(b)所示电路中，电阻 R_f 和 R_1 构成反馈网络。设运放反相输入端交流电位 u_N 的瞬时极性为(+)，则输出交流电位的极性应为(−)，由此可标出 i_I、i_O、i_F 及 i_{Id} 的瞬时流向如图中所示。显然有 $i_{Id}=i_I-i_F$，故是负反馈。反馈信号 i_F 是输出电流 i_O 的一部分，即 $i_F\approx[R_1/(R_1+R_f)]i_O$(因为 u_N 很小，近似为 0，R_1 与 R_f 近似于并联)，所以是电流反馈。

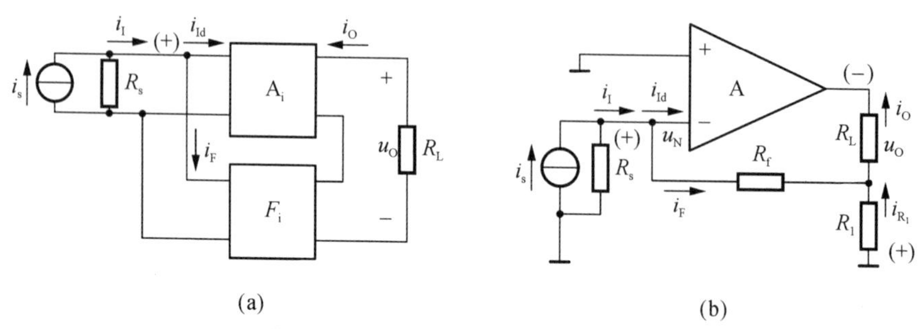

图 5.2.4 电流并联负反馈放大电路

(a) 组成框图；(b) 电路实例

在该放大电路的输入回路中，反馈信号 i_F 与输入信号 i_I 接至同一节点，是并联反馈。因此，这是一个电流并联负反馈放大电路。$F_i=i_F/i_O=R_1/(R_1+R_f)$为电流反馈系数。

正确判断反馈放大电路的组态十分重要，因为反馈组态不同，放大电路的性能就不同。

【例 5.2.1】 试判断图 5.2.5 所示各电路中级间交流反馈的类型。

解： 图 5.2.5(a)中，电阻 R 构成级间交流反馈通路。在放大电路的输入回路，反馈电阻 R 的上端接 T_1 管的源极，而输入信号 u_I 接 T_1 的栅极，显然是串联反馈，反馈信号是电压 u_F，而且有 $u_F=u_O$，所以是电压反馈。用瞬时极性法判断该反馈极性：设 u_I 对"地"的极性为(+)，则经 T_1 倒相放大，使 T_2 的基极电位为(−)，因 T_2 组成共射电路，所以 u_O 及 u_F 为(+)，结果使基本放大电路的净输入电压 $u_{GS}=u_I-u_F$，比没有反馈时减小了，是负反馈。综上分析可知，该电路由 R 引入了电压串联负反馈。

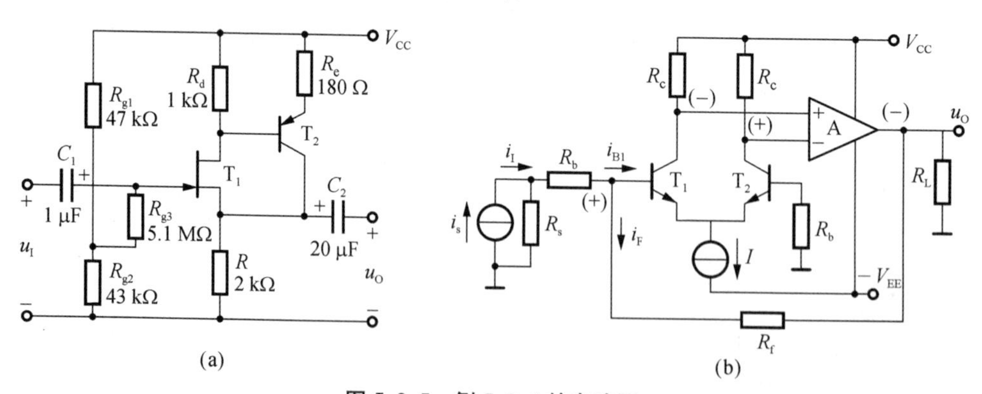

图 5.2.5 例 5.2.1 的电路图

图 5.2.5(b)所示电路中，第一级是由 T_1、T_2 组成的单端输入双端输出式差分放大电路，第二级是运放构成的放大电路，电阻 R_f 是联系输出回路与输入回路的反馈元件。设 T_1 基极交流电位 u_{B1} 的瞬时极性为(+)，则有 T_1 集电极的 u_{C1} 为(−)，T_2 集电极的 u_{C2} 为

(+),第二级的输出电压 u_O 为(-),由此可画出电流 i_I、i_F 及 i_{B1} 的瞬时流向如图中所示,因为净输入电流 $i_{Id}=i_{B1}=i_I-i_F$ 比无反馈时减小了,是负反馈。反馈信号与输入信号以电流形式求和,故是并联反馈。由电路可见 $i_F=(u_{B1}-u_O)/R_f=-u_O/R_f$(因为经放大后 $u_O \gg u_{B1}$),用输出短路法令 $R_L=0$ 时,则 $i_F=0$,故它是电压反馈。综上所述,图 5.2.5(b)电路中引入了级间电压并联负反馈。

5.3　负反馈放大电路的方框图及增益的一般表达式

5.3.1　负反馈放大电路的方框图

上节所讨论的四种类型的负反馈电路(图 5.2.1～图 5.2.4),可用图 5.3.1 所示的一般方框图来表示。图中 $\dot{X}$ 表示一般信号量,既可表示电压,也可表示电流,带箭头的线条表示各组成部分的连线,信号沿箭头方向传输。符号⊗表示比较环节(比较电路),源信号 $\dot{X}_s$ 经变换网络,即由 R_s 与反馈放大电路输入电阻 R_{if} 构成的衰减电路后,得输入信号 $\dot{X}_i$,它与反馈信号 $\dot{X}_f$,在这里进行比较。考虑图中所示输入端的+、-符号(对应于电路中信号的假定正向),其输出为差值信号 $\dot{X}_{id}$(即净输入信号),$\dot{X}_{id}=\dot{X}_i-\dot{X}_f$。

由基本放大电路和反馈网络组成的闭合环路叫做反馈环,由一个反馈环组成的放大电路叫做单环反馈放大电路。图 5.3.1 中所示的信号传输方向是一种理想的情况,此时认为基本放大电路的信号传输方向为自左至右,而反馈网络则相反,如方框内的箭头所示,以后将看到,实际情况略有出入,但作为工程上的近似分析还是允许的。

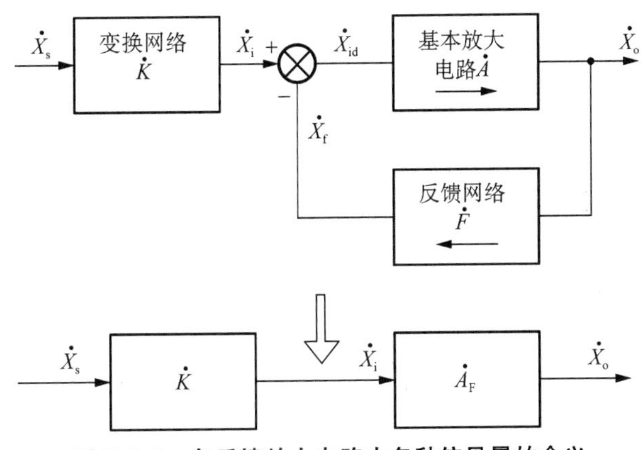

图 5.3.1　负反馈放大电路中各种信号量的含义

5.3.2　负反馈放大电路增益的一般表达式

1) 一般表达式的推导

由图 5.3.1 所示的一般方框图可知,各信号量之间有如下的关系:

$$\dot{X}_o=\dot{A}\dot{X}_{id} \tag{5.3.1a}$$

$$\dot{X}_f = \dot{F}\dot{X}_o \tag{5.3.1b}$$

$$\dot{X}_{id} = \dot{X}_i - \dot{X}_f \tag{5.3.1c}$$

$$\dot{X}_i = \dot{K}\dot{X}_s \tag{5.3.1d}$$

其中,$\dot{A}$ 为基本放大电路的增益,$\dot{F}$ 为反馈网络的反馈系数,$\dot{K}$ 为变换网络的变换系数,它们可能是正负实数,但一般来说,它们都是信号频率的复函数。

根据关系式(5.3.1a~d),经综合整理,可得负反馈放大电路增益(闭环)的一般表达式如下:

$$\dot{A}_f = \frac{\dot{X}_o}{\dot{X}_i} = \frac{\dot{A}}{1+\dot{A}\dot{F}} \tag{5.3.2a}$$

$$\dot{A}_{fs} = \frac{\dot{X}_o}{\dot{X}_s} = \dot{K}\dot{A}_f \tag{5.3.2b}$$

应当注意,在计算基本放大电路的增益时,必须考虑反馈网络和外接负载的影响。

式(5.3.2a)是负反馈放大电路的基本方程式,在以后的分析中将经常用到。式(5.3.2b)是以源信号 $\dot{X}_s$ 为基础的增益表达式,它与式(5.3.2a)相比多乘了一个变换系数 $\dot{K}$,这在图5.3.1的下方已明显地表示出来。

由式(5.3.2a)可以看出,放大电路引入反馈后,其增益改变了。引入反馈后的增益 $|\dot{A}_f|$ 的大小与 $|1+\dot{A}\dot{F}|$ 这一因数有关。由于在一般情况下,$\dot{A}$ 和 $\dot{F}$ 都是频率的函数,它们的幅值和相位角均将随频率而变。下面分三种情况加以讨论:

(1) 若 $|1+\dot{A}\dot{F}|>1$,$|\dot{A}_f|<|\dot{A}|$,即引入反馈后,增益减小了,这种反馈一般称为负反馈。

(2) 若 $|1+\dot{A}\dot{F}|<1$,则 $|\dot{A}_f|>|\dot{A}|$,即有反馈时,放大电路的增益增加,这种反馈称为正反馈。正反馈虽然可以提高增益,但使放大电路的性能不稳定,所以很少用。

(3) 若 $|1+\dot{A}\dot{F}|\to 0$,则 $|\dot{A}_f|\to\infty$,这就是说,放大电路在没有输入信号时,也有输出信号,叫做放大电路的自激。这个问题将在5.6节和第八章中讨论。

2) 反馈深度

如前所述,负反馈放大电路的 $|1+\dot{A}\dot{F}|$ 愈大,放大电路的增益减小愈多,因此,$|1+\dot{A}\dot{F}|$ 的值是衡量负反馈程度的一个重要指标,称为反馈深度。从后面的讨论中将得知,负反馈对放大电路性能的改善与反馈深度有关。

必须指出,对于不同的反馈类型,$\dot{X}_i$、$\dot{X}_o$、$\dot{X}_f$ 及 $\dot{X}_{id}$ 所代表的电量不同,因而,四种负反馈放大电路的 $\dot{A}$,$\dot{A}_f$、$\dot{F}$ 相应地具有不同的量纲。现归纳为表5.3.1所示,其中 $\dot{A}_u$、$\dot{A}_i$ 分别表示电压增益和电流增益(无量纲);$\dot{A}_r$、$\dot{A}_g$ 分别表示互阻增益(量纲为欧姆)和互导增益(量纲为西门子),相应的反馈系数及其量纲也各不相同,但环路增益 $\dot{A}\dot{F}$ 总是无量纲的。

表 5.3.1　四种组态负反馈放大电路的比较

反馈组态	$\dot{X}_i\dot{X}_f\dot{X}_{id}$	$\dot{X}_o$	$\dot{A}$	$\dot{F}$	$\dot{A}_f$	功能
电压串联	$\dot{U}_i\dot{U}_f\dot{U}_{id}$	$\dot{U}_o$	$\dot{A}_u=\frac{\dot{U}_o}{\dot{U}_{id}}$	$\dot{F}_u=\frac{\dot{U}_f}{\dot{U}_o}$	$\dot{A}_{uf}=\frac{\dot{U}_o}{\dot{U}_i}=\frac{\dot{A}_u}{1+\dot{A}_u\dot{F}_u}$	$\dot{U}_i$ 控制$\dot{U}_o$ 电压放大
电流串联	$\dot{U}_i\dot{U}_f\dot{U}_{id}$	$\dot{I}_o$	$\dot{A}_g=\frac{\dot{I}_o}{\dot{U}_{id}}$	$\dot{F}_r=\frac{\dot{U}_f}{\dot{I}_o}$	$\dot{A}_{gf}=\frac{\dot{I}_o}{\dot{U}_i}=\frac{\dot{A}_g}{1+\dot{A}_g\dot{F}_r}$	$\dot{U}_i$ 控制 $\dot{I}_o$ 电压转换成电流
电压并联	$\dot{I}_i\dot{I}_f\dot{I}_{id}$	$\dot{U}_o$	$\dot{A}_r=\frac{\dot{U}_o}{\dot{I}_{id}}$	$\dot{F}_g=\frac{\dot{I}_f}{\dot{U}_o}$	$\dot{A}_{rf}=\frac{\dot{U}_o}{\dot{I}_i}=\frac{\dot{A}_r}{1+\dot{A}_r\dot{F}_g}$	$\dot{I}_i$ 控制$\dot{U}_o$ 电流转换成电压
电流并联	$\dot{I}_i\dot{I}_f\dot{I}_{id}$	$\dot{I}_o$	$\dot{A}_i=\frac{\dot{I}_o}{\dot{I}_{id}}$	$\dot{F}_i=\frac{\dot{I}_f}{\dot{I}_o}$	$\dot{A}_{if}=\frac{\dot{I}_o}{\dot{I}_i}=\frac{\dot{A}_i}{1+\dot{A}_i\dot{F}_i}$	$\dot{I}_i$ 控制 $\dot{I}_o$ 电流放大

5.4　负反馈对放大电路性能的改善

负反馈具有自动调节作用，而负反馈的自动调节作用是以牺牲放大器的增益为代价的。不过实际中增益的减少比较容易得到补偿，而自动调节作用却只能用负反馈的方法才能获得。这就是负反馈技术对于提高放大器性能之所以必不可少的原因。

5.4.1　提高放大电路的稳定性

在前面分析四种类型负反馈电路时，得出的结论是在输入信号量不变时，引入电压负反馈能使输出电压稳定，引入电流负反馈能使输出电流稳定，从而使放大倍数稳定。当满足深度负反馈条件时 $\dot{A}_f\approx 1/\dot{F}$，即 $\dot{A}_f$ 与基本放大电路的内部参数几乎无关，只取决于 $\dot{F}$。而 $\dot{F}$ 多数是由 R、C 等无源线性元件组成，因此闭环增益 $\dot{A}_f$ 是稳定的。为了衡量放大电路放大倍数的稳定程度，常采用有、无反馈时放大倍数的相对变化量之比来评定。为便于分析，假设放大电路在中频段工作，则 $\dot{A}$、$\dot{F}$、$\dot{A}_f$ 都是实数，分别用 A、F、A_f 表示。由此，闭环放大倍数的一般表达式表示为

$$A_f=\frac{A}{1+AF} \tag{5.4.1}$$

对上式求微分，即

$$dA_f=\frac{(1+AF)dA-AFdA}{(1+AF)^2}=\frac{dA}{(1+AF)^2}$$

两边同除以 $A_f=\dfrac{A}{1+AF}$ 可得

$$\frac{dA_f}{A_f}=\frac{1}{1+AF}\frac{dA}{A} \tag{5.4.2}$$

式(5.4.2)表明，负反馈使闭环放大倍数的相对变化量减小为开环放大倍数相对变化量的 $1/(1+AF)$。例如，$dA/A=\pm 10\%$时，设 $1+AF=100$，则 $dA_f/A_f=\pm 0.1\%$，即 dA_f/A_f 减小为 dA/A 的 1/100。

综上所述,放大电路中引入负反馈后,使得由于各种原因(温度、负载、器件参数等变化)引起的放大倍数的变化程度减小了,放大电路的工作状态稳定了。

【例 5.4.1】 已知一个多级放大器的开环电压放大倍数的相对变化量为 $dA_u/A_u=\pm1\%$,引入负反馈后要求闭环电压放大倍数为 $A_{uf}=150$,且其相对变化量 $|dA_{uf}/A_{uf}|\leqslant0.05\%$,试求开环电压放大倍数 A_u 和反馈系数 F_u 各为多少。

解:根据公式(5.4.2)可得

$$\frac{dA_{uf}}{A_{uf}}=\frac{1}{1+A_uF_u}\times1\%=0.05\%$$

故有

$$1+A_uF_u=20$$

由公式(5.4.1)可得

$$A_{uf}=\frac{A_u}{1+A_uF_u}=\frac{A_u}{20}=150$$

所以

$$A_u=3\,000$$

又根据 $A_uF_u=19$,得 $F_u=\frac{19}{3\,000}=0.006\,3$。

以上计算结果说明:在引入反馈深度为20的负反馈以后,闭环放大倍数减少到开环放大倍数的1/20,但其稳定性提高了19倍。

5.4.2 减小非线性失真

由于放大器件特性曲线的非线性,当输入信号为正弦波时,输出信号的波形可能不再是一个真正的正弦波,而将产生或多或少的非线性失真。当信号幅度比较大时,非线性失真现象更为明显。

例如,由于三极管输入特性曲线的非线性,当 u_{BE} 为正弦波时,i_B 波形出现了失真,如图5.4.1所示。

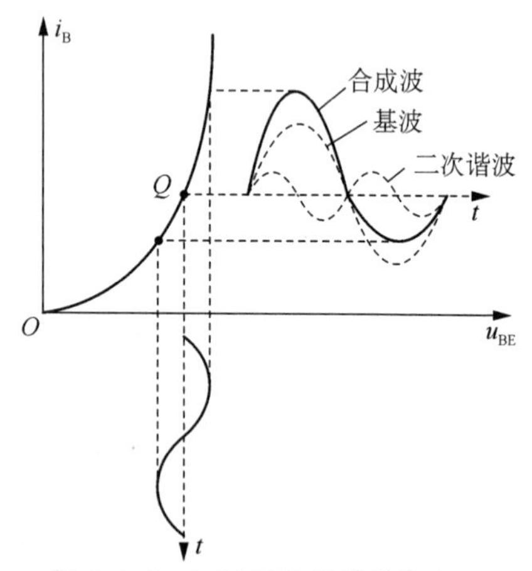

图 5.4.1 i_B 波形的非线性失真

从谐波分析的角度看,一个非正弦波可以看成是由基波和一系列谐波合成的,例如,在图5.4.1中,i_B 的波形可以看成由基波和二次谐波合成。由此可见,非线性失真的实质是在放大电路的输出波形中产生了输入信号原来没有的谐波成分。

引入负反馈可以减小非线性失真。例如,由图5.4.2可见,如果正弦波输入信号 X_i 经过放大后产生的失真波形为正半周大,负半周小,经过反馈后,在 F 为常数的条件下,反馈信号 X_f 也是正半周大,负半周小。但它和输入信号 X_i 相减后得到的净输入信号 $X_{id}=X_i-X_f$ 的波形却变成正半周小,负半周大,这样就把输出信号的正半周压缩，负半周扩大，结果使正负半周的幅度趋于一致，从而改善了输出波形。如果把非线性失真看成在输出波形中除了基波成分以外，增加了某些谐波成分，则引入负反馈后，在保持基波成分不变的情况下（为此，需增大输入信号），降低了谐波成分，从而减小了非线性失真。可以证明，在非线性失真不太严重时，输出波形中的非线性失真近似减小为原来的 $1/(1+AF)$。

根据同样的道理，采用负反馈也可以抑制由载流子热运动所产生的噪声，因为可以将噪声看成是放大电路内部产生的谐波电压，因此也可以大致被抑制为原来的 $1/(1+AF)$。

当放大电路受到干扰时，也可以利用负反馈进行抑制。但是，如果干扰是同输入信号同时混入的，则引入负反馈将无济于事。

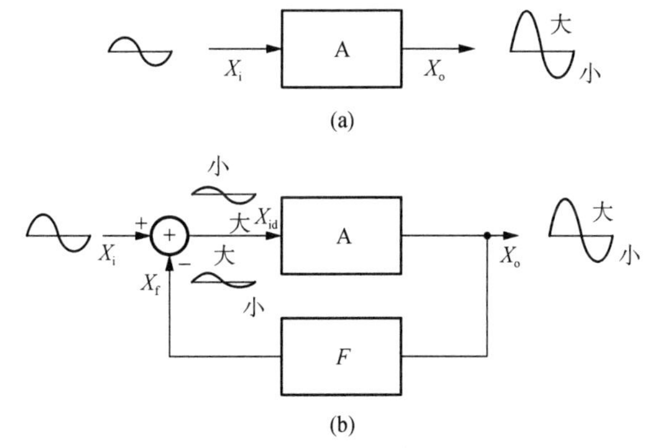

图 5.4.2　利用负反馈减小非线性失真

(a) 无反馈；(b) 引入负反馈

5.4.3　扩展通频带

以单级放大电路为例进行讨论。单级放大电路的频带宽度近似由上限截止频率决定。假定无反馈时基本放大电路在高频段的放大倍数为

$$\dot{A}_{\mathrm{H}}=\frac{\dot{A}_{\mathrm{m}}}{1+\mathrm{j}\dfrac{f}{f_{\mathrm{H}}}} \tag{5.4.3}$$

式中，A_{m} 为基本放大电路的中频放大倍数。设反馈网络由电阻构成，即有 $\dot{F}=F$，引入负反馈后有

$$\dot{A}_{\mathrm{Hf}}=\frac{\dot{A}_{\mathrm{H}}}{1+\dot{A}_{\mathrm{H}}\dot{F}}=\frac{\dot{A}_{\mathrm{H}}}{1+\dot{A}_{\mathrm{H}}F} \tag{5.4.4}$$

将式(5.4.3)代入式(5.4.4)中，可得

$$\dot{A}_{\mathrm{Hf}}=\frac{\dfrac{\dot{A}_{\mathrm{m}}}{1+\mathrm{j}\dfrac{f}{f_{\mathrm{H}}}}}{1+F\dfrac{\dot{A}_{\mathrm{m}}}{1+\mathrm{j}\dfrac{f}{f_{\mathrm{H}}}}}=\frac{\dfrac{\dot{A}_{\mathrm{m}}}{1+\dot{A}_{\mathrm{m}}F}}{1+\mathrm{j}\dfrac{f}{(1+\dot{A}_{\mathrm{m}}F)f_{\mathrm{H}}}}=\frac{\dot{A}_{\mathrm{mf}}}{1+\mathrm{j}\dfrac{f}{(1+\dot{A}_{\mathrm{m}}F)f_{\mathrm{H}}}} \tag{5.4.5}$$

式中，$\dot{A}_{mf}=\dot{A}_m/(1+\dot{A}_m F)$为闭环中频放大倍数。

将式(5.4.5)与式(5.4.3)比较，可得

$$f_{Hf}=(1+A_m F)f_H \tag{5.4.6}$$

由上式可知，引入负反馈后，放大电路的中频放大倍数减小了，放大电路的上限截止频率提高了$(1+A_m F)$倍。

用同样方法可以推导，对于只有单个下限截止频率 f_L 的无反馈放大器，在引入负反馈后可得

$$f_{Lf}=\frac{f_L}{1+A_m F} \tag{5.4.7}$$

式(5.4.7)表明，引入负反馈后，放大电路的下限截止频率降低了，等于无反馈时的 $1/(1+A_m F)$。

对于阻容耦合的放大电路来说，通常有 $f_H \gg f_L$。而对于直接耦合放大电路，下限截止频率 $f_L=0$。所以，通频带可以近似地用上限频率表示，即认为无反馈时的通频带为

$$BW_{0.7}=f_H-f_L\approx f_H$$

引入负反馈后的通频带为

$$(BW_{0.7})_f=f_{Hf}-f_{Lf}\approx f_{Hf}$$

根据式(5.4.6)，可得

$$(BW_{0.7})_f\approx(1+A_m F)BW_{0.7} \tag{5.4.8}$$

式(5.4.8)说明，引入负反馈后放大电路的通频带展宽为无反馈时的$(1+A_m F)$倍，但中频放大倍数下降为无反馈时的 $1/(1+A_m F)$，故中频放大倍数与通频带的乘积基本不变(仅对单时间常数的放大器)，即

$$A_{mf}(BW_{0.7})_f=A_m(BW_{0.7}) \tag{5.4.9}$$

由此可见，负反馈的反馈深度越深，通频带展得就越宽，但中频放大倍数下降得也越多。引入负反馈后通频带和中频放大倍数的变化情况如图 5.4.3 所示。

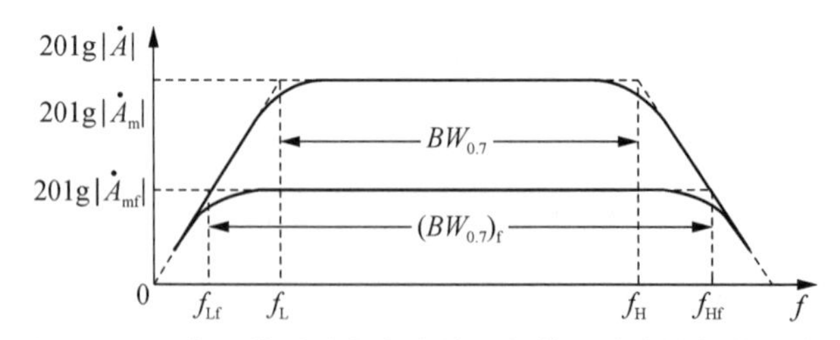

图 5.4.3　负反馈对放大电路的通频带和放大倍数的影响

【例 5.4.2】 设某直接耦合放大器的开环放大倍数表达式为 $\dot{A}=\dfrac{250}{1+j\omega/(2\pi\times100)}$，负反馈系数为 $F=0.8$。试问该负反馈放大器的中频放大倍数等于多少？此时负反馈放大电

路的通频带等于多少？

解：由开环放大倍数 $\dot{A}$ 的表达式可得

$$A_m=250,\ f_H=100\ \text{Hz},\ f_L=0$$

负反馈放大器的闭环中频放大倍数为

$$A_{mf}=\frac{A_m}{1+A_mF}=\frac{250}{1+250\times0.8}=1.24$$

由公式(5.4.6)，可得

$$f_{Hf}=(1+A_mF)f_H=(1+1.24\times0.8)\times100\ \text{Hz}=199\ \text{Hz}$$

由于 $f_L=0$，因而有

$$(BW_{0.7})f=f_{Hf}=199\ \text{Hz}$$

5.4.4　抑制反馈环内噪声

放大器在放大输入信号的过程中，其内部器件还会产生各种噪声（如晶体管噪声、电阻热噪声等）。噪声对有用输入信号的干扰不决定于噪声的绝对值大小，而决定于放大器有用输出信号与噪声的相对比值，通常称为信噪比（用 S/N 表示）。信噪比越大，噪声对放大器的有害影响就越小。

利用负反馈抑制放大器内部噪声的机理与减小非线性失真是一样的。只要把放大器的内部噪声视为谐波信号，则引入负反馈后，输出噪声下降$(1+AF)$。但是，与此同时，输出信号也减小到原来的$1/(1+AF)$，信噪比并没有得到提高。因此，只有当输入信号本身不携带噪声，且其幅度可以增大，使输出信号维持不变时，负反馈可以使放大器的信噪比提高到$(1+AF)$倍。

也许有人会认为，不加负反馈，只要把放大器的输入信号幅度提高，就可以提高信噪比。问题在于，因放大器的线性工作范围有限，输入信号是不能任意加大的。而引入负反馈后，扩大了放大器的线性工作范围，给增大输入信号创造了条件，同时也要求信号源要有足够的潜力。

当放大器的内部受到干扰（如 50 Hz 电源干扰）的影响时，同样地可以通过引入负反馈来加以抑制。当然，如果在输入信号中混杂有干扰，引入负反馈方法也将无法抑制。

5.4.5　对输入电阻和输出电阻的影响

放大电路中引入不同组态的交流负反馈，将对电路的交流参数，即输入电阻和输出电阻产生不同的影响。

1）负反馈对输入电阻的影响

输入电阻是从输入端看进去的等效电阻，必然与反馈网络在输入回路的连接方式有关，即取决于电路引入的是串联反馈还是并联反馈。

(1) 串联负反馈增大输入电阻

图 5.4.4 所示为串联负反馈放大电路的方框图。无反馈时，基本放大电路的输入电

阻为

$$R_{\mathrm{i}}=\frac{\dot{U}_{\mathrm{i}}}{\dot{I}_{\mathrm{i}}}$$

引入串联负反馈以后,输入电压 $\dot{U}_{\mathrm{i}}=\dot{U}_{\mathrm{id}}+\dot{U}_{\mathrm{f}}=\dot{U}_{\mathrm{id}}+\dot{A}\dot{F}\dot{U}_{\mathrm{id}}=(1+\dot{A}\dot{F})\dot{U}_{\mathrm{id}}$,输入电阻为

$$R_{\mathrm{if}}=\frac{\dot{U}_{\mathrm{i}}}{\dot{I}_{\mathrm{i}}}=\frac{(1+\dot{A}\dot{F})\dot{U}_{\mathrm{id}}}{\dot{I}_{\mathrm{i}}}=(1+\dot{A}\dot{F})R_{\mathrm{i}} \tag{5.4.10}$$

式(5.4.10)表明反馈环内输入电阻增大为 R_{i} 的 $1+\dot{A}\dot{F}$ 倍。

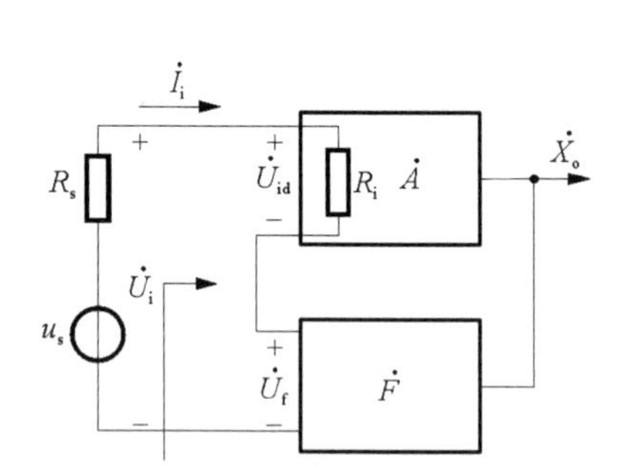

图 5.4.4　串联负反馈对输入电阻的影响示意图

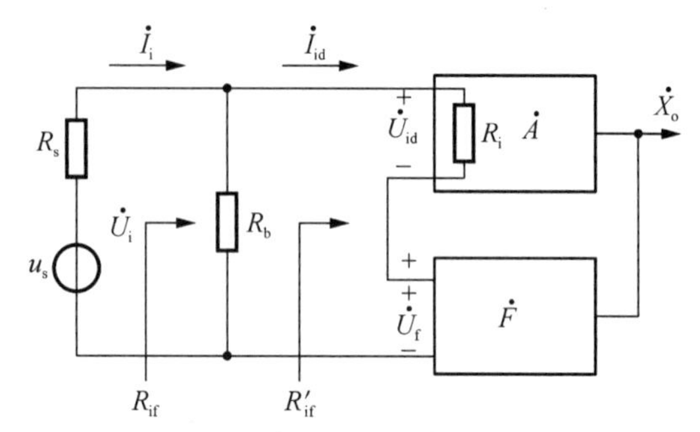

图 5.4.5　反馈环外有电阻的串联负反馈

如果反馈环外还有电阻,如图 5.4.5 所示,R_{b} 并联在输入端,反馈对它不产生影响,而 $R'_{\mathrm{if}}=(1+\dot{A}\dot{F})R_{\mathrm{i}}$,则整个电路的输入电阻 $R_{\mathrm{if}}=R_{\mathrm{b}}\parallel R'_{\mathrm{if}}$。

(2) 并联负反馈减小输入电阻

图 5.4.6 所示为并联负反馈放大电路的方框图。无反馈时,基本放大电路的输入电阻为

$$R_{\mathrm{i}}=\frac{\dot{U}'_{i}}{\dot{I}_{\mathrm{i}}}$$

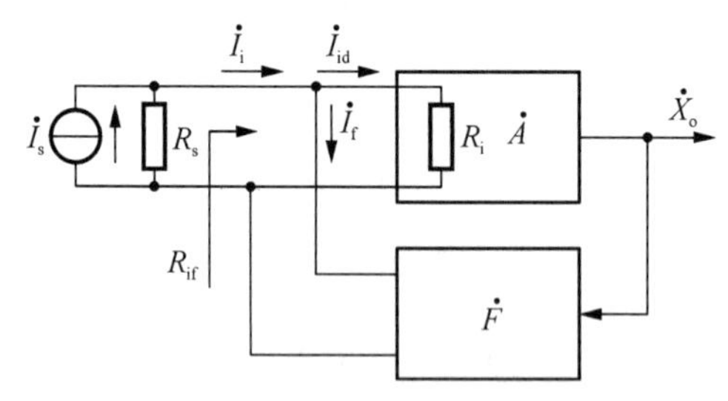

图 5.4.6　并联负反馈对输入电阻的影响示意图

引入并联负反馈后,输入电流 $\dot{I}_{\mathrm{i}}=\dot{I}_{\mathrm{id}}+\dot{I}_{\mathrm{f}}=\dot{I}_{\mathrm{id}}+\dot{A}\dot{F}\dot{I}_{\mathrm{id}}=(1+\dot{A}\dot{F})\dot{I}_{\mathrm{id}}$,输入电阻为

$$R_{\mathrm{if}}=\frac{\dot{U}_{\mathrm{i}}}{\dot{I}_{\mathrm{i}}}=\frac{\dot{U}_{\mathrm{i}}}{(1+\dot{A}\dot{F})\dot{I}_{\mathrm{id}}}=\frac{1}{(1+\dot{A}\dot{F})}R_{\mathrm{i}} \tag{5.4.11}$$

式(5.4.11)表明反馈环内输入电阻减小为 $1/(1+\dot{A}\dot{F})R_{\mathrm{i}}$。

2) 负反馈对输出电阻的影响

输出电阻是从输出端看进去的等效电阻，必然与反馈网络在输出回路的连接方式有关，即取决于电路引入的是电压反馈还是电流反馈。

(1) 电压负反馈减小输出电阻

根据输出电阻的定义，令输入量 $\dot{X}_{\mathrm{i}}=0$，$R_{\mathrm{L}}=\infty$。在输出端加一测试信号 $\dot{U}_{\mathrm{t}}$，必然产生动态电流 $\dot{I}_{\mathrm{t}}$，电路框图如图 5.4.7 所示，为简化分析，设反馈网络的输入电阻为无穷大，反馈量 $\dot{X}_{\mathrm{f}}=\dot{F}\dot{U}_{\mathrm{t}}$，由于是负反馈，所以净输入信号为 $\dot{U}_{\mathrm{id}}=-\dot{X}_{\mathrm{f}}=-\dot{F}\dot{U}_{\mathrm{t}}$，反馈环内输出电阻为

$$R_{\mathrm{of}}=\frac{\dot{U}_{\mathrm{t}}}{\dot{I}_{\mathrm{t}}}=\frac{\dot{U}_{\mathrm{t}}}{\dfrac{[\dot{U}_{\mathrm{t}}-(-\dot{A}\dot{F}\dot{U}_{\mathrm{t}})]}{R_{\mathrm{o}}}}=\frac{R_{\mathrm{o}}}{(1+\dot{A}\dot{F})} \tag{5.4.12}$$

电压负反馈的作用是稳定输出电压，必然使输出电阻减小，且输出电阻减小为 R_{o} 的 $1/(1+\dot{A}\dot{F})$，当 $1+\dot{A}\dot{F}$ 趋于无穷大时，R_{of} 趋于零，此时输出具有恒压源特性。

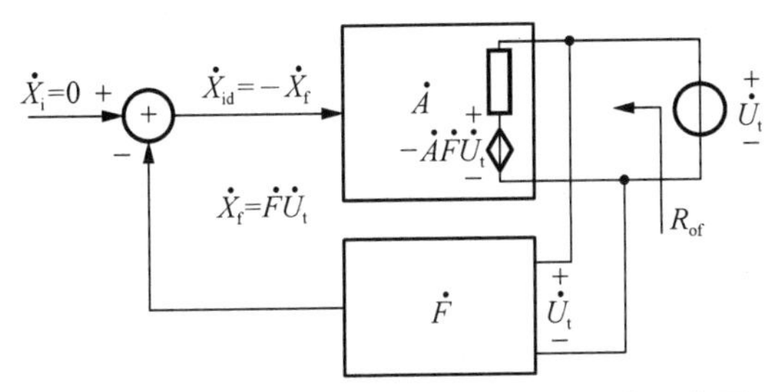

图 5.4.7　电压负反馈对输出电阻的影响示意图

(2) 电流负反馈增加输出电阻

根据输出电阻的定义，令输入量 $\dot{X}_{\mathrm{i}}=0$，$R_{\mathrm{L}}=\infty$，在输出端加一测试信号 $\dot{U}_{\mathrm{t}}$，必然产生动态电流 $\dot{I}_{\mathrm{t}}$，电路框图如图 5.4.8 所示，为简化分析，设反馈网络的输入电阻为零，反馈量为 $X_{\mathrm{f}}=\dot{F}\dot{I}_{\mathrm{t}}$，由于是负反馈，所以净输入信号为 $\dot{X}_{\mathrm{id}}=-\dot{X}_{\mathrm{f}}=-\dot{F}\dot{I}_{\mathrm{t}}$，反馈环内输出电阻为

$$R_{\mathrm{of}}=\frac{\dot{U}_{\mathrm{t}}}{\dot{I}_{\mathrm{t}}}=\frac{[\dot{I}_{\mathrm{t}}-(-\dot{A}\dot{F}\dot{I}_{\mathrm{t}})]R_{\mathrm{o}}}{\dot{I}_{\mathrm{t}}}=(1+\dot{A}\dot{F})R_{\mathrm{o}} \tag{5.4.13}$$

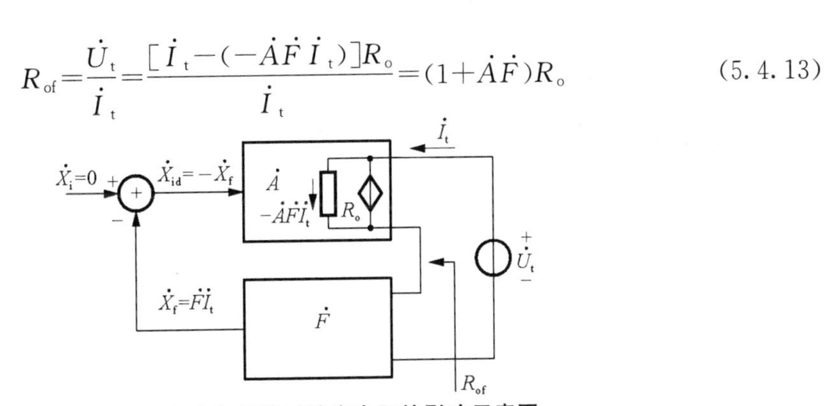

图 5.4.8　电流负反馈对输出电阻的影响示意图

电流负反馈的作用是稳定输出电流，必然使输出电阻增大，且输出电阻增大为R_o的$1+\dot{A}\dot{F}$倍，当$1+\dot{A}\dot{F}$趋于无穷大时，R_{of}趋于无穷，此时输出具有恒流源特性。

与求输入电阻类似，要根据实际电路求解实际的输出电阻。如若电路中的R_c不在反馈环内，则整个电路的输出电阻为$R_{of}=R'_{of}\parallel R_c=(1+\dot{A}\dot{F})R_o\parallel R_c$。

3）正确引入负反馈的一般原则

引入负反馈能够改善放大电路的多方面性能，负反馈越深，改善的效果越显著，但是放大倍数下降得也越多。为此，正确引入负反馈时应遵循的一般原则为：

(1) 要稳定放大器静态工作点，应引入直流负反馈。要改善放大器交流性能，应引入交流负反馈。

(2) 根据信号源的性质决定引入串联负反馈，或者并联负反馈。当信号源为恒压源或内阻较小的电压源时，为增大放大电路的输入电阻，以减小信号源的输出电流和内阻上的压降，应引入串联负反馈。当信号源为恒流源或内阻较大的电压源时，为减小放大电路的输入电阻，使电路获得更大的输入电流，应引入并联负反馈。

(3) 根据负载对放大电路输出量的要求，即负载对其信号源的要求，决定引入电压负反馈或电流负反馈。当负载需要稳定的电压信号时，应引入电压负反馈；当负载需要稳定的电流信号时，应引入电流负反馈。

(4) 根据表5.3.1所示的四种组态反馈电路的功能，在需要进行信号变换时，选择合适的组态。例如，若将电流信号转换成电压信号，应在放大电路中引入电压并联负反馈；若将电压信号转换成电流信号，应在放大电路中引入电流串联负反馈。

5.5 深度负反馈条件下的计算

从原则上来说，反馈放大电路是一个带反馈回路的有源线性网络。利用大家都熟悉的电路理论中的节点电位法、回路电流法或双口网络理论均可求解。但是，当电路较复杂时，这类方法使用起来很不方便。

本节从工程实际出发，讨论在深度负反馈的条件下，反馈放大电路增益的近似计算。

在负反馈放大电路的一般表达式中，若$|1+\dot{A}\dot{F}|\gg1$则

$$\dot{A}_f\approx\frac{1}{\dot{F}} \tag{5.5.1}$$

根据$\dot{A}_f$和$\dot{F}$的定义

$$\dot{A}_f=\frac{\dot{X}_o}{\dot{X}_i},\ \dot{F}=\frac{\dot{X}_f}{\dot{X}_o},\ \dot{A}_f\approx\frac{1}{\dot{F}}=\frac{\dot{X}_o}{\dot{X}_f}$$

所以有

$$\dot{X}_i\approx\dot{X}_f \tag{5.5.2}$$

式(5.5.2)表明，当$|1+\dot{A}\dot{F}|\gg1$时，反馈信号$\dot{X}_f$与输入信号$\dot{X}_i$相差甚微，净输入信号$\dot{X}_{id}$甚小，因而有

$$\dot{X}_{id}\approx0 \tag{5.5.3}$$

对于串联负反馈有$\dot{U}_i\approx\dot{U}_f$，$\dot{U}_{id}\approx0$，因而在基本放大电路输入电阻上产生的输入电流$\dot{I}_{id}$也必趋于零。对于并联负反馈有$\dot{I}_i\approx\dot{I}_f$，$\dot{I}_{id}\approx0$，因而在基本放大电路输入电阻上产生的输入电压$\dot{U}_{id}\approx0$。总之，不论是串联还是并联负反馈，在深度负反馈条件下，均有$\dot{U}_{id}\approx0$（虚短）和$\dot{I}_{id}\approx0$（虚断）同时存在。利用“虚短”“虚断”的概念可以快速方便地估算出负反馈放大电路的闭环增益或闭环电压增益。下面举例说明。

【例5.5.1】 设图5.5.1所示电路满足深度负反馈的条件，写出该电路的闭环增益和闭环电压增益。

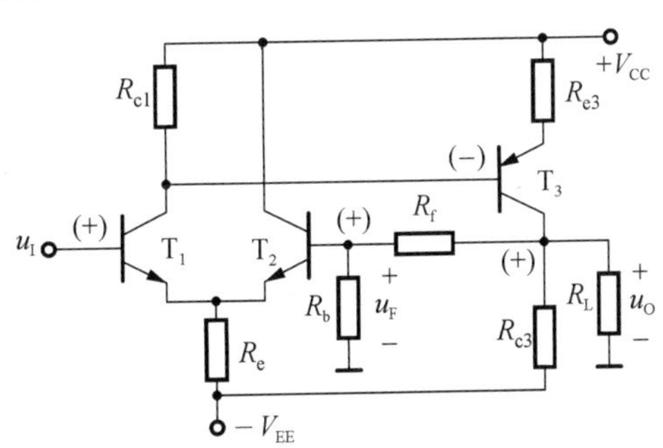

图5.5.1　例5.5.1电路图

解： 图5.5.1所示电路中R_f和R_b组成反馈网络。在放大电路的输出回路，反馈网络接至信号输出端，用输出短路法可判断是电压反馈。在放大电路的输入回路，净输入信号为输入端电位和反馈端电位相比较，是串联反馈。用瞬时极性法可判断该电路为负反馈。因此，该电路为电压串联负反馈电路。

若电路满足$|1+\dot{A}\dot{F}|\gg1$的条件，此时该电路的闭环电压增益为

$$u_F=\frac{R_b}{R_f+R_b}u_O$$

$$A_{uf}=\frac{u_O}{u_I}\approx\frac{u_O}{u_F}=1+\frac{R_f}{R_b}$$

【例5.5.2】 计算图5.5.2所示电路在深度负反馈条件下的闭环增益和闭环电压增益。

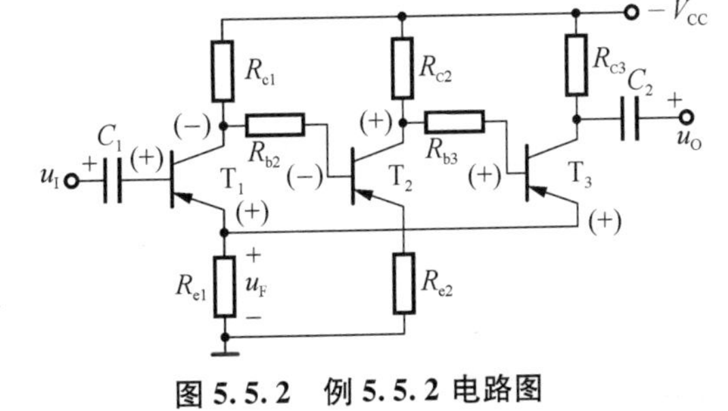

图5.5.2　例5.5.2电路图

解： 图5.5.2所示电路中R_{e1}为反馈元件。在放大电路的输出回路，反馈元件接至非信号输出端，用输出短路法可判断是电流反馈。在放大电路的输入回路，净输入信号为输入端电位和反馈端电位相比较，是串联反馈。用瞬时极性法可判断该电路为负反馈。因此，该电路为电流串联负反馈电路。

若电路满足$|1+\dot{A}\dot{F}|\gg1$的条件，该电路的闭环互导增益为

$$A_{gf}=\frac{i_O}{u_I}\approx\frac{i_O}{u_F}=\frac{i_O}{R_{e1}i_O}=\frac{1}{R_{e1}}$$

闭环电压增益为

$$A_{uf}=\frac{u_O}{u_I}\approx\frac{u_O}{u_F}=\frac{-R_{c3}i_o}{R_{e1}i_o}=-\frac{R_{c3}}{R_{e1}}$$

【例 5.5.3】 设图 5.5.3 所示电路满足深度负反馈的条件,近似计算该电路的闭环增益和闭环电压增益。

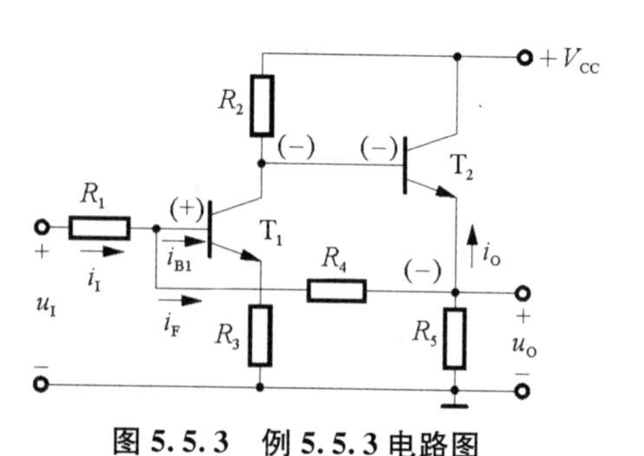

图 5.5.3 例 5.5.3 电路图

解:图 5.5.3 所示电路中 R_4 和 R_5 为反馈元件。在放大电路的输出回路,反馈元件接至信号输出端,用输出短路法可判断是电压反馈。在放大电路的输入回路,净输入信号为输入端电流和反馈端电流相比较,是并联反馈。用瞬时极性法可判断该电路为负反馈。因此,该电路为电压并联负反馈电路。

若电路满足$|1+\dot{A}\dot{F}|\gg1$ 的条件,根据式(5.5.2),$i_I\approx i_F$,$i_{B1}\approx0$,得 $u_{B1}\approx u_{E1}=0$,$i_F\approx-u_O/R_4$,该电路的闭环互阻增益为

$$A_{rf}=\frac{u_O}{i_I}\approx\frac{u_O}{i_F}=-R_4$$

闭环电压增益为

$$A_{uf}=\frac{u_O}{u_I}\approx\frac{u_O}{i_IR_1}=\frac{u_O}{i_FR_1}=-\frac{R_4}{R_1}$$

【例 5.5.4】 设图 5.5.4 所示电路满足深度负反馈的条件,写出该电路的闭环增益和闭环电压增益。

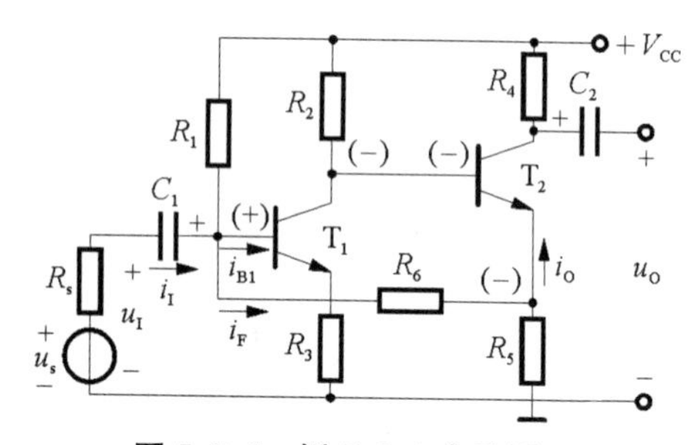

图 5.5.4 例 5.5.4 电路图

解:图 5.5.4 所示电路中 R_5 和 R_6 为输入/输出回路的共同元件。在放大电路的输出回路,用输出短路法可判断是电流反馈。在放大电路的输入回路,净输入信号为输入端电流和反馈端电流相比较,是并联反馈。用瞬时极性法可判断该电路为负反馈。因此,该电路为电流并联负反馈电路。若电路满足$|1+\dot{A}\dot{F}|\gg1$ 的条件,此时该电路的闭环增益为

$$A_{if}=\frac{i_O}{i_I}\approx\frac{i_O}{i_F}=\frac{i_O}{\dfrac{i_OR_5}{R_5+R_6}}=1+\frac{R_6}{R_5}$$

信号源闭环电压增益为

$$A_{usf}=\frac{u_O}{u_s}=\frac{i_OR_4}{i_IR_s}\approx\frac{i_OR_4}{i_FR_s}=\frac{R_4(R_5+R_6)}{R_sR_5}$$

【例 5.5.5】 由运放 A_1、A_2 和 A_3 组成的反馈放大器如图 5.5.5 所示,试判断电路中存

在何种反馈组态，并导出其闭环电压增益 A_{uf} 的表达式。设运放是理想的。

解：(1) 判断电路的反馈组态

在图5.5.5所示的电路中，由运放 A_1 和 A_2 组成基本放大电路，输入电压为 u_I，输出电压为 u_O，属电压放大电路。反馈网络则由分压器(R_3、R_4)、运放 A_3 和 R_5、R_6 组成的同相放大电路以及第二分压器(R_7、R_8)所组成，属有源反馈网络。

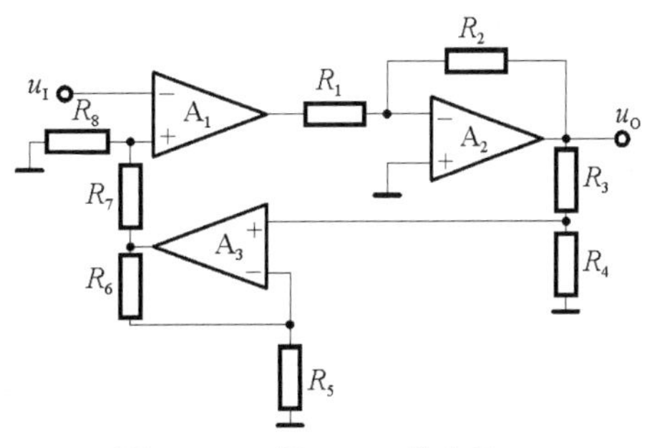

图5.5.5　例5.5.5的电路

设想在放大电路的输入端，加入一正极性的信号电压 u_I 时，则因经两级反相电压放大，在输出端得 u_O 与 u_I 同相。输出电压 u_O 经反馈网络得 R_8 上的反馈电压 u_F 与 u_O 同相，即与 u_I 同相。因而 u_F 削弱了输入信号，故电路属负反馈电路。而且 u_F 与 u_I 在输入回路中彼此串联，所以电路的反馈组态为电压串联负反馈。

(2) 求闭环电压增益 A_{uf}

由题意可知，各运放均是理想的，即由运放组成的电路均处于深度负反馈的情况，大环反馈亦处在深度负反馈的状态，根据式(5.5.2)有 $u_F \approx u_I$，而 u_F 可由下式求得：

$$u_F = u_O\left(\frac{R_4}{R_3+R_4}\right)\left(\frac{R_5+R_6}{R_5}\right)\left(\frac{R_8}{R_7+R_8}\right)$$

闭环电压增益为

$$A_{uf} = \frac{u_O}{u_I} \approx \frac{u_O}{u_F} = \frac{(R_3+R_4)R_5(R_7+R_8)}{R_4(R_5+R_6)R_8}$$

5.6　负反馈放大电路的稳定性分析

已经知道，引入负反馈能够改善放大电路的各项性能指标，而且改善的程度与反馈深度 $|1+\dot{A}\dot{F}|$ 的值有关。一般说来，负反馈的深度愈深，改善的效果愈显著。但是，对于多级负反馈放大电路而言，过深的负反馈可能引起放大电路产生自激振荡。此时，即使放大电路的输入端不加信号，在其输出端也将会出现某个特定频率和幅度的输出信号。在这种情况下，放大电路的输出信号不受输入信号的控制，失去了放大作用，不能正常工作。

本节首先分析负反馈放大电路产生自激振荡的原因，然后介绍几种常用的校正措施。

5.6.1　产生自激振荡的原因

1) 自激振荡的幅度条件和相位条件

由反馈的一般表达式可知，负反馈放大电路的闭环放大倍数可表示如下：

$$\dot{A}_f = \frac{\dot{A}}{1+\dot{A}\dot{F}}$$

如果上式的分母 $1+\dot{A}\dot{F}=0$，则 $\dot{A}_f=\infty$，此时即使没有输入信号，放大电路仍将有一定的输出信号，说明放大电路产生了自激振荡。因此，负反馈放大电路产生自激振荡的条件是 $1+\dot{A}\dot{F}=0$，即

$$\dot{A}\dot{F}=-1 \tag{5.6.1}$$

上式可以分别用模和相角表示如下：

$$|\dot{A}\dot{F}|=1 \tag{5.6.2}$$

$$\varphi_A+\varphi_F=\pm(2n+1)\pi \quad n=0,1,2,\cdots \tag{5.6.3}$$

式(5.6.2)和式(5.6.3)分别表示负反馈放大电路产生自激振荡的幅度条件和相位条件。

但是，根据前面 5.3.2 节的讨论可知，对于负反馈放大电路而言，通常 $\dot{A}_f$ 表达式中的分母 $|\dot{A}\dot{F}|>1$，因而 $|\dot{A}_f|<|\dot{A}|$。那么，为什么负反馈放大电路也会产生自激振荡呢？这是由于所谓负反馈，一般是指在中频时接成负反馈，但放大电路的放大倍数 $\dot{A}$ 和反馈系数 $\dot{F}$ 常常是频率的函数。当频率变化时，$\dot{A}$、$\dot{F}$ 的模和相角都将随之改变，假如在高频或低频时变为 $|\dot{A}\dot{F}|<1$，甚至 $|1+\dot{A}\dot{F}|=0$，则原来中频时的负反馈此时将变为正反馈，甚至产生自激振荡。

例如，已经知道，阻容耦合单管共射放大电路在中频段时 $\varphi=-180^\circ$，而在低频段和高频段，还将分别产生 $\Delta\varphi=0\sim+90^\circ$ 和 $\Delta\varphi=0\sim-90^\circ$ 的附加相移(见第五章图 5.1.1)。显然，如放大器为两级放大电路，可以产生 $0\sim\pm180^\circ$ 的附加相移，而对于三级放大电路，附加相移可达 $0\sim\pm270^\circ$。如果当信号为某个频率时，附加相移等于 180°，假设反馈网络为纯电阻性，则此时 $\varphi_a+\varphi_f=180^\circ$，即可满足自激振荡的相位条件。若回路增益 $|\dot{A}\dot{F}|$ 足够大，能同时满足自激振荡的幅度条件，则放大电路将产生自激振荡。

由以上分析可知，单级负反馈放大电路是稳定的，不会产生自激振荡，因为最大附加相移不可能超过 90°。两级反馈放大电路一般来说也是稳定的，因为虽然当 $f\to\infty$ 或 $f=0$ 时 $|\dot{A}\dot{F}|$ 的相移可达到 $\pm180^\circ$，但此时幅值 $|\dot{A}\dot{F}|=0$，不满足产生自激振荡的幅度条件。三级反馈放大电路则只要达到一定的反馈深度即可产生自激振荡，因为在低频和高频范围可以分别找出一个满足相移为 $\pm180^\circ$ 的频率，而且 $|\dot{A}\dot{F}|=1$，所以三级及三级以上的负反馈放大电路，在深度反馈条件下必须采取措施来破坏自激条件，才能稳定地工作。

2) 自激振荡的判断方法

从自激振荡的两个条件看，一般来说相位条件是主要的。当相位条件得到满足之后，在绝大多数情况下只要 $|\dot{A}\dot{F}|\geqslant1$，放大电路就将产生自激振荡。当 $|\dot{A}\dot{F}|>1$ 时，输入信号经过放大和反馈，其输出正弦波的幅度要逐步增长，直到由电路元件的非线性所确定的某个限度为止，输出幅度将不再继续增长，而稳定在某一个幅值。

为了判断负反馈放大电路是否振荡，可以利用其回路增益 $\dot{A}\dot{F}$ 的波特图，综合考察 $\dot{A}\dot{F}$ 的幅频特性和相频特性，分析是否同时满足自激振荡的幅度条件和相位条件。

例如，某负反馈放大电路 $\dot{A}\dot{F}$ 的波特图如图 5.6.1(a)所示。由图中的相频特性可见，

当 $f=f_0$ 时，$\dot{A}\dot{F}$ 的相位移 $\Delta\varphi_{AF}=-180°$，而在此频率，对应的对数幅频特性位于横坐标轴之上，即 $20\lg|\dot{A}\dot{F}|>0$，$|\dot{A}\dot{F}|>1$，说明当 $f=f_0$ 时电路同时满足自激振荡的相位条件和幅度条件，所以该负反馈放大电路将产生自激振荡。

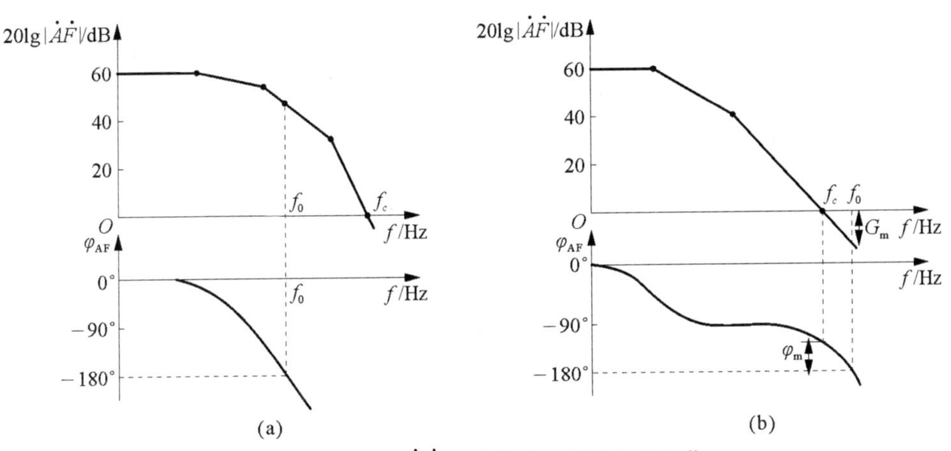

图 5.6.1　利用$\dot{A}\dot{F}$ 的波特图来判断自激振荡

(a) 产生自激；(b) 不产生自激

又如另一个负反馈放大电路 $\dot{A}\dot{F}$ 的波特图如图 5.6.1(b)所示。由图可见，当 $\varphi_{AF}=-180°$时，相应的对数幅频特性在横坐标轴之下，即 $20\lg|\dot{A}\dot{F}|<0$，$|\dot{A}\dot{F}|<1$，说明这个负反馈放大电路不会产生自激振荡，能够稳定工作。

3) 负反馈放大电路的稳定裕度

为了使负反馈放大电路能稳定可靠地工作，不但要求它能在预定的工作条件下满足稳定条件，而且当环境温度、电路参数及电源电压等因素在一定的范围内发生变化时也能满足稳定条件，为此要求放大电路要有一定的稳定裕度。通常采用幅度裕度和相位裕度两项指标作为衡量的标准。

(1) 幅度裕度 G_m

由图 5.6.1(b)可见，当 $f=f_0$ 时，$\Delta\varphi_{AF}=-180°$，此时 $20\lg|\dot{A}\dot{F}|<0$，因此负反馈放大电路是稳定的。通常将 $\Delta\varphi_{AF}=-180°$时的 $20\lg|\dot{A}\dot{F}|$值定义为幅度裕度 G_m，即

$$G_m=20\lg|AF|_{f=f_0}\text{(dB)} \tag{5.6.4}$$

对于稳定的负反馈放大电路，其 G_m 应为负值。G_m 值愈负，表示负反馈放大电路愈稳定。一般的负反馈放大电路要求 $G_m\leqslant-10$ dB。

(2) 相位裕度 φ_m

也可以从另一个角度来描述负反馈放大电路的稳定裕度。由图 5.6.1(b)可见，当 $f=f_c$ 时 $20\lg|\dot{A}\dot{F}|=0$ 此时，相应的$|\varphi_{AF}|<180°$，说明负反馈放大是稳定的。相位裕度 φ_m 的定义为

$$\varphi_m=180°-|\varphi_{AF}|_{f=f_c} \tag{5.6.5}$$

对于稳定的负反馈电路，$|\varphi_{AF}|_{f=f_c}<180°$，因此 φ_m 是正值。φ_m 愈大，表示负反馈放大电路愈稳定。一般的负反馈放大电路要求 $\varphi_m \geq 45°$。

5.6.2　常用的校正措施

对于三级或更多级的负反馈放大电路来说，为了避免产生自激振荡，保证电路稳定工作，通常需要采取适当的校正措施来破坏产生自激的幅度条件和相位条件。

最容易想到的办法是减小其反馈系数 $|\dot{F}|$，从而减小回路增益的值 $|\dot{A}\dot{F}|$，使相移

$$\varphi_{AF}=180° \text{时}, |\dot{A}\dot{F}|<1$$

减小 $|\dot{F}|$ 虽然能够达到消除自激振荡的目的，但是，由于反馈深度 $|1+\dot{A}\dot{F}|$ 的值下降，不利于放大电路其他性能的改善，所以说这是一种消极的办法。应该采取某些积极的校正措施保证负反馈放大电路既有足够的反馈深度，又能稳定工作。

在实际工作中经常采用的措施是接入由电容或 RC 元件组成的校正网络，以消除自激振荡。

1）电容校正

比较简单而常用的校正措施是在负反馈放大电路的适当位置接入一个电容 C，如图 5.6.2 所示。

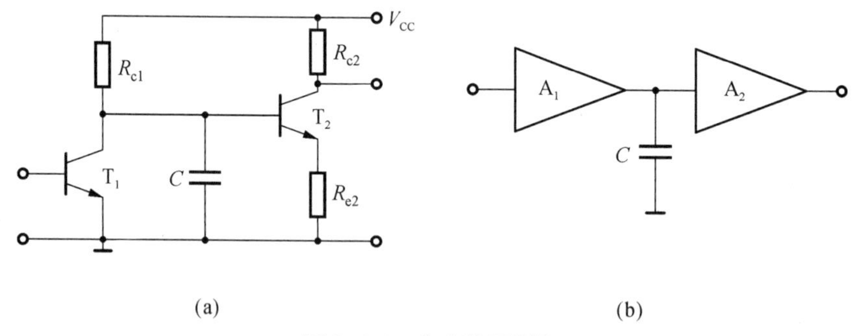

图 5.6.2　电容校正网络

接入的电容相当于并联在前一个放大级的负载上。在中频和低频时，由于电容的容抗很大，所以基本不起作用。高频时，由于容抗减小，使前一级的放大倍数降低，则 $|\dot{A}\dot{F}|$ 的值也减小，从而破坏自激振荡的条件，保证电路稳定工作。

现在利用 $\dot{A}\dot{F}$ 的波特图来说明负反馈放大电路中电容校正网络如何消除自激振荡。

假设某三级放大电路的电压放大倍数为

$$\dot{A}=\dot{A}_1 \cdot \dot{A}_2 \cdot \dot{A}_3=\frac{-10^4}{\left(1+j\frac{f}{0.2}\right)\left(1+j\frac{f}{1}\right)\left(1+j\frac{f}{5}\right)}$$

式中的单位为兆赫(MHz)。若反馈系数 $F=-0.1$，则其回路增益为

$$\dot{A}\dot{F}=\frac{10^3}{\left(1+j\frac{f}{0.2}\right)\left(1+j\frac{f}{1}\right)\left(1+j\frac{f}{5}\right)}$$

$\dot{A}\dot{F}$ 的波特图如图 5.6.3 中的实线所示。由图可见，频率特性中含有三个极点：$f_{p1}=0.2\ \mathrm{MHz}$，$f_{p2}=1\ \mathrm{MHz}$，$f_{p3}=5\ \mathrm{MHz}$。其中频率最低的极点 f_{p1} 通常称为主极点。由 $|\dot{A}\dot{F}|$ 的波特图可见，当 $\varphi_{AF}=-180°$ 时，$20\lg|\dot{A}\dot{F}|>0$，即 $|\dot{A}\dot{F}|>1$，因此，若不加任何校正措施，原来的负反馈放大电路将产生自激振荡。

为了消除自激振荡，可在极点频率最低的一级接入校正电容，则该级高频时的频率响应将变差，主极点频率将下降。如果选择校正电容 C 的容值，使主极点频率由 $f_{p1}=0.2\ \mathrm{MHz}$ 下降为 $f'_{p1}=0.001\ \mathrm{MHz}=1\ \mathrm{kHz}$，此时的波特图将如图 5.6.3 中的虚线所示。由图中的虚线可见，当 $\varphi_{AF}=-180°$ 时，$20\lg|\dot{A}\dot{F}|<0$，因此消除了自激振荡，使放大电路能够稳定工作。

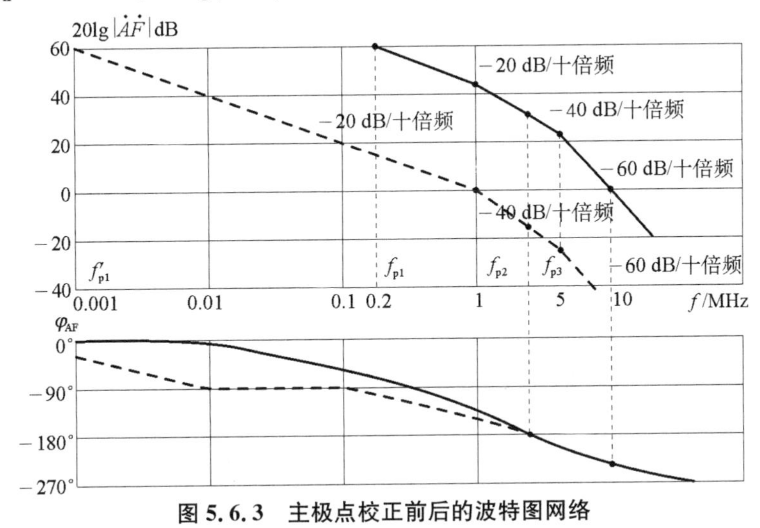

图 5.6.3　主极点校正前后的波特图网络

这种校正方法实质上是将放大电路的主极点频率降低，从而破坏自激振荡的条件，所以也称为主极点校正。

采用电容校正的方法比较简单方便，但主要缺点是放大电路的通频带将严重变窄。由图 5.6.3 可见，加上校正电容后，放大电路的高频特性比原来降低很多。此外，所需校正电容 C 的容值也比较大。

2) *RC* 校正

除了电容校正以外，还可以利用电阻、电容元件串联组成的 *RC* 校正网络来消除自激振荡，如图 5.6.4 所示。

利用 *RC* 校正网络代替电容校正网络，将使通频带变窄的程度有所改善。在高频段，电容的容抗将降低，但因有一个电阻与电容串联，所以 *RC* 网络并联在电路中，对高频电压放大倍数的影响相对小一些，因此，如果采用 *RC* 校正网络，在消除自激振荡的同时，高频响应的损失不如仅用电容校正时严重。

校正网络应加在时间常数最大，即极点频率最低的放大级。通常可接在前级输出电阻和后级输入电阻都比较高的地方。

为了增强消振效果，实际工作中还常常将校正网络接在三极管的基极和集电极之间，如图 5.6.5 所示。如果第二级的电压放大倍数为 $\dot{A}_2$，根据密勒定理，电容的作用将增大 $|1+\dot{A}_2|$ 倍，

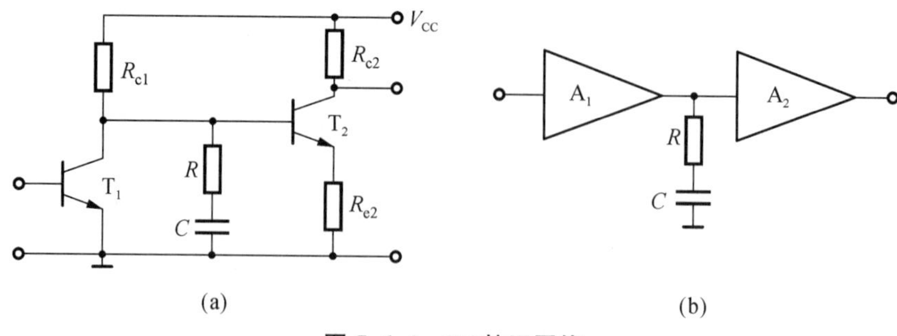

图 5.6.4　*RC* 校正网络

而电阻的作用减小 $1/(1+\dot{A}_2)$,因此,可以用较小的电容和较大的电阻达到同样的消振效果。

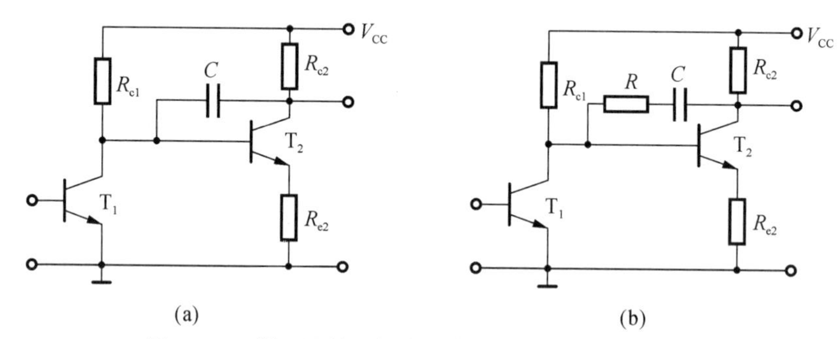

图 5.6.5　校正网络跨接在放大管的基极和集电极之间

(a) 电容校正;(b) *RC* 校正

在实际的放大电路中,校正网络常常采用以上接法。例如,集成运放 μA741 的校正电容接在中间级的复合管的基极和集电极之间,请参阅本书第三章图 3.5.1。又如 CMOS 四运放 MC14573 的校正电容接在第二级放大管的栅极和漏极之间,请参阅图 3.5.3。这些校正电容已集成在电路内部,无需外接。

校正网络中 R、C 元件的数值,一般应根据实际情况,通过实验调试最后确定。也有一些文献介绍了进行理论分析和估算的参考方法。

除了以上介绍的电容校正和 *RC* 校正外,还有许多校正的方法,读者如有兴趣可参阅其他文献。

小　结

一、在各种放大电路中,人们经常利用反馈的方法来改善各项性能。将电路的输出量(输出电压或输出电流)通过一定方式引回到输入端,从而控制该输出量的变化,起到自动调节的作用,这就是反馈的概念。

二、不同类型的反馈对放大电路产生的影响不同。

1. 正反馈使放大倍数增大;负反馈使放大倍数减小,但其他各项性能可以获得改善。

2. 直流负反馈的作用是稳定静态工作点,不影响放大电路的动态性能,所以一般不再区分它们的组态;交流负反馈能够改善放大电路的各项动态技术指标。

3. 电压负反馈使输出电压保持稳定,因而降低了放大电路的输出电阻;而电流负反馈使输出电流保持稳定,因而提高了输出电阻。

4. 串联负反馈提高放大电路的输入电阻；并联负反馈则降低输入电阻。

在实际的负反馈放大电路中，有以下四种基本的组态：电压串联式，电压并联式，电流串联式和电流并联式。

三、在分析反馈放大电路时，“有无反馈”决定于输出回路和输入回路是否存在反馈通路；“直流反馈或交流反馈”决定于反馈通路存在于直流通路还是交流通路；“正负反馈”用瞬时极性法来判断，反馈的结果使净输入量减小的为负反馈，使净输入量增大的为正反馈。电压负反馈和电流负反馈的判断方法是令放大电路输出电压等于零，若反馈量随之为零，则为电压反馈；若反馈量依然存在，则为电流反馈。

无论何种极性和组态的反馈放大电路，其闭环放大倍数均可写成以下一般表达式：

$$\dot{A}_f=\frac{1}{1+\dot{A}\dot{F}}$$

根据以上反馈的一般表达式可以得到有关反馈放大电路的几点一般规律。

四、引入负反馈后，放大电路的许多性能得到了改善，如提高放大倍数的稳定性，减小非线性失真和抑制干扰，展宽频带以及根据实际工作的要求改变电路的输入、输出电阻等。改善的程度取决于反馈深度$|1+\dot{A}\dot{F}|$。一般来说，负反馈愈深，即$|1+\dot{A}\dot{F}|$愈大，则放大倍数降低得愈多，但上述各项性能的改善也愈显著。

五、负反馈放大电路的分析计算应针对不同的情况采取不同的方法。如为简单的负反馈放大电路，可以利用微变等效电路法进行分析计算。如为复杂的负反馈放大电路，由于实际上比较容易满足$|1+\dot{A}\dot{F}|\gg 1$的条件，因此大多数属于深度负反馈放大电路。本章主要介绍深度负反馈放大电路闭环电压放大倍数的近似估算。通常可以采用以下两种方法：

1. 对于电压串联组态的负反馈放大电路，可以利用关系式 $\dot{A}_f\approx 1/\dot{F}$ 直接估算闭环电压放大倍数。

2. 对于任何组态的负反馈放大电路，均可以利用关系式 $\dot{X}_f\approx\dot{X}_i$ 估算闭环电压放大倍数。但对不同的负反馈组态，上式的具体表现形式有所不同：

串联负反馈：$\dot{U}_f\approx\dot{U}_i$

并联负反馈：$\dot{I}_f\approx\dot{I}_i$

六、负反馈放大电路在一定条件下可能转化为正反馈，甚至产生自激振荡，负反馈放大电路产生自激振荡的条件是

$$\dot{A}\dot{F}=-1$$

或分别用幅度条件和相位条件表示为

$$|\dot{A}\dot{F}|=1$$

$$\varphi_A+\varphi_F=\pm(2n+1)\pi \qquad (n=0,1,2,3,\cdots)$$

常用的校正措施有电容校正和 RC 校正等，目的都是为了改变放大电路的开环频率特性，使 $\varphi_{AF}=180^\circ$ 时$|\dot{A}\dot{F}|<1$，从而破坏产生自激的条件，保证放大电路稳定工作。

七、学完本章后，应在理解反馈基本概念的基础上，达到下列要求：

1. 能够正确判断电路中是否引入了反馈及反馈的性质，例如是直流反馈还是交流反馈，是正反馈还是负反馈；如为交流负反馈，是哪种组态的反馈等。

2. 理解负反馈放大电路放大倍数在不同反馈组态下 $\dot{A}_f$ 的物理意义，并能够估算深度负反馈条件下的放大倍数。

3. 掌握负反馈四种组态对放大电路性能的影响，并能够根据需要在放大电路中引入合适的交流负反馈。

4. 理解负反馈放大电路产生自激振荡的原因,能够利用环路增益的波特图判断电路的稳定性,并了解消除自激振荡的方法。

习　题

5.1　在图题 5.1 所示的电路中,哪些原件组成级间反馈通路?它们所引入的反馈是正反馈还是负反馈?是直流反馈还是交流反馈?

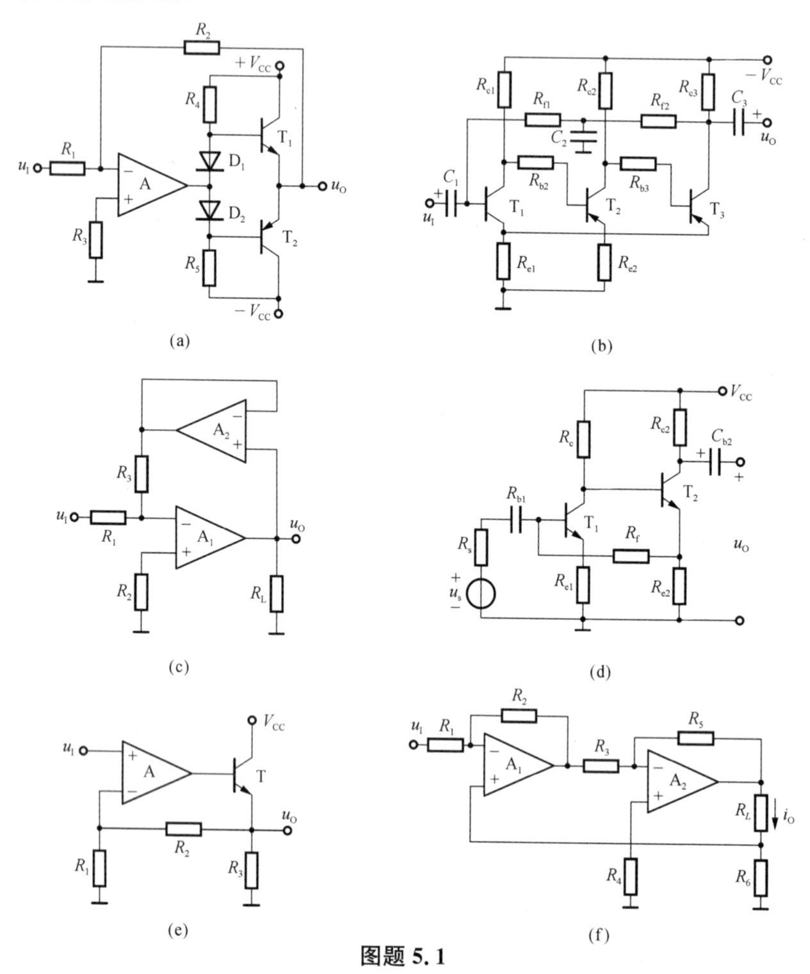

图题 5.1

5.2　试判断图题 5.1 所示各电路级间交流反馈的组态。

5.3　在图题 5.3 所示的电路中,从反馈的效果来考虑,对信号源内阻 R_s 的大小有何要求?

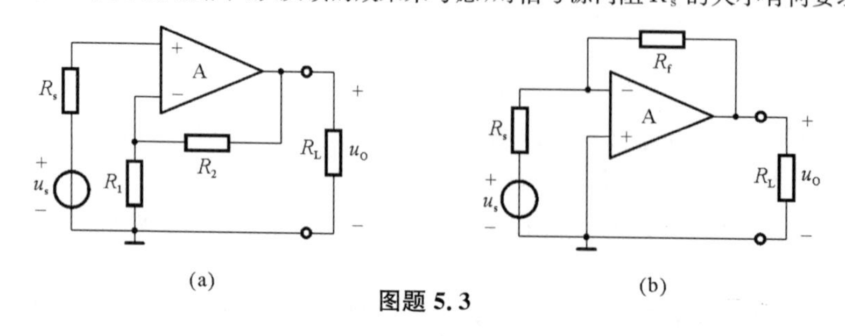

图题 5.3

5.4　在图题 5.4 所示的电路中，设各放大电路的级间反馈均满足深度负反馈的条件，试估算各电路的闭环电压增益。

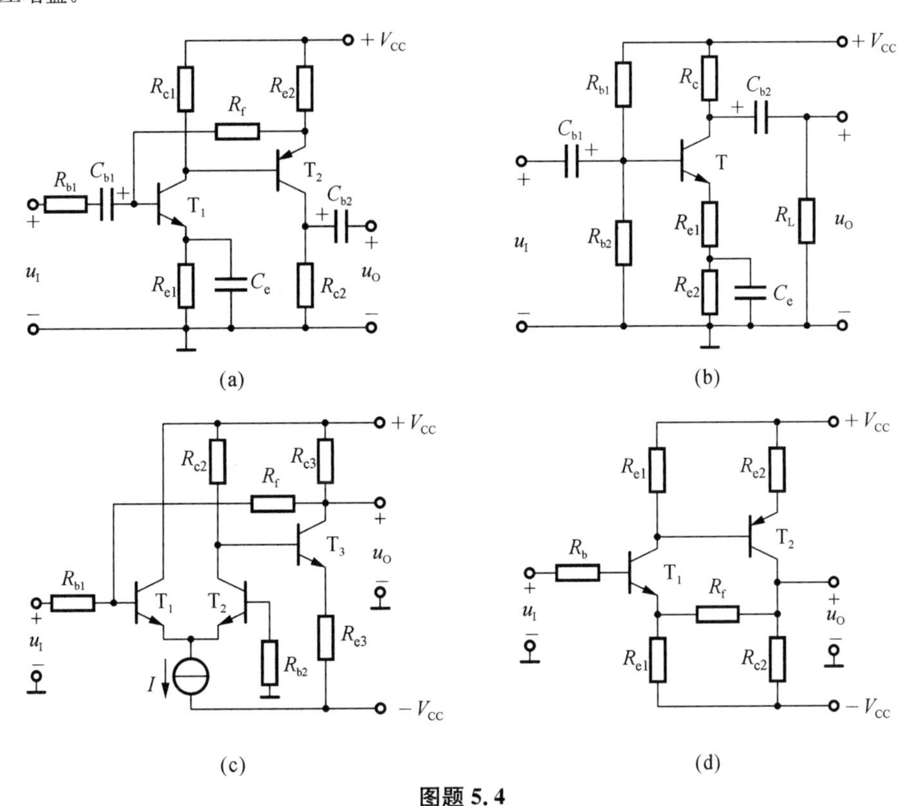

图题 5.4

5.5　设图题 5.5 所示电路中 A_{uo} 很大。

(1) 指出所引入的反馈类型；

(2) 写出输出电流 i_O 的表达式；

(3) 说出该电路的功能。

5.6　由运放组成的放大电路如图题 5.6 所示。为了使 A_u 稳定，R_o 减小，应引入什么样的反馈(在图中画出)？若要求 $|A_{uf}|=20$ 所选的反馈元件数值应该多大？

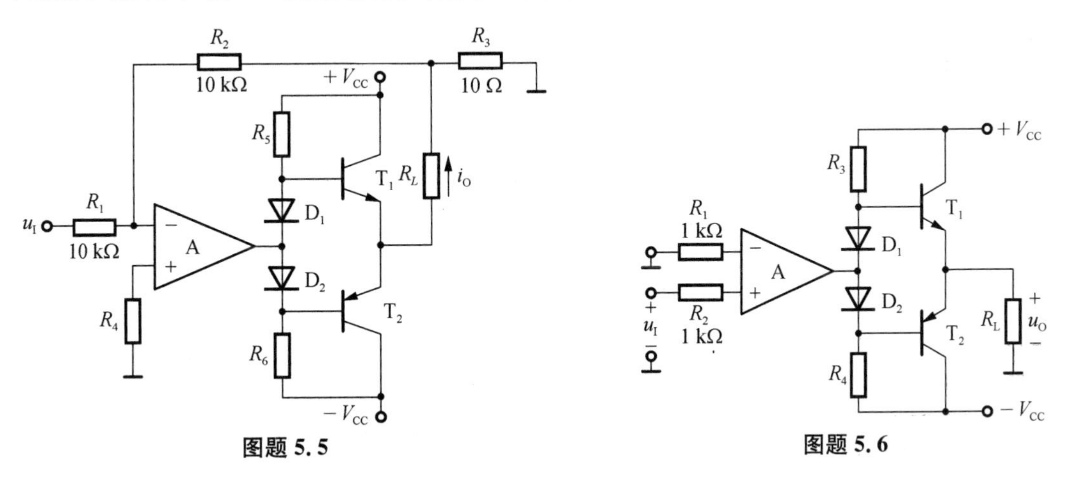

图题 5.5　　图题 5.6

5.7　电路如图题 5.7 所示，

(1) 采用 u_{O1} 输出时，该电路属于何种类型的反馈放大电路？

(2) 采用 u_{O2} 输出时，该电路属于何种类型的反馈放大电路？

(3) 假设为深度负反馈，求两种情况下的电压放大倍数 $A_{uf1}=u_{O1}/u_I$ 和 $A_{uf2}=u_{O2}/u_I$。

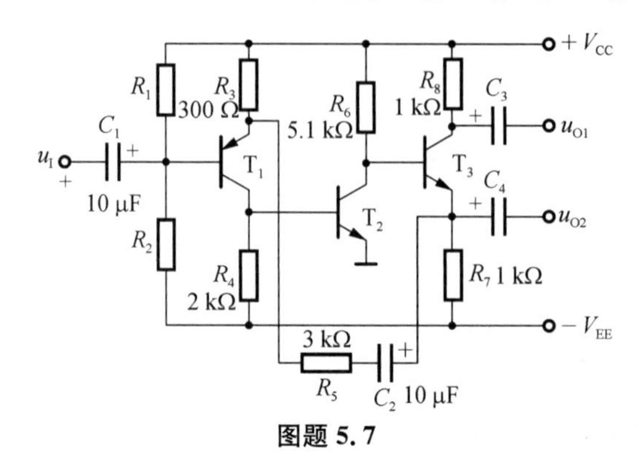

图题 5.7

5.8　设某运算放大器的增益-带宽积为 4×10^5 Hz，若将它组成一同相放大电路时，其闭环增益为 50，问它的闭环带宽为多少？

5.9　已知负反馈放大电路的开环频率响应为

$$\dot{A}_{jf}=\frac{10^4}{\left(1+j\dfrac{f}{10^3}\right)\left(1+j\dfrac{f}{10^5}\right)^2}$$

试问：

(1) 放大器的相移 $\varphi_A=-180°$ 时的频率是多少？

(2) 若用电阻网络对放大器施加负反馈，为保证不自激，则确定反馈系数 F 的取值范围。

(3) 为保证反馈后稳定工作，试重新确定 F，并求此时的闭环中频增益范围。

第六章　模拟信号的运算和处理电路

集成运放的基本应用电路，从功能来看，有信号的运算、处理和产生电路等。

这里所讨论的是模拟信号运算电路，包括加法、减法、微分、积分电路等。信号处理电路的内容也较广泛，包括有源滤波、精密二极管整流电路、电压比较器和取样-保持电路等。这里只重点讨论有源滤波电路，信号产生电路将在第七章讨论。

第五章在讨论深度负反馈条件下对负反馈电路进行近似计算时，曾经得出两个重要的概念：

(1) 集成运放两个输入端之间的电压通常接近于零，即 $u_I = u_N - u_P \approx 0$，若把它理想化，则有 $u_I = 0$，但不是短路，故称为虚短。

(2) 集成运放两输入端几乎不取用电流，即 $i_i \approx 0$，如把它理想化，则有 $i_i = 0$，但不是断开，故称虚断。

利用这两个概念，分析各种运算与处理电路的线性工作情况将十分简便。

6.1　基本运算电路

6.1.1　比例运算电路

1) 反相比例运算电路

(1) 基本电路

反相比例运算电路如图 6.1.1 所示。输入电压 u_I 通过电阻 R 作用于集成运放的反相输入端，故输出电压 u_O 与输入电压 u_I 反相。电阻 R_f 跨接在集成运放的输出端和反相输入端，引入了电压并联负反馈。同相输入端通过电阻 R' 接地，R' 为平衡电阻，以保证集成运放输入级差分放大电路的对称性；其值为 $u_I = 0$（即将输入端接地）时反相输入端总等效电阻，即各支路电阻的并联，所以 $R' = R \parallel R_f$。

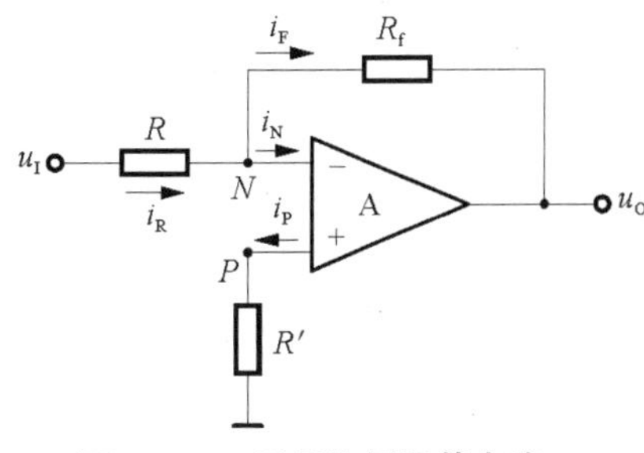

图 6.1.1　反相比例运算电路

由于理想运放的净输入电压和净输入电流均为零，故 R' 中电流为零，所以

$$u_P = u_N = 0 \tag{6.1.1}$$

$$i_P = i_N = 0 \tag{6.1.2}$$

式(6.1.1)表明，集成运放两个输入端的电位均为零，但由于它们并没有接地，故称之为“虚地”。节点 N 的电流方程为

$$i_R=i_F \qquad \frac{u_I-u_N}{R}=\frac{u_N-u_O}{R_f}$$

由于 N 点为虚地，整理得出

$$u_O=-\frac{R_f}{R}u_I \tag{6.1.3}$$

u_O 与 u_I 成比例关系，比例系数为 $-R_f/R$，负号表示 u_O 与 u_I 反相。比例系数的数值可以是大于1、等于和小于1的任何值。

因为电路引入了深度电压负反馈，且 $1+\dot{A}\dot{F}=\infty$，所以输出电阻 $R_o=0$，电路带负载后运算关系不变。

因为从电路输入端和地之间看进去的等效电阻等于输入端和虚地之间看进去的等效电阻，所以电路的输入电阻

$$R_i=R \tag{6.1.4}$$

可见，虽然理想运放的输入电阻为无穷大，但是由于电路引入的是并联负反馈，反相比例运算电路的输入电阻却不大。该电路基本放大器的共模输入信号为零，因此对基本放大电路的共模抑制比要求不高。

式(6.1.4)表明为了增大输入电阻，必须增大 R。例如，在比例系数为 -50 的情况下，若要求 $R_i=10\ \text{k}\Omega$，则 R 应取 $10\ \text{k}\Omega$，R_f 应取 $500\ \text{k}\Omega$；若要求 $R_i=100\ \text{k}\Omega$，则 R 应取 $100\ \text{k}\Omega$，R_f 应取 $5\ \text{M}\Omega$。实际上，当电路中电阻取值过大时，一方面由于工艺的原因，电阻的稳定性差且噪声大；另一方面，当阻值与集成运放的输入电阻等数量级时，式(6.1.3)所示比例系数会发生较大变化，其值将不仅决定于反馈网络。使用阻值较小的电阻，达到数值较大的比例系数，并且具有较大的输入电阻，是实际应用的需要。

在基本电路中，由于反馈电流与输入电流相等，所以使比例系数为 $-R_f/R$。可以想象，若 i_F 远大于 i_I，则利用阻值不大的电阻就可以得到较大的输出电压，从而获得较大的比例系数。

利用T形网络取代图6.1.1所示电路中的 R_f，可以达到上述目的。

(2) T形网络反相比例运算电路

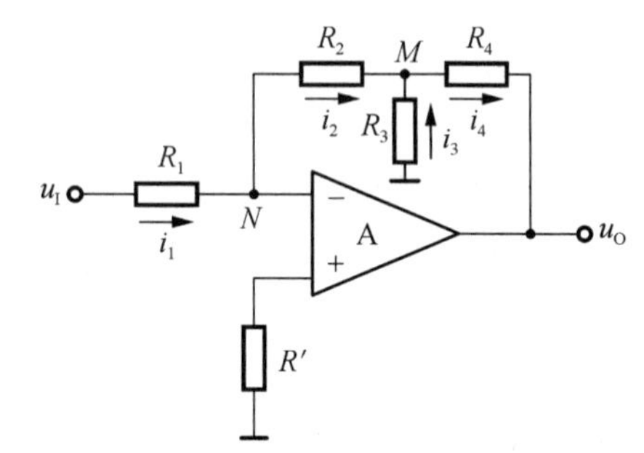

图6.1.2　T形网络反相比例运算电路

在图6.1.2所示电路中，电阻 R_2、R_3 和 R_4 构成英文字母T，故称为T形网络电路。节点 N 的电流方程为

$$\frac{u_I}{R_1}=\frac{-u_M}{R_2}$$

因而节点 M 的电位及 R_3 和 R_4 的电流为

$$u_M=-\frac{R_2}{R_1}u_I$$

$$i_3=-\frac{u_M}{R_3}=\frac{R_2}{R_1R_3}u_I$$

$$i_4=i_2+i_3$$

输出电压

$$u_O=-i_2R_2-i_4R_4$$

将各电流表达式代入上式，整理可得

$$u_O=-\frac{R_2+R_4}{R_1}\left(1+\frac{R_2\parallel R_4}{R_3}\right)u_I \tag{6.1.5}$$

上式表明当 $R_3\to\infty$ 时，u_O 与 u_I 的关系如式(6.1.3)所示。T 形网络电路的输入电阻 $R_i=R_1$。若要求比例系数为 -50 且 $R_i=100\ \text{k}\Omega$，则 R_1 应取 100 kΩ；如果 R_2 和 R_4 也取 100 kΩ，那么只要 R_3 取 2.08 kΩ，即可得到 -50 的比例系数。因为 R_3 的引入使反馈系数减小，所以为保证足够的反馈深度，应选用开环增益更大的集成运放。

2）同相比例运算电路

将图 6.1.1 所示电路中的输入端和接地端互换，就得到同相比例运算电路如图 6.1.3 所示。电路引入了电压串联负反馈，故可以认为输入电阻为无穷大、输出电阻为零。即使考虑集成运放参数的影响，输入电阻也可达 $10^9\ \Omega$。根据"虚短"和"虚断"的概念，集成运放的净输入电压为零，即

$$u_P=u_N=u_I \tag{6.1.6}$$

说明集成运放有共模输入电压。因输入电流为零，因而 $i_R=i_F$，即

$$\frac{u_N-0}{R}=\frac{u_O-u_N}{R_f}$$

$$u_O=\left(1+\frac{R_f}{R}\right)u_N=\left(1+\frac{R_f}{R}\right)u_P \tag{6.1.7}$$

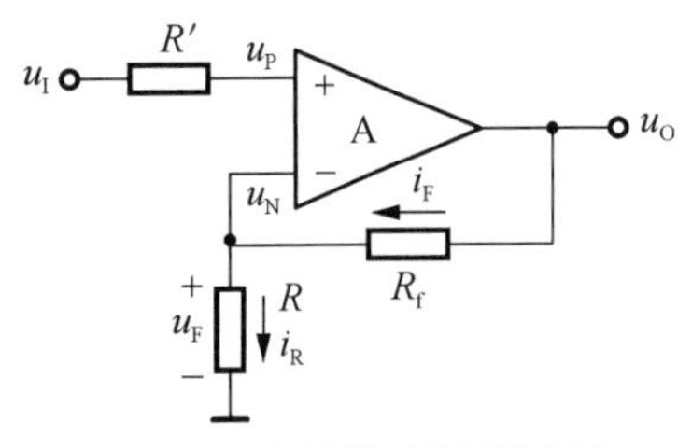

图 6.1.3　同相比例运算电路

将式(6.1.6)代入，得

$$u_O=\left(1+\frac{R_f}{R}\right)u_i \tag{6.1.8}$$

式(6.1.8)表明 u_O 与 u_I 同相且 u_O 大于 u_I。

应当指出，虽然同相比例运算电路具有高输入电阻、低输出电阻的优点，但因为集成运放有共模输入，所以为了提高运算精度，应当选用高共模抑制比的集成运放。从另一角度看，在对电路进行误差分析时，应特别注意共模信号的影响。

3）电压跟随器

在同相比例运算电路中，若将输出电压的全部反馈到反相输入端，就构成图 6.1.4 所示的电压跟随器。电路引入了电压串联负反馈，其反馈系数为 1。由于 $u_O=u_N=u_P$，故输出电压与输入电压的关系为

$$u_O = u_I \tag{6.1.9}$$

理想运放的开环差模增益为无穷大,因而电压跟随器具有比射极输出器好得多的跟随特性。集成电压跟随器具有多方面的优良性能,例如型号为 AD96020 的芯片,电压增益为 0.994,输入电阻为 0.8 MΩ,输出电阻为 40 Ω,带宽为 600 MHz,转换速率为 2 000 V/μS。

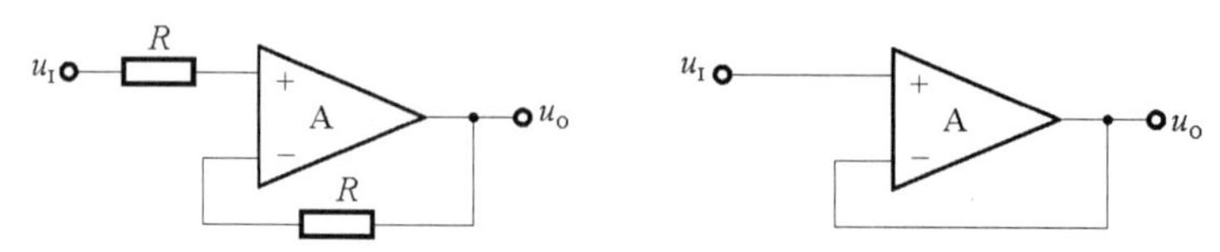

图 6.1.4 电压跟随器

综上所述,对于单一信号作用的运算电路,在分析运算关系时,应首先列出关键节点的电流方程,所谓关键节点是指那些与输入电压和输出电压产生关系的节点,如 N 和 P 点;然后根据"虚短"和"虚断"的原则,进行整理,即可得输出电压和输入电压的运算关系。

因为在运算电路中一般都引入电压负反馈,在理想运放条件下,输出电阻为零,所以可以认为电路的输出为恒压源,带负载后运算关系不变。

【例 6.1.1】 电路如图 6.1.5 所示,设 A 为理想集成运算放大器。

(1) 写出 u_O 的表达式;

(2) 若 $R_f=3\ \text{k}\Omega$,$R_1=1.5\ \text{k}\Omega$,$R_2=1\ \text{k}\Omega$,稳压管 D_Z 的稳定电压值 $u_Z=1.5\ \text{V}$,求 u_O 的值。

解:(1) 图中的集成运算放大器 A 组成了同相比例运算电路,其输出电压表达式为

$$u_O=\left(1+\frac{R_f}{R_1}\right)u_N=\left(1+\frac{R_f}{R_1}\right)u_P$$

当稳压管 D_Z 的稳定电压值 $U_Z<10\ \text{V}$ 时,$u_P=u_Z$,输出电压表达式为

$$u_O=\left(1+\frac{R_f}{R_1}\right)u_Z$$

当稳压管 D_Z 的稳定电压值 $U_Z>10\ \text{V}$ 时,$u_P=u_I$,输出电压表达式为

$$u_O=\left(1+\frac{R_f}{R_1}\right)U_I$$

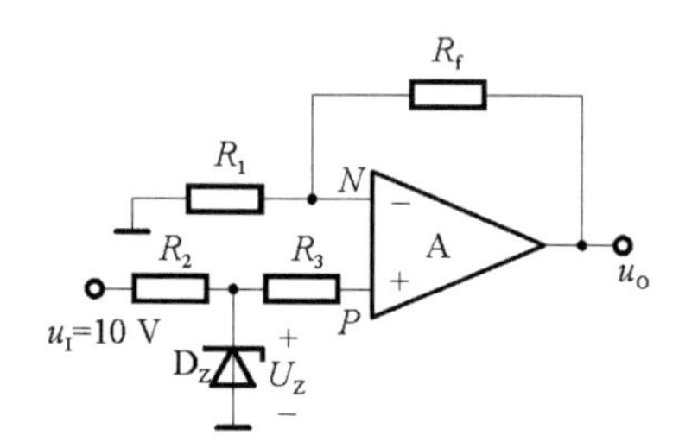

图 6.1.5 例 6.1.1 的电路图

(2) $U_Z=1.5\ \text{V}<10\ \text{V}$,故输出电压的表达式为

$$u_O=\left(1+\frac{R_f}{R_1}\right)u_Z$$

将 $R_f=3\ \text{k}\Omega$,$R_1=1.5\ \text{k}\Omega$,$u_Z=1.5\ \text{V}$ 代入上式得

$$u_O=\left(1+\frac{R_f}{R_1}\right)U_Z=\left(1+\frac{3\ \text{k}\Omega}{1.5\ \text{k}\Omega}\right)\times 1.5\ \text{V}=4.5\ \text{V}$$

【例 6.1.2】 直流毫伏表电路如图 6.1.6 所示,当 $R_2 \gg R_3$ 时,

(1) 试证明 $U_s=(R_1R_3/R_2)I_M$;

(2) 试求当 $R_3=1\ \text{k}\Omega, R_1=R_2=150\ \text{k}\Omega$，输入电压 $U_s=150\ \text{mV}$ 时，通过毫伏表的最大电流 I_{Mmax}。

解：(1) 利用虚地和虚短的概念有

$$U_P=U_N=0, I_N=I_i=0$$

得

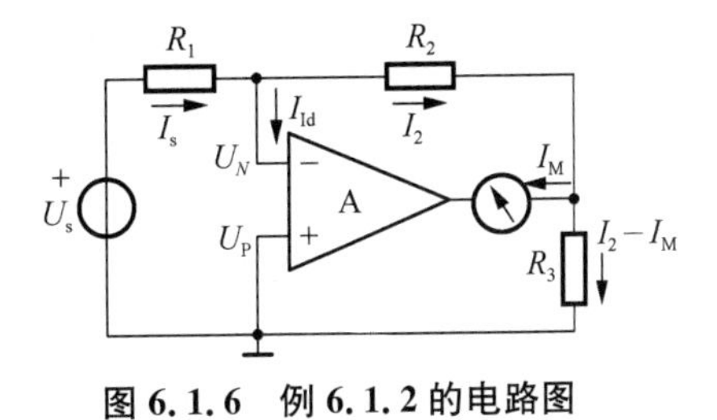

图 6.1.6　例 6.1.2 的电路图

$$I_s=I_2=U_s/R_1$$

$$U_P-U_N=I_2R_2+R_3(I_2-I_M)=0$$

$$I_M=\frac{R_2+R_3}{R_3}I_2=\left(\frac{R_2+R_3}{R_3}\right)\frac{U_s}{R_1}$$

当 $R_2 \gg R_3$ 时，得

$$U_s=\frac{R_1R_3}{R_2}I_M$$

(2) 当 $R_3=1\ \text{k}\Omega, R_1=R_2=150\ \text{k}\Omega$，输入电压 $U_s=100\ \text{mV}$ 时

$$I_{\text{Mmax}}=\frac{150\times 10^3}{150\times 1\times 10^6}\times 100=100\ \mu\text{A}$$

6.1.2　加减运算电路

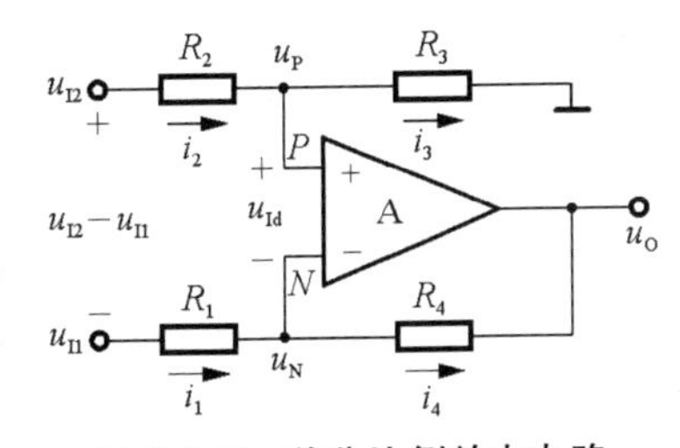

图 6.1.7　差分比例放大电路

图 6.1.7 所示电路是用来实现两个电压 u_{I1}、u_{I2} 相减的求差电路，又称差分放大电路。从电路结构上来看，它是反相输入和同相输入相结合的放大电路。在理想运放条件下，利用虚短和虚断的概念，有 $u_P-u_N\approx 0, i_{Id}\approx 0$。对节点 N 和 P 的电流方程为 $i_1=i_4$，即

$$\frac{u_{I1}-u_N}{R_1}=\frac{u_N-u_O}{R_4} \tag{6.1.10}$$

$i_2=i_3$，即

$$\frac{u_{I2}-u_P}{R_2}=\frac{u_P}{R_3} \tag{6.1.11}$$

由于 $u_P=u_N$，由式(6.1.10)解得 u_N，然后代入式(6.1.11)，可得

$$u_O=\left(\frac{R_1+R_4}{R_1}\right)\left(\frac{R_3}{R_2+R_3}\right)u_{I2}-\frac{R_4}{R_1}u_{I1} \tag{6.1.12}$$

$$=\left(1+\frac{R_4}{R_1}\right)\left(\frac{R_3/R_2}{1+R_3/R_2}\right)u_{I2}-\frac{R_4}{R_1}u_{I1}$$

在上式中，如果选取阻值满足 $R_4/R_1=R_3/R_2$ 的关系，输出电压可简化为

$$u_O=\frac{R_4}{R_1}(u_{I2}-u_{I1}) \tag{6.1.13}$$

由式(6.1.13)可得输出电压 u_O 与两输入电压之差($u_{I2}-u_{I1}$)成比例,即实现了求差功能,比例系数为电压增益 A_{ud},即

$$A_{ud}=\frac{u_O}{u_{I2}-u_{I1}}=\frac{R_4}{R_1} \tag{6.1.14}$$

输入电阻 R_o 是从输入端看进去的电阻,当电路中 $R_1=R_2, R_4=R_3$,利用虚短和虚断的概念,$i_2=-i_1$,则输入电压 $u_{I2}-u_{I1}=i_2R_2+(-i_1R_1)=2i_2R_2$ 因此输入电阻为

$$R_i=\frac{u_{I2}-u_{I1}}{i_2}=2R_2 \tag{6.1.15}$$

电路的输出电阻 R_o 很小,这可用理想运放的电路模型得到解释。在使用单个运放构成的加减法运算电路时存在两个缺点,一是电阻的选取和调整不方便,而且对于每个信号源,输入电阻均较小。因此必要时可采用两级电路。

【例 6.1.3】 高输入电阻的差分放大电路如图 6.1.8 所示,求输出电压 u_O 的表达式,并说明该电路的特点。

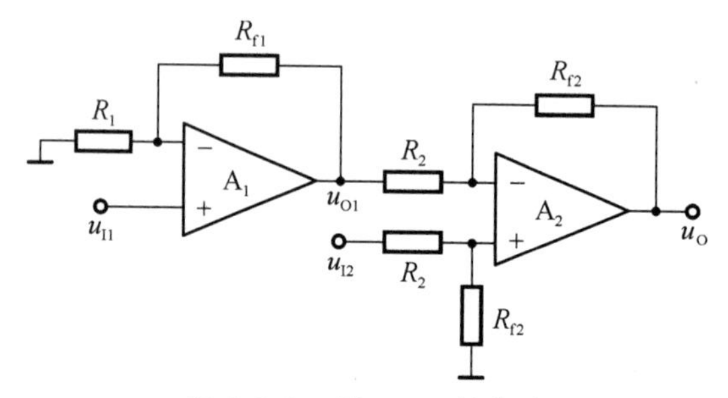

图 6.1.8 例 6.1.3 的电路

解:该电路第一级 A_1 为同相输入放大电路,它的输出电压为

$$u_{O1}=\left(1+\frac{R_{f1}}{R_1}\right)u_{I1}$$

第二级 A_2 为差分式放大电路,可利用叠加原理求输出电压。当 $u_{I2}=0$ 时,A_2 为反向输入放大电路,由 u_{O1} 产生的输出电压

$$u'_O=-\frac{R_{f2}}{R_2}u_{O1}=-\frac{R_{f2}}{R_2}\left(1+\frac{R_{f1}}{R_1}\right)u_{I1}$$

若 $u_{O1}=0$,A_2 为同相输入放大电路,由 u_{I2} 产生的输出电压为

$$u''_O=\left(1+\frac{R_{f2}}{R_2}\right)\left(\frac{R_{f2}}{R_2+R_{f2}}\right)u_{I2}$$

电路的总的输出电压 $u_O=u'_O+u''_O$,当电路中 $R_1=R_{f1}$ 时,则

$$u_O=\frac{R_{f2}}{R_2}(u_{I2}-2u_{I1})$$

由于电路中第一级 A_1 为同相输入放大电路,电路的输入电阻为无穷大。

6.1.3　仪用放大器

仪用放大器电路如图 6.1.9 所示。由图可知，它是由运放 A_1、A_2 按同相输入接法组成第一级差分放大电路，运放 A_3 组成第二级差分放大电路。在第一级电路中，分别加到 A_1 和 A_2 的同相端，R_1 和两个 R_2 组成的反馈网络，引入了负反馈，两运放 A_1、A_2 的两输入端形成虚短和虚断，因而有 $u_{R1}=u_1-u_2$ 和 $u_{R1}/R_1=(u_3-u_4)/(2R_2+R_1)$，故得

$$u_3-u_4=\frac{2R_2+R_1}{R_1}u_{R1}=\left(1+\frac{2R_2}{R_1}\right)(u_1-u_2) \tag{6.1.16}$$

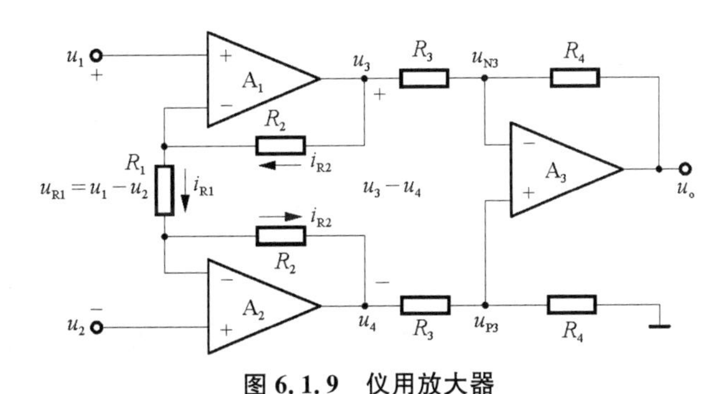

图 6.1.9　仪用放大器

根据式(6.1.13)的关系，可得

$$u_o=-\frac{R_4}{R_3}(u_3-u_4)=-\frac{R_4}{R_3}\left(1+\frac{2R_2}{R_1}\right)(u_1-u_2) \tag{6.1.17}$$

于是电路的电压增益为

$$A_u=-\frac{R_4}{R_3}\left(1+\frac{2R_2}{R_1}\right) \tag{6.1.18}$$

在仪用放大器中，通常 R_2、R_3 和 R_4 为给定值，R_1 用可变电阻代替，即可改变电压增益 A_u。由于输入信号 u_1 和 u_2 都是从 A_1、A_2 的同相端输入，前已提及，电路出现虚短和虚断现象，因而流入电路的电流等于零，所以输入电阻 $R_i\to\infty$。目前，这种仪用放大器已有多种型号的单片集成电路产品，如 INA101/102 等，它们使用方便，并且有较高的精度和良好的性能，在测量微弱信号中的到了广泛的应用。

6.1.4　求和电路

如果要将两个电压 u_{I1}、u_{I2} 相加，可以利用图 6.1.10 所示的求和电路来实现。这个电路接成反相输入放大电路，显然，它是属于多端输入。利用虚短 $(u_P-u_N=0)$，虚断 $(i_{Id}=0)$ 和虚地 $(u_N=0)$ 的概念，对反相输入节点可写出下面的方程式：

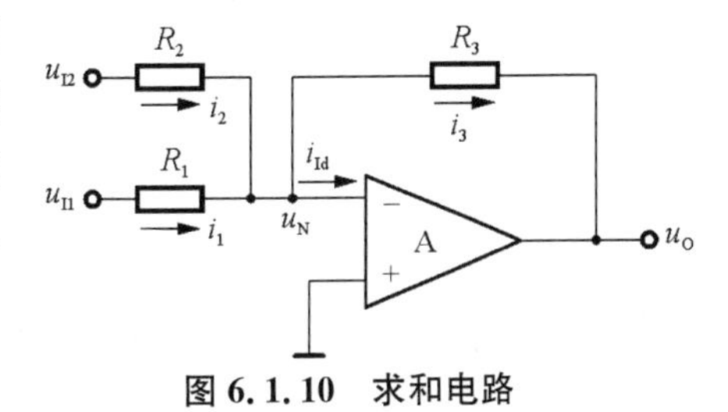

图 6.1.10　求和电路

$$i_1+i_2=i_3$$

即

$$\frac{u_{I1}-u_N}{R_1}+\frac{u_{I2}-u_N}{R_2}=\frac{u_N-u_O}{R_3} \tag{6.1.19a}$$

或

$$\frac{u_{I1}}{R_1}+\frac{u_{I2}}{R_2}=-\frac{u_O}{R_3} \tag{6.1.19b}$$

由此得

$$-u_O=\frac{R_3}{R_1}u_{I1}+\frac{R_3}{R_2}u_{I2} \tag{6.1.19c}$$

这就是求和(加法)运算的表达式,式中负号是因反相输入所引起的。若 $R_1=R_2=R_3$,则式(6.1.19b)变为

$$-u_O=u_{I1}+u_{I2} \tag{6.1.19d}$$

如在图 6.1.10 的输出端再接一级反相电路,则可消去负号,实现完全符合常规的算术加法。图 6.1.10 所示的求和电路可以扩展到多个输入电压相加。求和电路也可以用同相放大电路组成。

6.1.5　积分运算电路和微分运算电路

积分运算和微分运算互为逆运算。在自控系统中路作为调节环节。此外,它们还广泛应用于波形的产生和变换以及仪器仪表之中。以集成运放作为放大电路,利用电阻和电容作为反馈网络,可以实现这两种运算电路。

1) 积分运算电路

在图 6.1.11 所示积分运算电路中,由于集成运放的同相输入端通过 R' 接地,$u_P=u_N=0$,为"虚地"。

电路中,电容 C 中电流等于电阻 R 中电流

$$i_C=i_R=\frac{u_I}{R}$$

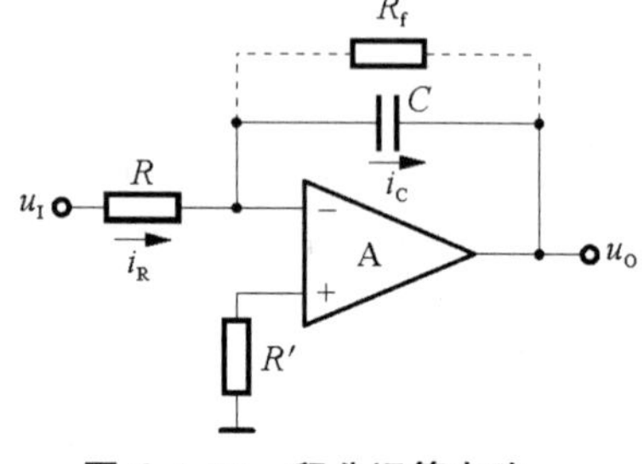

图 6.1.11　积分运算电路

输出电压与电容上电压的关系为

$$u_O=-u_C$$

而电容上电压等于其电流的积分,故

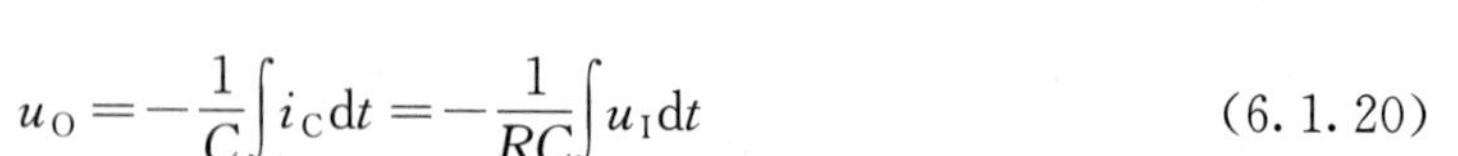

$$u_O=-\frac{1}{C}\int i_C\mathrm{d}t=-\frac{1}{RC}\int u_I\mathrm{d}t \tag{6.1.20}$$

在求解 t_1 到 t_2 时间段的积分值时

$$u_O=-\frac{1}{RC}\int_{t_1}^{t_2}u_I\mathrm{d}t+u_O(t_1) \tag{6.1.21}$$

式中 $u_O(t_1)$ 为积分起始时刻的输出电压，即积分运算的起始值，积分的终值是 t_2 时刻的输出电压。

当 u_I 为常量时

$$u_O=-\frac{1}{RC}u_I(t_2-t_1)+u_O(t_1) \tag{6.1.22}$$

当输入为阶跃信号时，若 t_1 时刻电容上的电压为零，则输出电压波形如图 6.1.12(a)所示。当输入为方波和正弦波时，输出电压波形分别如图(b)和(c)所示。

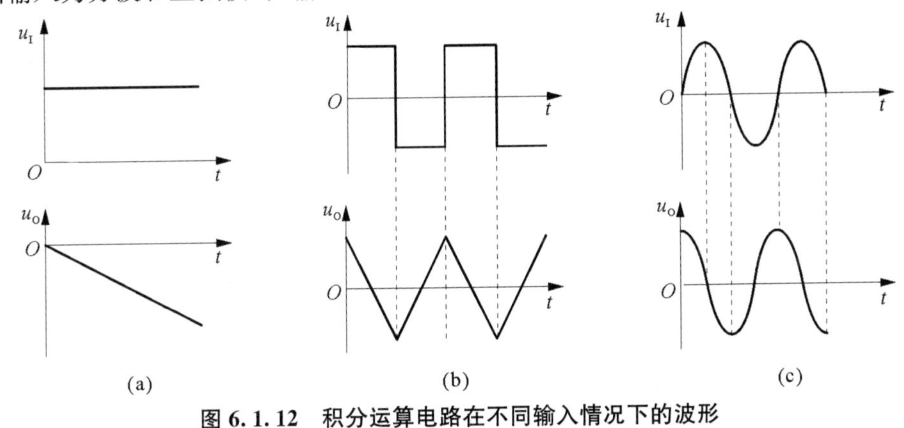

图 6.1.12　积分运算电路在不同输入情况下的波形

(a) 输入阶跃信号；(b) 输入方波；(c) 输入为正弦波

在实用电路中，为了防止低频信号增益过大，常在电容上并联一个电阻 R_f 加以限制，如图 6.1.11 中虚线所示。

2) 微分运算电路

(1) 基本微分运算电路

若将图 6.1.11 所示电路中电阻 R 和电容 C 的位置互换，则得到基本微分运算电路，如图 6.1.13 所示。根据"虚短"和"虚断"的原则，$u_P=u_N=0$，为"虚地"，电容两端电压 $u_C=u_I$。因而

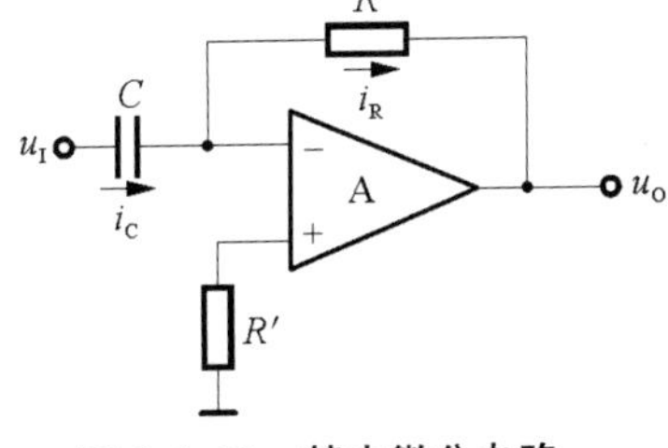

图 6.1.13　基本微分电路

$$i_R=i_C=C\frac{\mathrm{d}u_I}{\mathrm{d}t}$$

输出电压

$$u_O=-i_RR=-RC\frac{\mathrm{d}u_I}{\mathrm{d}t} \tag{6.1.23}$$

输出电压与输入电压的变化率成比例。

(2) 实用微分运算电路

在图 6.1.13 所示电路中，无论是输入电压产生阶跃变化，还是脉冲式大幅值干扰，都会使得集成运放内部的放大管进入饱和或截止状态，以至于即使信号消失，管子还不能脱离原状态回到放大区，出现阻塞现象，电路不能正常工作；同时，由于反馈网络为滞后环节，它与集成运放内部的滞后环节相叠加，易于满足自激振荡的条件，从而使电路不稳定。

为了解决上述问题，可在输入端串联一个小阻值的电阻 R_1，以限制输入电流，也就限制了 R 中电流；在反馈电阻 R 上并联稳压二极管，以限制输出电压，也就保证集成运放中的放大管始终工作在放大区，不至于出现阻塞现象；在 R 上并联小容量电容 C_1，起相位补偿作用，提高电路的稳定性，如图 6.1.14(a)所示。该电路的输出电压与输入电压成近似微分关系。若输入电压为方波，且 $RC \ll T/2$(T 为方波的周期)，则输出为尖顶波，如图 6.1.14(b)所示。

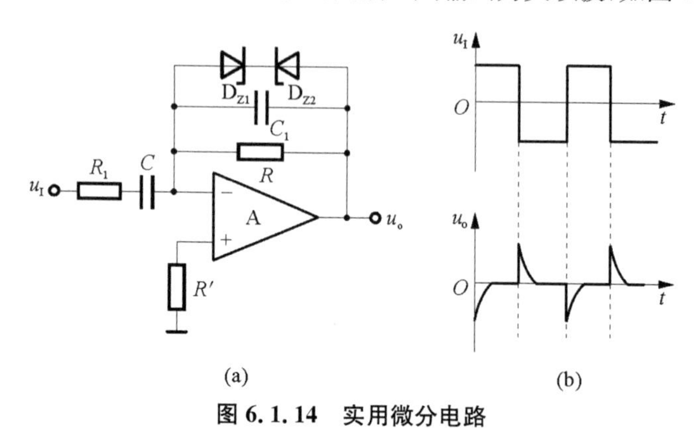

图 6.1.14　实用微分电路

(a) 电路图；(b) 电路输入、输出波形分析

以上分析了求和、求差、积分、微分等运算电路，这些电路是由图 6.1.15 中的 Z_1 和 Z_2 用简单的 R、C 元件代替而构成的。一般说来，它们可以是 R、L、C 元件的串联或并联组合。应用拉氏变换，将 Z_1 和 Z_2 写成运算阻抗的形式 $Z_1(s)$、$Z_2(s)$，其中 s 为复频率变量。这样，电流的表达式就成为

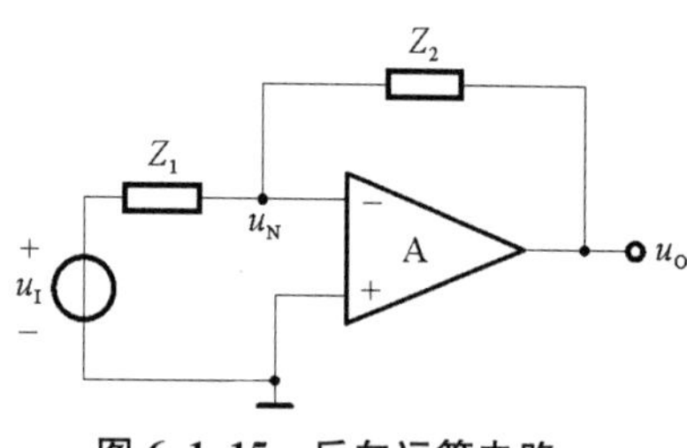

图 6.1.15　反向运算电路

$$I(s)=U(s)/Z(s)$$

而输出电压为

$$U_o(s)=-\frac{Z_2(s)}{Z_1(s)}U_i(s) \tag{6.1.24}$$

这是反相运算电路的一般数学表达式。改变 $Z_1(s)$和 $Z_2(s)$的形式，即可实现各种不同的数学运算。

例如，图 6.1.16(a)所示是一种比较复杂的运算电路，它的传递函数为

$$A(s)=\frac{U_o(s)}{U_i(s)}=-\frac{R_2+\dfrac{1}{sC_2}}{\dfrac{R_1}{sC_1}\Big/\left(R_1+\dfrac{1}{sC_1}\right)}$$

$$=-\left(\frac{R_2}{R_1}+\frac{C_1}{C_2}+sR_2C_1+\frac{1}{sR_1C_2}\right) \tag{6.1.25}$$

上式右侧括号内第一、二两项表示比例运算；第三项表示微分运算；第四项表示积分运算，因 $1/s$ 表示积分。图 6.1.16(b)表示在阶跃信号作用下的响应。

在自动控制系统中，比例-积分-微分运算经常用来组成 PID 调节器。当 $R_2=0$ 时，电路只有比例和积分运算部分，称为 PI 调节器；当 $C_2=0$ 时，电路只有比例和微分运算部分，称为 PD 调节器；在常规调节中，比例运算、积分运算常用来提高调节精度，而微分运算则用来加速过渡过程。

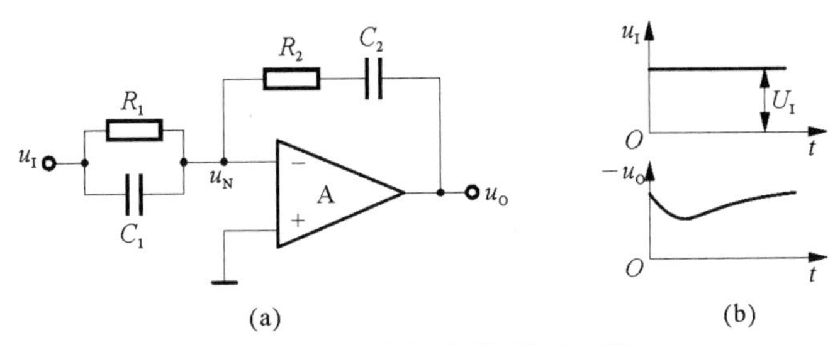

图 6.1.16　比例-积分-微分运算

(a) 电路图；(b) 阶跃响应

6.2　有源滤波电路

6.2.1　有源滤波电路的基本概念与分类

1) 基本概念

滤波电路是一种能使有用频率信号通过而同时抑制无用频率信号的电子装置。工程上常用它来作信号处理、数据传送和抑制干扰等。这里主要是讨论模拟滤波器。早期这种滤波电路主要由无源元件 R、L 和 C 组成，20 世纪 60 年代以来，集成运放获得了迅速发展，由它和 R、C 组成的有源滤波电路，具有不用电感、体积小、重量轻等优点。此外，由于集成运放的开环电压增益和输入阻抗均很高，输出阻抗又低，构成有源滤波电路后还具有一定的电压放大和缓冲作用。但是，集成运放的带宽有限，所以目前有源滤波电路的工作频率难以做得很高，以及难于对功率信号进行滤波，这是它的不足之处。

图 6.2.1 是滤波电路的一般结构图。图中的 $u_I(t)$ 表示输入信号，$u_O(t)$ 为输出信号。

$u_I(t)$　→　滤波电路　→　$u_O(t)$

图 6.2.1　滤波电路的一般结构图

假设滤波电路是一个线性时不变网络，则在复频域内有如下的关系式

$$A(s)=\frac{U_o(s)}{U_i(s)}$$

式中 $A(s)$ 是滤波电路的电压传递函数，一般为复数。对于实际频率来说（$s=\mathrm{j}\omega$），则有

$$A(\mathrm{j}\omega)=|A(\mathrm{j}\omega)|\mathrm{e}^{\mathrm{j}\varphi(\omega)} \tag{6.2.1}$$

这里 $|A(\mathrm{j}\omega)|$ 为传递函数的模，$\varphi(\omega)$ 为输出电压与输入电压之间的相位角。此外，在滤波电路中所关心的另一个量是时延 $\tau(\omega)$，单位 s，它定义为

$$\tau(\omega)=-\frac{\mathrm{d}\varphi(\omega)}{\mathrm{d}t} \tag{6.2.2}$$

通常用幅频响应来表征一个滤波电路的特性,欲使信号通过滤波电路的失真小,则相位或时延响应亦需考虑。当相位响应 $\varphi(\omega)$ 作线性变化,即时延响应 $\tau(\omega)$ 为常数时,输出信号才可能避免失真。

2) 有源滤波电路的分类

对于幅频响应,通常把能够通过的信号频率范围定义为通带,而把受阻或衰减的信号频率范围称为阻带,通带和阻带的界限频率叫做截止频率。

理想滤波电路在通带内应具有零衰减的幅频响应和线性的相位响应,而在阻带内幅度衰减到零 $|A(j\omega)|=0$。按照通带和阻带的相互位置不同,滤波电路通常可分为以下几类:

低通滤波电路　其幅频响应如图 6.2.2(a)所示,图中 A_o 表示低频增益,$|A|$ 为增益的幅值。由图可知,它的功能是通过从零到某一截止角频率 f_H 的低频信号,而对大于 f_H 的所有频率则给予衰减,因此其带宽 $BW=\omega/2\pi$。

高通滤波电路　其幅频响应如图 6.2.2(b)所示。由图可以看到,$0<f<f_L$ 范围内的频率为阻带,高于 f_L 的频率为通带。从理论上来说,它的带宽 $BW=\infty$,但实际上,由于受有源器件和外接元件以及杂散参数的影响,带宽受到限制,高通滤波电路的带宽也是有限的。

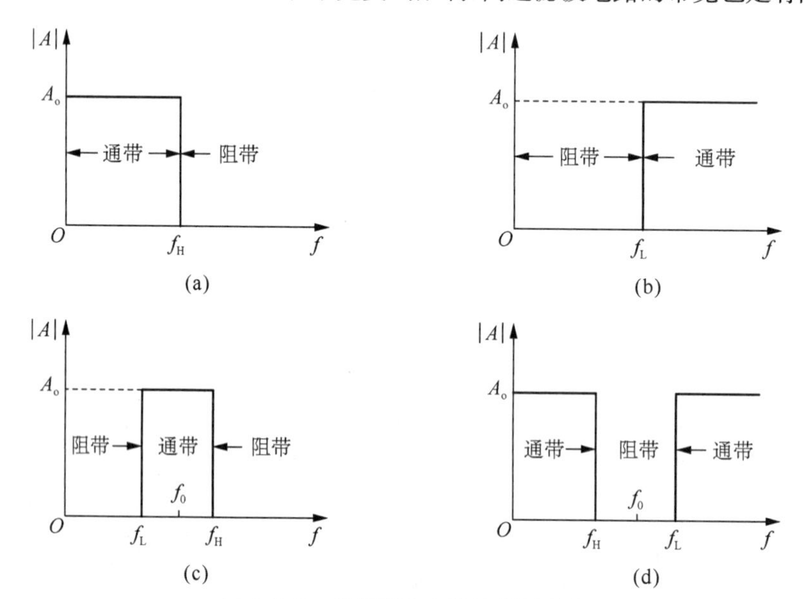

图 6.2.2　各种滤波电路的幅频响应

(a) 低通滤波器;(b) 高通滤波器;(c) 带通滤波器;(d) 带阻滤波器

带通滤波电路　其幅频响应如图 6.2.2(c)所示。图中,f_L 为低边截止角频率,f_H 为高边截止角频率,f_0 为中心角频率。由图可知,它有两个阻带 $0<f<f_L$ 和 $f>f_H$,因此带宽 $BW=f_H-f_L$。

带阻滤波电路　其幅频响应如图 6.2.2(d)所示。由图可知,它有两个通带:$0<f<f_H$ 及 $f>f_H$,和一个阻带:$f_H<f<f_L$。因此它的功能是衰减 f_L 到 f_H 间的信号。同高通滤波电路相似,由于受有源器件带宽等因素的限制,通带 $f>f_L$ 也是有限的。带阻滤波电路抑制频带中心所在角频率 f_0 也叫中心角频率。

全通滤波电路没有阻带,它的通带是从零到无穷大,但相移的大小随频率改变。

前面介绍的是滤波电路的理想情况，进一步讨论会发现，各种滤波电路的实际频响特性与理想情况是有差别的，设计者的任务是力求向理想特性逼近。

6.2.2　低通滤波电路(LPF)

1) 无源低通滤波器

图 6.2.3(a)所示的 RC 低通电路是最简单的低通滤波器，一般称为无源低通滤波器。本书第四章 4.1.2 节已经分析得到这种 RC 低通电路的电压放大倍数为

$$\dot{A}_{u}=\frac{\dot{U}_{o}}{\dot{U}_{i}}=\frac{1}{1+j\frac{f}{f_{0}}}$$

式中

$$f_{0}=\frac{1}{2\pi RC}$$

电路的对数幅频特性见图 6.2.3(b)。由图可见，当频率高于 f_0 后，随着频率的升高，电压放大倍数将降低，可见电路具有“低通”的特性。

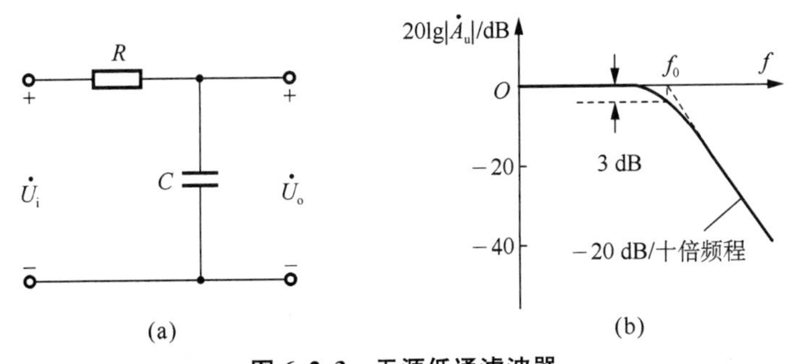

图 6.2.3　无源低通滤波器

(a) 电路图；(b) 对数幅频特性

这种无源低通滤波器的主要缺点是电压放大倍数低，由 $\dot{A}_u$ 的表达式可知，即使在 $f<f_0$ 的频率范围内，放大倍数也只有 1。另一个主要缺点是带负载能力差，如果在输出端并联一个负载电阻，除了使电压放大倍数更低以外，还将改变频率 f_0 的值。

2) 一阶低通有源滤波器

在 RC 低通电路的后面加一个集成运放，即可组成一阶低通有源滤波器，如图 6.2.4(a)所示。

由于引入了深度的负反馈，因此电路中的集成运放工作在线性区。根据“虚短”和“虚断”的特点，可求得电路的电压放大倍

$$\dot{A}_{u}=\frac{\dot{U}_{o}}{\dot{U}_{i}}=\frac{1+\frac{R_{f}}{R_{1}}}{1+j\frac{f}{f_{0}}}=\frac{A_{up}}{1+j\frac{f}{f_{0}}} \tag{6.2.3}$$

式中

$$A_{up}=1+\frac{R_f}{R_1} \tag{6.2.4}$$

$$f_0=\frac{1}{2\pi RC} \tag{6.2.5}$$

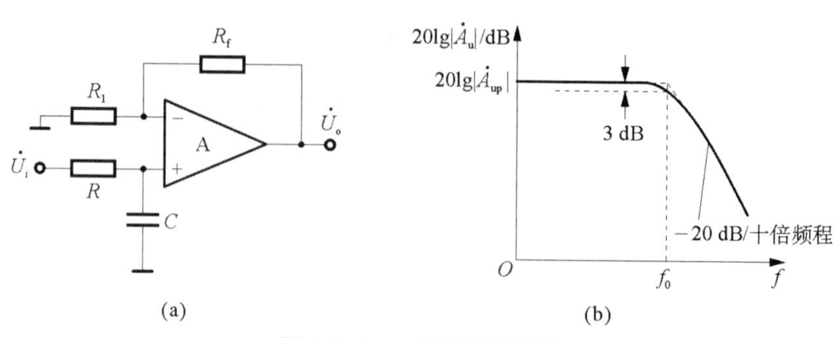

图 6.2.4　一阶低通滤波器

(a) 电路图;(b) 对数幅频特性

A_{up} 和 f_0 分别称为通带电压放大倍数和通带截止频率。根据式(6.2.3)可画出一阶低通滤波电路的对数幅频特性如图 6.2.4(b)所示。通过与无源低通滤波器对比可以知道,一阶低通有源滤波器的通带截止频率 f_0 与无源低通滤波器相同,均与 RC 的乘积成反比,但引入集成运放以后,通带电压放大倍数和带负载能力得到了提高。

由图 6.2.4(b)可见,一阶低通滤波器的幅频特性与理想的低通滤波特性相比,差距很大。在理想情况下,希望 $f>f_0$ 时,电压放大倍数立即降为零,但一阶低通滤波器的对数幅频特性只是以−20 dB/十倍频的缓慢速度下降。

3) 二阶低通有源滤波器

在图 6.2.5(a)所示的二阶低通滤波器中,输入电压 $\dot{U}_i$ 经过两级 RC 低通电路以后,再接到集成运放的同相输入端,因此,在高频段,对数幅频特性将以−40 dB/十倍频的速度下降,与一阶低通滤波器相比,下降的速度提高一倍,使滤波特性比较接近于理想情况。

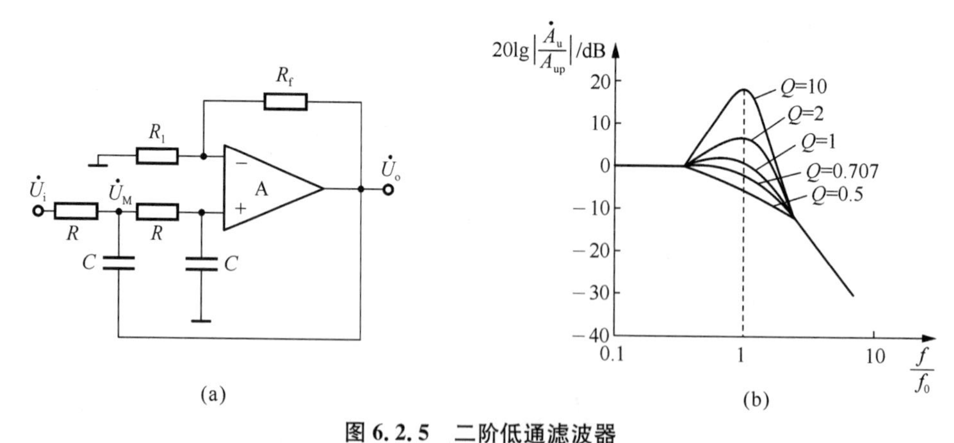

图 6.2.5　二阶低通滤波器

(a) 电路图;(b) 对数幅频特性

在一般的二阶低通滤波器中,可以将两个电容的下端都接地。但是,在图 6.2.5(a)中,

第一级 RC 电路的电容不接地而改接到输出端，这种接法相当于在二阶有源滤波电路中引入了一个反馈。这样接是为了使输出电压在高频段迅速下降，但在接近于通带截止频率 f_0 的范围内又不要下降太多，从而有利于改善滤波特性。

已经知道，当 $f=f_0$ 时，每级 RC 低通电路的相位移为 $-45°$（见本书第四章图 4.1.2），则两级 RC 电路的总相位移为 $-90°$，因此，在频率接近于 f_0 但又低于 f_0 的范围内，$\dot{U}_o$ 与 $\dot{U}_i$ 之间的相位移小于 $90°$，则此时通过电容 C 引回到同相输入端的反馈基本上属于正反馈，此反馈将使电压放大倍数增大，因此，在接近 f_0 的频段，幅频特性将得到补偿而不会下降很快。当 $f \gg f_0$ 时，每级 RC 的相位移接近于 $-90°$，则两级 RC 电路的总相位移趋于 $-180°$。但是，由于 $f \gg f_0$ 时 $|\dot{A}\dot{F}|$ 的值已很小，故反馈的作用很弱，所以，此时的幅频特性与无源二阶 RC 低通电路基本一致，仍为 -40 dB/十倍频。由此可见，引入这样的反馈以后，将改善滤波电路的幅频特性，得到更佳的滤波效果。此种电路有时被称为赛伦-凯（Sallen-Key）电路或二阶压控电压源低通滤波器。

在图 6.2.5(a) 中，根据“虚短”和“虚断”的特点可得

$$U_+ = U_- = \frac{R_1}{R_1+R_f}U_o = \frac{U_o}{A_{up}}$$

式中

$$A_{up} = \frac{R_1+R_f}{R_1} = 1+\frac{R_f}{R_1}$$

设两级 RC 电路的电阻、电容值相等，并设两个电阻 R 之间的电位为 $\dot{U}_M$，对于该点以及集成运放的同相输入端，可分别列出以下两个节点的电流方程：

$$\frac{\dot{U}_i-\dot{U}_M}{R}+\frac{\dot{U}_+-\dot{U}_M}{R}+(\dot{U}_o-\dot{U}_M)j\omega C=0$$

$$\frac{\dot{U}_M-\dot{U}_+}{R}-j\omega C\dot{U}_+=0$$

根据以上各式可得

$$\dot{A}_u=\frac{\dot{U}_o}{\dot{U}_i}=\frac{A_{up}}{1+(3-A_{up})j\omega RC+(j\omega RC)^2}=\frac{A_{up}}{1+\left(\frac{f}{f_0}\right)^2+j\frac{1}{Q}\cdot\frac{f}{f_0}} \tag{6.2.6}$$

式中

$$A_{up}=1+\frac{R_f}{R_1}$$

$$f_0=\frac{1}{2\pi RC}$$

$$Q=\frac{1}{3-A_{up}} \tag{6.2.7}$$

由上可知,二阶低通滤波电路的通带电压放大倍数 A_{up} 和通带截止频率 f_0 与一阶低通滤波电路相同。

不同 Q 值时,二阶低通滤波电路的对数幅频特性如图 6.2.5(b)所示。由图可见,Q 值愈大,则 $f=f_0$ 时的 $|\dot{A}_u|$ 值也愈大。Q 的含义类似于谐振回路的品质因数,故有时称之为等效品质因数,而将 $1/Q$ 称为阻尼系数。由式(6.2.6)可知,若 $Q=1$,$f=f_0$ 时的 $|\dot{A}_u|=A_{up}$,由图 6.2.5(b)看出,当 $Q=1$ 时,既可保持通频带的增益,而高频段幅频特性又能很快衰减,同时还避免了在 $f=f_0$ 处幅频特性产生一个较大的凸峰,因此滤波效果较好。由式(6.2.7)可见,当 $A_{up}=3$ 时,Q 将趋于无穷大,表示电路将产生自激振荡。为了避免发生此种情况,根据 A_{up} 的表达式可知,选择电路元件参数时应使 $R_f<2R_1$。

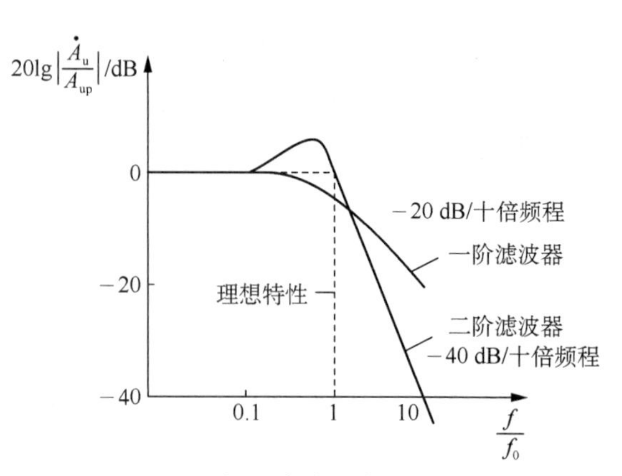

图 6.2.6　低通滤波器的幅频特性

一阶与二阶低通滤波器的对数幅频特性之比较见图 6.2.6。由图可见,后者比前者更接近于理想特性。

如欲进一步改善滤波特性,可将若干个二阶滤波电路串接起来,构成更高阶的滤波电路。

【例 6.2.1】 要求图 6.2.5 (a)所示二阶低通滤波电路的通带截止频率 $f_0=100\ \text{kHz}$,等效品质因数 $Q=1$,试确定电路中电阻和电容元件的参数值。

解: 已知二阶低通滤波电路的通带截止频率为

$$f_0=\frac{1}{2\pi RC}$$

可首先选定电容 $C=1\ 000\ \text{pF}$,则

$$R=\frac{1}{2\pi f_0 C}=\left(\frac{1}{2\pi\times100\times10^3\times1\ 000\times10^{-12}}\right)\Omega=1\ 592\ \Omega\approx1.59\ \text{k}\Omega$$

选 $R=1.6\ \text{k}\Omega$。由式(6.2.7)可知

$$Q=\frac{1}{3-A_{up}}$$

故

$$A_{up}=3-\frac{1}{Q}=3-1=2$$

在图 6.2.5(a)中,为使集成运放两个输入端对地的电阻平衡,应使

$$R_1\parallel R_f=2R=(2\times1.6)\text{k}\Omega=3.2\ \text{k}\Omega$$

则

$$R_1 = R_f = (2\times3.2)\mathrm{k\Omega} = 6.4\ \mathrm{k\Omega}$$

选

$$R_1 = R_f = 6.2\ \mathrm{k\Omega}$$

6.2.3　高通滤波器(HPF)

1) 无源高通滤波器

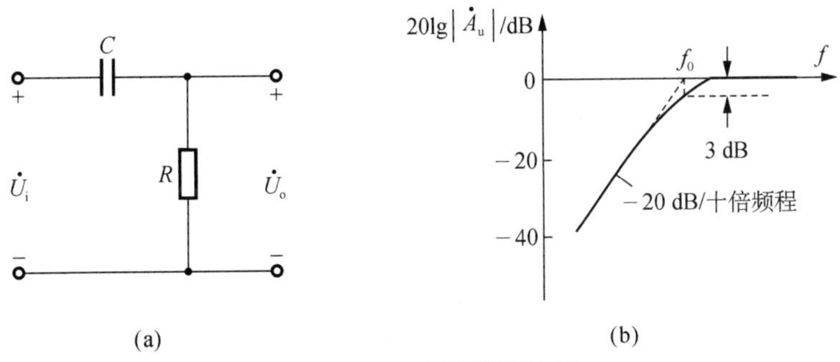

图 6.2.7　无源高通滤波器

(a) 电路图;(b) 对数幅频特性

如将无源低通滤波器中电阻和电容的位置互换,即可得到无源高通滤波器,如图 6.2.7(a)所示。它的对数幅频特性见图 6.2.7(b),此高通滤波器的通带截止频率为

$$f_0 = \frac{1}{2\pi RC}$$

2) 二阶高通滤波器

为了克服无源滤波器电压放大倍数低以及带负载能力差的缺点,同样可以利用集成运放与 RC 电路结合,组成有源高通滤波器。

图 6.2.8(a)所示为二阶有源高通滤波器的电路图。通过对比可以看出,这个电路是在图 6.2.5 (a)所示的二阶有源低通滤波器的基础上,将滤波电阻和电容的位置互换以后得到的。

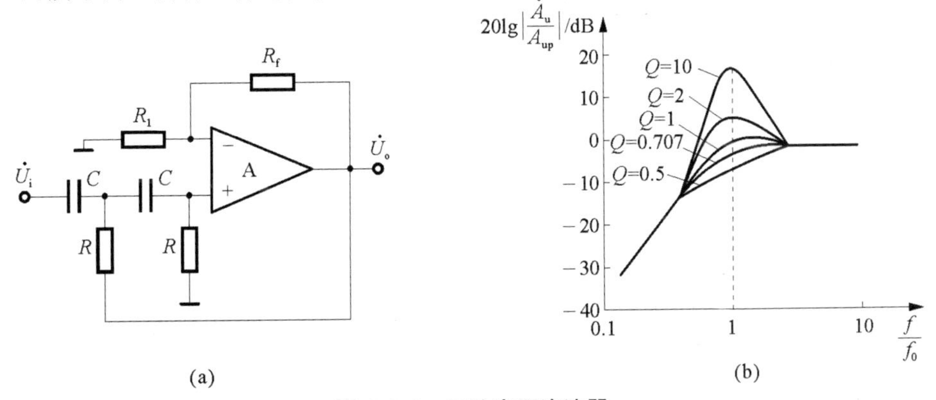

图 6.2.8　二阶高通滤波器

(a) 电路图;(b) 对数幅频特性

利用与二阶低通滤波器类似的分析方法，可以得到二阶高通滤波器的电压放大倍数为

$$\begin{aligned}\dot{A}_{u}&=\frac{\dot{U}_{o}}{\dot{U}_{i}}=\frac{(j\omega RC)^{2}A_{up}}{1+(3-A_{up})j\omega RC+(j\omega RC)^{2}}\\&=\frac{A_{up}}{1-\left(\frac{f_{0}}{f}\right)^{2}-j\frac{1}{Q}\cdot\frac{f_{0}}{f}}\end{aligned}\tag{6.2.8}$$

式中的 A_{up}、f_0 和 Q 分别表示二阶高通滤波电路的通带电压放大倍数、通带截止频率和等效品质因数。它们的表达式与二阶低通滤波器的 A_{up}、f_0 和 Q 的表达式相同，见式(6.2.7)。

如果将表示高通滤波器电压放大倍数的式(6.2.8)与表示低通滤波器电压放大倍数的式(6.2.6)进行对比，可以看出，只需将式(6.2.6)中的 $j\omega RC$ 换为 $1/j\omega RC$，即可得到式(6.2.8)，由此可知，高通滤波电路与低通滤波电路的对数幅频特性互为“镜像”关系，如图6.2.8(b)和图6.2.5(b)所示。

6.2.4　带通滤波电路(BPF)

带通滤波器的作用是允许某一段频带范围内的信号通过，而将此频带以外的信号阻断。带通滤波器经常用于抗干扰设备中，以便接收某一频带范围内的有效信号，而消除高频段和低频段的干扰和噪声。

从原理上说，将一个通带截止频率为 f_2 的低通滤波器与一个通带截止频率为 f_1 的高通滤波器串联起来，当满足条件 $f_2>f_1$ 时，即可构成带通滤波器，其原理示意图见图6.2.9。

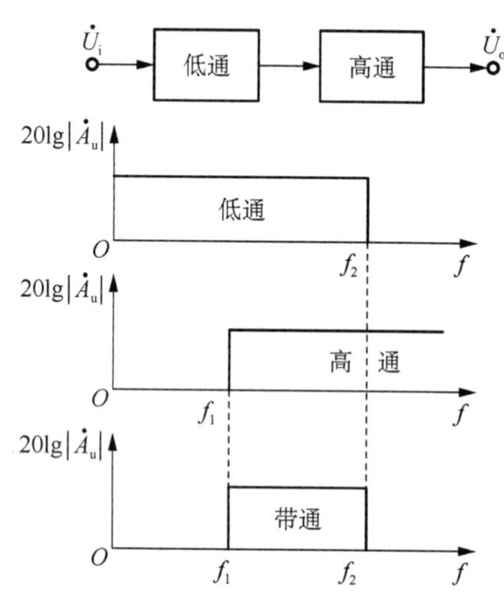

图6.2.9　带通滤波器原理示意图

当输入信号通过电路时，低通滤波器将 $f>f_2$ 的高频信号阻断，而高通滤波器将 $f<f_1$ 的低频信号阻断，最后，只有频率范围在 $f_1<f<f_2$ 的信号才能通过电路，于是电路成为一个带通滤波器，其通频带等于 f_2-f_1，如图6.2.9所示。根据以上原理组成的带通滤波器的典型电路见图6.2.10(a)。输入端的电阻 R 和电容 C 组成低通电路，另一个电容 C 和电阻 R_2 组成高通电路，二者串联起来接在集成运放的同相输入端。输出端通过电阻 R_3 引回一个反馈，它的作用在前面介绍二阶低通有源滤波器时已经详细论述过。

当 $R_2=2R$，$R_3=R$ 时，可求得带通滤波器的电压放大倍数为

$$\dot{A}_{u}=\frac{A_{uo}}{(3+A_{uo})+j\left(\frac{f}{f_{0}}-\frac{f_{0}}{f}\right)}=\frac{A_{up}}{1+jQ\left(\frac{f}{f_{0}}-\frac{f_{0}}{f}\right)}\tag{6.2.9}$$

式中

$$f_0=\frac{1}{2\pi RC}$$

$$A_{up}=\frac{A_{uo}}{3-A_{uo}}=QA_{uo} \tag{6.2.10}$$

$$A_{uo}=1+\frac{R_f}{R_1} \tag{6.2.11}$$

$$Q=\frac{1}{3-A_{uo}} \tag{6.2.12}$$

由式(6.2.9)可知，当 $f=f_0$，$|\dot{A}_u|=A_{up}$，电压放大倍数达到最大值，而当频率 f 减小或增大时，$|\dot{A}_u|$ 都将降低。当 $f=0$ 或 $f\to\infty$ 时，$|\dot{A}_u|$ 都趋近于零，可见本电路具有“带通”的特性。通常将 f_0 称为带通滤波器的中心频率，A_{up} 称为通带电压放大倍数。

根据式(6.2.9)可画出不同 Q 值时的对数幅频特性，如图 6.2.10(b)所示。由图可见，Q 值愈大，则通频带愈窄，即选择性愈好。一般将 $|\dot{A}_u|$ 下降至 $A_{up}/\sqrt{2}$ 时所包括的频率范围定义为带通滤波器的通带宽度，用符号 B 表示。将 $|\dot{A}_u|=A_{up}/\sqrt{2}$ 代入式(6.2.9)，可解得带通滤波器的两个通带截止频率 f_2 和 f_1，从而得到通带宽度为

$$B=f_2-f_1=(3-A_{uo})f_0=\frac{f_0}{Q} \tag{6.2.13}$$

可见 Q 愈大，则通带宽度 B 愈小。

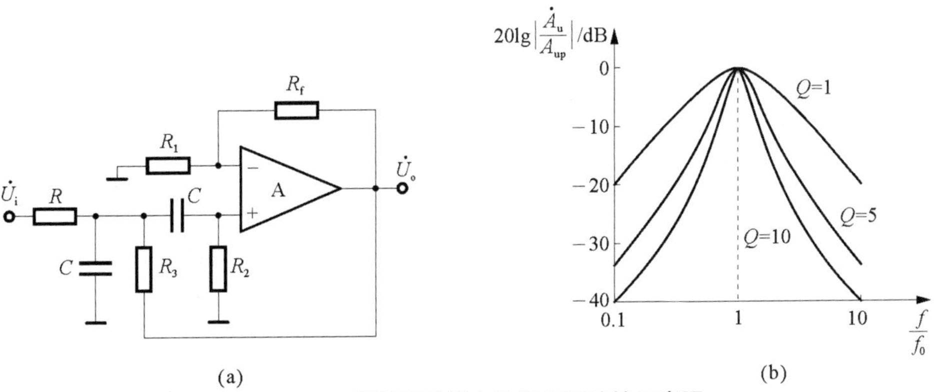

图 6.2.10 带通滤波器电路及幅频特性示意图

(a) 电路图；(b) 对数幅频特性

将式(6.2.11)代入式(6.2.13)还可得

$$B=(3-A_{uo})f_0=\left(2-\frac{R_f}{R_1}\right)f_0 \tag{6.2.14}$$

由上式可知，改变电阻 R_f 或 R_1 的阻值可以调节通带宽度，但中心频率 f_0 不受影响。由式(6.2.10)还可知，若 $A_{uo}=3$，则 A_{up} 将趋于无穷大，表示电路将产生自激振荡。为了避免发生此种情况，选择电阻 R_f 和 R_1 的阻值时，应保证 $R_f<2R_1$。

6.2.5 带阻滤波器(BEF)

带阻滤波器的作用与带通滤波器相反，即在规定的频带内，信号被阻断，而在此频带之

外,信号能够顺利通过。带阻滤波器也常用于抗干扰设备中阻止某个频带范围内的干扰及噪声信号通过。

从原理上说,将一个通带截止频率为 f_1 的低通滤波器与一个通带截止频率为 f_2 的高通滤波器并联在一起,当满足条件 $f_1<f_2$ 时,即可组成带阻滤波器,其原理示意图见图 6.2.11。

当输入信号通过电路时,凡是 $f<f_1$ 的信号均可从低通滤波器通过,凡是 $f>f_2$ 的信号均可以从高通滤波器通过,唯有频率范围在 $f_1<f<f_2$ 的信号被阻断,于是电路成为一个带阻滤波器,其阻带宽度为 f_2-f_1,如图 6.2.11 所示。

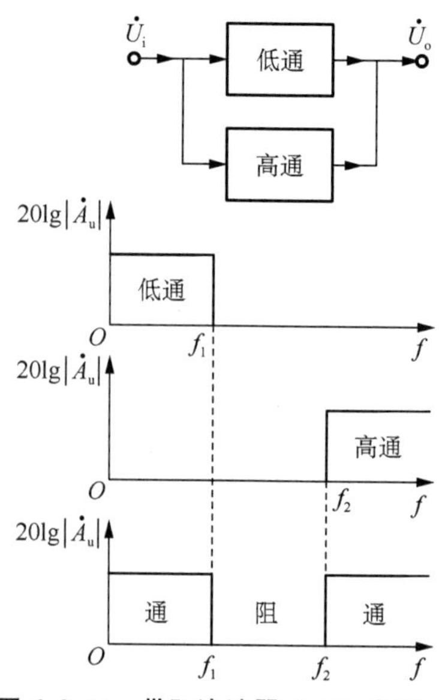

图 6.2.11　带阻滤波器原理示意图

常用的带阻滤波器的电路如图 6.2.12(a)所示。

输入信号经过一个由 RC 元件组成的双T形选频网络,然后接至集成运放的同相输入端。当输入信号的频率比较高时,由于电容的容抗 $1/\omega C$ 小,可以认为短路,因此高频信号可以从上面由两个电容和一个电阻构成的T形支路通过;当频率比较低时,因 $1/\omega C$ 很大,可将电容视为开路,故低频信号可以从下面由两个电阻和一个电容构成的T形支路通过。只有频率处于低频和高频中间某一个范围的信号被阻断,所以双T网络具有"带阻"的特性。

设双T网络中上面支路中两个电容的容值相等,均为 C,二者之间的电阻的阻值为 $R/2$,下面支路中两个电阻的阻值均为 R,二者之间的电容的容值为 $2C$,如图 6.2.12(a)所示,通过分析可得到此带阻滤波器的电压放大倍数为

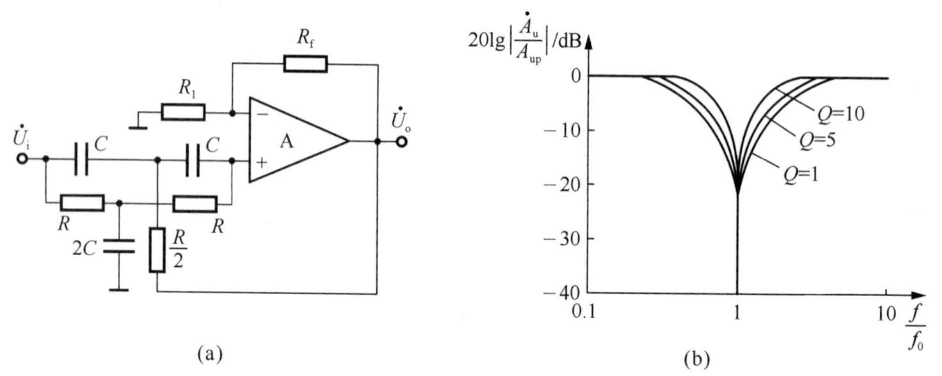

图 6.2.12　带阻滤波器的电路及幅频特性

(a) 电路图;(b) 对数幅频特性

$$\dot{A}_u=\frac{1-\left(\frac{f}{f_0}\right)^2}{1-\left(\frac{f}{f_0}\right)^2+j2(2-A_{up})\frac{f}{f_0}}\cdot A_{up} \tag{6.2.15}$$

$$=\frac{A_{up}}{1+j\frac{1}{Q}\frac{ff_0}{f_0^2-f^2}}$$

式中

$$f_0=\frac{1}{2\pi RC}$$

$$A_{up}=1+\frac{R_f}{R_1}$$

$$Q=\frac{1}{2(2-A_{up})} \tag{6.2.16}$$

由式(6.2.15)可知，当 $f=f_0$，$|\dot{A}_u|=0$。当 $f=0$ 或 $f\to\infty$时，$|\dot{A}_u|$均趋于 A_{up}，可见本电路具有“带阻”的特性。以上 f_0 和 A_{up} 分别称为带阻滤波器的中心频率和通带电压放大倍数。

根据式(6.2.15)可画出不同 Q 值时带阻滤波器的对数幅频特性如图 6.2.12 (b)所示。由图可见，Q 值愈大，则阻带愈窄，即选频特性愈好。利用与前面类似的方法，可求得带阻滤波器的阻带宽度为

$$B=f_2-f_1=2(2-A_{up})f_0=\frac{f_0}{Q} \tag{6.2.17}$$

可见，Q 值愈大，则阻带宽度 B 愈小。

小　结

一、理想运放是分析集成运放应用电路的电路模型。所谓理想运放就是将集成运放的各项技术指标理想化。理想运放工作在线性区或非线性区时，各有若干重要的特点。

由于运算电路的输入、输出信号均为模拟量，因此要求运算电路中的集成运放工作在线性区。从电路结构看，运算电路通常都引入了深度的负反馈。在分析运算电路的输入、输出关系时，总是从理想运放工作在线性区时的两个特点，即“虚短”和“虚断”出发。

二、比例运算电路是最基本的信号运算电路，在此基础上可以扩展、演变成为其他运算电路。

比例运算电路有三种输入方式：反相输入、同相输入和差分输入。当输入方式不同时，电路的性能和特点各有不同。

三、在求和电路中，着重介绍应用比较广泛的反相输入求和电路，这种电路实际上是利用“虚地”和“虚断”的特点，通过将各输入回路的电流求和的方法实现各路输入电压求和。

四、积分和微分互为逆运算，这两种电路是在比例电路的基础上分别将反馈回路或输入回路中的电阻换为电容而构成的。其原理主要是利用电容两端的电压与流过电容的电流之间存在着积分关系。

积分电路应用比较广泛，例如，用于模拟计算机、控制和测量系统、延时和定时以及各种波形的产生和变换等。微分电路由于其对高频噪声十分敏感等缺点，应用不如积分电路广泛。

五、有源滤波电路一般由 RC 网络和集成运放组成，主要用于小信号处理。按其幅频特性可分为低通、高通、带通和带阻滤波器四种电路。应用时应根据有用信号、无用信号和干扰等所占频段来选择合理的类型。

六、有源滤波电路一般均引入电压负反馈，因而集成运放工作在线性区，故分析方法与运算电路基本相同，常用传递函数表示输出与输入的函数关系。有源滤波电路的主要性能指标有通带放大倍数 A_{up}、通带截止频率 f_P、特征频率 f_0、带宽 BW 和品质因数 Q 等，用幅频特性描述。

七、在有源滤波电路中也常常引入正反馈，以实现压控电压源滤波电路，当参数选择不合适时，电路会产生自激振荡。

习　题

6.1　设图题6.1中的运放为理想器件，试求出图(a)、(b)、(c)、(d)中电路输出电压 u_O 的值。

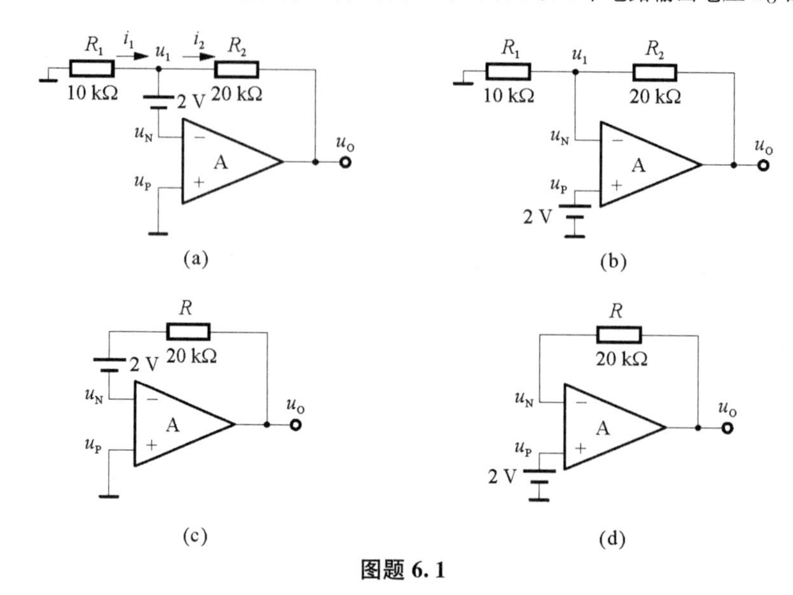

图题 6.1

6.2　电路如图题6.2所示，设运放是理想的，图(a)电路中 $u_I=6\ \text{V}$，图(b)电路中 $u_I=10\sin\omega t\ (\text{mV})$，图(c)电路中 $u_{I1}=0.6\ \text{V}$、$u_{I2}=0.8\ \text{V}$，求各运放电路的输出电压 u_O 和图(a)、(b)中各支路的电流。

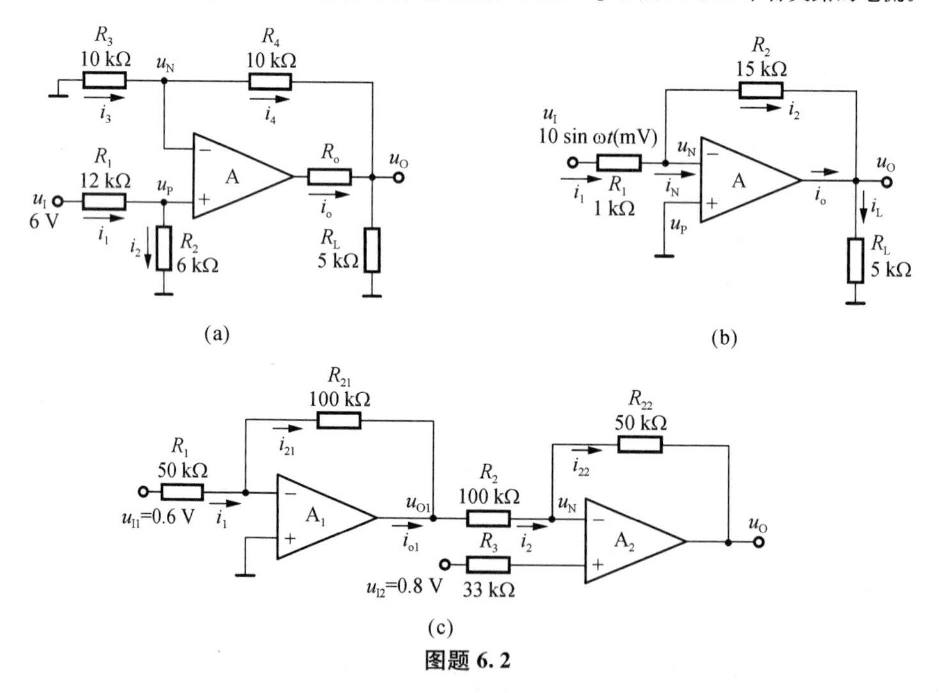

图题 6.2

6.3　电流-电压转换器如图题6.3所示。设光探测仪的输出电流作为运放的输入电流 i_S；信号内阻 $R_s \gg R_i$，试证明输出电压 $u_O=-i_sR$。

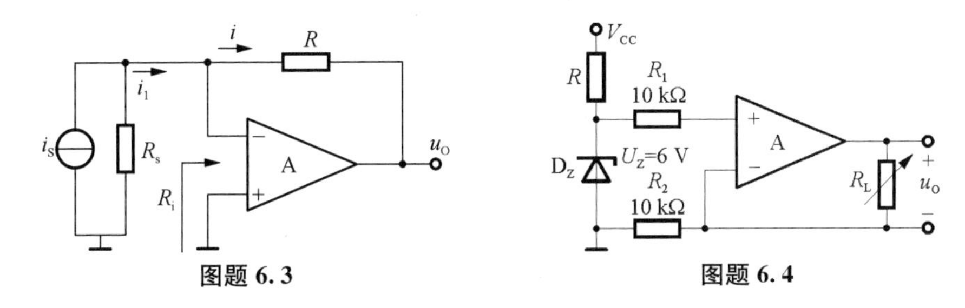

图题 6.3　　　　图题 6.4

6.4　图题 6.4 所示为恒流源电路，已知稳压管工作在稳压状态，试求负载电阻中的电流。

6.5　一高输入电阻的桥式放大电路如图题 6.5 所示，试写出 $u_O=f(\delta)$ 的表达式（$\delta=\Delta R/R$）。

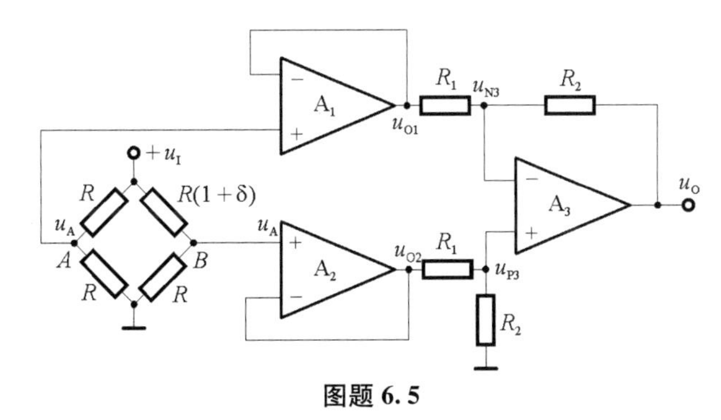

图题 6.5

6.6　试求图题 6.6 所示各电路输出电压与输入电压之间的关系。

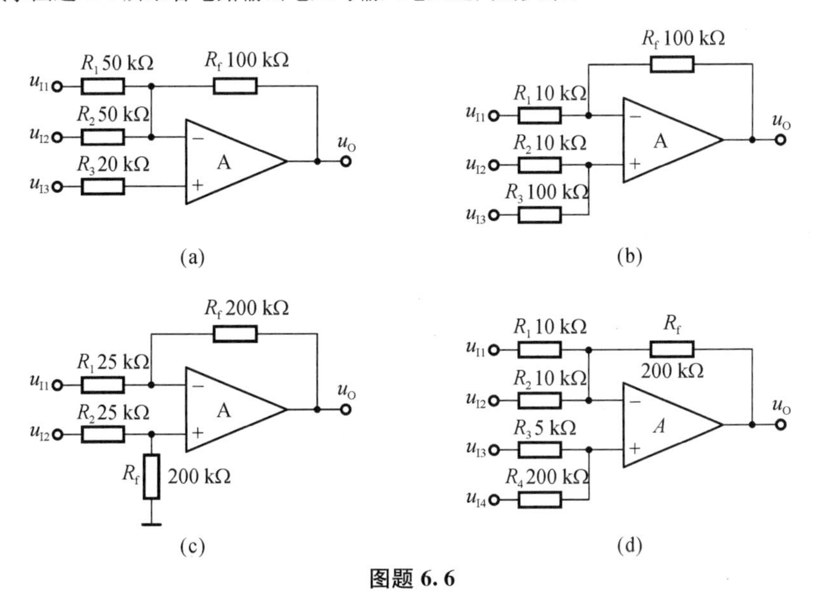

图题 6.6

6.7　电路如图题 6.7 所示：

(1) 写出 u_O 与 u_{I1}，u_{I2} 的运算关系式。

(2) 当 R_W 的滑动端在最上端时，若 $u_{I1}=10$ mV，$u_{I2}=20$ mV，则 u_O 为多大？

(3) 若 u_O 的最大值为 ±14 V，输入电压最大值 $u_{I1max}=10$ mV，$u_{I2max}=20$ mV，它们的最小值为 0，则为了保证集成运放工作在线性区，R_1 的最大值为多少？

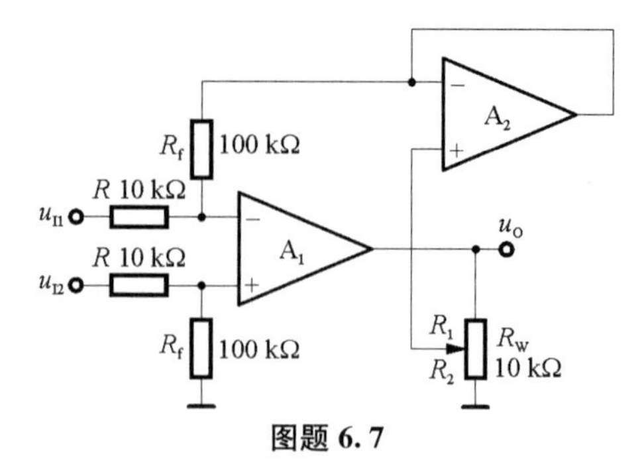

图题 6.7

6.8　在图题 6.8(a)所示电路中,已知输入电压 u_I 的波形如图(b)所示,当 $t=0$ 时 $u_O=0$,试画出输出电压 u_O 的波形。

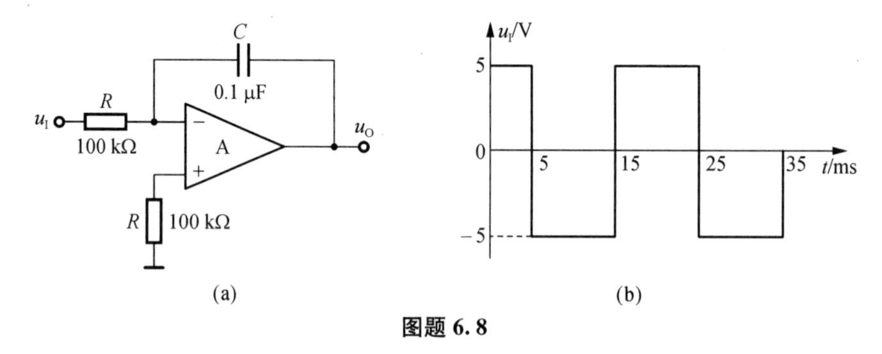

图题 6.8

6.9　电路如图题 6.9 所示,设所有运放为理想器件。

(1) 试求 $U_{O1}=?$ $U_{O2}=?$ $U_{O3}=?$

(2) 设电容器的初始电压为 2 V,极性如图所示,求使 $U_{O4}=-6$ V 所需时间 $t=?$

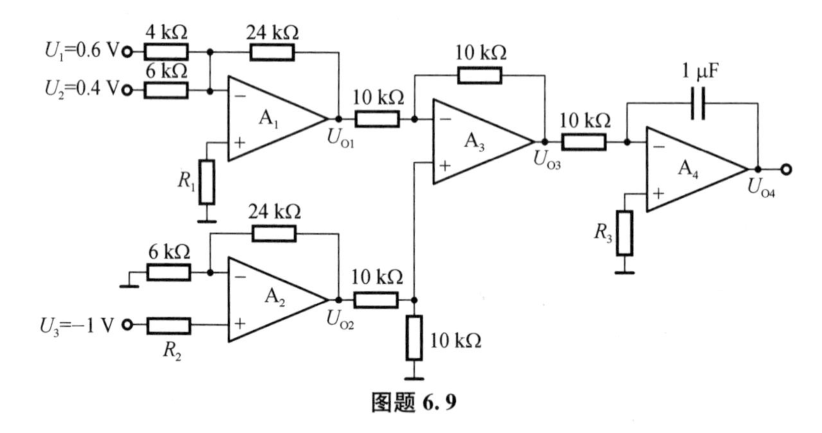

图题 6.9

第七章　功率放大电路

本章介绍功率放大电路的特点、主要技术指标及电路结构形式，重点分析互补对称功率放大电路的工作原理及其分析计算。

学习本章，熟悉功率放大电路的特点是前提，掌握乙类互补对称的电路结构、工作原理和主要性能指标的计算是关键。

7.1　功率放大电路概述

在许多电子系统中，信号经过处理以后最终会送到负载，带动一定装置（如收音机的扬声器、自动控制系统的电机、计算机的显示器等）。这时的输出信号不仅要求有一定大小的电压和电流输出，而且要有一定功率的输出。这类主要用于向负载提供足够信号功率的放大电路通常称为功率放大电路，简称功放。

功率放大电路的主要任务是向负载提供足够大的输出功率，它与前面介绍的电压放大电路、电流放大电路没有很严格的区分，因为无论是哪一种放大电路，在负载上都会同时存在输出电压、输出电流和输出功率。只是侧重点不同，强调的技术指标不同，所以在电路结构和电路分析上功率放大电路有它自身的特点。

7.1.1　功率放大电路的特点

(1) 要求输出尽可能大的功率。为获得大的功率输出，要求功放管的输出电压和电流均有足够大的幅度，故管子往往在接近极限运用状态下工作。

(2) 效率要高。功放电路的输出功率由直流电源供给的直流能量转换而来。由于输出功率大，直流电源消耗功率也大，故能量转换效率非常重要。效率定义为负载得到的功率 P_{o} 与电源提供的直流功率 P_{E} 的比值，即

$$\eta=\frac{P_{\mathrm{o}}}{P_{\mathrm{E}}} \tag{7.1.1}$$

式中

$$P_{\mathrm{E}}=P_{\mathrm{o}}+P_{\mathrm{T}} \tag{7.1.2}$$

式中，P_{T} 为耗散在功率管上的功率，称为管耗。

(3) 非线性失真要小。由于功放管工作在大信号状态，所以不可避免地存在非线性失真。且对同一功放管，输出功率越大，非线性失真往往越严重，这就使得输出功率和非线性失真成为功放中的一对主要矛盾。需根据非线性失真的要求获得最大输出功率。

(4) 要考虑功放管的散热和保护问题。功放管工作在大信号极限状态，其 u_{CE} 最大值接近于 $U_{(BR)\mathrm{CEO}}$，i_{C} 最大值接近于 I_{CM}，管耗最大值接近于 P_{CM}。因此选择功放管时，需特别注

意极限参数的选择,并考虑过电压和过电流保护措施。同时,为避免输出较大功率时集电结结温过高而损坏功放管,还应该考虑其散热问题。

(5) 分析方法采用图解法。在大信号情况下,小信号模型已不适用,因此对功放电路,应采用图解法进行分析。

综上所述,对功率放大电路,应在保证功放管安全工作和失真允许的前提下,尽可能输出大的功率,同时减小管耗,以提高效率。

7.1.2 功率放大电路提高效率的主要途径

电源电压确定后,在满足失真度指标前提下输出尽可能大的功率和提高转换效率始终是功率放大电路要研究的主要问题。由式(7.1.1)和式(7.1.2)可知,要提高功放电路的效率,必须在获得相同输出功率 P_o 的同时降低管耗 P_T。那么,如何才能降低管耗呢?由于管耗是管子在一个周期内消耗的平均功率,显然,一个周期内管子导通的时间越短,相应的管耗就越小,效率也就越高。根据有信号输入时管子在一个周期内导通时间(或集电极电流波形)的不同,功率放大电路的输出级可以分为甲类(A 类)、乙类(B 类)、甲乙类(AB 类)、丙类(C 类)、丁类(D 类)。在前几章讲述的电压放大电路中,当输入正弦波时,由于管子的静态电流大于信号电流的幅值,输入信号的整个周期内均有电流流过管子,如图 7.1.1(a)所示,即管子在一个周期内均导通,这种工作方式通常称为甲类放大。在甲类放大电路中,电源始终不断地输出功率。无信号输入时,这些功率全部消耗在管子(和电阻)上,并转换成热量的形式耗散出去。有信号输入时,其中一部分转化为有用的输出功率,且信号越大,输出功率越大。可以证明,甲类放大电路的效率最高只能达到 50%。

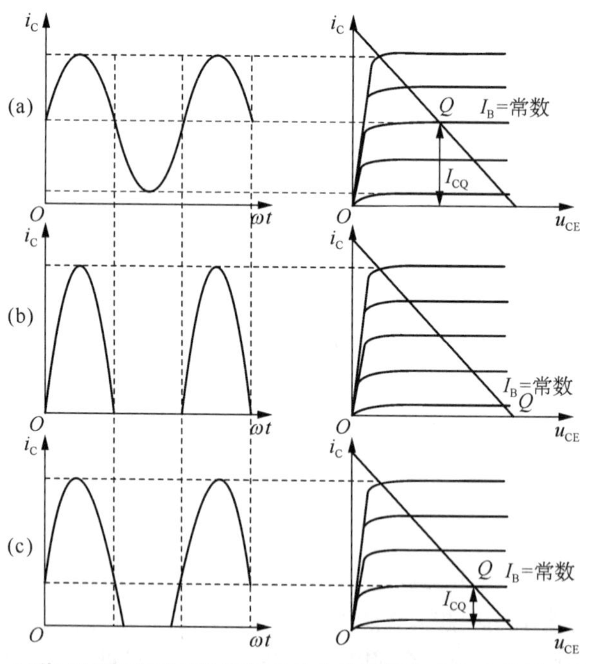

图 7.1.1 三种不同类型功率输出级工作点位置及集电极电流随时间变化波形

(a) 甲类放大;(b) 乙类放大;(c) 甲乙类放大

7.2　互补对称功率放大电路

7.2.1　乙类双电源互补对称电路

1）电路组成及工作原理

在乙类功率放大电路中，由于三极管的导通角 $\theta=180°$，静态电流 I_C 几乎等于零，因此静态时直流电源供给的功率为零，当有信号输入时，直流电源供给的功率会随输入信号的增加而增加，所以它的转换效率比较高，但它的输出波形会产生严重的非线性失真。这一问题可以从电路结构设计上得以解决，可以采用两个管子，均工作在乙类放大状态，让其中的一个管子在交流电的正半周工作，另一个管子在负半周工作，并让它们的输出信号都能加到负载上，由于两管交替工作，这样在负载上就可以得到一个完整的正弦波形，从而解决了效率与失真之间的矛盾。图 7.2.1(a)所示为乙类功率放大电路，图中三极管 T_1、T_2 分别为 NPN 型管和 PNP 型管，它们的参数是对称的，两管的基极、发射极相互连接在一起，信号从基极输入，从发射极输出。从图 7.2.1(a)可以看出，实际上每个管子都是一个射极输出器，可以分别画成图 7.2.1(b)、(c)所示电路。由于三极管的发射结处于正向偏置时，才能使它导通，否则就会截止。静态(输入信号 $u_I=0$)时，两管的发射结的偏置电压为零，所以 T_1、T_2 均处于截止状态，此时输出电压为零。当输入端加一正弦信号，在输入信号的正半周时，T_2 处于截止状态，T_1 处于导通状态而承担放大任务，这时有电流流过负载 R_L；在输入信号的负半周时，T_1 处于截止状态，T_2 处于导通状态而承担放大任务，这时也会有电流流过负载 R_L。即 T_1、T_2 两管交替工作，使负载上流过的电流为一完整的正弦波信号。由于图 7.2.1(a)所示电路中的两个管子互补对方的不足，工作性能对称，且采用双直流电源供电，所以也称为双电源互补对称功率放大电路(即 OCL)。

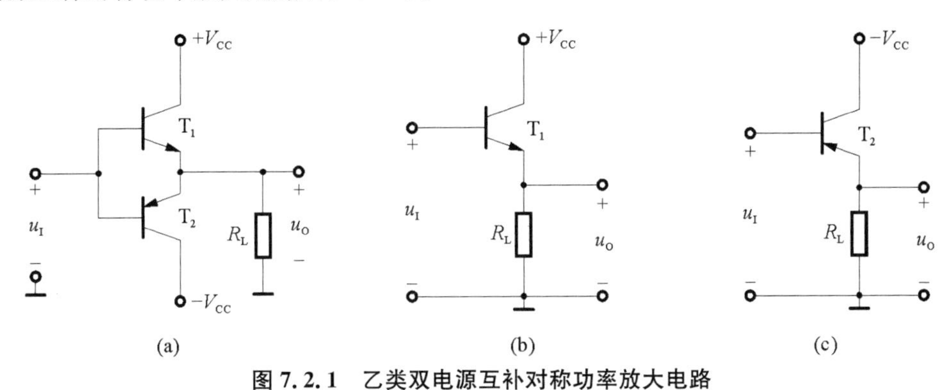

图 7.2.1　乙类双电源互补对称功率放大电路

(a) 乙类互补对称电路；(b) u_I 为正半周时的等效电路；(c) u_I 为负半周时的等效电路

2）分析计算

图 7.2.1(a)所示电路工作过程的图解分析如图 7.2.2 所示。图 7.2.2(a)所示为 T_1 管导通时的工作情况，图 7.2.2(b)是将 T_2 管导通时的工作情况倒置后，与 T_1 管画在一起，并让两者静态工作点 Q 重合，形成两管合成曲线。这时交流负载线是一条过 Q 点的斜线，它的斜率为 $-1/R_L$。

由图 7.2.2(b)可以看出，集电极电流、电压的最大允许变化范围分别为 $2I_{cm}$、$2U_{cem}$。为此它的指标计算如下。

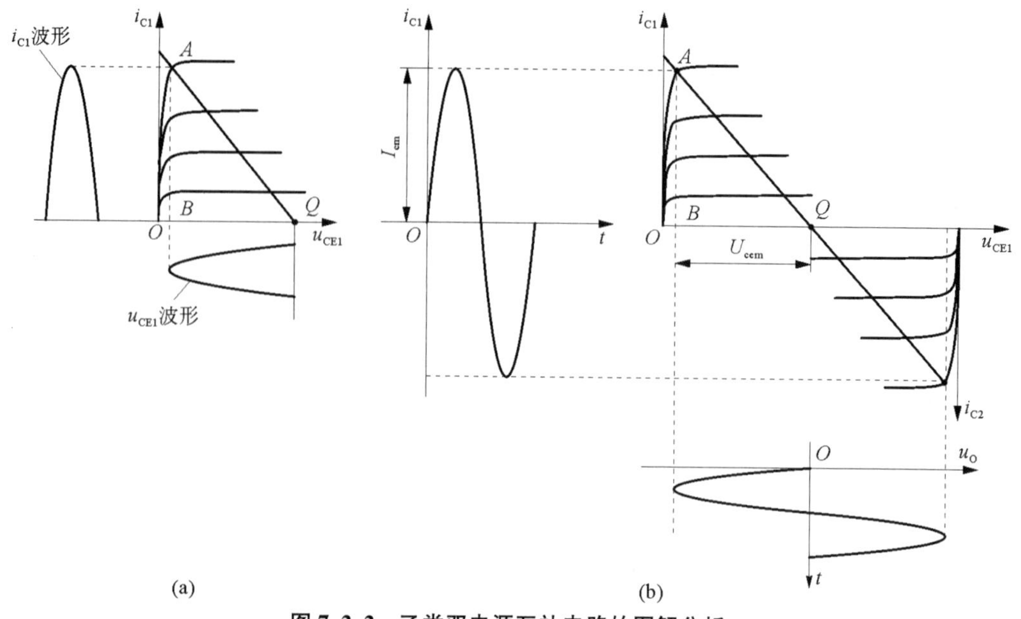

图 7.2.2　乙类双电源互补电路的图解分析

(a) T_1 管输出特性；(b) 互补对称电路的合成曲线

(1) 输出功率 P_o

由输出功率的定义可知

$$P_o = U_o I_o = \frac{U_{om}}{\sqrt{2}} \cdot \frac{U_{om}}{\sqrt{2}R_L} = \frac{1}{2}\frac{U_{om}^2}{R_L} \tag{7.2.1}$$

这个数值正好是图 7.2.2(b)中△ABQ 的面积，因此常用它来表示输出功率的大小，称为功率三角形。△ABQ 的面积越大，输出功率也越大。当输入信号足够大时，$I_{om}=I_{cm}$ 达到最大值，$U_{om}=U_{cem}$ 达到最大值 $V_{CC}-U_{CES}$，由于管子的 U_{CES} 很小，理想情况下可忽略不计，可以得到输出功率的最大值为

$$P_{omax} = \frac{1}{2}\frac{U_{om}^2}{R_L} = \frac{1}{2}\frac{(V_{CC}-|U_{CES}|)^2}{R_L} \approx \frac{1}{2}\frac{V_{CC}^2}{R_L} \tag{7.2.2}$$

(2) 管耗 P_T

由于在一个信号周期内，图 7.2.2(a)所示电路中的 T_1、T_2 是轮流导通的，即导电角约为 180°，而且两管是对称的，通过两管的电流 i_C 和两管两端的电压 u_{CE} 在数值上是相等的，只是在时间上错开了半个周期。所以两管的管耗也相等，因此可以先求出单管的管耗，再求总的管耗。设输出电压 $u_o=U_{om}\sin\omega t$，则 T_1 的管耗为

$$\begin{aligned} P_{T1} &= \frac{1}{2\pi}\int_0^{\pi}(V_{CC}-u_o)\frac{u_o}{R_L}\mathrm{d}(\omega t) \\ &= \frac{1}{2\pi}\int_0^{\pi}(V_{CC}-U_{om}\sin\omega t)\frac{U_{om}\sin\omega t}{R_L}\mathrm{d}(\omega t) \end{aligned}$$

$$
\begin{aligned}
&=\frac{1}{2\pi}\int_0^{\pi}\left(\frac{V_{CC}U_{om}\sin\omega t}{R_L}-\frac{U_{om}^2}{R_L}\sin^2\omega t\right)d(\omega t) \\
&=\frac{1}{R_L}\left(\frac{V_{CC}U_{om}}{\pi}-\frac{U_{om}^2}{4}\right)
\end{aligned}
\tag{7.2.3}
$$

那么两管的总管耗为

$$
P_T=P_{T1}+P_{T2}=2P_{T1}=\frac{2}{R_L}\left(\frac{V_{CC}U_{om}}{\pi}-\frac{U_{om}^2}{4}\right) \tag{7.2.4}
$$

由前面分析得知，当 $U_{om}\approx V_{CC}$，输出功率为最大值，这时总管耗为 $P_T=\frac{4-\pi}{2\pi}\frac{V_{CC}^2}{R_L}$，但这个数值并不是它的最大值。由式(7.2.4)可知，管耗是输出电压幅值的函数，这样可以用求极值的方法进行求解，对式(7.2.3)求导数有

$$
dP_{T1}/dU_{om}=\frac{1}{R_L}\left(\frac{V_{CC}}{\pi}-\frac{U_{om}}{2}\right)
$$

令 $dP_{T1}/dU_{om}=0$，则$\frac{V_{CC}}{\pi}-\frac{U_{om}}{2}=0$，从而有

$$
U_{om}=2V_{CC}/\pi \tag{7.2.5}
$$

式(7.2.5)说明，当 $U_{om}=2V_{CC}/\pi\approx0.6\ V_{cc}$ 时，T_1 有最大管耗为

$$
\begin{aligned}
P_{T1m}&=\frac{1}{R_L}\left[\frac{\frac{2}{\pi}V_{CC}^2}{\pi}-\frac{\left(\frac{2V_{CC}}{\pi}\right)^2}{4}\right] \\
&=\frac{1}{R_L}\left[\frac{2V_{CC}^2}{\pi^2}-\frac{V_{CC}^2}{\pi^2}\right]=\frac{1}{\pi^2}\frac{V_{CC}^2}{R_L}
\end{aligned}
$$

考虑到最大输出功率 $P_o=V_{CC}^2/2R_L$，可以得到单管的最大管耗和功率放大电路的最大输出功率的关系为

$$
P_{T1m}=\frac{1}{\pi^2}\frac{V_{CC}^2}{R_L}\approx0.2\ P_o \tag{7.2.6}
$$

式(7.2.6)说明，如果要求功放的输出功率为 10 W，则所选的两个管子的额定管耗应大于 2 W。所以常用式(7.2.6)作为选择乙类互补对称电路中管子的依据。由于上面的分析计算是在理想情况下进行的，因此实际选择管子的额定管耗时，还应留有充分的余地。

(3) 效率 η

由于负载上得到的能量和消耗的能量都是由直流电源提供的，所以直流电源提供的功率应等于负载上得到的输出功率与总管耗之和，由式(7.2.1)和式(7.2.4)得直流电源提供的功率为

$$
P_E=P_o+P_T=\frac{2V_{CC}U_{om}}{\pi R_L} \tag{7.2.7}
$$

由式(7.2.1)和式(7.2.7)得电路的转换效率为

$$\eta=\frac{P_o}{P_E}=\frac{\pi}{4}\frac{U_{om}}{V_{CC}} \tag{7.2.8}$$

当 $U_{om}=V_{CC}$ 时,输出功率最大,直流电源提供的功率也最大,其值为

$$P_{Emax}=\frac{2}{\pi}\frac{V_{CC}^2}{R_L} \tag{7.2.9}$$

此时电路的转换效率最大为

$$\eta_{max}=\frac{P_{omax}}{P_{Emax}}=\frac{\pi}{4}\approx 78.5\% \tag{7.2.10}$$

这个结论是在输入信号足够大且忽略管子的饱和压降的理想情况下得出的,实际的效率要比这个数值低一些,但仍然说明乙类互补对称电路的效率比甲类功放要高得多。

3) 功放管的选择

由以上分析可知,为了使功率放大电路得到最大的输出功率,并保证功放管能安全工作,BJT 的极限参数必须满足下列条件:

(1) 每个 BJT 的最大允许管耗 P_{CM} 必须大于 $0.2P_{om}$。

(2) 在图 7.2.1(a)所示乙类互补对称电路中,当 T_2 导通时,$-u_{CE2}\approx 0$,此时 T_1 的 u_{CE1} 为最大值,且等于 $2V_{CC}$。所以要求 BJT 的 $|U_{(BR)CEO}|>2V_{CC}$。

(3) 由于流过的最大集电极电流为 V_{CC}/R_L,所以要求 BJT 的 $I_{CM}>V_{CC}/R_L$。

【例 7.2.1】 在图 7.2.1(a)所示互补对称电路中,设输入电压 u_I 为正弦波,已知 $V_{CC}=15\ \text{V}$,$R_L=8\ \Omega$,晶体管饱和管压降 $U_{CES}=2\ \text{V}$。试求:

(1) 负载上可能获得的最大输出功率和效率。

(2) 若输入电压 $U_i=8\ \text{V}$ 有效值,负载上可能获得的输出功率、管耗、直流电源供给的功率和效率。

解:(1) 由式(7.2.2)、式(7.2.8)可求出

$$P_{omax}=\frac{1}{2}\cdot\frac{(V_{CC}-U_{CES})^2}{R_L}=\frac{1}{2}\cdot\frac{(15\ \text{V}-2\ \text{V})^2}{8\ \Omega}=10.56\ \text{W}$$

$$\eta=\frac{\pi}{4}\cdot\frac{U_{om}}{V_{CC}}=\frac{\pi}{4}\cdot\frac{V_{CC}-|U_{CES}|}{V_{CC}}=\frac{\pi}{4}\cdot\frac{15\ \text{V}-2\ \text{V}}{15\ \text{V}}=68.03\%$$

(2) 因为射极输出器的电压放大倍数 $A_u\approx 1$,所以 $U_{om}\approx A_uU_{im}=8\sqrt{2}\ \text{V}$。由式(7.2.1)、式(7.2.3)、式(7.2.7)和式(7.2.8)可求出

$$P_o=\frac{1}{2}\frac{U_{om}^2}{R_L}=\frac{1}{2}\frac{(8\sqrt{2}\ \text{V})^2}{8\ \Omega}=8\ \text{W}$$

$$P_{T1}=P_{T2}=\frac{1}{R_L}\left(\frac{V_{CC}U_{om}}{\pi}-\frac{U_{om}^2}{4}\right)=\frac{1}{8\ \Omega}\left[\frac{15\ \text{V}\times 8\sqrt{2}\ \text{V}}{\pi}-\frac{(8\sqrt{2}\text{V})^2}{4}\right]=2.75\ \text{W}$$

$$P_E=\frac{2V_{CC}U_{om}}{\pi R_L}=\frac{2\times 15\ \text{V}\times 8\sqrt{2}\ \text{V}}{\pi\times 8\ \Omega}=13.51\ \text{W}$$

$$\eta=\frac{P_o}{P_E}=\frac{\pi}{4}\frac{U_{om}}{V_{CC}}=\frac{\pi}{4}\frac{U_{om}}{V_{CC}}=58.5\%$$

7.2.2　甲乙类双电源互补对称电路

1）交越失真

实际上图 7.2.1(a)所示电路并不能使输出波形很好地反映输入的变化，因为电路中的三极管发射结上是没有直流偏置的，实际上三极管必须在$|u_{BE}|$大于开启电压（硅管约为 0.6 V，锗管约为 0.2 V）时才会有基极电流 i_B 产生，当输入信号低于这个数值时，i_{B1} 和 i_{B2} 基本上为零，所以 i_{C1} 和 i_{C2} 基本上为零，负载 R_L 上无电流流过，出现一段死区，输出波形会产生失真，如图 7.2.3 所示。这种现象称为交越失真。

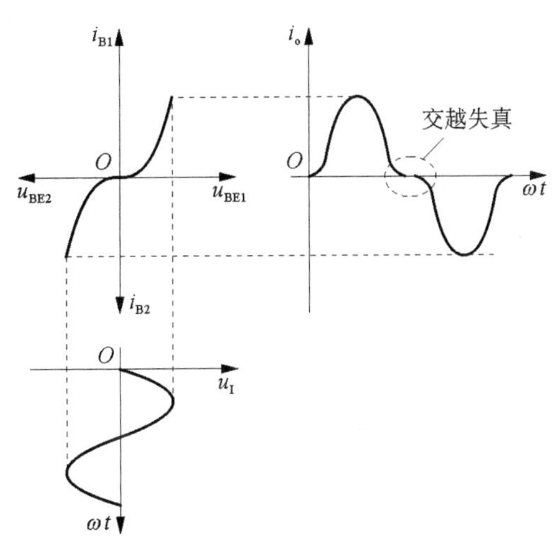

图 7.2.3　交越失真波形

2）甲乙类双电源互补对称电路

为了消除交越失真，可分别在两个三极管的发射结上加一很小的正偏压，使两管有一个很小的电流流过，即在静态时处于微导通状态。同时由于电路对称，静态时流过两管的电流相等，所以负载 R_L 上无静态电流流过。当有交流信号输入时，晶体管会立即进入线性放大区，从而消除了交越失真。这时三极管的导电角 $\theta>180°$，电路工作在甲乙类，实际电路如图 7.2.4 和图 7.2.5 所示。图 7.2.4 所示电路是利用二极管 D_1、D_2 的正向压降向三极管 T_1、T_2 提供所需的偏压，该电路的缺点是偏置电压不易调整。图 7.2.5 所示是利用 u_{BE} 扩大电路向三极管 T_1、T_2 提供所需的偏压，图中三极管 T_4 的 $U_{CE4}=(R_1+R_2)U_{BE4}/R_2$，$U_{BE4}$ 基本上是固定值，只要适当调整 R_1 与 R_2 的比值，就可以改变 T_1、T_2 的偏压值，在集成电路中会经常用到这种电路形式。

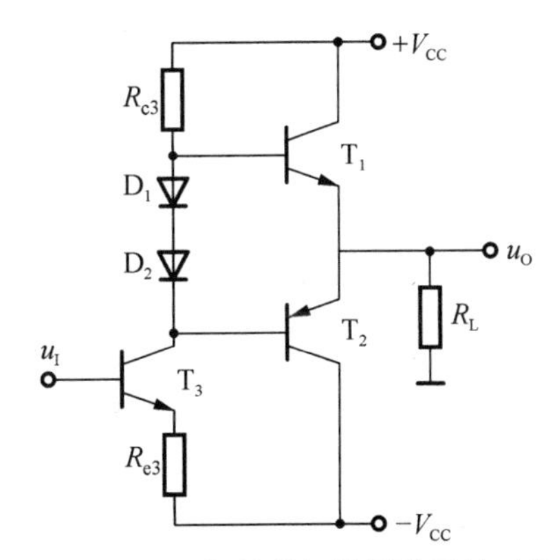

图 7.2.4　利用二极管进行偏置的互补对称电路

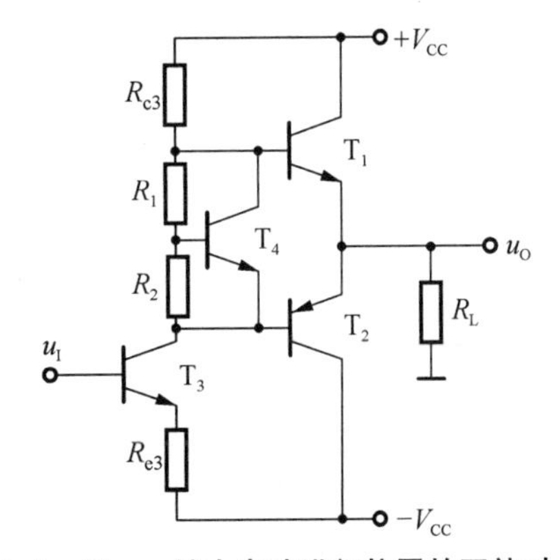

图 7.2.5　用 u_{BE} 扩大电路进行偏置的互补对称电路

考虑到效率的问题，甲乙类功率放大器的静态点应尽量靠近截止区，这样它的技术指标的计算仍然可以利用前面推导的乙类互补对称电路中的公式。它的效率会比乙类互补对称电路的效率略低。

由于功率放大电路要求有一定的功率输出,所以它的输出电流很大,这样要求它的前级驱动电流也比较大,需要进行电流放大,而一般功放管的β比较低;同时互补对称功率放大电路要求两个功放管的特性完全一致,当输出功率很大时,要找出一对特性完全对称的NPN硅管和PNP锗管是比较困难的。基于上述问题,可以采用复合管来解决。

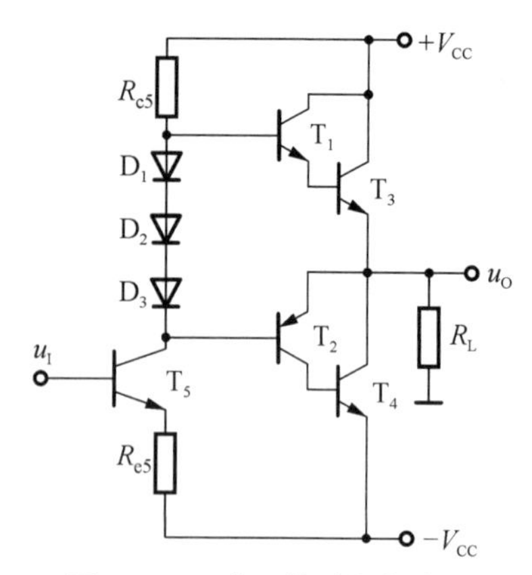

图7.2.6　准互补对称电路

图7.2.6是由复合管组成的互补对称电路,图中T_1、T_3等效为NPN型管,T_2、T_4组成PNP型管。T_3、T_4是同类型晶体管,不具互补性;T_1、T_2是不同类型晶体管,具有互补性。所以该电路与完全互补不同,故称为准互补对称甲乙类功率放大电路。

综上所述,复合管不仅解决了大功率管β低的困难,而且也解决了大功率难以实现互补对称的困难,故在功率放大电路中得到广泛应用。

7.2.3　甲乙类单电源互补对称电路

1) 基本电路

图7.2.7是采用一个电源的互补对称原理电路(OTL电路),图中由T_3组成前置放大级,T_1和T_2组成互补对称电路输出级。在输入信号$u_I=0$时,一般只要R_1、R_2有适当的数值,就可使I_{C3}、U_{B1}和U_{B2}达到所需大小,给T_1和T_2提供一个合适的偏置,从而使K点电位$U_K=U_C=V_{CC}/2$。

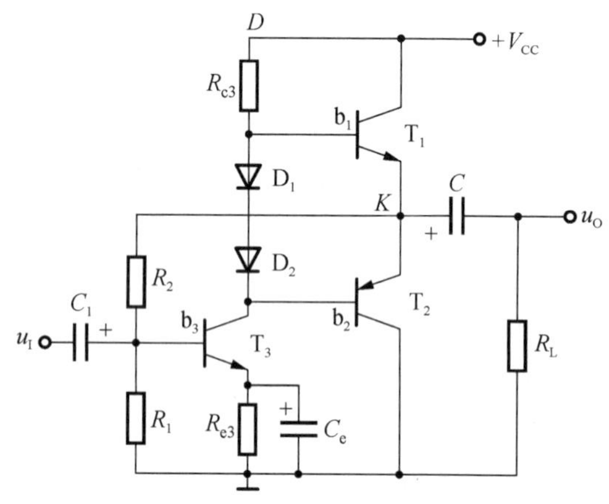

图7.2.7　采用单电源的互补对称电路

当有信号u_I时,在信号的负半周,T_1导电,有电流通过负载R_L,同时向C充电;在信号的正半周,T_2导电,则已充电的电容C起着图7.2.4中电源$-V_{CC}$的作用,通过负载R_L放电。只要选择时间常数R_LC足够大(比信号的最长周期还大得多),就可以认为用电容C和一个电源V_{CC}可代替原来$+V_{CC}$和$-V_{CC}$两个电源的作用。

在图7.2.7中,静态时,通常K点电位$U_K=U_C=V_{CC}/2$。为了提高电路工作点的稳定性能,常将K点通过电阻分压器(R_1、R_2)与前置放大电路的输入端相连,以引入负反馈。例如,若由于温度变化使$U_K\uparrow$,则

$$U_K\uparrow\rightarrow U_{B3}\uparrow\rightarrow I_{B3}\uparrow\rightarrow I_{C3}\uparrow\rightarrow U_{C3}\uparrow\rightarrow U_K\downarrow$$

引入负反馈的结果,最后使U_K趋于稳定。值得指出,R_1、R_2还引入了交流负反馈,使放大电路的动态性能指标得到了改善。

2) 图 7.2.7 电路存在的问题

图 7.2.7 电路虽然解决了互补对称电路工作点的偏置和稳定问题，但是，实际上还存在其他方面的问题。在额定输出功率情况下，通常输出级的 BJT 是处在接近充分利用状态下工作。例如，当 u_I 为负半周最大值时，i_{C3} 最小，u_{B1} 接近于 $+V_{CC}$，此时希望 T_1 在接近饱和状态工作，即 $u_{CE1} \approx U_{CES}$，故 K 点电位 $U_K = +V_{CC} - U_{CES} \approx +V_{CC}$。当 u_I 为正半周最大值时，T_1 截止，T_2 接近饱和导电，$U_K = U_{CES} \approx 0$。因此，负载 R_L 两端得到的交流输出电压幅值 $U_{om} \approx V_{CC}/2$。

上述情况是理想的。实际上图 7.2.7 的输出电压幅值达不到 $U_{om} = V_{CC}/2$，这是因为当 u_I 为负半周时，T_1 导电，因而 i_{B1} 增加，由于 R_{c3} 上的压降和 U_{BE1} 的存在，当 K 点电位向 $+V_{CC}$ 接近时，T_1 的基级电流将受限制而不能增加很多，因而也就限制了 T_1 输向负载的电流，使 R_L 两端得不到足够的电压变化量，致使 U_{om} 明显小于 $V_{CC}/2$。

如何解决这个矛盾呢？如果把图 7.2.7 中 D 点电位升高，使 $U_D > +V_{CC}$，例如将图中 D 点与 $+V_{CC}$ 的连线切断，U_D 由另一电源供给，则问题即可以得到解决。通常的办法是在电路中引入 R_3、C 等元件组成的所谓自举电路，如图 7.2.8 所示。

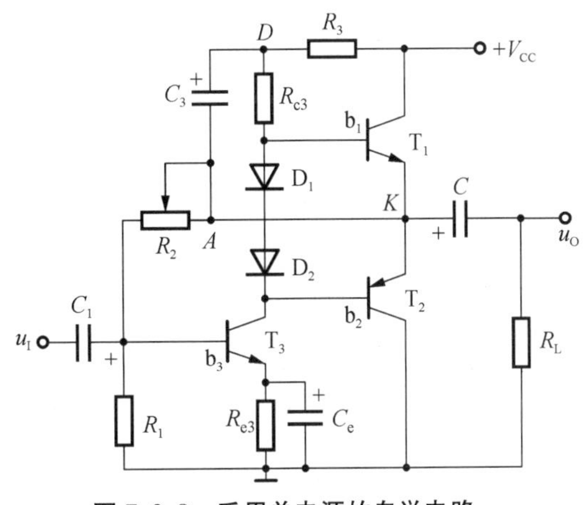

图 7.2.8　采用单电源的自举电路

3) 自举电路的作用

在图 7.2.8 中，当 $u_I = 0$ 时，$u_D = U_D = V_{CC} - I_{C3}R_3$，而 $u_K = U_K = V_{CC}/2$，因此电容 C_3 两端电压被充电到 $U_{C3} = V_{CC}/2 - I_{C3}R_3$。当时间常数 R_3C_3 足够大时，U_{C3}（电容 C_3 两端电压）将基本为常数（$u_{C3} \approx U_{C3}$），不随 u_I 而改变。这样，当 u_I 为负时，T_1 导电，u_K 将由 $V_{CC}/2$ 向更正方向变化，显然，考虑到 $u_D = u_{C3} + u_K = U_{C3} + U_K$ 随着 K 点电位升高，D 点电位 u_D 也自动升高。因而，即使输出电压幅度升得很高，也有足够的电流 i_{B1}，使 T_1 充分导电。这种工作方式称为自举，意思是电路本身把 U_D 提高了。

值得指出的是，采用一个电源的互补对称电路，由于每个管子的工作电压不是原来的 V_{CC}，而是 $V_{CC}/2$（输出电压最大也只能达到约 $V_{CC}/2$），所以前面导出的计算 P_o、P_T 和 P_E 的公式，必须加以修正才能使用。修正的方法也很简单，只要以 $V_{CC}/2$ 代替原来的公式 (7.2.2)、(7.2.4) 和 (7.2.8) 中的 V_{CC} 即可。

7.3　集成功率放大器

集成功率放大器具有失真度小、效率高、功能齐全、有保护功能、外接元件少、易于安装使用等特点，其输出功率为几百毫瓦到上百瓦不等。集成功率放大器在音响设备、电视设备及自动控制设备中得到了广泛的应用。

7.3.1 通用型集成功率放大器 LM386

集成功率放大器一般由高增益的小信号放大器加上甲乙类输出级组成。一些集成功放片内有深度负反馈,具有固定的闭环电压增益。另一些集成功放没有反馈,可以输出较大功率。下面以通用型集成功率放大器 LM386 为例,分析其电路结构、参数与应用。

LM386 是一种音频集成功放,具有自身功耗低、电压增益可调、电源电压范围大、外接元件少和总谐波失真小等优点,广泛应用于录音机和收音机之中。

1) LM386 内部电路

LM386 内部电路原理图如图 7.3.1 所示,与通用型集成运放相类似它是一个三级放大电路,如点划线所划分。

第一级为差分放大电路 T_1 和 T_3、T_2 和 T_4 分别构成复合管,作为差分放大电路的放大管;T_5 和 T_6 组成镜像电流源作为 T_1 和 T_2 的有源负载;信号从 T_3 和 T_4 管的基极输入,从 T_2 管的集电极输出,为双端输入单端输出差分电路。根据第三章关于镜像电流源作为差分放大电路有源负载的分析可知,它可使单端输出电路的增益近似等于双端输出电路的增益。

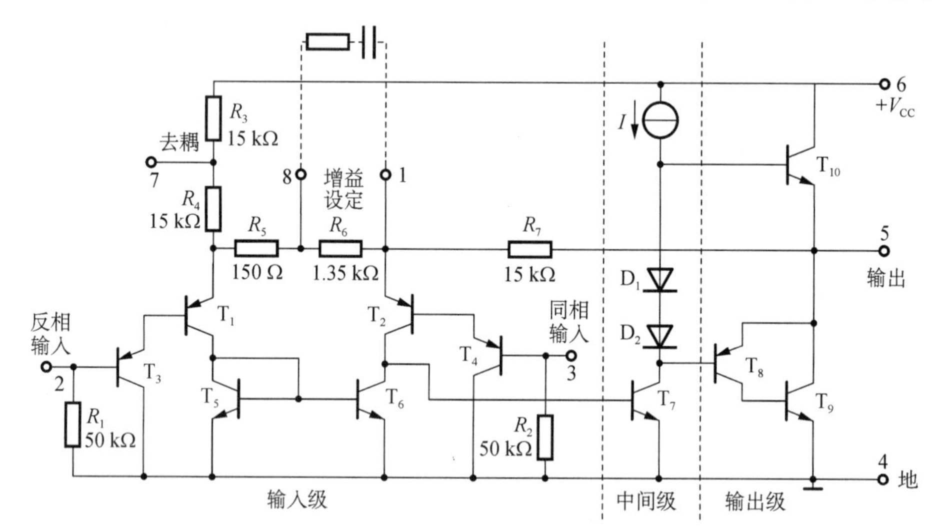

图 7.3.1 LM386 电路原理图

第二级为共射放大电路,T_7 组成的共射放大电路作为中间驱动级,恒流源作为有源负载,以增大放大倍数。

第三级中 T_8、T_9 组成的 PNP 复合管与 T_{10} 共同组成单电源互补对称功率输出级,D_1、D_2 用来为输出级提供静态偏置,消除交越失真。电阻 R_7 引入了交直流电压负反馈,可稳定静态工作点并改善交流性能。

LM386 有 8 个引脚,其中 4、6 分别为地和电源,2、3 分别为反相和同相输入端,5 为输出端(使用时隔直电容要外接),1、8 为增益设定端,外接不同阻值的电阻时,可使电压放大倍数在 20～200 间调节。LM386 的引脚排列如图 7.3.2 所示。

2) 主要性能指标

集成功率放大器的主要技术指标包括最大输出功率、电压增益、输入阻抗、电源电压范围、电源静态电流、频带宽度、总谐波失真等。

LM386－1 和 LM386－3 的电源电压范围为 4～12 V，LM386－4 的电源电压范围为 5～18 V，因此对于同一负载，当供电电源不同时，其最大不失真输出功率也不同。当然，当供电电源固定时，最大输出功率也与负载大小有关。例如，当电源电压为 9 V，负载电阻为 8 Ω 时，最大输出功率为 1.3 W；当电源电压为 16 V，负载电阻为 16 Ω 时，最大输出功率为 1.6 W；另外，还可以根据电源静态电流和负载电流最大值求出电源提供的总功率，并进一步求出转换效率。

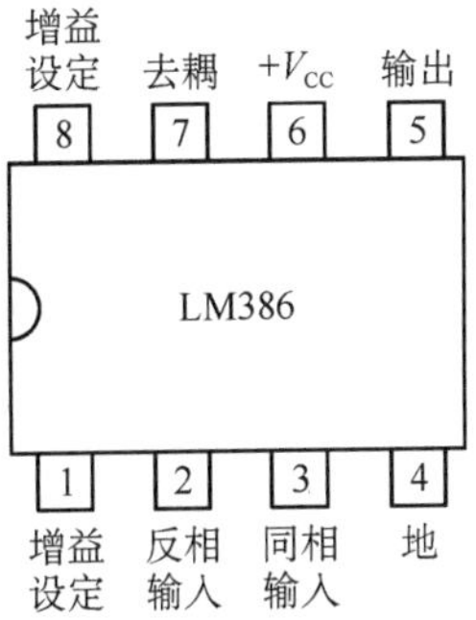

增益设定　去耦　$+V_{CC}$　输出
8　7　6　5
LM386
1　2　3　4
增益设定　反相输入　同相输入　地

图 7.3.2　LM386 的引脚图

3) LM386 的应用电路

LM386 的一般用法如图 7.3.3(a)所示。图中，输出端经隔直电容 C_1 接扬声器负载；R_1、C_2 组成容性负载，用于对感性扬声器负载进行相位补偿；R_2 用来调整电路增益，C_3 的作用是隔断直流；C_4 为耦合电容，防止电路发生自激振荡；C_5 为去耦电容，滤掉电源的高频交流成分。

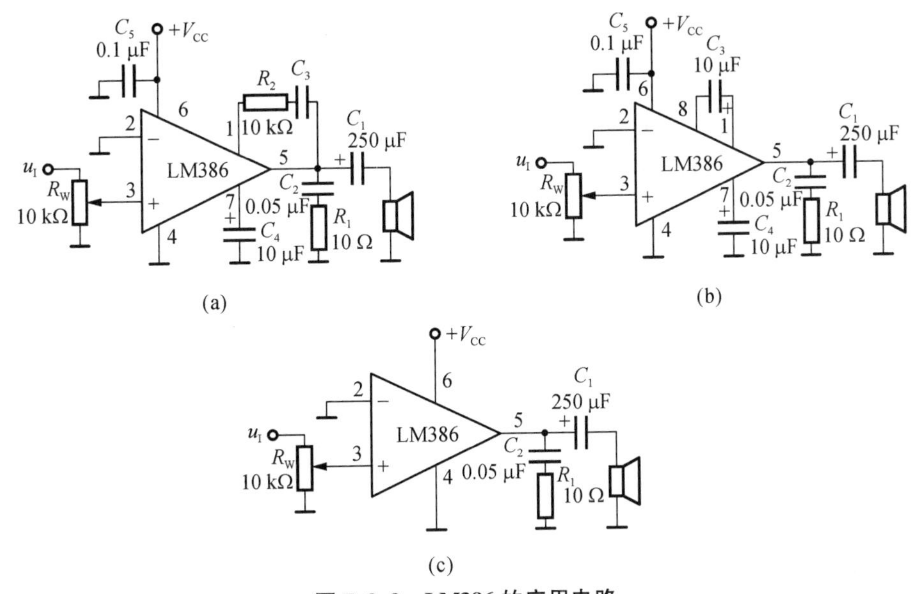

图 7.3.3　LM386 的应用电路

(a) 一般用法；(b) 增益最大用法；(c) 外接元件最少用法

静态时输出电容 C_1 上电压为 $V_{CC}/2$，LM386 的最大不失真输出电压幅值 $U_{om}=V_{CC}/2$。设负载电阻为 R_L，则最大输出功率表达式为

$$P_{omax}=\frac{U^2_{om(max)}}{2R_L}\approx\frac{(V_{CC}/2)^2}{2R_L} \tag{7.3.1}$$

当 R_2 为零时可得图 7.3.3(b)所示的电压增益最大用法，此时电压放大倍数为 200；当 R_2、C_3 支路开路时，可得如图 7.3.3(c)所示的外接元件最少用法，此时电压放大倍数为 20。

7.3.2　双声道集成功率放大电路

TDA1521A是高保真立体声集成功放,其特点是:集成度高,外围元件很少,音质好,失真小,内部有两个15 W的功放电路,两个声道的参数一致性很好,具有完善的防开机、关机冲击和过热、过载短路保护功能,可不接输出耦合电容,可单电源供电,也可以双电源供电。TDA1521A常用于调谐器、录音机、组合音响等电声设备中。TDA1521A采用9脚单列直插塑封结构,图7.3.4所示为TDA1521A双声道音频功放电路。由电路手册可知,当$\pm V_{CC}=\pm 16$ V、$R_L=8$ Ω时,若要求总谐波失真度为0.5%时,则$P_{om}\approx 12$ W。由于最大输出功率的表达式为

$$P_{om}=\frac{U_{om}^2}{R_L}$$

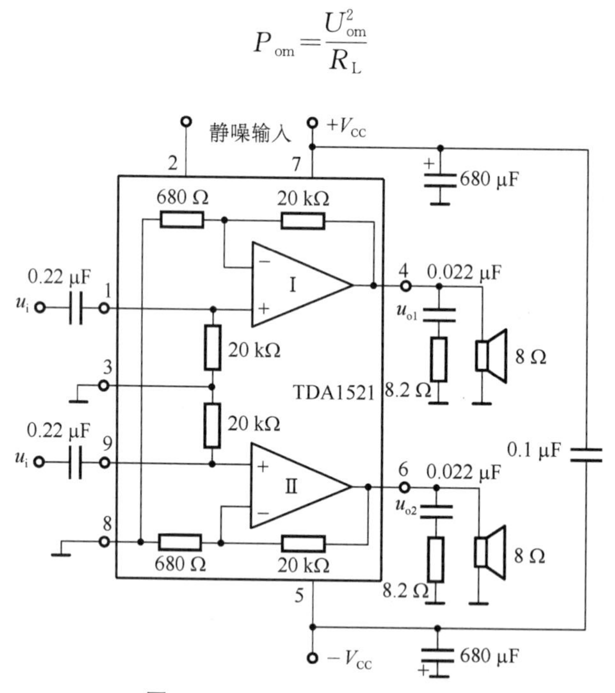

图7.3.4　TDA1521的基本用法

可得最大不失真输出电压$U_{om}\approx 9.8$ V,其峰值电压约为13.9 V,可见功放内部压降的最小值约为2.1 V。当输出功率为P_{om}时,输入电压有效值$U_{im}\approx 327$ mV。

小　结

一、功率放大电路是在大信号下工作,通常采用图解法进行分析。研究的重点是如何在允许失真的情况下,尽可能提高输出功率和效率。

二、与甲类功率放大电路相比,乙类互补对称功率放大电路的主要优点是效率高,在理想情况下,其最大效率约为78.5%。为保证BJT安全工作,双电源互补对称电路工作在乙类时,器件的极限参数必须满足:$P_{CM}>P_{T1}\approx 0.2P_{om}$,$|U_{(BR)CEO}|>2V_{CC}$,$I_{CM}>V_{CC}/R_L$。由于功率BJT输入特性存在死区电压,工作在乙类的互补对称电路将出现交越失真,克服交越失真的方法是采用甲乙类(接近乙类)互补对称电路。通常可利用二极管或U_{BE}扩大电路进行偏置。

三、在单电源互补对称电路中，计算输出功率、效率、管耗和电源供给的功率，可借用双电源互补对称电路的计算公式，但要用 $V_{CC}/2$ 代替原公式中的 V_{CC}。

四、集成功率放大器具有失真度小、效率高、功能齐全、有保护功能、外接元件少、易于安装使用等特点，在音响设备、电视设备及自动控制设备中得到了广泛的应用。

习　题

7.1　填空题

1. 甲类放大电路是指放大管的导通角等于________度，乙类放大电路的导通角等于________度，在甲乙类放大电路中，放大管导通角为________度。

2. 乙类推挽功率放大电路的________较高，在理想情况下其值可达________。但这种电路会产生一种被称为________失真的特有的非线性失真现象。为了消除这种失真，应当使推挽功率放大电路工作在________类状态。

3. 由于在功放电路中功放管常常处于极限工作状态，因此，在选择功放管时要特别注意________________、________________和________________三个参数。

4. 设计一个输出功率为 20 W 的扩音机电路，若用乙类 OCL(即双电源)互补对称功放电路，则应选 P_{CM} 至少为________W 的功率管两个。

7.2　在图题 7.2 所示电路中，设 BJT 的 $\beta=100$，$U_{BE}=0.7$ V，$U_{CES}=0.5$ V，$I_{CEO}=0$，电容 C 对交流可视为短路。输入信号 u_I 为正弦波：

(1) 计算电路可能达到的最大不失真输出功率 P_{om}；

(2) 此时 R_b 应调节到什么数值?

(3) 此时电路的效率 η 为多大? 试与工作在乙类的互补对称电路比较。

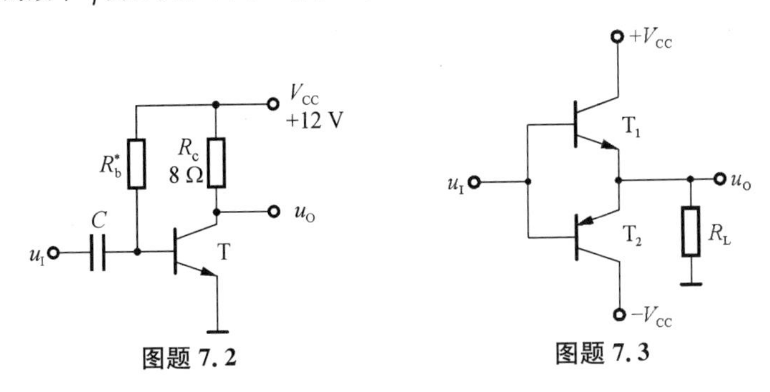

图题 7.2　　图题 7.3

7.3　一双电源互补对称电路如图题 7.3 所示，设已知 $V_{CC}=12$ V，$R_L=16\ \Omega$，u_I 为正弦波。求：

(1) BJT 的饱和压降 U_{CES} 可以忽略不计的条件下，负载上可能得到的最大输出功率 P_{om}；

(2) 每个管子允许的管耗 P_{CM} 至少应为多少?

(3) 每个管子的耐压 $|U_{(BR)CEO}|$ 应大于多少?

7.4　在图题 7.3 所示电路中，设 u_I 为正弦波，$R_L=8\ \Omega$，要求最大输出功率 $P_{om}=9$ W。在 BJT 的饱和压降 U_{CES} 可以忽略不计的条件下，求

(1) 正、负电源 V_{CC} 的最小值；

(2) 根据所求 V_{CC} 最小值，计算相应的 I_{CM}、$|U_{(BR)CEO}|$ 的最小值；

(3) 输出功率最大($P_{om}=9$ W)时，电源供给的功率 P_E；

(4) 每个管子允许的管耗 P_{CM} 的最小值；

(5) 当输出功率最大($P_{om}=9$ W)时的输入电压有效值。

7.5　在图题7.5所示电路中,已知二极管的导通电压$U_D=0.7$ V,晶体管导通时的$|U_{BE}|=0.7$ V,T_2和T_3管发射极静态电位$U_{EQ}=0$ V。试问:

(1) T_1、T_3和T_5管基极的静态电位各为多少?

(2) 设$R_2=10$ kΩ,$R_3=100$ Ω。若T_1和T_3管基极的静态电流可忽略不计,则T_5管集电极静态电流为多少?静态时$u_I=$?

(3) 若静态时$i_{B1}>i_{B3}$,则应调节哪个参数可使$i_{B1}=i_{B3}$?如何调节?

(4) 电路中二极管的个数可以是1、2、3、4吗?你认为哪个最合适?为什么?

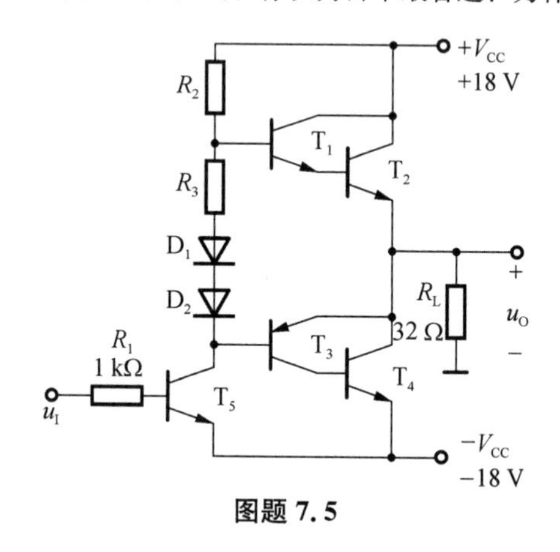

图题 7.5

7.6　在图题7.5所示电路中,已知T_2和T_4管的饱和管压降$|U_{CES}|=2$ V,静态时电源电流可忽略不计。试问:

(1) 负载上可能获得的最大输出功率P_{om}和效率η约为多少?

(2) T_2和T_4管的最大集电极电流、最大管压降和集电极最大功耗各约为多少?

第八章　信号的产生与信号的转换

在电子系统中，经常需要各种信号产生电路，如通信、广播、电视系统中的射频载波及高频加热设备和电子仪器中的正弦交变能源，均要求频率或幅值有一定准确度和稳定度的正弦波。在电子测量设备、数字系统及自动控制系统中，也往往需要方波、三角波、锯齿波等非正弦信号。信号产生电路的作用就是在不需要输入信号控制的前提下，将直流能量转化成具有一定频率和幅值的交流信号。

本章首先介绍正弦振荡电路的基本工作原理和各种类型的正弦振荡电路，包括 *RC* 振荡电路、*LC* 振荡电路和石英晶体振荡电路。接着介绍以集成运放为主要部件的矩形波、三角波、锯齿波发生器和压控振荡器。最后，以 5G8038 为例介绍集成多功能函数信号发生器的原理及使用方法。

8.1　正弦波振荡电路及基本原理

由负反馈放大电路的频率响应和稳定性分析可知，环路增益在低频段或高频段会产生附加相移，若对某频率 f_0 环路增益产生的附加相移达到 $-180°$，则负反馈将变成正反馈，在此基础上若再满足一定的幅值条件，将会产生自激振荡。由此可知，正反馈是产生正弦振荡的必要条件。在负反馈放大电路中，自激振荡是有害的；然而正弦振荡电路中，恰恰可以利用正反馈来产生自激振荡。因此，一个正弦振荡器必须包含放大电路、正反馈网络，另外，还需要一个选频网络（相移网络）选中频率为 f_0 的信号。下面讨论正弦振荡电路的振荡条件。

1）产生正弦振荡的条件

（1）正弦振荡的方框图和平衡条件

从结构上看，正弦振荡器就是一个未加输入信号的正反馈放大电路，如图 8.1.1(a)所示；当输入信号 $\dot{X}_i=0$ 时，净输入信号 $\dot{X}_a$ 就等于反馈信号 $\dot{X}_f$，如图 8.1.1(b)所示。

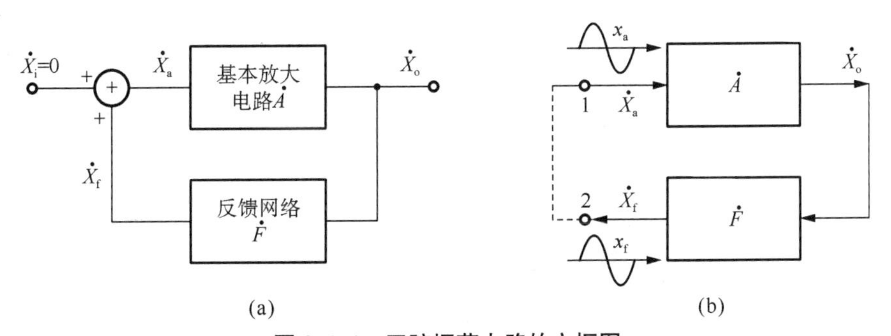

图 8.1.1　正弦振荡电路的方框图

(a) 正反馈方框图；(b) 反馈量作为净输入

图 8.1.1(a)所示电路中，由于内部噪声和瞬态干扰等电扰动信号（如合闸通电），将产生

包含丰富频率、幅值很小的输出。假设对某种频率为 f_0 的输出 $\dot{X}_o$，经反馈网络 $\dot{F}$ 和基本放大器 $\dot{A}$ 一周后得到的输出为 $\dot{A}\dot{F}\dot{X}_o$。若 $\dot{A}\dot{F}\dot{X}_o=\dot{X}_o$，则该信号将持续稳定地存在下去。因此正弦振荡的振荡条件，即平衡条件为

$$\dot{A}\dot{F}\dot{X}_o=\dot{X}_o$$

即

$$\dot{A}\dot{F}=1 \tag{8.1.1}$$

式(8.1.1)也可以分解为模和相角的形式，其中幅值平衡条件为

$$|\dot{A}\dot{F}|=1 \tag{8.1.2a}$$

相位平衡条件为

$$\varphi_A+\varphi_F=2n\pi \qquad (n=0,1,2,\cdots) \tag{8.1.2b}$$

在平衡条件中，相位平衡条件是必要条件，一个正弦振荡电路仅对特定频率(f_0)信号满足相位平衡条件，即电路振荡频率 f_0 由式(8.1.2b)的相位平衡条件确定；而幅值平衡条件是作为充分条件出现的，相对比较容易满足。

(2) 起振和稳幅

一般由电干扰产生的初始输出信号幅值均很小，而且包含丰富的频谱成分。为得到一定频率和幅值稳定的正弦振荡，首先需由一个选频网络将特定频率 f_0 分量从干扰信号中挑选出来，使其满足相位平衡条件，其次需要环路增益的模大于1，即要求

$$\dot{A}\dot{F}>1 \tag{8.1.3}$$

这样振荡才能从无到有、从小到大建立起来。式(8.1.3)称为起振条件，同样也可以分解为模和相角的形式，其中幅值起振条件为

$$|\dot{A}\dot{F}|>1 \tag{8.1.4a}$$

相位起振条件为

$$\varphi_A+\varphi_F=2n\pi \qquad (n=0,1,2,\cdots) \tag{8.1.4b}$$

振荡建立后，信号就从小到大不断增大，当幅值达到要求时，还必须采取措施使其稳定下来，这些措施称为稳幅措施。稳幅可通过外接非线性元件实现，称为外稳幅；亦可利用放大电路本身的非线性实现，称为内稳幅。

2) 正弦振荡电路的组成和分类

由以上分析可知，一个正弦振荡电路必须具备三个基本环节：放大电路、正反馈网络和选频网络。另外，为使输出信号幅值稳定，还需要稳幅环节(非线性环节)。

在正弦振荡电路中，选频网络和反馈网络往往“合二为一”，且对由分立元件组成的放大电路，其稳幅环节也可采用晶体管本身的非线性实现，而不必外加稳幅电路。正弦振荡电路一般根据选频网络所采用元件的类型来分类和命名。根据选频网络的不同，正弦振荡电路

可分为 RC 正弦振荡电路、LC 正弦振荡电路和石英晶体振荡电路三种类型。RC 正弦波振荡电路的振荡频率较低，一般在 1 MHz 以下；LC 正弦波振荡电路的振荡频率多在 1 MHz 以上；石英晶体正弦波振荡电路也可等效为 LC 正弦波振荡电路，其特点是振荡频率非常稳定。

3）正弦振荡电路的分析方法

判断正弦振荡电路能否正常工作的步骤如下：

（1）检查电路组成。检查电路是否包含放大电路、选频网络和反馈网络三个基本组成部分。

（2）判断放大电路能否正常工作。包括静态工作点是否合适、动态信号能否正常输入和输出等。

（3）判断电路是否满足相位平衡条件，并估算振荡频率。由于相位平衡条件的实质是正反馈，因此可用瞬时极性法判断电路是否满足相位平衡条件。且相位平衡条件仅对特定频率 f_0 信号满足，故只需判断电路对频率为 f_0 信号是否存在正反馈。若满足则可能起振，并可求出振荡频率 f_0。

（4）分析幅值起振条件。根据具体电路分别求出 $\dot{A}$ 和 $\dot{F}$，然后判断 $|\dot{A}\dot{F}|>1$ 是否成立。

（5）分析稳幅环节。

8.2　*RC* 桥式正弦波振荡电路

1）电路结构

RC 桥式正弦波振荡电路的结构如图 8.2.1 所示。振荡电路由放大电路和选频网络两部分组成，其中选频网络也具有正反馈电路的功能。R_3 和 R_f 构成负反馈放大电路，使放大器处于放大状态；选频网络采用 RC 串并联方式。这样 R_3 和 R_f 及 RC 串并联电路组成一个四臂电桥，故该电路被称为 RC 桥式正弦波振荡电路。

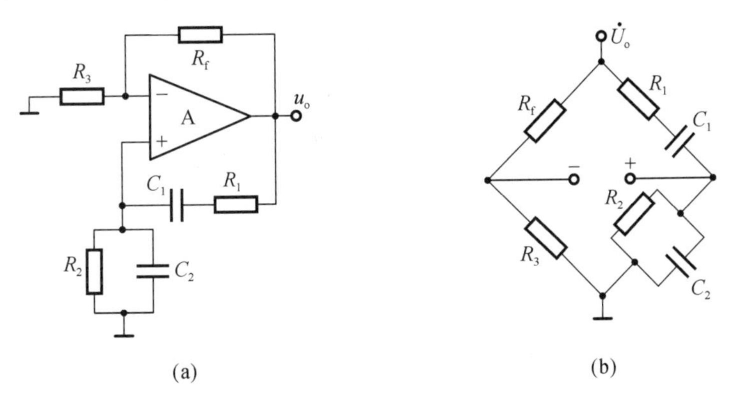

图 8.2.1　*RC* 桥式正弦波振荡电路

RC 串并联选频网络将电阻 R_1 与电容 C_1 串联、电阻 R_2 与电容 C_2 并联所组成的网络称为 RC 串并联选频网络，如图 8.2.2(a)所示。通常，选取 $R_1=R_2=R$，$C_1=C_2=C$。因为 RC 串并联选频网络在正弦波振荡电路中既为选频网络，又为正反馈网络，所以其输入电压为 $\dot{U}_o$，输出电压为 $\dot{U}_f$。

当信号频率足够低时,$1/\omega C \gg R$,因而网络的简化电路及其电压和电流的向量图如图8.2.2(b)所示。$\dot{U}_f$ 超前 $\dot{U}_o$,当频率趋近于零时,相位超前趋近于$+90°$,且$|\dot{U}_f|$趋近于零。

当信号频率足够高时,$1/\omega C \ll R$,因而网络的简化电路及其电压和电流的向量图如图8.2.2(c)所示。$\dot{U}_f$ 滞后 $\dot{U}_o$,当频率趋近于无穷大时,相位滞后趋近于$-90°$,且$|\dot{U}_f|$趋近于零。

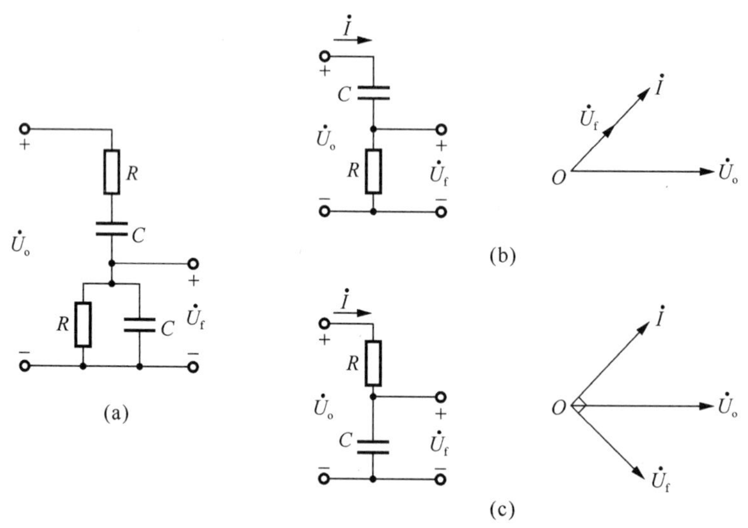

图 8.2.2　*RC* 串并联选频网络

可以想象,当信号频率从零逐渐变化到无穷大时,$\dot{U}_f$ 的相位将从$+90°$逐渐变化到$-90°$。因此,对于 RC 串并联选频网络,必定存在一个频率 f_0,当 $f=f_0$ 时,$\dot{U}_f$ 和 $\dot{U}_o$ 同相。通过以下计算,可以求出 RC 串并联网络的频率特性和 f_0。

RC 串联部分的阻抗用 Z_1 表示,RC 并联部分的阻抗用 Z_2 表示,根据图8.2.2(a)可得:

$$Z_1=R+\frac{1}{\mathrm{j}\omega C} \tag{8.2.1}$$

$$Z_2=R\parallel\frac{1}{\mathrm{j}\omega C}=\frac{R\cdot\frac{1}{\mathrm{j}\omega C}}{R+\frac{1}{\mathrm{j}\omega C}}=\frac{R}{1+R\mathrm{j}\omega C} \tag{8.2.2}$$

由式(8.2.1)和式(8.2.2)得到串并联选频网络的反馈系数为

$$\dot{F}=\frac{\dot{U}_f}{\dot{U}_o}=\frac{Z_2}{Z_1+Z_2}=\frac{1}{3+\mathrm{j}\left(\omega RC-\frac{1}{\omega RC}\right)} \tag{8.2.3}$$

令 $\omega_0=\frac{1}{RC}$,则

$$\dot{F}=\frac{1}{3+\mathrm{j}\left(\frac{\omega}{\omega_0}-\frac{\omega_0}{\omega}\right)} \tag{8.2.4}$$

由式(8.2.4)得幅频特性为

$$|\dot{F}|=\frac{1}{\sqrt{3^2+\left(\frac{\omega}{\omega_0}-\frac{\omega_0}{\omega}\right)^2}} \tag{8.2.5}$$

相频特性为

$$\varphi_{\mathrm{f}}=-\arctan\frac{1}{3}\left(\frac{\omega}{\omega_0}-\frac{\omega_0}{\omega}\right) \tag{8.2.6}$$

当 $\omega=\omega_0$ 时，$\dot{F}$ 取得最大值，即 $|\dot{F}|_{\max}=1/3$，输出电压输入电压幅值的 1/3，相位角 $\varphi_{\mathrm{f}}=0$，输出电压与输入电压同相。根据式(8.2.5)和(8.2.6)画出了串并联网络的幅频响应和相频响应，如图 8.2.3 所示。

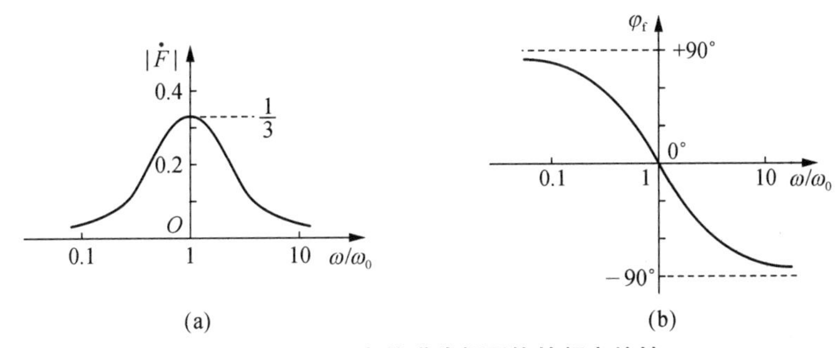

图 8.2.3　RC 串并联选频网络的频率特性

(a) 幅频特性曲线；(b) 相频特性曲线

2) RC 桥式正弦波振荡电路分析

由图 8.2.3 可知，当 $\omega=\omega_0=1/RC$，经 RC 选频网络传输到运放同相输入端的电压 $\dot{U}_{\mathrm{f}}$ 与 $\dot{U}_{\mathrm{o}}$ 同相，即 $\varphi_{\mathrm{f}}=0$。这样，由放大电路和由 Z_1、Z_2 组成的反馈网络刚好形成正反馈系统，满足式相位平衡条件，因而有可能振荡。由式(8.2.5)可知，当 $\omega=\omega_0=1/RC$ 时，$|\dot{F}|_{\max}=1/3$。根据起振条件 $|\dot{A}\dot{F}|>1$，有 $|\dot{A}|>3$。放大电路的放大倍数 $A=1+R_{\mathrm{f}}/R_3$，即 $R_{\mathrm{f}}>2R_3$。一般情况下，在起振时 A 略大于 3，达到稳幅振荡时使 $A=3$，则满足幅值平衡条件，输出失真很小的正弦波。否则放大器件工作在非线性区域，输出波形将产生严重的非线性失真。

为了使振荡频率只取决于选频网络，减小放大电路的影响，RC 桥式振荡电路通常选用电压串联负反馈类型的放大电路。这是因为该类放大电路输入阻抗高，几乎可忽略对选频网络的影响；同时，它的输出阻抗低，增加了振荡电路的带负载能力。

为了进一步改善输出信号幅值的稳定性，一般在电路中加入非线性稳幅环节。通常利用二极管和稳压管的非线性特性、场效应管的可变电阻特性以及热敏电阻等元件的非线性特性，来稳定振荡电路输出信号的幅值。

引入二极管稳幅电路的 RC 桥式正弦波振荡电路如图 8.2.4 所示。选阻值合适的小电阻 R_3，满足 R_2+R_3 略大于 $2R_1$。在电路起振的初始阶段，由于 $\dot{U}_{\mathrm{o}}$ 较小，二极管 D_1 和 D_2 均截止，故满足 $|\dot{A}\dot{F}|>1$，有利于起振。随着振荡的加强，$\dot{U}_{\mathrm{o}}$ 逐渐增大，当增大到某一数值

时，二极管 D_1 和 D_2 由截止转换为导通状态，$\dot{U}_o$ 越大，D_1 和 D_2 的导通电阻越小，R_3 逐渐被两个二极管短接，直到放大电路的放大增益下降到使 $\dot{A}\dot{F}=1$，电路达到平衡状态，$\dot{U}_o$ 稳定在一个确定值。

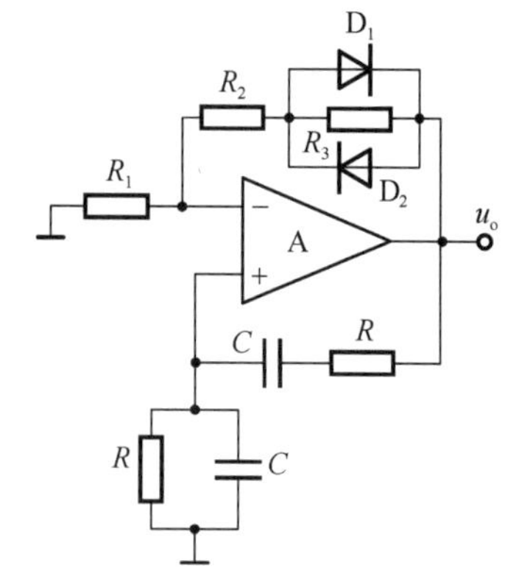

图 8.2.4　引入二极管稳幅电路的 *RC* 桥式正弦波振荡电路

若选用热敏电阻作为稳幅电路，可选择负温度系数的热敏电阻作为反馈电阻，当输出信号幅值的增加使热敏电阻功耗增大，温度上升，则热敏电阻阻值下降，进而使放大电路的增益下降，输出信号幅值也随之下降。选择参数合适的热敏电阻，可以使输出信号幅值基本稳定，且波形失真较小。

RC 正弦波振荡电路除了上述介绍的 *RC* 串并联桥式以外，还有移相式、双 T 网络式等类型。所有的 *RC* 正弦波振荡电路只要能够选取合适的放大电路、正反馈网络和选频网络，使电路同时满足相位和幅值平衡条件，并有适当的稳幅措施，就能够产生正弦波振荡信号。

为了使得振荡频率连续可调，常在 *RC* 串并联网络中，用双层波段开关接不同的电容，作为振荡频率 f_0 的粗调；用同轴电位器实现 f_0 的微调，如图 8.2.5 所示。振荡频率的可调范围能够从几赫兹到几百千赫。

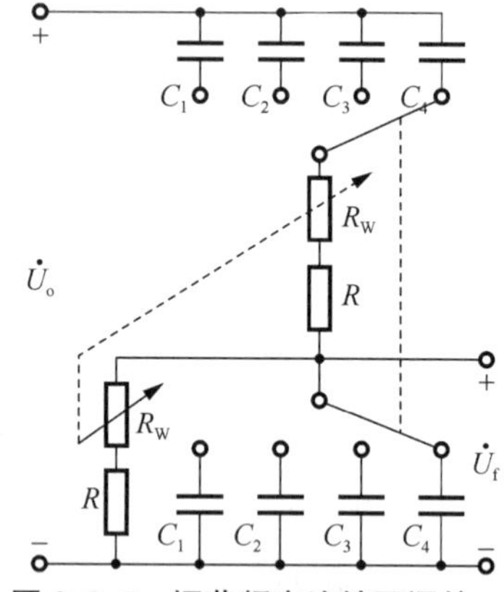

图 8.2.5　振荡频率连续可调的 *RC* 串并联选频网络

综上所述，*RC* 桥式正弦波振荡电路以 *RC* 串并联网络为选频网络和正反馈网络，以电压串联负反馈放大电路为放大环节，具有振荡频率稳定、带负载能力强、输出电压失真小等优点，因此获得相当广泛的应用。

为了提高 *RC* 桥式正弦波振荡电路的振荡频率，必须减小 R 和 C 的数值。然而，一方面，当 R 减小到一定程度时，同相比例运算电路的输出电阻将影响选频特性；另一方面，当 C 减小到一定程度时，晶体管的极间电容和电路的分布电容将影响选频特性。因此，振荡频率 f_0 高到一定程度时，其值不仅取决于选频网络，还与放大电路的参数有关。这样，f_0 不但与一些未知因素有关，而且还将受环境温度的影响。因此，当振荡频率较高时，应选用 *LC* 正弦波振荡电路。

【例 8.2.1】 在图 8.2.5 所示电路中，已知电容的取值分别为 0.01 μF、0.1 μF、1 μF、10 μF，电阻 $R=50\ \Omega$，电位器 $R_W=10\ \text{k}\Omega$。试问：f_0 的调节范围。

解：因为 $f_0=\dfrac{1}{2\pi RC}$，所以 f_0 的最小值

$$f_{0\min}=\frac{1}{2\pi(R+R_W)C_{\max}}=\frac{1}{2\pi(50+10\times10^3)\times10\times10^{-6}}\text{Hz}\approx1.59\ \text{Hz}$$

f_0 的最大值

$$f_{0\max}=\frac{1}{2\pi RC_{\min}}=\frac{1}{2\pi\times50\times0.01\times10^{-6}}\text{Hz}\approx318\ 000\ \text{Hz}=318\ \text{kHz}$$

f_0 的调节范围约为 1.59 Hz～318 kHz。

8.3　*LC* 正弦波振荡电路

LC 正弦波振荡电路主要用来产生高频正弦波信号，其振荡频率一般在 1 MHz 以上。由于普通集成运放的频带较窄，而高速集成运放的价格比较贵，所以 *LC* 正弦波振荡电路一般采用分立元件组成。

常见的 *LC* 正弦波振荡电路有变压器反馈式和三点式。它们的共同特点是用 *LC* 并联谐振回路作为选频网络，为此首先介绍 *LC* 并联谐振回路的选频特性。

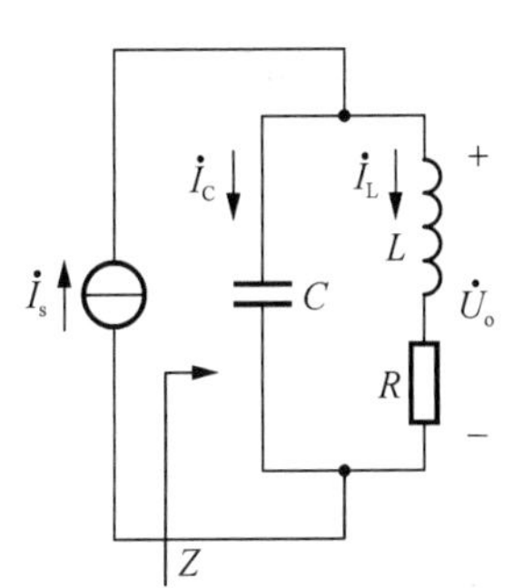

图 8.3.1　*LC* 并联谐振回路

8.3.1　*LC* 并联谐振回路的选频特性

图 8.3.1 所示为一个 *LC* 并联谐振回路，图中 R 表示回路的等效损耗电阻。由图可知，*LC* 并联谐振回路的等效阻抗为

$$Z=\frac{\frac{1}{\mathrm{j}\omega C}(R+\mathrm{j}\omega L)}{\frac{1}{\mathrm{j}\omega C}+R+\mathrm{j}\omega L} \tag{8.3.1}$$

通常 $R\ll\omega L$，忽略 R 可得

$$Z\approx\frac{\frac{1}{\mathrm{j}\omega C}\cdot\mathrm{j}\omega L}{R+\mathrm{j}\left(\omega L-\frac{1}{\omega C}\right)}=\frac{L/C}{R+\mathrm{j}\left(\omega L-\frac{1}{\omega C}\right)} \tag{8.3.2}$$

下面介绍由式(8.3.2)得出 *LC* 并联谐振回路的特点。

(1) 对于某个特定频率 ω_0，满足 $\omega_0 L=\frac{1}{\omega_0 C}$

$$\omega_0=\frac{1}{\sqrt{LC}}\text{或}f_0=\frac{1}{2\pi\sqrt{LC}} \tag{8.3.3}$$

电路产生并联谐振，所以 f_0 为回路的谐振频率。

(2) 谐振时，回路的等效阻抗呈现纯电阻性质，其值最大，称为谐振阻抗 Z_0。

$$Z_0=\frac{L}{RC}=Q\omega_0 L=\frac{Q}{\omega_0 C} \tag{8.3.4}$$

式中 $Q=\frac{\omega_0 L}{R}=\frac{1}{\omega_0 RC}=\frac{1}{R}\sqrt{\frac{L}{C}}$，称为回路品质因数，是用来评价回路损耗大小的重要指标，一般 *LC* 回路的 Q 值在几十到几百范围内。由于谐振阻抗呈纯电阻性质，此时信号源电流 $\dot{I}_s$ 与 $\dot{U}_o$ 同相。

(3) 谐振时 *LC* 并联谐振回路的输入电流为

$$\dot{I}_s=\frac{\dot{U}_o}{\dot{Z}_0}=\frac{\dot{U}_o}{Q\omega_0 L}=\frac{\dot{U}_o\omega_0 C}{Q}$$

$$|\dot{I}_L|\approx\left|\frac{\dot{U}_o}{\omega_0 L}\right|=Q|\dot{I}_s|$$

$$|\dot{I}_C|\approx|\omega_0 C\dot{U}_o|=Q|\dot{I}_s| \tag{8.3.5}$$

由此可见,谐振时 LC 并联电路的回路电流比输入电流大得多,即谐振回路外界的影响可忽略。这个结论对分析正弦波振荡电路是十分有用的。

(4) 根据式(8.3.2)有

$$Z=\frac{\dfrac{L}{RC}}{1+j\dfrac{\omega L}{R}\left(1-\dfrac{\omega_0^2}{\omega^2}\right)}=\frac{\dfrac{L}{RC}}{1+j\dfrac{\omega L}{R}\dfrac{(\omega+\omega_0)(\omega-\omega_0)}{\omega^2}} \tag{8.3.6}$$

在式(8.3.6)中,如果所讨论的并联谐振阻抗只局限于 ω_0 附近,则可认为 $\omega\approx\omega_0$,$\omega+\omega_0=2\omega_0$,$\omega-\omega_0=\Delta\omega$,则式(8.3.6)可改写为

$$Z=\frac{Z_0}{1+jQ\dfrac{2\Delta\omega}{\omega_0}} \tag{8.3.7}$$

阻抗的模为

$$|Z|=\frac{Z_0}{\sqrt{1+\left(Q\dfrac{2\Delta\omega}{\omega_0}\right)^2}} \tag{8.3.8a}$$

或

$$\frac{|Z|}{Z_0}=\frac{1}{\sqrt{1+\left(Q\dfrac{2\Delta\omega}{\omega_0}\right)^2}} \tag{8.3.8b}$$

其相角(阻抗角)为

$$\varphi=-\arctan Q\frac{2\Delta\omega}{\omega_0} \tag{8.3.9}$$

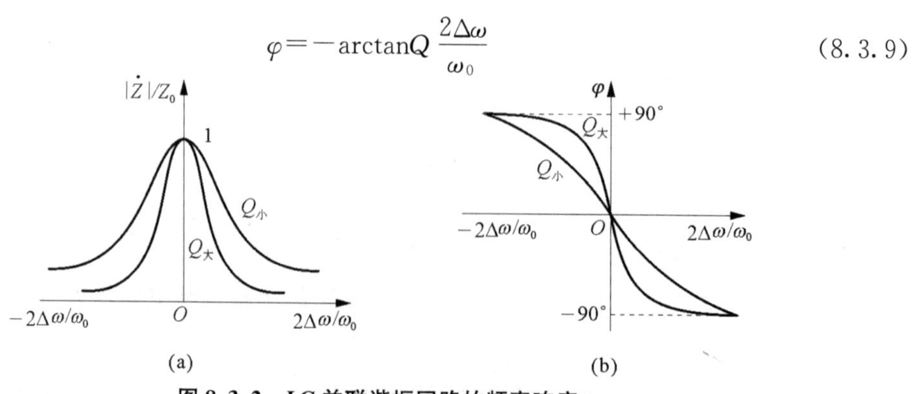

图 8.3.2 LC 并联谐振回路的频率响应

(a) 幅频特性曲线;(b) 相频特性曲线

式(8.3.8)中$|Z|$为角频率偏离谐振角频率ω_0时，即$\omega=\omega_0+\Delta\omega$时的回路等效阻抗；$Z_0$为谐振阻抗；$2\Delta\omega/\omega_0$为相对失谐量，表明信号角频率偏离回路谐振角频率的程度。

由式(8.3.8)和式(8.3.9)可绘出LC并联谐振回路的频率响应曲线，如图8.3.2所示，从图中可以看出，谐振曲线的形状与回路的Q值有密切的关系，Q值越大，谐振曲线越尖锐，相角变化越快，在ω_0附近，$|Z|$值和φ值变化更为急剧。

若以LC并联网络作为共射放大电路的集电极负载，如图8.3.3所示，则电路的电压放大倍数

$$\dot{A}_u=-\beta\frac{Z}{r_{be}}$$

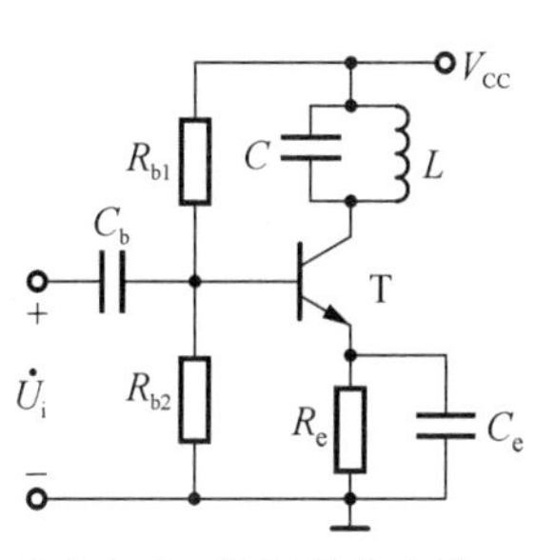

图 8.3.3　选频放大电路

根据LC并联网络的频率特性，当$f=f_0$时，电压放大倍数的数值最大，且无附加相移。对于其余频率的信号，电压放大倍数不但数值减小，而且有附加相移，电路具有选频特性，故称之为选频放大电路。若在电路中引入正反馈，并能用反馈电压取代输入电压，则电路就成为正弦波振荡电路。根据引入反馈的方式不同，LC正弦波振荡电路分为变压器反馈式、电感反馈式和电容反馈式三种电路，所用放大电路视振荡频率而定，可以是共射电路，也可以是共基电路。

8.3.2　变压器反馈式LC正弦波振荡器

电路如图8.3.4所示，由放大电路、选频和反馈网络组成。用LC并联回路取代集电极负载电阻R_L并具有选频作用。反馈电压$\dot{U}_f$是由变压器次级绕组引回的，因此，该电路称为变压器反馈式正弦波振荡器。判断这类振荡器能否振荡是初学者的难点。这里引出"电阻法"分析电路，比用"矢量法"简单，读者容易掌握。

所谓"电阻法"是指将谐振时的LC回路看做一个等效电阻，突出其"电阻性"的特点。在LC回路上取压降或在L或C上取分压，均按电阻压降来处理的方法。这样，不再考虑L或C的性质，分析步骤如下。

1) 分析电路是否满足自激振荡的相位平衡条件

(1) 找假设剪口处(放大电路输入端)

由图8.3.4可知，三极管组成共射电路，C_b为耦合电容，故在C_b前端A点剪断(假设)，剪口右端为输入端，左端为反馈端。

(2) 在剪口处加信号$\dot{U}_i$

假设$\dot{U}_i$极性为"＋"，因共射电路输出信号与输入信号"反相"，故集电极信号极性为"－"。

(3) 用"电阻法"判断LC回路的电压极性

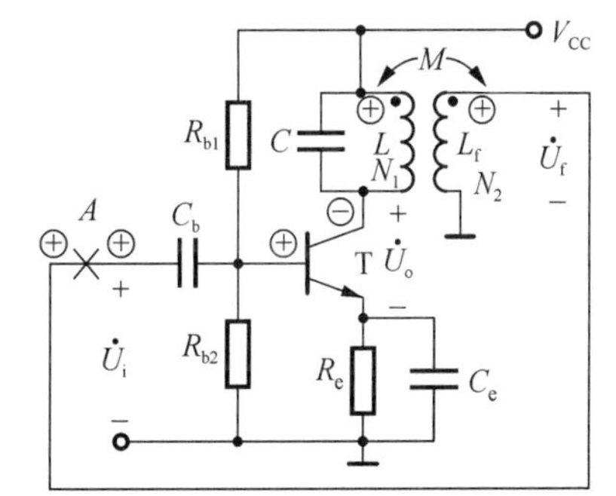

图 8.3.4　变压器反馈式振荡器

将LC回路看做等效电阻R。(此时谐振，其阻抗性质不是电感也不是电容性，而呈电阻性)，由(2)已知LC回路下端为"－"，因此其电压降的方向已确定，故上端为"＋"，即变压器初级绕组的同名端"·"为"＋"。

(4) 判断反馈电压 $\dot{U}_f$ 的极性

反馈电压 $\dot{U}_f$,由次级绕组引出,由同名端可知,次级绕组 N_2 上端为"+"。

(5) 将反馈电压 $\dot{U}_f$ 引回输入端

引回的反馈电压的极性,由图可知,与假设的信号电压极性相同,故满足自激振荡的相位平衡条件。

2) 分析电路是否满足自激振荡的幅度平衡条件

该电路的起振条件要求:只要变压器的变比选择合适,三极管和变压器初次级绕组之间的互感 M 等参数选择合适,一般都能满足起振条件,在分析电路时,不必计算,可以认为满足自激振荡的幅度条件(通过调试都能实现)。

通过上述分析,该电路能产生正弦波振荡。

3) 求振荡频率

$$f_0=\frac{1}{2\pi\sqrt{LC}} \tag{8.3.10}$$

4) 电路特点

变压器反馈式振荡电路易于产生振荡,具有较广泛的应用。但由于变压器绕组存在匝间分布电容和管子极间电容的影响,故 f_0 不能太高,其 f_0 范围在几兆至十几兆赫兹。在变压器反馈式振荡电路中,反馈电压与输出电压靠磁路耦合,耦合不够紧,且损耗较大。另外,变压器同名端的确定和线圈的绕制均较麻烦。为克服这些缺点,可采用自耦变压器构成电感反馈式振荡电路。

8.3.3 电感反馈式振荡电路

将图 8.3.4 中的 N_1 和 N_2 合为一个线圈,并将 N_1 接电源端和 N_2 接地端相连作为中间抽头,即可构成图 8.3.5(a)所示的电感反馈式正弦振荡电路。图 8.3.5(a)中,反馈信号取自电感 L_2,故称电感反馈式振荡电路,或称哈特莱振荡器。

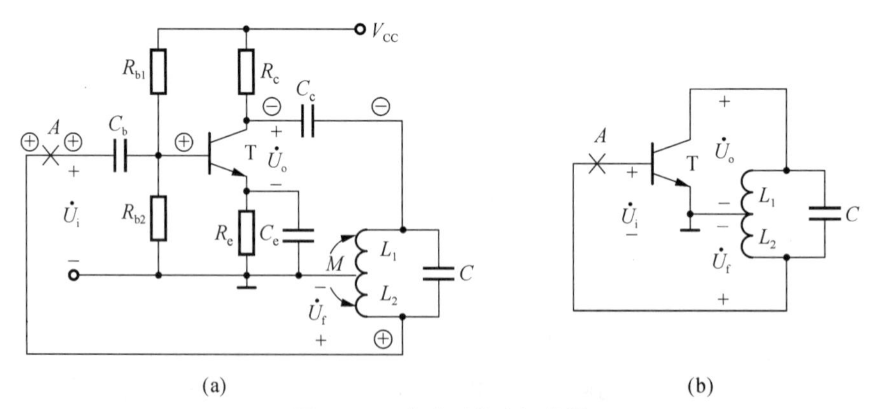

图 8.3.5　电感反馈式振荡器

(a) 电路图;(b) 交流通路

1）电路组成

图 8.3.5(a)中，三极管及其偏置电阻组成基本放大电路，电感 L_1、L_2 和电容 C 组成的 LC 并联谐振回路作为选频网络兼作集电极负载；电感 L_2 上的电压作为反馈信号对频率为 f_0 的信号构成正反馈，具备三个基本环节。

2）相位条件与振荡频率

在图 8.3.5 (a)所示的电路中，断开反馈，加瞬时极性为正、频率为 f_0 的信号，则三极管 T 的集电极将得到一个瞬时极性为负的信号；由于对频率为 f_0 的信号，LC 并联回路相当于纯电阻，故经 L_2 上端反馈回基极一个瞬时极性为正的反馈信号。由于反馈信号和输入信号加在同一端且同相，因此为正反馈，满足相位平衡条件。振荡频率为

$$f_0=\frac{1}{2\pi\sqrt{(L_1+L_2+2M)C}}=\frac{1}{2\pi\sqrt{LC}} \tag{8.3.11}$$

上式中 M 为线圈 L_1、L_2 之间的互感系数。图 8.3.5(a)的交流通路如图 8.3.5(b)所示（略去了偏置电路），图中变压器原边线圈的三个端子分别接在三极管的三个电极，故电感反馈式振荡电路也称电感三点式振荡电路。

3）起振条件

由于图 8.3.5(a)所示电路的电压放大倍数较大，只要改变电感线圈抽头的位置，适当调整反馈信号的大小，即可满足幅值起振条件。通常情况下，L_2 线圈匝数占整个线圈匝数的 1/4 ～1/2。

4）电路特点

电感反馈式振荡电路具有以下特点：

(1) L_1 与 L_2 之间耦合紧，振幅大。

(2) C 采用可变电容，可以方便地调节振荡频率(频率范围为几百千赫至几十兆赫)。

(3) 由于反馈信号取自电感，对高频信号具有较大的阻抗，故谐振回路中高次谐波分量较大，输出波形不理想。因此电感反馈式振荡电路一般用于对输出波形要求不高的设备中，如高频加热器、接收机本机振荡器等。

8.3.4　电容反馈式振荡电路

为了获得较好的输出波形，可将图 8.3.5(a)中的电感 L_1、L_2 换成对高次谐波阻抗较低的电容 C_1、C_2，同时将电容换成电感 L，即可得到电容反馈式振荡电路，也称电容三点式振荡电路，或称考毕兹振荡电路，如图 8.3.6(a)所示，其交流通路(略去偏置电阻)如图 8.3.6(b)所示。为使放大电路具有合适的直流偏置，电路中增加了电阻 R_c。

1）电路组成

图 8.3.6(a)中，三极管及偏置电阻组成基本放大电路。电容 C_1、C_2 和电感 L 组成的 LC 并联谐振回路作为选频网络，由 C_2 取出反馈信号对频率为 f_0 的信号构成正反馈。具备正弦振荡电路的三个基本环节。

2）相位平衡条件及振荡频率

将图 8.3.6(a)中反馈断开，加入瞬时极性为正的信号，则三极管集电极将得到瞬时极性

为负的信号。由于对频率为 f_0 的信号 LC 并联谐振回路相当于纯电阻,故经 C_2 反馈回三极管基极的信号的瞬时极性为正,与所加信号瞬时极性一致,故该反馈为正反馈,满足相位平衡条件。振荡频率为

$$f_0=\frac{1}{2\pi\sqrt{L\left(\frac{C_1C_2}{C_1+C_2}\right)}} \tag{8.3.12}$$

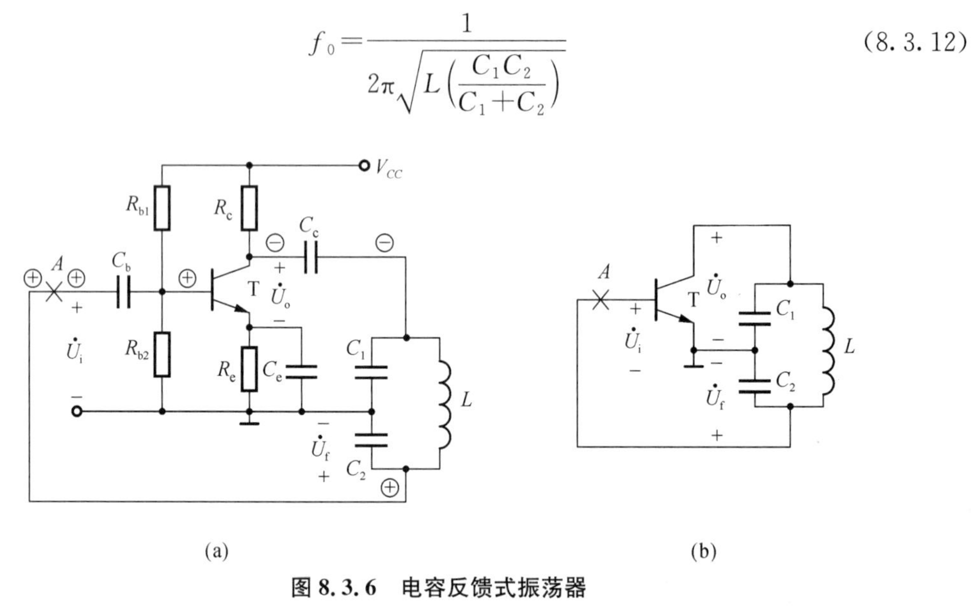

图 8.3.6 电容反馈式振荡器

(a) 电路图;(b) 交流通路

3) 幅值起振条件

只要三极管 β 较大,调节 C_2/C_1 的比例,很容易满足幅值起振条件。

4) 电路特点

(1) 由于反馈信号取自电容,能较好滤除高次谐波,故输出波形较好。

(2) 由于 C_1、C_2 可选得较小,故具有较高的振荡频率(可达 100 MHz 以上)。

(3) 由于调节 C_1、C_2 改变振荡频率同时会影响起振条件,而电感调节较为困难,故这种电路适合用于固定频率的场合。

(4) 若需改变振荡频率,可在电感两端并联一个可调电容。但由于固定电容 C_1、C_2 的影响,频率调节范围较窄。这种电路通常用于调幅和调频接收机中,利用同轴电容器来调节频率。

8.3.5 三点式振荡电路的组成法则

由图 8.3.5(b)和图 8.3.6(b)所示的电感三点式和电容三点式振荡电路的交流通路可见,其 LC 并联谐振回路均由三个电抗元件构成,三个电抗元件连接点分别引出三个端点,且并联谐振回路与三极管相连时均具有以下特点:

1. 谐振回路的三个端点分别与三极管的三个电极相连;
2. 与发射极(同相输入端)相连的是两个相同性质的电抗;
3. 与基极(反相端)和集电极(输出端)相连的是性质相反的电抗。

可以证明,凡按照该规定连接的三点式振荡电路均满足相位平衡条件。因此,这三个特

点也称为三点式振荡电路的组成法则，可用来判断三点式振荡电路是否满足相位平衡条件。

8.4　石英晶体振荡电路

在一些特殊应用场合（如通信系统中的射频振荡器、数字系统中的时钟发生器），要求振荡电路具有较高的频率稳定度，即要求频率的相对变化量 $\Delta f/f_0$（其中 f_0 为振荡频率，Δf 为频率偏移）尽可能小。

LC 振荡电路的频率稳定度主要取决于品质因数 Q 值的大小，Q 越大，频率稳定度越高。由 $Q=1/R\cdot\sqrt{L/C}$ 可知，为提高 Q 值，应尽可能减小 R、C 或增大 L。但等效损耗 R 不可能无限减小而 L 太大将增大体积，C 太小则易受分布电容和杂散电容影响。故 LC 振荡电路的频率稳定度很难突破 10^{-5} 数量级。要获得 10^{-10} 以上的频率稳定度，应选用石英晶体作为选频网络的组成部分。

8.4.1　石英晶体谐振器的特性

1）石英晶体谐振器的结构

石英晶体谐振器是利用石英晶体的压电效应制成的谐振器件，简称为石英晶体或晶体，其结构如图 8.4.1 所示。石英晶体为 SiO_2 的结晶体，按一定的方位角切下晶片，涂敷银层接引线用金属或玻璃外壳封装即制成产品。

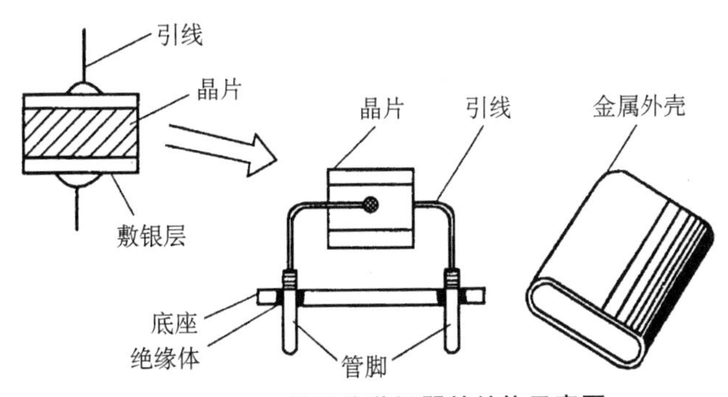

图 8.4.1　石英晶体谐振器的结构示意图

2）石英晶体的压电效应

从物理学中知道，若在石英晶体的两个电极加一电场，晶片就会产生机械变形；反之，若在晶片的两侧施加机械力，则在晶片相应的方向上产生电场，这种物理现象称为压电效应。如果在晶片的两个电极间加交变电压，晶片就会产生机械振动，同时晶片的机械振动又会产生交变电场。一般来说，这种机械振动和交变电场的振幅很小，而且振动频率很稳定。当外加交变电压的频率与晶片的固有频率相等时，其振幅最大，这种现象称为“压电谐振”。因此，石英晶体又称为石英晶体谐振器。晶片的固有谐振频率与晶片的切割方式、几何形状和尺寸有关。

3）石英晶体的等效电路和符号

石英晶体的压电谐振现象与 LC 回路的谐振现象十分相似，故可用 LC 回路的参数来模拟。晶体不振动时,可看做平板电容器,用 C_0 表示,称晶体静电电容。

晶体振动时,机械振动的惯性可用电感 L 来等效;晶片的弹性可用电容 C 来等效;晶片振动时的摩擦损耗用电阻 R 来等效。这样,石英晶体用 C_0、C、R、L 表示的等效电路、符号如图 8.4.2 所示。由于晶片的等效电感 L 很大(几十毫亨~几百毫亨),而电容 C 很小(10^{-2}~10^{-4} pF),R 也很小(约 100 Ω),因此回路的品质因数 $Q=1/R\cdot\sqrt{L/C}$ 很大,可达 10^4~10^6,故其频率的稳定度很高。

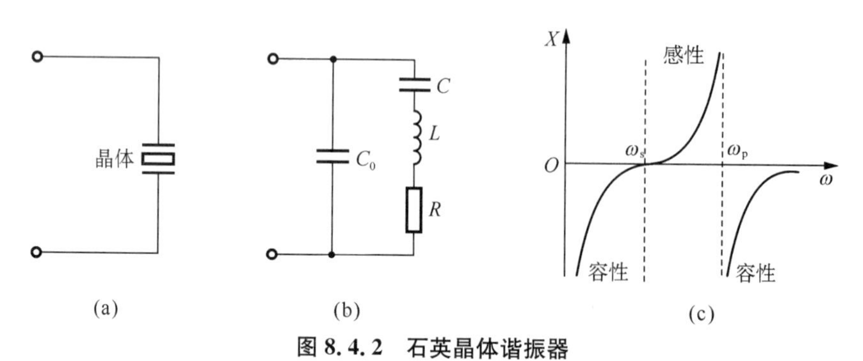

图 8.4.2 石英晶体谐振器

(a) 代表符号;(b) 等效电路;(c) 电抗-频率特性

4) 石英晶体的谐振频率

由等效电路定性画出的电抗-频率特性如图 8.4.2(c)所示。由等效电路可知,它有两个谐振频率:串联谐振频率和并联谐振频率。

(1) 串联谐振频率 f_s

当 R、L、C 支路发生串联谐振时,其性质频率为

$$f_s=\frac{1}{2\pi\sqrt{LC}} \tag{8.4.1}$$

因 C_0 很小,其容抗 Z_{C_0} 很大,与小的等效电阻 R 并联,其作用可忽略,在串联谐振时,L、C、R 支路呈电阻性,阻抗最小。

(2) 并联谐振频率 f_p

当频率高于 f_s 小于 f_p,L、C、R 支路呈感性,当与 C_0 发生并联谐振时,其谐振频率为

$$f_p=\frac{1}{2\pi\sqrt{LC}}\sqrt{1+\frac{C}{C_0}}=f_s\sqrt{1+\frac{C}{C_0}} \tag{8.4.2}$$

由于 $C\ll C_0$,因此 f_p 与 f_s 很接近。通常石英晶体产品所给出的标称频率既不是 f_s 也不是 f_p,而是外接一个小电容 C_S 时的校正频率,利用 C_S 可使石英晶体的谐振频率在一个小的范围内调整,C_S 的值应选择比 C_0 大。

8.4.2 石英晶体振荡电路

石英晶体在振荡电路中的应用有两种方式,即串联型晶体振荡电路和并联型晶体振荡电路。

1）串联型石英晶体正弦波振荡器

串联型石英晶体正弦波振荡器电路如图 8.4.3 所示，石英晶体串接在反馈回路中，当 $f=f_s$ 时，产生串联谐振，呈电阻性，而且阻抗最小，$\varphi_f=0$，反馈最强，满足振荡的平衡条件，故产生振荡。本电路的分析判断方法同前，读者自行分析。晶体起反馈选频作用，其正弦波振荡频率为 f_s。

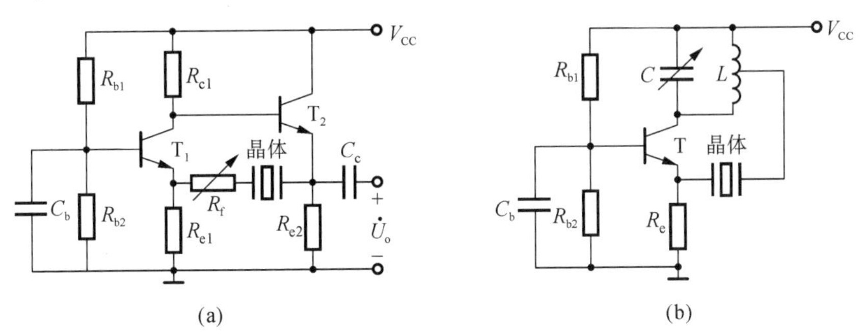

图 8.4.3　串联型石英晶体振荡器

2）并联型石英晶体正弦波振荡电路

并联型晶体振荡器的工作原理和三点式振荡器相同，只是将其中一个电感元件换成石英晶体。石英晶体可接在晶体管 c、b 极之间或 b、e 极之间，所组成的电路称为皮尔斯振荡电路，如图 8.4.4 所示。其振荡频率为

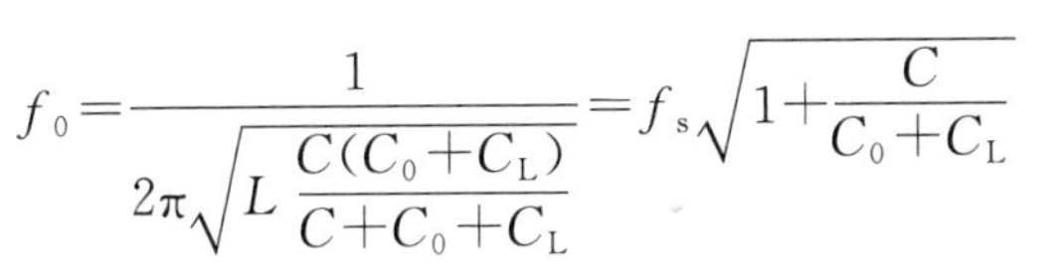

$$f_0=\frac{1}{2\pi\sqrt{L\dfrac{C(C_0+C_L)}{C+C_0+C_L}}}=f_s\sqrt{1+\frac{C}{C_0+C_L}} \tag{8.4.3}$$

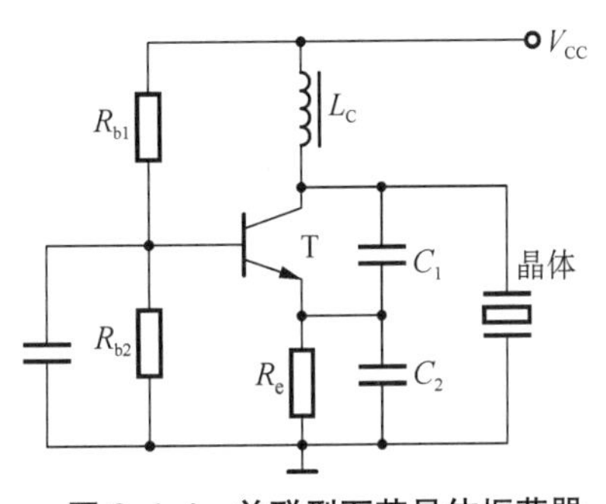

图 8.4.4　并联型石英晶体振荡器

式中，C_L 是和晶振两端并联的外电路各电容的等效值，振荡频率基本上由石英晶体的参数决定，而石英晶体本身的参数具有很高的稳定性。

8.5　电压比较器

电压比较器是对输入信号进行鉴幅与比较的电路，是组成非正弦波发生电路的基本单元电路，在测量和控制中有着相当广泛的应用。本节主要讲述各种电压比较器的特点及电压传输特性，同时阐明电压比较器的组成特点和分析方法。

8.5.1　单门限电压比较器

比较器是一种用来比较输入信号 u_I 和参考电压 U_{REF} 的电路。图 8.5.1(a)为其基本电路，符号 C 表示比较器，它在实际应用时最重要的两个动态参数是灵敏度和响应时间（或响应速度），因此可以根据不同要求选用专用集成比较器或集成运放。现假设 C 由运放组成，

参考电压 U_{REF} 加于运放的反相端,它可以是正值,也可以是负值,图中给出的为正值。而输入信号 u_I 则加于运放的同相端。这时,运放处于开环工作状态,具有很高的开环电压增益。电路的传输特性如图8.5.1(b)所示,当输入信号 u_I 电压小于参考电压 U_{REF} 时,即差模输入电压 $u_{Id}=u_I-U_{REF}<0$ 时,运放处于负饱和状态,$u_O=U_{oL}$;当输入信号电压 u_I 升高到略大于参考电压 U_{REF} 时,即 $u_{Id}=u_I-U_{REF}>0$,运放立即转入正饱和状态,$u_O=U_{oH}$,如图8.5.1(b)的实线所示(图中 u_O 跳变时的斜率画得较倾斜,实际上由于运放的开环增益很大,u_O 几乎是突变的),它表示 u_I 在参考电压 U_{REF} 附近有微小的减小时,输出电压将从正的饱和值 U_{oH} 过渡到负的饱和值 U_{oL};若有微小的增加,输出电压又将从负的饱和值 U_{oL} 过渡到正的饱和值 U_{oH}。把比较器输出电压 u_O 从一个电平跳变到另一个电平时相应的输入电压 u_I 值称为门限电压或阈值电压 U_T,对于图8.5.1(a)所示电路,$U_T=U_{REF}$。由于 u_I 从同相端输入且只有一个门限电压,故称为同相输入单门限电压比较器。反之,当 u_I 从反相端输入,U_{REF} 改接到同相端,则称为反相输入单门限电压比较器,其相应传输特性如图8.5.1(b)中的虚线所示。

用集成运放构成的电压比较器,可以用如图8.5.1(c)所示加限幅措施,避免内部管子进入深度饱和区,来提高响应速度。

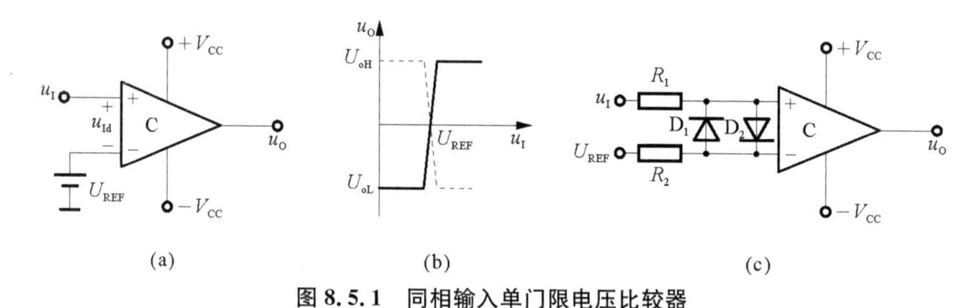

图8.5.1 同相输入单门限电压比较器

(a) 电路图;(b) 传输特性;(c) 提高响应速度的限幅电路

如果参考电压 $U_{REF}=0$,则输入信号电压 u_I 每次过零时,输出就要产生突然的变化。这种比较器称为过零比较器。

【例8.5.1】 电路如图8.5.1(a)所示,u_I 为三角波,其峰值为2.5 V,如图8.5.2中虚线所示。设电源电压 $\pm V_{CC}=\pm5$ V,运放为理想器件,试分别画出 $U_{REF}=0$ V、$U_{REF}=+1$ V和 $U_{REF}=-1$ V时比较器的输出电压波形。

解:由于 u_I 加到运放的同相端,因此有

$$u_I>U_{REF}\text{ 时},u_O=U_{oH}=5\text{ V}$$
$$u_I<U_{REF}\text{ 时},u_O=U_{oL}=-5\text{ V}$$

据此可画出 $U_{REF}=0$ V、$U_{REF}=+1$ V和 $U_{REF}=-1$ V时的 u_O 波形,如图8.5(a)、(b)、(c)所示。由图可看出,这个电路具有波形变换和脉宽调制的功能,其脉冲宽度可通过改变 U_{REF} 进行调节。

【例8.5.2】 图8.5.3(a)是单门限电压比较器的另一种形式,试求出其门限电压(阈值电压)U_T,画出其电压传输特性。设运放输出的高、低电平分别为 U_{oH} 和 U_{oL}。

解:根据图8.5.3(a),利用叠加原理可得

$$u_P=\frac{R_2}{R_1+R_2}U_{REF}+\frac{R_1}{R_1+R_2}u_I$$

理想情况下，输出电压发生跳变时对应的 $u_P=u_N=0$，即

$$R_2U_{REF}+R_1u_I=0$$

由此可求出门限

$$U_T=u_I=-\frac{R_2}{R_1}U_{REF} \tag{8.5.1}$$

当 $u_I>U_T$ 时 $u_P>u_N$，所以 $u_O=U_{oH}$；当 $u_I<U_T$ 时，$u_P<u_N$，所以 $u_O=U_{oL}$。已知电压传输特性的三个要素：输出电压的高电平 U_{oH} 和低电平 U_{oL}、门限电压和输出电压的跳变方向，因此，可画出图 8.5.3(a)的电压传输特性如图 8.5.3(b)所示。

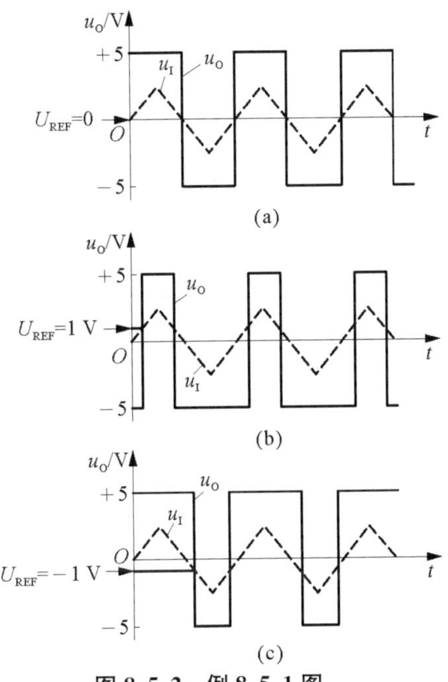

图 8.5.2　例 8.5.1 图

根据式(8.5.1)可知，只要改变 U_{REF} 的大小和极性，以及电阻 R_1，R_2 的阻值，就可以改变门限电压 U_T 的大小和极性。若要改变 u_I 过 U_{REF} 的跃变方向，则只要将图 8.5.3(a)所示电路运放的同相输入端和反相输入端所接外电路互换。

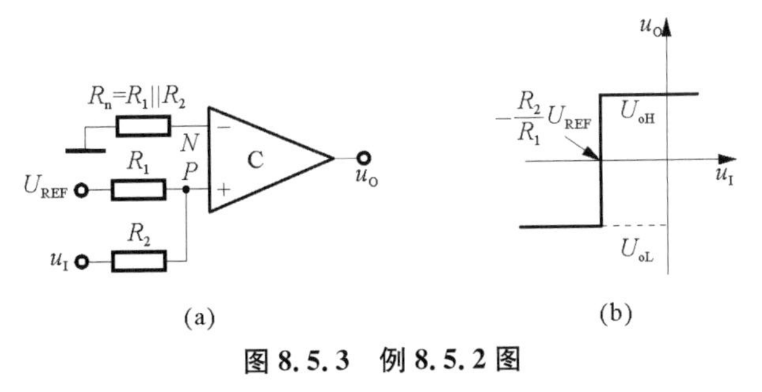

图 8.5.3　例 8.5.2 图

(a) 电路；(b) 电压传输特性时的波形

8.5.2　迟滞比较器

单门限电压比较器虽然有电路简单、灵敏度高等特点，但其抗干扰能力差。例如，图 8.5.3(a)所示单门限电压比较器，当 u_I 中含有噪声或干扰电压时，其输入和输出电压波形如图 8.5.4 所示。由于在 $u_I=U_T=U_{REF}$ 附近出现干扰，u_O 将时而为 U_{oH}，时而为 U_{oL}，导致比较器输出不稳定。如果用这个输出电压 u_O 去控制电机，将出现频繁的起停现象，这种情况是不允许的。提高抗干扰能力的一种方案是采用迟滞比较器。

1) 电路组成

迟滞比较器是一个具有迟滞回环传输特性的比较器。为了获得图 8.5.6(c)所示的传输特性，在反相输入单门限电压比较器的基础上引入了正反馈网络，如图 8.5.5 所示，就组成了具有双门限值的反相输入迟滞比较器。由于正反馈作用，这种比较器的门限电压是随输

出电压 u_O 变化而改变的。它的灵敏度低一些，但抗干扰能力却大大提高了。

2）门限电压的估算

由于比较器中的运放处于正反馈状态，因此一般情况下，输出电压 u_O 与输入电压 u_I 不成线性关系，只有在输出电压 u_O 发生跳变瞬间，集成运放两个输入端之间的电压才可近似认为等于零，即 $u_{Id}\approx 0$ 或 $u_P=u_N=u_I$，是输出电压 u_O 转换的临界条件，当 $u_I>u_P$，输出电压 u_O 为低电平 U_{oL}；反之，u_O 为高电平 U_{oH}。显然，这里的 u_P 值实际就是门限电压 U_T。设运放是理想的，由图 8.5.5 利用叠加原理有

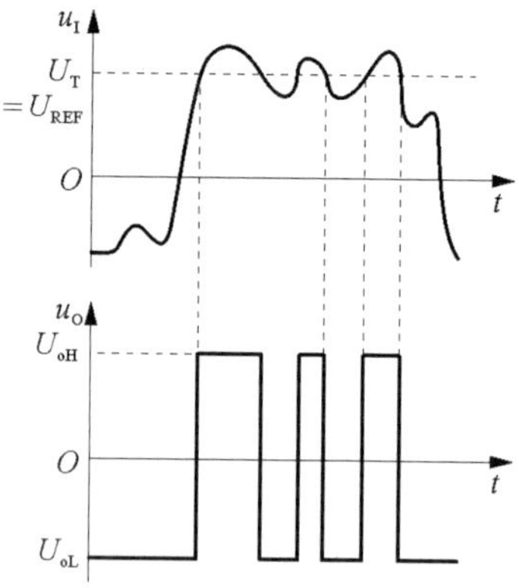

图 8.5.4　单门限电压比较器在 u_I 中包含有干扰时输出电压 u_O 的波形

$$u_P=U_T=\frac{R_1}{R_1+R_2}U_{REF}+\frac{R_2}{R_1+R_2}u_O \quad (8.5.2)$$

根据输出电压 u_O 的不同值(U_{oH} 或 U_{oL})，可分别求出上门限电压 U_{T+} 和下门限电压 U_{T-} 分为

$$U_{T+}=\frac{R_1}{R_1+R_2}U_{REF}+\frac{R_2}{R_1+R_2}U_{oH} \quad (8.5.3)$$

$$U_{T-}=\frac{R_1}{R_1+R_2}U_{REF}+\frac{R_2}{R_1+R_2}U_{oL} \quad (8.5.4)$$

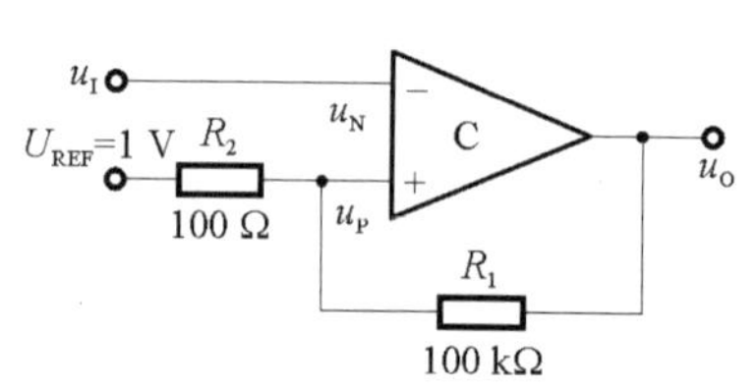

图 8.5.5　反相输入迟滞比较器电路

门限宽度或回差电压为

$$\Delta U_T=U_{T+}-U_{T-}=\frac{R_2(U_{oH}-U_{oL})}{R_1+R_2} \quad (8.5.5)$$

设电路参数如图 8.5.5 所示，且 $U_{oH}=-U_{oL}=5$ V，则由式(8.5.3)～(8.5.4)可求得 $U_{T+}=1.004$ V，$U_{T-}=0.994$ V 和 $\Delta U_T=0.01$ V。

3）传输特性

从 $u_I=0$，$u_O=U_{oH}$ 和 $u_P=U_{T+}$ 开始讨论。

当 u_I 由零向正方向增加到接近到 $u_P=U_{T+}$ 前，u_O 一直保持 $u_O=U_{oH}$ 不变。当 u_I 增加到略大于 $u_P=U_{T+}$，则 u_O 由 U_{oH} 下跳到 U_{oL}，同时使 u_P 下跳到 $u_P=U_{T-}$，u_I 再增加，u_O 保持 $u_O=U_{oL}$ 不变，其传输特性如图 8.5.6(a)所示。

若减小 u_I，只要 $u_I>u_P=U_{T-}$，则 u_O 将始终保持 $u_o=U_{oL}$ 不变，只有当 $u_I<u_P=U_{T-}$ 时，u_O 才由 U_{oL} 跳变到 U_{oH}，其传输特性如图 8.5.6(b)

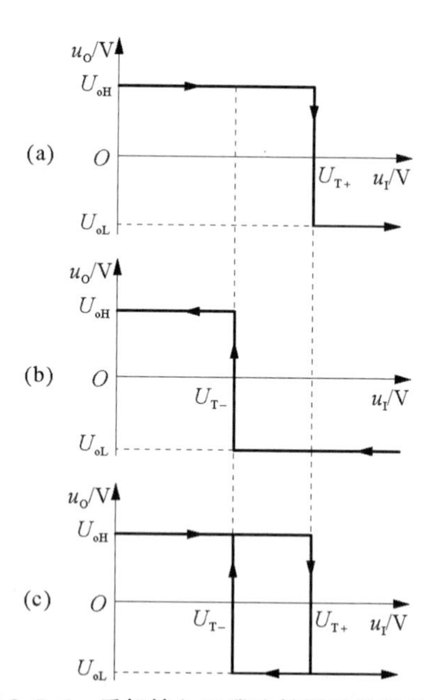

图 8.5.6　反相输入迟滞比较器的传输特性

(a) u_I 增加时的传输特性；(b) u_I 减少时的传输特性；(c) 完整的传输特性

所示。把图 8.5.6(a)和(b)的传输特性结合在一起，就构成了如图 8.5.6(c)所示的完整的传输特性。根据 U_{REF} 的正、负和大小，U_{T+}、U_{T-} 可正可负。

【例 8.5.3】 设电路参数如图 8.5.7(a)所示，输入信号 u_I 的波形如图 8.5.7(c)所示。试画出其传输特性和输出电压 u_O 的波形。

解：(1) 求门限电压

由于 $U_{REF}=0$，由式(8.5.3)和(8.5.4)有

$$U_{T+}=\frac{R_2U_{oH}}{R_1+R_2}=\frac{20\times10}{20+20}\text{V}=5\text{ V}$$

$$U_{T-}=\frac{R_2U_{oL}}{R_1+R_2}=\frac{-20\times10}{20+20}\text{V}=-5\text{ V}$$

(2) 画传输特性

由于图 8.5.7(a)所示电路结构与图 8.5.5 的差别是，前者的 $U_{REF}=0$，因此可画出其传输特性如图 8.5.7(b)所示。此时的上门限电压和下门限电压对称于纵轴。

(3) 画出 u_O 波形

根据图 8.5.7(b)、(c)可画出 u_O 波形。当 $t=0$ 时，由于 $u_I<U_{T-}=-5$ V，所以 $u_O=10$ V，$u_P=5$ V。以后 u_I 在 $u_I<u_P=U_{T+}=5$ V 内变化，u_O 保持 10 V 不变。

当 $t=t_1$ 时，$u_I\geqslant u_P=U_{T+}$，u_O 由 10 V 下跳到 −10 V，u_P 由 $U_{T+}=5$ V 变为 $u_P=U_{T-}=-5$ V。以后 u_I 在 $u_I>5$ V 内变化，u_O 保持 −10 V 不变。

当 $t=t_2$ 时，$u_I\leqslant-5$ V，u_O 又由 −10 V 上跳到 10 V，u_P 由 $U_{T-}=-5$ V 变为 $u_P=U_{T+}=5$ V。

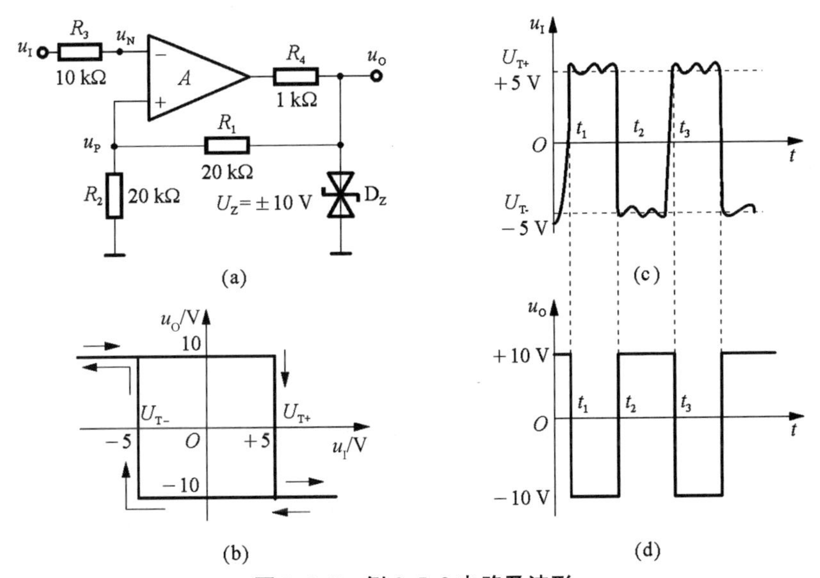

图 8.5.7　例 8.5.3 电路及波形

(a) 电路；(b) 传输特性；(c) 输入电压 u_I 波形；(d) 输入电压 u_O 波形

依此类推，可画出 u_O 的波形，如图 8.5.7(d)所示。由图可知，虽然 u_I 的波形很不“整齐”，但得到的 u_O 是一近似矩形波。因此，图 8.5.7(a)所示电路可用于波形整形。具有迟

滞特性的比较器在控制系统、信号的甄别和波形的产生电路中应用广泛。

综上所述,分析电压传输特性三个要素的方法是:

(1) 通过研究集成运放输出端所接的限幅电路来确定电压比较器的输出低电平 U_{oL} 和输出高电平 U_{oH};

(2) 写出集成运放同相输入端、反相输入端电位 u_P 和 u_N 的表达式,令 $u_P=u_N$,解得的输入电压就是阈值电压 U_T;

(3) u_O 在 u_I 过 U_T 时的跃变方向决定于 u_I 作用于集成运放的哪个输入端。当 u_I 从反相输入端输入(或通过电阻接反相输入端)时,$u_I<U_T$,$u_O=U_{oH}$;$u_I>U_T$,$u_O=U_{oL}$。当 u_I 从同相输入端输入(或通过电阻接同相输入端)时,$u_I<U_T$,$u_O=U_{oL}$;$u_I>U_T$,$u_O=U_{oH}$。

8.5.3 集成电压比较器

电压比较器可以作为模拟电路和数字电路的接口电路。和集成运放相比,集成电压比较器的开环增益低,失调电压大,共模抑制比小,因而其灵敏度不如用集成运放构成的比较器高;但是集成电压比较器的响应速度快,传输延迟时间短,且一般不需外加限幅电路就能够直接驱动 TTL、CMOS 和 ECL 等数字电路。有些集成电压比较器带负载能力很强,可以直接驱动继电器和指示灯。

集成电压比较器 LM339 内部集成了四个独立的电压比较器,可应用于 A/D 转换器、宽限 VCO、MOS 时钟发生器、高电压逻辑门电路和多谐振荡器等,其特点如下:

(1) 失调电压小,典型值为 2 mV;

(2) 电源电压范围宽,单电源为 2~36 V,双电源为±1 V~±18 V;

(3) 对比较信号源的内阻限制较宽;

(4) 共模范围大,为 $0\sim U_o$;

(5) 差模输入电压范围较大,大到可以等于电源电压;

(6) 可灵活方便地选用输出电位,分别与 TTL、DTL、ECL、MOS 和 CMOS 数字系统兼容。

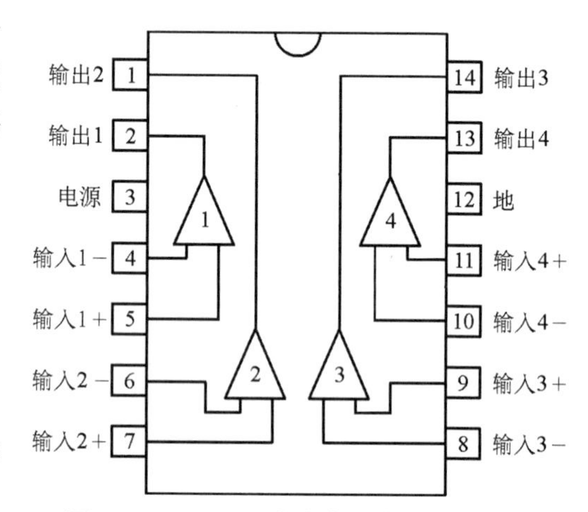

图 8.5.8 LM339 集成电路管脚排列图

LM339 集成电路管脚排列如图 8.5.8 所示,其内部集成的四个比较器都具有两个输入端和一个输出端。当同相输入端电压高于反相输入端电压时,输出管截止,相当于输出端开路;反之,输出管饱和,相当于输出端接低电位。两个输入端电压差大于 10 mV 就可以保证输出端电压从一种状态可靠地转换到另一种状态,因此,可以把 LM339 应用于弱信号检测等场合。LM339 的输出端在使用时需外加上拉电阻,选不同阻值的上拉电阻会影响输出端高电位的值。

(1) LM339 构成单门限比较器的常用接法

图 8.5.9(a)所示为一个基本单门限比较器。输入信号 u_I 加到同相输入端,在反相输入端接参考电压 U_{REF}。当输入电压 $u_I<U_{REF}$ 时,输出为低电平 U_{oL}。当输入电压 $u_I>U_{REF}$

时，输出为高电平 U_{oH}。图 8.5.9(b)所示为其电压传输特性。

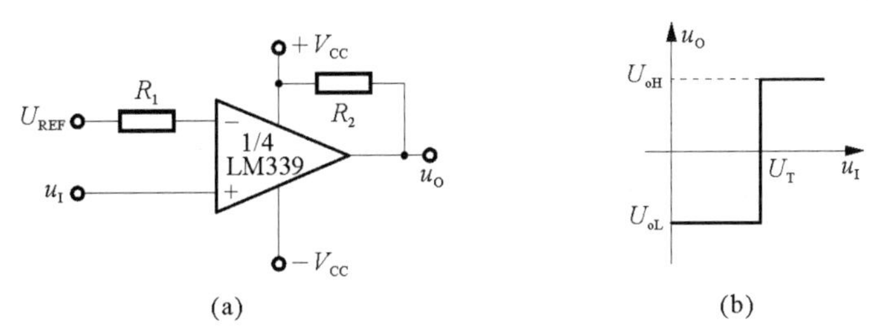

图 8.5.9　LM339 集成电路构成单门限比较器

(2) 双门限比较器

LM339 为集电极开路输出，两个比较器的输出可以并联，共用外接电阻，实现“线与”，如图 8.5.10(a)所示。所谓“线与”，是指只有在比较器Ⅰ和Ⅱ的输出均应为高电平时，u_O 才为高电平，否则 u_O 就为低电平的逻辑关系。对于一般输出方式的集成电压比较器或集成运放，两个电路的输出端不得并联使用；否则，当两个电路输出电压产生冲突时，会因输出回路电流过大造成器件损坏。分析图(a)所示电路，可以得出其电压传输特性如图(b)所示，因此，电路为双限比较器。

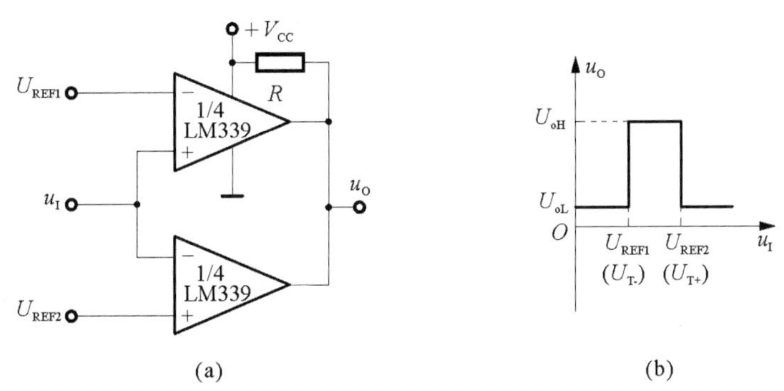

图 8.5.10　由 LM339 构成的双限比较器及其电压传输特性

(a) 电路的接法；(b) 电压传输特性

8.5.4　矩形波产生电路

1) 工作原理

矩形波产生电路是其他非正弦波信号产生电路的基础。图 8.5.11(a)所示为矩形波产生电路，电路由迟滞电压比较器和 RC 积分电路构成。其中迟滞比较器的作用相当于一个双向切换的电子开关，将输出电压 u_O 周期性地切换为高电平 U_{oH} 或低电平 U_{oL}。RC 回路既作为反馈网络，用来实现输出状态的转换，同时又作为延迟环节，用来在一定时间内维持输出状态。电路通过 RC 回路对电容 C 进行充放电产生电压 u_C，并将 u_C 与迟滞比较器中集成运放的同相输入端电压 u_P 进行比较，实现输出状态的自动转换，从而产生呈周期变化的矩形波。比较器相当于反相输入迟滞比较器，其阈值电压为

$$U_{T+}=\frac{R_2}{R_2+R_3}U_Z,\ U_{T-}=-\frac{R_2}{R_2+R_3}U_Z \tag{8.5.6}$$

假设某一时刻电路输出U_{oH},则$u_P=U_{T+}$。u_O通过R_1向电容C充电,使电容两端电压u_C即u_N按指数规律逐渐增大。当u_N不断增大到达到并略大于U_{T+}时,比较器输出状态翻转,u_O由高电平u_{oH}跃变到低电U_{oL}。此时,运放同相输入端电压$u_P=U_{T-}$。然后电容通过R_1放电,使电容两端电压u_C即u_N按指数规律逐渐减小。当u_N不断减小到达到并略小于U_{T-}时,比较器输出状态翻转,u_O由低电平U_{oL}再次跃变到高电平U_{oH}。上述过程不断重复,电路输出端产生呈周期性变化的矩形波,电容两端电压u_C和电路输出电压u_O的波形如图8.5.11(b)所示。

图8.5.11(b)中电容两端电压u_C的波形由电容C充放电指数曲线组成,u_C上升沿对应电容C充电,下降沿对应电容C放电。电容充放电的时间常数均为R_1C,也就是说在一个周期内,输出电压u_O维持高电平的时间T_1和维持低电平的时间T_2相等。因此,电路输出端产生的是对称的矩形波,也称作方波。当u_C的幅值达到阈值电压时,对应输出电压u_O在$U_{oH}=+U_Z$和$U_{oL}=-U_Z$之间发生跃变。

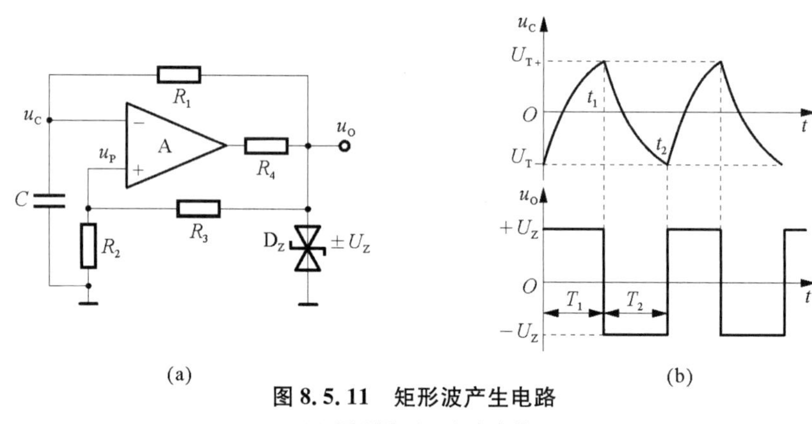

图8.5.11　矩形波产生电路

(a) 原理图;(b) 电路波形

根据电容上电压波形可知,在电容充电过程中,充电时间为$T_1=T/2$,起始值为U_{T-},终止值为U_{T+},充电时间常数为R_1C。当时间趋于无穷时,利用一阶RC电路的三要素法可列出方程,可得

$$U_{T+}=(U_Z+U_{T+})(1-e^{-\frac{T/2}{R_1C}})+U_{T-} \tag{8.5.7}$$

将式(8.5.6)代入式(8.5.7),可得振荡周期为

$$T=2R_1C\ln\left(1+\frac{2R_2}{R_3}\right) \tag{8.5.8}$$

由以上分析可知,调整R_2和R_3的阻值可以调整u_C的幅值;调整R_1、R_2、R_3和电容C的数值可以改变电路的振荡频率。若要调整输出电压的幅值,需要更换稳压管以改变U_Z,同时u_C的幅值也会随之改变。

2) 实用的占空比可调矩形波产生电路

如果定义信号维持高电平的时间与信号周期的比值为占空比q,即

$$q=\frac{T_1}{T_1+T_2}\times 100\% \tag{8.5.9}$$

则方波的占空比为 50%。若要产生占空比可调的矩形波电路，只需改变电容的充放电时间，使 $T_1 \neq T_2$。

图 8.5.12(a)所示电路为占空比可调的矩形波产生电路，电路利用二极管的单向导电性改变电容充放电回路，进而改变电容的充放电时间。电容充电时，电流流经 R_{W1}、二极管 D_1 和 R_1，若忽略二极管的导通时的等效电阻，则时间常数 $\tau_1 \approx (R_1 + R_{W1})C$；电容放电时，电流流经 R_1、二极管 D_2 和 R_W，时间常数 $\tau_2 \approx (R_1 + R_{W2})C$。利用一阶 RC 电路的三要素法，求得充电时间 T_1 和放电时间 T_2 分别为

$$T_1 \approx (R_1 + R_{W1})C\ln\left(1 + \frac{2R_2}{R_3}\right), \quad T_2 \approx (R_1 + R_{W2})C\ln\left(1 + \frac{2R_2}{R_3}\right) \tag{8.5.10}$$

电路输出波形的占空比为

$$q = \frac{T_1}{T_1 + T_2} = \frac{R_{W1} + R_1}{(R_{W1} + R_{W2}) + 2R_1} = \frac{R_{W1} + R_1}{R_W + 2R_1} \tag{8.5.11}$$

式(8.5.11)表明，改变电路中电位器滑动端的位置，即改变 R_{W1} 和 R_{W2} 的取值，就可以改变输出矩形波的占空比。输出矩形波的波形如图 8.5.12(b)所示。

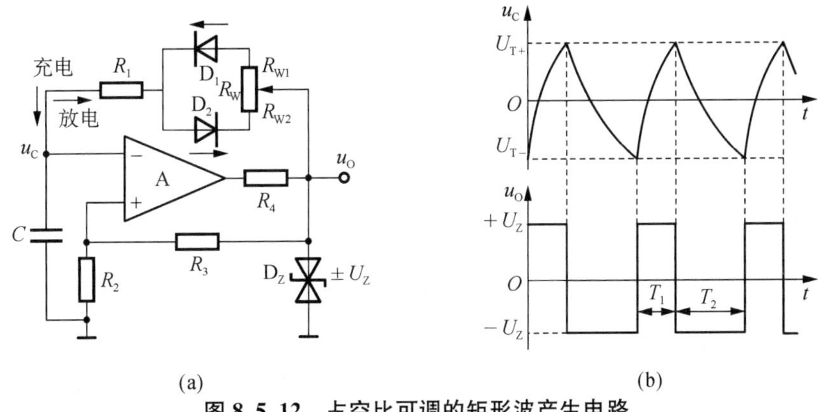

图 8.5.12　占空比可调的矩形波产生电路

(a) 原理图；(b) 波形图

【例 8.5.4】 图 8.5.12 (a)所示占空比可调的矩形波产生电路中，$C = 0.1\ \mu F$，$\pm U_Z = \pm 10\ V$，$R_1 = 5\ k\Omega$，$R_2 = R_3 = 20\ k\Omega$，滑动变阻器总阻值为 50 kΩ。求：

(1) 输出电压 u_O 的幅值和周期；

(2) 输出电压 u_O 的占空比调节范围。

解：(1) 输出电压 $\pm U_Z = \pm 10\ V$。

由式(8.5.10)得振荡周期为

$$\begin{aligned} T &= T_1 + T_2 = (2R_1 + R_{W1} + R_{W2})C\ln\left(1 + \frac{2R_2}{R_3}\right) \\ &= [(2 \times 5 + 50) \times 10^3 \times 0.1 \times 10^{-6}]\ln(1+2)\,s \\ &\approx 6.6\ ms \end{aligned}$$

(2) 矩形波维持高电平的时间 $T_1 = (R_1 + R_{W1})\ln\left(1 + \frac{2R_2}{R_3}\right)$，$R_{W1}$ 在 0～50 kΩ 之间变

化，当滑动变阻器的滑动端在最上端时，$R_{W1}=0$，得到 T_1 的最小值 T_{1min} 为

$$T_{1min}=[5\times10^3\times0.1\times10^{-6}]\ln3\ \text{s}\approx0.55\ \text{ms}$$

此时占空比

$$q=\frac{0.55}{6.6}\times100\%=8.3\%$$

当滑动变阻器的滑动端在最下端时，$R_{W1}=50\ \text{k}\Omega$，得到 T_1 的最大值 T_{1max} 为

$$T_{1max}=[(5+50)\times10^3\times0.1\times1.0^{-6}]\ln3\ \text{s}\approx6.05\ \text{ms}$$

此时占空比

$$q=\frac{6.05}{6.6}\times100\%=91.7\%$$

所以输出电压 u_O 的占空比的调节范围为8.3%～91.7%。

8.5.5　三角波产生电路

1）工作原理

事实上，将方波产生电路的输出信号经过积分运算电路处理，就可以在积分运算电路的输出端得到三角波。三角波产生电路及其输出波形如图8.5.13所示。

在实际应用中，通常对图8.5.13(a)所示电路进行改进，合并方波产生电路中 RC 回路和积分运算电路两个延迟环节，同时为了满足正反馈的需要，迟滞比较器改为同相输入。由此得到如图8.5.13所示的实用的三角波产生电路。

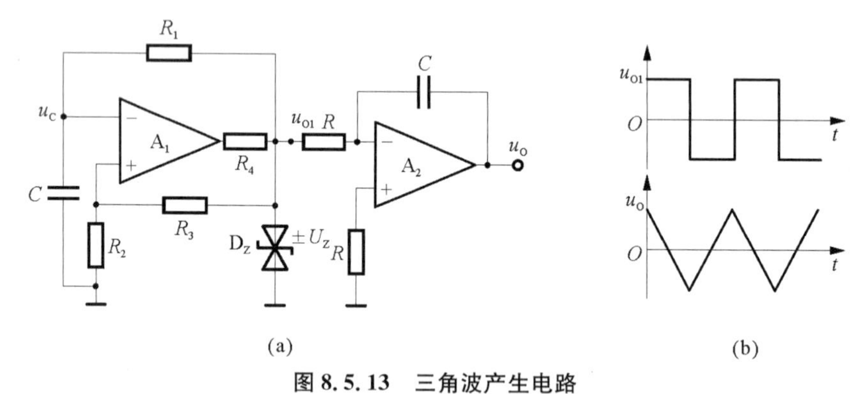

图8.5.13　三角波产生电路

(a) 原理图；(b) 波形分析

由于图8.5.13(a)所示电路中存在 RC 电路和积分电路两个延迟环节，在实际电路中，将它们合二为一，即去掉方波发生电路中的 RC 回路，使积分运算电路既作为延迟环节，又作为方波变三角波电路，迟滞比较器和积分运算电路的输出互为另一个电路的输入，如图8.5.14所示。由图8.5.11(b)和图8.5.13(b)所示的波形可知，前者 RC 回路充电方向与后者积分电路的积分方向相反，故为了满足极性的需要，迟滞比较器改为同相输入。

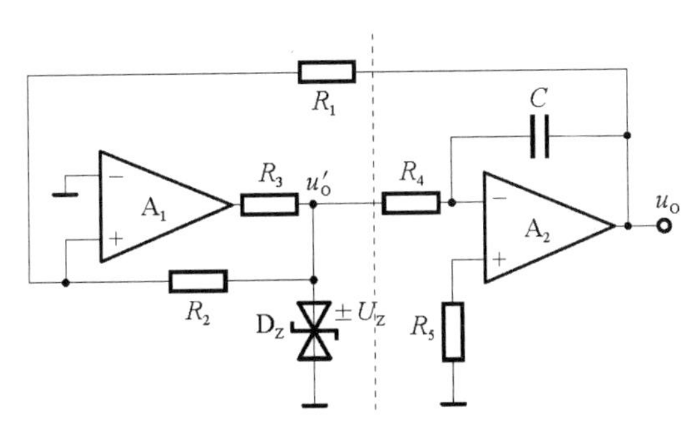

图 8.5.14　实用的三角波产生电路

2）参数计算

分析图 8.5.14 所示电路中由集成运放 A_1 构成的同相输入迟滞比较器，根据电压叠加原理，A_1 同相输入端的电压为

$$u_{P1}=\frac{R_2}{R_1+R_2}u_O+\frac{R_1}{R_1+R_2}u'_O \tag{8.5.12}$$

式中，迟滞比较器的输出电压 $u'_O=\pm U_Z$。当 $u_{P1}=u_{N1}=0$ 时，积分电路的输出电压 u_O 即为比较器的阈值电压，则由式(8.5.12)得

$$U_{T+}=\frac{R_1}{R_2}U_Z,\ U_{T-}=-\frac{R_1}{R_2}U_Z \tag{8.5.13}$$

由于迟滞比较器为同相输入，因此得到电压传输特性如图 8.5.15 所示。

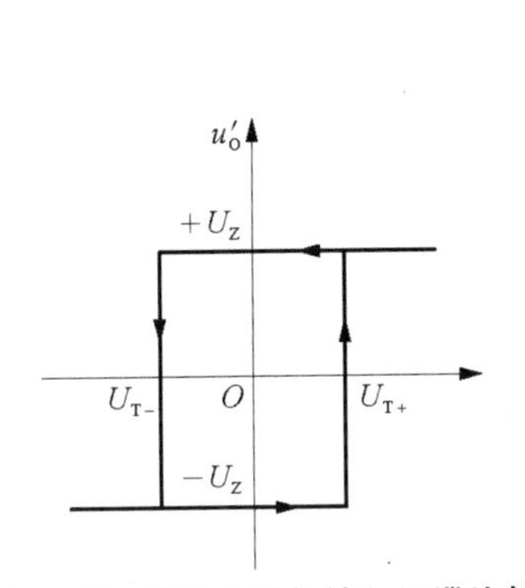

图 8.5.15　电路中同相输入迟滞比较器输出电压的传输特性波形

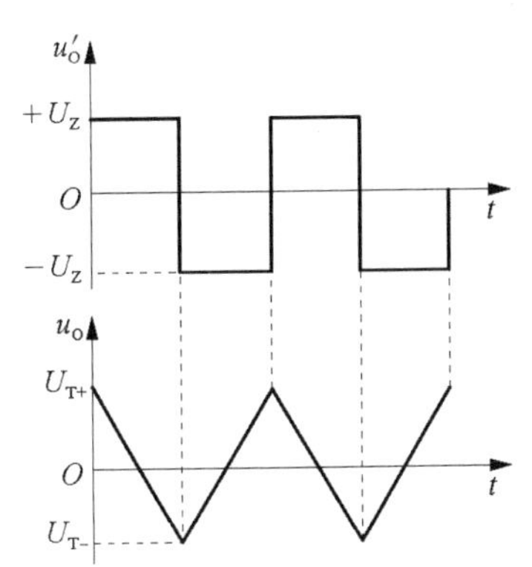

图 8.5.16　图 8.5.14 电路的输出电压波形

在积分电路电容充放电的过程中，输出电压 u_O 的值随电容 C 端电压数值的变化而变化，同时影响 A_1 同相输入端电位 u_{P1} 的值。在满足 $u_{P1}=u_{N1}=0$ 的瞬间，比较器输出电压 u'_O 的状态发生翻转，此时 u_O 的值即为三角波输出波形的幅 u_{OM}。图 8.5.14 所示实用的三角波产生电路的波形如图 8.5.16 所示。

由式（8.5.13）可知，三角波输出波形的幅值 $u_{OM}=U_{T+}=R_1U_Z/R_2$，$-u_{OM}=U_{T-}=-R_1U_Z/R_2$。

三角波的周期由积分电路决定。设初始时刻 $t=0$ 时，输出电压 $u_O(0)=u_{OM}$，经过 $T/2$

到时刻 t_1 时,输出电压 $u_O(t_1)=-u_{OM}$,则

$$u_O(t_1)=-\frac{1}{C}\int_0^{T/2}\frac{U_Z}{R_4}dt+u_O(0) \tag{8.5.14}$$

将以上数值代入式(8.5.14),得

$$-u_{OM}=-\frac{U_Z T}{2R_4C}+U_{OM} \tag{8.5.15}$$

整理得出三角波的周期和频率为

$$T=\frac{4R_1R_4C}{R_2} \tag{8.5.16}$$

$$f=\frac{R_2}{4R_1R_4C} \tag{8.5.17}$$

由以上分析可知,三角波输出的幅值可以通过调整 R_1 和 R_2 的阻值来改变;而调整 R_1、R_2 和 R_4 的阻值以及 C 的容值,可以改变三角波的周期。

8.5.6　锯齿波产生电路

1）工作原理

改变三角波产生电路中积分电路的正向积分时间和反向积分时间,就可以在电路输出端得到锯齿波。锯齿波产生电路及其波形如图 8.5.17 所示,电路中利用二极管的单向导电性改变电容 C 的充放电回路,同时利用电位器选取回路中的不同电阻值,改变电容 C 的充放电时间常数。

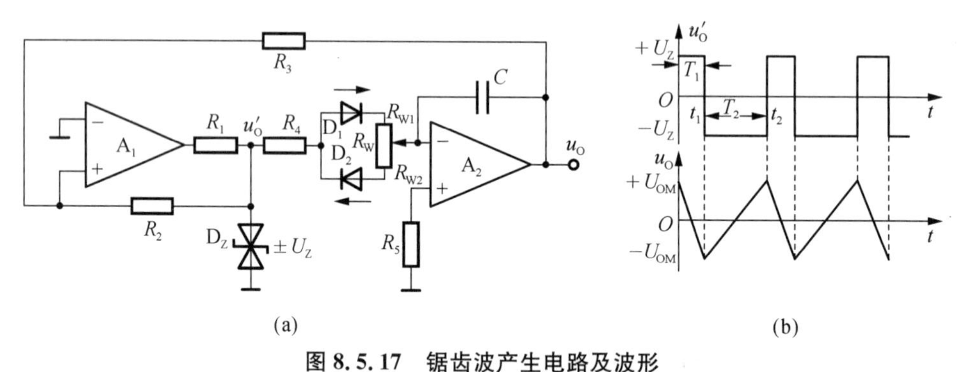

图 8.5.17　锯齿波产生电路及波形

(a) 原理图;(b) 波形分析

2）参数计算

根据三角波产生电路的分析可知,图 8.5.17(a)中积分电路输出三角波电压 u_O 的幅值为

$$\pm u_{om}=\pm\frac{R_3}{R_2}U_Z \tag{8.5.18}$$

设初始时刻 $t=0$ 时,$u'_O=+U_Z$,$u_O(0)=+R_3U_Z/R_2$,经过时间间隔 $\Delta t=T_1$,即时刻 t_1 时,

输出电压 $u_O(t_1)=-R_3U_Z/R_2$，则

$$\begin{aligned}u_O(t_1)&=-\frac{1}{C}\int_0^{T_1}\frac{U_Z}{R_4+R_{W1}}\mathrm{d}t+u_O(0)\\&=-\frac{U_Z}{(R_4+R_{W1})C}T_1+\frac{R_3}{R_2}U_Z=-\frac{R_3}{R_2}U_Z\end{aligned}$$

所以 $T_1=\dfrac{2R_3(R_4+R_{W1})C}{R_2}$，同理可得 $T_2=\dfrac{2R_3(R_4+R_{W2})C}{R_2}$。

故锯齿波的振荡周期为

$$\begin{aligned}T=T_1+T_2&=\frac{2R_3(2R_4+R_{W1}+R_{W2})C}{R_2}\\&=\frac{2R_3(2R_4+R_W)C}{R_2}\end{aligned}\tag{8.5.19}$$

u'_O 波形占空比为

$$q=\frac{T_1}{T_1+T_2}=\frac{R_4+R_{W1}}{2R_4+(R_{W1}+R_{W2})}=\frac{R_4+R_{W1}}{2R_4+R_W}\tag{8.5.20}$$

由以上分析可知，输出锯齿波的幅值可以通过调整 R_2 和 R_3 的阻值来改变；振荡周期可以通过调整 R_2、R_3、R_4、R_{W1} 和 R_{W2} 的阻值以及 C 的容值来改变；u'_O 占空比以及 u_O 波形上升和下降的斜率可以通过调整电位器滑动端的位置来改变。

8.6　函数发生器

函数发生器是一种可以同时产生方波、三角波和正弦波的专用集成电路。当调节外部电路参数时，还可以获得占空比可调的矩形波和锯齿波。因此，广泛用于仪器仪表之中。下面以型号为 ICL8038 的函数发生器为例，介绍其电路结构、工作原理、参数特点和使用方法。

1）电路结构

函数发生器 ICL8038 的电路结构如图 8.6.1 虚线框内所示，由电流源、电压比较器、RS 触发器、缓冲电器、三角波变正弦波电路所成。两个电流源的电流分别为 I_{s1} 和 I_{s2}，且 $I_{s1}=I$，$I_{s2}=2I$；两个电压比较器Ⅰ和Ⅱ的阈值电压分别为 $2/3V_{CC}$ 和 $1/3V_{CC}$，它们的输入电压等于电容两端的电压 u_C，输出电压分别控制 RS 触发器的 S 端和 $\bar{R}$ 端；RS 触发器的状态输出端 Q 和 $\bar{Q}$ 用来控制开关 S，实现对电容 C 的充放电；两个缓冲电路用于隔离波形发生电路和负载，使三角波和矩形波输出端的输出电阻足够低，以增强带负载能力；三角波变正弦波电路用于获得正弦波电压。

除了 RS 触发器外，其余部分均可由前面所介绍的电路实现。RS 触发器是数字电路中具有存储功能的一种基本单元电路。Q 和 $\bar{Q}$ 是一对互补的状态输出端，当 Q 为高电平时，$\bar{Q}$ 为低电平；当 Q 为低电平时，$\bar{Q}$ 为高电平。S 和 $\bar{R}$ 是两个输入端，当 S 和 $\bar{R}$ 均为低电平时，Q 为低电平，$\bar{Q}$ 为高电平；反之，当 S 和 $\bar{R}$ 均为高电平时，Q 为高电平，$\bar{Q}$ 为低电平；当 S 为

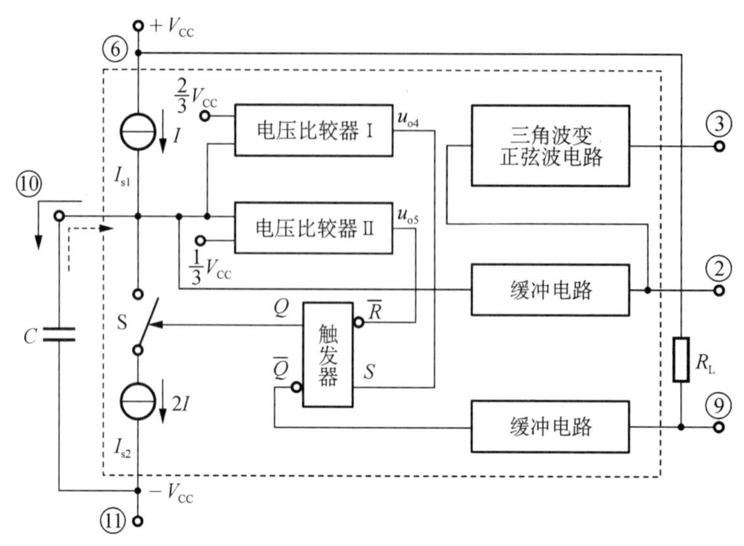

图 8.6.1　ICL8038 函数发生器原理框图

低电平且 $\bar{R}$ 为高电平时,Q 和 $\bar{Q}$ 保持原状态不变,即储存 S 和 $\bar{R}$ 变化前的状态。

两个电压比较器的电压传输特性如图 8.6.2 所示。

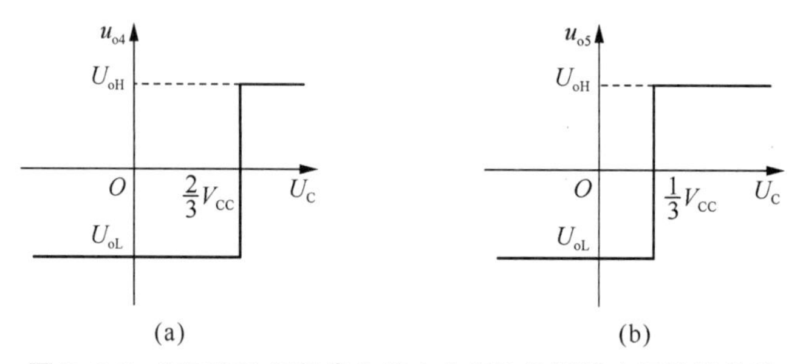

图 8.6.2　ICL8038 函数发生器中电压比较器的电压传输特性

(a) 电压比较器Ⅰ的电压传输特性;(b) 电压比较器Ⅱ的电压传输特性

2) 工作原理

当给函数发生器 ICL8038 合闸通电时,电容 C 的电压为 0 V,根据图 8.6.2 所示电压传输特性,电压比较器Ⅰ和Ⅱ的输出电压均为低电平,因而 RS 触发器的输出为 Q 低电平,$\bar{Q}$ 为高电平,使开关 S 断开,电流源 I_{s1} 对电容充电,充电电流为

$$I_{s1}=I \tag{8.6.1}$$

因充电电流是恒流,所以,电容上电压 u_C 随时间的增长而线性上升。当 u_C 上升至 $1/3V_{CC}$ 时,虽然 RS 触发器的 R 端从低电平跃变为高电平,但其输出不变。一直到 u_C 上升到 $2/3V_{CC}$,使电压比较器Ⅰ的输出电压跃变为高电平,Q 才变为高电平(同时 $\bar{Q}$ 变为低电平),导致开关 S 闭合,电容 C 开始放电,放电电流为

$$I_{s2}-I_{s1}=I \tag{8.6.2}$$

因放电电流是恒流,所以,电容上电压 u_C 随时间的增长而线性下降。起初 u_C 的下降虽然使 RS 触发器的 S 端从高电平跃变为低电平,但其输出不变。一直至 u_C 下降至 $1/3V_{CC}$,

使电压比较器Ⅱ的输出电压跃变为低电平，Q 才变为低电平（同时 $\bar{Q}$ 为高电平），使得开关 S 断开，电容 C 又开始充电。重复上述过程，周而复始，电路产生了自激振荡。由于充电电流与放电电流数值相等，因而电容上电压为三角波，Q（和 $\bar{Q}$）为方波，经缓冲放大器输出。三角波电压通过三角波变正弦波电路输出正弦波电压。

通过以上分析可知，改变电容充放电电流，可以输出占空比可调的矩形波和锯齿波。但是，当输出不是方波时，输出也得不到正弦波了。

3）性能特点

ICL8038 是性能优良的集成函数发生器。可用单电源供电，即将管脚 11 接地，管脚 6 接 $+V_{CC}$，V_{CC} 为 10～30 V，也可用双电源供电，即将管脚 11 接 $-V_{CC}$，管脚 6 接 $+V_{CC}$，它们的值为 ±5 V～±15 V。频率的可调范围为 0.001 Hz～300 kHz。

输出矩形波的占空比可调范围为 2%～98%，上升时间为 180 ns，下降时间为 40 ns。输出三角波（斜坡波）的非线性小于 0.05%。输出正弦波的失真度小于 1%。

4）常用接法

图 8.6.3 所示为 ICL8038 的管脚图，其中管脚 8 为频率调节（简称调频）电压输入端，电路的振荡频率与调频电压成正比。管脚 7 输出调频偏置电压，数值是管脚 7 与电源 $+V_{CC}$ 之差，它可作为管脚 8 的输入电压。

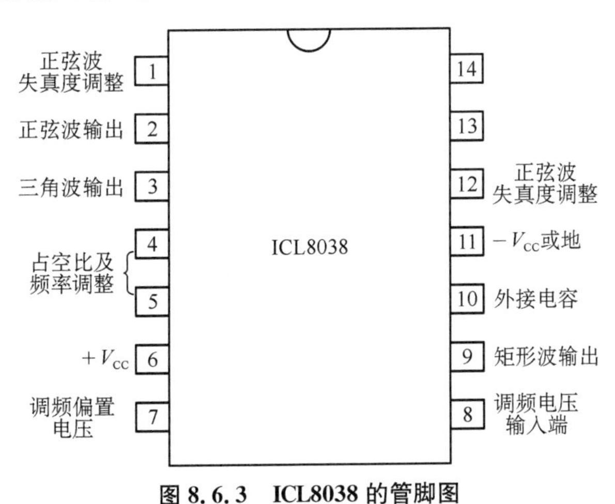

图 8.6.3　ICL8038 的管脚图

图 8.6.4 所示为 ICL8038 最常见的两种基本接法，矩形波输出端为集电极开路形式，需外接电阻 R_L 至 $+V_{CC}$。在图(a)所示电路中，R_A 和 R_B 可分别独立调整。在图(b)所示电路中，通过改变电位器 R_W 滑动端的位置来调整 R_A 和 R_B 的数值。当 $R_A=R_B$ 时，各输出端的波形如图 8.6.5(a)所示，矩形波的占空比为 50%，因而为方波。当 $R_A \neq R_B$ 时，矩形波不再是方波，管脚 2 也就不再是正弦波了，图 8.6.5(b)所示为矩形波占空比是 15%时各输出端的波形图。根据 ICL8038 内部电路和外接电阻可以推导出占空比的表达式为

$$q=\frac{T_1}{T}=\frac{2R_A-R_B}{2R_A}$$

故 $R_B<2R_A$。

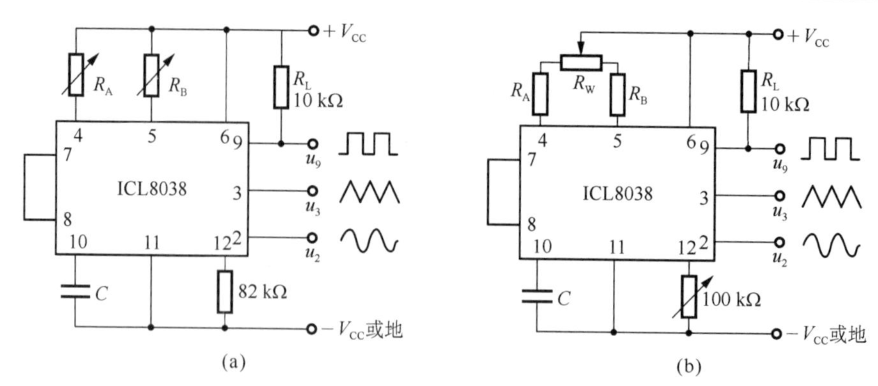

图 8.6.4　ICL8038 的两种基本接法

(a) 接法之一；(b) 接法之二

在图 8.6.4(b)所示电路中用 100 kΩ 的电位器取代了图(a)所示电路中的 82 kΩ 电阻，调节电位器可减小正弦波的失真度。如果要进一步减小正弦波的失真度，可采用图 8.6.6 所示电路中两个 100 kΩ 的电位器和两个 10 kΩ 电阻所组成的电路，调整它们可使正弦波的失真度减小到 0.5%。在 R_A 和 R_B 不变的情况下，调整 R_{W2} 可使电路振荡频率最大值与最小值之比达到 100∶1。也可在管脚 8 与管脚 6(即调频电压输入端和正电源)之间直接加输入电压调节振荡频率，最高频率与最低频率之差可达 1000∶1。

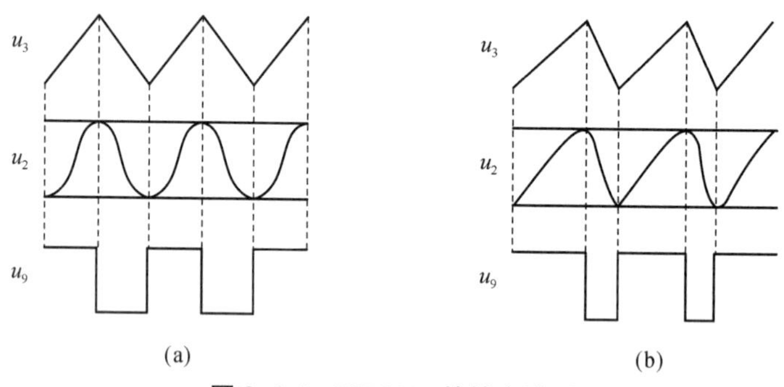

图 8.6.5　ICL8038 的输出波形

(a) 矩形波占空比为 50%时的输出波形；(b) 矩形波占空比为 15%时的输出波形

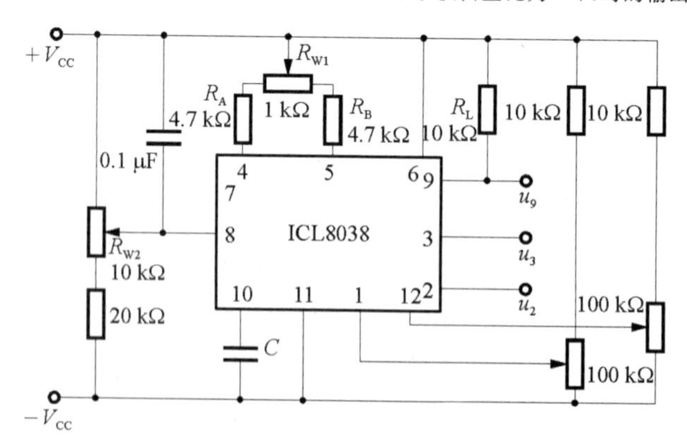

图 8.6.6　失真度减小和频率可调电路

8.7 利用集成运放实现的信号转换电路

在控制、遥控、遥测、近代生物物理和医学等领域，常常需要将模拟信号进行转换，如将信号电压转换成电流，将信号电流转换成电压，将直流信号转换成交流信号，将模拟信号转换成数字信号，等等。本节将对用集成运放实现的几种信号转换电路加以简单介绍。

8.7.1 电压-电流转换电路

在控制系统中，为了驱动执行机构，如记录仪、继电器等，常需要将电压转换成电流；而在监测系统中，为了数字化显示，又常将电流转换成电压，再接数字电压表。在放大电路中引入合适的反馈，就可实现上述转换。

在放大电路中引入电流串联负反馈，可以实现电压-电流转换。实际上，若信号源能够输出足够的电流，则在电路中引入电流并联负反馈也可实现电压-电流转换，如图 8.7.1(a) 所示。设集成运放为理想运放，因而引入负反馈后具有“虚短”和“虚断” 的特点，图中 $u_N = u_P = 0$，$i_O = i_R$，即

$$i_O = i_R = \frac{u_I}{R} \tag{8.7.1}$$

i_O 与 u_I 成线性关系。

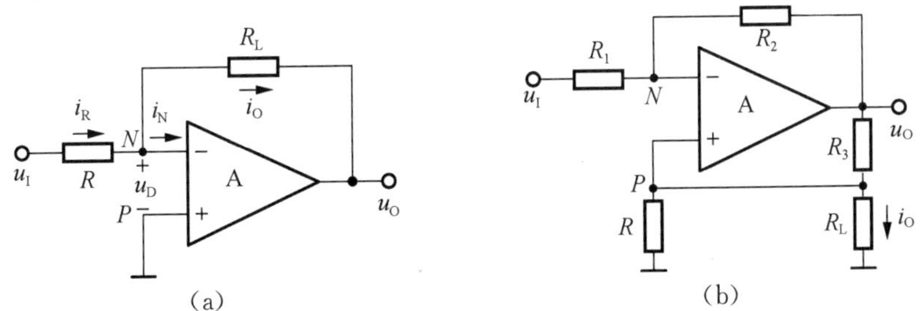

图 8.7.1 电压-电流转换电路

(a) 一般电路；(b) 豪兰德电流源电路

在实用电路中，常需要负载电阻 R_L 有接地端，为此产生了如图 8.7.1(b)所示的豪兰德(Howland)电流源电路。设集成运放为理想运放，由于电路通过 R_2 引入负反馈，使之具有“虚短”和“虚断”的特点，故图中 $u_N = u_P$，R_1 和 R_2 的电流相等，节点 N 的电流方程为

$$\frac{u_I - u_N}{R_1} = \frac{u_N - u_O}{R_2}$$

因而 N 点电位

$$u_N = \left(\frac{u_I}{R_1} + \frac{u_O}{R_2}\right) \cdot R_N \qquad (R_N = R_1 \parallel R_2) \tag{8.7.2}$$

节点 P 的电流方程

$$\frac{u_P}{R} + i_O = \frac{u_O - u_P}{R_3}$$

因而 P 点电位

$$u_P=\left(\frac{u_O}{R_3}-i_O\right)\cdot(R\parallel R_3) \tag{8.7.3}$$

利用式(8.7.2)和式(8.7.3)相等的关系,并将它们展开、整理,可得

$$\frac{R_2}{R_1+R_2}\cdot u_I+\frac{R_1}{R_1+R_2}\cdot u_O=\frac{R}{R+R_3}\cdot u_O-i_O\cdot\frac{RR_3}{R+R_3}$$

若$\frac{R_2}{R_1}=\frac{R_3}{R}$,则$\frac{R_2}{R_1+R_2}=\frac{R_3}{R+R_3}$,$\frac{R_1}{R_1+R_2}=\frac{R}{R+R_3}$,消去上式中的公因子,得到

$$i_O=-\frac{u_I}{R} \tag{8.7.4}$$

与式(8.7.1)仅差符号,说明图 8.7.1 所示两电路均具有电压-电流转换功能。

从物理概念上看,在图 8.7.1(b)所示电路中既引入了负反馈,又引入了正反馈,若负载电阻 R_L 减小,因电路内阻的存在,则一方面 i_O 将增大,另一方面 u_P 将下降,从而导致 u_O 下降,i_O 将随之减小,其过程简述如下:当满足 $R_2/R_1=R_3/R$ 时,因 R_L 减小引起的 i_O 的增大量等于因正反馈作用引起的 i_O 的减小量,即正好抵消。因而在电路参数确定后,i_O 仅受控于 u_I。i_O 不受负载电阻的影响,说明电路的输出电阻为无穷大。

$R_L\downarrow\to i_O\uparrow$

$R_L\downarrow\to u_P\downarrow\to u_O\downarrow\to i_O\downarrow$

为了求解电路的输出电阻,可令 $u_I=0$,且断开 R_L,在 R_L 处加交流电压 U_o',由此产生电流 I_o,则 U_o'/I_o 即为输出电阻。此时运放同相输入端电位 $U_P=U_o'$。

对于理想运放,输出端电位

$$U_o=\left(1+\frac{R_2}{R_1}\right)\cdot U_o' \tag{8.7.5}$$

因而输出电流

$$I_o=\frac{U_o-U_o'}{R_3}-\frac{U_o'}{R}$$

将式(8.7.5)代入上式

$$I_o=\frac{R_2}{R_1R_3}\cdot U_o'-\frac{U_o'}{R}=\frac{R_2}{R_1}\cdot\frac{U_o'}{R_3}-\frac{R_3}{R}\cdot\frac{U_o'}{R_3}$$

因为 $R_2/R_1=R_3/R$,所以 $I_o=0$,因此

$$R_o=\frac{U_o'}{I_o}=\infty \tag{8.7.6}$$

可见,只有严格保证 R_1、R_2、R_3 和 R 之间的匹配关系,输出电阻才趋于无穷大,输出电流也才具有恒流特性。

图 8.7.2 所示电路为另一种负载接地的实用电压-电流转换电路。A_1、A_2 均引入了负反馈，前者构成同相求和运算电路，后者构成电压跟随器。图中，$R_1=R_2=R_3=R_4=R$，因此

$$u_{O2}=u_{P2}$$

$$u_{P1}=\frac{R_4}{R_3+R_4}\cdot u_I+\frac{R_3}{R_3+R_4}\cdot u_{P2}$$
$$=0.5u_I+0.5u_{P2} \tag{8.7.7}$$

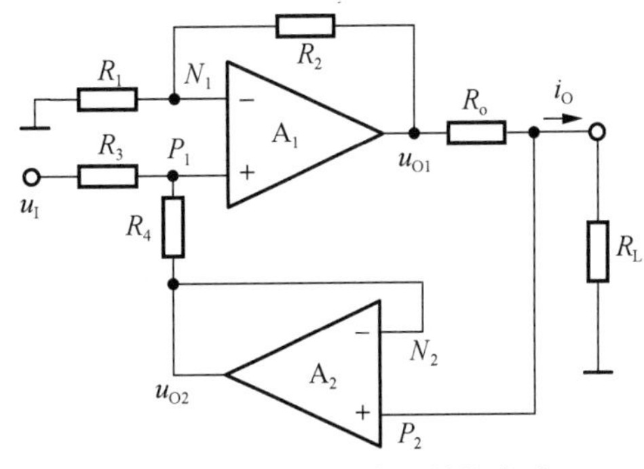

图 8.7.2　实用电压-电流转换电路

$$u_{O1}=\left(1+\frac{R_2}{R_1}\right)u_{P1}=2u_{P1}$$

将式(8.7.7)代入上式

$$u_{O1}=u_{P2}+u_I$$

R_o 上的电压

$$u_{R_o}=u_{O1}-u_{P2}=u_I$$

所以

$$i_O=\frac{u_I}{R_o} \tag{8.7.8}$$

与豪兰德电流源电路的表达式(式(8.7.4))相比，仅符号不同。

8.7.2　电流-电压转换电路

集成运放引入电压并联负反馈即可实现电流-电压转换，如图 8.7.3 所示，在理想运放条件下，输入电阻 $R_{if}=0$，因而 $i_f=i_s$，故输出电压

$$u_O=-i_sR_f \tag{8.7.9}$$

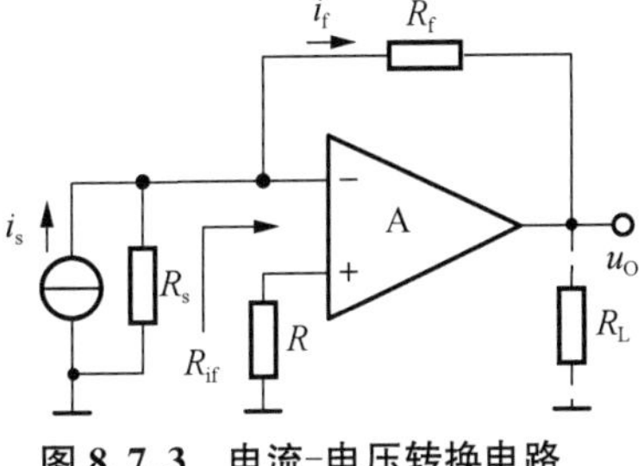

图 8.7.3　电流-电压转换电路

应当指出，因为实际电路的 R_{if} 不可能为零，所以 R_s 比 R_{if} 大得愈多，转换精度愈高。

8.7.3　精密整流电路

将交流电转换为直流电，称为整流。精密整流电路的功能是将微弱的交流电压转换成直流电压。整流电路的输出保留输入电压的形状，而仅仅改变输入电压的相位。当输入电压为正弦波时，半波整流电路和全波整流电路的输出电压波形如图 8.7.4 中 u_{O1} 和 u_{O2} 所示。

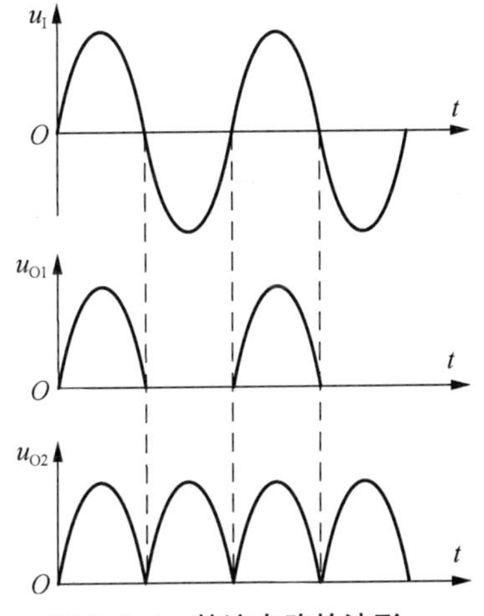

图 8.7.4　整流电路的波形

在图8.7.5(a)所示的一般半波整流电路中,由于二极管的伏安特性如图8.7.5(b)所示,当输入电压u_I幅值小于二极管的开启电压U_{th}时,二极管在信号的整个周期均处于截止状态,输出电压始终为零。即使u_I幅值足够大,输出电压也只反映u_I大于U_{th}的那部分电压的大小。因此,该电路不能对微弱信号整流。

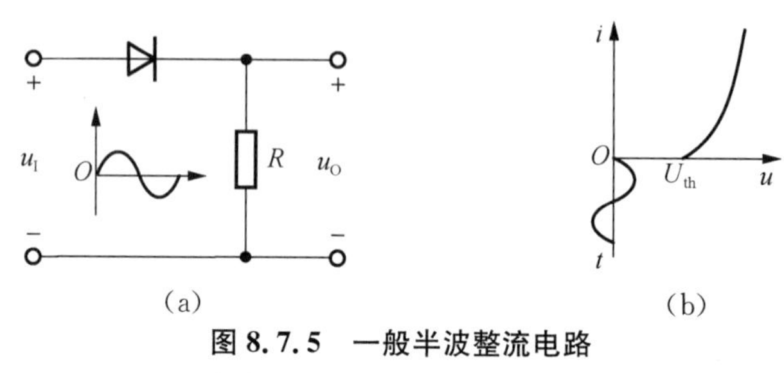

图8.7.5　一般半波整流电路

(a) 半波整流电路;(b) 二极管的伏安特性

图8.7.6(a)所示为半波精密整流电路。当$u_I>0$时,必然使集成运放的输出$u_O<0$,从而导致二极管D_2导通,D_1截止,电路实现反相比例运算,输出电压

$$u_O=-\frac{R_f}{R}\cdot u_I \tag{8.7.10}$$

当$u_I<0$时,必然使集成运放的输出$u_O>0$,从而导致二极管D_1导通,D_2截止,R_f中电流为零,因此输出电压$u_O=0$。u_I和u_O的波形如图8.7.6(b)所示。

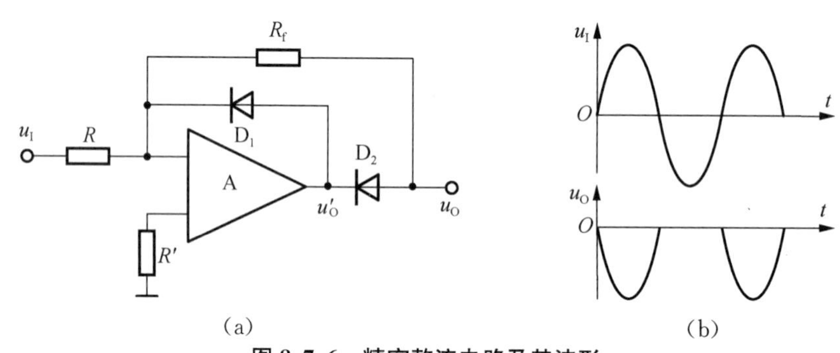

图8.7.6　精密整流电路及其波形

(a) 电路;(b) 波形图

如果设二极管的导通电压为0.7 V,集成运放的开环差模放大倍数为50万倍,那么为使二极管D_1导通,集成运放的净输入电压

$$u_P-u_N=\left(\frac{0.7}{5\times10^5}\right)\text{V}=0.14\times10^{-5}\ \text{V}=1.4\ \mu\text{V}$$

同理可估算出为使D_2导通,集成运放所需的净输入电压也是同数量级。可见,只要输入电压u_I使集成运放的净输入电压产生非常微小的变化,就可以改变D_1和D_2的工作状态,从而达到精密整流的目的。

图8.7.6(b)所示波形说明当$u_I>0$时$u_O=-Ku_I(K>0)$,当$u_I<0$时,$u_O=0$。可以想

象，若利用反相求和电路将 $-Ku_I$ 与 u_I 负半周波形相加，就可实现全波整流，电路如图 8.7.7(a)所示。

分析由 A_2 所组成的反相求和运算电路可知，输出电压

$$u_O = -u_{O1} - u_I$$

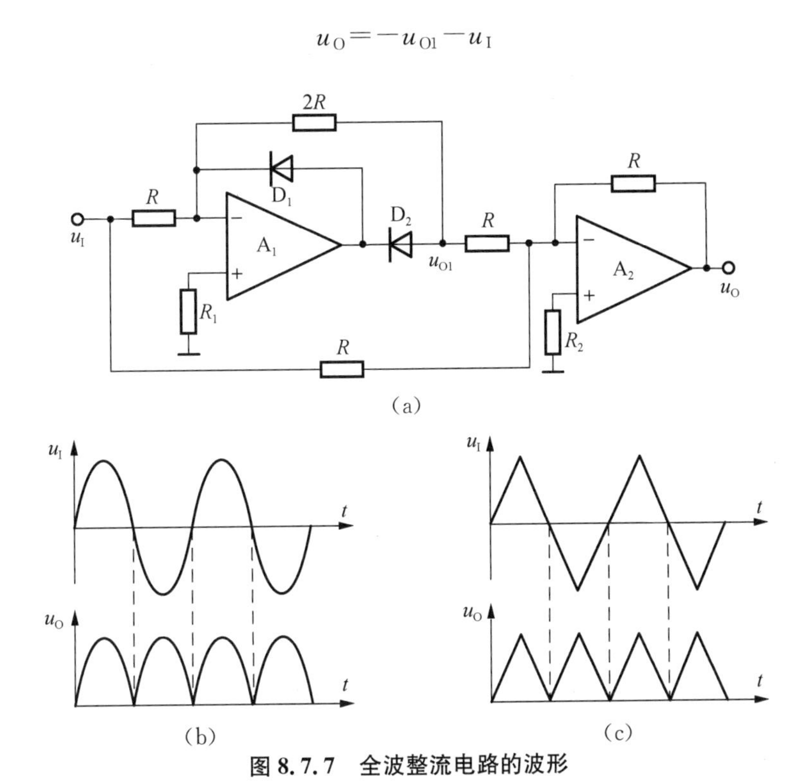

图 8.7.7　全波整流电路的波形

(a) 电路；(b) 输入正弦波时的波形图；(c) 输入三角波时的输出波形

当 $u_I>0$ 时，$u_{O1}=-2u_I$，$u_O=2u_I-u_I=u_I$；当 $u_I<0$ 时，$u_{O1}=0$，$u_O=-u_I$，所以

$$u_O = |u_I| \tag{8.7.11}$$

故图 8.7.7(a)所示电路也称为绝对值电路。当输入电压为正弦波和三角波时，电路输出波形分别如图(b)和(c)所示。电路的功能是实现精密全波整流，或者说构成绝对值电路。通过精密整流电路的分析可知，当分析含有二极管(或三极管、场效应管)的电路时，一般应首先判断管子的工作状态，然后求解输出与输入信号间的函数关系。而管子的工作状态通常取决于输入电压(如整流电路)或输出电压(如压控振荡电路)的极性。

8.7.4　电压-频率转换电路

电压-频率转换器(VFC)也称为电压控制振荡电路，是一种实现模数转换功能的器件，将模拟电压量变换为脉冲信号，该输出脉冲信号的频率与输入电压的大小成正比。电压-频率转换也称为伏-频(V/F)转换。把电压信号转换为脉冲信号后，可以明显地增强信号的抗干扰能力，也利于远距离传输。

可以想象，任何物理量通过传感器转换成电信号后，经信号调理电路后变换为合适的电压信号，控制压控振荡电路，通过和单片机的计数器连接并用数码显示，那么都可以得到该

物理量的数字式测量仪表,如图 8.7.8 所示。其电路形式很多,这里仅对基本电路加以介绍。

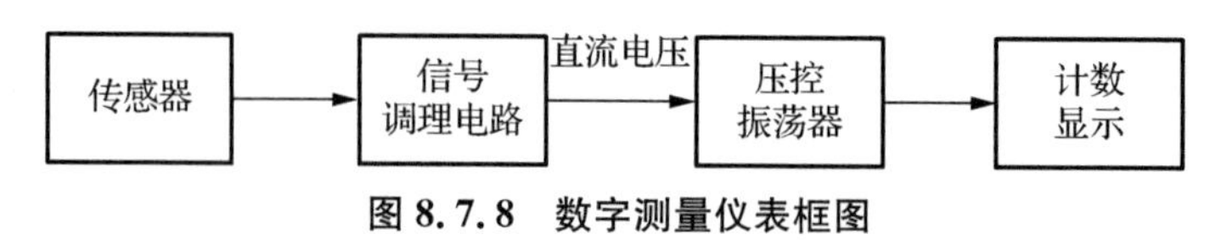

图 8.7.8 数字测量仪表框图

集成电压-频率转换电路可分为电荷平衡式电路(如 AD650、VFC101)和多谐振荡器式电路(如 AD654)两类。

电荷平衡式电压-频率转换电路由积分器和迟滞比较器组成,它的一般原理图如图 8.7.9 所示。图中 S 为电子开关,受输出电压 u_O 的控制。

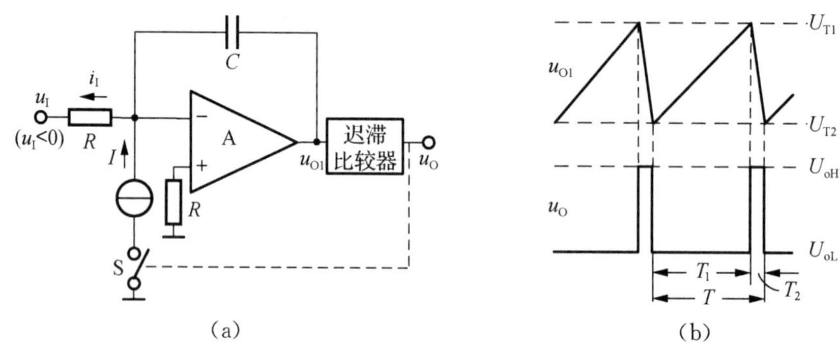

图 8.7.9 电荷平衡式电压-频率转换器框图及波形

(a) 原理图;(b) 波形图

设 $u_I<0$,$|I|\gg|i_I|$;u_O 的高电平为 U_{oH},u_O 的低电平为 U_{oL};当 $u_O=U_{oH}$ 时 S 闭合,当 $u_O=U_{oL}$ 时 S 断开。若初态 $u_O=U_{oL}$,S 断开,积分器对输入电流 i_I 积分,且 $i_I=\frac{u_I}{R}$,u_{O1} 随时间逐渐上升;当增大到一定数值时,u_O 从 U_{oL} 跃变为 U_{oH},使 S 闭合,积分器对恒流源电流 I 与 i_I 的差值积分,且 I 与 i_I 的差值近似为 I,u_{O1} 随时间下降;因为 $|I|\gg|i_I|$,所以 u_{O1} 下降速度远大于其上升速度;当 u_{O1} 减小到一定数值时,u_O 从 U_{oH} 跃变为 U_{oL},回到初态。电路重复上述过程,产生自激振荡,波形如图 8.7.9(b)所示。由于 $T_1\gg T_2$,可以认为振荡周期 $T\approx T_1$。而且,u_I 数值愈大,T_1 愈小,振荡频率 f 愈高,因此实现了电压-频率转换,或者说实现了压控振荡。由于电流源 I 对电容 C 在很短时间内放电(或称反向充电)的电荷量等于 i_I 在较长时间内充电(或称正向充电)的电荷量,故称这类电路为电荷平衡式电路。

在图 8.7.10(a)所示锯齿波发生电路中,若将电位器滑动端置于最上端,且积分电路正向积分决定于输入电压,则构成压控振荡电路,这是电荷平衡式电压-频率转换电路的一种。在实际电路中,将图(a)中的 D_2 省略,将 R_W 换为固定电阻,并习惯画成如图 8.7.10(b)所示电路,两个集成运放输出电压的波形如图 8.7.10(c)所示。根据 8.5.6 节对锯齿波发生电路的定量分析可知,图 8.7.10(b)所示电路中迟滞比较器的阈值电压为

$$\pm U_T=\pm\frac{R_1}{R_2}\cdot U_Z$$

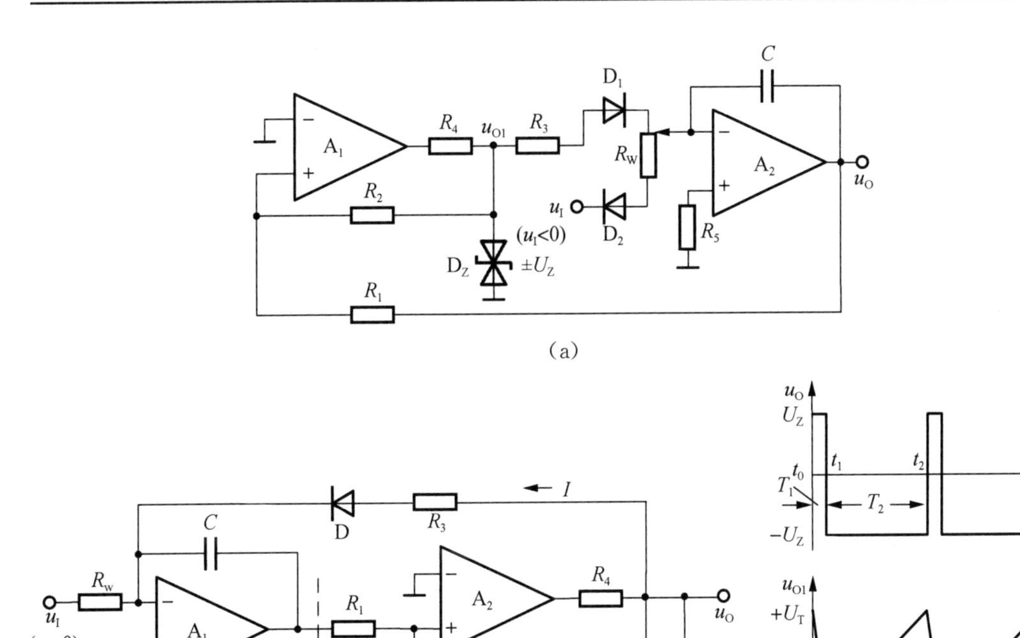

图 8.7.10　由锯齿波发生电路演变为电压-频率转换电路

(a) 原理电路图；(b) 习惯画法；(c) 波形分析

在图 8.7.10(c)的 T_2 时间段，u_{O1} 是对 u_I 的线性积分，其起始值为$-U_T$，终了值为$+U_T$，因而 T_2 应满足

$$U_T=-\frac{1}{R_W C}\cdot u_I T_2-U_T$$

解得

$$T_2=\frac{2R_1R_WC}{R_2}\cdot\frac{U_Z}{|u_I|}$$

当 $R_w \gg R_3$ 时，振荡周期 $T\approx T_2$，故振荡频率

$$f\approx\frac{1}{T_2}=\frac{R_2}{2R_1R_WCU_Z}\cdot|u_I| \tag{8.7.12}$$

振荡频率受控于输入电压。

本书不介绍多谐振荡器式电路，仅在表 8.7.1 中列出 AD650 和 AD654 的性能指标。

表 8.7.1　集成电压-频率转换电路的主要性能指标

指标参数	AD650	AD654
满刻度频率/MHz	1	0.5
非线性/%	0.005	0.06
电压输入范围/V	$-10\sim0$	$0\sim(V_{CC}-4)$　(单电源供电) $-V_{CC}\sim(V_{CC}-4)$　(双电源供电)
输入阻抗/kΩ	250	250×10^3
电源电压范围/V	$\pm9\sim\pm18$	单电源供电:4.5～3.6 双电源供电:$\pm5\sim\pm18$
电源电流最大值/mA	8	3

表中参数表明,电荷平衡式电路(AD650)的满刻度输出频率高,线性误差小,但其输入阻抗低,必须正、负双电源供电,且功耗大。多谐振荡器式电路(AD654)功耗低,输入阻抗高,而且内部电路结构简单,输出为方波,价格便宜,但不如前者精度高。

小　结

本章主要讲述了正弦波振荡电路、非正弦波发生电路和波形变换电路。具体内容如下:

一、正弦波振荡电路

1. 正弦波振荡电路由放大电路、选频网络、正反馈网络和稳幅环节四部分组成。正弦波振荡的幅值平衡条件为$|\dot{A}\dot{F}|=1$,相位幅值平衡条件为$\varphi_A+\varphi_F=2n\pi$($n$ 为整数)。按选频网络所用元件不同,正弦波振荡电路可分为 RC、LC 和石英晶体几种类型。

2. RC 正弦波振荡电路的振荡频率较低。常用电路由 RC 串并联网络和同相比例运算电路组成。若 RC 串并联网络中的电阻均为 R,电容均为 C,则振荡频率 $f_0=1/(2\pi RC)$,反馈系数$|\dot{F}|=1/3$,因而$|\dot{A}_u|\geqslant3$。

3. LC 正弦波振荡电路的振荡频率较高,由分立元件组成。分为变压器反馈式、电感反馈式和电容反馈式三种。它们的振荡频率 f_0 由 LC 谐振回路决定,当 LC 谐振回路的品质因数$Q\gg1$ 时,LC 振荡电路的振荡频率 $f_0=1/(2\pi\sqrt{LC})$,L、C 分别为谐振回路的等效电感和等效电容。Q 值越大,电路的选频性越好。

4. 石英晶体的振荡频率非常稳定,有串联和并联两个谐振频率,分别为 f_s 和 f_p,且 $f_p\approx f_s$。在 $f_s<f<f_p$ 极窄的频率范围内呈感性。利用石英晶体可构成串联型和并联型两种正弦波振荡电路。

5. 在分析电路是否可能产生正弦波振荡时,应首先观察电路是否包含四个组成部分,进而检查放大电路能否正常放大,然后利用瞬时极性法判断电路是否满足相位平衡条件,必要时再判断电路是否满足振幅平衡条件。

二、电压比较器

1. 电压比较器能够将模拟信号转换成具有数字信号特点的两值信号,即输出不是高电平,就是低电平。因此,集成运放工作在非线性区。它既用于信号转换,又作为非正弦波发生电路的重要组成部分。

2. 通常用电压传输特性来描述电压比较器输出电压与输入电压的函数关系。电压传输特性具有三个要素:一是输出高、低电平,它取决于集成运放输出电压的最大幅度或输出端的限幅电路;二是阈值电压,它是使集成运放同相输入端和反相输入端电位相等的输入电压;三是输入电压过阈值电压时输出电压的跃变方向,它取决于输入电压是作用于集成运放的反相输入端还是同相输入端。

3. 本章介绍了单门限、迟滞和窗口比较器。单门限比较器只有一个门限电压；迟滞比较器具有迟滞回环传输特性，虽有两个门限电压，但当输入电压向单一方向变化时输出电压仅跃变一次。

三、非正弦波发生电路

在非正弦波信号产生电路中没有选频网络，同时器件在大信号状态下工作，受非线性特性的限制，它属于一种弛张振荡电路。本章讨论了矩形波、锯齿波和三角波产生电路。它通常由比较器、反馈网络和积分电路等组成。判断电路能否振荡的方法是，设比较器的输出为高电平（或低电平），经反馈、积分等环节能使比较器输出从一种状态跳变到另一种状态，则电路能振荡。锯齿波产生电路与三角波产生电路的差别是，前者积分电路的正向和反向充放电时间常数不相等，而后者是一致的。

四、信号转换电路

信号转换电路是信号处理电路。利用反馈的方法可将电流转换为电压，也可将电压转换为电流。利用精密整流电路可将交流信号转换为直流信号，利用电压-频率转换电路（压控振荡电路）可将电压转换成与其值成正比的频率。

学完本章之后，应能达到以下教学要求：

1. 掌握正弦波振荡电路的组成，以及产生正弦波振荡的相位平衡条件和幅度平衡条件。

2. 掌握 RC 桥式振荡电路的组成、工作原理、振荡频率、起振条件以及电路的特点。

3. 正确理解典型的 LC 振荡电路（变压器反馈式、电感反馈式、电容反馈式等）的电路组成、工作原理和性能特点。

4. 正确理解常用的非正弦波发生电路（矩形波、三角波和锯齿波）的电路组成、工作原理和主要参数的估算方法。

5. 了解石英晶体振荡电路的工作原理和性能特点。

习　题

8.1　正弦波振荡电路如图题 8.1 所示，已知 $R_1=2\ \text{k}\Omega$，$R_2=4.5\ \text{k}\Omega$，R_W 在 0～5 kΩ 范围内可调，设运放 A 是理想的，振幅稳定后二极管的动态电阻 $r_D=500\ \Omega$，求 R_W 的值。

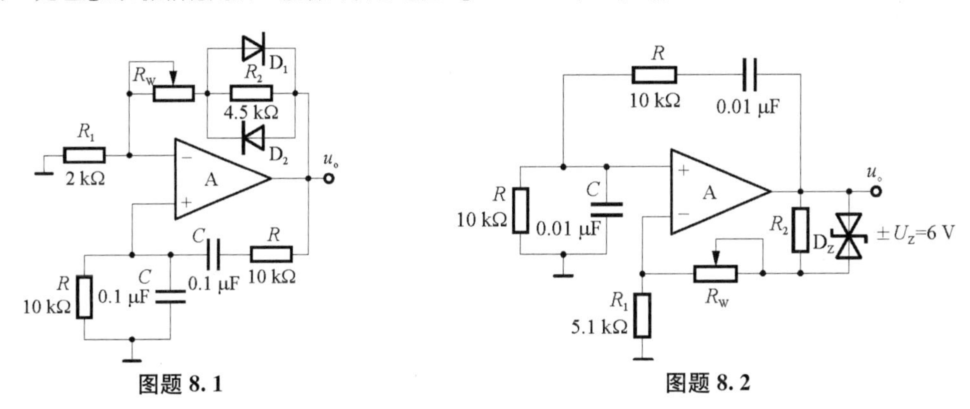

图题 8.1　　**图题 8.2**

8.2　设运放 A 是理想的，试分析图题 8.2 所示的正弦波振荡电路：

(1) 为满足振荡条件，试在图中用＋、－标出 A 的同相端和反相端；为能起振，R_W、R_2 两电阻之和应大于何值？

(2) 此电路的振荡频率 f_0。

(3) 试证明稳定振荡时输出电压的峰值为

$$U_{om}=\frac{3R_1}{2R_1-R_W}U_Z$$

8.3　电路如图题 8.3 所示,试用相位平衡条件判断哪个能振荡,哪个不能,说明理由。

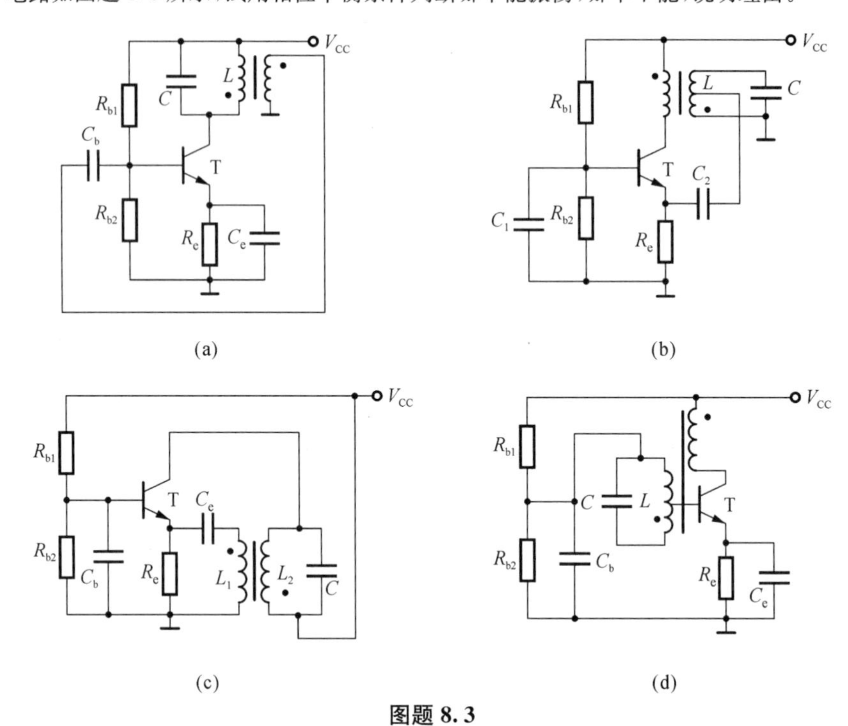

图题 8.3

8.4　对图题 8.4 所示的各三点式振荡器的交流通路,试用相位平衡条件判断哪个能振荡,哪个不能,指出可能振荡的电路类型。

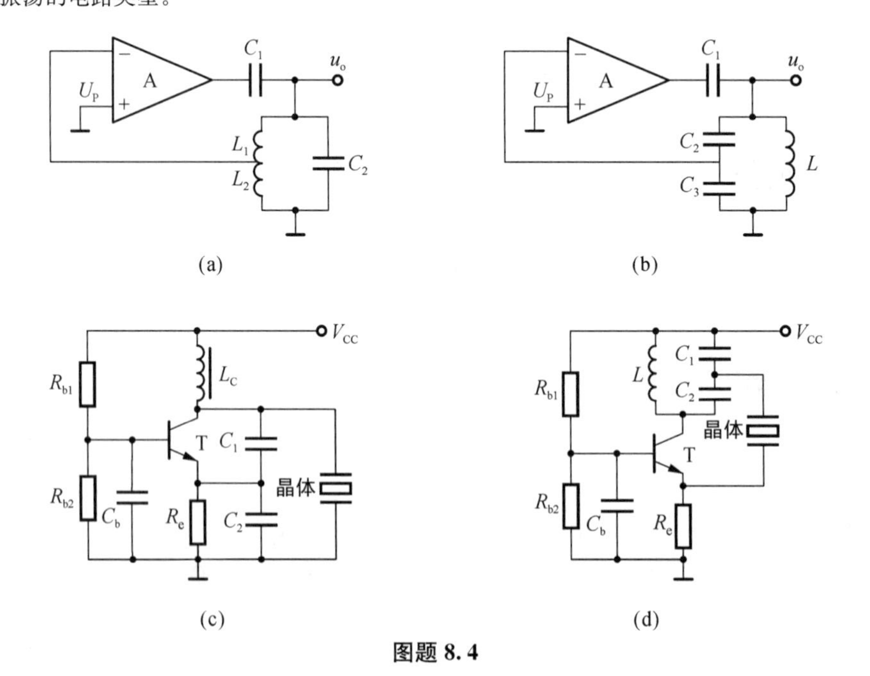

图题 8.4

8.5　两种改进型电容三点式振荡电路如图题 8.5 所示，试回答下列问题：

(1) 画出图(a)的交流通路，若 C_b 很大，$C_1 \gg C_3$，$C_2 \gg C_3$，求振荡频率 f_0 的表达式。

(2) 画出图(b)的交流通路，若 C_b 很大，$C_1 \gg C_3$，$C_2 \gg C_3$，求振荡频率 f_0 的表达式。

(3) 定性说明杂散电容对两种电路频率的影响。

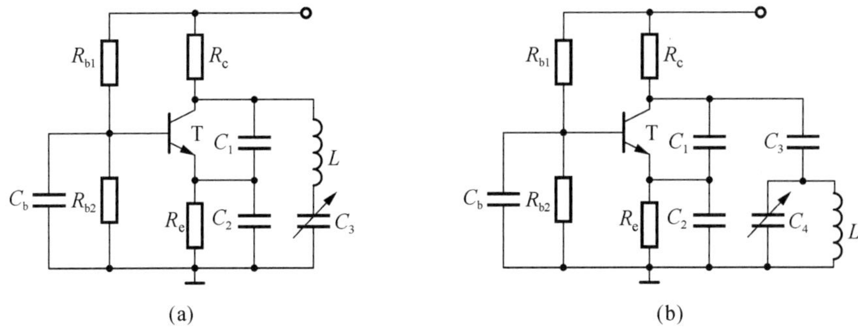

图题 8.5

8.6　电路如图题 8.6 所示，设 A_1、A_2、A_3 均为理想运放，其最大输出电压幅度为±15 V。

(1) $A_1 \sim A_3$ 各组成何种基本应用电路？

(2) 若 $u_I = 9\sin\omega t$(V)，试画出与之对应的 u_{O1}，u_{O2} 和 u_O 的波形。

(3) 若将 A_2 的同相端改接到 $U_{REF} = 4.5$ V 上，当 $u_I = 9\sin\omega t$(V)，画出与之对应的 u_{O1}，u_{O2} 和 u_O 的波形。

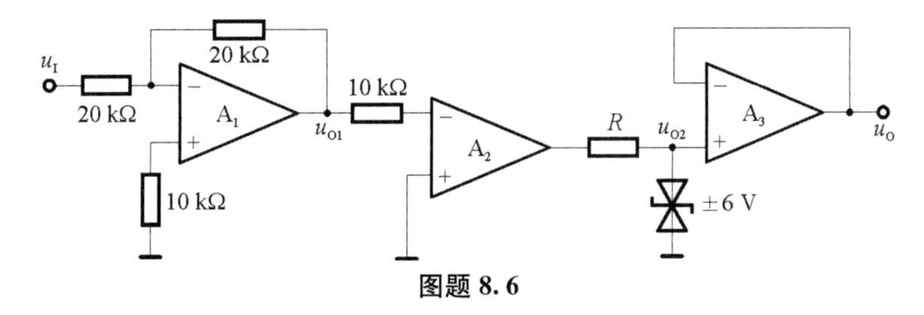

图题 8.6

8.7　电路如图题 8.7 所示，设 A_1、A_2 均为理想运放，输入信号电压 $u_I = 10\sin\omega t$(V)，最大输出电压 $U_{oH} = -U_{oL} = 12$ V。试说明 A_1、A_2 各组成何种基本电路，画出与 u_I 对应的 u_O 的波形。

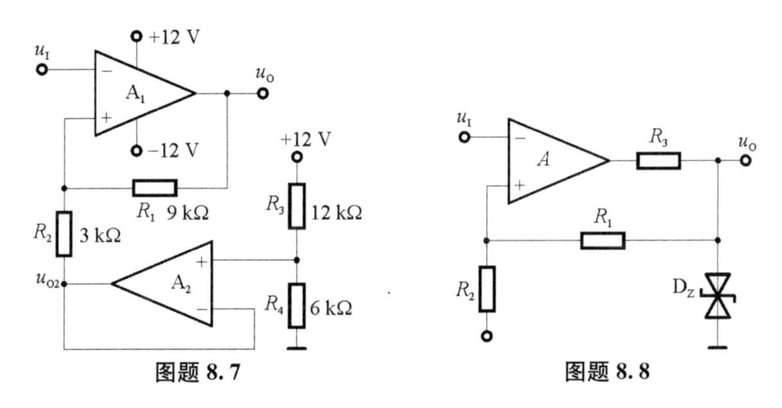

图题 8.7　　**图题 8.8**

8.8　电路如图题 8.8 所示，设 A 为理想运放，稳压管 D_Z 的稳定电压 $U_Z = \pm 9$ V，参考电压 $U_{REF} = 3$ V，电阻 $R_1 = 30$ kΩ，$R_2 = 15$ kΩ，$R_3 = 1$ kΩ。

(1) 试画出电路的电压传输特性。

(2) 设 $u_I = 10\sin\omega t$(V)，试对应画出 u_O 的波形。

第九章　直流稳压电源

各种电子电路和系统，一般均需要稳定的直流电源供电。本章介绍小功率直流电源，它的主要功能是把交流电压转换为幅值稳定的直流电压。

小功率直流电源一般由变压、整流、滤波和稳压四个环节组成，其组成框图如图 9.0.1 所示。

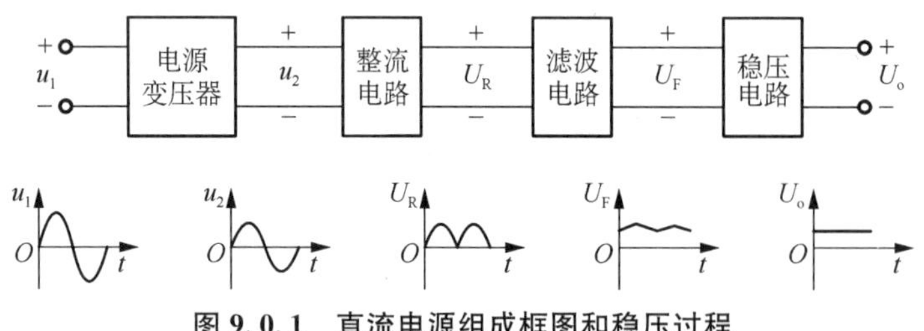

图 9.0.1　直流电源组成框图和稳压过程

(1) 电源变压器：通常为降压变压器，将交流电网电压变为合适的交流电压，副边电压有效值取决于后面电路或电子设备的需要。

(2) 整流电路：利用整流元件的单向导电性，将交流电压变为脉动的直流电压。但此时的直流电压有很大的脉动成分，还需要滤波和稳压环节才能变成理想的直流电压。

(3) 滤波电路：通常由电容、电感等储能元件组成，目的是滤除整流后电压中的交流脉动成分，使输出电压比较平滑。

(4) 稳压电路：克服电网波动及负载变化的影响，保持输出电压 U_o 稳定。

9.1　小功率整流滤波电路

9.1.1　单相桥式整流电路

整流电路的任务是将交流电压变换为脉动的直流电压，在小功率直流电源中，整流方式主要有单相半波、单相全波、单相桥式和倍压整流等。

分析整流电路时，为简化分析过程，把二极管当作理想元件处理，即二极管的正向导通电阻为零，反向电阻为无穷大。同时，往往假设负载为纯阻性，并忽略变压器及电路的其他损耗。

1) 工作原理

电路如图 9.1.1(a)所示，图中电源变压器的作用是将交流电网电压 u_1 变成整流电路要求的交流电压 $u_2=\sqrt{2}U_2\sin\omega t$，$R_L$ 是要求直流供电的负载电阻，四只整流二极管 $D_1 \sim D_4$ 接成电桥的形式，故有桥式整流电路之称。图 9.1.1(b)是它的简化画法。整流桥的 D_1、D_2 的连接处称共阴极，用“＋”标记，即电流从此处流出，D_3、D_4 连接处称共阳极，用“－”标记，其他两点表示接交流电源标记“～”。

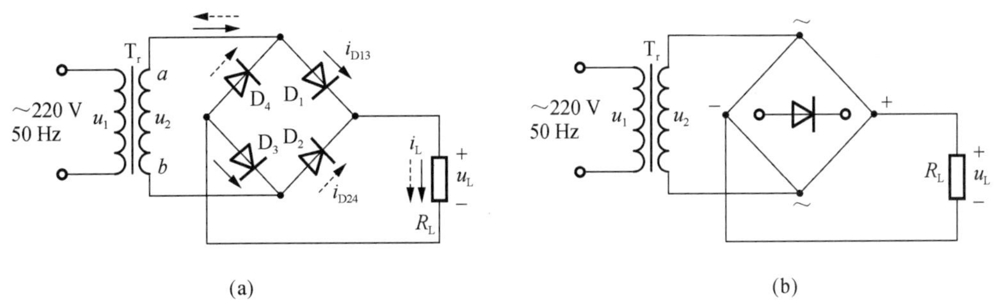

图 9.1.1　单相桥式整流电路

(a) 电路原理;(b) 简化表示

在电源电压 u_2 的正、负半周(设 a 端为正,b 端为负时是正半周)内电流通路分别用图 9.1.1(a)中实线和虚线箭头表示。

通过负载 R_L 的电流 i_L 以及电压 u_L 的波形如图 9.1.2 所示。显然,它们都是单方向的全波脉动波形。

2) 负载上的直流电压 U_L 和直流电流 I_L 的计算

用傅里叶级数对图 9.1.2 中 u_L 的波形进行分解后可得

$$u_L=\sqrt{2}U_2\left(\frac{2}{\pi}-\frac{4}{3\pi}\cos2\omega t-\frac{4}{15\pi}\cos4\omega t-\frac{4}{35\pi}\cos6\omega t\cdots\right) \tag{9.1.1}$$

式中恒定分量即为负载电压 u_L 的平均值,因此有

$$U_L=\frac{2\sqrt{2}U_2}{\pi}=0.9U_2 \tag{9.1.2}$$

直流电流为

$$I_L=\frac{0.9U_2}{R_L} \tag{9.1.3}$$

由式(9.1.1)看出,最低次谐波分量的幅值为 $4\sqrt{2}U_2/3\pi$,角频率为电源频率的两倍,即 2ω。其他交流分量的角频率为 4ω、6ω……偶次谐波分量。这些谐波分量总称为纹波,它叠加于直流分量之上。常用纹波系数来表示直流输出电压中相对纹波电压的大小,即

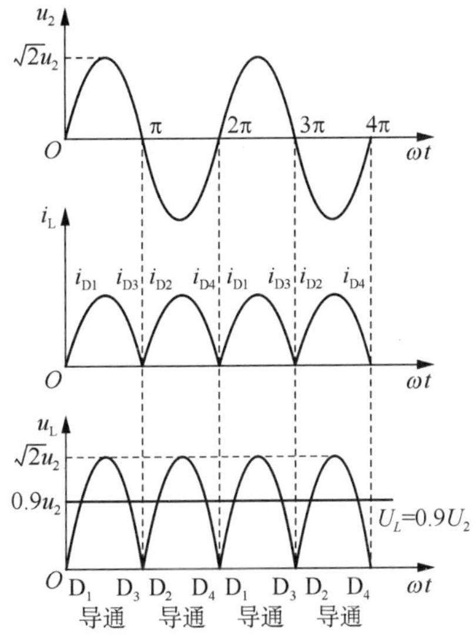

$$K_\gamma=\frac{U_{L\gamma}}{U_L}=\frac{\sqrt{U_2^2-U_L^2}}{U_L} \tag{9.1.4}$$

图 9.1.2　单相桥式整流电路电压、电流波形图

式中 $U_{L\gamma}$ 为谐波电压总的有效值,它表示为

$$U_{L\gamma}=\sqrt{U_{L2}^2+U_{L4}^2+\cdots}=\sqrt{U_2^2-U_L^2} \tag{9.1.5}$$

式中 U_{L2}、U_{L4} 为二次、四次谐波的有效值。由式(9.1.2) 和式(9.1.4)得出桥式整流电的纹

波系数 $K_\gamma=\sqrt{(1/0.9)^2-1}\approx0.483$。由于 U_L 中存在一定的纹波,故需用滤波电路滤除纹波电压。

3) 整流元件参数的计算

在桥式整流电路中,二极管 D_1、D_3 和 D_2、D_4 是两两轮流导通的,所以流经每个二极管的平均电流为

$$I_D=\frac{1}{2}I_L=\frac{0.45U_2}{R_L} \tag{9.1.6}$$

二极管在截止时管子两端承受的最大反向电压可以从图 9.1.1(a)看出。在 u_2 正半周时,D_1、D_3 导通,D_2、D_4 截止。此时 D_2、D_4 所承受到的最大反向电压均为 u_2 的最大值,即

$$U_{RM}=\sqrt{2}U_2 \tag{9.1.7}$$

同理,在 u_2 的负半周,D_1、D_3 也承受同样大小的反向电压。

一般电网电压波动范围为±10%。实际上选用的二极管的最大整流电流 I_{DM} 和最高反向电压 U_{RM} 应留有大于10%的余量。

桥式整流电路的优点是输出电压高,纹波电压较小,管子所承受的最大反向电压较低,同时因电源变压器在正、负半周内都有电流供给负载,电源变压器得到了充分的利用,效率较高。因此,这种电路在半导体整流电路中得到了颇为广泛的应用。

如果将桥式整流电路变压器的副边中点接地,并将两个负载电阻相连接,且连接点接地,如图 9.1.3 所示,那么根据桥式整流电路的工作原理,当 a 点为"+"、b 点为"-"时,D_1、D_3 导通,D_2、D_4 截止,电流如图中实线所示;而当 b 点为"+"a 点为"-"时,D_2、D_4 导通,D_1、D_3 截止,电流如图中虚线所示,这样,两个负载上就分别获正、负电源。可见,利用桥式整流电路可以很容易获得正、负电源,这是其他整流电路难以完成的。

在实际使用中,当整流电路的输出功率(即输出电压平均值与电流平均值之积)超过几千瓦且又要求脉动较小时,就需要采用三相整流电路。

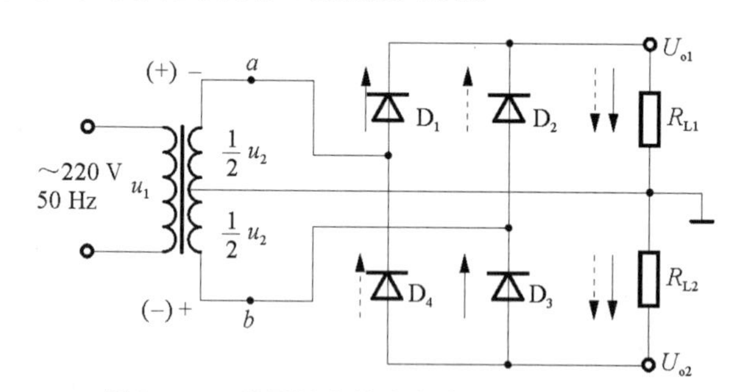

图 9.1.3 利用桥式整流电路实现正、负电源

9.1.2 滤波电路

滤波电路用于滤去整流输出电压中的纹波,一般由电抗元件组成,如在负载电阻两端并联电容器 C,或在整流电路输出端与负载间串联电感器 L,以及由电容、电感组合而成的各种复式滤波电路。常用的结构如图 9.1.4 所示。

由于电抗元件在电路中有储能作用，并联的电容器 C 在电源供给的电压升高时，能把部分能量存储起来，而当电源电压降低时，就把电场能量释放出来，使负载电压比较平滑，即电容 C 具有平波的作用；与负载串联的电感 L，当电源供给的电流增加（由电源电压增加引起）时，它把能量存储起来，而当电流减小时，又把磁场能量释放出来，使负载电流比较平滑，即电感 L 也有平波作用。

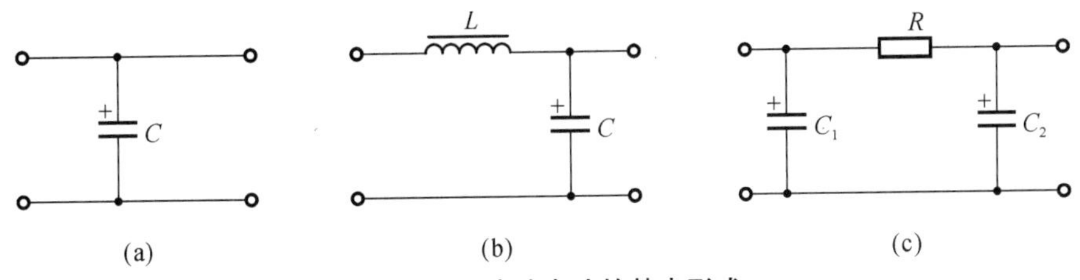

图 9.1.4　滤波电路的基本形式

(a) C 形滤波电路；(b) 倒 L 形滤波电路；(c) Π 形滤波电路

滤波电路的形式很多，为了掌握它的规律，把它分为电容输入式（电容器 C 接在最前面，如图 9.1.4(a)所示）和电感输入式（电感器 L 接在最前面，如图 9.1.4(b)所示）。前一种滤波电路多用于小功率电源中，而后一种滤波电路多用于较大功率电源中（而且当电流很大时仅用一电感器与负载串联）。本节重点分析小功率整流电源中应用较多的电容滤波电路，然后再简要介绍其他形式的滤波电路。

1）电容滤波电路

图 9.1.5 为单相桥式整流、电容滤波电路。在分析电容滤波电路时，要特别注意电容器两端电压 u_C 对整流元件导电的影响，整流元件只有受正向电压作用时才导通，否则便截止。

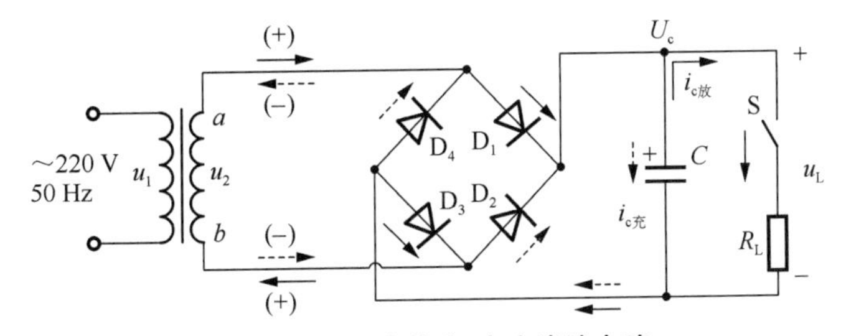

图 9.1.5　桥式整流、电容滤波电路

负载 R_L 未接入（开关 S 断开）时的情况：设电容器两端初始电压为零，接入交流电源后，当 u_2 为正半周时，u_2 通过 D_1、D_3 向电容器 C 充电；u_2 为负半周时，经 D_2、D_4 向电容器 C 充电，充电时间常数为

$$\tau_C = R_{int}C \tag{9.1.8}$$

其中 R_{int} 包括变压器副绕组的直流电阻和二极管 D 的正向电阻。由于 R_{int} 一般很小，电容器很快就充电到交流电压 u_2 的最大值 $\sqrt{2}U_2$，极性如图 9.1.5 所示。由于电容器无放电回路，故输出电压（即电容器 C 两端的电压 u_C）保持在 $\sqrt{2}U_2$，输出为一个恒定的直流电压，如图 9.1.6 中 $\omega t<0$（即纵坐标左边）部分所示。

接入负载 R_L（开关 S 合上）的情况：设变压器副边电压 u_2 从 0 开始上升（即正半周开

始)时接入负载 R_L，由于电容器在负载未接入前充了电，故刚接入负载时 $u_2<u_C$，二极管受反向电压作用而截止，电容器 C 经 R_L 放电，放电的时间常数为

$$\tau_d=R_LC \tag{9.1.9}$$

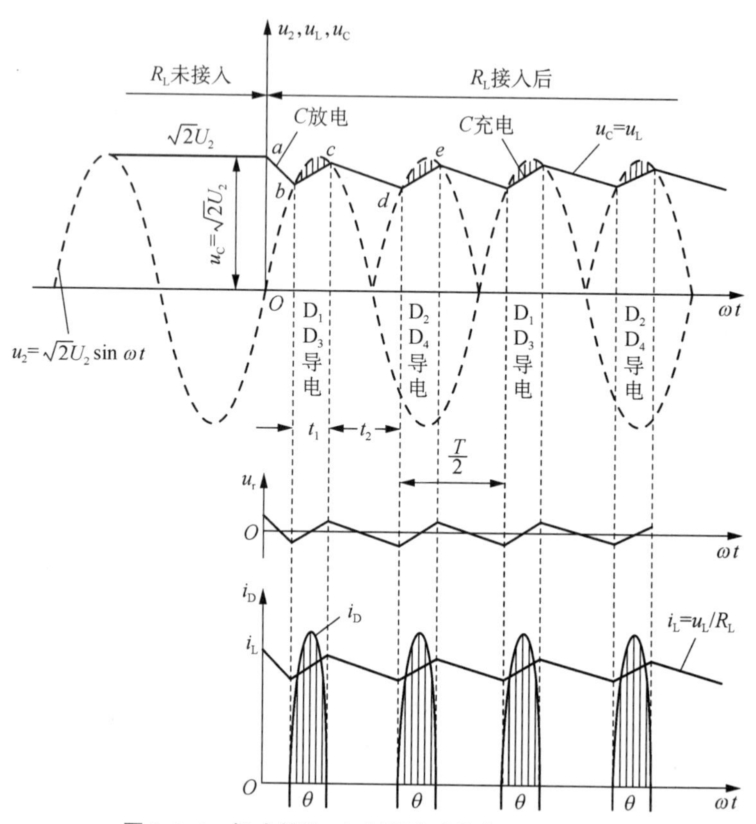

图 9.1.6　桥式整流、电容滤波时的电压、电流波形

因为一般 τ_d 较大，故电容两端的电压 u_C 按指数规律慢慢下降。其输出电压 $u_L=u_C$，如图 9.1.6 中的 ab 段所示。与此同时，交流电压 u_2 按正弦规律上升。当 $u_2>u_C$ 时，二极管 D_1、D_3 受正向电压作用而导通，此时，u_2 经二极管 D_1、D_3 一方面向负载 R_L 提供电流，另一方面向电容器 C 充电[接入负载时的充电时间常数 $\tau_C=(R_L\parallel R_{int})C\approx R_{int}C$ 很小]，u_C 将如图 9.1.6 中的 bc 段，图中 bc 段上的阴影部分为电路中的电流在整流电路内阻 R_{int} 上产生的压降。u_C 随着交流电压 u_2 升高到接近最大值 $\sqrt{2}U_2$ 附近。然后 u_2 又按正弦规律下降。当 $u_2<u_C$ 时，二极管受反向电压作用而截止，电容器 C 又经 R_L 放电，u_C 波形如图 9.1.6 中的 cd 段。电容器 C 如此周而复始地进行充、放电，负载上便得到如图 9.1.6 所示的一个近似锯齿波的电压 $u_L=u_C$，使负载电压的波动大为减小。电路的电压、电流和纹波电压波形如图所示。

由以上分析可知，电容滤波电路有如下特点：

① 二极管的导电角 $\theta<\pi$，流过二极管的瞬时电流很大，如图 9.1.6 所示。电流的有效值和平均值的关系与波形有关，在平均值相同的情况下，波形越尖，有效值越大。在纯电阻负载时，变压器副边电流的有效值 $I_2=1.11I_L$，而有电容滤波时

$$I_2=(1.5\sim2)I_L \tag{9.1.10}$$

② 负载平均电压 U_L 升高，纹波（交流成分）减小，且 R_LC 越大，电容放电速率越慢，则负载电压中的纹波成分越小，负载平均电压越高。

为了得到平滑的负载电压，一般取

$$\tau_d=R_LC\geqslant(3\sim5)\frac{T}{2} \tag{9.1.11}$$

式中，T 为电源交流电压的周期。

③ 负载直流电压随负载电流增加而减小。U_L 随 I_L 的变化关系称为输出特性或外特性，如图 9.1.7 所示。

当 $R_L=\infty$ 时，即空载时 C 值一定，$\tau_d=\infty$，有

$$U_{L0}=1.4U_2$$

当 $C=0$，即无电容时

$$U_{L0}=0.9U_2 \tag{9.1.12}$$

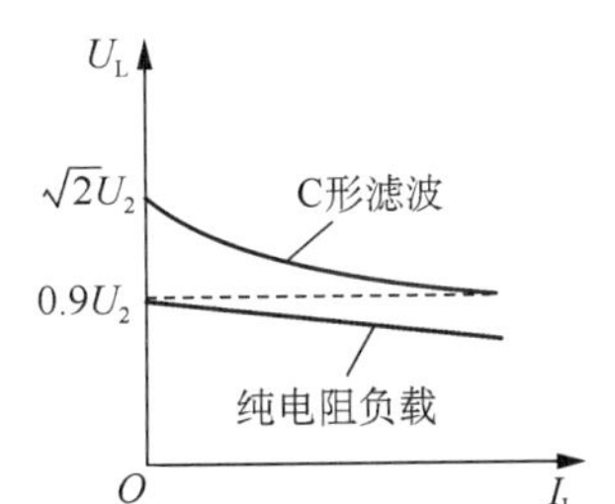

图 9.1.7　纯电阻 R_L 和具有电容滤波的桥式整流电路的输出特性

在整流电路的内阻不太大（几欧）和放电时间常数满足式(9.1.11)的关系时，电容滤波电路的负载电压 U_L 与 U_2 的关系约为

$$U_L=(1.1\sim1.2)U_2 \tag{9.1.13}$$

总之，电容滤波电路简单，负载直流电压 U_L 较高，纹波也较小，它的缺点是输出特性较差，故适用于负载电压较高、负载变动不大的场合。

2）电感滤波电路

在桥式整流电路和负载电阻 R_L 之间串入一个电感器 L，如图 9.1.8 所示。当通过电感线圈的电流增加时，电感线圈产生自感电势（左"+"右"−"）阻止电流增加，同时将一部分电能转化为磁场能量储存于电感中；当电流减小时，自感电势（左"−"右"+"）阻止电流减小，同时将电感中的磁场能量释放出来，以补偿电流的减小。此时整流二极管 D 依然导电，导电角 θ 增大，使 $\theta=\pi$，利用电感的储能作用可以减小输出电压和电流的纹波，从而得到比较平滑的直流电。当忽略电感器 L 的电阻时，负载上输出的平均电压和纯电阻（不加电感）负载相同，如忽略 L 的直流电阻上的压降，即 $U_L=0.9U_2$。

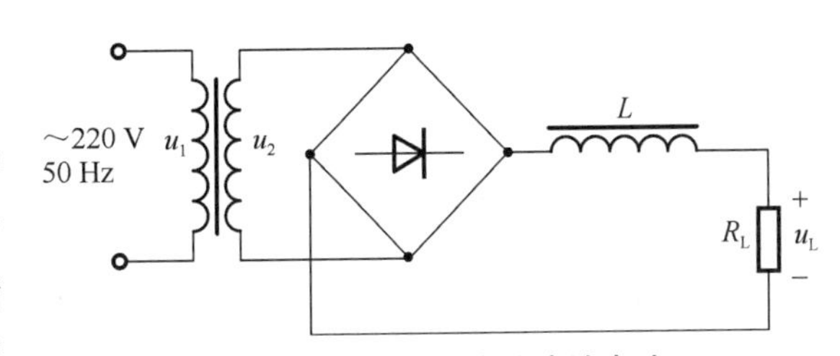

图 9.1.8　桥式整流、电感滤波电路

电感滤波的特点是，整流管的导电角较大（电感 L 上的反电势使整流管导电角增大），峰值电流很小，输出特性比较平坦。其缺点是由于铁芯的存在，笨重、体积大，易引起电磁干扰。一般只适用于低电压、大电流场合。

此外，为了进一步减小负载电压中的纹波，电感后面可再接一电容而构成倒 L 形滤波电

路或 $RC-\Pi$ 形滤波电路，如图 9.1.4(b)、(c)所示。其性能和应用场合分别与电感滤波(又称电感输入式)电路及电容滤波(又称电容输入式)电路相似。

【例 9.1.1】 单相桥式整流、电容滤波电路如图 9.1.5 所示。已知 220 V 交流电源频率 $f=50$ Hz，要求直流电压 $U_L=30$ V，负载电流 $I_L=50$ mA，试求电源变压器副边电压 u_2 的有效值，选择整流二极管及滤波电容器。

解:① 求变压器副边电压有效值。

由式(9.1.13)，取 $U_L=1.2U_2$

$$U_2=\frac{30}{1.2}\text{V}=25\ \text{V}$$

② 选择整流二极管：

流经二极管的平均电流

$$I_D=\frac{1}{2}I_L=\frac{1}{2}\times 50\ \text{mA}=25\ \text{mA}$$

二极管承受的最大反向电压

$$U_{RM}=\sqrt{2}U_2\approx 35\ \text{V}$$

因此，可选用 2CZ51D 整流二极管(其允许最大电流 $I_F=50$ mA，最大反向电压 $U_{RM}=100$ V)，也可选用硅桥堆 QL－1 型($I_F=50$ mA，$U_{RM}=100$ V)。

③ 选择滤波电容器：

负载电阻

$$R_L=\frac{U_L}{I_L}=\frac{30}{50}\text{k}\Omega=0.6\ \text{k}\Omega$$

由式(9.1.11)，取 $R_LC=4\times\frac{T}{2}=2T=2\times\frac{1}{50}\text{s}=0.04$ s。由此可得滤波电容

$$C=\frac{0.04}{R_L}=\frac{0.04\ \text{s}}{600\ \Omega}\approx 66.7\ \mu\text{F}$$

若考虑电网波动±10%，则电容器承受的最大电压为

$$U_{CM}=\sqrt{2}U_2\times 1.1=(1.4\times 25\times 1.1)\text{V}=38.5\ \text{V}$$

选用标称值为 68 μF/50 V 的电解电容器。

9.1.3　倍压整流电路

利用滤波电容的存储作用，由多个电容和二极管可以获得几倍于变压器副边电压的输出电压，称为倍压整流电路。

图 9.1.9 所示为二倍压整流电路，U_2 为变压器副边电压有效值。其工作原理简述如下：当 u_2 正半周时，a 点为“＋”，b 点为“－”，使得二极管 D_1 导通，D_2 截止；C_1 充电，电流如图中实线所示；C_1 上电压极性右为“＋”，左为“－”，最大值可达$\sqrt{2}U_2$。当 u_2 负半周时，a 点

为"—",b 点为"+",C_1 上电压与变压器副边电压相加,使得 D_2 导通,D_1 截止;C_2 充电,电流如图中虚线所示;C_2 上电压的极性下为"+",上为"—",最大值可达 $2\sqrt{2}U_2$。可见,是 C_1 对电荷的存储作用,使输出电压(即电容 C_2 上的电压)为变压器副边电压的 2 倍,利用同样原理可以实现所需倍数的输出电压。

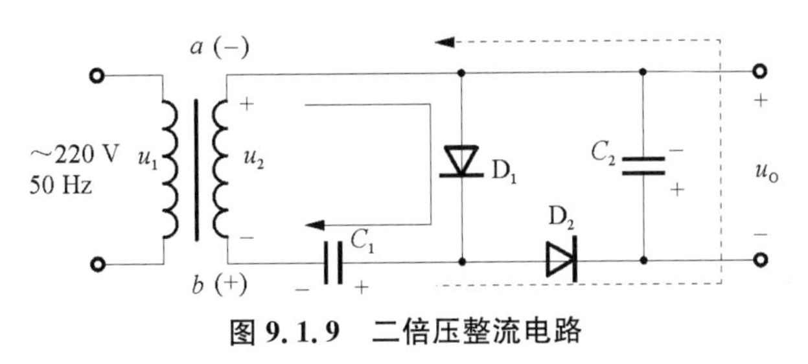

图 9.1.9　二倍压整流电路

图 9.1.10 所示为多倍压整流电路,在空载情况下,根据上述分析方法可得,C_1 上电压为$\sqrt{2}U_2$,C_2~C_6 上电压均 $2\sqrt{2}U_2$。因此,以 C_1 两端作为输出端,输出电压的值为$\sqrt{2}U_2$;以 C_2 两端作为输出端,输出电压的值为 $2\sqrt{2}U_2$;以 C_1 和 C_3 上电压相加作为输出,输出电压的值为 $3\sqrt{2}U_2$……依此类推,从不同位置输出,可获得$\sqrt{2}U_2$ 的 4 、5 、6 倍的输出电压。应当指出,为了简便起见,分析这类电路时,总是设电路空载,且已处于稳态;当电路带上负载后,输出电压将不可能达到 u_2 峰值的倍数。

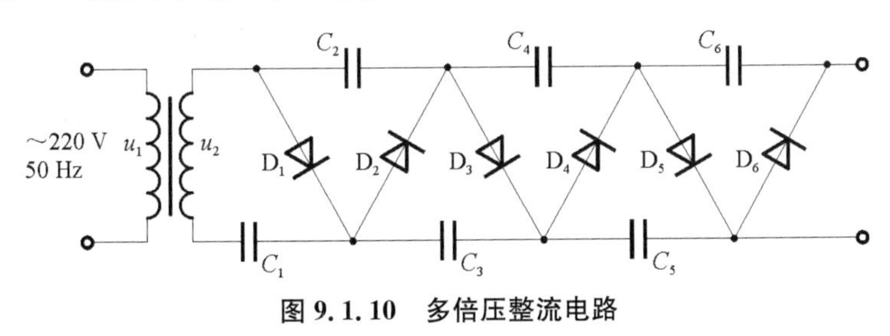

图 9.1.10　多倍压整流电路

9.2　串联反馈式稳压电路

9.2.1　稳压电源的主要指标

整流电路把交流电变换为单方向的脉动电压,而滤波电路降低了输出电压中的脉动成分。但是,整流滤波电路的输出电压与理想的直流电源还有相当距离,主要存在两方面的问题:首先,当负载电流变化时,由于整流滤波电路存在内阻,因此输出直流电压将随之发生变化;其次,当电网电压波动时,因整流电路的输出电压直接与变压器二次电压 U_2 有关,故也要相应地变化。为了得到更加稳定的直流电源,需要在整流滤波电路的后面再加上稳压电路。

稳压电源的技术指标分为两种:一种是特性指标,包括允许的输入电压、输出电压、输出电流及输出电压调节范围等;另一种是质量指标,用来衡量输出直流电压的稳定程度,主要包括输出电阻、稳压系数、温度系数及纹波电压等。

1) 输出内阻 R_o

稳压电路内阻的定义为:输入稳压电路的直流电压 U_I 不变时,稳压电路的输出电压变化量 ΔU_O 与输出电流变化量 ΔI_O 之比,即

$$R_o=\frac{\Delta U_O}{\Delta I_O}\bigg|_{\Delta U_i=0,\Delta T=0} \tag{9.2.1}$$

2) 稳压系数 S_r

稳压系数的定义是当负载不变时,稳压电路输出电压的相对变化量与输入电压的相对变化量之比,即

$$S_r=\frac{\Delta U_O/U_O}{\Delta U_I/U_I}\bigg|_{R_L=常数}=\frac{\Delta U_O}{\Delta U_I}\cdot\frac{U_I}{U_O}\bigg|_{R_L=常数} \tag{9.2.2}$$

3) 温度系数 S_T

S_T 是指输入电压和输出电流恒定时,环境温度的变化对输出电压的影响,即

$$S_T=\frac{\Delta U_O}{\Delta T}\bigg|_{\Delta U_I=0,\Delta I_O=0} \tag{9.2.3}$$

S_T 在工程上也用相对变化量 $\Delta U_O/U_O$ 表示,单位为%/℃,表示环境温度变化1 ℃时,输出电压 U_O 的相对变化量。

4) 纹波抑制比

纹波电压前已定义,是指稳压电路输出端交流分量的有效值,一般为毫伏数量级,它表示输出电压的微小波动。纹波抑制比常用 RR 表示

$$RR=20\lg\frac{\widetilde{U}_{iP\text{-}P}}{\widetilde{U}_{oP\text{-}P}}\text{dB} \tag{9.2.4}$$

式中 $\widetilde{U}_{iP\text{-}P}$ 和 $\widetilde{U}_{oP\text{-}P}$ 分别表示输入纹波电压峰-峰值和输出纹波电压的峰-峰值。

常用的稳压电路有稳压管稳压电路、串联型直流稳压电路、集成稳压器以及开关型稳压电路等。

9.2.2 串联型稳压电路的工作原理

1) 基本调整管电路

在图9.2.1(a)所示稳压管稳压电路中,负载电流最大变化范围等于稳压管的最大稳定电流和最小稳定电流之差,即($I_{Zm}-I_Z$)。不难想象,扩大负载电流最简单的方法是:利用晶体管的电流放大作用,将稳压管稳定电路的输出电流放大后,再作为负载电流。电路采用射极输出形式,因而引入了电压负反馈,可以稳定输出电压,如图9.2.1(b)所示,常见画法如图(c)所示。

图9.2.1(b)、(c)所示电路与一般共集放大电路有着明显的区别:其工作电源 U_I 不稳定,“输入信号”为稳定电压 U_Z,并且要求输出电压 U_O 在 U_I 变化或负载电阻 R_L 变化时基本不变。其稳压原理简述如下:当电网电压波动引起 U_I 增大,或负载电阻 R_L 增大时,输出

电压 U_O 将随之增大，即晶体管发射极电位 U_E 升高，稳压管端电压基本不变，即晶体管基极电位 U_B 基本不变，故晶体管的 $U_{BE}=U_B-U_E$ 减小，导致 $I_B(I_E)$减小，从而使 U_O 减小，因此可以保持 U_O 基本不变；当 U_I 减小或负载电阻 R_L 减小时，变化与上述过程相反。可见，晶体管的调节作用使 U_O 稳定，所以称晶体管为调整管，称图 9.2.1(b)、(c)所示电路为基本调整管电路。

根据稳压管稳压电路输出电流的分析可知，晶体管基极的最大电流为$(I_{Zm}-I_Z)$。由于晶体管的电流放大作用，图 9.2.1(b)最大负载电流为

$$I_{Lmax}=(1+\bar{\beta})(I_{Zm}-I_Z) \tag{9.2.5}$$

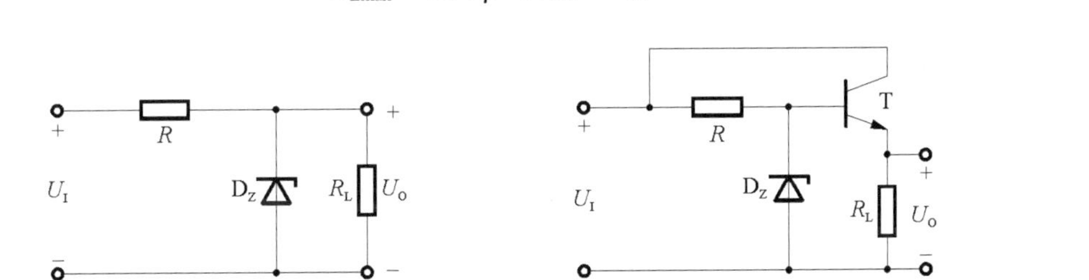

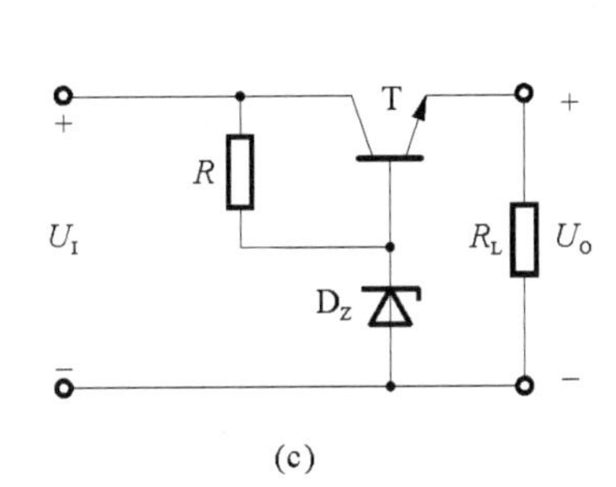

图 9.2.1　基本调整管稳压电路

(a) 稳压管稳压电路；(b) 加晶体管扩大负载电流的变化范围；(c) 常见画法

这也就大大提高了负载电流的调节范围。输出电压为

$$U_O=U_Z-U_{BE} \tag{9.2.6}$$

从上述稳压过程可知，要想使调整管起到调整作用，必须使之工作在放大状态，因此其管压降应大于饱和管压降 U_{CES}；换言之，电路应满足 $U_I>U_O+U_{CES}$ 的条件。由于调整管与负载相串联，故称这类电路为串联型稳压电路；由于调整管工作在线性区，故称这类电路为线性稳压电路。

2）具有放大环节的串联型稳压电路

式(9.2.6)表明基本调整管稳压电路的输出电压仍然不可调，且输出电压将因 U_{BE} 的变化而变，稳定性较差。为了使输出电压可调，也为了加深电压负反馈，可在基本调整管稳压电路的基础上引入放大环节。

3）电路的构成

若同相比例运算电路的输入电压为稳定电压，且比例系数可调，则其输出电压就可调节；同时，为了扩大输出电流，集成运放输出端加晶体管，并保持射极输出形式，就构成了具有放大环节的串联型稳压电路，如图 9.2.2 (a)所示。输出电压为

$$U_O=\left(1+\frac{R_1+R_2'}{R_2''+R_3}\right)U_Z \tag{9.2.7}$$

由于集成运放开环差模增益可达 80 dB 以上,电路引入深度电压负反馈,输出电阻趋近于零,因而输出电压相当稳定。图 9.2.2(b)所示为电路的常见画法。

在图 9.2.2(b)所示电路中,晶体管 T 为调整管,电阻 R 与稳压管 D_Z 构成基准电压电路,电阻 R_1、R_2 和 R_3 为输出电压的取样电路,集成运放作为比较放大电路,如图中所标注。调整管、基准电压电路、取样电路和比较放大电路是串联型稳压电路的基本组成部分。

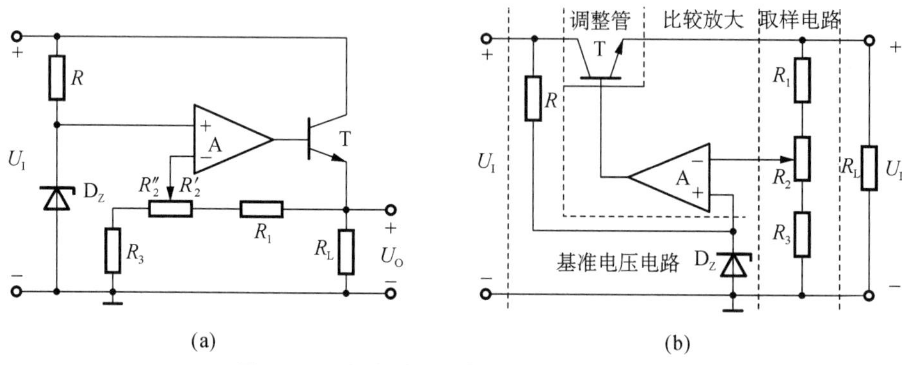

图 9.2.2　具有放大环节的串联型稳压电路

(a) 原理电路;(b) 常见画法

4) 稳压原理

当由于某种原因(如电网电压波动或负载电阻的变化等)使输出电压 U_O 升高(降低)时,取样电路将这一变化趋势送到 A 的反相输入端,并与同相输入端电位 U_Z 进行比较放大;A 的输出电压,即调整管的基极电位降低(升高);因为电路采用射极输出形式,所以输出电压 U_O 必然降低(升高),从而使 U_O 得到稳定。可简述如下:

$$U_O\uparrow\rightarrow U_N\uparrow\rightarrow U_B\downarrow\rightarrow U_O\downarrow$$

或

$$U_O\downarrow\rightarrow U_N\downarrow\rightarrow U_B\uparrow\rightarrow U_O\uparrow$$

可见,电路是靠引入深度电压负反馈来稳定输出电压。

5) 输出电压的可调范围

在理想运放条件下,净输入电压为零,即 $U_N=U_P=U_Z$。所以,当电位器 R_2 的滑动端在最上端时,输出电压最小,为

$$U_{Omin}=\frac{R_1+R_2+R_3}{R_2+R_3}\cdot U_Z \tag{9.2.8}$$

当电位器 R_2 的滑动端在最下端时,输出电压最大,为

$$U_{Omax}=\frac{R_1+R_2+R_3}{R_3}\cdot U_Z \tag{9.2.9}$$

若 $R_1=R_2=R_3=300\ \Omega$，$U_Z=6$ V，则输出电压 9 V$\leqslant U_o\leqslant$18 V。

6）调整管的选择

在串联型稳压电路中，调整管是核心元件，它的安全工作是电路正常工作的保证。调整管一般为大功率管，因而选用原则与功率放大电路中的功放管相同，主要考虑其极限参数 I_{CM}、$U_{(BR)CEO}$ 和 P_{CM}。调整管极限参数的确定，必须考虑到输入电压 U_i 由于电网电压波动而产生的变化，以及输出电压的调节和负载电流的变化所产生的影响。由图 9.2.2(b)所示电路可知，如果忽略 R_1 支路的电流，则调整管的极限参数必须满足

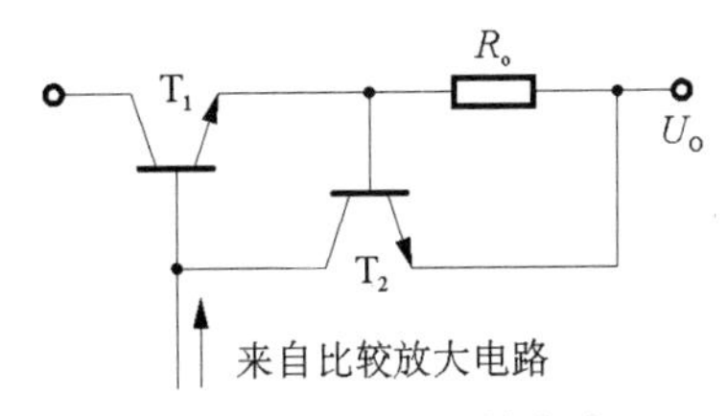

图 9.2.3　限流型保护电路

$$I_{CM}>I_{Omax} \tag{9.2.10}$$

$$U_{(BR)CEO}>U_{Imax}-U_{Omin} \tag{9.2.11}$$

$$P_{CM}>I_{Lmax}(U_{Imax}-U_{Omin}) \tag{9.2.12}$$

当负载电流过大或负载短路时，会烧毁调整管，为此在稳压电路中通常加有过载自动保护电路。目前常用的保护电路有限流型、截流型及过热保护型等几种，图 9.2.3 所示为一种限流型保护电路，图中 T_1 为调整管，三极管 T_2 和电阻 R_o 组成过载保护电路，电路正常工作时，流过电阻 R_o 的电流在额定范围内，电阻 R_o 上的压降很小，使三极管 T_2 处于截止状态；当负载电流超过额定值时，电阻 R_o 的压降增大，使 T_2 导通，分走 T_1 的一部分基极电流，因而限制了 T_1 电流的增加，起到保护的作用。

在串联型稳压电路中，流过调整管的电流基本等于输出的负载电流，当负载电流较大时，要求调整管有足够大的集电极电流，为了减少推动调整管的控制电流，可以采用复合管代替单个三极管作为调整管。

7）能隙基准电压电路

稳压管基准电压电路提供的基准电压中含有较高的噪声电平，因而在很多集成稳压器中采用能隙基准电压电路，也称带隙基准电压电路或禁带宽度基准电压电路，其基本组成如图 9.2.4 所示。从图可知，基准电压为

$$U_{REF}=U_{BE3}+I_2R_2\approx U_{BE3}+I_3R_2 \tag{9.2.13}$$

从原理上说，T_3 的发射结电压 U_{BE3} 可用作基准电压源，但它具有较高的负温度系数（-2 mV/℃），因而必须增加一个具有正温度系数的电压 I_2R_2 来补偿。I_2 是由 T_1、T_2 和 R_3 构成的微电流源电路提供。根据式(3.2.14)可得：

$$I_2=\left(\frac{U_T}{R_3}\right)\ln\left(\frac{I_1}{I_2}\right)$$

因此 R_2 上的电压为

$$U_{R2}\approx I_3R_2=\frac{R_2}{R_3}\cdot U_T\ln\left(\frac{I_1}{I_2}\right) \tag{9.2.14}$$

由于 T_1 和 T_3 特性相同,若 $U_{BE1}=U_{BE3}$,则 R_1 和 R_2 上的电压相等,即 $I_1R_1=I_2R_2$,故 $I_1/I_2=R_2/R_1$。代入式(9.2.14),可得

$$U_{R2}\approx I_3R_2=\frac{R_2}{R_3}\cdot U_T\ln\left(\frac{R_2}{R_1}\right)$$

将上式代入(9.2.13),可得

$$U_{REF}=U_{BE3}+\frac{R_2}{R_3}U_T\ln\left(\frac{R_2}{R_1}\right) \qquad (9.2.15)$$

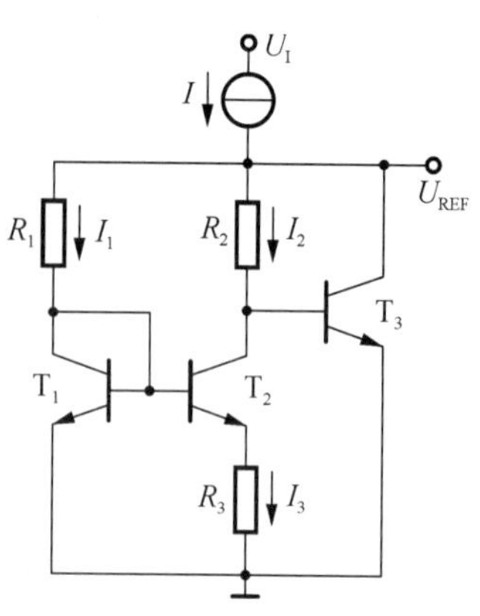

图 9.2.4　能隙基准电压源电路

式中 U_{BE3} 的温度系数 α 为负值,故可将 U_{BE3} 表示为

$$U_{BE3}=U_{G0}+\alpha T \qquad (9.2.16)$$

式中 U_{G0} 为硅材料在 0 K 时外推禁带宽度的电压值。如果合理地选择 $R_1\sim R_3$ 的值,即可利用具有正温度系数的电压 I_2R_2 补偿具有负温度系数的电压 U_{BE3},使得基准电压为

$$U_{REF}=U_{G0}=1.205\ \text{V} \qquad (9.2.17)$$

那么基准电压 U_{REF} 的温度系数恰好为零。因此,上述电路常称为能隙基准电压源电路。这种基准电压源的电压值较低,温度稳定性好,故适用于低电压的电源中。市场上已有这类集成组件可供使用,国产型号有 CJ336、CJ329,国外型号有 MC1403、AD580 等。

这类能隙基准电压源还能方便地转换成 1.2～10 V 等多挡稳定性极高的基准电压,温度系数可达 2 μV/℃,输出电阻极低,而且近似零温漂及微伏级的热噪声。它广泛用于集成稳压器、数据转换器、A/D 、D/A 和集成传感器中。

8) 串联型稳压电路的方框图

根据上述分析,实用的串联型稳压电路至少包含调整管、基准电压电路、取样电路和比较放大电路四个部分组成。此外,为使电路安全工作,还常在电路中加保护电路。串联型稳压电路的方框图如图 9.2.5 所示。

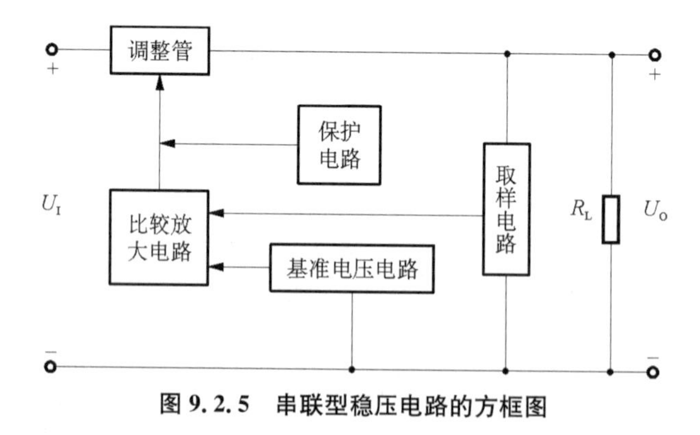

图 9.2.5　串联型稳压电路的方框图

【例 9.2.1】 电路如图 9.2.2 (b)所示,已知输入电压 U_I 的波动范围为±10%,调整管的饱和管压降 $U_{CES}=2$ V,输出电压 U_O 的调节范围为 5～20 V,$R_1=R_3=200\ \Omega$。试问:

(1) 稳压管的稳定电压 U_Z 和 R_2 的取值各为多少?

(2) 为使调整管正常工作，在电网电压为 220 V 时，U_I 的值至少应取多少？

解：(1) 输出电压最小值为

$$U_{Omin}=\frac{R_1+R_2+R_3}{R_2+R_3}\cdot U_Z$$

最大值为

$$U_{Omax}=\frac{R_1+R_2+R_3}{R_3}\cdot U_Z$$

将 $U_{Omin}=5$ V、$U_{Omax}=20$ V、$R_1=R_3=200$ Ω 代入二式，解二元方程，可得 $R_2=600$ Ω，$U_Z=4$ V。

(2) 所谓调整管正常工作，是指在输入电压波动和输出电压改变时调整管应始终工作在放大状态。研究电路的工作状态可知，在输入电压最低且输出电压最高时管压降最小，若此时管压降大于饱和管压降，则在其他情况下管子一定会工作在放大区。用公式表示

$$U_{CES}=U_{Imin}-U_{Omax}$$

即

$$U_{Imin}>U_{Omax}+U_{CES}$$

代入数据

$$0.9U_I>(20+2)\text{V}$$

得出 $U_I>24.4$ V，故 U_I 至少取 25 V。

9.2.3　集成稳压器电路

从外形上看，集成串联型稳压电路有三个引脚，分别为输入端、输出端和公共端，因而称为三端稳压器。按功能可分为固定式稳压电路和可调式稳压电路，前者的输出电压不能进行调节，为固定值，后者可通过外接元件使输出电压得到很宽的调节范围。本节首先对型号为 W7800 固定式集成稳压器电路加以简要分析，然后介绍型号为 W117 可调式集成稳压器的特点。

1) W7800 三端稳压器

型号为 W7800 系列的三端稳压器为固定式集成稳压电路，其输出电压有 5 V、6 V、9 V、12 V、15 V、18 V 和 24 V 七个档次，型号后面的两个数字表示输出电压值。输出电流分 1.5 A(W7800)、0.5 A(W78M00)和 0.1 A(W78L00)三个档次。如 W7805，表示输出电压为 5 V、最大输出电流为 1.5 A；W78M05，表示输出电压为 5 V、最大输出电流为 0.5 A；W78L05，表示输出电压为 5 V、最大输出电流为 0.1 A；其他类推。它因性能稳定、价格低廉而得到广泛的应用。

W7805 电路原理图如图 9.2.6 所示，其中稳压电路部分如图 9.2.7 所示。

由 T_{16} 和 T_{17} 管构成的复合管作为调整管，用以增大电流放大系数。以 T_3 和 T_4 复合管作为放大管，以 T_9 管为有源负载组成的共射放大电路作为比较放大电路。基准电压 U_{REF}

通过 T_6 管(T_2 管为有源负载)的发射极输入到 T_3 管的基极。

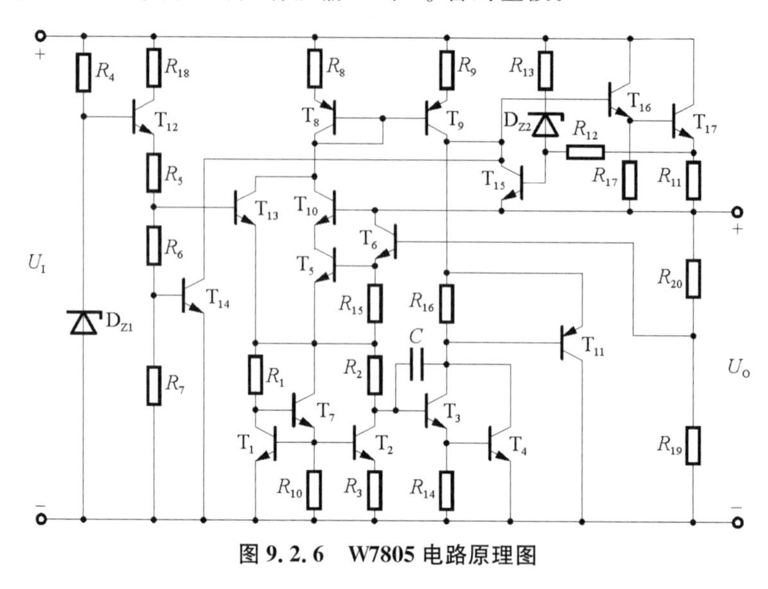

图 9.2.6　W7805 电路原理图

T_3、T_4、T_5、T_6 管和电阻 R_2 组成基准电压电路，它是与图 9.2.4 所示电路相类似的能隙基准电压电路。基准电压 U_{REF} 为

$$U_{REF} \approx U_{BE3} + U_{BE4} + R_2 I_2 + U_{BE5} + U_{BE6} \tag{9.2.18}$$

在 $T_3 \sim T_6$ 特性相同的情况下，得出

$$U_{REF} = 4U_{BE} + I_2 R_2 \tag{9.2.19}$$

根据式(9.2.15)、(9.2.16)可得

$$U_{REF} \approx 4U_{G0} + 4\alpha T + \frac{R_2}{R_3} \cdot U_T \ln\left(\frac{R_2}{R_1}\right) \tag{9.2.20}$$

通过调整 $R_1 \sim R_3$ 的阻值，可使式(9.2.20)中的第二、三项相互抵消，电压仅决定于第一项，为

$$U_{REF} = 4U_{G0}$$

实现了零温度系数。根据式(9.2.17)可得

$$U_{REF} = 4.82\ \text{V} \tag{9.2.21}$$

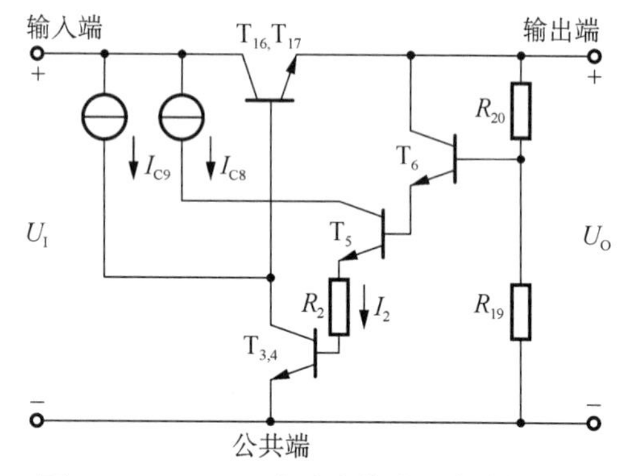

图 9.2.7　W7805 电路中的稳压电路部分

输出电压为

$$U_O = \left(1 + \frac{R_{20}}{R_{18}}\right) \cdot U_{REF} \approx 5\ \text{V} \tag{9.2.22}$$

在图 9.2.6 所示电路中，R_{11}、R_{12}、R_{13}、D_{Z2} 和 T_{15} 组成了安全工作区保护电路，在过流、过压时保护电路起作用，同时避免了过损耗。D_{Z1}、T_{14}、R_5、R_6 和 R_7 组成了芯片过热保护电路。

在读图过程中可以发现，T_8 和 T_9 管所构成的电流源电路为比较放大电路、基准电压电路和调整管提供静态电流。但是，在通电后，靠 T_8 和 T_9 管自身并不能形成基极电流回路，因而也就无法使整个电路正常工作。启动电路的作用是在 U_I 接入后，为 T_8 和 T_9 管提供电流通路，从而使稳压电路各部分建立起正常的工作关系。其原理如下：接入 U_I 后，D_{Z1} 导通，使 T_{12} 导通。T_{13} 的基极电位近似为

$$U_{B13} \approx \frac{R_6+R_7}{R_5+R_6+R_7} \cdot (U_{Z1}-U_{BE12})$$

电阻 $R_5 \sim R_7$ 的取值应使

$$U_{B13} > U_{BE13}+U_{BE7}+U_{BE1} \approx 2.1\ \text{V}$$

从而使 T_{13}、T_7、T_1 均导通，为 T_8 和 T_9 提供基极和集电极电流的通路，建立起稳压电路的工作点。此后，T_{13} 的发射极电位变为

$$U_{B13} \approx U_{REF}-U_{BE6}-U_{BE5} \approx 3.4\ \text{V} > U_{B13}$$

使得 T_{13} 截止，将启动电路与稳压电路分开。可见启动电路仅在通电时起作用。

由以上分析可知，电路中的一些元件出现在多个功能电路中，如 D_{Z1} 既作为启动电路的一部分，又作为过热保护电路的一部分；为使各管子的作用更清晰，画出 W7800 的原理框图，如图 9.2.8 所示。图中标注出各部分电路所包含的管子。

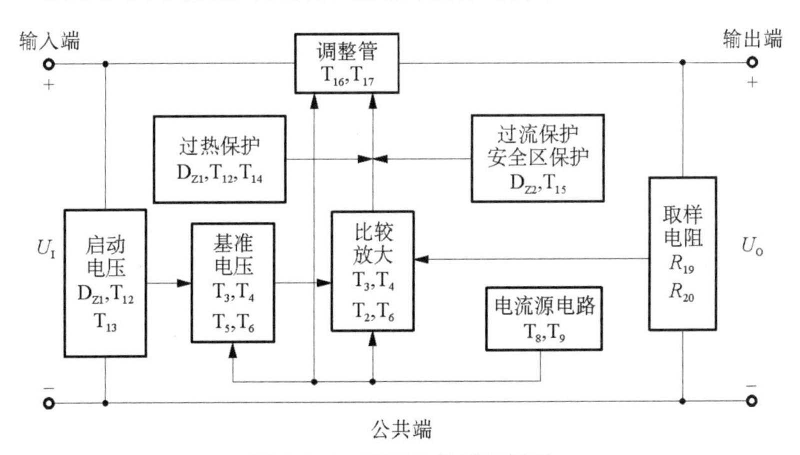

图 9.2.8　W7800 的原理框图

2）输出电压可调的三端集成稳压器

在某些要求扩大输出电压调节范围的情况下，使用 W7800 和 W7900 系列芯片不方便，下面介绍一种输出电压可调的三端集成稳压器 W117。

输出电压可调的三端集成稳压器的三个引脚分别为输入端、输出端和调整端，常见的封装形式有塑料封装和金属封装两种，如图 9.2.9 所示分别为 W117 系列金属封装外形图、塑料封装外形图和框图。系列不同或封装方式不同，管脚排列也不同。

如图 9.2.10 所示为 W117 的原理框图。不难看出，W117 以复合管作为调整管，需要外接取样电阻 R_1 和 R_2，且调整端接在两个电阻的交点处。W117 的基准电压电路采用能隙基准电压电路，接在比较放大电路的同相端和调整端之间；保护电路包括调整管的过流保护、过热保护和安全工作区保护；A 为比较放大环节；W117 本身无接地端。

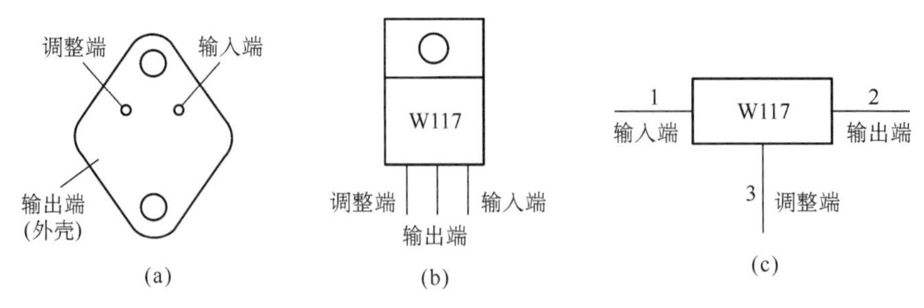

图 9.2.9　W117 系列外形图和框图

(a) 金属封装外形；(b) 塑料封装外形；(c) 框图

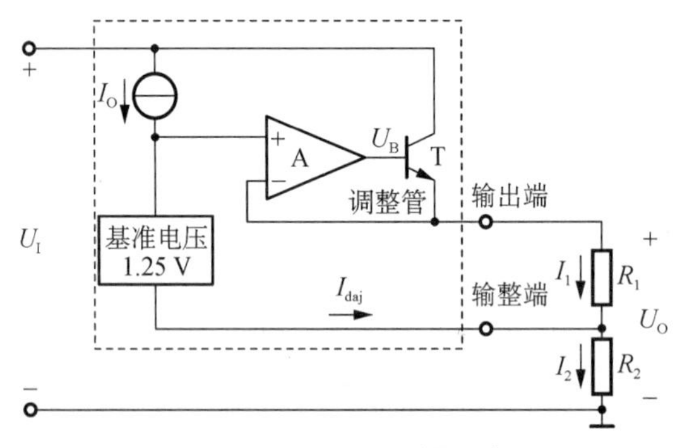

图 9.2.10　W117 系列原理框图

W117 调整端的电流很小，可以忽略不计。将电阻 R_1 和 R_2 接入电路后，输出电压为

$$\begin{aligned} U_O &= U_{REF} + I_2 R_2 = U_{REF} + \left(\frac{U_{REF}}{R_1} + I_{adj}\right) R_2 \\ &= U_{REF}\left(1 + \frac{R_2}{R_1}\right) + I_{adj} R_2 \end{aligned} \tag{9.2.23}$$

式中，U_{REF} 即为内部基准电压，一般取 1.25 V，$I_{adj}=50\ \mu A$。由于调整端电流很小，故可忽略，式(9.2.23)可简化为

$$U_O = U_{REF}\left(1 + \frac{R_2}{R_1}\right) \tag{9.2.24}$$

若 W117 调整端接地，就是输出电压恒定($U_O=U_{REF}$)的三端稳压器。

输出电压可调的三端集成稳压器结构简单，输出电压调节范围宽，电压调整率、电流调整率等指标优于固定式三端集成稳压器。

常见的输出可调正电压的三端集成稳压器有 W117、W217 和 W317 三个系列，它们有相同的基准电压、相同的输出引脚和相似的内部电路，但工作的温度范围不同，W117、W217 和 W317 工作的温度范围分别为−55～150 ℃、−25～150 ℃ 和 0～125 ℃。它们的输出电压一般在 1.25～37 V 之间连续可调。每个系列对应不同的最大输出电流各有三种不同的规格型号。以 W117 为例，三种规格分别为 W117(1.5 A)、W117M (0.5 A)和 W117L(0.1 A)。

常见的输出可调负电压的三端集成稳压器有 W137、W237 和 W337 三个系列，输出电压一般在−1.2～−37 V 之间连续可调，对应不同的最大输出电流也各有三种不同的规格型号。以 W137 为例，三种规格分别为 W137(1.5 A)、W137M(0.5 A)和 W137L(0.1 A)。

3) 三端集成稳压器应用电路

(1) 三端固定输出式集成稳压器应用举例

① 基本应用电路。

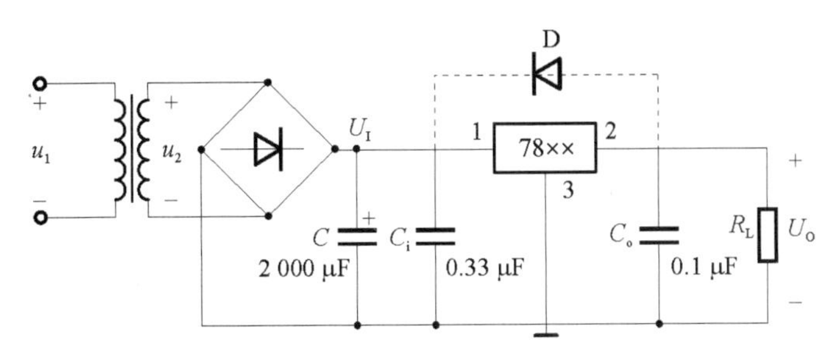

图 9.2.11　三端固定输出式集成稳压器基本应用电路

三端固定输出式集成稳压器的基本应用电路如图 9.2.11 所示，经过整流滤波后所得到的直流输入电压 U_I，接在集成稳压器的输入端和公共端之间，在输出端即可得到稳定的输出电压 U_O。电路中常在输入端接入电容 C_i(一般取 0.33 pF)，目的是抵消输入引线感抗，消除自激。同时，在输出端也接上电容 C_o(一般取 0.1 μF)，其作用是为了消除集成稳压器的输出噪声，特别是高频噪声。两个电容 C_i，C_o 应直接接在集成稳压器的引脚处，而且应采用片状无感电容。

若输出电压比较高，则应在输入端与输出端之间跨接保护二极管 D(如图中的虚线所示)。其作用是在输入端 U_I 短路时，使负载电容可通过二极管 D 放电，以便保护集成稳压器内部的调整管。输入直流电压 U_I 应至少比 U_O 高 2～3 V。

② 同时输出正、负电压的稳压电路。

采用一块 78××和一块 79××三端集成稳压器可方便地组成同时输出正、负电压的直流稳压电源，电路如图 9.2.12 所示。

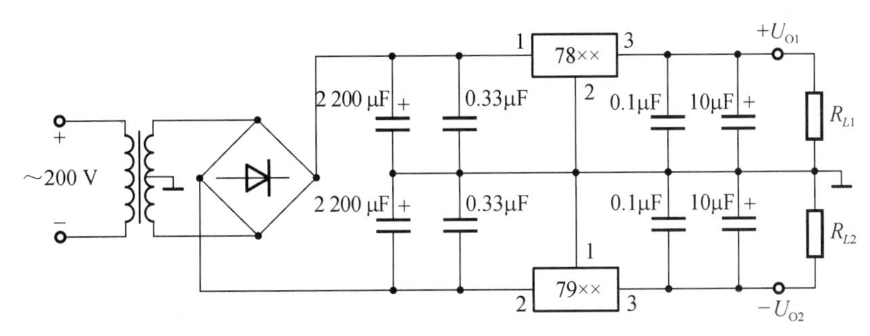

图 9.2.12　同时输出正、负电压的稳压电路

③ 电流源电路。

用稳压电路组成电流源电路，如图 9.2.13 所示。因电阻器 R 两端的电压为已知而且稳定，所以 $I_R=5\ V/R$ 也稳定。这个电路的输出直流电流为 $I_O=I_R+I_W$，I_W 是稳压电路的静态电流(典型值约为 4.3 mA)。当 $I_R \gg I_W$ 时，电路的恒流特性比较好。当 R_L 变化时，稳压器通过改变 1、3 两端的电位差来维持恒流。

(2) 三端可调输出式集成稳压器应用举例

三端可调输出式集成稳压器是依靠外接电阻来给定输出电压的,因此电阻精度应适当高些,以保证输出电压的精确和稳定。电阻连接应紧靠集成稳压器,以防止在输出较大电流时由于连线电阻的存在而产生一定的误差。下面介绍基于 W317 和 W337 的可调输出式集成稳压器典型应用电路。

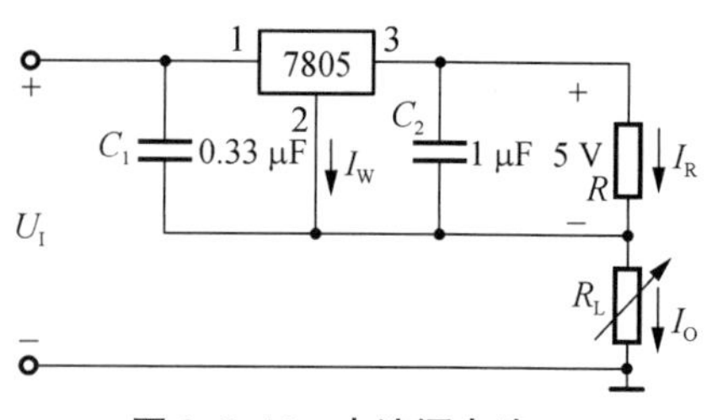

图 9.2.13　电流源电路

图 9.2.14(a)、(b)分别是输出正、负可调电压的直流稳压电路,其中 W317 和 W337 的内部工作电流都要从输出端流出,该电流构成稳压器的最小负载电流(一般情况下,该电流小于 5 mA)。考虑到输出端与调整端之间电压 $U_{REF}=1.2$ V,为保证空载情况下输出电压也能恒定,R_1 的取值不宜高于 240 Ω,否则由于稳压器内部工作电流不能从输出端流出,会使稳压器不能正常工作。

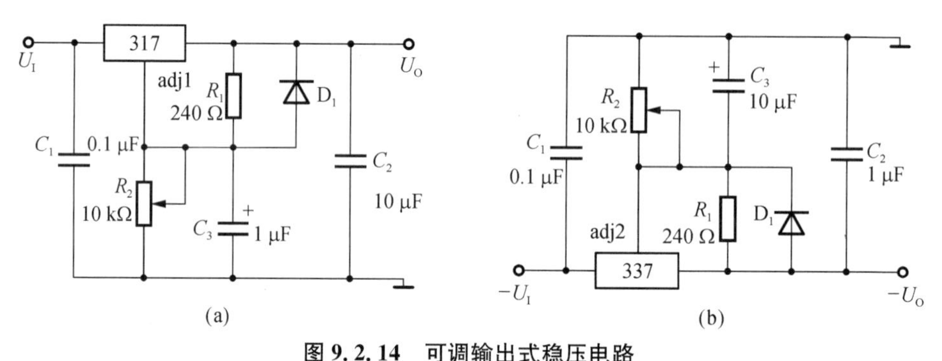

图 9.2.14　可调输出式稳压电路

(a) 正输出可调稳压电路;(b) 负输出可调稳压电路

电容 C_1、C_2 用于防止自激、滤除高频噪声。电容 C_3 用来减小输出电压的纹波。D_1 用来保护二极管,防止发生输出端短路时电容 C_3 储存的电荷通过稳压器的调整端泄放而损坏稳压器。当输出电压 U_O 较低(一般小于 7 V)或 C_2 电容值较小(一般小于 1 μF)时,则可以不接 D_1。

图 9.2.14(b)所示为 W337 组成的负输出电压可调式稳压电源(调整范围为 −1.2～−37 V),其工作原理与图 9.2.14(a)相同。

9.3　开关型稳压电路

前面两节介绍的稳压电路,包括分立元件组成的串联型稳压电路及集成稳压器均属于线性稳压电路,这是由于其中的调整管总是工作在线性放大区。线性稳压电路的优点是结构简单,调整方便,输出电压脉动较小。但是这种稳压电路的主要缺点是效率低,一般只有 20%～40%。由于调整管消耗的功率较大,有时需要在调整管上安装散热器,致使电源的体积和重量增大,比较笨重。而开关型稳压电路克服了上述缺点,因而应用日益广泛。

9.3.1　开关型稳压电路的特点和分类

开关型稳压电路的特点主要有以下几方面：

① 效率高。开关型稳压电路中的调整管工作在开关状态，可以通过改变调整管导通与截止时间的比例来改变输出电压的大小。当调整管饱和导电时，虽然流过较大的电流，但饱和管压降很小，当调整管截止时，管子将承受较高的电压，但流过调整管的电流基本等于零。可见，工作在开关状的态调整管的功耗很小，因此，开关型稳压电路的效率较高，一般可达65%～90%。

② 体积小重量轻。因调整管的功耗小，故散热器也可随之减小。而且，许多开关型稳压电路还可省去50 Hz工频变压器，而开关频率通常为几十千赫，故滤波电感、电容的容量均可大大减小，所以，开关型稳压电路与同样功率的线性稳压电路相比，体积和重量都将小得多。

③ 对电网电压的要求不高。由于开关型稳压电路的输出电压与调整管导通与截止时间的比例有关，而输入直流电压的幅度变化对其影响很小，因此，允许电网电压有较大的波动。一般线性稳压电路允许电网电压波动±10%，而开关型稳压电路在电网电压为140～260 V，电网频率变化±4%时仍可正常工作。

④ 调整管的控制电路比较复杂。为使调整管工作在开关状态，需要增加控制电路，调整管输出的脉冲波形还需经过LC滤波后再送到输出端，因此相对于线性稳压电路，其结构比较复杂，调试比较麻烦。

⑤ 输出电压中纹波和噪声成分较大。因调整管工作在开关状态，将产生尖峰干扰和谐波信号，虽经整流滤波，输出电压中的纹波和噪声成分仍较线性稳压电路的大。

总的来说，由于开关型稳压电路的突出优点，使其在计算机、电视机、通信及空间技术等领域得到了越来越广泛的应用。

开关型稳压电路的类型很多，而且可以按不同的方法来分类。

例如，按控制的方式分类，有脉冲宽度调制型(PWM)，即开关工作频率保持不变，控制导通脉冲的宽度；脉冲频率调制型(PFM)，即开关导通的时间不变，控制开关的工作频率；以及混合调制型，为以上两种控制方式的结合，即脉冲宽度和开关工作频率都将变化。以上三种方式中，脉冲宽度调制型用得较多。

按是否使用工频变压器来分类，有低压开关稳压电路，即50 Hz电网电压先经工频变压器转换成较低电压后再进入开关型稳压电路，因这种电路需用笨重的工频变压器，且效率较低，目前已很少采用；高压开关稳压电路，即无工频变压器的开关稳压电路，由于高压大功率三极管的出现，有可能将220 V交流电网电压直接进行整流滤波，然后再进行稳压，使开关稳压电路的体积和重量大大减小，而效率更高。目前，实际工作中大量使用的，主要是无工频变压器的开关稳压电路。按启动的方式分类，有自激式和它激式。按所用开关调整管连接方式分为串联型、并联型和脉冲变压器(高频变压器)耦合型。此外还有其他许多分类方式，在此不一一列举。

9.3.2 开关型稳压电路的组成和工作原理

一个串联式开关型稳压电路的组成如图 9.3.1 所示。图中包括开关调整管、滤波电路、脉冲调制电路、比较放大器、基准电压和采样电路等组成部分。

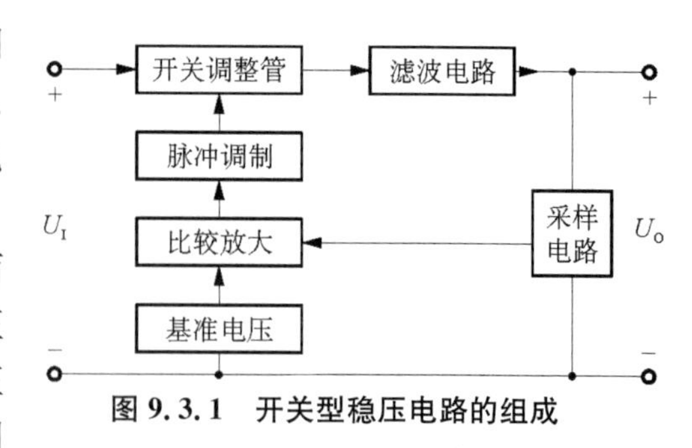

图 9.3.1 开关型稳压电路的组成

如果由于输入直流电压或负载电流波动而引起输出电压发生变化时,采样电路将输出电压变化量的一部分送到比较放大电路,与基准电压进行比较并将二者的差值放大后送至脉冲调制电路,使脉冲波形的占空比发生变化。此脉冲信号作为开关调整管的输入信号,使调整管导通和截止时间的比例也随之发生变化,从而使滤波以后输出电压的平均值基本保持不变。

图 9.3.2 给出了一个最简单的开关型稳压电路的示意图。电路的控制方式采用脉冲宽度调制式。

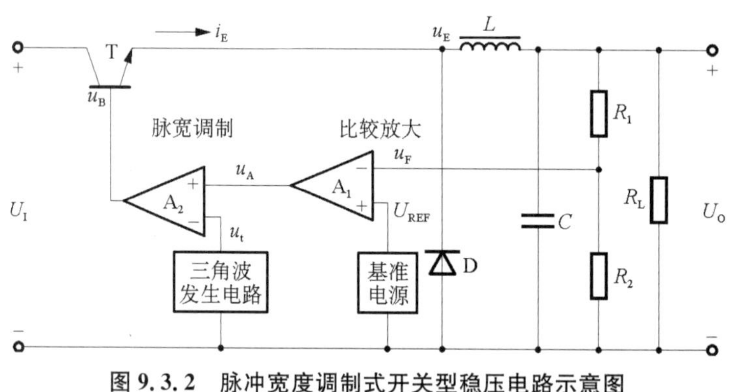

图 9.3.2 脉冲宽度调制式开关型稳压电路示意图

图 9.3.2 中三极管 T 为工作在开关状态的调整管,由电感 L 和电容 C 组成滤波电路,二极管 D 称为续流二极管。脉冲宽度调制电路由比较器 C 和一个产生三角波的振荡器组成。运算放大器 A 作为比较放大电路,基准电源产生一个基准电压 U_{REF},电阻 R_1、R_2 组成采样电路。

下面分析图 9.3.2 电路的工作原理。由采样电路得到的采样电压 u_F 与输出电压成正比,它与基准电压进行比较并放大以后得到 u_A,被送到比较器的反相输入端。振荡器产生的三角波信号 u_t 加在比较器的同相输入端。当 $u_t > u_A$ 时,比较器输出高电平,即

$$u_B = +U_{OPP}$$

当 $u_t < u_A$ 时,比较器输出低电平,即

$$u_B = -U_{OPP}$$

故调整管 T 的基极电压 u_B 成为高、低电平交替的脉冲波形,如图 9.3.3 所示。

当 u_B 为高电平时,调整管饱和导电,此时发射极电流 i_E 流过电感和负载电阻,一方面向负载提供输出电压,同时将能量储存在电感的磁场和电容的电场中。由于三极管 T 饱和

导通，因此其发射极电位 u_E 为

$$u_E = U_I - U_{CES}$$

式中，U_I 为直流输入电压，U_{CES} 为三极管的饱和管压降。u_E 的极性为上正下负，则二极管 D 被反向偏置，不能导通，故此时二极管不起作用。

当 u_B 为低电平时，调整管截止，$i_E=0$。但电感具有维持流过电流不变的特性，此时将储存的能量释放出来，在电感上产生的反电势使电流通过负载和二极管继续流通，因此，二极管 D 称为续流二极管。此时调整管发射极的电位为

$$u_E = -U_D$$

式中，U_D 为二极管的正向导通电压。

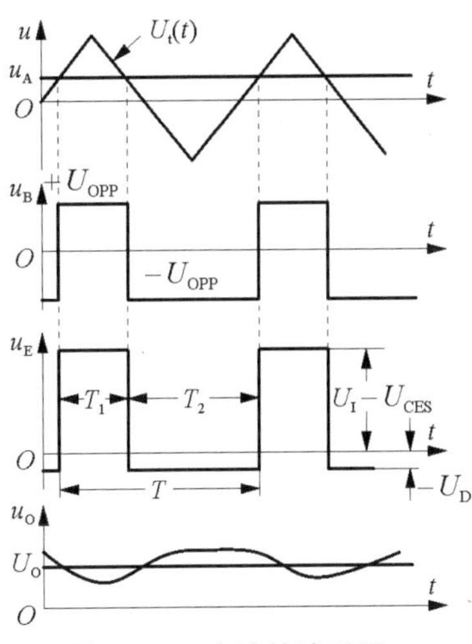

图 9.3.3　电路的波形图

由图 9.3.3 可见，调整管处于开关工作状态，它的发射极电位 u_E 也是高、低电平交替的脉冲波形。但是，经过 LC 滤波电路以后，在负载上可以得到比较平滑的输出电压 u_O。在理想情况下，输出电压 u_O 的平均值 U_O 即是调整管发射极电压 u_E 的平均值。根据图 9.3.3 中 u_E 的波形可求得

$$U_O = \frac{1}{T}\int_0^T u_E \mathrm{d}t = \frac{1}{T}\left[\int_0^{T_1}(U_I - U_{CES})\mathrm{d}t + \int_{T_1}^{T}(-U_D)\mathrm{d}t\right]$$

因三极管的饱和管压降 U_{CES} 以及二极管的正向导通电压 U_D 的值均很小，与直流输入电压 U_I 相比通常可以忽略，则上式可近似表示为

$$U_O = \frac{1}{T}\int_0^{T_1} U_I \mathrm{d}t = \frac{T_1}{T}U_I = qU_I \tag{9.3.1}$$

式中，q 为脉冲波形 u_E 的占空比。由上式可知，在一定的直流输入电压 U_I 之下，占空比 q 的值越大，则开关型稳压电路的输出电压 U_O 越高。

下面再来分析当电网电压波动或负载电流变化时，图 9.3.2 中的开关型稳压电路如何起稳压作用。假设由于电网电压或负载电流的变化使输出电压 U_O 升高，则经过采样电阻以后得到的采样电压 U_O 也随之升高，此电压与基准电压 u_F 比较以后再放大得到的电压 U_{REF} 也将升高，u_A 送到比较器的反相输入端，由图 9.3.3 的波形图可见，当 u_A 升高时，将使开关调整管基极电压 u_B 的波形中高电平的时间缩短，而低电平的时间增长，于是调整管在一个周期中饱和导电的时间减少，截止的时间增加，则其发射极电压 u_E 脉冲波形的占空比减小，从而使输出电压的平均值 U_O 减小，最终保持输出电压基本不变。

以上扼要地介绍了脉冲调宽式开关型稳压电路的组成和工作原理，至于其他类型的开关稳压电路，此处不再赘述，读者可参阅有关文献。

小　结

各种电子设备通常都需要用直流电源供电。比较经济实用的获得直流电源的方法，是利用电网提供的

交流电,经过整流、滤波和稳压以后得到。

一、直流稳压电源由整流电路、滤波电路和稳压电路组成。整流电路将交流电压变为脉动的直流电压,滤波电路可减小脉动使直流电压平滑,稳压电路的作用是在电网电压波动或负载电流变化时保持输出电压基本不变。

二、利用二极管的单向导电性可以组成整流电路。单相桥式整流电路的输出电压较高,输出波形的脉动成分相对较低,变压器的利用率较高,因此应用比较广泛。最常用的是单相桥式整流电路。分析整流电路时,应分别判断在变压器副边电压正、负半周两种情况下二极管的工作状态(导通或截止),从而得到负载两端电压、二极管端电压及其电流波形,并由此得到输出电压和电流的平均值,以及二极管的最大整流平均电流和所承受的最高反向电压。

三、滤波电路通常有电容滤波、电感滤波和复式滤波,电容滤波电路在 $R_L C=(3\sim5)T/2$ 时,滤波电路的输出电压约为 $1.2U_2$。负载电流较大时,应采用电感滤波;对滤波效果要求较高时,应采用复式滤波。

四、稳压电路的任务是在电网电压波动或负载电流变化时,使输出电压保持基本稳定。常用的稳压电路有以下几种:

1. 稳压管稳压电路

电路结构最为简单,适用于输出电压固定且负载电流较小的场合。主要缺点是输出电压不可调节,当电网电压和负载电流变化范围较大时,电路无法适应。

2. 串联型稳压电路

串联型稳压电路主要包括四个组成部分:调整管、取样电阻、比较放大电路和基准电压。其稳压的原理实质上是引入电压负反馈来稳定输出电压。串联型稳压电路的输出电压可以在一定的范围内进行调节。

为了防止负载电流过大或输出短路造成元器件损坏,在实用的稳压电路中常常加上各种保护电路,例如限流型和截流型保护电路等。

3. 集成稳压器

集成稳压器由于其体积小、可靠性高以及温度特性好等优点,得到了广泛的应用,集成稳压器特别是三端集成稳压器,仅有输入端、输出端和公共端(或调整端)三个引出端(故称为三端稳压器),使用方便,稳压性能好。W7800(W7900)系列为固定式稳压器,W117/W217/W317 (W137/W237/W337)为可调式稳压器。通过外接电路可扩展输出电流和电压。

4. 开关型稳压电路

与线性稳压电路相比,开关型稳压电路的特点是调整管工作在开关状态,因而具有效率高、体积小、重量轻以及对电网电压要求不高等突出优点,被广泛用于计算机、电视机、通信及空间技术等领域。但其也存在调整管的控制电路比较复杂、输出电压中纹波和噪声成分较大等缺点。

习　题

9.1　变压器二次侧有中心抽头的全波整流电路如图题9.1所示,二次侧电源电压为 $u_{2a}=-u_{2b}=\sqrt{2}U_2\sin\omega t$,假定忽略二极管的正向压降和变压器内阻:

(1) 试画出 u_{2a}、u_{2b}、i_{D1}、i_{D2}、i_L、u_L 及二极管承受的反向电压 u_R 的波形;

(2) 已知 U_2(有效值),求 U_L、I_L(均为平均值);

(3) 计算整流二极管的平均电流 I_D、最大反向电压 U_{RM};

(4) 若已知 $U_L=30$ V,$I_L=80$ mA,试计算 U_{2a}、U_{2b} 的值,并选择整流二极管。

9.2　电路参数如图题9.2所示,图中标出了变压器二次电压(有效值)和负载电阻值,若忽略二极管的正向压降和变压器内阻,试求:

(1) R_{L1}、R_{L2} 两端的电压 U_{L1}、U_{L2} 和电流 I_{L1}、I_{L2}(平均值);

(2) 通过整流二极管 D_1、D_2、D_3 的平均电流和二极管承受的最大反向电压。

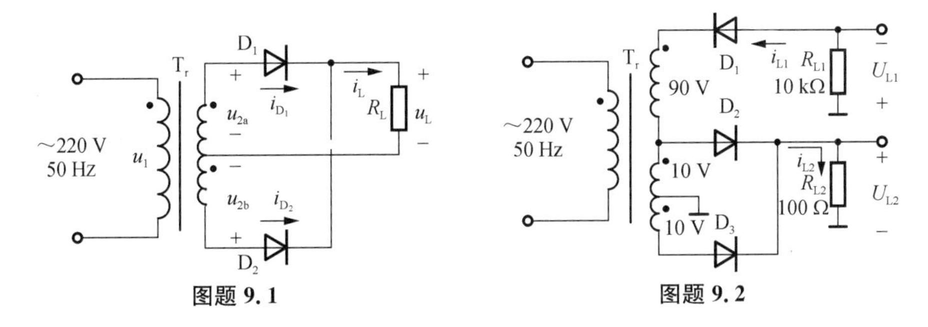

图题 9.1　　图题 9.2

9.3　桥式整流、电容滤波电路如图 9.1.5 所示,已知交流电源电压 220 V、50 Hz,$R_L=50\ \Omega$,要求输出直流电压为 24 V,纹波较小。

(1) 选择整流管的型号;

(2) 选择滤波电容器(容量和耐压);

(3) 确定电源变压器的二次电压和电流。

9.4　如图题 9.4 所示倍压整流电路,要求标出每个电容器上的电压和二极管承受的最大反向电压;求输出电压 u_{L1}、u_{L2} 的大小,并标出极性。

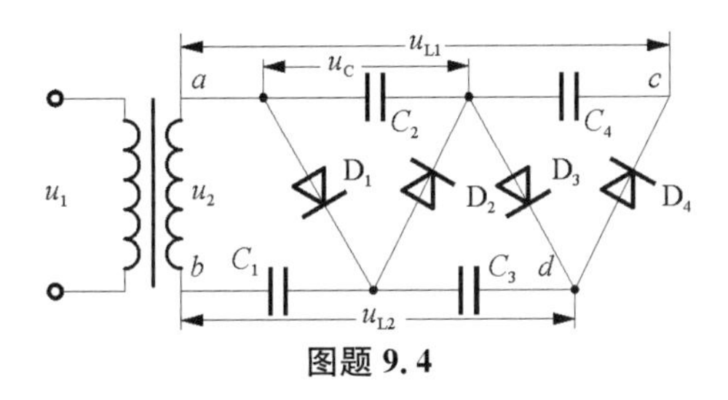

图题 9.4

9.5　在图题 9.5 所示的桥式整流、电容滤波电路中,变压器次级抽头电压有效值 $U_{21}=20$ V,$U_{22}=10$ V。

(1) 若负载电阻开路,求直流输出电压 U_{O1}、U_{O2};

(2) 在两输出端均外接负载电阻 R_L,电路中 $C_1=C_2=C$,且 $R_LC=(3\sim5)T/2$,求 U_{O1}、U_{O2} 的值。

9.6　稳压管稳压电路如图题 9.6 所示,已知稳压管的稳压值 $U_Z=6$ V,电容 C 两端的直流电压为 18 V,$C=1\ 000\ \mu$F,$R=1$ kΩ,$R_L=2$ kΩ。

(1) 求 U_O 及变压器次级电压有效值;

(2) 若 C 开路,试画出 U_O 的波形。

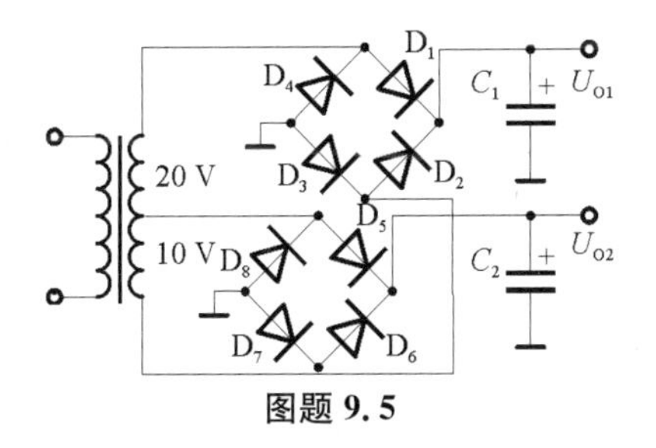

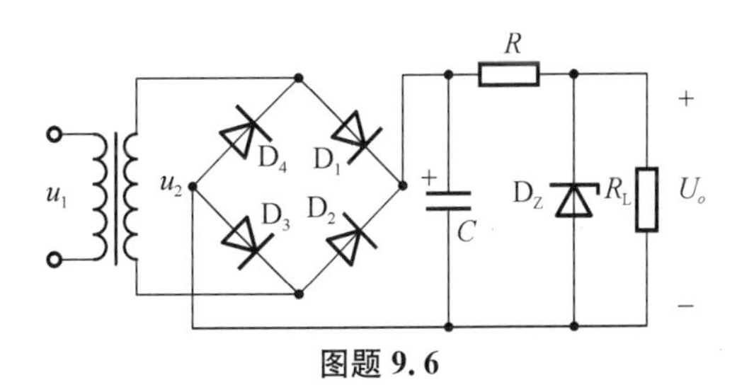

图题 9.5　　图题 9.6

9.7　图题9.7为一个直流稳压电源。

(1) 已知U_{BE}=0.7 V,求输出电压U_O;

(2) 要使U_A=20 V,则交流电压u_2的有效值应为多少?

(3) 若R_C接线断开,则U_O应等于多少?

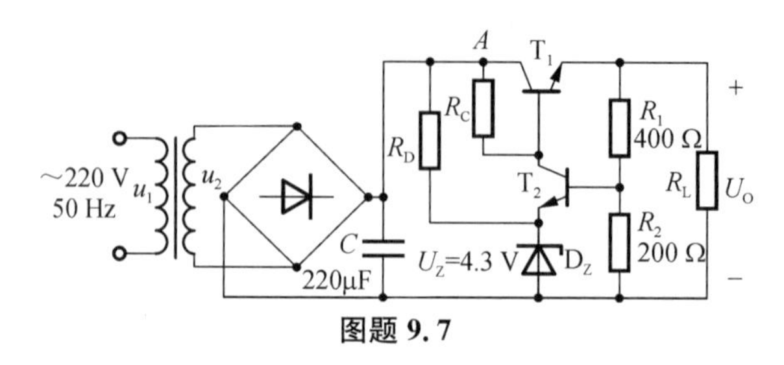

图题9.7

9.8　线性串联型稳压电路如图题9.8所示。稳压管的稳压值为5.3 V,$R_1=R_2=200\ \Omega$,U_{BE}=0.7 V。

(1) 当R_W的动端在最下端时,U_O=15 V,求R_W的值;

(2) 当R_W的动端移至最上端时U_O=?

(3) 设电容器的容量足够大,若要求调整管的管压降$U_{CE}\geqslant 4$ V,则变压器次级电压U_2(有效值)至少应多大?

(4) 若$R_1=R_2=1\ k\Omega$,$R_W=500\ \Omega$,U_2=15 V,试问当R_W的动端调到中点时,估算A、B、C、D和E各点的对地电位。

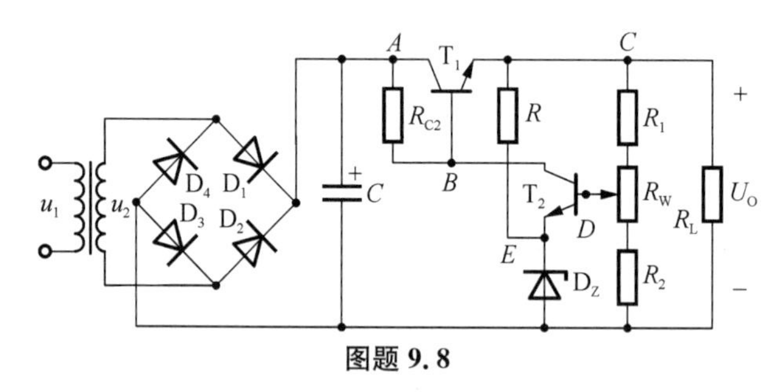

图题9.8

9.9　在图题9.8所示电路中,已知调整管T的集电极最大功耗P_{CM}=10 W,β=50,管压降U_{CE1}至少为3 V,输出电压U_O=12 V,负载电阻$R_L=10\ \Omega$。

(1) 试问电路正常工作时,U_A容许的变化范围是多少?

(2) 正常工作时,若变压器次级电压U_2增加时,T_1、T_2管的基极电流i_{B1}、i_{B2}将如何变化?

(3) 若R_L变化,使输出电流I_O=1 A,而放大环节提供的基极电流为5 mA,问在此时调整管T_1应相应做何改变?

(4) 当R_W滑动端调至最上端,电路出现R_1短路或R_1开路情况时,输出电压U_O各为多少?

9.10　由运算放大器构成的稳压电路如图题9.10所示,已知理想运放的输出幅度为±15 V,输入电压U_I变化范围为18~20 V,复合管的$U_{CE}\geqslant 2$ V,U_{BE}=1.4 V,稳压管稳压值U_Z=5 V,最小稳压电流I_{Zmin}=5 mA,最大稳压电流I_{Zmax}=20 mA。

(1) 计算U_{Omax}和U_{Omin};

(2) 确定R_1的取值范围。

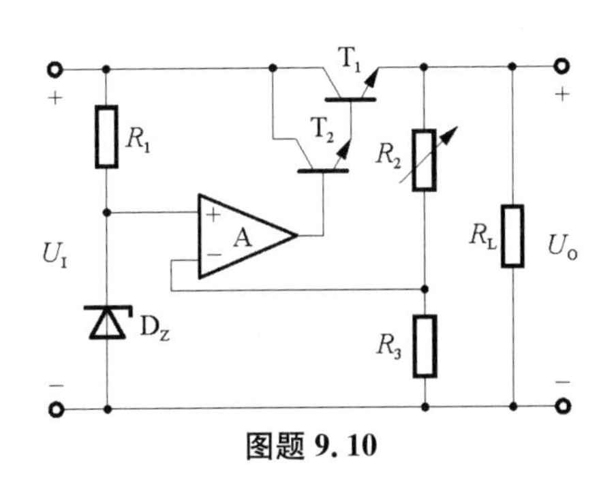

图题 9.10

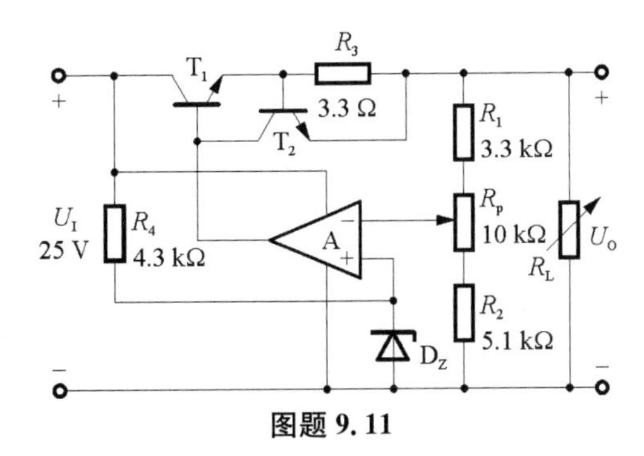

图题 9.11

9.11　由理想运放 A 组成的稳压电路如图题 9.11 所示，设三极管的 $U_{BE}=0.7\ \text{V}$，$U_Z=5.6\ \text{V}$。

(1) 说明 T_2 和 R_3 电路的作用；

(2) 改变 R_P，求输出电压 U_O 的变化范围；

(3) 求输出电流的最大值及 T_1 的集电极最大容许功耗。

9.12　试分别求出图题 9.12 所示各电路输出电压的表达式。

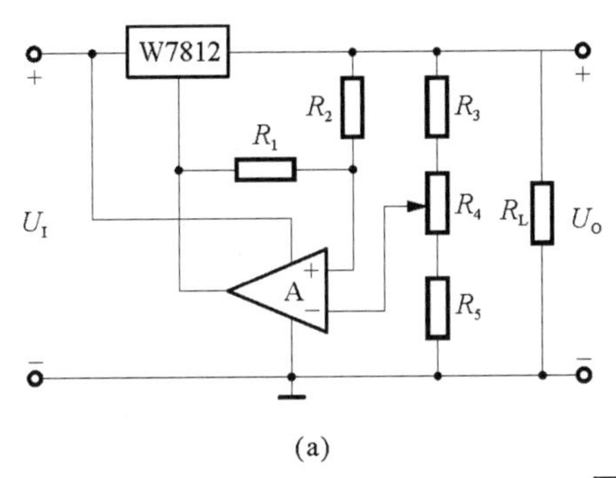

(a)　(b)

图题 9.12

第十章　电路模型与电路定理

本章结合直流电路介绍一般电路的基本物理量，介绍电压源、电流源和电阻元件的伏安关系，讨论电路的基本定律、基本定理和电路的基本分析方法。

10.1　电路与电路模型

电路就是电流所通过的路径。实际电路是由一些电路器件用导线连接起来组成的。所谓电路器件是指电阻器、电感器、电容器、变压器、开关、晶体管和电池等。为了便于对实际电路进行分析，需将实际电路器件理想化（或称模型化），即在一定条件下突出其主要的电磁性质，忽略其次要因素，将其近似地看作理想电路元件。由一些理想化元件组成的电路，就是实际电路的电路模型。一般将理想电路元件简称为元件，将电路模型简称为电路。

电路中所应用的各种元件，按其工作时表现出的电特性可分为两类：一类元件工作时可以向电路提供电能，称为电源；另一类元件工作时吸收电能并将电能转化为其他形式的能量，如转化为热能、光能、机械能等，这类元件称为负载。负载主要有三种：电阻、电容和电感。实际的某个器件在工作时的特征可以用一种理想元件或几种理想元件的组合来反映。

将一个小灯泡用导线与干电池连接起来就组成了一个简单的电路，如图 10.1.1(a)所示，其电路模型如图 10.1.1(b)所示，电阻元件 R 表示小灯泡，干电池用 U_s 和电阻元件 R_s 的串联组合作为模型，分别反映电池内储化学能转换为电能的物理过程。连接导线用理想导线（其电阻为零）即线段来表示。

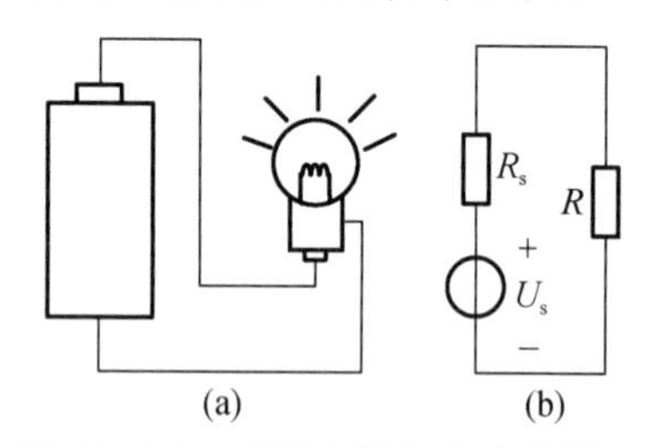

图 10.1.1　实际电路与电路模型

比较复杂的电路又称电网络，简称网络。元件通过端子与外电路相连，按端子的数目可将元件分为二端元件、三端元件、四端元件等。比如，电阻元件、电感元件是二端元件，晶体三极管是三端元件。

10.2　电流、电压和电位

10.2.1　电流和电压的参考方向

电路理论中涉及的物理量主要有电流、电压、电荷和磁通，通常用 I、U、Q 和 Φ 分别表示，磁通链用 Ψ 表示。另外，电功率和电能也是重要的物理量，它们的符号分别为 P 和 W。

在电路分析中，当涉及某个元件或部分电路的电流或电压时，有必要指定电流或电压的参考方向。这是因为电流或电压的实际方向可能是未知的，也可能是随时间变动的。图 10.2.1 表示一个电路的一部分，其中的矩形框表示一个二端元件。流过这个元件的电流为

i，其实际方向可以是由 A 到 B，或是由 B 到 A。图 10.2.1 中在导线上标示的箭头表示电流的参考方向，它不一定就是电流的实际方向。指定参考方向的用意是把电流看成代数量。如果电流 i 的实际方向是由 A 到 B，如图 10.2.1(a)中虚线箭头所示，它与参考方向一致，则电流为正值，即 $i>0$。在图 10.2.1(b)中，指定的电流参考方向自 B 到 A，如果电流的实际方向是由 A 到 B(见虚线箭头)，两者不一致，故电流为负值，即 $i<0$。这样，在指定的电流参考方向下，电流值的正和负就可以反映出电流的实际方向。另一方面，只有规定了参考方向以后，才能写出随时间变化的电流的函数式。电流的参考方向可以任意指定，一般用箭头表示，也可以用双下标表示，例如，i_{AB} 表示参考方向是由 A 到 B。

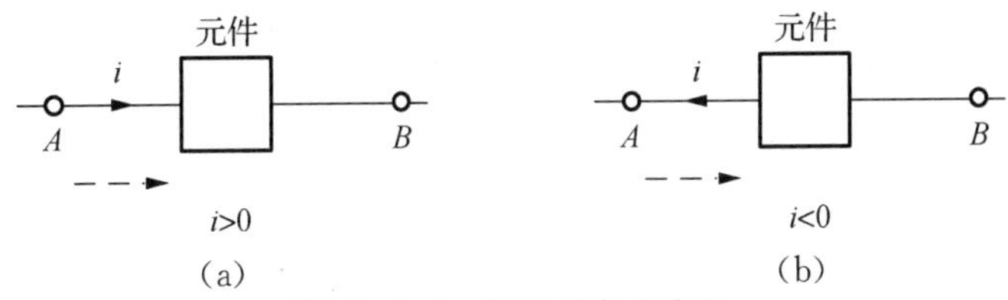

图 10.2.1　电流的参考方向

同理，对电路两点之间的电压也可指定参考方向或参考极性。在表达两点之间的电压时，用正极性(+)表示高电位，负极性(−)表示低电位，而正极指向负极的方向就是电压的参考方向。指定电压的参考方向后，电压就是一个代数量，在图 10.2.2 中，电压 u 的参考方向是由 A 指向 B，也就是假定 A 点的电位比 B 点的电位高；如果 A 点的电位确实高于 B 点的电位，即电压的实际方向是由 A 到 B，两者的方向一致，则 $u>0$。若实际电位是 B 点高于 A 点，则 $u<0$。有时为了图示方便，也可用一个箭头表示电压的参考方向(见图 10.2.2，本书一般不采用此种表示法)。还可以用双下标来表示电压，如 u_{AB} 表示 A 与 B 之间的电压，其参考方向为 A 指向 B。一个元件的电流或电压的参考方向可以独立地任意指定。如果指定流过元件的电流的参考方向是从标以电压正极性的一端指向负极性的一端，即两者的参考方向一致，则把电流和电压的这种参考方向称为关联参考方向，如图 10.2.3(a)所示；当两者不一致时，称为非关联参考方向。在图 10.2.3(b)中，N 表示电路的一个部分，它有两个端子与外电路连接，电流 i 的参考方向自电压 u 的正极性端流入电路，从负极性端流出，两者的参考方向一致，所以是关联参考方向；图 10.2.3(c)所示电流和电压的参考方向是非关联的。

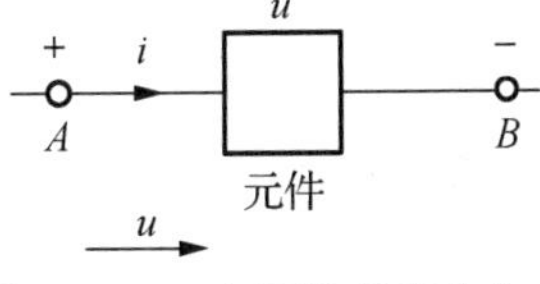

图 10.2.2　电压的参考方向

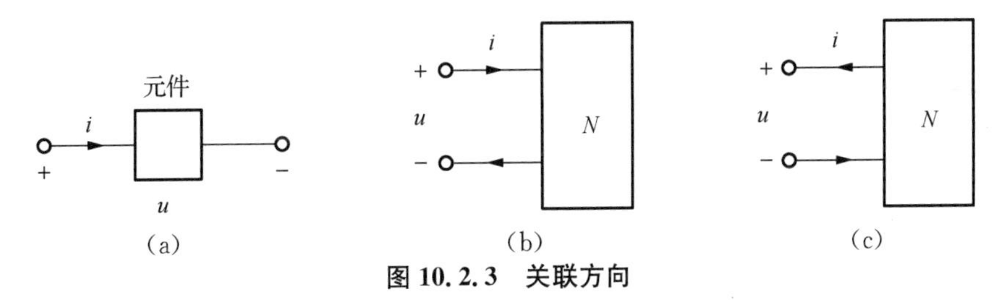

图 10.2.3　关联方向

10.2.2 电位

在电路分析中，电路中某点电位值采用这样的方法来确定，即在电路中选定一点作为参考点，并将参考点的电位规定为零，则某点与参考点之间的电压就作为该点的电位。显然，同一点的电位值是随着参考点的不同而变化的，而任意两点之间的电压却与参考点的选取无关。

10.3 电功率和能量

在电路中，有的元件吸收电能，并将电能转换成其他形式的能量，有的元件是将其他形式的能量转换成电能，即元件向电路提供电能。电功率是指单位时间内元件所吸收或发出的电能。在电路中，电功率常简称为功率(Power)。功率的定义可推广到任何一段电路，而不局限于一个元件，当然，一个元件可看作是一段电路的特例。

图10.3.1中的方框表示一段电路，电流 i 和电压 u 的参考方向如图所示。由电压的定义可知，当正电荷 $\mathrm{d}q$ 由 a 点流动到 b 点时，这部分电路吸收的电能为

$$\mathrm{d}W=u\,\mathrm{d}q$$

再由

$$\mathrm{d}q=i\,\mathrm{d}t$$

得

$$\mathrm{d}W=ui\,\mathrm{d}t$$

用字母 P 表示这部分电路所吸收的功率，则

$$P=\frac{\mathrm{d}W}{\mathrm{d}t} \tag{10.3.1}$$

在直流情况下为

$$P=UI \tag{10.3.2}$$

在国际单位制中，电功率的单位是W，电能的单位是J。

在电压和电流的关联参考方向下，如图10.3.1所示，功率 $P=ui$ 中的 P 代表这段电路吸收的功率。当实际计算的结果是 $P>0$ 时，表明这段电路的确是吸收功率；而当 $P<0$ 时，则说明这段电路实际上是发出功率。

如果电压和电流两者的参考方向相反，如图10.3.2所示，则 $P=ui$ 中的 P 代表元件发出的功率。在这种情况下，若 $P>0$，这段电路发出功率；$P<0$，说明这段电路实际是吸收功率。

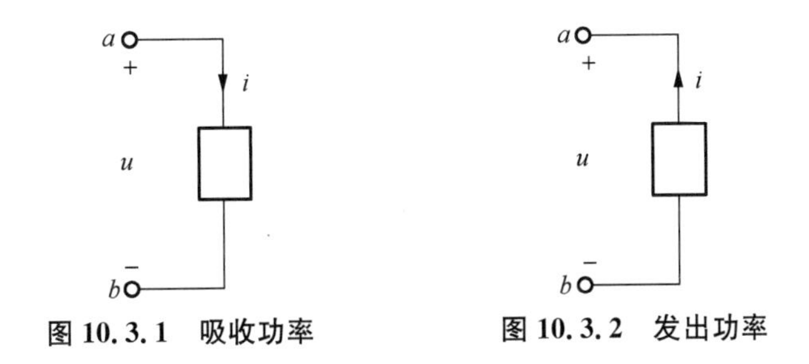

图 10.3.1　吸收功率　　　　图 10.3.2　发出功率

10.4　电路元件和电阻元件

10.4.1　电路元件

电路元件是电路中最基本的组成单元。电路元件通过其端子与外部连接。元件的特性通过与端子有关的电路物理量描述。每种元件通过端子的两种物理量反映一种确定的电磁性质。元件的两个端子的电路物理量之间的代数函数关系称为元件的端子特性(亦称元件特性)。集总(参数)元件假定:在任何时刻,流入二端元件的一个端子的电流一定等于从另一端子流出的电流,且两个端子之间的电压为单值量。由集总元件构成的电路称为集总电路,或称具有集总参数的电路。用有限个集总元件及其组合模拟实际的部件和器件以及用集总电路作为实际电路的电路模型是有条件的,本书只考虑集总电路。

电路物理量有电压 u、电流 i、电荷 q 以及磁通 Φ(或磁通链 Ψ)等。电阻元件的元件特性是电压与电流的代数关系 $u=f(i)$;电容元件的元件特性是电荷 q 与电压 u 的代数关系 $q=h(u)$;电感元件的元件特性是磁通链 Ψ 与电流 i 的代数关系 $\Psi=g(i)$。如果表征元件特性的代数关系是一个线性关系,则该元件称为线性元件。如果表征元件特性的代数关系是一个非线性关系,则该元件称为非线性元件。

10.4.2　电阻元件

1) 线性电阻元件

电阻器、白炽灯、电炉等在一定条件下可以用二端线性电阻元件作为其模型(以后各章主要讨论二端元件,故将略去“二端”两字)。线性电阻元件是这样的理想元件:在电压和电流取关联参考方向时,在任何时刻其两端的电压和电流服从欧姆定律

$$u=Ri \tag{10.4.1}$$

线性电阻元件的图形符号如图 10.4.1(a)所示。上式中 R 为电阻元件的参数,称为元件的电阻。R 是一个正实常数。当电压单位为 V、电流单位为 A 时,电阻的单位为 Ω(欧姆,简称欧)。

令 $G=\dfrac{1}{R}$,式(10.4.1)变成

$$i=Gu \tag{10.4.2}$$

式中 G 称为电阻元件的电导。电导的单位是 S(西门子,简称西)。R 和 G 都是电阻元件的参数。

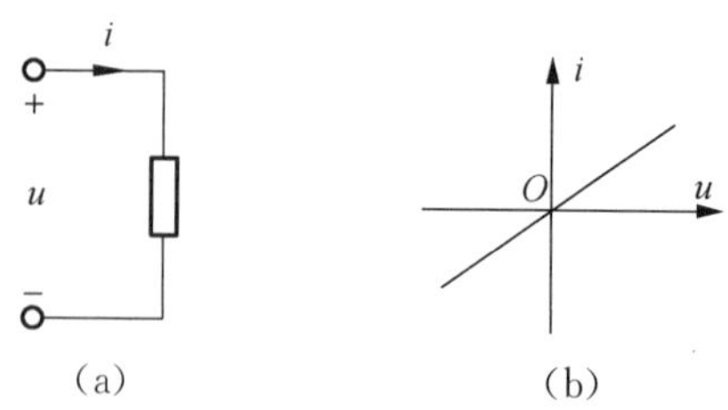

图 10.4.1　电阻元件及其伏安特性

如果电压、电流参考方向取非关联参考方向,则

$$u=-Ri \text{ 或 } i=-Gu$$

由于电压和电流的单位分别是伏和安,因此电阻元件的特性称为伏安特性。图 10.4.1(b)是线性电阻元件的伏安特性曲线,它是通过原点的一条直线。直线的斜率与元件的电阻 R 有关。

当一个线性电阻元件的端电压不论为何值时,流过它的电流恒为零值,就把它称为“开路”。开路的伏安特性曲线在 $u-i$ 平面上与电压轴重合,它相当于 $R=\infty$ 或 $G=0$,如图 10.4.2(a)所示。当流过一个线性电阻元件的电流不论为何值时,它的端电压恒为零值,就把它称为“短路”。短路的伏安特性曲线在 $u-i$ 平面上与电流轴重合,它相当于 $R=0$ 或 $G=\infty$,如图 10.4.2(b)所示。如果电路中的一对端子 $1-1'$ 之间呈断开状态,如图 10.4.2(c)所示,这相当于 $1-1'$ 之间接有 $R=\infty$ 的电阻,此时称 $1-1'$ 处于开路。如果把端子 $1-1'$ 用理想导线(电阻为零)连接起来,称这对端子 $1-1'$ 被短路,如图 10.4.2(d)所示。

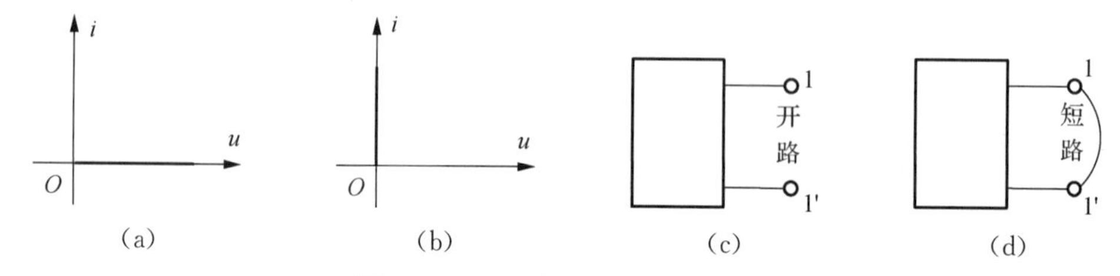

图 10.4.2　开路和短路的伏安特性

当电压 u 和电流 i 取关联参考方向时,电阻元件消耗的功率为

$$P=ui=Ri^2=\frac{u^2}{R}=Gu^2=\frac{i^2}{G} \tag{10.4.3}$$

R 和 G 是正实常数,故功率 P 恒为非负值。所以线性电阻元件是一种无源元件。

电阻元件从 t_0 到 t 的时间内吸收的电能为

$$W=\int_{t_0}^{t} Ri^2(t)\mathrm{d}t$$

电阻元件一般把吸收的电能转换成热能或其他形式的能量。

由于制作材料的电阻率与温度有关,(实际)电阻器通过电流后因发热会使温度改变,因此，严格说，电阻器带有非线性因素。但是在正常工作条件下，温度变化有限，许多实际器件如金属膜电阻器、线绕电阻器等，它们的伏安特性曲线近似为一条直线。所以用线性电阻元件作为它们的理想模型是合适的。

2）非线性电阻元件

在电子电路中也常用到各种非线性电阻元件，它们的共同特点是，其伏安特性不是通过原点的直线。比较典型的非线性电阻元件有半导体二极管和隧道二极管，其伏安特性见图10.4.3(a)和(b)。

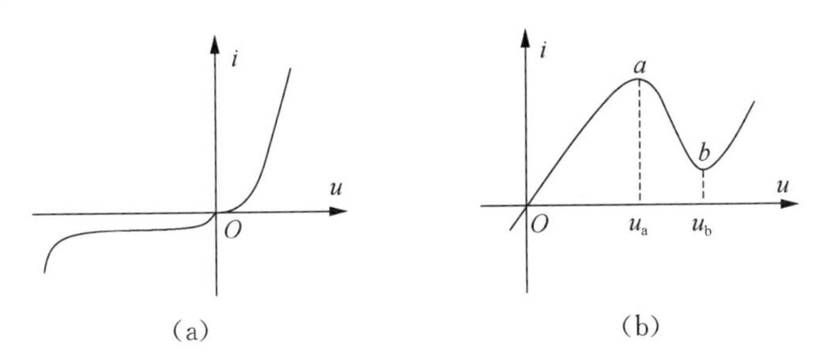

图 10.4.3 非线性电阻的伏安特性

(a) 半导体二极管；(b) 隧道二极管

从图10.4.3(a)半导体二极管的伏安特性可见：当 $u>0$ 时（即半导体二极管加上正向电压），二极管电流 $i>0$（称为正向电流），此电流随 u 的增大迅速增大（一般为毫安级），这种情况称作二极管处于导通状态。当 $u<0$ 时（即半导体二极管加上反向电压），二极管电流 $i<0$（称为反向电流），此电流极小（一般为微安级），它在一段区间内不随反向电压的增大而明显变化，这种情况称作二极管处于截止状态。当反向电压增至某值时，反向电流突然大增，这种情况称作二极管处于击穿状态。半导体二极管的电阻 R 是随外加电压 u 变化而改变的，不是固定的常数，$R=\mathrm{d}u/\mathrm{d}i$。

从图10.4.3(b)隧道二极管的伏安特性可见：当 $0<u<u_a$ 及 $u>u_b$ 时，随着外加电压 u 的增大，电流 i 也随之增大，电阻 R 不是常数，但 $R>0$，为正电阻。当 $u_a<u<u_b$ 时，随着外加电压 u 的增大，电流 i 反而减小，电阻 R 不是常数，但 $R<0$，为负电阻。$u_a<u<u_b$ 的区域，称为负电阻区，此时隧道二极管不是消耗功率，而是提供功率。

电阻元件（包括线性、非线性），任何时刻的电流（或电压）只与该时刻的电压（或电流）有关，而与过去的电压（或电流）无关。此性质称为无记忆性，故电阻元件是无记忆元件。

另外，有时为了强调电阻元件上的电流、电压，可加脚标表示。如线性电阻元件在关联方向下欧姆定律表达式，即公式(10.4.1)，亦可写为

$$u_R=Ri_R \tag{10.4.4}$$

电路元件电压、电流之间的关系式，通常称为元件的伏安关系式（简称伏安关系）。公式(10.4.1)或(10.4.2)，就是线性电阻元件在关联方向下的伏安关系。请读者注意“伏安特性”与“伏安关系”的区别。

10.4.3　电感元件

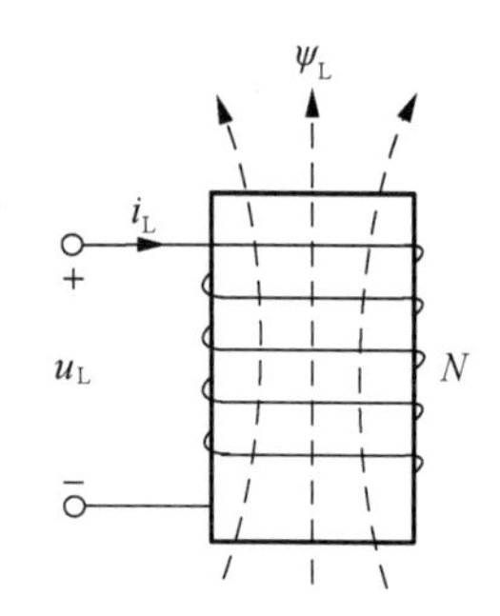

图 10.4.4　电感线圈

在骨架上用导线绕制成线圈,如图 10.4.4 所示,便构成了电感线圈。当一个匝数为 N 的线圈通过电流 i_L 时,在线圈内部和周围建立了磁场,形成磁通 φ_L,称为自感磁通。磁通主要集中在线圈的内部,若与线圈 N 匝相交链,则定义自感磁通链 Ψ_L 为 $\Psi_L = N\varphi_L$。随着电感线圈上电流 i_L 的增大,φ_L、Ψ_L 亦随之增大,说明它具有储存磁场能量的本领。忽略线圈导线电阻、匝间电容的影响,电感线圈可用一个电感元件作为它的模型。电感元件具有储存磁场能量的功能,它任一时刻所储存的磁场能量,取决于自感磁通链的大小,而自感磁通链的大小又与通过它的电流大小有关。因此,电感元件的定义为:如果一个二端元件在任一瞬间 t 的自感磁通链 Ψ_L 和电流 i_L 两者之间的关系可用 Ψ_L、i_L 平面上一条曲线来表示,则此二端元件称为电感元件,简称电感。电感元件的符号见图 10.4.5。

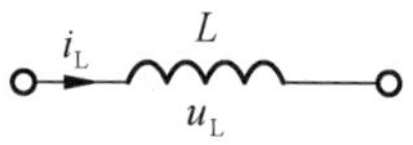

图 10.4.5　电感元件的符号

若电感元件的 Ψ_L 和 i_L 的关系是 Ψ_L、i_L 平面上通过原点的一条直线,如图 10.4.6 所示,则称其为线性电感元件,直线的斜率是一正值常数 L,称为电感量,即

$$L = \frac{\Psi_L}{i_L} \tag{10.4.5}$$

其中 Ψ_L 单位是 Wb,i_L 单位是 A,L 单位是 H。实用中的空芯线圈在一般情况下,可用线性电感元件作为它的电路模型。

若电感元件的 Ψ_L 和 i_L 的关系不是 Ψ_L、i_L 平面上通过原点的一条直线,则称其为非线性电感元件。铁磁性材料(主要指铁、镍、钴等物质及它们的合金)做成铁芯的线圈,其电路模型属于此列。

1) 线性电感的伏安关系

若在电感元件中通过随时间变化的电流 i_L,则磁通链 Ψ_L 也随时间变化。在关联方向时,根据法拉第电磁感应定律,则线性电感元件上的电压为

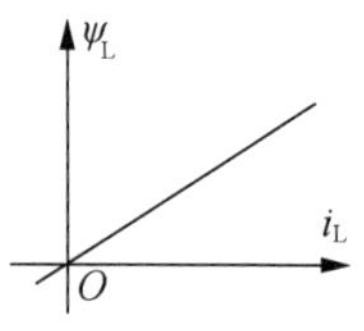

$$u_L = \frac{\mathrm{d}\Psi_L}{\mathrm{d}t}$$

图 10.4.6　线性电感元件的特性

将公式(10.4.5)代入上式,可得线性电感的伏安关系式

$$u_L = \frac{\mathrm{d}(Li_L)}{\mathrm{d}t} = L\frac{\mathrm{d}i_L}{\mathrm{d}t} \tag{10.4.6}$$

公式(10.4.6)表明:任一时刻 t 电感电压 u_L 取决于电感电流的变化率 $\mathrm{d}i_L/\mathrm{d}t$,而与该时刻电感电流本身的数值无关。如电感电流为不随时间变化的直流电流,电流的变化率为零,此时电感电压为零,电感元件相当于短路。与此相反,若在某一时刻电感电流为零,而电

流的变化率不为零，此时电感电压并不为零。

由于电感电压取决于电感电流的变化率，也就是说电流在动态情况下才能有电感电压，故电感元件称为动态元件。

公式(10.4.6)还表明：若任一时刻电感电压皆为有限值，则电感电流不能跃变，只能连续变化。因为，电感电流若可以跃变，则 $\mathrm{d}i_{\mathrm{L}}/\mathrm{d}t$ 就趋于无穷大，即 $u_{\mathrm{L}}\to\infty$，显然是不可能的。

对公式(10.4.6)从 $-\infty$ 到 t 积分，便可得出电感元件的另一种伏安关系，即

$$i_{\mathrm{L}}=\frac{1}{L}\int_{-\infty}^{t}u_{\mathrm{L}}\mathrm{d}t \tag{10.4.7}$$

公式(10.4.7)表明：某一时刻 t 的电感电流，取决于电感电压从 $-\infty$ 到 t 的积分，即与电感电压过去的全部情况有关。这说明电感元件有记忆电压的作用，故又称为记忆元件。

公式(10.4.7)还可写为

$$i_{\mathrm{L}}=\frac{1}{L}\int_{-\infty}^{t_0}u_{\mathrm{L}}\mathrm{d}t+\frac{1}{L}\int_{t_0}^{t}u_{\mathrm{L}}\mathrm{d}t=i_{\mathrm{L}}(t_0)+\frac{1}{L}\int_{t_0}^{t}u_{\mathrm{L}}\mathrm{d}t \tag{10.4.8}$$

式中 t_0 为任意选定的初始时刻，$i_{\mathrm{L}}(t_0)$是 t_0 时刻的电感电流，称为初始电流，它是电感电压从 $-\infty$ 到 t_0 的时间积分，反映了 t_0 之前电感电压的全部情况。

综上所述，电感元件是储能、动态、记忆元件。

2）电感的功率和储能

在关联方向条件下，电感 L 吸收的瞬时功率 p_{L} 是电感电压 u_{L} 和电流 i_{L} 瞬时值的乘积，即

$$p_{\mathrm{L}}=u_{\mathrm{L}}i_{\mathrm{L}} \tag{10.4.9}$$

当 $p_{\mathrm{L}}>0$ 时，表示电感元件从电路中吸收能量，储存于磁场中；当 $p_{\mathrm{L}}<0$ 时，表示电感元件释放出储存在磁场的能量。电感元件本身不消耗功率。

电感的储能 W_{L} 是对瞬时功率 p_{L} 的时间积分，即

$$\begin{aligned}W_{\mathrm{L}}&=\int_{-\infty}^{t}p_{\mathrm{L}}\mathrm{d}t=\int_{-\infty}^{t}u_{\mathrm{L}}i_{\mathrm{L}}\mathrm{d}t\\&=\int_{-\infty}^{t}L\,\frac{\mathrm{d}i_{\mathrm{L}}}{\mathrm{d}t}\cdot i_{\mathrm{L}}\mathrm{d}t=\frac{1}{2}L[i_{\mathrm{L}}^{2}(t)-i_{\mathrm{L}}^{2}(-\infty)]\end{aligned}$$

由于电感开始通电时($t=-\infty$)电流为零，即 $i_{\mathrm{L}}(-\infty)=0$,，则上式可写为

$$W_{\mathrm{L}}=\frac{1}{2}Li_{\mathrm{L}}^{2} \tag{10.4.10}$$

上式表明，电感某一时刻的储能，只取决于该时刻的电感电流值，而与电感电压值无关。只要电感中有电流通过，它就有储能。并且，尽管电感的瞬时功率时正时负，但储能总为正值。

10.4.4　电容元件

1) 电容元件

实际电容器一般均由被介质隔开的两片金属平行板构成,两极板用金属导线引出,如图 10.4.7 所示。当两极板上接有电源时,与电源正极相连的金属板上就积聚有正电荷($+q$),另一金属板上就积聚有负电荷($-q$),正、负电荷的电量相等,两极板之间有电压 U,介质中形成电场,在电场中就储存有电场能量。忽略介质损耗、漏电流的影响,电容器可用一个电容元件作为它的模型。

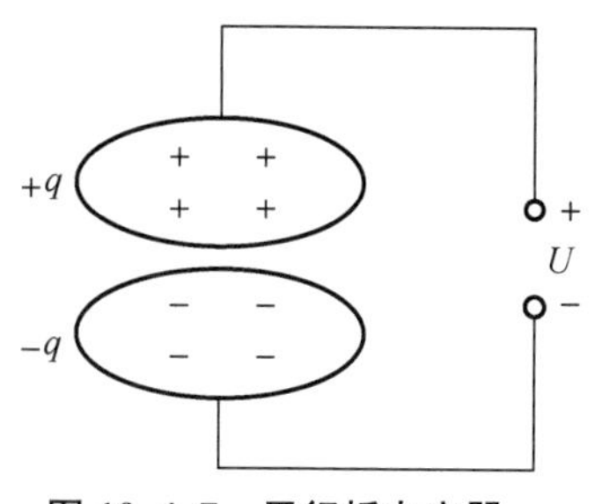

图 10.4.7　平行板电容器

电容元件具有储存电场能量的功能。它所储存的电荷与其两极板上的电压值有关。因此,电容元件的定义为:如果一个二端元件在任一瞬间 t 所储存的电荷 q 和两端电压 u_C 之间的关系可用 q、u_C 平面上一条曲线来表示,则此二端元件称为电容元件,简称电容。电容元件的符号见图 10.4.8。

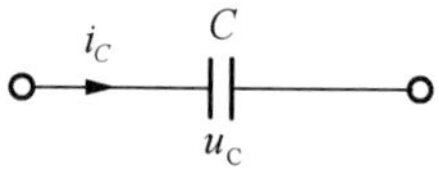

图 10.4.8　电容元件的符号

若电容元件的 q 和 u_C 的关系是 q、u_C 平面上通过原点的一条直线,如图 10.4.9 所示,则称为线性电容元件,直线的斜率是一正值常数 C,称为电容量,即

$$C=\frac{q}{u_C} \tag{10.4.11}$$

其中 q 单位 C,u_C 单位 V,C 单位是 F。电容器标定电容量和额定工作电压两个参数。在工作电压超过额定工作电压时,电容器的介质就有可能损坏或击穿,丧失电容器的作用,此点应予注意。

2) 线性电容的伏安关系

在关联方向时,若电荷 q 与电压 u_C 都是随时间变化的,则根据电流的定义,此电容电流为

$$i_C=\frac{\mathrm{d}q}{\mathrm{d}t}$$

将公式(10.4.11)代入上式,即得出线性电容的伏安关系式为

$$i_C=\frac{\mathrm{d}(Cu_C)}{\mathrm{d}t}=C\frac{\mathrm{d}u_C}{\mathrm{d}t} \tag{10.4.12}$$

公式(10.4.12)表明:任一时刻通过电容的电流 i_C 取决于该时刻电容电压的变化率 $\mathrm{d}u_C/\mathrm{d}t$,而与该时刻电容电压本身的数值无关。如电容电压为不随时间变化的直流电压,电压的变化率为零,此时电容电流为零,电容相当于开路。只有电容电压随时间变化,才会有电容电流。通常所说电容具有"隔直通交"的特性,就是这个意思。由于电容电流取决于电容电压的变化率,也就是说电压在动态情况下才能有电容电流,故电容元件称为动态元件。公式(10.4.12)还表明:若任一时刻电容电流皆为有

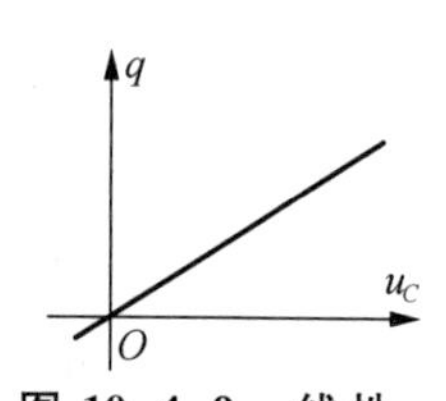

图 10.4.9　线性电容元件的特性

限值,则电容电压不能跃变,只能连续变化。因为,电容电压若可以跃变,则 $\mathrm{d}u_C/\mathrm{d}t$ 就趋于无穷大,即 $i_C \to \infty$,显然是不可能的。

对公式(10.4.12)从 $-\infty$ 到 t 积分,便可得出电容元件的另一种伏安关系式,即

$$u_C = \frac{1}{C}\int_{-\infty}^{t} i_C \mathrm{d}t \tag{10.4.13}$$

公式(10.4.13)表明:某一时刻 t 的电容电压,取决于电容电流从 $-\infty$ 到 t 的积分,即与电容电流过去的全部情况有关。这说明电容元件有记忆电流的作用,故又称为记忆元件。

公式(10.4.13)还可写为

$$\begin{aligned} u_C &= \frac{1}{C}\int_{-\infty}^{t_0} i_C \mathrm{d}t + \frac{1}{C}\int_{t_0}^{t} i_C \mathrm{d}t \\ &= u_C(t_0) + \frac{1}{C}\int_{t_0}^{t} i_C \mathrm{d}t \end{aligned} \tag{10.4.14}$$

式中 t_0 为任意选定的初始时刻,$u_C(t_0)$是 t_0 时刻的电容电压,称为初始电压,它是电容电流从 $-\infty$ 到 t_0 的时间积分,反映了 t_0 之前电容电流的全部情况。

综上可见,电容元件与电感元件一样,也是储能、动态、记忆元件。

3) 电容的功率和储能

在关联方向条件下,电容 C 吸收的瞬时功率 p_C 是电容电压 u_C 和电流 i_C 瞬时值的乘积,即

$$p_C = u_C i_C \tag{10.4.15}$$

当 $p_C > 0$ 时,表示电容元件从电路中吸收能量,储存于电场中;当 $p_C < 0$ 时,表示电容元件释放出储存在电场的能量。电容元件本身不消耗功率。

电容的储能 W_C 是对瞬时功率 p_C 的时间积分,即

$$\begin{aligned} W_C &= \int_{-\infty}^{t} p_C \mathrm{d}t = \int_{-\infty}^{t} u_C i_C \mathrm{d}t = \int_{-\infty}^{t} C\frac{\mathrm{d}u_C}{\mathrm{d}t} \cdot u_C \mathrm{d}t \\ &= \frac{1}{2}C(u_C^2(t) - u_C^2(-\infty)) \end{aligned}$$

由于电容开始充电时电压为零,即 $u_C(-\infty)=0$,则上式可写为

$$W_C = \frac{1}{2}Cu_C^2 \tag{10.4.16}$$

上式表明,电容某一时刻的储能,只取决于该时刻的电容电压值,而与电容电流值无关。只要电容上有电压,它就有储能。并且,尽管电容的瞬时功率有时为正有时为负,但储能总为正值。

10.5 电压源与电流源

实际电源的种类很多,如干电池、蓄电池、光电池、发电机等。在电路分析中,人们关心

的不是各种电源的结构和工作原理,而是电源的外特性,或者说伏安特性,即电源在给负载供电时电源的输出端电压与它的输出电流之间的关系。据此,在电路分析中,各种实际电源一般都可以用电压源模型或电流源模型来表示。在说明这两个模型之前,必须先明确电压源和电流源的概念。

10.5.1　电压源

理想电压源(Ideal Voltage Source)简称电压源(Voltage Source),它是一个理想二端元件。它在工作时,无论接在它的输出端的负载如何变化,其输出端电压保持不变,而它输出的电流则与之所连接的外电路(即它的负载)有关。所谓输出端电压不变,在直流情况下就表现为恒定的常数;而对于交流情况则表现为按照某一固有的规律随时间而变化的函数。

直流电压源在电路中的符号如图10.5.1(a)所示,其中U_s为电压源的输出电压,而"+""−"号是其参考极性。直流电压源也可以用图10.5.1(b)所示符号表示,长线段代表参考极性的"+"极,短线段代表参考极性的"−"极。直流电压源的伏安特性曲线如图10.5.1(c)所示。

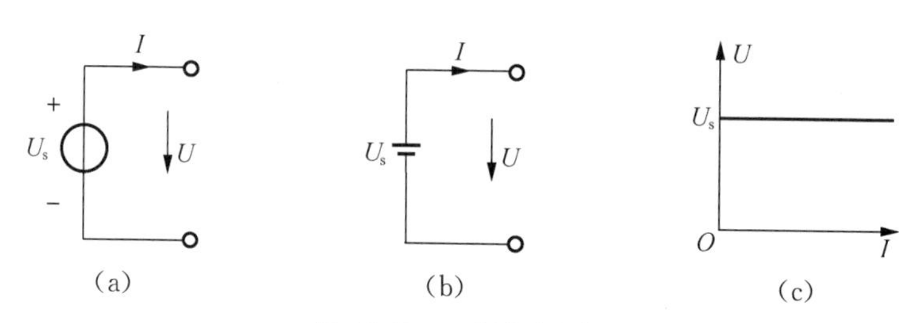

图10.5.1　直流电压源

(a) 电路符号;(b) 电路符号;(c) 伏安特性曲线

10.5.2　电流源

理想电流源(Ideal Current Source)简称电流源(Current Source)。电流源是一个理想二端元件,它在工作时,无论接在它的输出端的负载如何变化,其输出电流保持不变,而它两端的电压则和与之所连接的外电路(即它的负载)有关。所谓输出电流不变,在直流情况下就表现为恒定的常数;而对于交流情况则表现为按照某一固有的规律随时间而变化的函数。直流电流源在电路中的符号如图10.5.2(a)所示,其中I_s表示电流源的输出电流,箭头的方向为其参考方向。图10.5.2(b)所示为直流电流源的伏安特性曲线。$I_s=0$的电流源在电路中相当于开路。

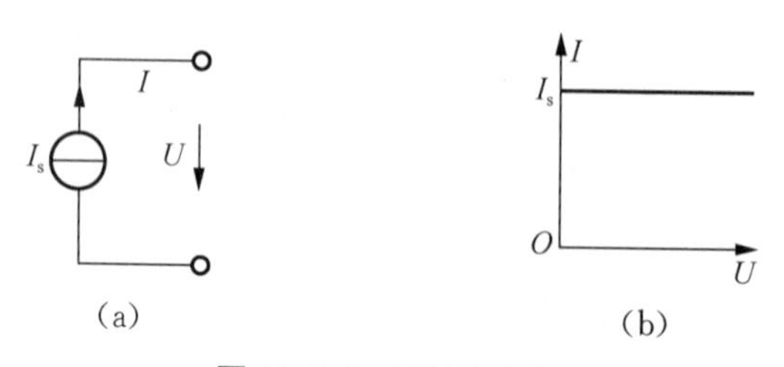

图10.5.2　直流电压源

(a) 电路符号;(b) 伏安特性曲线

10.5.3　电压源与电流源的等效变换

为了使电路的分析易于进行，常常用等效变换(Equivalent Transformation)的方法简化或者变换电路的结构。所谓等效变换是对外电路而言的，当用新的电路结构替代电路中某一部分结构时，必须不影响电路中其他未被变换部分的电压和电流。也就是说，伏安特性相同的部分电路可以互相等效变换。本节只讨论有关电源电路的等效变换问题。

1）等效电压源和等效电流源

两个电压源串联，可以用一个等效的电压源替代。图 10.5.3(a)中电压源 U_{s1} 和 U_{s2} 串联，可以用一个等效的电压源 U_s 替代，替代的条件是

$$U_s = U_{s1} + U_{s2}$$

两个电流源并联，可以用一个等效的电流源替代，如图 10.5.3(b)所示，替代的条件是

$$I_s = I_{s1} + I_{s2}$$

以上两种情况可以推广到多个电压源串联和多个电流源并联的电路中。

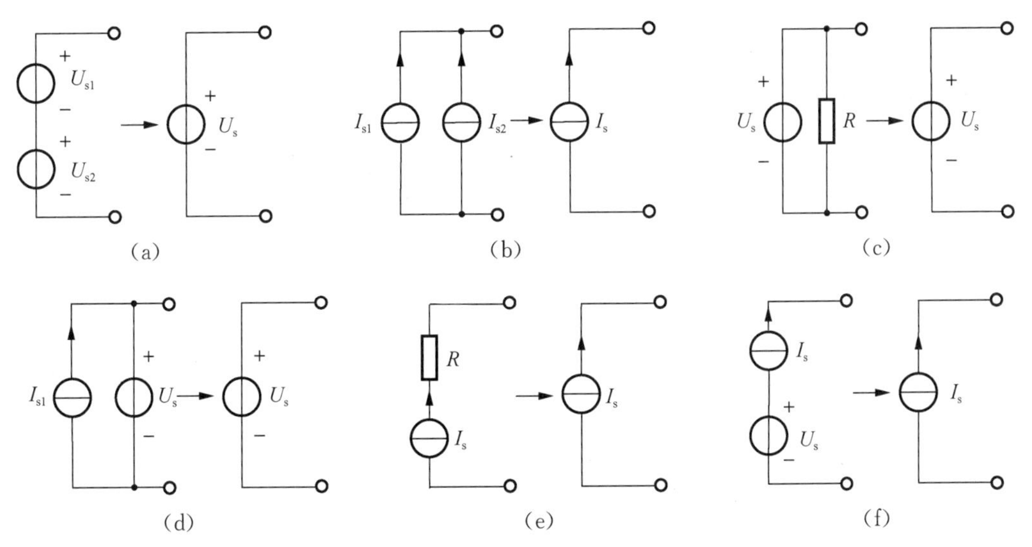

图 10.5.3　等效电压源和等效电流源

图 10.5.3(c)，(d)，(e)，(f)所示均为等效变换的例子。这些变换的结果简化了部分电路而又不影响其外电路的工作状态。

2）实际电源的两个电路模型及其等效变换

一般来说，实际电源不仅产生电能，同时本身还要消耗电能。因而实际电源的电路模型通常由表征产生电能的电源元件和表征消耗电能的电阻元件组合而成。电源元件有电压源和电流源两种，故实际电源的电路模型也有两种：一种是电压源模型；另一种是电流源模型。

电压源模型是用理想电压源与电阻的串联(Series Connection)来表示实际电源的电路模型，如图 10.5.4(a)所示，图 10.5.4 中 U_s 是理想电压源的输出电压，它在数值上等于实际电源的电动势(Electromotive Force)，R_s 称为电源的内电阻。此模型的输出电压 U 与输出电流 I 有关，按图 10.5.4 中所示的电压和电流的参考方向，有

$$U=U_s-R_sI \tag{10.5.1}$$

或者

$$I=\frac{1}{R_s}U_s-\frac{1}{R_s}U \tag{10.5.2}$$

对应的伏安特性曲线如图 10.5.4(b)所示。

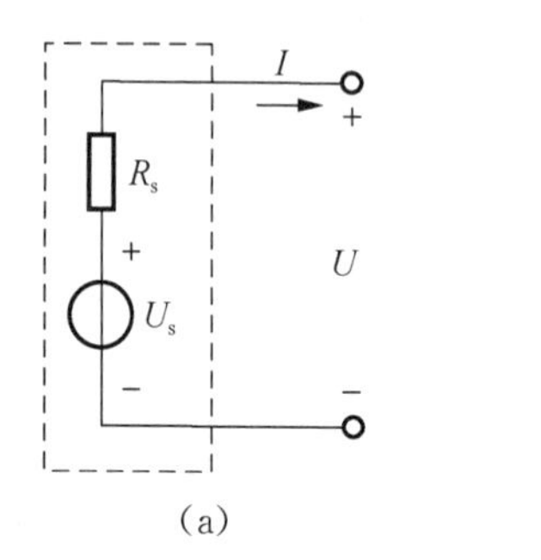

(a)

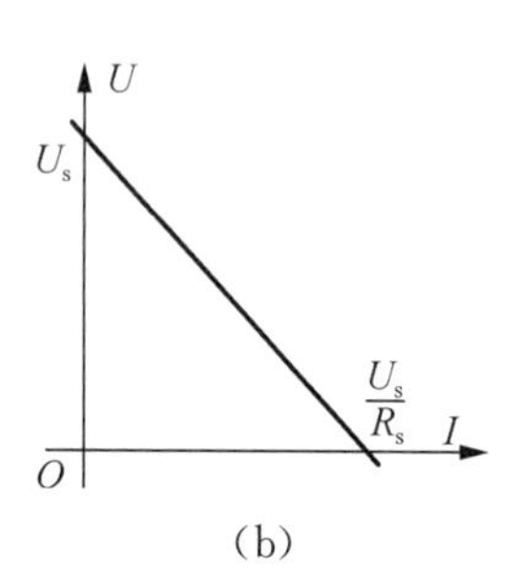

(b)

图 10.5.4　电压源模型

(a) 电路符号;(b) 伏安特性曲线

电流源模型是用理想电流源与电导的并联(Parallel Connection)来表示实际电源的电路模型,如图 10.5.5(a)所示。

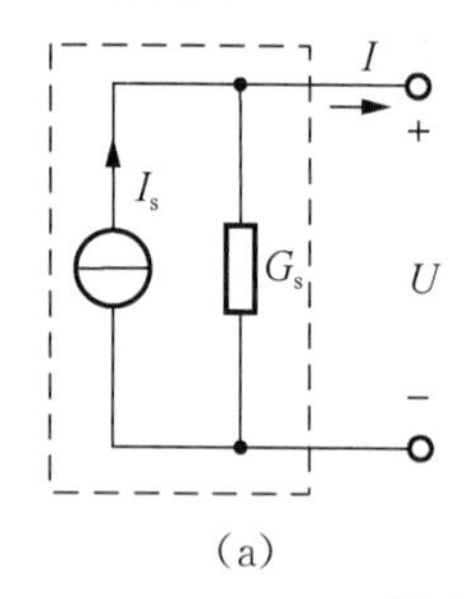

(a)

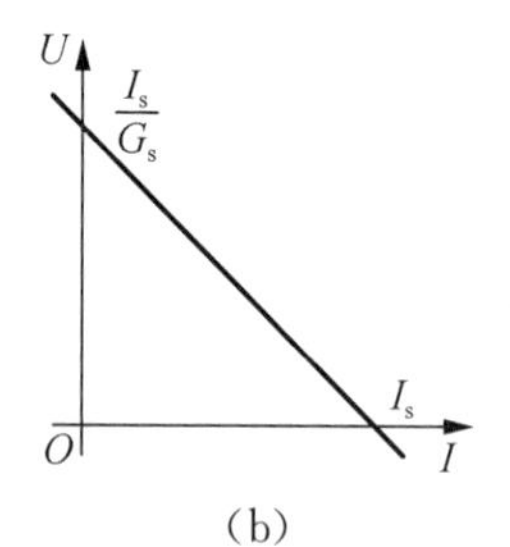

(b)

图 10.5.5　电流源模型

(a) 电路符号;(b) 伏安特性曲线

图 10.5.5 中 I_s 是理想电流源的输出电流,G_s 称为电源的内电导(或者将它的倒数称为内电阻)。此模型的输出电流 I 与端电压 U 有关,按图 10.5.5 中所示的电压和电流的参考方向,有

$$I=I_s-G_sU \tag{10.5.3}$$

或者

$$U=\frac{1}{G_s}I_s-\frac{1}{G_s}I \tag{10.5.4}$$

对应的伏安特性曲线如图 10.5.5(b)所示。将式(10.5.2)与式(10.5.3)进行比较可以看到,如果满足

$$I_s=\frac{U_s}{R_s} \tag{10.5.5}$$

$$G_s=\frac{1}{R_s} \tag{10.5.6}$$

这两个条件，则这两个模型就有相同的伏安特性。对外电路来说，它们是等效的，因此在分析电路的过程中，可以进行互换。

再次强调，任何等效变换只是对外部等效，至于内部情况我们并不关心。例如，当实际电源开路时（不接负载），就其电压源模型来说，内电阻消耗的电功率为零，而就其电流源模型来说，则内电导上始终有电流，是始终消耗电功率的。但对外部电路来说，两种情况下是一样的，都没有功率输出。

可以将电源两种模型的等效互换加以推广，即一个理想电压源与电阻串联的组合电路可以和一个理想电流源与电阻并联的组合电路进行等效互换，并不要求这个电阻一定是电源的内电阻。

【例 10.5.1】 在图 10.5.6(a)所示电路中，计算电阻 R_2 上的电流 I_2。

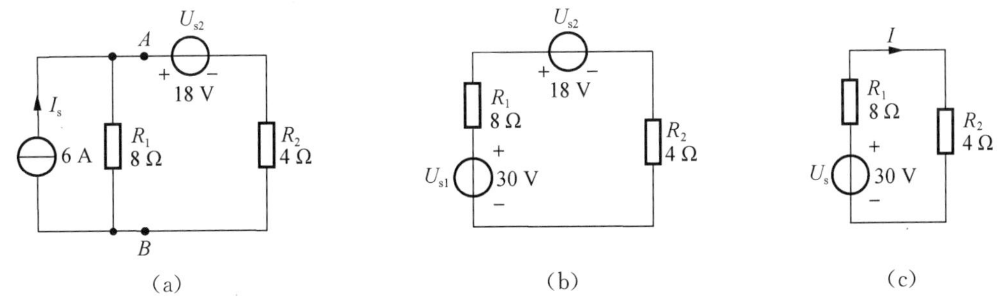

图 10.5.6 【例 10.5.1】电路

解：首先将图 10.5.6(a)中 I_s 与 R_1 的并联组合电路等效变换成 U_{s1} 与 R_1 的串联组合电路，如图 10.5.6(b)所示。其中

$$U_{s1}=I_s\cdot R_1=6\ \text{A}\times 8\ \Omega=48\ \text{V}$$

再将图 10.5.6(b)中 U_{s1}，U_{s2} 的串联电路等效变换为 U_s，如图 10.5.6(c)所示，注意 U_{s1} 与 U_{s2} 的参考方向是相反的，所以

$$U_s=U_{s1}-U_{s2}=48\ \text{V}-18\ \text{V}=30\ \text{V}$$

最后由图 10.5.6(c)计算出电流

$$I=\frac{U_s}{R_1+R_2}=\frac{30\ \text{V}}{8\ \Omega+4\ \Omega}=2.5\ \text{A}$$

【例 10.5.2】 求图 10.5.7(a)所示电路的最简等效电路。

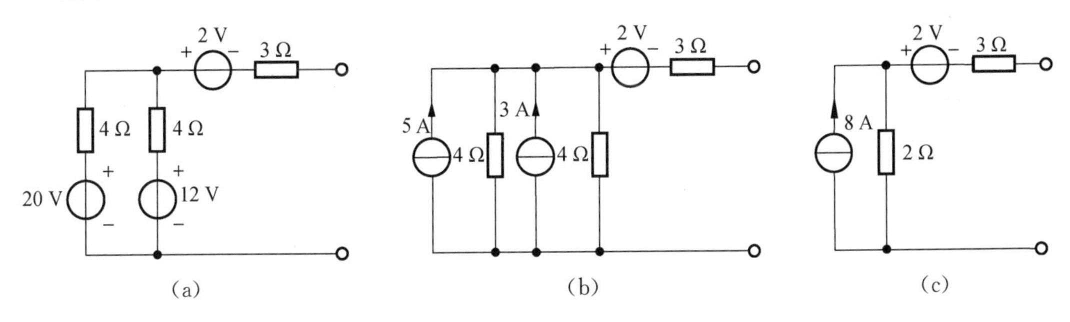

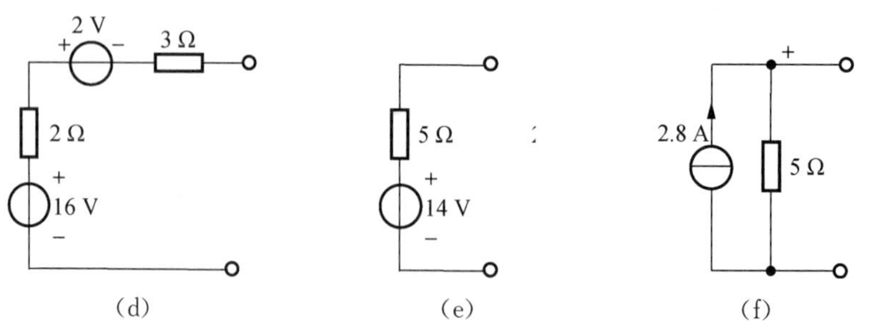

图 10.5.7 【例 10.5.2】电路

解:将原图逐次化简成图 10.5.7(b),(c),(d),(e),(f)的形式,其中图 10.5.7(e)和 10.5.7(f)均为所求的最简等效电路。

10.5.4 电路中的对偶关系

介绍了上述五种电路元件以后,我们一定会发现:电阻与电导、电感与电容、电压源与电流源之间,概念、伏安关系、伏安特性曲线有着类似对应的关系,通常叫对偶关系。

例如,在关联方向下电阻元件的伏安关系(欧姆定律)两个表达式分别为:

$$u=Ri \qquad i=Gu$$

若将电压 u 与电流 i 互换,电阻 R 与电导 G 互换,就可从一个公式立即推出另一公式。再例如,在关联方向下电感元件及电容元件的两个伏安关系式分别为:

$$u_{\mathrm{L}}=L\frac{\mathrm{d}i_{\mathrm{L}}}{\mathrm{d}t} \qquad i_{\mathrm{C}}=C\frac{\mathrm{d}u_{\mathrm{C}}}{\mathrm{d}t}$$

若将电压 u 与电流 i 互换,电感 L 与电容 C 互换,就可从一个公式立即推出另一公式。同样,我们将电压源伏安特性曲线,即图 10.5.1(c)与电流源伏安特性曲线,即图 10.5.2(b)作比较,不难发现,只要将 U、I 互换,则两者一模一样。这不是偶然巧合,而是一种普遍规律。

在电路分析中,常见的对偶关系是很多的,如电阻与电导、电感与电容、电压源与电流源、磁通链与电荷、电流与电压、串联电路与并联电路、分压与分流、短路与开路、网孔电流与节点电位、阻抗与导纳,等等。现将这些对偶关系列于表 10.5.1 中。

表 10.5.1 电路分析中的一些对偶关系

电阻 R	电感 L	电压源 u_s	磁通链 Ψ	电流 i	串联电路	分压	短路	网孔电流	阻抗 Z
电导 G	电容 C	电流源 i_s	电荷 q	电压 u	并联电路	分流	开路	节点电位	导纳 Y

掌握对偶关系,对加深理解、巧妙记忆和融会贯通地学习,无疑是十分有益的。

10.6 基尔霍夫定律

在叙述基尔霍夫定律之前,先介绍几个有关的电路术语。在分析和计算电路时,我们经常把电路中通过同一电流的分支叫做支路(Branch)。换言之,支路或者由一个二端元件构成，或者由多个相互串联的二端元件构成。电路中 3 条或 3 条以上的支路相连接的点称为节点（Node）。在图 10.6.1 中，每个方框用来表示一个二端元件，图 10.6.1 中共有 4 个节点和 6 条支路。4 个节点分别是 a，b，c，d；6 条支路是 ab，bc，cd，bd，ad，ac。电路中由支路构成的任何闭合路径叫做回路（Loop），如图 10.6.1 中的 $abda$，$abcda$，$cadc$ 等都是回路。基尔霍夫定律（Kirchhoff's Law）是分析电路问题的基本定律。它包括两条定律：基尔霍夫电流定律和基尔霍夫电压定律，分别应用于电路中的节点和回路。

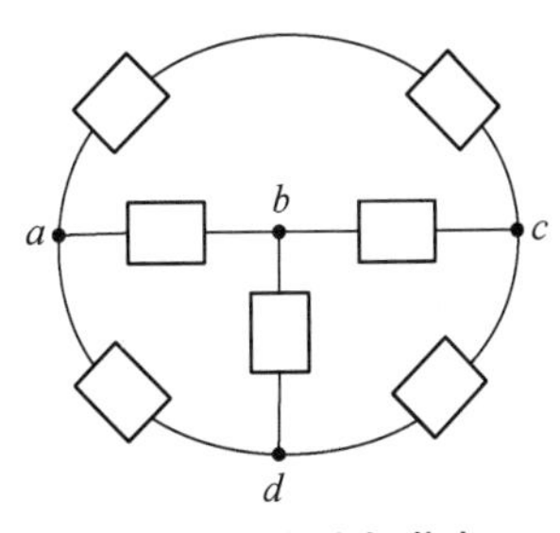

图 10.6.1　支路与节点

10.6.1　基尔霍夫电流定律

基尔霍夫电流定律（Kirchhoff's Current Law，KCL）又称基尔霍夫第一定律，它说明电路中节点处各个支路电流之间的约束关系，其表达式为

$$\sum I = 0 \tag{10.6.1}$$

即对电路中的任何一个节点，流出（流入）电流的代数和为零。或者说，对任何一个节点，流出该节点的电流之和等于流入该节点的电流之和。电流定律体现的是电流的连续性。

依据式（10.6.1）建立节点电流方程时，要注意根据各支路电流的参考方向是流出节点还是流入节点来决定它们的前面取"＋"号还是取"－"号。以图 10.6.2 所示电路中节点 b 为例，按"流出节点电流的代数和为零"可列出节点电流方程

$$-I_2+I_3+I_5=0$$

按"流入节点电流的代数和为零"可列出节点电流方程

$$I_2-I_3-I_5=0$$

按"流出电流之和等于流入电流之和"可列出方程

$$I_5+I_3=I_2$$

显然，这 3 个节点电流方程是一致的。

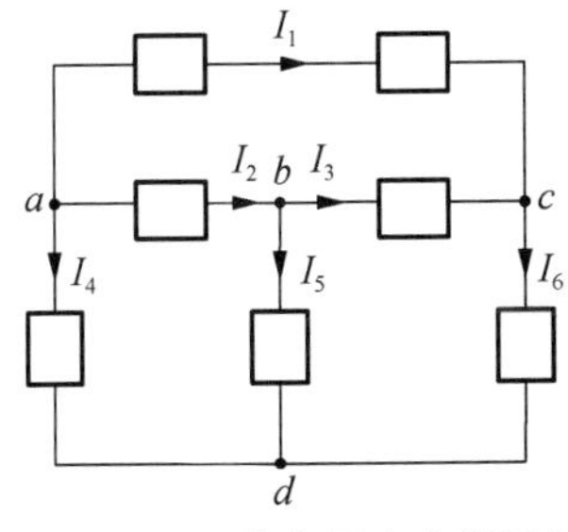

图 10.6.2　基尔霍夫定律示例

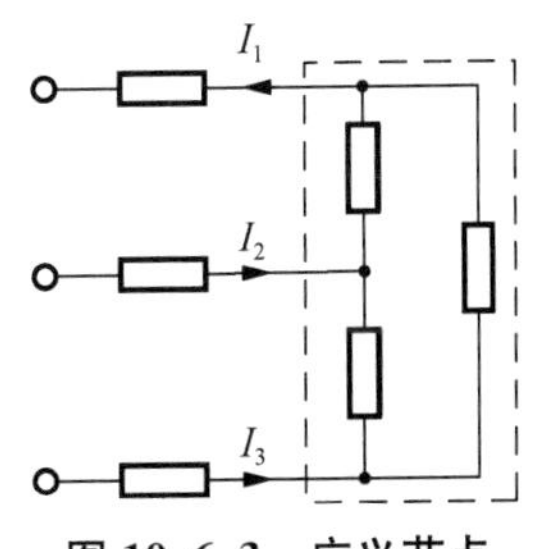

图 10.6.3　广义节点

基尔霍夫电流定律可由任意一个节点推广到任意一个闭合面。可假想一个封闭包面将所讨论的那部分电路包围起来，则对该闭合面来说，电流的代数和也等于零。例如，对图

10.6.3 所示电路来说,虚线部分表示一个闭合面,设流出闭合面的电流取"+"号,流入闭合面的电流取"-"号,可列出方程

$$I_1-I_2-I_3=0$$

这种假想的闭合面可称为电路的广义节点,如图 10.6.3 所示。

10.6.2 基尔霍夫电压定律

基尔霍夫电压定律(Kirchhoff's Voltage Law,KVL)又称基尔霍夫第二定律,它描述了一个回路中各支路电压间相互约束的关系,其表达式为

$$\sum U=0 \tag{10.6.2}$$

此定律表明:沿任一闭合回路绕行一周,各支路电压的代数和恒等于零。

应用基尔霍夫电压定律列电压关系式时,先要任意选定回路的绕行方向,当回路内每段电压的参考方向与回路的绕行方向一致时为正,相反时为负。例如图 10.6.4 所示电路中的 *abda* 回路,若选定按顺时针方向绕行,根据式(10.6.2)可列出该回路电压方程

$$U_2+U_5-U_4=0$$

可以将 KVL 由回路推广到闭合路径。在图 10.6.5 所示电路中,闭合路径 *abda* 和 *abcda* 都不构成回路,因为 a,d 之间和 c,d 之间没有直接相连的支路。沿闭合路径 *abda* 按 KVL 可列出方程

$$U_3+U_4-U_1=0$$

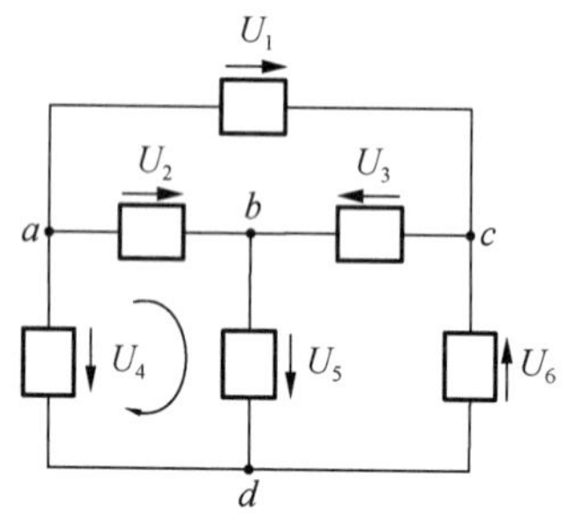

图 10.6.4 基尔霍夫电压定律

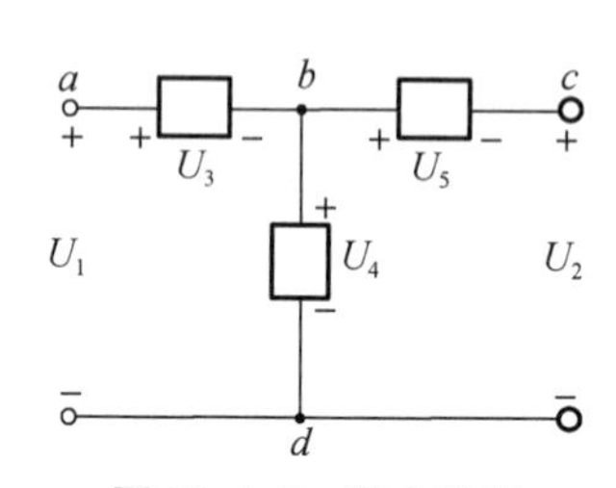

图 10.6.5 闭合路径

又可写作

$$U_1=U_3+U_4$$

由此可以得出一个结论:电路中任意两点之间的电压等于以这两点作为端点的任意路径上各个电压之和。例如图 10.6.5 中,c,d 两点间电压 U_2 可以用路径 *cbd* 上各个电压表示出来,即

$$U_2=-U_5-U_3+U_1$$

可见,基尔霍夫电压定律实际上也是表明电路中两点间的电压与路径无关这一电路性质。

【例 10.6.1】 图 10.6.6 中，$U_{s1}=20\ \text{V}$，$U_{s2}=5\ \text{V}$，$U_{s3}=12\ \text{V}$，$R_2=5\ \Omega$，$R_3=4\ \Omega$，$I_s=2\ \text{A}$，求电流 I_1，I_2，I_3。

解：首先选定回路 1、回路 2，并设定其绕行方向如图 10.6.6 所示。

对回路 1 按 KVL 列方程

$$R_2I_2+U_{s2}-U_{s1}=0$$

解得

$$I_2=\frac{U_{s1}-U_{s2}}{R_2}=\frac{20-5}{5}\ \text{A}=3\ \text{A}$$

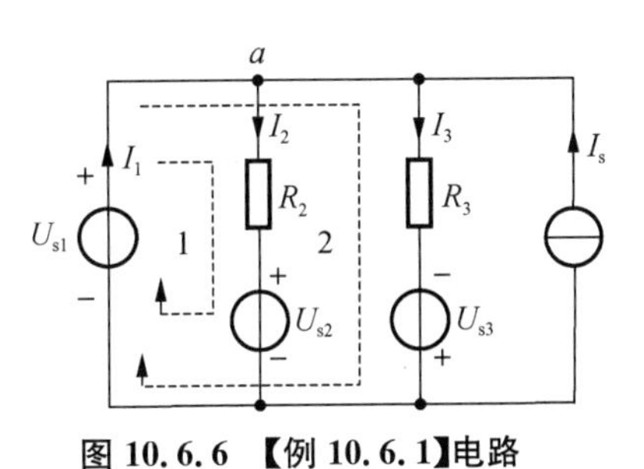

图 10.6.6 【例 10.6.1】电路

对回路 2 按 KVL 列方程

$$R_3I_3-U_{s3}-U_{s1}=0$$

解得

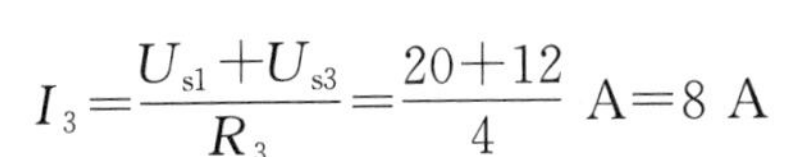

$$I_3=\frac{U_{s1}+U_{s3}}{R_3}=\frac{20+12}{4}\ \text{A}=8\ \text{A}$$

对节点 a，应用 KCL 列方程

$$-I_1+I_2+I_3-I_s=0$$

解得

$$I_1=I_2+I_3-I_s=3\ \text{A}+8\ \text{A}-2\ \text{A}=9\ \text{A}$$

10.7　简单的电阻电路

10.7.1　电阻的串联

在串联的情况下，流过各个元件的是同一个电流。图 10.7.1(a)所示为两个电阻元件 R_1 与 R_2 相串联的电路，电流为 I，根据基尔霍夫电压定律，有

$$U=U_1+U_2=R_1I+R_2I=(R_1+R_2)I$$

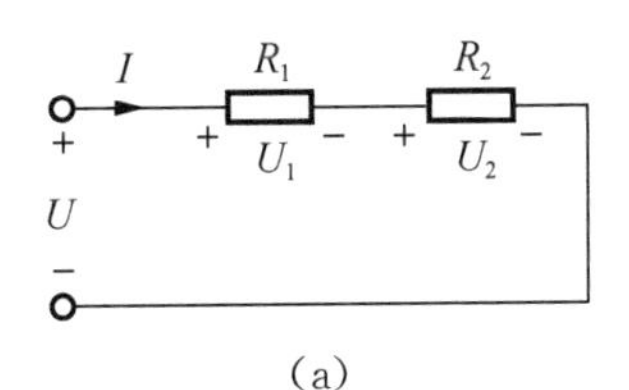

(a)

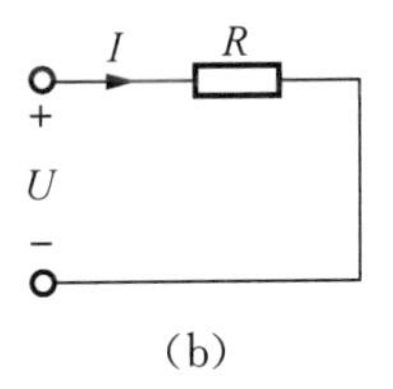

(b)

图 10.7.1　串联电路

如果令

$$R=R_1+R_2$$

则有

$$U=RI$$

据此式可画出图10.7.1(b)所示电路。在任何电路中,用图10.7.1(b)中的R代替图10.7.1(a)中的R_1与R_2的串联,都不会影响电路其他部分的电压和电流,即这两个电路的伏安特性相同。R称为R_1与R_2串联的等效电阻。

电阻R_1两端的电压为

$$U_1=R_1I=\frac{R_1}{R_1+R_2}U \tag{10.7.1}$$

电阻R_2两端的电压为

$$U_2=R_2I=\frac{R_2}{R_1+R_2}U \tag{10.7.2}$$

式(10.7.1)和式(10.7.2)反映了两个电阻串联时的电压分配关系,称为电压分配公式或分压公式,应用分压公式可以直接写出每个电阻两端的电压。显然,在多个电阻串联的情况下有$R=R_1+R_2+\cdots+R_n$

$$U_k=\frac{R_k}{R_1+R_2+\cdots+R_n}U \qquad (k=1,2,\cdots,n)$$

【例10.7.1】 图10.7.2中,$R_1=500\ \Omega$,$R_2=200\ \Omega$,电位器$R_3=500\ \Omega$,输入电压$U_1=12$ V,试计算输出电压U_2的范围。

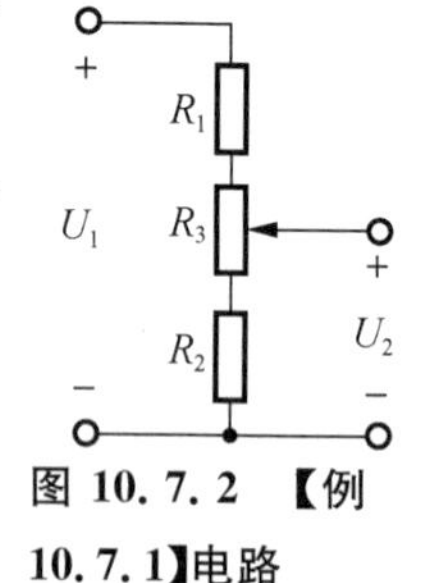

图10.7.2 【例10.7.1】电路

解: 电位器R_3的滑动端移到最下端位置时,U_2等于R_2两端的电压,按电阻串联时的分压公式得

$$U_2=\frac{R_2}{R_1+R_2+R_3}U_1=\frac{200}{500+200+500}\times 12\ \text{V}=2\ \text{V}$$

R_3的滑动端移到最上端时,有

$$U_2=\frac{R_2+R_3}{R_1+R_2+R_3}\cdot U=\frac{200+500}{500+200+500}\times 12\ \text{V}=7\ \text{V}$$

可见,通过移动滑动端的位置可使输出电压U_2在2~7 V范围内变化。

10.7.2 电阻的并联

元件在并联时,各个元件两端承受的是同一个电压。图10.7.3(a)所示是两个电阻元件的并联电路。

根据基尔霍夫电流定律有

$$I=I_1+I_2=\frac{U}{R_1}+\frac{U}{R_2}=\left(\frac{1}{R_1}+\frac{1}{R_2}\right)U=\frac{R_1+R_2}{R_1R_2}U$$

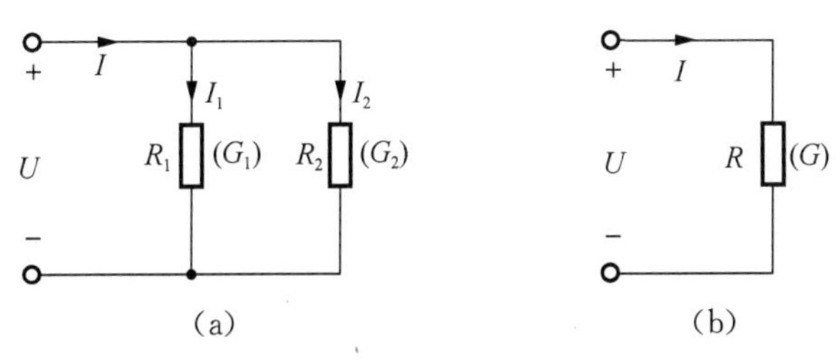

图 10.7.3　并联电路

即

$$U=\frac{R_1R_2}{R_1+R_2}I \tag{10.7.3}$$

令

$$R=\frac{R_1R_2}{R_1+R_2}$$

则式(10.7.3)可写成

$$U=RI$$

R 称为 R_1 与 R_2 并联电路的等效电阻，相应的等效电路如图 10.7.3(b)所示。

图 10.7.3(a)中流过电阻 R_1 的电流为

$$I_1=\frac{U}{R_1}$$

将式(10.7.3)代入上式得

$$I_1=\frac{R_2}{R_1+R_2}I \tag{10.7.4}$$

同理有

$$I_2=\frac{R_1}{R_1+R_2}I \tag{10.7.5}$$

式(10.7.4)和式(10.7.5)表示两个电阻并联时的电流分配关系，称为分流公式。

电阻元件并联时使用电阻的倒数电导比较方便。图 10.7.3(a)所示电路可看作是电导 G_1 与电导 G_2 的并联，则总电流

$$I=I_1+I_2=G_1U+G_2U=(G_1+G_2)U=GU$$

式中

$$G=G_1+G_2 \tag{10.7.6}$$

电导 G_1 中的电流

$$I_1=G_1U=G_1\cdot\frac{I}{G}=\frac{G_1}{G_1+G_2}I$$

即

$$I_1=\frac{G_1}{G_1+G_2}U \tag{10.7.7}$$

同理有

$$I_2=\frac{G_2}{G_1+G_2}U \tag{10.7.8}$$

式(10.7.4)和式(10.7.5)是分流公式,(10.7.7)和式(10.7.8)用电导表示时的对应式。

多个电阻元件并联时,其等效电导为

$$G=G_1+G_2+\cdots+G_n \tag{10.7.9}$$

分流公式为

$$I_k=\frac{G_k}{G_1+G_2+\cdots+G_n}I\ (k=1,2,\cdots,n) \tag{10.7.10}$$

式(10.7.9)也可以表示为

$$\frac{1}{R}=\frac{1}{R_1}+\frac{1}{R_2}+\cdots+\frac{1}{R_n} \tag{10.7.11}$$

【例 10.7.2】 图 10.7.4 中,$R_1=30\ \Omega$,$R_2=15\ \Omega$,$I_s=18$ A,试求 I_1,I_2 和 U。

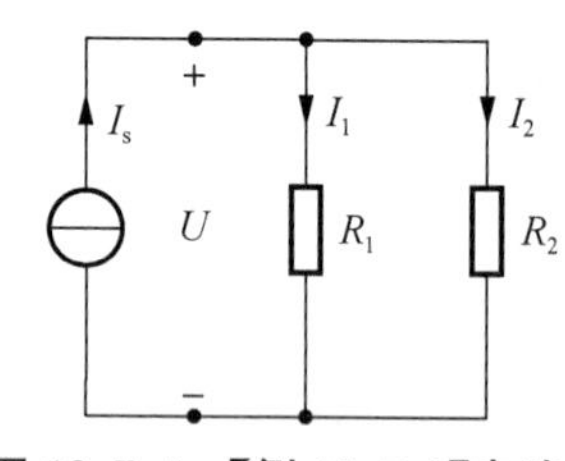

图 10.7.4 【例 10.7.2】电路

解:方法一

并联等效电阻

$$R=\frac{R_1R_2}{R_1+R_2}=\frac{30\times15}{30+15}\ \Omega=10\ \Omega$$

于是

$$U=I_sR=18\ \text{A}\times10\ \Omega=180\ \text{V}$$

$$I_1=\frac{U}{R_1}=\frac{180\ \text{V}}{30\ \Omega}=6\ \text{A}$$

$$I_2=\frac{U}{R_2}=\frac{180\ \text{V}}{15\ \Omega}=12\ \text{A}$$

方法二

按并联时的分流公式有

$$I_1=I_s\cdot\frac{R_2}{R_1+R_2}=18\times\frac{15}{30+15}\ \text{A}=6\ \text{A}$$

$$I_2=I_s\cdot\frac{R_1}{R_1+R_2}=18\times\frac{30}{30+15}\ \text{A}=12\ \text{A}$$

而

$$U=R_1I_1=30\times 6\ \text{V}=180\ \text{V}$$

10.7.3　简单电阻电路的计算

由电阻串联、并联或混联(既有电阻的串联,又有电阻的并联)组成的电路称为简单电阻电路。简单电阻电路都可以简化成一个等效电阻。下面举例说明这种电路的计算方法。

【例 10.7.3】 计算图 10.7.5(a)中各支路电流。

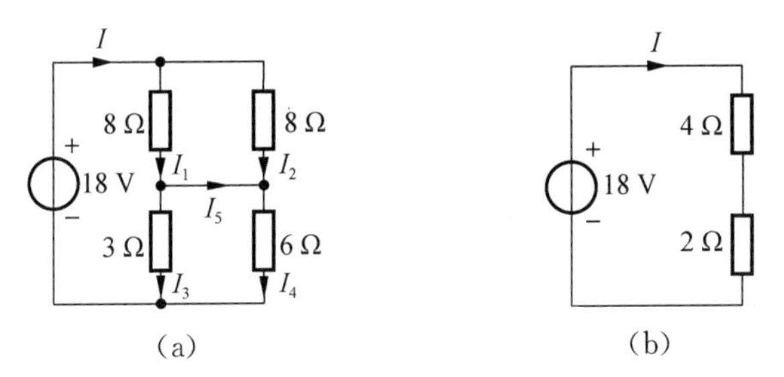

图 10.7.5　【例 10.7.3】电路

解:图 10.7.5(a)中两个 8 Ω 电阻并联的等效电阻为

$$\frac{8\times 8}{8+8}\ \Omega=4\ \Omega$$

3 Ω 电阻与 6 Ω 电阻并联的等效电阻为

$$\frac{3\times 6}{3+6}\ \Omega=2\ \Omega$$

化简后的等效电路如图 10.7.5(b)所示。由简化电路求得

$$I=\frac{18}{4+2}\ \text{A}=3\ \text{A}$$

这也就是图 10.7.5(a)中总电流 I 的值。利用分流公式求出各支路电流

$$I_1=I_2=\frac{1}{2}I=\frac{3}{2}\ \text{A}=1.5\ \text{A}$$

$$I_3=\frac{6}{3+6}\times 3\ \text{A}=2\ \text{A}$$

$$I_4=\frac{3}{3+6}\times 3\ \text{A}=1\ \text{A}$$

再由节点电流方程

$$-I_1+I_3+I_5=0$$

求得

$$I_5=I_1-I_3=1.5\ \text{A}-2\ \text{A}=-0.5\ \text{A}$$

在电路中,往往许多元件需要接到某一公共线上,通常把这一公共线选作电路电位的参

考点，称为“地”，在电路图中用符号“⊥”表示。例如图 10.7.6(a)所示电路中的 c 点就是“接地点”，于是将其电位作为零。

【例 10.7.4】 计算图 10.7.6(a)所示电路中 a，b 两点的电位 V_a 和 V_b 的值。

解：方法一

通过电阻等效变换的方法将图 10.7.6(a)中所示电路依次化简为图 10.7.6(b)和图 10.7.6(c)的形式。由图 10.7.6(c)算出

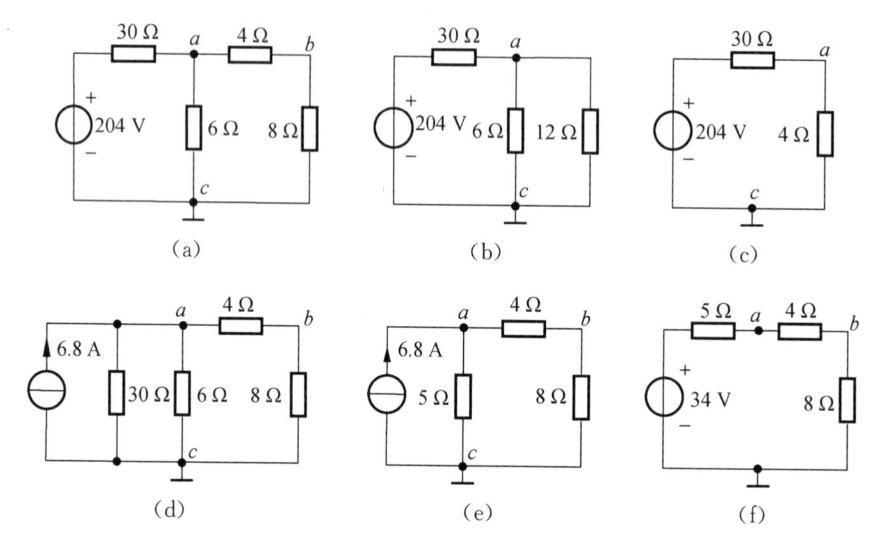

图 10.7.6　【例 10.7.4】电路

$$V_a = U_{ac} = \frac{4}{30+4} \times 204\ \text{A} = 24\ \text{V}$$

再由图 10.7.6(a)利用分压公式算出

$$V_b = \frac{8}{4+8} V_a = \frac{8}{4+8} \times 24\ \text{V} = 16\ \text{V}$$

方法二

通过电源等效变换的方法将原电路依次化简为图 10.7.6(d)，(e)，(f)的形式。由图 10.7.6(f)算出

$$V_a = \frac{4+8}{5+4+8} \times 34\ \text{V} = 24\ \text{V}$$

$$V_b = \frac{8}{4+8} V_a = \frac{8}{4+8} \times 24\ \text{V} = 16\ \text{V}$$

前面讨论了简单电路的求解方法。这种方法归纳起来就是求解时先对所讨论的电路图用等效变换的概念进行处理，将电路图化简或变换后再通过欧姆定律、基尔霍夫定律求解。

但是，对于复杂的电阻电路，不能用电阻串联、并联的方法将电路化简后求解，因此，我们必须研究更一般的分析方法。

若电路中各元件都是已知的，那么所谓分析求解电路就是要求出电路中各支路的电流和电压。如果知道了支路电流，利用欧姆定律就可求出支路电压，反之亦然。因此，问题归

结为如何求各支路电流或各支路电压，这就相应地产生了两种普遍的求解电路的方法：支路电流法和节点电位法。这两种方法的共同理论基础就是基尔霍夫定律。

10.8　支路电流分析法

若电路共有 m 条支路，则以 m 条支路电流作为未知量，应用基尔霍夫定律列出 m 个独立的方程式，然后联立求解出各支路电流，这就是支路电流法。

下面以图 10.8.1 所示电路为例进行说明。这个电路共有 6 条支路，因此有 6 个未知量。首先选定各支路电流的参考方向如图 10.8.1 所示。电路中有 4 个节点，分别为 a，b，c，d。按基尔霍夫电流定律可依次列出 4 个节点电流方程：

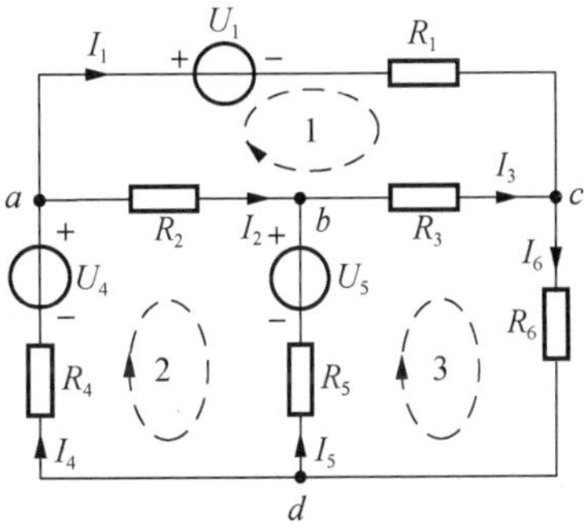

图 10.8.1　支路电路分析法

节点 a

$$I_1+I_2-I_4=0$$

节点 b

$$-I_2+I_3-I_5=0$$

节点 c

$$-I_1-I_3+I_6=0$$

节点 d

$$I_4+I_5-I_6=0$$

这 4 个方程是不是独立的呢？我们若把这 4 个方程等号两边分别相加，结果得到

$$0=0$$

这是因为，每个支路电流必然从电路中的某一个节点流出再流入另一个节点，而且这个电流只与这两个节点发生联系。因此，在这 4 个方程中每个支路电流都出现两次，一次为正值，一次为负值，这样，把 4 个方程两边分别相加，必然得到 0＝0 的结果。或者说，在这 4 个方程中，只要把其中任意 3 个方程相加就可以得到另一个方程（相差一个负号）。

一般说来，对于具有 n 个节点的电路，只能列出 $(n-1)$ 个独立的节点电流方程式，相应地可以说只有 $(n-1)$ 个独立节点。至于选择哪 $(n-1)$ 个节点作为独立节点列方程式则可以是任意的。对图 10.8.1 所示电路，可以列出 3 个独立节点电流方程，因为有 6 个未知量，所以还缺少 3 个独立方程。为此必须应用基尔霍夫电压定律。图 10.8.1 中的回路不止 3 个，选择哪 3 个回路列方程呢？与独立方程相对应的回路叫做独立回路。选取独立回路时，可以按照下述原则进行：即每选取一个回路，都要使这个回路里包含原来没有用过的支路。我们选择 $abca$，$abda$，$bcdb$ 这 3 个独立回路，并均按顺时针方向绕行（见图 10.8.1 中虚线所示），应用基尔霍夫电压定律可列出 3 个回路电压方程：

回路1

$$U_1+R_1I_1-R_3I_3-R_2I_2=0$$

回路2

$$R_2I_2+U_5-R_5I_5+R_4I_4-U_4=0$$

回路3

$$R_3I_3+R_6I_6+R_5I_5-U_5=0$$

除了这3个回路方程以外，如果我们再沿任意其他回路，例如回路 $abcda$，可列出方程

$$R_2I_2+R_3I_3+R_6I_6+R_4I_4-U_4=0$$

这一回路方程不是独立的，因为它可由回路2和回路3这两个回路的方程式相加而得到。在图10.8.1所示电路时，应用基尔霍夫电压定律恰好能提供所需的3个独立方程。一般地说，对于具有 m 个支路、$(n-1)$ 个独立节点（n 个节点）的电路只能也一定能选出 $m-(n-1)$ 个独立回路。

对前面得到的6个独立方程联立求解就可求得6条支路的电流了。

支路电流法一般按如下步骤进行：

(1) 确定电路的支路数，选定各支路电流的参考方向，以各支路电流作为未知量。

(2) 选定所有独立节点，应用KCL列出节点电流方程。

(3) 选择所有独立回路并指定每个回路的绕行方向，应用KVL列出回路电压方程。

(4) 求解联立方程式得出各支路电流值。

(5) 应用欧姆定律求出各支路电压。

需要说明，当电路中有电流源支路存在时，电流源支路的电流是已知的，就不再将其作为未知量了。但由于电流源两端的电压不能直接写出，所以在选择独立回路时也不要经过电流源支路。

【例10.8.1】 在图10.8.2所示电路中，$U_{s1}=36$ V，$U_{s2}=108$ V，$I_{s3}=18$ A，$R_1=R_2=2$ Ω，$R_4=8$ Ω。求支路电流 I_1，I_2，I_4 及电流源发出的功率 P_3。

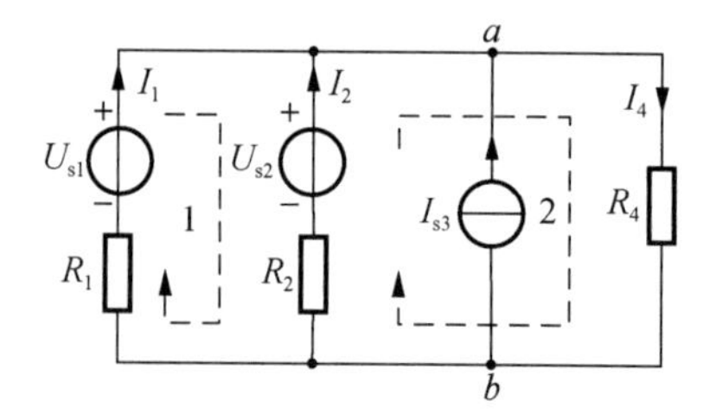

图10.8.2 【例10.8.1】电路

解： 图10.8.2中3个支路电流 I_1，I_2，I_4 为未知量，需要列出3个方程式求解。电路有两个节点 a 和 b，选择 a 点作为独立节点列出节点电流方程：

$$-I_1-I_2-I_{s3}+I_4=0$$

选定两个独立回路及其绕行方向如图10.8.2中虚线所示，列出两个回路电压方程：

回路1

$$R_1I_1-U_{s1}+U_{s2}-R_2I_2=0$$

回路 2

$$R_2I_2-U_{s2}+R_4I_4=0$$

整理并代入参数得

$$-I_1-I_2+I_4=18 \qquad 2I_1-2I_2=-72 \qquad 2I_2+8I_4=108$$

解这 3 个联立方程式，得

$$I_1=-22\ \text{A}$$
$$I_2=14\ \text{A}$$
$$I_4=10\ \text{A}$$

电流源 I_{s3} 的端电压与 R_4 的端电压相等，即

$$U_{ab}=R_4I_4=8\times10\ \text{V}=80\ \text{V}$$

电流源发出的电功率为

$$P_3=U_{ab}I_{s3}=80\times18\ \text{W}=1\ 440\ \text{W}$$

10.9　节点电位分析法

如果在电路中任选一个节点作为参考节点，即设这个节点的电位为零，其他每个节点与参考节点之间的电压就称为那个节点的节点电位。知道了各个节点电位，电路中各个支路电压就不难求出了。事实上，每条支路都是接在两个节点之间的，它的支路电压无非就是与其相关的两个节点电位之差。知道了各支路电压，利用欧姆定律就可求出各支路电流。

以节点电位作为未知量，将各支路电流用节点电位表示，利用基尔霍夫电流定律列出独立的电流方程进行求解，这就是节点电位分析法。

我们知道，对于具有 n 个节点的电路，应该有 $(n-1)$ 个独立节点。显然，如果选定一个参考节点，其电位为零是已知的，则未知的节点电位数只有 $(n-1)$ 个，将这 $(n-1)$ 个节点作为独立节点恰好可以列出 $(n-1)$ 个独立方程进行求解。因此，节点电位法所需要的联立方程的数目就由支路电流法的 m 个（支路数）减少到 $(n-1)$ 个（独立节点数），从而可以简化电路的计算。节点电位法特别适用于节点数少而支路数较多的电路的分析。

下面以图 10.9.1 所示电路为例来具体说明节点电位分析法。选择节点 c 作为参考节点，节点 a 和节点 b 的电位 V_a 和 V_b 为未知量。选定各支路电流的参考方向如图 10.9.1 所示。用节点电位表示出各支路电流：

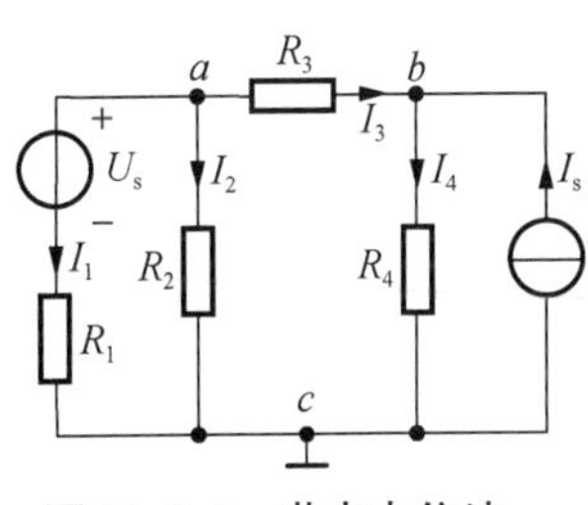

图 10.9.1　节点电位法

$$I_1=\frac{V_a-U_s}{R_1}=\frac{1}{R_1}V_a-\frac{1}{R_1}U_s \tag{10.9.1}$$

$$I_2=\frac{1}{R_2}V_a \tag{10.9.2}$$

$$I_3=\frac{V_a-V_b}{R_3}=\frac{1}{R_3}V_a-\frac{1}{R_3}V_b \tag{10.9.3}$$

$$I_4=\frac{1}{R_4}V_b \tag{10.9.4}$$

对节点 a 和节点 b 列电流方程:

$$I_1+I_2+I_3=0 \tag{10.9.5}$$

$$-I_3+I_4-I_s=0 \tag{10.9.6}$$

将式(10.9.1),(10.9.2),(10.9.3),(10.9.4)代入式(10.9.5)和式(10.9.6),经整理后得

$$\left(\frac{1}{R_1}+\frac{1}{R_2}+\frac{1}{R_3}\right)V_a-\frac{1}{R_3}V_b=\frac{1}{R_1}U_s \tag{10.9.7}$$

$$-\frac{1}{R_3}V_a+\left(\frac{1}{R_3}+\frac{1}{R_4}\right)V_b=I_s \tag{10.9.8}$$

式(10.9.7)和式(10.9.8)称为节点电位方程,这是因为它们都是以节点电位为未知量的方程,实际上它们都来源于节点电流方程,这是需要注意的。联立求解节点电位方程得到 V_a 和 V_b 后,所有的支路电压和支路电流就都可以算出。

【例10.9.1】 图10.9.2所示电路中,$U_{s1}=78$ V,$U_{s2}=130$ V,$R_1=10\ \Omega$,$R_2=2\ \Omega$,$R_3=20\ \Omega$。求节点电位 V_a。

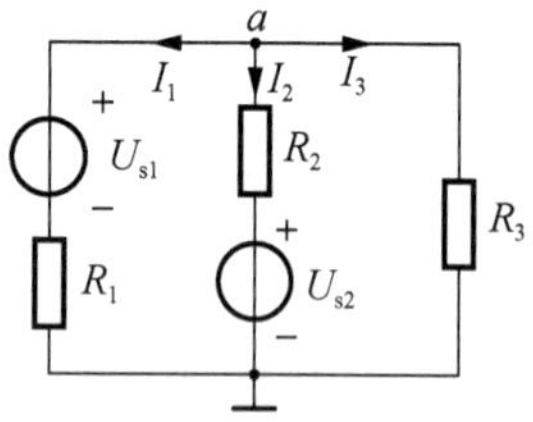

图10.9.2 【例10.9.1】电路

解: 这个电路只有一个独立节点 a,故只需列出一个节点电位方程。各支路电流可表示为

$$I_1=\frac{V_a-U_{s1}}{R_1}$$

$$I_2=\frac{V_a-U_{s2}}{R_2}$$

$$I_3=\frac{V_a}{R_3}$$

代入节点电流方程

$$I_1+I_2+I_3=0$$

得节点电位方程

$$\left(\frac{1}{R_1}+\frac{1}{R_2}+\frac{1}{R_3}\right)V_a=\frac{U_{s1}}{R_1}+\frac{U_{s2}}{R_2}$$

解出

$$V_a=\frac{\frac{U_{s1}}{R_1}+\frac{U_{s2}}{R_2}}{\frac{1}{R_1}+\frac{1}{R_2}+\frac{1}{R_3}}=\frac{\frac{78}{2}+\frac{130}{10}}{\frac{1}{2}+\frac{1}{10}+\frac{1}{20}}\ \text{V}=80\ \text{V}$$

【例 10.9.2】 试求图 10.9.3 所示电路中的节点电位 V_1 和 V_2。

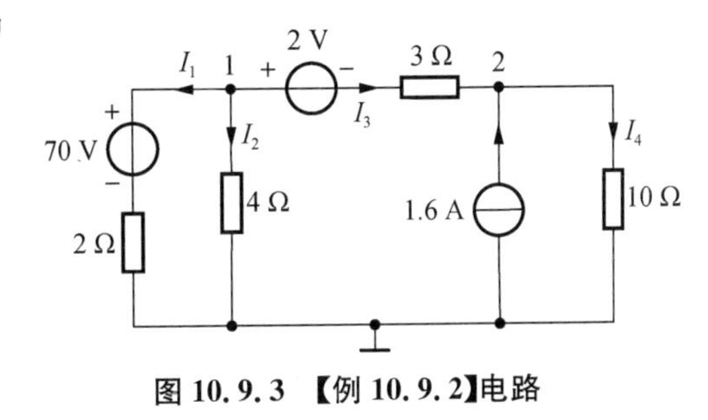

图 10.9.3 【例 10.9.2】电路

解:各支路电流表示为

$$I_1=\frac{V_1-70}{2}=\frac{1}{2}V_1-35$$

$$I_2=\frac{1}{4}V_1$$

$$I_3=\frac{V_1-2-V_2}{3}=\frac{1}{3}V_1-\frac{1}{3}V_2-\frac{2}{3}$$

$$I_4=\frac{1}{10}V_2$$

将各支路电流代入下列节点电流方程

$$I_1+I_2+I_3=0$$

$$-I_3-1.6+I_4=0$$

经整理后得

$$13V_1-4V_2=428$$

$$-10V_1+13V_2=28$$

解得

$$V_1=44\ \text{V}$$

$$V_2=36\ \text{V}$$

10.10 叠加原理

叠加原理又称为叠加定理,是线性电路的一个重要性质。应用这一原理,常常使线性电路的分析变得非常方便。

首先来分析一下图 10.10.1(a)所示的电路。该电路的未知支路电流只有 I_1 和 I_2,故用支路电流法求解时,只需列出两个独立方程式。其中对节点 a 列出的节点电流方程为

$$I_1+I_s-I_2=0$$

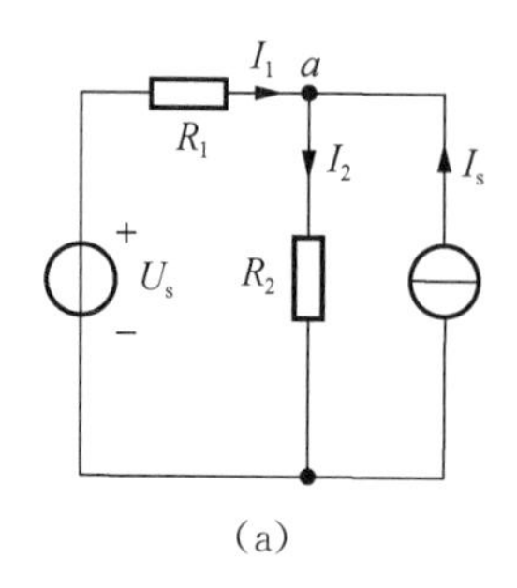

(a)

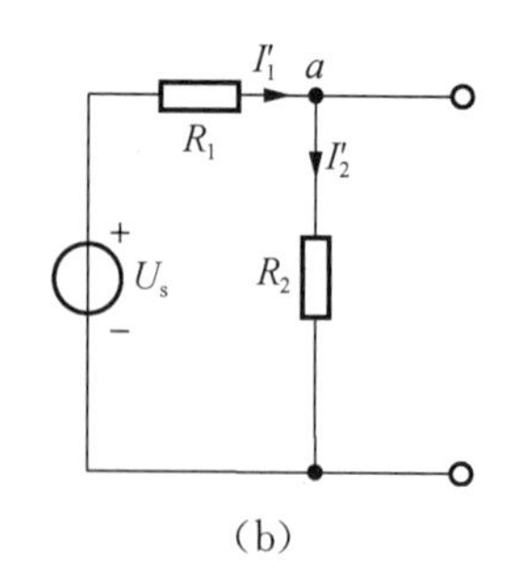

(b)

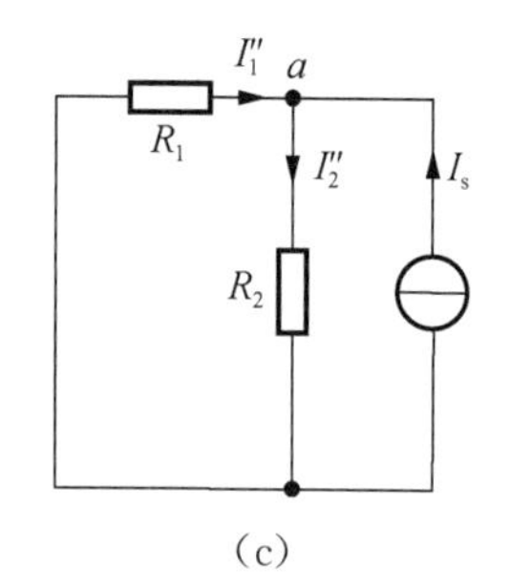

(c)

图 10.10.1　叠加原理

对左边的回路列出回路电压方程为

$$R_1I_1+R_2I_2-U_s=0$$

联立求解得

$$I_2=\frac{U_s}{R_1+R_2}+\frac{R_1I_s}{R_1+R_2}=I_2'+I_2''$$

可见,I_2 是由两部分组成的,式中 $I_2'=\dfrac{U_s}{R_1+R_2}$,是在理想电流源 $I_s=0$,即电流源支路开路时[见图 10.10.1(b)]通过 R_2 的电流,这是只有电压源单独作用产生的电流;I_2 的另一部分

$$I_2''=\frac{R_1}{R_1+R_2}I_s$$

是在理想电压源 $U_s=0$,即电压源短路时[见图 10.10.1(c)]通过 R_2 的电流,这是只有电流源单独作用产生的电流。

R_2 是线性元件,其两端的电压为

$$U_2=R_2I_2=R_2(I_2'+I_2'')=U_2'+U_2''$$

同理,这一结论也适用于其他支路中的电流和电压。

上述结果正是叠加原理的具体体现。

叠加原理:在线性电路中若存在多个电源作用时,电路中任意一个支路的电流或电压等于电路中每个电源分别单独作用时在该支路产生的电流或电压的代数和。

应用叠加原理分析电路时,应注意以下两个问题:

第一,原理的表述中所谓某个电源单独作用于电路,即其他电源应对电路不起作用。为此,应将其他的电压源用短路线替代,将电流源断开。

第二,叠加原理只适用于线性电路。从数学上看,叠加原理就是线性方程的可加性。由前面支路电流法和节点电位法列出的都是线性代数方程,所以支路电流或电压都可以用叠加原理来求解。但功率的计算不能用叠加原理,因为功率不是电源电压或电流的一次函数。

【例 10.10.1】　在图 10.10.2(a)所示电路中,$R_1=R_4=3\ \Omega$,$R_2=6\ \Omega$,$R_3=2\ \Omega$,$U_s=30\ \text{V}$,$I_s=2\ \text{A}$,试用叠加原理计算电流源的端电压 U。

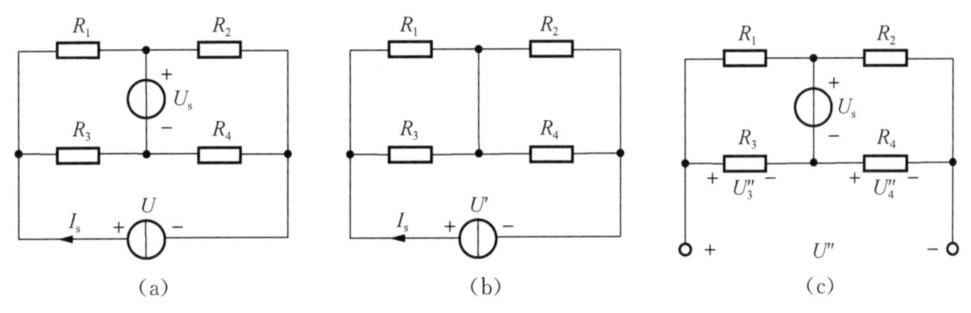

(a)　(b)　(c)

图 10.10.2 【例 10.10.1】电路

解:电路中有两个电源 I_s 和 U_s。先考虑 I_s 单独作用于电路时在电流源两端产生的电压 U',电路如图 10.10.2(b)所示。

$$\begin{aligned}U'&=I_s[(R_1 \parallel R_3)+(R_3 \parallel R_4)]\\&=I_s\left(\frac{R_1R_3}{R_1+R_3}+\frac{R_2R_4}{R_2+R_4}\right)\\&=2\times\left(\frac{3\times 2}{3+2}+\frac{6\times 3}{6+3}\right)\ \mathrm{V}\\&=6.4\ \mathrm{V}\end{aligned}$$

再考虑 U_s 单独作用时在电流源两端产生的电压 U'',见图 10.10.2(c)。

$$U_3''=\frac{R_3}{R_1+R_3}U_s=\frac{2}{3+2}\times 30\ \mathrm{V}=12\ \mathrm{V}$$

$$U_4''=\frac{R_4}{R_2+R_4}\cdot(-U_s)=\frac{3}{6+3}\times(-30)\ \mathrm{V}=-10\ \mathrm{V}$$

$$U''=U_3''+U_4''=12\ \mathrm{V}-10\ \mathrm{V}=2\ \mathrm{V}$$

最后叠加求得

$$U=U'+U''=6.4\ \mathrm{V}+2\ \mathrm{V}=8.4\ \mathrm{V}$$

10.11　替代定理

替代定理是一个应用范围颇为广泛的定理,它不仅适用于线性电路,也适用于非线性电路。它时常用来对电路进行简化,从而使电路易于分析或计算。

替代定理的内容可叙述如下:在电路中如已求得 N_A 与 N_B 两个一端口网络连接端口的电压 U_p 与电流 I_p,那么就可用一个 $U_s=U_p$ 的电压源或一个 $I_s=I_p$ 的电流源来替代其中的一个网络,而使另一个网络的内部电压、电流均维持不变。图 10.11.1(a)是原电路,图 10.11.1(b)是将 N_B 替代为一个电压源 U_s;图 10.11.1(c)是将 N_B 替代为一个电流源 I_s,而(a)、(b)、(c)三图中, N_A 中的电压、电流都是相同的。

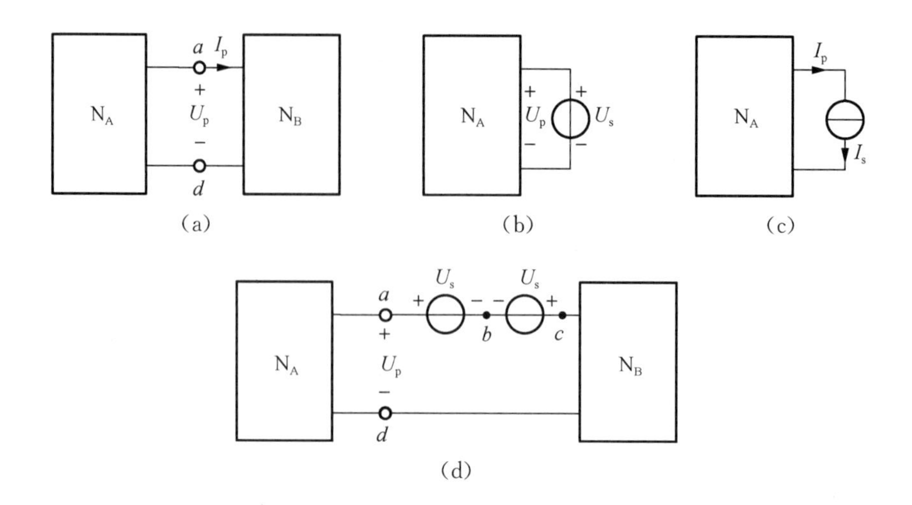

图 10.11.1　替代定理及证明

图 10.11.1(d)示出了替代定理的证明过程[它仅给出图 10.11.1(b)所示的电压源替代 N_B 的证明]。先在 N_B 的端子 a、c 间串接两个电压方向相反，但激励电压均为 U_s 的电压源，这不会影响 N_A 及 N_B 内的各电压、电流。令 $U_s=U_p$，可见 b、d 之间的电压 $U_{bd}=0$，用一条短路线将 b、d 两点短接就可得到与图 10.11.1(b)相同的电路，即把 N_B 替代为一个 $U_s=U_p$ 的电压源。图 10.11.1(c)所示的电流源替代 N_B 的证明，可在 a、d 端子间并接两个电流方向相反，但激励电流值相同的电流源而得到。

如果在 N_B 中有 N_A 中受控源的控制量，N_B 被替代后将无法表达这种控制关系，这时，N_B 就不可以被替代。

图 10.11.2 给出了替代定理应用的实例。图 10.11.2(a)中，可求得 $U_3=8$ V，$I_3=1$ A。现将支路 3 分别以 $U_s=U_3=8$ V 的电压源或 $I_s=I_3=1$ A 的电流源替代，如图 10.11.2(b)或图 10.11.2(c)所示，不难看出，在图 10.11.2(a)、(b)、(c)中，其他部分的电压和电流均保持不变，即 $I_1=2$ A，$I_2=1$ A。

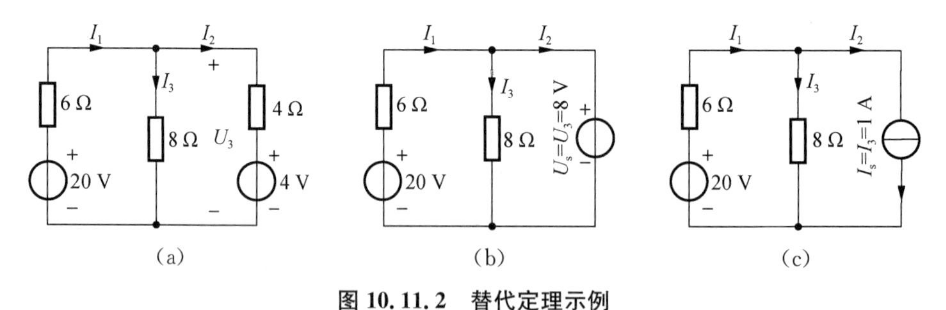

图 10.11.2　替代定理示例

顺便指出，支路 3 也可用一个电阻来替代，其值为 $R_s=\dfrac{U_s}{I_s}=\dfrac{8}{1}\ \Omega=8\ \Omega$，此时，其他部分的电压和电流亦保持不变。

【例 10.11.1】 电路如图 10.11.3(a)所示，已知 $U_{ab}=0$，求电阻 R。

解：$U_{ab}=-3I+3=0$，$I=1$ A，用替代定理，如图 10.11.3(b)所示，用节点法，如图

10.11.3(c)所示。

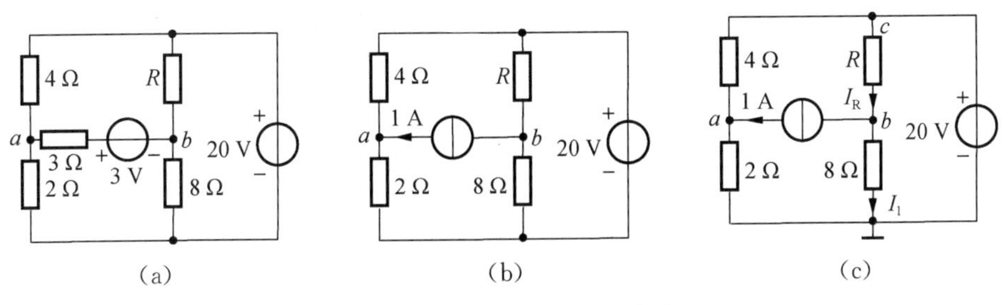

图 10.11.3 【例 10.11.1】电路

$$\left(\frac{1}{2}+\frac{1}{4}\right)V_a-\frac{1}{4}\times 20=1 \qquad V_a=V_b=8\ \text{V}$$

$$I_1=1\ \text{A} \qquad I_R=I_1+1=2\ \text{A}$$

$$U_R=V_c-V_b=(20-8)\ \text{V}=12\ \text{V} \qquad R=\frac{U_R}{I_R}=\frac{12}{2}\Omega=6\ \Omega$$

10.12　等效电源定理

凡是具有两个端子的电路，不管其复杂程度如何，均称为二端网络。如果线性二端网络内部含有电源就称为线性有源二端网络。

等效电源定理是简化线性有源二端网络和分析电路工作的一个很重要的定理。这个定理表示：任何一个线性有源二端网络，对于其外部电路来说，总可以用一个等效电源模型来代替。因为电源模型分为电压源模型和电流源模型两种，所以相应地等效电源定理也有两个，一个称为戴维宁定理，另一个称为诺顿定理。

10.12.1　戴维宁定理

戴维宁定理：任何一个线性有源二端网络的对外作用，总可以用一个电压源与一个电阻相串联的电路（即电压源模型）来等效替代。这个电压源的电压等于有源线性网络的开路电压，串联的电阻等于该网络内部电源均为零时的等效电阻。

用戴维宁定理得到的简化的有源二端网络称为原有源网络的戴维宁等效电路。

下面先举例说明如何应用戴维宁定理来化简线性有源二端网络，然后再介绍这个定理的证明方法。

【例 10.12.1】 求图 10.12.1(a)所示电路的戴维宁等效电路。

解：先计算图 10.12.1(a)所示电路的开路电压 U_{oc}。二端网络开路时，2 Ω 电阻中流过的电流为零，因而其两端电压也为零，网络的开路电压 U_{oc} 就是 30 Ω 电阻（或者 1 A 电流源）两端的电压。这个电压可以用叠加原理求出：

$$U_{oc}=50\times\frac{30}{30+20}\ \text{V}+1\times\frac{30\times 20}{30+20}\ \text{V}=42\ \text{V}$$

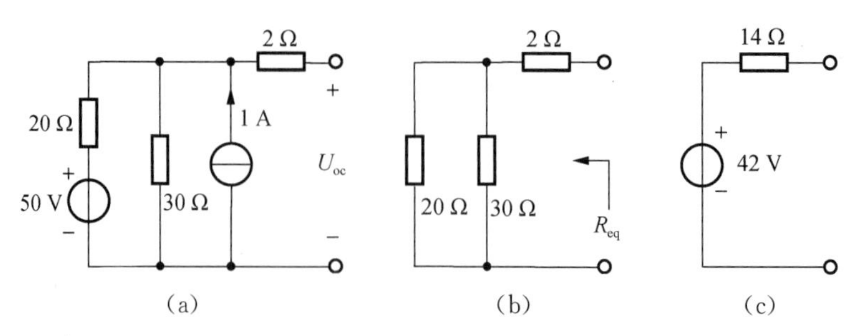

图 10.12.1 【例 10.12.1】电路

然后令有源网络内的电源为零，即将电压源换成短路线，电流源断开，这样得到一个无源二端网络如图 10.12.1(b)所示。求此无源网络的等效电阻

$$R_{eq}=(2+20\parallel 30)\ \Omega=\left(2+\frac{20\times 30}{20+30}\right)\ \Omega=14\ \Omega$$

最终得到的戴维宁等效电路如图 10.12.1(c)所示。在图 10.12.1(c)中，电压源的参考极性应当根据开路电压的参考极性决定。原则是在等效电路中作用到端口处的电压的参考极性应当与原电路的参考极性一致。

下面证明戴维宁定理：

设一线性有源二端网络与外部电路相连，如图 10.12.2(a)所示。设其对外端口 a,b 输出端电压为 U，电流为 I。首先，将外部电路用一个理想电流源代替，这个理想电流源的大小和方向与电流 I 相同，如图 10.12.2(b)所示。因为被替代处电路的工作条件并没有改变，所以替代后各支路的电压和电流是不会有影响的。

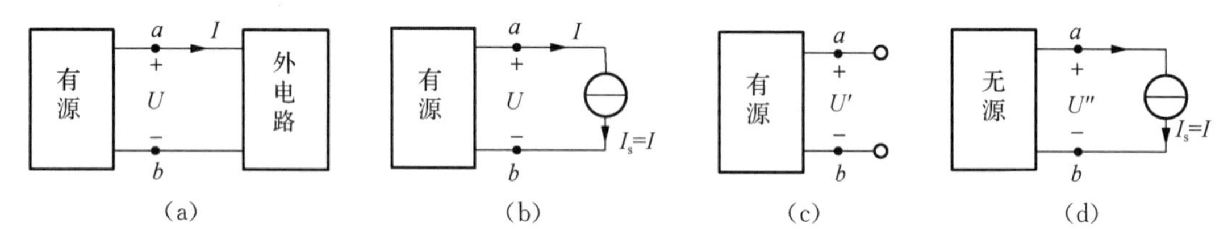

图 10.12.2 戴维宁定理的证明

其次，根据叠加原理，有源二端网络对外端口上的电压 U 可以看成是由有源网络内部所有电源的作用及网络外部的理想电流源共同作用的结果，即 U 由两个分量 U' 及 U'' 所组成(见图 10.12.2(c)，(d))：

$$U=U'+U''$$

式中，U' 是有源网络内部的所有电源作用而外部的电流源不作用($I_s=0$)时，也就是有源二端网络开路时的端电压，即有源二端网络的开路电压 U_{oc}，即

$$U'=U_{oc}$$

第二项 U'' 是有源网络内部的所有电源均不作用而外部的理想电流源 I_s 作用时，二端网络的端电压。因为这时网络内部的所有电源均为零(电压源用短路代替，电流源用开路代替)，原来的有源网络变成了无源网络。若用 R_{eq} 代表这个无源二端网络从其端口看进去的等效电

阻，则其端电压就等于电流源的电流 I 流过这个电阻产生的电压降，正好是 U'' 的负值，即

$$U''=-R_{eq}I$$

故

$$U=U_{oc}-R_{eq}I \tag{10.12.1}$$

式(10.12.1)正好是这样一个电路的伏安特性表达式，这个电路由一个电压源(电压为 U_{oc} 与电阻 R_{eq})串联构成，参见式(10.5.1)。因此，这个电路可以等效替代原线性有源二端网络。这就证明了戴维宁定理。

对于一个复杂的电路，当我们只需要计算电路中某一支路的电流或电压而并不关心其他支路的电流或电压时，应用戴维宁定理是比较简便的。

【例 10.12.2】 计算图 10.12.3(a)所示电路中的电流 I。

解： 应用戴维宁定理求解。断开 14 Ω 电阻支路，求出余下的二端网络(图 10.12.3(b))的戴维宁等效电路。开路电压，如图 10.12.3(b)所示，且

$$U_{oc}=U_1-U_2=12\times\frac{80}{20+80}\ \text{V}-12\times\frac{40}{40+40}\ \text{V}=3.6\ \text{V}$$

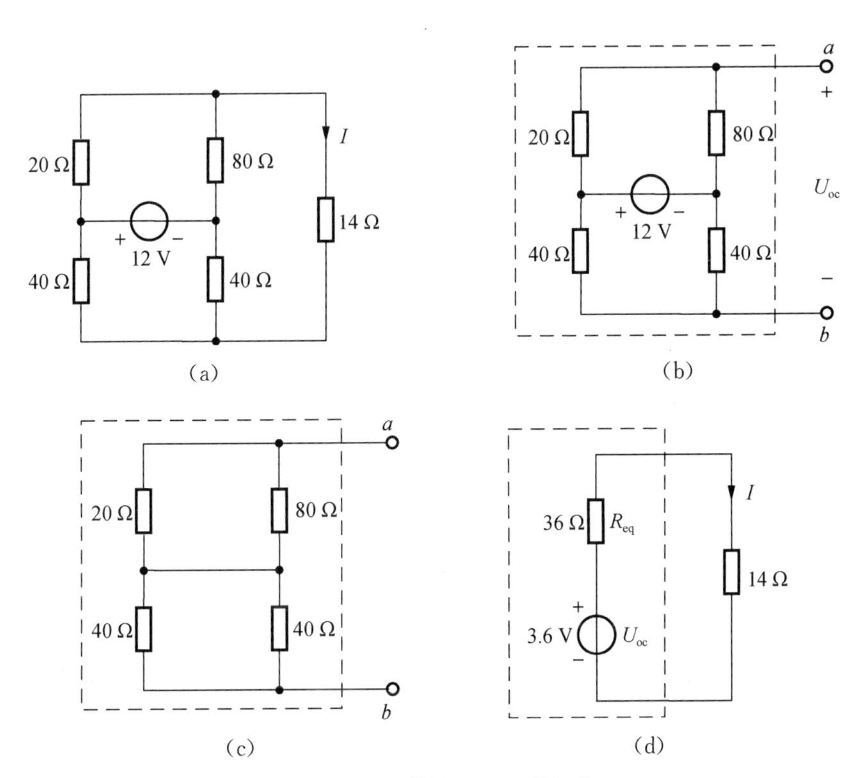

图 10.12.3 【例 10.12.2】电路

等效电阻如图 10.12.3(c)所示，且

$$R_{eq}=\frac{20\times80}{20+80}\ \Omega+\frac{40\times40}{40+40}\ \Omega=36\ \Omega$$

图 10.12.3(d)虚框内的电路即为图 10.12.3(b)所示电路的等效电路。由图 10.12.3(d)算出

$$I=\frac{3.6}{36+14}\ \text{A}=0.072\ \text{A}$$

10.12.2 诺顿定理

诺顿定理：一个线性有源二端网络的对外作用可以用一个电流源与电导并联的电路(即电流源模型)等效替代。

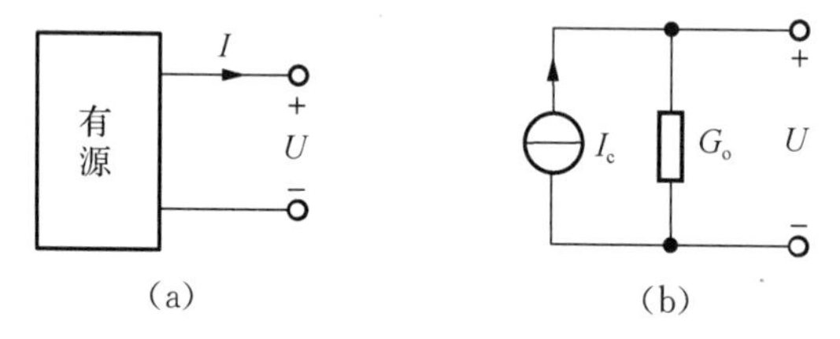

图 10.12.4 诺顿定理

其电流源的电流等于有源网络的短路电流，其电导等于该网络内部电源均为零时的等效电导，这就是诺顿定理。由诺顿定理得到的等效电路称为原有源网络的诺顿等效电路，如图 10.12.4 所示。

前面曾讨论过，电压源模型和电流源模型是可以等效互换的，既然戴维宁定理是正确的，诺顿定理当然也是正确的。两个定理本质上是相同的，只是形式不同而已。

设有源二端网络的开路电压为 U_{oc}，短路电流为 I_{sc}，相应的无源网络的等效电阻为 R_{eq}，等效电导为 G_o，则下面的关系式成立：

$$I_{sc}=\frac{U_{oc}}{R_{eq}} \tag{10.12.2}$$

$$G_o=\frac{1}{R_{eq}} \tag{10.12.3}$$

【例 10.12.3】 试计算图 10.12.5(a)所示电路中的电流 I。

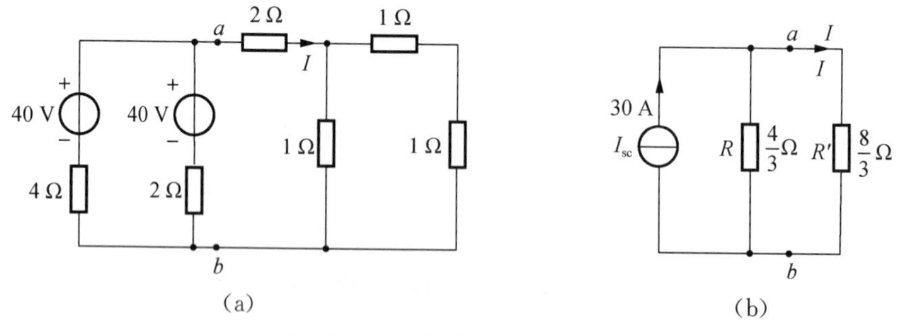

图 10.12.5 【例 10.12.3】电路

解：先求出图 10.12.5(a)中 a，b 左侧电路的诺顿等效电路，如图 10.12.5(b)中 a，b 左侧电路所示。其中

$$I_{sc}=\frac{40}{4}\ \text{A}+\frac{40}{2}\ \text{A}=30\ \text{A}$$

$$R_{eq}=(4\parallel 2)\ \Omega=\frac{4\times 2}{4+2}\ \Omega=\frac{4}{3}\ \Omega$$

再求 a,b 右侧电路的等效电阻 R'

$$R'=2\ \Omega+[(1+1)\parallel 1]\ \Omega=2\ \Omega+\frac{2\times 1}{2+1}\ \Omega=\frac{8}{3}\ \Omega$$

最后画出总的等效电路如图 10.12.5(b)所示,计算电流 I

$$I=30\times\frac{\frac{4}{3}}{\frac{4}{3}+\frac{8}{3}}\ \text{A}=10\ \text{A}$$

10.13　含受控电源的电阻电路

10.13.1　受控电源

前面电路中出现的电压源和电流源,其源电压和源电流不受其他电路的影响,例如在直流电路中,源电压和源电流都是恒定不变的,这种电源称为独立电源,简称独立源。在电路中还有另外一种电源,其源电压或源电流会随电路中其他部分的电压或电流的改变而改变,或者说,其源电压或源电流受其他部分的电压或电流的控制,这种电源称为受控电源,简称受控源。

受控源有受控电压源和受控电流源之分,受控电压源和受控电流源又都可分为受电压控制和受电流控制两种。因此,受控源一共有以下 4 种:电压控制电压源、电压控制电流源、电流控制电压源和电流控制电流源。4 种受控源在电路中的图形符号如图 10.13.1 所示。电压与电流参考方向的表示方法与独立源相同。图 10.13.1 中 u_1,i_1 称为控制量,μ,g,r,β 称为控制系数,其中 μ 和 β 无量纲,g 和 r 量纲分别为电导和电阻。若控制系数为常数,说明受控源的被控量与控制量成正比,称为线性受控源。受控源对外有 4 个端子,所以是四端元件。

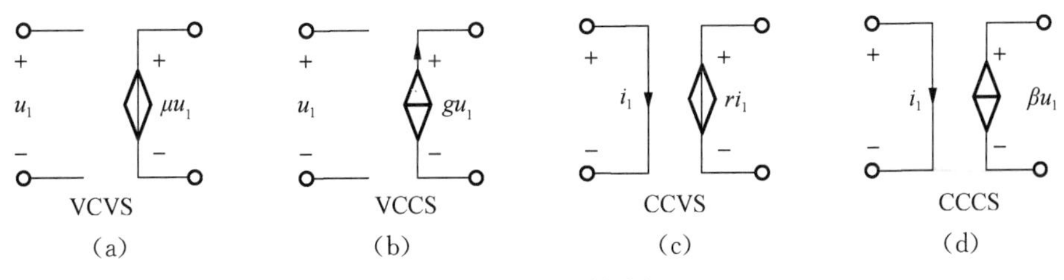

图 10.13.1　受控电源

10.13.2　含受控源电阻电路的分析

在电路分析中，对受控源的处理与独立源并无原则区别，以前所介绍的电路分析方法，如支路电流法、节点电位法及叠加原理、戴维宁定理等都可以用来分析含受控源的电路。但是，由于受控源具有“受控”这一特性，对含有受控源的电路进行分析时，必须注意以下两点：一是将电路进行化简时，当受控源还被保留时，不要把受控源的控制量消除掉；二是在运用叠加原理、戴维宁定理或诺顿定理时，所有受控源均应保留，不能像独立电源那样处理。

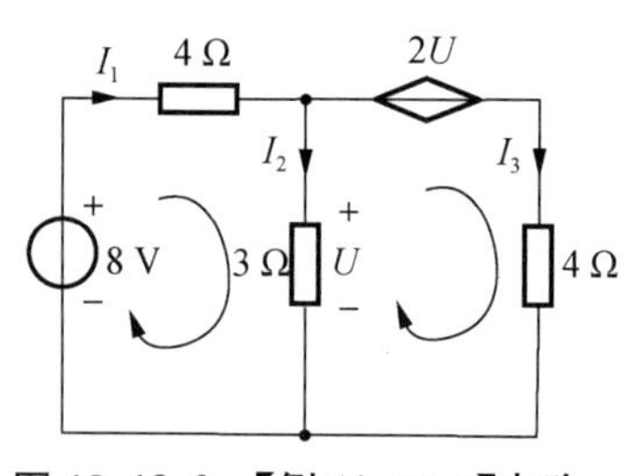

图 10.13.2　【例 10.13.1】电路

【例 10.13.1】　用支路电流法计算图 10.13.2 所示电路各支路电流。

解：图 10.13.2 中有 3 条支路、3 个未知电流，可用支路电流法列出 3 个独立方程：一个节点电流方程和两个回路电压方程。图中有一个受控源，其控制量 U 也是一个未知量，但 U 可以用未知量 I_2 表示出来。节点电流方程

$$-I_1+I_2+I_3=0 \tag{10.13.1}$$

两个回路电压方程

$$4I_1+3I_2-8=0 \tag{10.13.2}$$

$$2U+4I_3-3I_2=0 \tag{10.13.3}$$

而

$$U=3I_2$$

代入式(10.13.3)得

$$3I_2+4I_3=0 \tag{10.13.4}$$

求解式(10.13.1)，(10.13.2)，(10.13.4)组成的联立方程式，得

$$I_1=0.5\ \text{A}$$
$$I_2=2\ \text{A}$$
$$I_3=-1.5\ \text{A}$$

【例 10.13.2】　用节点电位法求图 10.13.3 所示电路中电位 V_a 和 V_b。

解：列节点电位方程：

节点 a

$$-16+\frac{1}{3}V_a+\frac{1}{5}(V_a-V_b)=0 \tag{10.13.5}$$

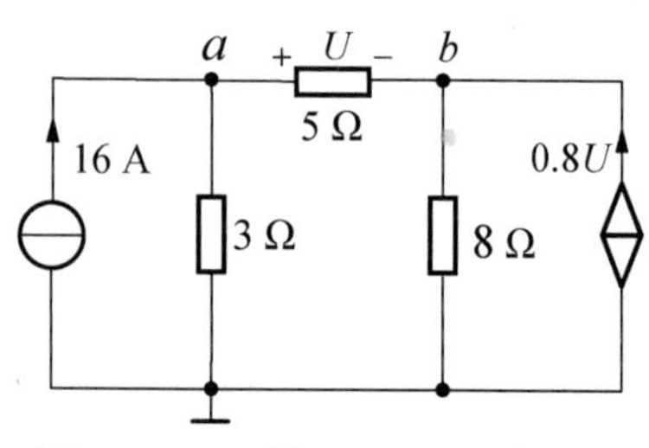

图 10.13.3　【例 10.13.2】电路

节点 b

$$\frac{1}{5}(V_b - V_a) + \frac{1}{8}V_b - 0.8U = 0 \tag{10.13.6}$$

用未知变量表示出控制量

$$U = V_a - V_b$$

代入式(10.13.6)得

$$V_a - \frac{9}{8}V_b = 0 \tag{10.13.7}$$

解由式(10.13.5)和式(10.13.7)组成的联立方程式，得

$$V_a = 45\ \text{V}$$
$$V_b = 40\ \text{V}$$

【例 10.13.3】 应用叠加原理求图 10.13.4(a)电路中的电压 U。

解：用叠加原理分析电路时，独立源在电路中的作用可以分别单独考虑，可是受控源就不能这样处理了，因为只要有控制量存在，受控源就要出现，所以受控源不可能单独出现，也不可能在控制量存在时被取消。图 10.13.4(a)所示电路中有两个独立源，一个受控源，应用叠加原理时，我们只能对两个独立源的作用分别单独考虑。

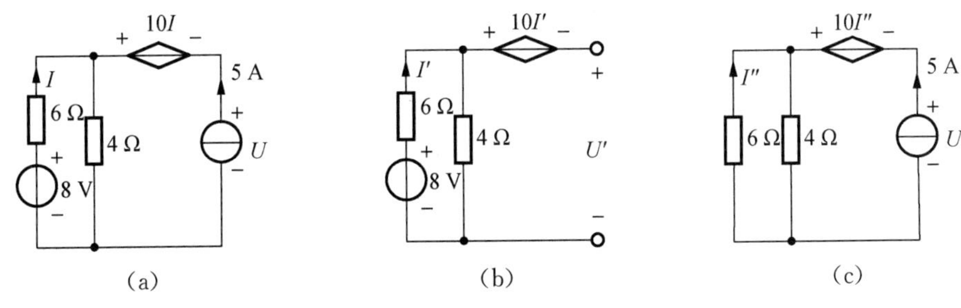

图 10.13.4 【例 10.13.3】电路

(1) 计算 8 V 电压源单独作用时的电压 U'，见图 10.13.4(b)。

$$I' = \frac{8}{6+4}\ \text{A} = 0.8\ \text{A}$$
$$U' = -10I' + 4I'$$

所以

$$U' = -6I' = -6 \times 0.8\ \text{V} = -4.8\ \text{V}$$

(2) 计算 5 A 电流源单独作用时的电压 U''，见图 10.13.4(c)。

$$I'' = -5 \times \frac{4}{6+4}\ \text{A} = -2\ \text{A}$$
$$U'' = -10I'' - 6I'' = -16I'' = -16 \times (-2)\ \text{V} = 32\ \text{V}$$

(3) 计算电压 U：

$$U=U'+U''=-4.8\ \text{V}+32\ \text{V}=27.2\ \text{V}$$

【例 10.13.4】 求图 10.13.5(a)所示电路的戴维宁等效电路。

解:(1) 计算开路电压。开路时 $I=0$,受控量 $3I=0$,等效电路如图 10.13.5(b)所示。用叠加原理求开路电压

$$U_{\text{oc}}=10\ \text{V}+4\times(2+5)\ \text{V}=38\ \text{V}$$

(2) 计算等效电阻。计算含受控源电路的等效电阻 R_{eq} 通常有两种方法,一是求得短路电流 I_{sc} 后,利用式(10.12.2)求,即

$$R_{\text{eq}}=\frac{U_{\text{oc}}}{I_{\text{sc}}}$$

二是下面我们要用的方法:首先去掉二端网络内部的所有独立电源,然后在网络端口处外加电压 U_{o}',设端口处的电流为 I_{o}',见图 10.13.5(c),则

$$R_{\text{eq}}=\frac{U_{\text{o}}'}{I_{\text{o}}'}$$

由图 10.13.5(c)得

$$I=-I_{\text{o}}'$$

$$\begin{aligned}U_{\text{o}}'&=3I_{\text{o}}'+2(I_{\text{o}}'+3I)+5I_{\text{o}}'\\&=3I_{\text{o}}'+2(I_{\text{o}}'-3I_{\text{o}}')+5I_{\text{o}}'\\&=4I_{\text{o}}'\end{aligned}$$

于是

$$R_{\text{eq}}=\frac{U_{\text{o}}'}{I_{\text{o}}'}=4\ \Omega$$

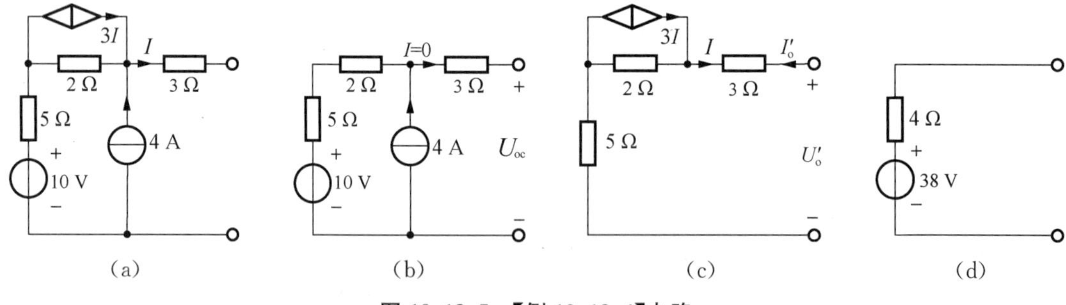

图 10.13.5 【例 10.13.4】电路

最终求得的戴维宁等效电路如图 10.13.5(d)所示。

10.14 最大定律传输定理

在分析计算从电源向负载传输功率时,会遇到两种不同类型的问题。第一类型的问题

着重于传输功率的效率问题。典型的例子就是交直流电力传输网络，传输的电功率巨大使得传输引起的损耗、传输效率问题成为首要考虑的问题。另一类型的问题则着重于传输功率的大小问题，例如在通信系统和测量系统中，首要问题是如何从给定的信号源（产生通信信号或测量信号的"源"）取得尽可能大的信号功率。由于此时传输的功率不大，因此效率问题并不是第一位考虑的问题。

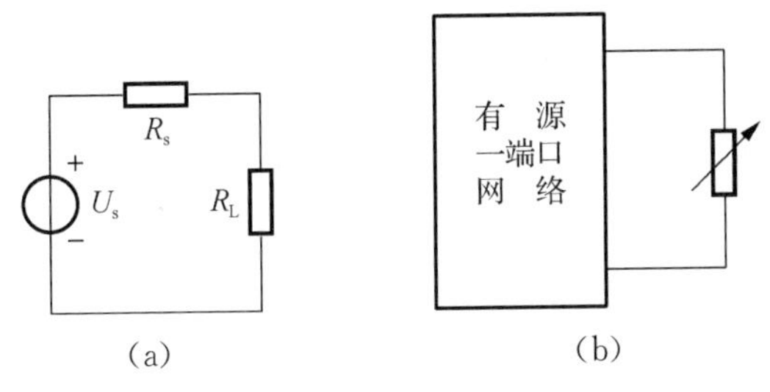

图 10.14.1　最大功率的传输

下面从图 10.14.1 所示电路来讨论最大功率传输问题。图 10.14.1(a)中 U_s 为电压源的电压、R_s 为电源的内阻，R_L 是负载。该电路可代表电源通过两条传输线向负载传输功率，此时，R_s 就是两根传输线的电阻。

负载 R_L 所获得的功率 P_L 为

$$P_L=I_L^2R_L=\left(\frac{U_s}{R_s+R_L}\right)^2R_L=\frac{U_s^2}{R_s+R_L}\cdot\frac{R_L}{R_s+R_L}=\eta P_s$$

式中，$P_s=\dfrac{U_s^2}{R_s+R_L}$ 为电源发出的功率，$\eta=\dfrac{R_L}{R_s+R_L}$ 为传输效率。将 R_L 看为变量，P_L 将随 R_L 而变，最大功率发生在 $\dfrac{dP_L}{dR_L}=0$ 的条件下，即

$$\frac{dP_L}{dR_L}=U_s^2\left[\frac{(R_s+R_L)^2-R_L\times2(R_s+R_L)}{(R_s+R_L)^4}\right]=0$$

求解上式得

$$R_L=R_s$$

R_L 所获得的最大功率

$$P_{Lmax}=\frac{U_s^2R_s}{(2R_s)^2}=\frac{U_s^2}{4R_s}$$

可见，当负载电阻 $R_L=R_s$ 时，负载可以获得最大功率，此种情况称为 R_L 与 R_s 匹配。

最大功率问题可推广至可变化的负载 R_L 从含源一端口获得功率的情况。将含源一端口[如图 10.14.1(b)所示]用戴维宁等效电路来代替，其参数为 U_{oc} 与 R_{eq}，当满足 $R_L=R_{eq}$ 时，R_L 将获得最大功率

$$P_{Lmax}=\frac{U_{oc}^2}{4R_{eq}}$$

此时,称负载 R_L 与含源一端口的输入电阻匹配。

【例 10.14.1】 在图 10.14.2(a)所示电路中,问 R_L 为何值时,它可取得最大功率,并求此最大功率。由电源发出的功率有多少百分比传输给 R_L?

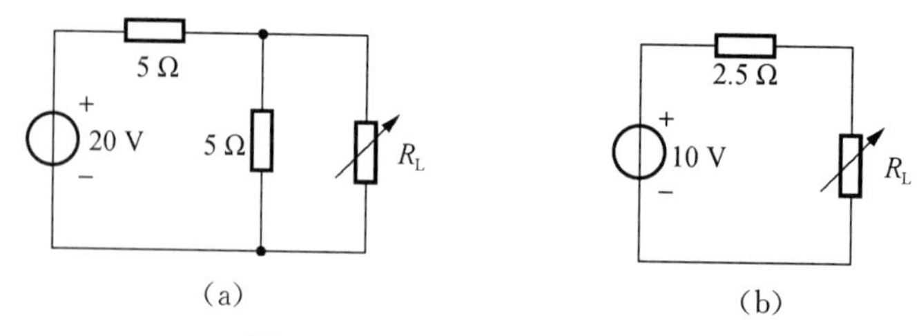

图 10.14.2 【例 10.14.1】电路

解:先求出 R_L 左边含源一端口的戴维宁等效电路,可得 $U_{oc}=10\text{ V}$,$R_{eq}=2.5\ \Omega$,其等效电路如图 10.14.2(b)所示。故知当 $R_L=R_{eq}=2.5\ \Omega$ 时,可得最大功率 $P_{Lmax}=\frac{10^2}{4\times 2.5}\text{W}=10\text{ W}$。为求 20 V 电源所发出的功率,必须返回至原电路图 10.14.2(a),由于 R_L 中电流为 $\frac{10}{2.5+2.5}\text{A}=2\text{ A}$,故与之并联的 5 Ω 电阻中电流为 1 A,而 20 V 电源中电流为 3 A,20 V 电压源发出功率为 $P_s=20\times 3\text{ W}=60\text{ W}$。此时,仅有 1/6 的功率,即 16.67%的功率传输至 R_L 中。

小　结

一、电路与电路模型

1. 电路:将电气设备和电器元件根据功能要求按一定方式连接起来而构成的集合体,称为电路。或者简单地说,电流流通的路径称为电路。

2. 实际电路:把各种实际的电路元件连接而成的电路称为实际电路。

3. 理想电路与电路模型:把各种理想的电路元件连接而成的电路称为理想电路,理想电路也称为电路模型。电路理论中研究的电路都是理想电路,即电路模型。

4. 电流:(1) 定义:电荷的定向移动形成电流;(2) 电流的大小:单位时间内通过导体横截面的电量,用字母 i 表示,即 $i=\mathrm{d}q/\mathrm{d}t$,$i$ 的单位为 A。(3) 电流的实际方向:规定正电荷定向移动的方向为电流的实际方向(即负电荷定向移动的反方向为电流的实际方向)。

5. 电位与电压

(1) 电位的定义:电场力把 1 C 的正电荷从电场中的 a 点沿任意路径移动到无穷远处(该处的电场强度为零)所做的功,称为电场中 a 点的电位。

(2) 电压的定义:电场中 a、b 两点的电位之差称为 a、b 两点之间的电压,用 U_{ab} 表示,单位为 V。

6. 电路的断路与短路

电路的断路处:$I=0$, $U\neq 0$;电路的短路处:$U=0$,$I\neq 0$。

7. 电功率

(1) 电功率是指单位时间内元件所吸收或发出的电能,在电路中,电功率常简称为功率,$P=\mathrm{d}W/\mathrm{d}t$,或 $P=UI$,功率的单位为 W。

(2) 当实际计算的结果是 $P>0$ 时,表明这段电路的确是吸收功率;而当 $P<0$ 时,则说明这段电路实

际上是发出功率。

二、理想电压源与理想电流源

1. 理想电压源

(1) 不论负载电阻的大小,不论输出电流的大小,理想电压源的输出电压不变。理想电压源的输出功率可达无穷大。

(2) 理想电压源不允许短路。

2. 理想电流源

(1)不论负载电阻的大小,不论输出电压的大小,理想电流源的输出电流不变。理想电流源的输出功率可达无穷大。

(2) 理想电流源不允许开路。

3. 受控电压源和受控电流源

在电路中还有另外一种电源,其源电压或源电流会随电路中其他部分的电压或电流的改变而改变,或者说,其源电压或源电流受其他部分的电压或电流的控制,这种电源称为受控电源,简称受控源。

三、基尔霍夫定律

1. 相关概念:

(1) 支路:电路的一个分支。

(2) 节点:3 条(或 3 条以上)支路的连接点称为节点。

(3) 回路:由支路构成的闭合路径称为回路。

(4) 网孔:电路中无其他支路穿过的回路称为网孔。

2. 基尔霍夫电流定律:

(1) 定义:任一时刻,流入一个节点的电流的代数和为零。或者说:流入的电流等于流出的电流。

(2) 表达式:$\sum I = 0$

(3) 基尔霍夫电流定律可以推广到一个闭合面。这种假想的闭合面可称为电路的广义节点。

3. 基尔霍夫电压定律

(1) 定义:经过任何一个闭合的路径,电压的升等于电压的降。或者说:在一个闭合的回路中,电压的代数和为零。或者说:在一个闭合的回路中,电阻上的电压降之和等于电源的电动势之和。

(2) 表达式:$\sum U = 0$

(3) 基尔霍夫电压定律可以推广到一个非闭合回路。

四、电阻电路的一般分析

(一) 支路电流法

1. 意义:用支路电流作为未知量,列方程求解的方法。

2. 列方程的方法:

(1) 电路中有 m 条支路,共需列出 m 个方程。

(2) 若电路中有 n 个节点,首先用基尔霍夫电流定律列出 $n-1$ 个电流方程。

(3) 然后选 $m-(n-1)$个独立的回路,用基尔霍夫电压定律列回路的电压方程。

3. 注意问题:若电路中某条支路包含电流源,则该支路的电流为已知,可少列一个方程(少列一个回路的电压方程)。

(二) 节点电位法

以节点电压为变量列写方程求解电路的方法称为节点电压法,简称节点法。

1. 节点电压法方程的列写方法

节点电压法所需列写的是电路中各独立节点的 KCL 方程,称之为节点方程。节点方程可用规则化的方法列写。

2. 应用节点电压法的解题步骤

(1) 选定参考节点和各支路电流的参考方向,给各节点编号。

(2) 用规则化的方法写出节点方程。

(3) 解节点方程,求出各节点电压。

(4) 由节点电位求出各支路电压,进而求出其他待求变量。

五、电路定理

(一) 叠加原理

1. 意义:在线性电路中,各处的电压和电流是由多个电源单独作用相叠加的结果。

2. 求解方法:考虑某一电源单独作用时,应将其他电源去掉,把其他电压源短路、电流源断开。

3. 注意问题:最后叠加时,应考虑各电源单独作用产生的电流与总电流的方向问题。

叠加原理只适合于线性电路,不适合于非线性电路;只适合于电压与电流的计算,不适合于功率的计算。

(二) 替代定理

1. 内容:在任意一个网络中,若已知某支路的电压 U 和电流 I,且该支路与其他支路之间不存在耦合关系,则该支路可用一个电压为 U 的独立电压源或一个电流为 I 的独立电流源替代,且替代前后的网络具有同样的解。

2. 注意问题:

(1) 替代定理既适用于线性电路也适用于非线性电路。

(2) 替代后电路必须有唯一解:

① 无电压源回路;② 无电流源节点(含广义节点)。

(3) 替代后其余支路及参数不能改变。

(三) 戴维宁定理

1. 意义:把一个复杂的含源二端网络,用一个电阻和电压源串联来等效。

2. 等效电源电压的求法:把负载电阻断开,求出电路的开路电压 U_{oc}。等效电源电压 U_{es} 等于二端网络的开路电压 U_{oc}。

3. 等效电源内电阻的求法:

(1) 把负载电阻断开,把二端网络内的电源去掉(电压源短路,电流源断路),从负载两端看进去的电阻,即等效电源的内电阻 R_{eq}。

(2) 把负载电阻断开,求出电路的开路电压 U_{oc}。然后,把负载电阻短路,求出电路的短路电流 I_{sc},则等效电源的内电阻等于 U_{oc}/I_{sc}。

(四) 诺顿定理

1. 意义:把一个复杂的含源二端网络,用一个电导和电流源的并联电路来等效。

2. 等效电流源电流 I_{sc} 的求法:把负载电阻短路,求出电路的短路电流 I_{sc},则等效电流源的电流 I_{es} 等于电路的短路电流 I_{sc}。

3. 等效电源内电阻的求法:同戴维宁定理中内电阻的求法。若电路中某条支路包含电流源,则该支路的电流为已知,可少列一个方程(少列一个回路的电压方程)。

习　题

10.1　求图题 10.1 所示电路中的 U 和 I：(1) 开关 S 断开时；(2) 开关 S 闭合时。

10.2　试计算图题 10.2 中 a，b，c，d，e 各点的电位，f 为参考点。

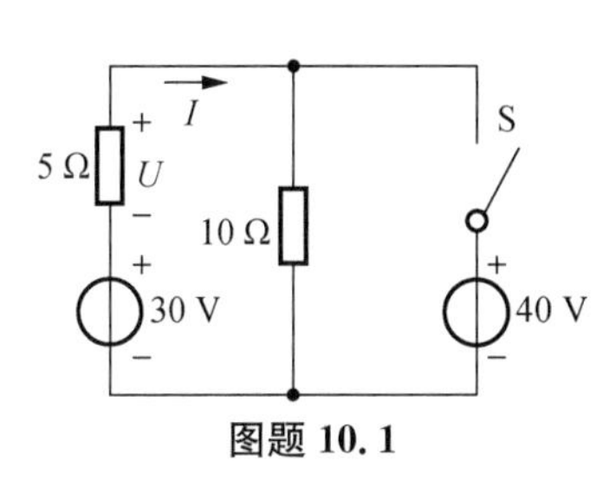

图题 10.1

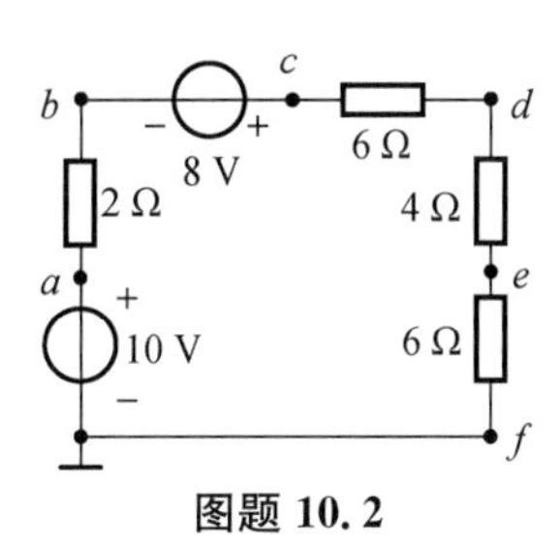

图题 10.2

10.3　计算图题 10.3 所示电路中的电流 I_1 和 I_2。

10.4　计算图题 10.4 所示电路中的电压 U_1 与 U_2。

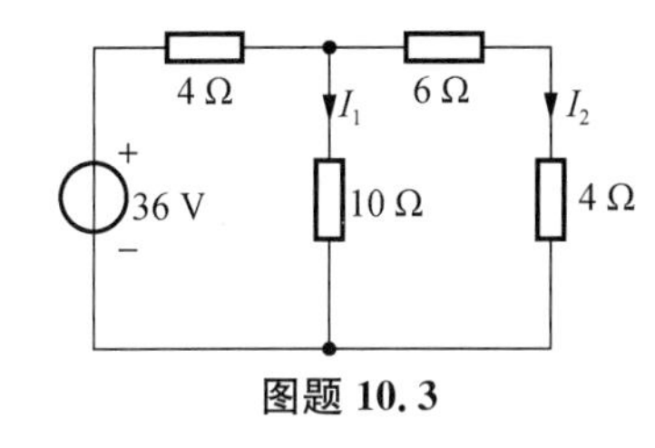

图题 10.3

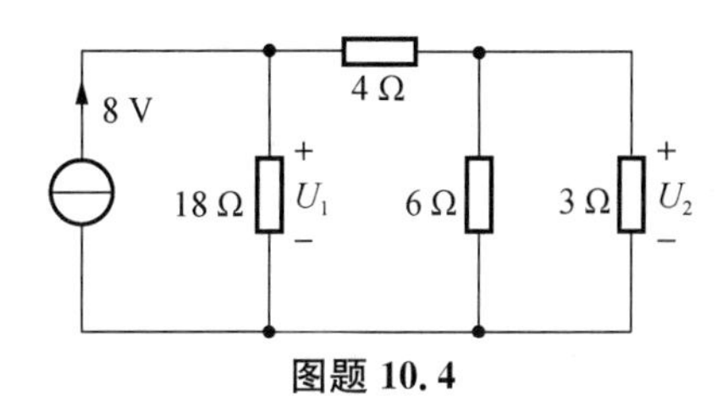

图题 10.4

10.5　试计算图题 10.5 所示各电路中的 U 或 I。

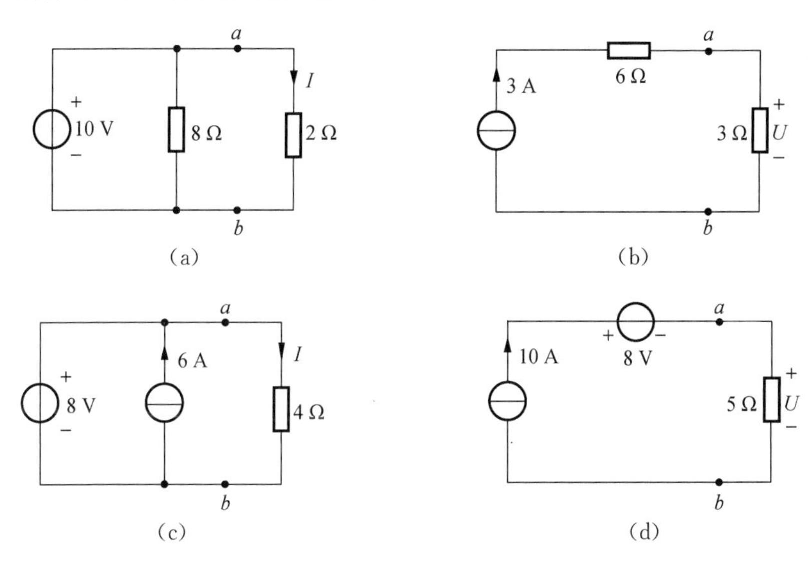

图题 10.5

10.6　试求图题 10.6 所示电路中电阻 R 的值，并验证各元件所吸收的电功率的代数和为零。

10.7　计算图题 10.7 所示电路中的 U_3 和 I_2；验证各元件所发出的电功率的代数和为零。

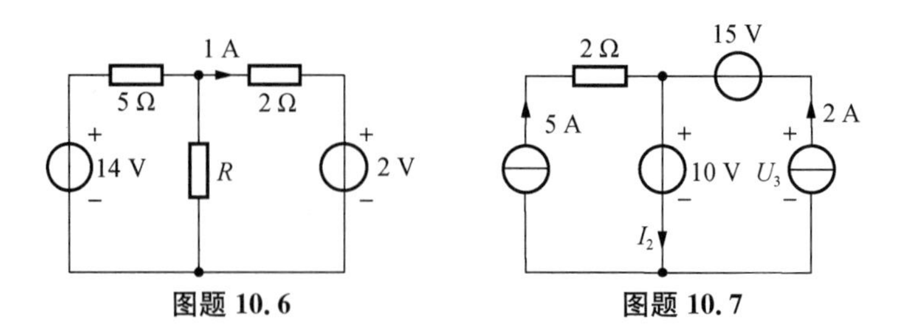

图题 10.6　　图题 10.7

10.8　试求图题 10.8 所示电路中的 I,R 和 U_s。

10.9　试计算图题 10.9 所示电路中的电位 V_1,V_2,V_3。

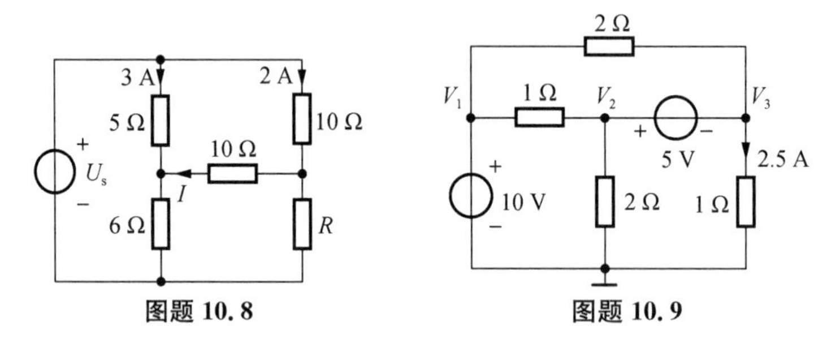

图题 10.8　　图题 10.9

10.10　试求图题 10.10 所示电路中的电流 I。

10.11　试用电源等效变换方法计算图题 10.11 所示电路中的电流 I。

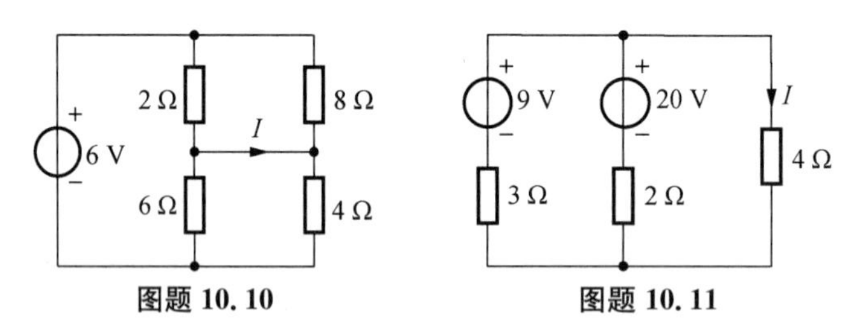

图题 10.10　　图题 10.11

10.12　电路如图题 10.12 所示,用电源等效变换方法计算图题 10.12(a)中的电压 U 及图题 10.12(b)中的电流 I。

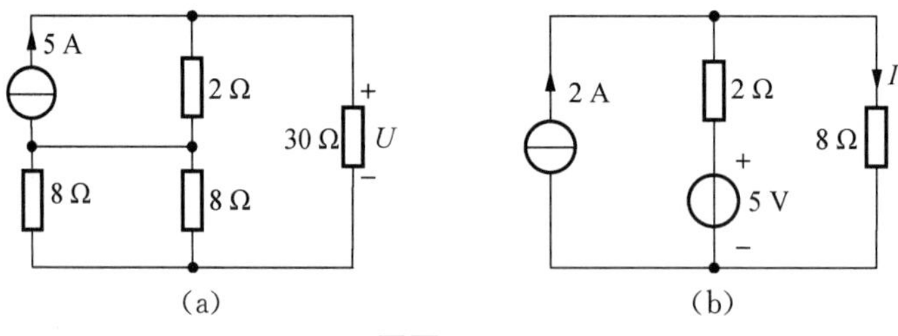

图题 10.12

10.13　电路如图题 10.13 所示,计算图题 10.13(a)中的电压 U 及图题 10.13(b)中的电流 I。

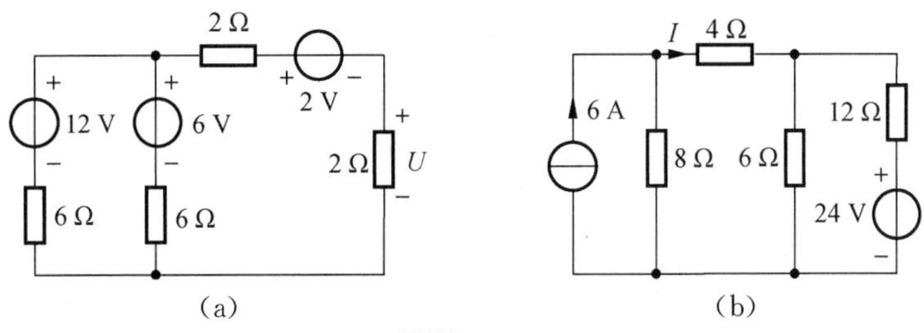

图题 10.13

10.14　试用支路电流分析法计算图题 10.14 所示两电路中的各支路电流。

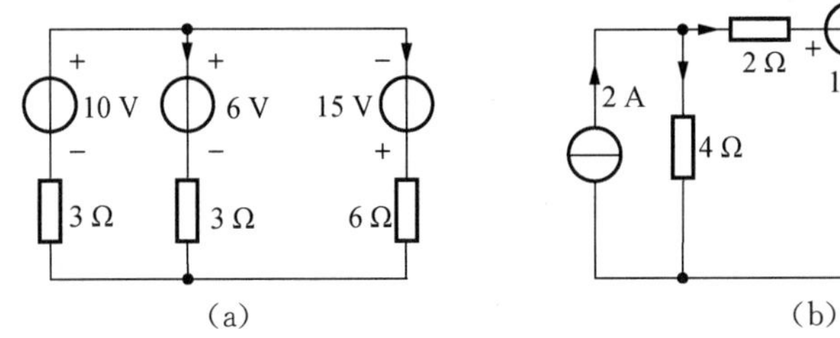

图题 10.14

10.15　试用节点电位分析法计算图题 10.15 所示两电路中的各节点电位。

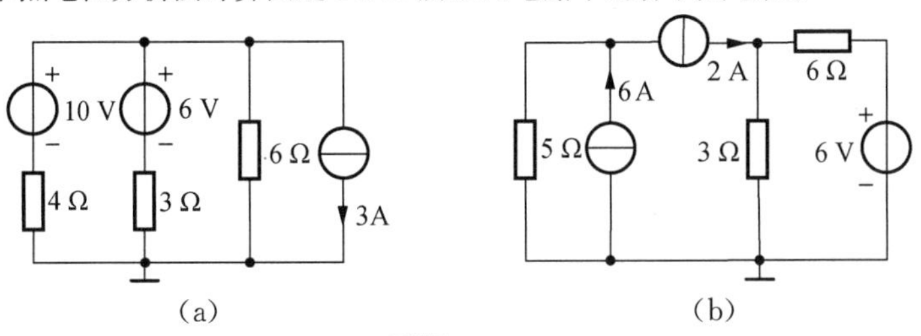

图题 10.15

10.16　电路如图题 10.16 所示，用叠加原理计算图 10.16(a)中的电压 U 及图 10.16(b)中的电流 I。

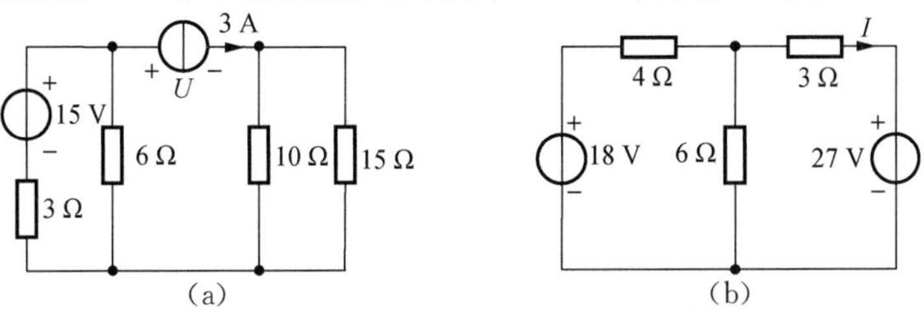

图题 10.16

10.17　试用叠加原理计算图题 10.17 所示电路中的 I_3。

10.18　电路如图题 10.18 所示，开关 S 置于位置 a 时，安培表读数为 5 A，置于位置 b 时安培表读数为 8 A，问当 S 置于位置 c 时安培表读数为多少？

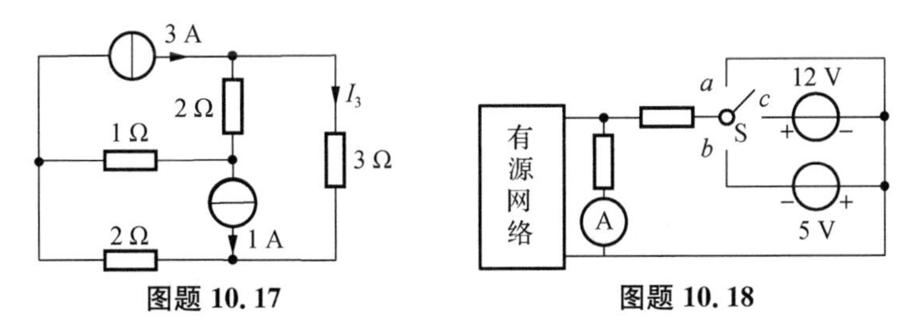

图题 10.17　　**图题 10.18**

10.19　试求出图题 10.19 所示电路的戴维宁等效电路。

10.20　试求图题 10.20 所示电路中电阻 R 的值。

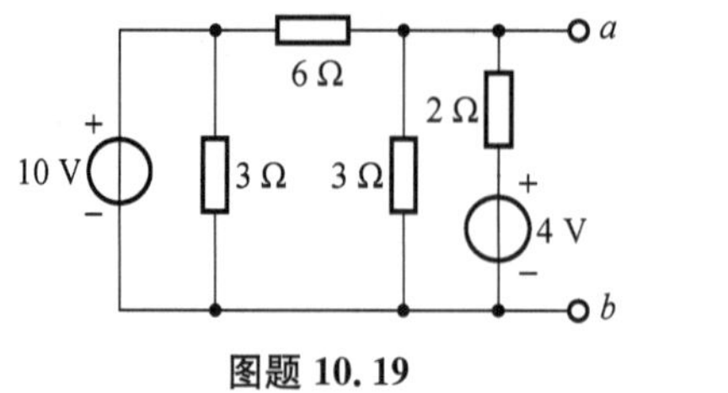

图题 10.19

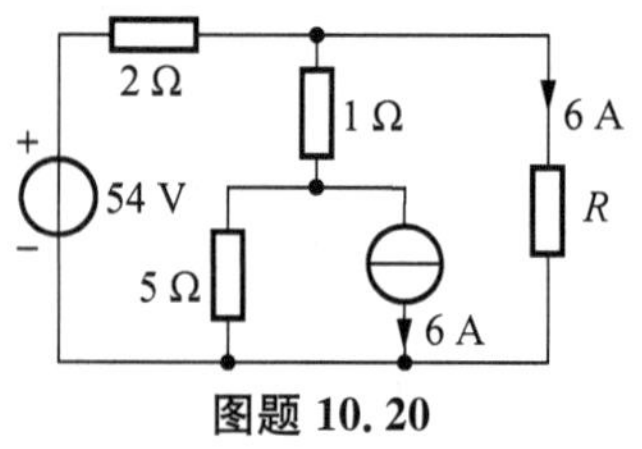

图题 10.20

10.21　电路如图题 10.21 所示，试用戴维宁定理计算各电路中的电流 I。

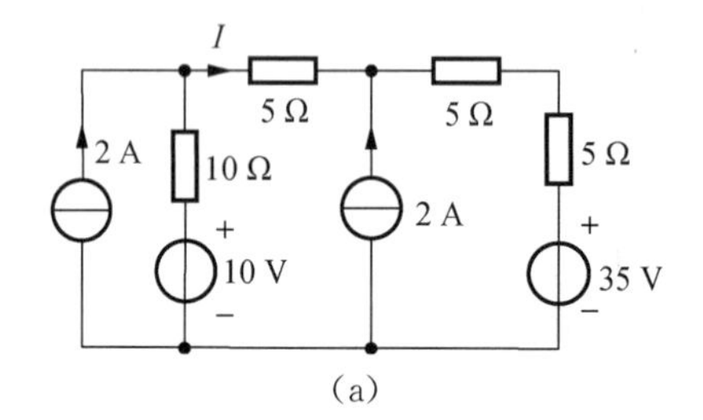

(a)

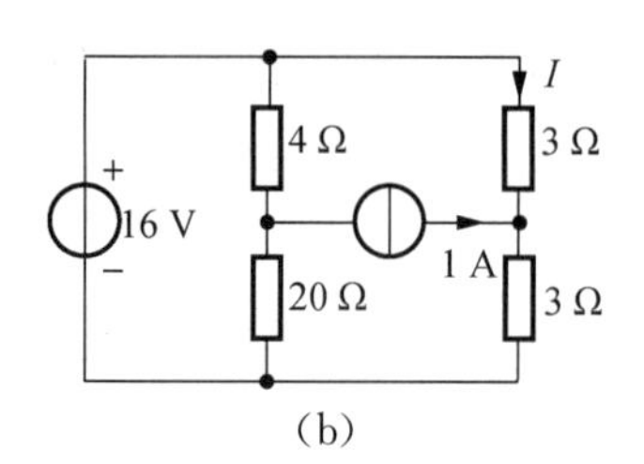

(b)

图题 10.21

10.22　用支路电流法计算图题 10.22 所示电路中的电流 I_1 和 I_2。

10.23　用节点电位法计算图题 10.23 所示电路中的电位 V_1 和 V_2。

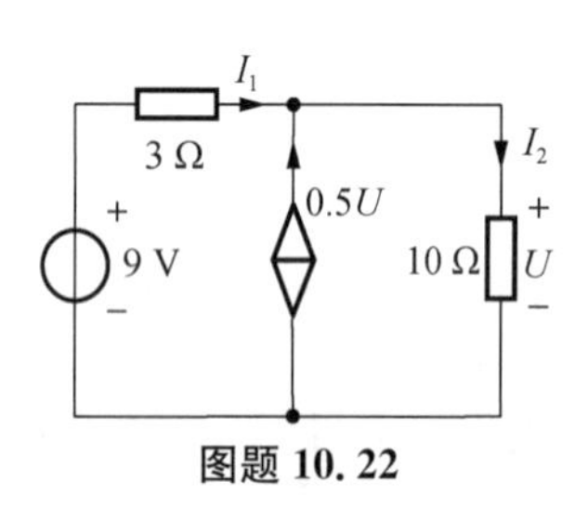

图题 10.22

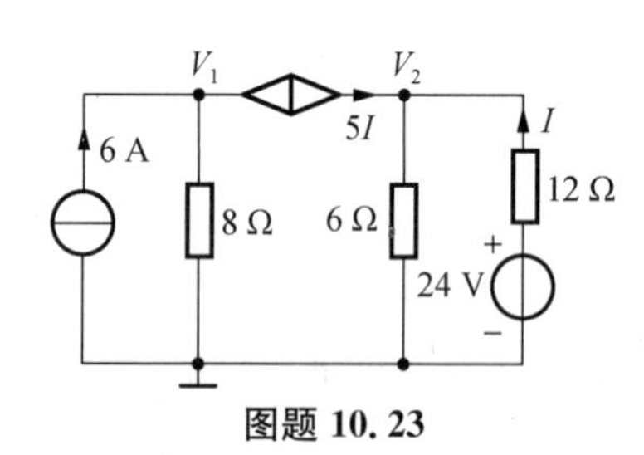

图题 10.23

10.24　用叠加原理计算图题 10.24 所示电路中的 U 和 I。

10.25　求出图题 10.25 所示电路的戴维宁等效电路和诺顿等效电路。

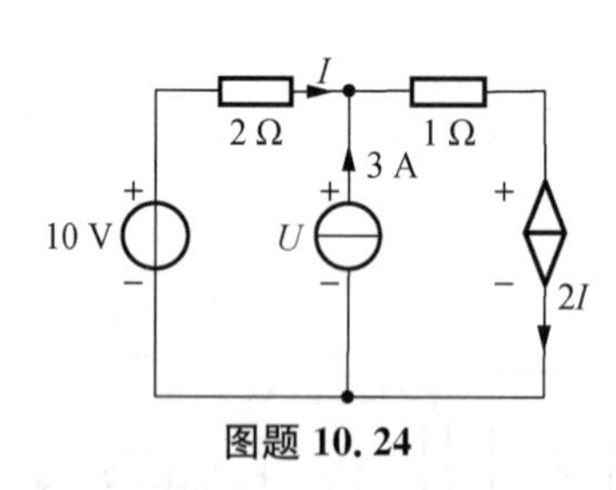

图题 10.24

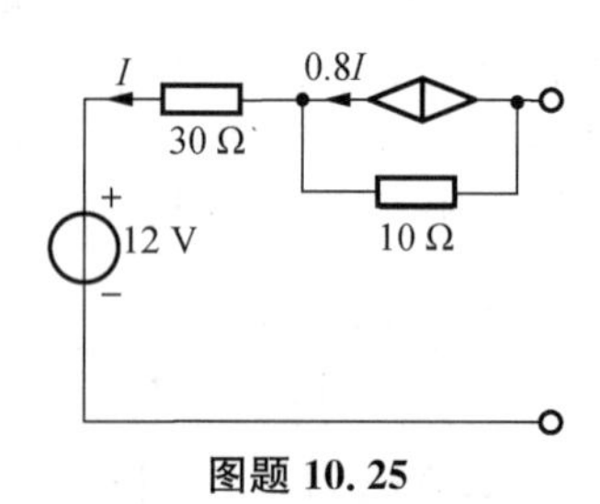

图题 10.25

10.26　电路如图题 10.26 所示，试用戴维宁定理计算电流 I_2。

10.27　在图题 10.27 所示电路中，当 R_L 取 0 Ω、2 Ω、4 Ω、6 Ω、10 Ω、18 Ω、24 Ω、42 Ω、90 Ω 和 186 Ω 时，求 R_L 的电压 U_L、电流 I_L 和 R_L 消耗的功率。

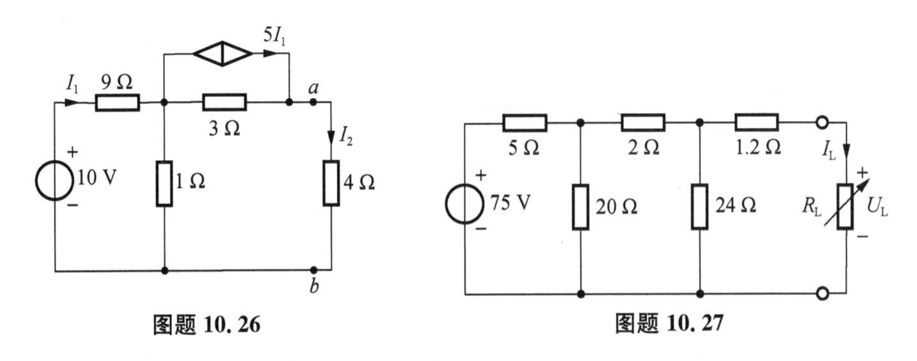

图题 10.26　　　　图题 10.27

10.28　在图题 10.28 所示电路中，R_L 为何值时能获得最大功率？并求最大功率。

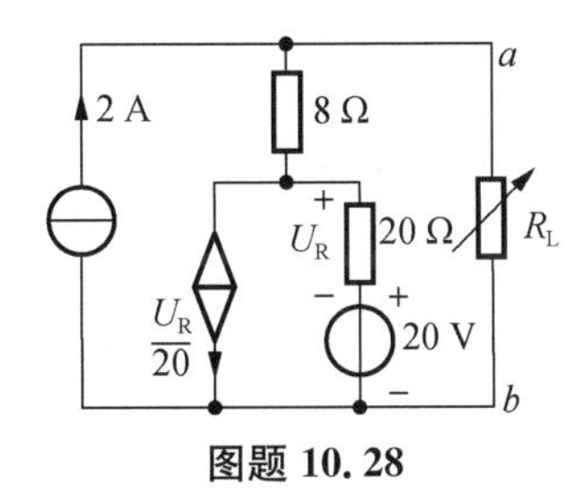

图题 10.28

附录　电阻器的主要性能参数

1）标称阻值及允许偏差

常用的标称电阻值系列见附表1。电阻器的标称值，即将系列表中数值再乘以 10^n（n 为整数），如2.2标称值可有2.2 Ω，22 Ω，220 Ω，2.2 kΩ，22 kΩ，220 kΩ 等值。电阻器的实际阻值与标称阻值往往不相符，总是有一定的偏差。两者间的偏差允许范围称为允许偏差。电阻器的允许偏差是指电阻器的实际阻值对于标称阻值所允许最大偏差范围，它标志着电阻器的阻值精度。通常电阻器的阻值精度计算公式如下：

$$\delta=\frac{R-R_{\mathrm{R}}}{R_{\mathrm{R}}}\times 100\%$$

式中：R 为电阻器的实际阻值；R_{R} 为电阻器的标称阻值；δ 为电阻器的允许偏差。普通电阻按偏差大小分3个等级：允许偏差为±5%的称为Ⅰ级；允许偏差为±10%的称为Ⅱ级；允许偏差为±20%的称为Ⅲ级。精密电阻器的偏差等级有0.05%、±0.1%、±0.5%、±1%、±2%等。

附表1　常用标称电阻值系列

系列	允许偏差	标准电阻系列值											
E6	±20%				1.0	1.5	2.2	3.3	4.7	6.8			
E12	±10%	1.0	1.2	1.5	1.8	2.2	2.7	3.3	3.9	4.7	5.6	6.8	8.2
E24	±5%	1.0	1.1	1.2	1.3	1.5	1.6	1.8	2.0	2.2	2.4	2.7	3.0
		3.3	3.6	3.9	4.3	4.7	5.1	5.6	6.2	6.8	7.5	8.2	9.1
E96	±1%	1.00	1.02	1.05	1.07	1.10	1.13	1.15	1.18	1.21	1.24	1.27	1.30
		1.33	1.37	1.40	1.43	1.47	1.50	1.54	1.58	1.62	1.65	1.69	1.74
		1.78	1.82	1.87	1.91	1.96	2.00	2.05	2.10	2.15	2.21	2.26	2.32
		2.37	2.43	2.49	2.55	2.61	2.67	2.74	2.80	2.87	2.94	3.01	3.09
		3.16	3.24	3.32	3.40	3.48	3.57	3.65	3.74	3.83	3.92	4.02	4.12
		4.22	4.32	4.42	4.53	4.64	4.75	4.87	4.99	5.11	5.23	5.36	5.49
		5.62	5.76	5.90	6.04	6.19	6.34	6.49	6.65	6.81	6.98	7.15	7.32
		7.50	7.68	7.87	8.06	8.25	8.45	8.66	8.87	9.09	9.31	9.53	9.76

2）标称阻值及允许偏差的表示方法

表示电阻单位的文字符号见附表2。表示允许偏差的文字符号见附表3，若电阻体上没有印偏差等级，则表示允许偏差为±20%。标志电阻器的阻值和允许偏差的方法有两种：一是直标法，二是色标法。

(1) 直标法

直标法是将电阻器的类别、标称阻值及允许偏差、额定功率，以及其他主要参数的数值等直接标志在电阻体上，该标法实际上有 3 种标志形式。

① 用阿拉伯数字和单位符号在电阻器表面标出阻值，其允许偏差直接用百分数表示。

附表 2　表示电阻单位的文字符号

文字符号	Ω	kΩ	MΩ	GΩ	TΩ
表示单位	欧姆(Ω)	千欧姆(10^3Ω)	兆欧姆(10^6Ω)	吉欧姆(10^9Ω)	太欧姆(10^{12}Ω)

附表 3　表示允许偏差的文字符号

允许误差(%)(对称)	±0.001	±0.002	±0.005	±0.01	±0.02	±0.05	±0.1	±0.2
文字符号	*E*	*X*	*Y*	*H*	*U*	*W*	*B*	*C*
允许误差(%)(对称)	±0.5	±1	±2	±5	±10	±20	±30	—
文字符号	*D*	*F*	*G*	*J*(Ⅰ)	*K*(Ⅱ)	*M*(Ⅲ)	*N*	—
允许误差(%)(不对称)	+100−10	+50−20	+80−20	+不规定 −20	—	—	—	—
文字符号	*R*	*S*	*Z*	不标记	—	—	—	—

② 用阿拉伯数字和文字符号有规律的组合来表示标称阻值，其允许偏差也用文字符号表示。符号前面的数字表示整数阻值，后面的数字依次表示第 1 位小数阻值和第 2 位小数阻值。如电阻器上标志符号 2*R*2 表示 2.2 Ω，*R*33 表示 0.33 Ω，6k8*C* 表示 6.8 kΩ±0.2%。

③ 电阻器上用 3 位数码表示标称值的标志方法。这种形式多用于片状电阻器。数码从左到右，第 1、2 位为有效值，第 3 位为乘数，即零的个数，单位为 Ω。偏差通常采用文字符号表示，如标志符号为 200，表示 20 Ω，512 表示 5.1 kΩ 等。

(2) 色标法

色标法是将电阻器的类别及主要技术参数的数值用不同颜色的色环或色点标注在电阻体上的标志方法。色标电阻(色环电阻)器可分为三环、四环、五环 3 种标法。三色环电阻器的色环表示标称电阻值(允许偏差均为±20%)。例如，色环为绿黑红，表示 $50\times10^2=5.0$ kΩ±20%的电阻器。四色环电阻器的色环表示标称值(2 位有效数字)及精度，如附图 1(a)所示。例如，色环为黄紫橙金，表示 $47\times10^3=47$ kΩ±5%的电阻器。五色环电阻器的色环表示标称值(3 位有效数字)及精度，如附图 1(b)所示。例如，色环为红紫绿黄棕，表示 $275\times10^4=2.75$ MΩ±1%的电阻器。

一般四色环和五色环电阻器表示允许偏差的色环的特点是该环离其他环的距离较远。较标准的表示应是表示允许偏差的色环的宽度是其他色环的 1.5～2 倍。各色环颜色所代表的含义见附表 4，色环法表示的电阻值单位一律是 Ω。

附表 4　各色环颜色所代表的含义

颜色	有效数字	乘数	允许偏差(%)	颜 色	有效数字	乘数	允许偏差(%)
银色	—	10^{-2}	±10	绿色	5	10^5	±0.5
金色	—	10^{-1}	±5	蓝色	6	10^6	±0.2
黑色	0	10^0	—	紫色	7	10^7	±0.1
棕色	1	10^1	±1	灰色	8	10^8	—
红色	2	10^2	±2	白色	9	10^9	−20～+50
橙色	3	10^3	—	无色	—	—	±20
黄色	4	10^4	—				

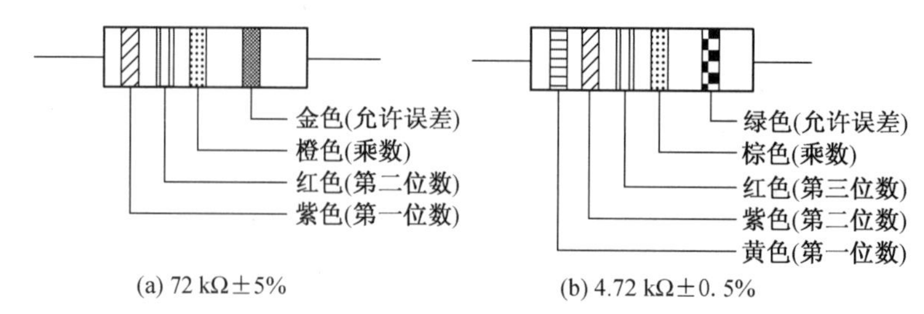

附图 1　电阻色标示例

3）电位器

（1）电位器的作用

可变式电阻器一般称为电位器，由一个电阻体和一个转动或滑动系统组成，是一种阻值连续可调的电阻器，它靠电阻器内一个活动触点（电刷）在电阻体上滑动，可以获得与转角（旋转式电位器）或位移（直滑式电位器）成一定关系的电阻值。在家用电器和其他电子设备电路中，电位器的作用是用来分压、分流和作为变阻器。

（2）电位器的分类

电位器的种类十分繁多，分类的方法也不同。按线绕方式或电阻体的材料，可分为线绕电位器和非线绕电位器；按接触方式分，可分为接触式电位器和非接触式电位器；按结构特点分，又可分为单联、双联、多联电位器，单圈、多圈、开关电位器，锁紧、非锁紧电位器等；按调节方式分，可分为旋转式电位器和直滑式电位器、一般调节和精密多圈调节等多种类型。

（3）电位器的主要技术指标

① 电位器的额定功率是指电位器的两个固定端上允许耗散的最大功率，使用中应注意额定功率不等于中心抽头与固定端的功率。

② 其标称阻值系列与电阻的系列类似。允许偏差等级根据不同精度等级可允许±20%，±10%，±5%，±2%，±1%的偏差。精密电位器的精度可达±0.1%。

③ 电位器的阻值变化规律是指其阻值随滑动接触点旋转角度或滑动行程之间的关系，这种变化关系可以是任何函数形式，常用的有直线式、对数式和反转对数式（指数式）。在使用中，直线式电位器适合于做分压器；反转对数式（指数式）电位器适合于做收音机、录音机、电唱机、电视机中的音量控制器。维修时若找不到同类品，可用直线式代替，但不宜用对数式代替。对数式电位器只适合于做音调控制等。

习 题 解 答

第一章

1.1 (a) -5 V;(b) -10 V; (c) -5 V; (d) 0 V

1.3 (a) 截止;(b) 截止

1.4 (1) 3.33 V,6 V,6 V

(2) $I_{DZ}=29$ mA $>I_{DZM}=25$ mA,稳压管将因功耗过大而损坏

1.7 (1) 当 $V_{BB}=0$ 时,T 截止,$u_O=12$ V

(2) 当 $V_{BB}=1$ V 时,T 处于放大状态,$u_O=9$ V

(3) 当 $V_{BB}=3$ V,T 处于饱和状态,$u_O<u_{BE}=0.7$ V

1.8 (a) 可能;(b) 可能;(c) 不能;(d) 可能;(e) 可能;(f) 不能

1.10 管子可能是增强型管、耗尽型管和结型管

第二章

2.1 (a) 无;(b) 无;(c) 无;(d) 有;(e) 无;(f) 有

2.2 (1) $V_{CC}=6$ V;$I_{BQ}=20$ μA;$I_{CQ}=1$ mA;$U_{CEQ}=3$ V

(2) $R_b=300$ kΩ;$R_c=3$ kΩ

(3) $u_{om}=1.6$ V

(4) $i_{bm}=20$ μA

2.4 (1) $I_{BQ}=40$ μA;$I_{CQ}=2$ mA;$U_{CEQ}=4$ V

(2) 略

(3) $r_{be}=863$ Ω

(4) $A_u\approx-116$;$A_{us}\approx-73$

2.5 (1) $I_{BQ}\approx 28$ μA;$I_{CQ}=1.65$ mA;$U_{CEQ}\approx 7.8$ V

(2) $R_i=R_{b1}\parallel R_{b2}\parallel r_{be1}\approx 1.2$ kΩ;$A_u\approx-100$

(3) $R_{b1}\approx 38.2$ kΩ

2.6 (1) 静态分析:$U_{BQ}\approx 2$ V;$I_{EQ}\approx 1$ mA;$I_{BQ}\approx 10$ μA;$U_{CEQ}\approx 4.7$ V

动态分析:$r_{be}\approx 2.73$ kΩ;$A_u\approx-7.6$;$R_i\approx 3.7$ kΩ;$R_o=5$ kΩ

(2) 改用 $\beta=200$ 的晶体管时,I_{BQ} 减小,I_{CQ}、U_{CEQ} 不变

(3) R_i 增大,$R_i\approx 4.1$ kΩ;$|A_u|$减小,$A_u\approx-1.92$

2.7 (1) $U_{BQ}=4.3$ V;$I_{BQ}\approx 18$ μA;$I_{CQ}\approx 1.8$ mA;$U_{CEQ}\approx 2.8$ V

(2) $r_{be}=1.66$ kΩ;$A_{us1}=-0.79$;$A_{us2}=0.8$

(3) $R_i\approx 8.2$ kΩ

(4) $R_{o1}\approx 2$ kΩ;$R_{o2}\approx 31$ Ω

2.8 (1) 略

(2) $A_u\approx-6.7$

(3) $R_i\approx 10.04$ MΩ;$R_o\approx 20$ kΩ

2.9 $A_u\approx 0.92$;$R_i\approx 2\,075$ kΩ;$R_o\approx 1.02$ kΩ

2.10 (1) 略;

(2) $A_{u1}\approx -3.1, A_{u2}=-12.3, A_u\approx 38.1$

(3) $R_i=4.8\ \mathrm{M\Omega}; R_o=3\ \mathrm{k\Omega}$

第三章

3.1 $I_R=\dfrac{V_{CC}-U_{BE3}-U_{BE2}}{R}=100\ \mu A$

$I_{c3}=\dfrac{\beta}{1+\beta}\cdot I_R\approx I_R=100\ \mu A$

3.2 $I_{c2}=I_{c3}\approx I_R=100\ \mu A$

3.3 (1) $u_o=-0.87$ V

(2) $u_o'=-0.29$ V

(3) $u_{o2}=0.43$ V; $A_{ud2}=21.7$; $A_{uc2}=-0.028$; $K_{CMR}\approx 775$

(4) $R_{id}=25.8\ \mathrm{k\Omega}; R_{ic}=10.1\ \mathrm{M\Omega}; R_{o2}=5.6\ \mathrm{k\Omega}$

3.4 (1) $I_{EQ}\approx 0.517$ mA

(2) $r_{be}\approx 5.18\ \mathrm{k\Omega}; A_{ud}=-97, R_{id}\approx 20.5\ \mathrm{k\Omega}; R_o=20\ \mathrm{k\Omega}$

3.5 $R_{id}=660.7\ \mathrm{k\Omega}; A_{ud1}=-28; A_{uc1}=-0.63; K_{CMR}=\left|\dfrac{A_{ud}}{A_{uc}}\right|=44.4$

3.6 (1) 恒流源提供的电流 $I_{C3}=0.3$ mA; $I_{C1}=I_{C2}\approx I_{E1}=I_{E2}=\dfrac{1}{2}I_{C3}=0.15$ mA;静态时,$u_I=0, u_O=0$, $I_{CQ4}=0.6$ mA, $R_{c2}=7.14\ \mathrm{k\Omega}$

(2) $A_u=A_{u1}\cdot A_{u2}=\dfrac{\beta\{R_{c2}\parallel[r_{be4}+(1+\beta R_{e4})]\}}{2r_{be2}}\cdot\dfrac{-\beta R_{c4}}{r_{be4}+(1+\beta)R_{e4}}\approx -297$; $R_i=21.4\ \mathrm{k\Omega}$; $R_o=10\ \mathrm{k\Omega}$

第四章

4.1 (1) C_1 增大时,f_L 下降,其他不变

(2) R_b 增大时,$|\dot{A}_{um}|$下降,其他基本不变

(3) R_c 增大时,$|\dot{A}_{um}|$增大

(4) 当 $\beta\gg 1$ 以后,当 β 再增大时,$|\dot{A}_{um}|$基本不变

(5) $C_{b'e}, C_{b'c}$ 增大时,f_H 下降,其他不变

4.2 $|\dot{A}_u|=100$, $20\lg|\dot{A}_u|=40$ dB; $20\lg|\dot{A}_u|=80$ dB, $|\dot{A}_u|=10^4$

4.3 (1) 略;

(2) 当 $f=f_L$ 时,$|\dot{A}_u|$下降 3 dB,$\varphi=-135°$;当 $f=f_H$ 时,$|\dot{A}_u|$ 下降 3 dB,$\varphi=-225°$

4.4 (1) 图(a)中$|\dot{A}_{um}|=100$, $f_L=20$ Hz, $f_H=5\times 10^5$ Hz,图(b)中$|\dot{A}_{um}|=31.6$, $f_L=0$, $f_H=1.5\times 10^6$ Hz

(2) 略

4.5 (1) $f_L=392$ Hz

(2) $U_{om}=|\dot{A}_u|U_{im}=818$ mV,相位差为$-135°$

4.6 (1) $f_H=2.2$ MHz

(2) 中频电压增益变化约 1.42 倍;上限频率变化约 0.78 倍;增益-带宽积变化约 1.06 倍

第五章

5.2 图(a)R_2 引入了电压并联负反馈;图(b)R_{e1} 引入电流串联负反馈,图(c)A_2, R_3 引入电压并联负反馈;图(d)R_f, R_{e2} 引入电流并联负反馈;图(e)R_2, R_1 引入电压串联负反馈;图(f)R_6 引入电流串联负反馈

5.3 图(a)中引入了串联负反馈,故从反馈效果考虑,要求 R_s 越小越好。图(b)中引入了并联负反馈,故从反馈效果考虑,要求 R_s 越大越好。

5.4 图(a)引入的是电流并联负反馈,$A_{uf} \approx \dfrac{(R_{e2}+R_f)R_{c2}}{R_{e2}R_{b1}}$;

图(b)引入的是电流串联负反馈,$A_{uf} \approx -\dfrac{R_c \parallel R_L}{R_{e1}}$;

图(c)引入的是电压并联负反馈,$A_{uf} \approx -\dfrac{R_f}{R_{b1}}$;

图(d)引入的是电压串联负反馈,$A_{uf} \approx 1+\dfrac{R_f}{R_{e1}}$;

5.5 (1) 由 R_2,R_3 引入了电流并联负反馈

(2) $i_O \approx -u_I/R_3$

(3) 压控电流源

5.6 为了要使 R_o 减小,应引入电压并联负反馈;要使 $|A_{uf}|=20$,$R_f=20R_1=20\ \text{k}\Omega$(连在运算放大器的反向输入端和 T_1,T_2 的发射极之间)

5.7 (1) 电流串联负反馈电路

(2) 电压串联负反馈电路

(3) $A_{uf1}=u_{O1}/u_I=\dfrac{-R_8(R_3+R_5+R_7)}{R_3R_7}=-14.3$;$A_{uf2}=u_{O2}/u_I=\dfrac{R_3+R_5}{R_3}=11$

5.8 8 kHz

5.9 (1) $f=10^5$ Hz

(2) $10^{-4}<F<0.02$

(3) $208<A_{uf}<5\times10^3$

第六章

6.1 图(a)6 V;图(b)6 V;图(c)+2 V;图(d)+2 V

6.2 图(a)$u_O=4$ V,$i_1=i_2=0.33$ mA,$i_3=i_4=-0.2$ mA,$i_o=1$ mA;

图(b)$u_O=-150\sin\omega t$(mV),$i_1=i_2=10\sin\omega t$(μA),$i_O=-40\sin\omega t$(μA);

图(c)$u_{O1}=-1.2$ V,$u_O=1.8$ V

6.3 因为 $R_s \gg R_i$,所以 $i_s=i_1=i$,则 $u_O=-iR=-i_sR$

6.4 $I_L=0.6$ mA

6.5 $u_O=\dfrac{R_2}{R_1}\left(\dfrac{-\delta}{4+2\delta}\right)u_I$

6.6 (a) $u_O=-2u_{I1}-2u_{I2}+5u_{I3}$;(b) $u_O=-10u_{I1}+10u_{I2}+u_{I3}$;(c) $u_O=8(u_{I2}-u_{I1})$;(d) $u_O=-20u_{I1}-20u_{I2}+40u_{I3}+u_{I4}$

6.7 (1) $u_O=\left(1+\dfrac{R_2}{R_1}\right)\cdot u_{P2}=10\left(1+\dfrac{R_2}{R_1}\right)(u_{I2}-u_{I1})$

(2) 将 $u_{I1}=10$ mV,$u_{I2}=20$ mV 代入上式,得 $u_O=100$ mV

(3) $R_{1max} \approx 9.86\ \text{k}\Omega$

6.8 略

6.9 (1) $U_{O1}=-5.2$ V;$U_{O2}=-5$ V;$U_{O3}=0.2$ V

(2) $t=4$ s

第七章

7.2 (1) $P_{om} \approx 2.07$ W

(2) $R_b \approx 1\ 570\ \Omega$

(3) $\eta = 24\%$

7.3 (1) $P_{om} = 4.5$ W

(2) $P_{CM} \geqslant 0.9$ W

(3) $|U_{(BR)CEO}| \geqslant 24$ V

7.4 (1) $V_{CC} \geqslant 12$ V

(2) $I_{CM} \geqslant 1.5$ A, $|U_{(BR)CEO}| \geqslant 24$ V

(3) $P_E \approx 11.46$ W

(4) $P_{CM} \geqslant 1.8$ W

(5) $U_i = 8.49$ V

7.5 (1) $U_{B1} = 1.4$ V; $U_{B3} = -0.7$ V; $U_{B5} = -17.3$ V

(2) $I_{CQ5} = \dfrac{V_{CC} - U_{B1}}{R_2} = 1.66$ mA; $u_I \approx U_{B5} = -17.3$ V

(3) 增大 R_3

(4) 采用如图所示的两只二极管加一支小电阻或三只二极管

7.6 (1) $P_{om} = 4$ W; $\eta = 69.8\%$

(2) $I_{CM} = 0.56$ A; $U_{CEmax} = 36$ V; $P_{Tmax} \approx 1.03$ W

第八章

8.1 $R_W \approx 3.55$ kΩ

8.2 (1) $R_W + R_2 > 2R_1 = 10.2$ kΩ

(2) $f_0 \approx 1591.5$ Hz

(3) 略

8.3 图(a)不能起振;图(b)可能起振;图(c)不能起振;图(d)可能起振

8.5 图(a)的 $f_0 \approx \dfrac{1}{2\pi\sqrt{LC_3}}$;图(b)的 $f_0 \approx \dfrac{1}{2\pi\sqrt{L(C_3 + C_4)}}$

8.6 (1) A_1 组成反向比例放大电路,A_2 组成过零比较器,A_3 组成电压跟随器

(2) $u_{O1} = -u_I$,u_{O2} 和 u_O 是输出幅度为 ± 6 V 的方波。$u_{O1} < 0$ 时,u_{O2} 和 u_O 为 $+6$ V,反之 u_{O2}、u_O 为 -6 V

(3) $u_{O1} = -u_I$,u_{O2} 和 u_O 是输出幅度为 ± 6 V 的方波。$u_{O1} > 4.5$ V,u_{O2} 和 u_O 为 -6 V,反之 u_{O2}、u_O 为 $+6$ V

8.7 A_2 组成电压跟随器,$u_{O2} = 4$ V。A_1 组成反向输入迟滞比较器,其门限电压 $U_T = \dfrac{R_1 u_{o2}}{R_1 + R_2} \pm \dfrac{R_1 \times 12\ \text{V}}{R_1 + R_2} = (3 \pm 3)$V,由此可以画出的波形,它为一输出电压幅值为 6 V 的矩形波

8.8 (1) 门限电压 $U_T = \dfrac{R_1 U_{REF}}{R_1 + R_2} + \dfrac{R_2}{R_1 + R_2}(\pm U_Z) = (2 \pm 3)$V

(2) 略

第九章

9.1 (2) $U_L = 0.9U_2$; $I_L = 0.9U_2/R_L$

(3) $I_D = I_L/2$; $U_{RM} = 2\sqrt{2}U_2$

(4) $U_{2a} = U_{2b} = 33.3$ V; $I_D = 40$ mA; $U_{RM} = 94.2$ V,选用 2CP6A($I_{DM} = 100$ mA, $U_{RM} = 100$ V)

9.2 (1) $U_{L1} = 45$ V; $I_{L1} = 4.5$ mA, $U_{L2} = 9$ V, $I_{L2} = 90$ mA

(2) $I_{D1}=I_{L1}=4.5\ mA$；$U_{RM1}=141\ V$；$I_{D2}=I_{D3}=45\ mA$；$U_{RM2}=U_{RM3}=28.2\ V$

9.3 (1) $I_D=240\ mA$；$U_{RM}=28.2\ V$，选用2CP1D（$I_{DM}=500\ mA$，$U_{RM}=100\ V$）

(2) $C=1\ 000\ \mu F$，耐压$U_{CM}>28.2\ V$，选用1 000 μF、50 V电解电容

(3) $U_2=20\ V$；$I_2=720\ mA$

9.4 $U_{RM}=U_{CRM}=2\sqrt{2}U_2$；$U_{L1}=4\sqrt{2}U_2$；$U_{L2}=3\sqrt{2}U_2$

9.5 (1) $U_{O1}=U_{O2}=20\sqrt{2}V\approx 28\ V$

(2) $U_{O1}=24\ V$；$U_{O2}=21\ V$

9.6 (1) $u_2=15\ V$；$U_O=6\ V$

(2) 略

9.7 (1) $U_o=15\ V$

(2) $U_2=16.6\ V$

(3) $U_O=0\ V$

9.8 (1) $R_W\approx 100\ \Omega$

(2) $U_O=10\ V$

(3) $U_2=15.8\ V$

(4) $V_A=18\ V$；$V_B=12.7\ V$；$V_C=12\ V$；$V_D=6\ V$；$V_E=5.3\ V$

9.9 (1) $U_{Amin}=15\ V$；$U_{Amax}=P_{CM}/I_O+U_O=20.3\ V$

(2) $i_{B2}\uparrow$，$i_{B1}\downarrow$

(3) 此时调制管的$\beta\geqslant 200$故需要采用复合管

(4) R_1短路时，$U_O=U_Z+U_{BE2}$，R_1开路时$U_{B1}=0$，T_2截止

$$U_O=R_LI_o=R_L(U_A-U_{CE1})/\left(\frac{R_{c2}}{1+\beta}+R_L\right)\approx\frac{\beta R_LU_A}{R_{c2}+\beta_1R_L}$$

9.10 (1) $R_2=0$时，有$U_{Omin}=5\ V$，$R_2>8.6\ k\Omega$时，有$U_{Omax}=(15-1.4)V=13.6\ V$

(2) $\frac{U_{Imax}-U_Z}{I_{Zmax}}<R_1<\frac{U_{Imin}-U_Z}{I_{Zmin}}$，$750\ \Omega<R_1<2.64\ k\Omega$

9.11 (1) T_2，R_3组成限流型过流保护电路

(2) $U_{Omin}=6.82\ V$，$U_{Omax}=20.2\ V$

(3) $I_{Omax}=0.7/3.3\ A=212\ mA$；$P_{CM}\approx 3.8\ W$

9.12 图(a)所示的电路中$U_P=\frac{R_2}{R_1+R_2}\times 12\ V$，$\frac{R_3+R_4+R_5}{R_4+R_5}\cdot U_P\leqslant U_O\leqslant\frac{R_3+R_4+R_5}{R_5}\cdot U_P$

图(b)所示的电路中$U_O=U_Z+U_{REF}$

第十章

10.1 (1) 开关S断开时，$I=2\ A$，$U=-10\ V$

(2) 开关S闭合时，$I=-2\ A$，$U=10\ V$

10.2 $V_e=6\ V$，$V_d=10\ V$，$V_c=16\ V$，$V_a=10\ V$，$V_b=8\ V$

10.3 $I_1=2\ A$，$I_2=2\ A$

10.4 $U_1=36\ V$，$U_2=12\ V$

10.5 (a) $I=5\ A$；

(b) $U=9\ V$；

(c) $I=2\ A$

(d) $U=50\ V$

10.6 $P_{s1}=-28\ W$；$P_{s2}=2\ W$；$P_1=20\ W$；$P_2=2\ W$；$P_R=4\ W$；$P_{s1}+P_{s2}+P_1+P_2+P_R=0\ W$

10.7 (1) $I_2=7$ A, $U_3=-5$ V

(2) 2 Ω电阻发出的电功率: $P_1=-50$ W

15 V电压源发出的电功率: $P_2=30$ W

5 A电流源发出的电功率: $P_3=100$ W

10 V电压源发出的电功率: $P_4=-70$ W

2 A电流源发出的电功率: $P_5=-10$ W

各元件发出的电功率之和: $P_1+P_2+P_3+P_4+P_5=0$

10.8 $I=-0.5$ A; $U_s=30$ V; $R=4$ Ω

10.9 $V_1=10$ V, $V_3=2.5$ V, $V_2=7.5$ V

10.10 $I=0.6$ A

10.11 $I=3$ A

10.12 (a) $U=8.33$ V; (b) $I=0.9$ A

10.13 (a) $U=2$ V; (b) $I=2.5$ A

10.14 (a) $I_1=-2.2$ A; $I_2=-0.8667$ A; $I_3=3.0667$ A

(b) $I_1=0.4$ A; $I_2=1.6$ A; $I_3=-3.4$ A

10.15 (a) $V=2$ V

(b) $V_1=20$ V; $V_2=6$ V

10.16 (a) $U=-14$ V; (b) $I=-3$ A

10.17 $I_3=0.75$ A

10.18 $I=3.75$ A

10.19 $U_{oc}=4$ V; $R_{eq}=1$ Ω; 图略

10.20 $R=4$ Ω

10.21 (a) $I=-1$ A; (b) $I\approx 2.167$ A

10.22 $I_1=18$ A; $I_2=-4.5$ A

10.23 $V_1=28$ V; $V_2=18$ V

10.24 $U=7.2$ V; $I=1.4$ A

10.25 $U_{oc}=12$ V, $R_{eq}=32$ Ω; 图略

10.26 $I_2=2.5$ A

10.27

R_L/Ω	0	2	4	6	10	18	24	42	90	186
I_L/A	8	6	4.8	4	3	2	1.6	1	0.5	0.25
U_L/V	0	12	19.2	24	30	36	38.4	42	45	46.5
P_L/W	0	72	92.16	96	90	72	61.44	42	22.5	11.6

10.28 $R_L=20$ Ω时,负载上获得最大功率, $P_{Lmax}=45$ W

参考文献

[1] 华成英，童诗白. 模拟电子技术基础[M]. 4 版. 北京：高等教育出版社，2006.

[2] 华成英，童诗白. 模拟电子技术基础[M]. 3 版. 北京：高等教育出版社，2000.

[3] 康华光，陈大钦，张林. 电子技术基础模拟部分[M]. 5 版. 北京：高等教育出版社，2006.

[4] 康华光，陈大钦，张林. 电子技术基础模拟部分[M]. 4 版. 北京：高等教育出版社，1999.

[5] 秦曾煌. 电工学 下册 电子技术[M]. 6 版. 北京：高等教育出版社，2006.

[6] 陈大钦，傅恩锡. 模拟电子技术基础问答·例题·试题[M]. 修订版. 武汉：华中科技大学出版社，2005.

[7] 王友仁，李东新，姚睿. 模拟电子技术基础教程[M]. 北京：科学出版社，2011.

[8] 谢志远，尚秋峰. 模拟电子技术基础[M]. 北京：清华大学出版社，2011.

[9] 林玉江. 模拟电子技术基础[M]. 哈尔滨：哈尔滨工业大学出版社，2011.

[10] 王志军，赵捷，赵建业. 电子技术基础 [M]. 北京：北京大学出版社，2010.

[11] 杨素行. 模拟电子技术基础简明教程[M]. 北京：高等教育出版社，2006.

[12] 高吉祥，刘安芝. 模拟电子技术[M]. 3 版. 北京：电子工业出版社，2008.

[13] 王济浩. 模拟电子技术基础[M]. 北京：电子工业出版社，2011.

[14] 唐博学，苗汇静. 集成电路原理及运用[M]. 北京：电子工业出版社，2008.

[15] 王卫东，傅佑麟. 高频电子电路[M]. 北京：科学出版社，2008.

[16] 胡圣尧，关静. 模拟电路应用设计[M]. 北京：电子工业出版社，2004.

[17] 研究生入学考试试题研究组. 研究生入学考试考点解析与真题详解：模拟电子技术[M]. 北京：电子工业出版社，2009.

[18] 谢嘉奎，宣月清，冯军. 电子线路：线性部分[M]. 北京：高等教育出版社. 1999.

[19] [美]Paul Horowitz, Winfield Hill. 电子学[M]. 北京：电子工业出版社，2009.

[20] 吴军. 研究生入学考试要点：真题解析与模拟试卷：模拟电路与数字电路[M]. 北京：电子工业出版社，2003.

[21] 林涛，林薇. 模拟电子技术基础[M]. 北京：清华大学出版社. 2010.

[22] [日]冈村迪夫. OP 放大电路设计[M]. 王玲，徐雅珍，李武平，译. 北京：科学出版社，2004.

[23] 张启明. 模拟电子技术解题题典[M]. 西安：西北工业大学出版社，2002.

[24] 江晓安，董秀峰. 模拟电子技术：学习指导与题解[M]. 西安：西安电子科技大学出版社，2002.

[25] 张畴先. 模拟电子技术：常见题型解析及模拟题[M]. 西安：西北工业大学出版社，2000.

[26] 唐竞新. 模拟电子技术基础解题指南[M]. 北京：清华大学出版社，1997.

[27] 王文辉，刘淑英，蔡盛乐. 电路与电子学[M]. 3 版. 北京：电子工业出版社，2005.